sgene
lanzen

ung, Anwendung,
und Richtlinien

beitete
ktualisierte
e

g AG

Freie Universität Berlin
Institut für Pflanzenphysiologie und Mikrobiologie
Königin-Luise-Straße 12-16
D-14195 Berlin

**Bibliografische Information der Deutschen Bibliothek**
Die Deutsche Bibliothek verzeichnet diese Publikation in
bibliografische Daten sind im Internet über http://dnb.ddb

ISBN 978-3-7643-5753-5     ISBN 978-3-0348-79
DOI 10.1007/978-3-0348-7962-0

© 2004 Springer Basel AG

Originally published by Birkhäuser Verlag, Basel – Bost

Gedruckt auf säurefreiem Papier, hergestellt aus chlorfrei
Computer-to-plate Vorlage erstellt vom Autor
Umschlaggestaltung: Micha Lotrovsky, CH - 4106 Therw

9 8 7 6 5 4 3 2 1

*nen Eltern*

# 1. Einleitung

Als ich im Frühjahr des Jahres 1995 das Manuskript für die 1. Auflage dieses Buches abschloss, konnte ich nicht erahnen, welche Wendung es mit der Entwicklung der „Grünen Gentechnik" in den kommenden Jahren in der Europäischen Union und in Deutschland nehmen sollte. Zu diesem Zeitpunkt war gesetzlich festgelegt, dass gentechnisch veränderte Pflanzen (GVP) nach einer Erprobungsphase im Gewächshaus und im Freiland überprüft werden mussten, ob sich Hinweise darauf ergeben haben, dass diese GVP bei einem Inverkehrbringen schädigende Auswirkungen auf die Rechtsgüter[1] nach §1 des Gentechnikrechts haben könnten. Konnte diese Frage verneint werden und gaben weitere Untersuchungen, z.B. zu Fragen der Allergenität oder zur möglichen Schädigung von Nicht-Zielorganismen in der Umwelt, keinen Anlass zur Ablehnung, so konnte die Zulassung solcher GVP mit derart positiven Eigenschaften für das Inverkehrbringen im Bereich der EU erteilt werden. Das hätte dann auch bedeutet, dass diese GVP nach der Zulassung zum Inverkehrbringen wie jede andere konventionell gezüchtete Pflanzensorte zu behandeln gewesen wäre – eine damalige Tatsache, die heute unvorstellbar ist. Diese damaligen Regelungen fanden ein Ende mit dem *de facto*-Moratorium[2] in der EU für weitere Zulassungen für das Inverkehrbringen von GVP im Jahr 1998.

Unabhängig von diesem stark verzögernden Element auf politischer Ebene ist die „Grüne Gentechnik" im wissenschaftlichen Bereich in den letzten zehn Jahren geradezu „aufgeblüht". Diese experimentellen Fortschritte habe ich auch in meine Vorlesung an der FU Berlin integriert und bin dabei auf lebhaftes Interesse der Studenten/innen gestossen. Mithin kann ich mit Gewissheit davon ausgehen, dass zumindest in diesem Personenkreis Bedarf nach der sachlichen Information besteht, wie sie in den Medien nur unzureichend oder meist einseitig ausgerichtet geboten wird.

Es ist eine Tatsache, dass weltweit viele Staaten derzeit Gesetze entwerfen, um die Entwicklung der Gentechnologie zu reglementieren. Andererseits haben zum Beispiel Landwirte in Indien Insekten-resistente Baumwolle der Firma Monsanto in andere Baumwolle-Varietäten eingekreuzt, um ihren Ertrag zu steigern (Jayaraman, 2001). Dies ist ein erstes Anzeichen dafür, dass schließlich ökonomische Gründe für die Entwicklung der „Grünen Gentechnik" entscheidend sein werden (ref. Brandt, 2003a).

Ein weiterer unabdingbarer Grund für die Weiterentwicklung und die praktische Anwendung der „Grünen Gentechnik" ist die begründete Annahme, dass die Weltbevölkerung in den nächsten 50 Jahren von 6 auf 9 Milliarden anwachsen wird (Evans, 1998), deren Ernährung sichergestellt werden muss (ref. Brandt, 2003a). Von Umweltschützern wird dieses Argument als Lippenbekenntnis bezeichnet, hinter dem sich die wirtschaftlichen Interessen der Konzerne verbergen sollen. Die Opponenten der Gentechnik können jedoch nicht das Dilemma aus der Welt schaffen, dass in manchen Bereichen der Welt Lebensmittel im Überfluss (ohne den Einsatz von Gentechnik) produziert werden, während in anderen Bereichen der Welt aus welchen Gründen auch immer die Bevölkerung dem Hungertod nahe ist (ref. Brandt, 2003a).

Es ist sicher nicht ohne Bedeutung, wenn für afrikanische Staaten proklamiert wird (Thompson, 2002), dass (a) einheimische Nutzpflanzen mit gentechnischen Verfahren gegen

---

[1] Leben und Gesundheit von Menschen, Tiere, Pflanzen sowie die sonstige Umwelt in ihrem Wirkungsgefüge und Sachgüter

[2] *De jure* war und ist ein solches Moratorium nach den Regularien der EU nicht vorgesehen.

einheimische phytopathogene Organismen resistent gemacht werden sollten, (b) einheimische Nutzpflanzen gentechnisch verändert werden sollten ohne Relevanz zu den Interessen der entwickelten Länder und (c) die Möglichkeit zur ökonomischen Selbstbestimmung der Kleinbauern (und des jeweiligen Landes) gewahrt bleiben sollte.

Man kann sicher behaupten, dass Konzerne primär Profit-orientiert sind und die meisten Umweltschützer ihnen unterstellen, sie sähen es nicht als ihre Hauptaufgabe an, für die Ernährung der Weltbevölkerung aufzukommen. Im Hinblick auf die 9 Milliarden Menschen, für deren Ernährung in spätestens 50 Jahren gesorgt werden muss, darf die Tatsache nicht unterschlagen werden, dass die einzelnen Landwirte in den Entwicklungsländern für den Anbau des sogenannten „Golden Rice"[3] nur dann an den Saatguthersteller zahlungspflichtig werden, wenn der jährliche Gewinn $ 10.000 übersteigt (Thompson, 2002).

Seit dem Jahr 1996, in dem erstmals GVP angebaut worden sind, hat die Anbaufläche weltweit jährlich um etwa 10% zugenommen und hat zum Ende des Jahres 2003 etwa 67,7 Mill. Hektar erreicht (Crop Biotech Net, 2004). Die Ernteerträge aus dem Anbau von GVP waren im Vergleich zu den Erträgen aus herkömmlichen Sorten zumeist um mindestens 10% gesteigert, ein Vorteil, dessen auch Landwirte mit wenig Anbaufläche in den Entwicklungsländern teilhaftig wurden.

Insgesamt wird diese weltweite Entwicklung der „Grünen Gentechnik" von der Bevölkerung in den Staaten der Europäischen Union nicht wahrgenommen bzw. kann ihr durch die Medien nicht hinreichend vermittelt werden. Die meisten Menschen im Bereich der EU werden nicht wissen, dass sie mit der täglichen Nahrung etwa 1g DNA bakteriellen, viralen, tierischen und/oder pflanzlichen Ursprungs aufnehmen, von welcher der überwiegende Teil durch die Magensäure oder den Verdauungsvorgang abgebaut wird (Doerfler und Schubbert, 1997). Ebensowenig wird ihnen bekannt sein, dass bei einer Ernährung ausschließlich mit gentechnisch veränderten Lebensmitteln der Anteil an aufgenommener und dem Verdauungsprozess zugeführter „Fremd"-DNA bei einem Anteil von weniger als 0,001% liegen würde.

Ich möchte mit dieser aktualisierten 2. Auflage meines Buches „Transgene Pflanzen" dazu beitragen, derartige Wissenslücken zu schließen und damit den Weg zur eigenständigen Entscheidung für oder gegen die „Grüne Gentechnik" zu ermöglichen. In diesem Sinne bewusste Ablehnung oder Akzeptanz ist allemal besser als blindlings den Ergebnissen von Meinungsumfragen zu folgen, die am Samstag-Vormittag in der Fußgängerzone veranstaltet worden sind.

In den vergangenen zehn Jahren hat die weltweite Forschungstätigkeit auf dem Gebiet der „Grünen Gentechnik" zu einer Vielzahl von exzellenten wissenschaftlichen Publikationen geführt. Es kann natürlich nicht von dem vorliegenden Buch erwartet werden, dass es alle Arbeitsgruppen weltweit namentlich mit ihren experimentellen Erfolgen erwähnen kann. Der Autor bittet daher um Nachsicht, wenn er vielfach bei dem Aufzeigen von Entwicklungstendenzen oder Neuerungen nur exemplarisch vorgehen konnte.

Berlin, im Frühling 2004                                            Peter Brandt

---

[3] Reis, der mit Hilfe gentechnischer Methoden die Fähigkeit vermittelt bekommen hat, die Vitamin A–Vorstufe Carotin in den Reiskörnern anzureichern (Ye et al, 2000).

## 2. Begriffe und Definitionen[4]

### 2.1. Was ist ein Gen?

Der Zellkern ist der namengebende[5] Bestandteil der eukaryoten Zelle. Er enthält die Chromosomen, auf denen die genetische Information in Form von Genen festgelegt ist. Die genetische Information der Gene wird bei der Transkription im Zellkern auf mRNA[6] übertragen; diese mRNA wird in das Cytoplasma ausgeschleust und ihre genetische Information dort gegebenenfalls an Ribosomen bei der Synthese von Proteinen abgelesen (Translation). Somit wäre ein Gen ein Abschnitt eines Chromosoms, der verantwortlich ist für die Produktion eines spezifischen funktionellen Produktes (Protein, RNA oder auch DNA).

Diese „eindimensionale" Definition des Gen-Begriffs ist aber nicht mehr zutreffend, wie anhand einiger Beispiele kurz erläutert werden soll: (a) Aus der Nukleotidsequenz bestimmter mRNA-Spezies schneiden zelleigene Enzyme bestimmte Nukleotide heraus und ersetzen sie durch bestimmte andere. Erst nach diesem RNA-Editing erfolgt die Translation. Das resultierende Protein ist also nicht mehr nur auf die genetische Information seines Gens zurückzuführen. (b) Es ist nachgewiesen, dass es in verschiedenen Spezies während der Translation obligatorisch zu Leserasterverschiebungen auf der mRNA durch die Ribosomen kommt. Die Aminosäuresequenz des resultierenden Proteins findet nicht mehr seine Entsprechung in der Nukleotidsequenz seines Gens. (c) Im Genom mancher Spezies kommen „überlappende" Leseraster vor, sodass innerhalb einer Gensequenz mehrere Transkriptionsstarts vorliegen können und je nach Transkriptionsstart Exons des einen Leserasters sich in Introns des anderen Leserasters erstrecken können. In diesem Fall stehen die diversen Translationsprodukte nur noch bedingt in direkter Relation zur genetischen Information des Gens. (d) Bei manchen Spezies kann es zu einem alternativen Splicing der mRNA kommen. Durch diese „nachträgliche" Bearbeitung (z.B. Herausschneiden von Sequenzteilen oder Verkürzen der mRNA-Sequenz) kann es zur Translation von bis zu vier verschiedenen Proteinen auf der Grundlage der genetischen Information eines Gens kommen. Auch hier ist der direkte Bezug zwischen Translationsprodukt und genetischer Information des Gens nicht mehr vorhanden. (e) Bei dem Phänomen des Transsplicing werden die mRNAs zweier verschiedener Gene verknüpft, bevor dieses Konstrukt translatiert werden kann. Für das resultierende Protein gibt es in diesem Fall kein vollständig entsprechendes Gen. (f) In manchen Spezies kodieren Gene für Untereinheiten von Proteinkomplexen. Die Untereinheiten selbst haben noch keinerlei Funktion und erhalten erst bei der Komplexbildung mit anderen Untereinheiten ihre aktive Konfiguration. Es ist sogar möglich, dass derartige Untereinheiten in ganz verschiedenartigen Proteinkomplexen benötigt werden und dort unter jeweils entsprechender Konfigurationsänderung an gänzlich verschiedenen Funktionen beteiligt sind. Die Information für diese Konfigurationsänderungen der jeweiligen Untereinheit ist nicht in der genetischen Information ihres relevanten Gens festgelegt, sondern ergibt sich aus der Interaktion der an der Komplexbildung beteiligten Untereinheiten.

---

[4] Diese Aspekte werden hier nur kurz behandelt; für weitergehende Informationen sei auf Standardwerke der Molekularbiologie verwiesen.

[5] karyon (griech.) = Kern, Nuss; eu (griech.) = gut

[6] mRNA = messenger RNA

Schon diese wenigen Beispiele beweisen eindeutig, dass die oben geäußerte Definition des Gens nicht mehr der wissenschaftlich belegten Realität entspricht. Vielmehr wird überaus deutlich, dass es eine „Allmacht" von Genen nicht gibt und dass die Zelle etwas mit den Genen macht und nur das, was die Zelle will.

## 2.2. Gentechnische Veränderung

Mit Hilfe molekularbiologischer Methoden können kurze DNA-Abschnitte in pflanzliche Genome inseriert und integriert werden. Dieser Vorgang wird gentechnische Modifikation[7] oder Transformation genannt, die daraus hervorgehenden Organismen werden als gentechnisch veränderte Organismen (GVO)[8] oder transgene Organismen bezeichnet. GVO sind also Organismen[9], deren genetisches Material in einer Weise verändert worden ist, wie sie unter natürlichen Bedingungen durch Kreuzen oder natürliche Rekombination nicht vorkommt (GenTG §3). Grundsätzlich ist für den Erfolg solch einer Transformation der Herkunftsorganismus des übertragenen DNA-Abschnittes (des Inserts oder auch der Fremd-DNA) ohne Bedeutung, wohl aber die geeignete Kombination mit DNA-Abschnitten, die eine steuernde Funktion auf die gewünschte Expression des Inserts in dem Genom der Pflanze besitzen. Durch solche Gen-Konstrukte (chimären Gene oder auch Chimären) sollen Pflanzen neue Eigenschaften übertragen werden, deren Erwerb durch die Methoden der konventionellen Pflanzenzüchtung nicht möglich wäre. Man spricht von transienter Expression der eingebrachten DNA, wenn ihre genetische Information nur zeitlich begrenzt (z.B. beschränkt auf eine Zeitspanne nach der Transformation) von der Empfängerzelle realisiert wird. Da die Artschranken für diese Transformationen entfallen, erscheint der zur Verfügung stehende Gen-Pool unbegrenzt und das Verfahren der gentechnischen Modifikation selbst weniger zeitaufwendig als die konventionellen Züchtungsmethoden.

Zu den molekularbiologischen Methoden, die zur Transformation von Organismen im o.g. Sinne eingesetzt werden, sind nach §3 GenTG zu rechnen (a) DNA-Rekombinationstechniken, bei denen Vektorsysteme[10] eingesetzt werden, (b) Verfahren, bei denen in einen Organismus direkt Erbgut eingeführt wird, welches außerhalb des Organismus zubereitet wurde, und (c) Zellfusionen oder Hybridisierungsverfahren, bei denen lebende Zellen mit einer neuen Konstruktion von genetischem Material anhand von Methoden gebildet werden, die unter natürlichen Bedingungen nicht auftreten. Dagegen werden nach §3 GenTG nicht zu den Methoden der gentechnischen Transformation gerechnet (a) in-vitro Befruchtung, (b) Konjugation, Transduktion, Transformation oder jeder andere natürliche Prozess, (c) Polyploidie-Induktion, (d) Mutagenese und (e) Zell- und Protoplastenfusion von pflanzlichen Zellen, die zu solchen Pflanzen regeneriert werden können, die auch mit herkömmlichen Züchtungstechniken erzeugbar sind.

---

[7] Im englischen Sprachgebrauch auch "genetic engineering"; der Begriff "gentechnische" oder "genetische Manipulation" ist wegen seinem zugleich negativ wertenden Charakter zu vermeiden.

[8] Im englischen Sprachgebrauch "genetically modified organism" (GMO)

[9] Im Gegensatz zur naturwissenschaftlichen Sichtweise umfasst der Begriff "Organismus" (= jede biologische Einheit, die fähig ist, sich zu vermehren oder genetisches Material zu übertragen) nach dem Gentechnikgesetz (GenTG) auch Viren und Viroide sowie Zellen, die in Kulturmedien wachsen und sich dort vermehren (Zellkulturen).

[10] Unter Vektoren sind im vorliegenden Kontext ringförmige oder lineare Nukleinsäure-Moleküle zu verstehen, in die das gewünschte Insert integriert worden ist, und nach deren Übertragung in die Empfängerzelle das Insert zur genetischen Information der Empfängerzelle gehört.

Da die Transformationsmethoden vielfach von isolierten Zellen oder Zellkulturen ausgehen, mithin sich eine Regeneration von vollständigen Pflanzen anschließen muss, um den endgültigen Erfolg des Transformationsversuches testen zu können, kann es geschehen, dass in den Kalluskulturen (oder während der Regenerationsphase) die pflanzlichen Zellen gewisse Abweichungen vom Zellausgangstyp aufweisen. Diese somaklonale Variation kann auf Mutationen und Transpositionen beruhen.

# 3. Identifizierung, Isolierung und Klonierung des gewünschten Ziel-Gens[11]

In der Regel wird versucht werden, eine Eigenschaft des Phänotyps eines Organismus zurückzuführen auf die Expression (nach Möglichkeit) eines einzelnen Gens bzw. auf das „Ausschalten" seiner Expression. Gelingt es, diesen Kausalzusammenhang herzustellen (bzw. sprechen einige Argumente für ihn), so werden die Expressionsprodukte des Ziel-Gens, also mRNA oder Protein, benutzt, um spezifische DNA-Sonden zu erstellen, welche in späteren Verfahrensschritten für den Nachweis des Ziel-Gens eingesetzt werden können.

Soll von dem durch das Ziel-Gen kodierten Protein ausgegangen werden, so wird dieses durch Trennverfahren, wie z.B. durch Gelelektrophorese, angereichert. Die Aminosäuresequenz des Proteins wird von beiden Enden her für etwa 30 bis 40 Aminosäuren bestimmt. Auf dieser Grundlage werden DNA-Sequenzen synthetisiert, die für diese Aminosäuresequenzen kodieren würden. Diese spezifischen DNA-Sequenzen können dazu eingesetzt werden, die entsprechenden pflanzlichen Gene zu erkennen und nachzuweisen (siehe unten).

Soll von der durch das Ziel-Gen kodierten mRNA ausgegangen werden, so kann mit Hilfe der reversen Transkriptase eine zu der eingesetzten mRNA komplementäre DNA (cDNA) synthetisiert werden, die ebenfalls zur Detektion der entsprechenden genomischen DNA benutzt werden kann (siehe unten).

Liegen die spezifischen DNA-Sonden für die eindeutige Identifizierung des Ziel-Gens vor, so ist man dem Klonieren des Ziel-Gens einen entscheidenden Schritt näher gerückt. Aus Sicht des Verfahrens bedeutet Klonieren lediglich das identische Vervielfachen eines bestimmten DNA-Abschnittes. Bis die experimentellen Voraussetzungen dafür aber geschaffen sind, muss ein komplexes Isolierungs- und Identifizierungsverfahren durchlaufen werden, bevor die gewünschte DNA zum Klonieren vorliegt:

- Die DNA des Spender-Organismus, dessen Genom das Ziel-Gen enthält, wird isoliert und mit Hilfe einer Restriktionsendonuklease in Fragmente aufgespalten.
- Mit derselben Restriktionsendonuklease werden in einer Population von gleichartigen bakteriellen, doppelsträngigen Plasmiden diese an identischer Stelle aufgeschnitten, wobei nach der Einwirkung des Enzyms an den DNA-Schnittstellen in der Plasmid-DNA „überstehende" Enden bei beiden DNA-Strängen verbleiben. Diese bakteriellen Plasmide enthalten in der Regel zusätzlich Antibiotika-Resistenzgene als Marker (z.B. ein Resistenzgen gegen Ampicillin) (siehe Kapitel 5.1.).
- Die Schnittstelle der verwendeten Restriktionsendonuklease in den bakteriellen Plasmiden befindet sich in dem DNA-Bereich, der für ein weiteres Marker-Enzym kodiert, das in Anwesenheit eines entsprechenden Substrats auf bakteriellen Nährböden eine markante blaue Farbreaktion hervorruft.
- Unter Assistenz einer T4-Ligase können die Genom-Fragmente des Organismus, dessen Genom das Ziel-Gen enthält, in die Schnittstelle des bakteriellen Plasmids integriert werden.
- „Wirt"-Bakterien (in der Regel spezielle *E. coli*-Stämme) werden durch Behandlung in CaCl$_2$-Lösungen befähigt, „Fremd"-DNA aufzunehmen [Kompetenz], und in Kontakt gebracht mit den bakteriellen Plasmiden, in die zu einem gewissen Anteil DNA-Fragmente des Organismus „of interest" zuvor integriert worden sind (siehe oben).

---

[11] Dieser Aspekt wird hier nur kurz behandelt; für weitergehende Informationen sei auf Standardwerke der Molekularbiologie verwiesen.

- Diese Kulturen von „Wirt"-Bakterien werden kultiviert und auf einem selektiven Nährboden ausgebracht (z.B. mit Ampicillin als Selektionsmittel).
- Auf derartigen Nährböden werden *E. coli*-Kulturen von verschiedener Färbung auftreten:
  - Bakterien-Kolonien von tief-blauer bis schwach-blauer Färbung, bei denen das „Färbung-gebende" bakterielle Gen durch kein oder ein DNA-Insert minderer Größe unterbrochen worden ist.
  - Bakterien-Kolonien von weißer Farbe, bei denen das „Färbung-gebende" bakterielle Gen durch ein DNA-Insert erheblichen Ausmaßes unterbrochen worden ist, sodass die Marker-Funktion nicht mehr im Phänotyp ausgeprägt werden kann.
- Bakterien-Kolonien von weißer Farbe beinhalten somit Plasmide mit pflanzlichen DNA-Inserts. Im Folgenden gilt es, den bakteriellen Klon zu identifizieren, dessen Plasmid das Ziel-Gen inseriert hat.
- Dazu wird ein „Abklatsch" von dem Nährboden mit den verschiedenen bakteriellen Klonen erstellt und auf einen neuen Nährboden übertragen.
- Nach ausreichender Kultivierung der verschiedenen bakteriellen Klone auf dem neuen Nährboden werden sie (in dieser räumlichen Anordnung zueinander) auf einer Nitrocellulose-Membran fixiert.
- Die Bakterien auf der Nitrocellulose-Membran werden lysiert, ihre DNA denaturiert und an die Membran gebunden.
- Es erfolgt der Versuch der Hybridisierung der an die Membran gebundenen bakteriellen DNA mit radioaktiv markierten DNA-Abschnitten, welche zuvor als Sonden aufgrund der Expressionsprodukte (mRNA oder Protein) des Ziel-Gens synthetisiert worden waren (siehe oben).
- Nur im Falle, dass sich das Ziel-Gen als denaturierte DNA auf der Membran befindet, wird es zu einer Hybridisierung kommen, welche – nach Auflegen eines Röntgenfilms – im Autoradiogramm lokalisiert werden kann.
- Der Vergleich der Position(en) des (oder der) Hybridisierungsereignis(se) laut Autoradiogramm mit der räumlichen Anordnung der verschiedenen bakteriellen Klone auf dem Nährboden dient zur Identifizierung des Klons, dessen Plasmid das Ziel-Gen (oder wesentliche Teile von ihm) enthält.
- Dieser bakterielle Klon wird isoliert und kultiviert. Anschließend werden seine Plasmide isoliert, das Ziel-Gen ausgeschnitten und aufgereinigt.

## 4. Verfahren zur Herstellung von gentechnisch veränderten Pflanzen

Es stehen verschiedene Methoden zur gentechnischen Veränderung von Pflanzen zur Verfügung. Die DNA kann hauptsächlich entweder in Nachahmung natürlicherweise ablaufender Prozesse mit Hilfe von Bakterien oder Viren (siehe 4.1 und 4.2) oder durch physikalische Methoden (siehe 4.4, 4.6, 4.8 und 4.10) auf die Empfängerpflanzen übertragen werden. Die Wahl der geeigneten Transformationsmethode wird hauptsächlich durch die Eigenschaften der Pflanze und weniger durch die zu übertragende DNA bestimmt; somit ergibt sich vielfach eine Zuordnung bestimmter Methoden der Transformation zu taxonomischen Pflanzengruppen.

Man mag selbst an der Darstellung der Möglichkeiten der nachfolgend erläuterten Transformationsmethoden ermessen, welche von ihnen zugleich praktikabel und zukunftsträchtig sind.

### 4.1. Gentransfer mit Hilfe von *Agrobacterium*

*Agrobacterium*-Arten besiedeln den Wurzelbereich der Pflanzen und können diese über Verwundungen infizieren. Besonders *Agrobacterium tumefaciens* ist in der Lage, vor allem zweikeimblättrige Pflanzen zu infizieren und morphologische Veränderungen[12] zu bewirken (Tumorinduktion). Bereits 1940 wiesen Braun und White nach, dass nach der Tumorinduktion durch die Agrobakterien das kallusartige Wachstum der Zellen am Wurzelhals der Pflanzen unabhängig von der weiteren Anwesenheit der Bakterien erfolgt (ref. Braun, 1982). Außer den durch *Agrobacterium tumefaciens* bewirkten Wurzelhalsgallen ist die durch *Agrobacterium rhizogenes* ausgelöste Bildung von Adventivwurzeln[13] im Bereich der Infektion besser untersucht. Erwähnt sei ferner die avirulente Art *Agrobacterium radiobacter*[14] (*Agrobacterium tumefaciens* ohne Ti-Plasmid) und die Art *Agrobacterium rubri*, nach deren Befall sich an bestimmten Wirtspflanzen nur kleine tumorartige Gallen ausbilden.

Bei der Infektion von verwundeten pflanzlichen Geweben durch *Agrobacterium tumefaciens* dringen nicht die Bakterien in das Gewebe ein, sondern ein Tumor-induzierender (Ti) Faktor. Dieser befindet sich auf einem Ti-Plasmid von etwa 140 bis 235 Kilobasen (Abb. 4.1), das nur in zur Infektion befähigten Agrobakterien vorhanden ist. Ein Teil dieses Plasmids – der T-Region (T = Transfer) genannte DNA-Abschnitt von 15 bis 23 Kilobasen – wird in die pflanzliche Kern-DNA integriert und dort exprimiert; auf der T-Region befinden sich Gene für mehrere an der Synthese von Phytohormonen beteiligte Enzyme sowie Gene für Enzyme der Opin-Synthese. Interessanterweise sind diese Gene bakteriellen (also prokaryotischen) Ursprungs mit eukaryotischen Schaltelementen (Promotoren) versehen und sind damit dem zukünftigen Funktionsort – dem eukaryotischen Expressionssystem in den Pflanzen – angepasst. Durch Expression dieser bakteriellen Gene auf dem pflanzlichen Genom wird die Tumorausbildung induziert und aufrechterhalten sowie die Synthese von den Aminosäure-

---

[12] Crown gall oder Wurzelhalsgallen; Bildung von Wurzelhalsgallen an *Vitis vinifera* (Wein) durch *Agrobacterium vitis*.
[13] hairy root-Syndrom
[14] Zur Bewertung der Ti-Plasmid-freien *Agrobacterium tumefaciens* Variante *A. radiobacter* als Krankheitserreger beim Menschen sei auf die Stellungnahme der »Zentralen Kommission für die Biologische Sicherheit« vom August 1997 hingewiesen.

ähnlichen Opinen (Abb 4.2. und 4.3.) in den pflanzlichen Zellen ermöglicht. Außerhalb der T-Region liegt die genetische Information für die spezifische Virulenz der jeweiligen *Agrobacterium*-Art, für den Transfer der T-Region des Ti-Plasmids in die pflanzliche Zelle und für die Integration dieser T-Region in das pflanzliche Genom.

Die Hypothese, dass die Expression von Genen eines weiteren Plasmids in *Agrobacterium* Einfluss auf seine Virulenz haben könnte, konnte nicht bestätigt werden. Es handelte sich dabei um die *att*-Gene (Matthysee, 1987; Matthyssee et al, 2000) auf dem Plasmid pAtC58 (Goodner et al, 2001), das fast doppelt so groß ist wie das Ti-Plasmid und die genetische Information für etliche Stoffwechselfunktionen des Agrobakteriums enthält. Nair et al (2003) konnten zwar nachweisen, dass die Virulenz von *Agrobacterium* gesteigert werden kann, wenn es pAtC58 enthält, jedoch ist diese Virulenzsteigerung unabhängig von dem Vorhandensein der *att*-Gene, insbesondere von *attR* und *attD*. Diese extrachromosomalen *att*-Gene sollen jedoch ebenso wie die chromosomalen Gene *chv*A, *chv*B, *chv*E und *exo*C von *Agrobacterium tumefaciens* für die Synthese und den Export von β–1,2-Glucanen notwendig sein, ohne die *Agrobacterium* sich nicht an die Oberfläche der pflanzlichen Zelle anheften kann (Prescott, Briddon und Harwood, 1998). *chv*E kodiert für ein Monosaccharid-bindendes Membranprotein, das dadurch auf die periplasmatische Domäne des *virA* einwirkt und die Induktionswirkung des Inducers auf *virA* zusätzlich erhöhen kann.

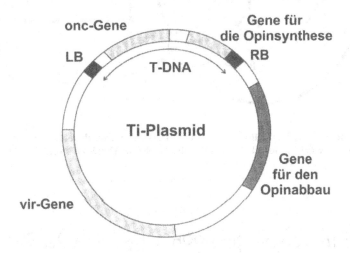

**Abb. 4.1. Schematische Darstellung eines Ti-Plasmids aus *Agrobacterium tumefaciens*. (Erläuterungen im Text) (verändert nach Prescott et al, 1998)**

Die in den pflanzlichen Zellen synthetisierten Opine (Abb. 4.3) induzieren ihrerseits in den Bakterien die Synthese von Opin-abbauenden Enzymen; auf diese Weise dienen die Opine den Agrobakterien als Kohlenstoff- und Stickstoffquelle. Ebenso werden die spezifischen Virulenz-Gene der *vir*-Region auf dem Ti-Plasmid der Agrobakterien durch pflanzliche Inducer aktiviert und dann die Übertragung der T-DNA eingeleitet; bei den Inducern handelt es sich um pflanzliche Sekundärmetabolite, die vorwiegend bei Verletzung pflanzlichen Gewebes gebildet werden [zum Beispiel Acetosyringon bei *Nicotiana tabacum* (Tabak)].

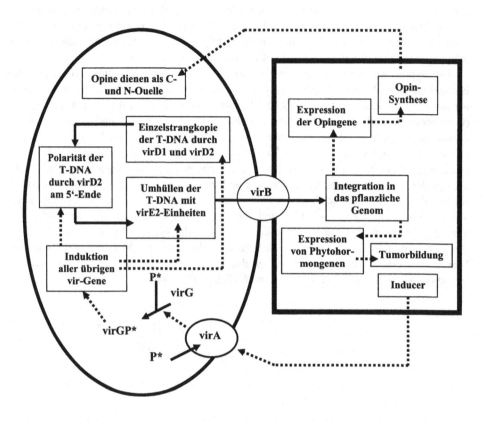

**Abb. 4.2.** Schematische Darstellung der Wechselwirkungen zwischen *Agrobacterium* (Oval) und einer pflanzlichen Zelle (Viereck) im Verlauf der Infektion. (Erläuterungen im Text)

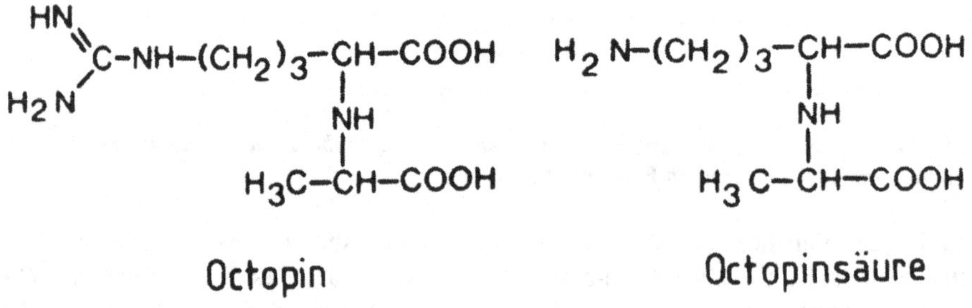

$$HN > C-NH-(CH_2)_3-CH-COOH$$

Octopin

Octopinsäure

**Abb. 4.3.** Beispiele für Opine. (Erläuterungen im Text)

Werden pflanzliche Zellen aus den Tumoren entnommen, so wachsen sie auf einem Nährmedium ohne Zusatz von Phytohormonen im Medium zu einem Kallus heran. Nachweislich produzieren diese Zellen die Phytohormone Auxin und Cytokinin und reichern sie in so hohen Konzentrationen an, dass damit eine Ausdifferenzierung in Wurzel oder Spross unterbunden wird.

Die Region der T-DNA auf dem Ti-Plasmid wird beidseitig von jeweils einer 25 bp langen DNA-Sequenz begrenzt (RB und LB, hergeleitet aus ‚right border' bzw. 'left border') (Abb. 4.4). Nopalin-Plasmide besitzen auf der rechten Seite der T-DNA-Region das Gen für

| | | |
|---|---|---|
| **LB** | **Octopin-Plasmid** | -CAGCGGCGGCAGGATATATTCAATTGTAAAT------ |
| **LB** | **Nopalin-Plasmid** | -GGCTGGTGGCAGGATATATTGTGGTGTAAAC----- |

| | | |
|---|---|---|
| ----GCTGACTGGCAGGATATATACCGTTGTAATT- | **Octopin-Plasmid** | **RB** |
| ----AGTGTTTGACAGGATATATTGGCGGGTAAAC- | **Nopalin-Plasmid** | **RB** |

**Abb. 4.4. Darstellung der 25 bp umfassenden rechten (RB[15]) und linken (LB[16]) Grenzsequenzen der Transfer-DNA des Octopin- bzw. des Nopalin-Plasmids. (verändert nach Koukolikova-Nicola et al, 1987)**

die Nopalinsynthase. Benachbart sind die *onc*-Gene (siehe unten). Auf Octopin-Plasmiden ist die T-DNA-Region in zwei Abschnitte TL und TR aufgeteilt, wovon der TR-Abschnitt das Gen für die Octopinsynthase enthält.

Die onc-Gene (*tms1, tms2* oder *shi1, shi2*[17] sowie *tmr* oder *roi*[18]) kodieren für Enzyme der Synthese von Auxin bzw. Cytokinin (Tryptophan-Monooxygenase, Indolacetamid-Hydrolase und Isopentyl-Transferase). Sowohl den Nopalin- und den Octopinsynthese-Genen als auch den *onc*-Genen sind eukaryotische Promotorsequenzen vorangestellt, so dass diese Gene nur nach dem Transfer aus *Agrobacterium tumefaciens* in die pflanzlichen Zellen dort exprimiert werden können. *Agrobacterium rhizogenes* besitzt auf der T-DNA-Region seines Plasmids nur die Gene *tms1* und *tms2* für die Auxin-Synthese; dies korrespondiert mit der Ausbildung von Adventivwurzeln bei Infektion durch *A. rhizogenes*.

Für die Integration der T-DNA in das Genom der Pflanze sind die Border-Sequenzen notwendig. Es gibt in der nukleären DNA der Pflanzen keine bevorzugte Stelle für die Integration der T-DNA; ihre Integration kann daher grundsätzlich vorher bestehende Genfunktionen der Pflanze außer Kraft setzen. Werden aus der T-DNA die *onc*-Gene mit Hilfe molekularbiologischer Methoden herausgeschnitten (und statt dessen ein zuvor isoliertes, anderes Gen [Fremd-DNA] eingefügt, so dass damit die Tumor-erzeugenden Eigenschaften entfernt worden sind[19]), so wird die genetische Information der integrierten T-DNA (einschließlich der eingebrachten Fremd-DNA) bei der Regeneration einer vollständigen Pflanze aus der trans-

---

[15] RB = right border
[16] LB = left border
[17] shi = shoot inducing, d.h. es werden Zelldifferenzierungen induziert, die zur Ausbildung von Sprossen führen
[18] roi = root inducing, d.h. es werden Zelldifferenzierungen induziert, die zur Ausbildung von Wurzeln führen
[19] Bei Ti-Plasmiden, deren T-DNA keine onc-Gene mehr enthält, spricht man von "disarmed" (= entwaffneten) Ti-Plasmiden

formierten Zelle auf sämtliche Zellen der Pflanze weitergegeben und auf die Nachkommen vererbt. Dieser einzigartige Einsatz von *Agrobacterium* zur Übertragung von genetischem Material von pro- auf eukaryotische Zellen wurde auch als „Trans-Kingdom-Sex" bezeichnet (Stachel und Zambryski, 1989). In diesem Sinne kann die Transfektion durch A*grobacterium* den bakteriellen Sekretionssystemen vom Typ IV zugerechnet werden (rev. Christie, 2001), wie sie auch bei den humanen Infektionskrankheiten durch *Bordetella pertussis* (Keuchhusten), *Heliobacter pylori* (Magengeschwüre) oder *Legionella pneumophila* (Legionärskrankheit) nachgewiesen worden sind. Die *Agrobacterium*-Transfektion unterscheidet sich indes grundsätzlich von den zuvor benannten humanpathogenen Infektionen in der Weise, dass bei ihr ein bakterieller DNA-Abschnitt in pflanzliche Zellen übertragen und in das eukaryotische Genom integriert wird.

Um ein Fremd-Gen mit Hilfe des Ti-Plasmids als Vektor und mit Hilfe von *Agrobacterium tumefaciens* als Übertrager in Pflanzenzellen zu überführen, kann das Fremd-Gen in Form einer Chimäre (Fremd-Gen mit vorgeschaltetem Promotor unterschiedlicher Herkunftsorganismen) in einem Klonierungsvektor integriert werden, der bereits Bordersequenzen der T-DNA, aber keine *onc*-Gene enthält. Mittels Konjugation kann dieser Klonierungsvektor von *E. coli* auf *Agrobacterium tumefaciens* übertragen und über Rekombination die chimäre T-DNA in das Ti-Plasmid integriert werden (Zambryski et al, 1983). Meist jedoch wird alternativ mit einem binären Vektorsystem gearbeitet (Hoekema et al, 1983); in diesem Fall befindet sich die T-DNA mit dem gewünschten Genkonstrukt auf einem zweiten kleineren Plasmid und das Ti-Plasmid enthält nur noch die *vir*-Region. Diese *vir*-Region stellt den notwendigen Transfer-Mechanismus für die Übertragung der T-DNA auf dem kleineren Plasmid. Über die Infektion von z.B. Blattscheiben[20] mit diesem *Agrobacterium* erfolgt die Integration des Fremd-Gens in die pflanzliche DNA. Isolierte Zellen aus Kallusgewebe dieser Blattscheiben werden anschließend auf die erfolgte Transformation hin getestet (meist an Hand von zugleich übertragenen Marker-Genen, wie zum Beispiel Antibiotika-Resistenzen) und bei positivem Befund dann zu vollständigen transgenen Pflanzen regeneriert. Cytologisch ist nachweisbar, dass meist die T-DNA nur einmal pro Zelle integriert worden ist.

Jedoch kann diese T-DNA auch zu mehreren Kopien und auch tandemartig hintereinander integriert vorliegen (de Neve et al, 1997; Krizkova und Hrouda, 1998; de Buck et al, 1999; Kumar und Fladung, 2000), wie es zum Beispiel in transgenen Tomaten (Chuj et al, 1986; McCormick et al, 1986; Sukhapinda et al, 1987), transgenem Tabak (Spielmann und Simpson, 1986), transgenen Petunien (Delores et al, 1988) und transgener *Arabidopsis* (Feldmann, 1991) nachgewiesen worden ist. Grevelding und Mitarbeiter (1993) konnten in einer systematischen Untersuchung nach Infektion durch transgenes *Agrobacterium tumefaciens* an Gewebeproben aus den Blättern (LDT[21]) oder dem Wurzelbereich (RT[22]) von *Arabidopsis* zeigen, dass durch LDT wenige und durch RT viele Inserts als Einzelintegration pro Zelle vorliegen (Abb. 4.5.). Dagegen ist bei LDT der Anteil an Doppelintegrationen bedeutend höher als bei RT; bei diesen Doppelintegrationen ist jeweils eines der Inserts in umgekehrter Orientierung zum anderen Insert angeordnet, so dass die beiden Inserts mit ihren RB-Sequenzen aneinandergrenzen (RB/RB Inserts). In nur geringer Anzahl konnten LB/LB Inserts bzw. LB/RB Inserts gefunden werden. Unter Verweis auf die Hypothese, dass die T-DNA grundsätzlich be-

---

[20] Im englischen Sprachgebrauch "leaf disc infection"
[21] LDT = leaf disk transformation
[22] RT = root transformation

ginnend mit der RB-Sequenz in die pflanzlichen Zellen transferiert wird (Zambryski, 1992), wurde außerdem mit dieser Untersuchung nachgewiesen, dass weitaus häufiger die LB-Sequenz der Inserts als ihre RB-Sequenz fehlt (Abb. 4.5.). Daraus kann insgesamt gefolgert werden, dass die Herkunft des infizierten Pflanzengewebes einen maßgeblichen Einfluss auf den Integrationsmodus des transferierten Inserts hat.

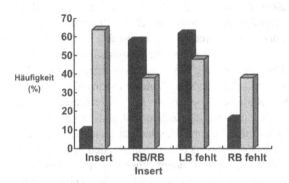

**Abb. 4.5. Häufigkeit (%) von Einzelinserts bzw. „RB/RB inverted repeat"-Inserts in transgenen** *Arabidopsis*-**Pflanzen, die nach** *Agrobacterium*-**Infektion aus Blattgewebe (schwarze Säulen) oder aus Wurzelgewebe (graue Säulen) regeneriert wurden. Ferner ist die Häufigkeit (%) angegeben, mit der die LB bzw. RB unter diesen zwei Versuchsbedingungen in den Inserts in den transgenen** *Arabidopsis*-**Pflanzen fehlt. RB = right border (rechte Grenzsequenz der T-DNA); LB = left border (linke Grenzsequenz der T-DNA). (Erläuterungen im Text) (verändert nach Grevelding et al, 1993)**

Wenn auch Pflanzen die „natürlichen Wirte" für *Agrobacterium*-Spezies sind, so hat sich in den letzten Jahren herausgestellt, dass es möglich ist, mit Hilfe von Agrobakterien auch Hefen (Bundock et al, 1995; Piers et al, 1996; Sawasaki et al, 1998), Basidiomyceten (de Groot et al, 1998; Chen et al, 2000), Ascomyceten (de Groot et al, 1998; Gouka et al, 1999), phytopathogene Pilze (Rho et al, 2001; Rolland et al, 2003) und sogar humane Zellkulturen (Kunik et al, 2001) zu transformieren.

Die vorausgegangene Schilderung vieler Details und Besonderheiten der Übertragung von DNA aus Agrobakterien in höhere Pflanzen sollte nicht darüber hinwegtäuschen, dass etliche Teilschritte des Gesamtprozesses noch nicht vollständig verstanden sind. Die *vir*-Gene für Komponenten, die für das DNA-Processing oder den DNA-Transfer benötigt werden, werden in enger Kopplung miteinander zur Expression nur dann induziert, wenn sich in der unmittelbaren Nähe der Agrobakterien verwundete Pflanzenzellen befinden (Stachel und Nester, 1986). Die Initialreaktion wird durch ein regulatorisches System aus zwei Proteinen hervorgerufen, die in *virA* bzw. *virG* kodiert sind (Winans, 1992). Bei virA handelt es sich um eine Histidin-Proteinkinase, welche als Transmembran-Protein sowohl sich selbst als auch den Transkriptionsfaktor virG phosphorylieren kann. virA wird durch den Inducer pflanzlichen Ursprungs zur Autophosphorylierung angeregt; die dadurch eingeleitete Phosphorylierung von VirG führt dann zur Transkription der gesamten *vir*-Region. Unter der Assistenz von VirD1 und VirD2 wird die Transfer-DNA als Einzelstrangkopie der T-DNA gebildet (Stachel et al, 1986; Filichkin und Gelvin, 1993). Dazu wird nach der Identifizierung der Border-Regionen durch VirD1/VirD2 dort die T-DNA endonukleolytisch aufgespalten; VirD2 bleibt mit dem 5'-Ende der T-DNA verbunden und vermittelt ihr damit einen polaren Charakter, der für den Ablauf des späteren Eintransports in die Pflanzenzelle prägend ist (Sheng und Citovsky, 1996; Zupan et al, 2000). Der T-DNA-VirD2-Komplex wird im Bereich der DNA vollständig durch etliche Monomere des Vir-E2-Proteins umhüllt (Zupan und Zambryski, 1997; Tzfira et al, 2000; Zupan et al, 2000), wodurch dieser während seines Transfers durch die Membranen des Agrobakteriums sowie durch das Plasmalemma und das Cytoplasma der Pflanzenzelle gegen den Abbau durch Nukleasen geschützt ist. Außerdem führt diese Umhüllung der T-DNA durch die VirE2-Proteine zur Ausbildung einer Tertiärstruktur des Komplexes mit einem Durchmesser von nur 2 nm. Für den Transfer des Komplexes durch die Membranen des Agrobakteriums sollen die VirB-Proteine essenziell zur Porenbildung benötigt werden. Da an Stelle der natürlicherweise auf der T-DNA befindlichen Gene beliebige Gene anderer Herkunft integriert, in pflanzliche Zellen transportiert und dort in deren Genom integriert werden können, ist diese Sequenz-Unspezifität gleichzeitig ein Beweis dafür, dass der gesamte Vorgang des T-DNA-Imports und der -Integration nicht von der T-DNA selbst (oder ihren Expressionsprodukten), sondern anderweitig gesteuert werden muss, nämlich durch Vir-Proteine und cytoplasmatische Faktoren der pflanzlichen Zelle (Gelvin, 2000; Tzfira et al, 2000).

Es sei betont, dass die Mechanismen für den Eintritt der T-DNA in die pflanzliche Zelle, für die (zu vermutende) Ablösung der VirE2-Proteine von der T-DNA im pflanzlichen Cytoplasma, für den Eintritt der T-DNA durch die Kernporen und für die Integration der T-DNA in die Kern-DNA erst annäherungsweise bekannt sind (Abb. 4.2.) (Zupan und Zambryski, 1995). Für Vergunst et al (2003) liegen zum Beispiel genug Beweise vor, eine entscheidende Beteiligung von VirE1 an dem Transport des T-DNA-VirE2-Komplexes durch das bakterielle Envelope abzulehnen. VirE2 werden noch andere Funktionen zugeschrieben. Dumas et al (2001) schreiben ihm eine wichtige Rolle beim Transport der von ihm umhüllten T-DNA durch das pflanzliche Cytoplasma sowie bei der Ausgestaltung der Kernporen zu. Diese unabdingbare Funktion des VirE2-Proteins im pflanzlichen Cytoplasma wurden bestätigt durch die Untersuchungen von Schrammeijer et al (2003), die den Eintransport der T-DNA von virE2-Deletionsmutanten von *Agrobacterium tumefaciens* durch Verwendung von Fusionsproteinen aus dem VirE2-Protein und einer Cre-Rekombinase rekonstituieren konnten. Es stellte sich außerdem heraus, dass das VirE2-Protein dabei offensichtlich mit mindestens zwei cytoplasmatischen Faktoren, VIP1 und VIP2[23], interagiert (Tzfira et al, 2000 und 2001).

Das VirD2-Protein gelangt – kovalent an das 5'Ende der T-DNA gebunden – bis in den Nukleus und ist dort wichtig für das Auffinden von DNA-Bereichen des pflanzlichen Genoms, die für eine nachfolgende Insertion der T-DNA geeignet sind. Der eigentliche Insertionsvorgang wird allerdings durch die pflanzliche Ligase I ermöglicht; die Anwesenheit des VirD2-Proteins bei der Insertion der T-DNA ist eher hemmend (Ziemienowicz et al, 2000; Wu et al, 2001).

Eine Analyse von etwa 88 000 verschiedenen T-DNA-Insertionen ergab auf chromosomaler Ebene eine geringere Insertionsrate im Bereich der Centromere und auf der Ebene der Gene eine Präferenz zur Insertion der T-DNA von nahezu 50% im Bereich der Promotoren und Exons pflanzlicher Gene (Alonso et al, 2003). Diese scheinbare Präferenz der Insertionsorte

---

[23] VIP = VirE2-interacting protein

wurde durch die Untersuchungen von Brunaud et al (2002) relativiert, die festgestellt haben, dass bereits eine Sequenzähnlichkeit von 3 bis 5 bp ausreicht für eine Anlagerung des jeweiligen Border-Bereichs der T-DNA an die entsprechende DNA-Region des pflanzlichen Genoms und dass derartige DNA-Sequenzähnlichkeiten häufig in pflanzlichen Promoter-Sequenzen auftreten. Die zunehmende Komplexität des Insertionsvorgangs der T-DNA wurde deutlich durch die Untersuchungen an Mutanten von *Arabidopsis thaliana*, bei denen eine T-DNA-Insertion nicht mehr erfolgen kann (Nam et al, 1999; Zhu et al, 2003). Zum Beispiel konnte nachgewiesen werden, dass eine Steigerung der Expression des pflanzeneigenen Histon H2A-1 (kodiert von *rat5*) in einer Mutante von *Arabidopsis thaliana* mit einer deutlichen Erhöhung der Insertionsrate von T-DNA in deren Genom einhergeht (Yi et al, 2002).

Lange wurde angenommen, dass die T-DNA durch illegitime Rekombination in das pflanzliche Genom integriert wird. Zunächst lagert sich – aufgrund einer hinreichenden Sequenzhomologie – das 3'-Ende der T-DNA an einen Einzelstrang-Bereich der pflanzlichen DNA an (Gheysen et al, 1991; Mayerhofer et al, 1991; Tinland, 1991). Es wird jedoch auch die Hypothese vertreten, dass die Einzelstrang-T-DNA zunächst mit einem neu-synthetisierten komplementären Strang doppelsträngig gemacht wird und dann dieser Doppelstrang in die doppelsträngige pflanzliche DNA integriert wird (Puchta, 1998; Salomon und Puchta, 1998; Kumar und Fladung, 2002). Die Untersuchungen von Chilton und Que (2003) belegen, dass die Insertion der T-DNA in „Bruchstellen" der doppelsträngigen pflanzlichen DNA auch dann erfolgt, wenn keine Homologie zwischen Border-Sequenz und den Endbereichen der pflanzlichen DNA an der Bruchstelle besteht.

Inzwischen mehren sich die Anzeichen für mindestens drei verschiedene Integrationsarten der T-DNA in das pflanzliche Genom. Zum Beispiel konnten Windels et al (2003) zeigen, (a) dass etwa 10% der Insertionen ohne Sequenzhomologien am Insertionsort erfolgten, (b) dass etwa 49% der Insertionen mit geringen Sequenzhomologien am Insertionsort erfolgten und (c) dass bei 41% der Insertionen zwischen der Insert-Sequenz und den flankierenden DNA-Sequenzen des pflanzlichen Genoms zusätzliche DNA-Sequenzen („Füll-DNA") eingefügt worden sind. Jedoch trat diese „Füll-DNA" nur in transgenen Mais- oder Tabakpflanzen, nicht aber in transgenen *Arabidopsis thaliana*-Pflanzen auf.

Die grundsätzliche Annahme, dass nur die auf der T-DNA vorhandenen Sequenzen bei der Transformation auf das pflanzliche Genom übertragen werden, kann in der Praxis nicht immer bestätigt werden. Zum Beispiel waren in transformierten Kalluskulturen von *Nicotiana tabacum* (Tabak) bzw. *Helianthus annuus* (Sonnenblume) auch Plasmid-Sequenzen jenseits des LB mit in das Pflanzengenom übertragen worden (Ooms et al, 1982; Ursic et al, 1983). Plasmidsequenzen sowohl jenseits des LB und des RB wurden in transformierter *Petunia hybrida* (Petunie) (Cluster et al, 1996), *Nicotiana tabacum* (Tabak) (Kononov et al, 1997) und *Solanum tuberosum* (Kartoffel) (Wolters et al, 1998) nachgewiesen; der Anteil von transformierten Pflanzen, welche auch DNA-Sequenzen enthalten, die aus Plasmidbereichen außerhalb der T-DNA stammen, kann zwischen 15% und 75% betragen. Zurückzuführen ist dies möglicherweise darauf, dass virD2 auch am 5'-Ende des LB binden kann und damit den Transfer von Plasmid-Sequenzen jenseits des LB initiieren kann (Durrenberger et al, 1989; Ramanathan und Veluthambi, 1995; van der Graff et al, 1996).

Erstmals in einer monokotylen Pflanze untersuchten Kim et al (2003) die Varianten bei der Insertion einer T-DNA in das Genom von *Oryza sativa* (Reis). In mehr als 50% der Reis-Transformanten war das Insert korrekt mit dem RB endet inseriert, während der LB in den meisten Fällen nicht erhalten blieb und die T-DNA mit einem Verlust einer Sequenz von bis zu 180 bp vom LB her inseriert wurde. Es konnten drei Arten der Insertion und Verbindung zwischen der T-DNA und der pflanzlichen DNA unterschieden werden: Entweder lag eine Überlappung vor (vor allem am LB), oder es lag ein „korrekter" Übergang von der T-DNA zur pflanzlichen DNA vor (vor allem am RB) oder der Übergang zwischen pflanzlicher DNA und T-DNA wurde durch „Füll-DNA" überbrückt. Von 171 transformierten Reispflanzen konnte in 77 nachgewiesen werden, dass auch Plasmid-DNA jenseits des LB in das pflanzliche Genom integriert worden war (Kim et al, 2003).

Sehr viele dikotyle [z.B. *Brassica napus* (Raps; Thomzik, 1995a und b); *Arachis hypogaea* (Erdnuss; Mansur et al, 1995); *Glycine max* (Sojabohne; Chee und Slighton, 1995); *Solanum tuberosum* (Kartoffel; Kumar, 1995); *Rubus* (Himbeere; Graham et al, 1995); *Ribes* (Johannisbeere; Graham et al, 1995); *Fragaria* (Erdbeere: Graham et al, 1995); *Malus* (Apfel; de Bondt et al, 1996) sowie *Ipomea trichocarpa* (Zierwinde; Otani et al, 1996)] und etliche monokotyle Spezies sind bereits mit Hilfe von *Agrobacterium tumefaciens* oder *A. rhizogenes* transformiert worden, darunter auch bereits *Oryza sativa* (Reis; Hiei et al, 1994), *Zea mays* (Mais; Ishida et al, 1996) und *Musa acuminata* (Banane; May et al. 1995). Hinzu kommt eine Anzahl von erfolgreich transformierten Kalluskulturen verschiedener Gymnospermen (z.B. Hood et al, 1990). In der Regel werden Blatt- oder Sprosssegmente der zu transformierenden Pflanze in einem frühen Entwicklungsstadium mit einer Agrobakteriensuspension inkubiert; zum Beispiel wurde ein solches Transformationsverfahren für Kulturpflanzen wie *Arachis hypogaea* (Erdnuss; McKently et al,1995), *Citrus sinensis* (Apfelsine; Pena et al, 1995), *Medicago truncatula* (Luzerne; Chabaud et al, 1996) oder *Vitis vinifera* (Wein; Scorza et al, 1995) beschrieben. Die Regeneration von Pflanzen der Nadelholzgewächse nach einer *Agrobacterium*-Transformation gelang bislang nur im Fall von *Larix decidua* (Lärche; Huang et al, 1991). Welche experimentellen Schwierigkeiten noch zu bewältigen sind, zeigen die Untersuchungen von Clapham et al (1995) zur Optimierung der Transformation von „embryonalen" Zellsuspensionen von *Picea abies* (Fichte). Die Transformation von Getreidesorten mit Hilfe der *Agrobacterium*-Transformation stößt ebenfalls auf erhebliche experimentelle Schwierigkeiten. Bei dieser Pflanzengruppe fehlt die im Bereich der Verwundung bei anderen Pflanzen auftretende Wundreaktion (Potrykus 1990a, 1990b); stattdessen werden hier phenolische Verbindungen angereichert und die betreffenden Zellen sterben ab. Zwar transferieren auch in diesem Fall die Agrobakterien die T-DNA, jedoch kann es nicht zu der nötigen Interaktion zwischen pflanzlicher Zelle und *Agrobacterium* kommen.

Nach Untersuchungen von Narasimhulu et al. (1996) ist die erfolgreiche Transformation durch Agrobakterien aus einem ganz anderen Grund vor allem bei zweikeimblättrigen Pflanzen erfolgreich. Narasimhulu et al. (1996) haben den Modus der T-DNA-Übertragung auf Tabak- bzw. Maispflanzen unter Verwendung von Mutanten von *Agrobacterium tumefaciens* untersucht, deren *virC*, *virE* bzw. *virD2* in Teilbereichen verändert oder diese deletiert waren. Sie kamen unter anderem zu dem Ergebnis, dass die sog. ω–Domäne des virD2 für die Integration der T-DNA in die pflanzliche DNA unabdingbar ist. Es sprechen auch einige Anzeichen dafür, dass diese Funktion des virD2 mit Vorrang in dikotylen Pflanzen wirksam werden kann.

Eine Weiterentwicklung aus der Agrobakterium-Methode zur Transformation von Pflanzen ist der Einsatz der T-DNA für das »Gen-Tagging«[24] im pflanzlichen Genom. Die T-DNA

---

[24] tagging = haschen oder fangen

ist für diesen Zweck in besonderer Weise geeignet, da sie mit Vorrang in Genombereiche inseriert, die sich im Zustand der „Transkriptionsbereitschaft" befinden (Koncz et al, 1989). Zu diesem Zweck werden zum Beispiel Marker-Gene ohne Promotoren unmittelbar an den Border-Sequenzen in die T-DNA inseriert. Experimentell ist es dann durch Transformation von Pflanzen erzielbar, dass diese Marker-Gene im Bereich expressionsaktiver Promotoren im pflanzlichen Genom inseriert werden, selbst durch die Anwesenheit dieser expressionsaktiven Promotoren zur Expression kommen und somit deren Anwesenheit an dieser Stelle im pflanzlichen Genom deutlich machen. Enthält ein derartiges Konstrukt außerdem noch einen bakteriellen Replikationsursprung und ein Ampicillin-Resistenz-Gen, so ist die gezielte Re-Isolation des Konstruktes mit dem identifizierten Promotor möglich und dessen weitere Verwendung zu Transformationsversuchen (Teeri et al, 1986; Kerbundit et al, 1991; Goldsborough und Bevan, 1990; Topping et al, 1991). Für den Nachweis des Expressionsproduktes des in das pflanzliche Genom eingebrachten Fremd-Gens hat sich das Integrieren einer DNA-Sequenz für ein kurzkettiges Peptid bewährt; dieses darf allerdings weder die Funktion noch die Faltung (Tertiärstruktur des Fremd-Gen-Produktes) verhindern bzw. verändern; ein für derartiges Epitop-Tagging (ref. Guiltinam und McHenry, 1995) geeignetes Peptid ist zum Beispiel das Translationsprodukt des menschlichen c-myc-Gens.

Zusätzlich zu der direkten Verwendung von *Agrobacterium* bei der Transformation von pflanzlichen Zellen wird es zum Beispiel verwendet (a) vor der Elektroporation (siehe Kapitel 4.8.) von Kalluskulturen von *Triticum aestivum* (Weizen) zur Bereitstellung des binären Vektors mit der T-DNA (Zaghmout und Trolinder, 1993), (b) nach dem „Beschuss" pflanzlichen Materials mit Mikroprojektilen (siehe Kapitel 4.4.), um bei der nachfolgenden Agrobakterien-Infektion die Eintrittsmöglichkeit für deren T-DNA in die verwundeten pflanzlichen Zellen zu erhöhen (Bidney et al, 1992), (c) als Zusatz für die Flüssigkeit, in der Samen zum Keimen gebracht werden, um sie bei diesem Entwicklungsvorgang zu transformieren (Feldmann und Marks, 1987) und (d) für die Vakuum-Infiltration von Sprossteilen (Bechtold et al, 1993).

## 4.2. Gentransfer mit Hilfe viraler Vektoren

Um Viren als Vektoren[25] einzusetzen, wurde das Genom geeigneter DNA-Viren modifiziert und Fremd-DNA inseriert (Futterer et al, 1990). Nach Infektion der Pflanzen durch die so veränderten Viren wird die Fremd-DNA grundsätzlich nicht in das Pflanzengenom integriert [Ausnahme ist die DNA des „tomato golden mosaic virus", die nach Coutts et al (1990) in das Genom von Tabakzellen inseriert werden soll; sie kann jedoch dort nicht exprimiert werden.]. Ausgeschlossen sind derartige Viren von meristematischen Geweben im Blütenbereich der Pflanzen. Damit ist gleichzeitig die Weitergabe der Fremd-DNA über die Samen der Pflanzen auf die nachfolgende Generation ausgeschlossen (Potrykus, 1991). Experimentell wiesen Shen und Hohn (1994) nach, dass zum Beispiel ein Konstrukt aus dem nicht-codierenden Genomanteil des Geminivirus MSV (maize streak virus) und dem GUS-Gen (ß-Glucuronidase als Marker) in *Zea mays* (Mais) nicht systemisch verbreitet werden kann aufgrund der dreidimensionalen Konfiguration dieses Konstruktes oder seiner Größe.

---

[25] Nicht als Vektoren werden Organismen bezeichnet, die für den Übertragungsvorgang des Inserts in die Empfängerzelle notwendig sind [wie zum Beispiel Bakterien (siehe Gentransfer mit Hilfe von *Agrobacterium* (Kapitel 4.2.) oder Insekten (Kapitel 8.3.)].

Die aufgrund der Wirt-Spezifität der pflanzenpathogenen Viren begrenzte Anwendbarkeit obiger Methode wird durch eine Kombination mit der in Kapitel 4.1. beschriebenen Transformation mit Hilfe von *Agrobacterium* wesentlich erweitert; man spricht bei dieser Methode auch von Agroinfektion. Integriert in die T-DNA von *Agrobacterium* werden kann entweder, im Falle von DNA-Viren, das virale Genom oder, im Falle von RNA-Viren, eine entsprechende cDNA. Nach solcher *Agrobacterium*-Transformation wird zum Beispiel die DNA des „maize streak virus" (MSV) in *Zea mays* (Mais) exprimiert und komplettierte Viruspartikel systemisch über die ganze Pflanze verteilt (Grimsley et al, 1987). Die Befunde dieser Untersuchung können allerdings nicht generalisiert werden. Es ist stets im Einzelfall zu überprüfen, ob und in welchem Umfang nach der Integration der T-DNA in das pflanzliche Genom die auf diese Weise in die pflanzliche Zelle eingebrachte genetische Information des Virus tatsächlich um- und freigesetzt wird.

Bereits 1986 wurden mit Hilfe der Agroinfektion höhere Pflanzen mit cDNAs vom cauliflower mosaic virus, potato stunt tuber viroid, beet western yellows virus, tobacco mosaic virus oder tomato golden mosaic virus transformiert (Grimsley et al, 1986; Gardner et al, 1986; Leiser et al, 1992; Turpen et al, 1993; Rogers et al, 1986). Resistenz ließ sich mittels dieser Transformationsmethode in *Nicotiana benthamiana* oder *N. tabacum* (Tabak) etablieren gegen den african cassava mosaic virus (Frischmuth und Stanley, 1991), gegen den cucumber mosaic virus (Harrison et al, 1987), gegen den tobacco mosaic virus (Yamaya et al, 1992) oder gegen den tobacco ringspot virus (Gerlach et al, 1987).

## 4.3. Gentransfer in Protoplasten

Pflanzenzellen sind in der Regel von einer Zellwand umgeben, an die sich von innen die äußere Zellmembran der Pflanzenzelle, das Plasmalemma, anlegt. Zum Beispiel mittels enzymatischer Verdauung können Pflanzenzellen von ihrer Zellwand befreit werden, so dass sie bei geeigneten osmotischen Bedingungen der umgebenden Lösung eine kugelige Gestalt annehmen und nur noch von dem dünnhäutigen Plasmalemma umgeben sind.

Die Transformation von Protoplasten gelang in mehreren methodischen Varianten: durch Behandlung mit Polyäthylenglykol (Larkin et al, 1990; Funatsuki et al, 1995), durch Elektroporation (Joersbo und Brunstedt, 1991) (Kapitel 4.8), durch Liposomenfusion (Cabouche 1990; Spörlein und Koop, 1991) (siehe 4.5) oder durch *Agrobacterium tumefaciens* (Krens et al, 1982) (Kapitel 4.1). Nach der Protoplasten-Transformation wurden durch Regeneration auch Vertreter der *Gramineae* zu vollständigen transgenen Pflanzen regeneriert. Dies gelang zum Beispiel mit *Oryza sativa* (Reis; Davey et al, 1991), *Zea may* (Mais; Rhodes et al, 1988; Golovkin et al, 1993), *Dactylis glomerata* (Knaulgras; Horn et al, 1983), *Triticum aestivum* (Weizen; He et al, 1982; Müller et al, 1996) und *Hordeum vulgare* (Gerste; Jähne et al, 1991; Funatsuki et al, 1995).

## 4.4. Gentransfer mit Hilfe der „Particle-Gun"

Grundsätzlich kann die „Particle-Gun"-Methode zur Transformation von allen Pflanzen-Spezies angewandt werden. Derzeit sind die Mehrzahl der kommerziell verwendeten transgenen Pflanzen mit Hilfe dieser Methode transformiert worden (Delannay et al, 1995; James, 2002). Dazu werden Tungsten- oder Gold-Partikel (Durchmesser etwa 1,0 - 1,7 µm) mit Plasmiden, denen die gewünschte Fremd-DNA integriert worden ist, oder auch nur mit einer großen Kopienzahl der Fremd-DNA „beladen"[26] und dann mit hohem Druck auf Gewebeteile, Zellkulturen, Pflanzenteile oder pflanzliche Embryonen abgeschossen.

Die Entwicklung dieser Transformationsmethode geht auf die Untersuchungen von Klein et al (1987) zurück, in denen nachgewiesen wurde, dass DNA in epidermale Zwiebel-Zellen „geschossen" und dort auch transient exprimiert werden konnte. In der Folge wurde diese Transformationsmethode methodisch mehrfach optimiert (Sanford, 1988 und 1990; Christou, 1992).

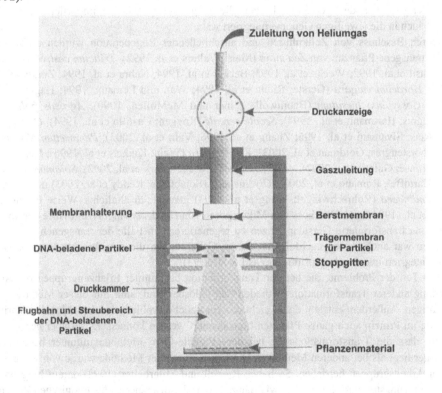

**Abb. 4.6. Schematische Darstellung der „Particle-Gun"-Apparatur, mit welcher ‚DNA-beladene' Partikel auf pflanzliches Material abgeschossen werden, um diese DNA in den pflanzlichen Zellen zu belassen und dort in das pflanzliche Genom zu integrieren. (Erläuterungen im Text) (verändert nach Prescott at al, 1998)**

---

[26] Das „Beladen" der Tungsten- oder Goldpartikel mit DNA wird erreicht durch intensives Vermischen der in Glycerin aufgenommen DNA mit den Partikeln und anschließendem Ausfällen der DNA auf den Partikeln durch Zugabe von $CaCl_2$ und Spermidin (Klein et al, 1987).

Während die ursprünglichen Apparate tatsächlich Schussapparate waren, nutzen heutige „Particle-Guns" den plötzlichen, kontrollierten Gasausbruch in einen Raum mit Unterdruck definierter Größe (Abb. 4.6.). Die mit den zubereiteten DNA-Konstrukten beladenen Partikel werden auf die Unterseite einer Trägermembran aufgetragen. Diese beladene Trägermembran wird in die Halterung der Startposition eingehängt. Die Druckkammer wird evakuiert und gleichzeitig die Zufuhr eines Gases in das Einleitungsrohr der Druckkammer erhöht. Bei einer bestimmten Druckdifferenz zwischen Gas-Zufuhr und vermindertem Druck in der Kammer wird die Berstmembran reißen. Die plötzliche Schockwelle des sich in der Druckkammer ausbreitenden Gases reißt auch die Trägermembran aus ihrer Halterung und beschleunigt sie in Richtung auf das Stoppgitter. Beim Auftreffen der Trägermembran auf das Stoppgitter werden die mit DNA-Konstrukten beladenen Partikel aufgrund der Beschleunigung von der Unterseite der Trägermembran abgerissen und in Richtung auf das pflanzliche Material am Boden der Druckkammer beschleunigt. Dort durchschlagen sie die pflanzlichen Zellen und streifen dabei in den Zellen ihre DNA-Konstrukte ab. Wenn dies im Zellkern, den Mitochondrien oder den Plastiden geschieht, besteht die Möglichkeit, dass die importierte „Fremd-DNA" auch in die jeweiligen Genome integriert wird.

Durch Beschuss von Zellkulturen und anschließender Regeneration wurden auf diese Weise transgene Pflanzen von *Zea mays* (Mais; Walters et al, 1992), *Triticum aestivum* (Weizen; Vasil et al, 1992; Weeks et al, 1993; Becker et al, 1994; Nehra et al, 1994; Zimny et al, 1995), *Hordeum vulgare* (Gerste; Ritala et al, 1994; Wan und Lemaux, 1994; Hagio et al, 1995), *Gossypium hirsutum* (Baumwolle; Finer und McMullen, 1990), *Agrostis palustris* (Straußgras; Hartmann et al., 1994), *Secale cereale* (Roggen; Castillo et al., 1994), *Oryza sativa* (Reis; Sivamani et al, 1996; Zhang et al, 1996; Vain et al, 2002), *Pennisetum glaucum* (Federborstengras; Goldman et al, 2003), *Vitis vinifera* (Wein; Kikkert et al, 1996), *Lens culinaris* (Linse; Gulati et al, 2002), *Allium sativum* (Zwiebel; Park et al, 2002), *Solanum tuberosum* (Kartoffel; Romano et al, 2003), *Glycine max* (Sojabohne; Reddy et al, 2003) und *Festuca arundinacea* (Rohrschwingel; Wang et al, 2003) erzeugt; in ähnlicher Weise gelang es Jähne et al. (1994) nach Beschuss von Mikrosporen von *Hordeum vulgare* mit Hilfe der »particle-gun« transformierte Gerstenpflanzen zu regenerieren. Im Falle der transgenen Weizenpflanzen war auch in den nachfolgenden zwei Generationen die eingebrachte Fremd-DNA stabil integriert und wurde exprimiert (Vasil et al, 1993).

Ein Teil der Probleme, die bei der Transformation bestimmter Pflanzengruppen bei Anwendung anderer Transformationsmethoden fast unlösbar sind, sind mit dieser Methode zu bewältigen. Außerdem entsteht dabei nicht das zusätzliche Problem der somaklonalen Variation, da im Prinzip auch ganze Pflanzen transformiert werden können. Es sei aber hervorgehoben, dass die Transformationsrate bei der „Particle-Gun"-Methode mitunter bedeutend niedriger liegt als bei anderen Methoden. Die Optimierung der Methode wurde von verschiedenen Arbeitsgruppen betrieben. So haben Russell und Mitarbeiter (1992) darauf hingewiesen, dass Tungsten-Partikel (als „Lewis-Säure") toxisch auf manche physiologischen Zellabläufe wirken können und schlagen daher die Verwendung von Goldpartikeln vor. Casas und Mitarbeiter (1993) haben die Bedingungen für die Transformation von *Sorghum bicolor* (Hirse) durch Beschuss mit Tungsten-Partikeln untersucht. Die DNA-Übertragung maßen sie an Hand der Expression der regulatorischen Elemente R und C1 bzw. des ß-Glucuronidase- Gens *uidA* (Abb. 4.7.) und des *bar*-Gens. Obwohl Unterschiede in den absoluten Expressionsmustern von R, C1 und uidA durchaus festzustellen sind, sind die drei Gene in ihrer Expressionsrate vom Genotyp, vom angewandten Druck und von der Beschussdistanz in ähnlicher Weise abhängig. Der Genotyp scheint den größten Einfluss zu haben.

Es war vorauszusehen, dass durch den Beschuss von Zellkulturen oder Zellverbänden allein schon in Folge der Druckwelle ein Teil der Zellen – vor allem im Zentrum des Schussstrahls – abgetötet wird. Russell und Mitarbeiter (1992) haben zur Minderung der Zellschädigung eine Reihe von technischen Verfeinerungen erprobt und empfehlen zur „Schussauslösung" Helium. Zur Minderung der Druckwelle entwickelten sie ein mehrschichtiges Kammersystem zur Ableitung des Heliums. Die Anzahl von erfolgreich transformierten Tabakzellen ließ sich auf diese Weise erhöhen.

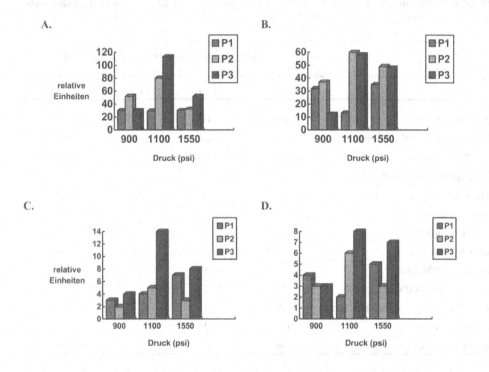

**Abb. 4.7. Mittels der „Particle-Gun"-Methode wurden Embryonen der drei Kultivare P1, P2 und P3 von *Sorghum bicolor* (Hirse) transformiert. Es wurden die Transkriptaktivatoren R und C1 aus *Zea mays* (Mais) sowie das Gen *uidA* für die ß-Glucuronidase auf die Embryonen übertragen. Die durch R und C1 gesteuerte Anthocyanin-Synthese (A und B) bzw. die Expression von *uidA* (C und D) sind quantitativ dargestellt. Der Beschuss-Abstand der „Particle-Gun" betrug bei A und C 6,0 cm und bei B und D 9,2 cm. (verändert nach Casas et al, 1993)**

Obwohl zu diesem Zeitpunkt schon deutlich wurde, dass die „Particle-Gun"-Methode sicher noch weiterer Verbesserungen bedurfte, gelang es Gordon-Kamm et al (1990) bereits, nicht nur embryonale Zellen von *Zea mays* (Mais) mit diesem Verfahren zu transformieren, sondern sie konnten daraus fertile Pflanzen regenerieren und aus deren Samen die nächste Generation transgener Maispflanzen heranziehen (Tab. 4.1.). Ebenso gelang bereits die Regeneration von transgener *Arachis hypogaea* (Erdnuss) aus Gewebekulturen, die mit Hilfe der „particle-gun"-Methode transformiert worden waren (Ozias-Akins et al, 1993).

Die zum Teil beschränkte Effizienz der ursprünglichen „Particle-Gun"-Methode war Grund genug, nach Variationen zu suchen. Eine Variante der „Particle-Gun"-Methode ist das von Christou et al. (1991) entwickelte Accell-Verfahren, bei dem die für den Beschuss von pflanzlichen Zellen benötigte Beschleunigung der DNA-beladenen Partikel durch ein elektrisches Feld erzeugt wird („electric discharge particle acceleration"). Christou und Ford (1995) benutzten diese Methode speziell für die Transformation von *Oryza sativa* (Reis).

**Tab. 4.1. Zusammenstellung der Ergebnisse von Transformationsversuchen mit Hilfe der „Particle-Gun"-Methode an embryonalen Zellen von *Zea mays* (Mais); k.E. = keine Eintragung. (verändert nach Gordon-Kamm et al, 1990)**

|  | Kennzahl der beschossenen Zellkulturen | | | |
|---|---|---|---|---|
|  | SC82 | SC716 | SC94 | SC82 |
| Anzahl derFilter | 10 | 16 | 10 | 4 |
| Transformanten (bar-Gen) | 7 | 20 | 8 | 19 |
| bar-Expression | 5 | 12 | 6 | 17 |
| Transformanten (GUS-Gen) | k.E. | 17 | k.E. | 13 |
| GUS-Expression | k.E. | 4 | k.E. | 3 |
| Cointegration (%) | k.E. | 85,5 | k.E. | 68 |
| Coexpression (%) | k.E. | 18 | k.E. | 16 |
| transgener Kallus | 4 | 10 | 2 | 4 |
| transgene Pflanzen | 76 | 219 | 11 | 23 |
| •    davon blühfähig | 73 | 35 | | |
| •    davon Samen produzierend | 28 | 9 | | |
| Samen geerntet | 184 | 51 | | |
| daraus Pflanzen gezogen | 50 | 31 | | |

Eine weitere Variante ist das sogenannte „Particle Inflow Gun"-Verfahren (PIG) (Finer et al, 1992). Bei diesem Verfahren werden die mit den gewünschten DNA-Konstrukten beladenen Partikel direkt in einen Helium-Gasstrom verbracht, der auf das pflanzliche Material gerichtet ist. Durch Anwendung der PIG-Methode wurden zum Beispiel hohe Transformationsraten durch Beschuss von Suspensionskulturen von *Zea mays* (Mais) erreicht (Vain et al, 1993).

## 4.5. Gentransfer unter Einsatz von Liposomen

Wird in einem Lipid-Wasser-Gemisch der Wassergehalt auf mehr als 40% angehoben, so bildet sich ein Zweiphasensystem aus, bei dem hydratisierte (z.T. multilamelläre) Vesikel

(Liposomen) im Wasser dispergieren, d.h. Quantitäten wässriger Lösung werden von Lipidfilmen in kugeliger Gestalt umschlossen. Mehrfach ist versucht worden, mittels solcher Liposomen DNA in Einzelzellen oder Zellverbände von landwirtschaftlichen Nutzpflanzen einzuführen (Lurquin und Rollo, 1993). Mit DNA „beladene" Liposomen sollen tatsächlich diese Fremd-DNA in Zellen von *Nicotiana tabacum* (Tabak) oder *Lycopersicon esculentum* (Tomate) abgegeben haben; eine transiente Expression dieser importierten DNA soll stattgefunden haben (Gad et al, 1990). Lucas und Mitarbeiter (1990) brachten solche Liposomen direkt in die Vakuolen von Tabak-, Mais- oder Karotten-Zellen ein. Daraufhin fusionierten die Liposomen mit dem jeweiligen Tonoplast und entließen die Fremd-DNA in das Cytoplasma. Eine Expression dieser Fremd-DNA konnte allerdings nicht nachgewiesen werden.

## 4.6. Gentransfer durch Injektion der Fremd-DNA

Die Methode, Fremd-DNA direkt in pflanzliche Zellen zu injizieren, ist an Protoplasten (Neuhaus und Spangenberg, 1990), pflanzlichen Embryonen [z.B. von *Brassica napus* (Raps) (Neuhaus et al, 1987)], pflanzlichen Einzelzellen (Neuhaus und Spangenberg, 1990; Oard, 1991) oder meristematischen Bereichen ganzer Pflanzen [z.B. von *Hordeum vulgare* (Gerste) (de la Pena et al, 1987)] zum Teil erfolgreich erprobt worden. Allerdings werden diese positiven Befunde von anderen Autoren in Frage gestellt (Potrykus 1990).

Der Nachteil dieser Transformationsmethode ist es, dass die Injektion der Fremd-DNA manuell unter dem Mikroskop an Einzelzellen vorgenommen werden muss und dass auf diese Weise nur mit hohem experimentellen Aufwand eine genügend hohe Anzahl an transformierten Zellen erzeugt werden kann, von denen in der Regel – wie bei den anderen Transformationsmethoden auch – nur ein geringer Teil als erfolgreich transformiert bezeichnet werden kann. Deshalb hat diese Transformationsmethode in den letzten Jahren auch nur in besonderen Einzelfällen Anwendung gefunden.

## 4.7. Gentransfer durch Inkubation in DNA-Lösungen

Inkubation von *Triticum*-Embryonen in einer DNA-Lösung vom wheat dwarf virus führte zumindest vorübergehend zur Expression viraler DNA in diesen Weizenembryonen (Töpfer et al, 1990). Da die virale DNA durch die Zellwände und das Plasmalemma in die pflanzlichen Zellen eindringen müsste, um tatsächlich dort exprimiert werden zu können, werden diese Ergebnisse zum Teil angezweifelt (Potrykus 1990a).

Erfolg versprechender wird diese Methode, wenn das pflanzliche Material in der DNA-Lösung unter Zusatz von Mikrofibrillen einer Silicon-Verbindung intensiv vermischt wird (Kaeppler et al, 1990). Die Mikrofibrillen verursachen mechanisch Schädigungen an den Zellwänden und/oder –membranen und erleichtern damit der DNA (Insert-Konstrukt) den Zutritt in die Pflanzenzellen. Der Vorteil dieser Methode ist der geringe apparative Aufwand. Im Falle von *Zea mays* hat diese Transformationsmethode zur Erzeugung transgener fertiler Maispflanzen geführt (Frame et al, 1994).

## 4.8. Gentransfer durch Elektroporation

Im Labor von Lindsay gelang es, Fremd-DNA mittels Elektroporation in ganze Zellen von *Beta vulgaris* (Zuckerrübe) zu überführen (Lindsey und Jones, 1990; Lindsey und Gallois, 1990). Es wurde allerdings nur transiente Expression des Fremd-Gens erreicht. Analoge Untersuchungen führten Dekeyser et al (1990) mit *Oryza sativa* (Reis) und Salmenkallio-Marttila et al (1995) mit *Hordeum vulgare* (Gerste) durch. Die Transformation wurde mit Gerstenprotoplasten bzw. mit intakten Gewebeverbänden von *Oryza sativa* (Reis) durchgeführt. Bei Verwendung von Gewebeverbänden wird die Probenvorbereitung selbstverständlich vereinfacht. Diese Vorgehensweise ist außerdem zum Verständnis der intrazellulären Abläufe nach der Transformation von Wichtigkeit, da zum Beispiel durch die Isolierung

**A.**

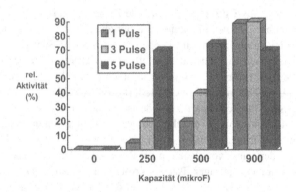

**B.**

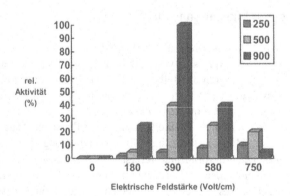

**Abb. 4.8. Ergebnis der Elektroporation von Blattstücken von *Oryza sativa* (Reis) (gemessen als relative Aktivität des transferierten *nptII*-Gens) in Abhängigkeit von der Anzahl der Pulse der verwendeten Kondensatorkapazität (A.) sowie von dieser und der elektrischen Feldstärke (B.). (verändert nach Dekeyser et al, 1993)**

pflanzlicher Zellen mitunter bestimmte Expressionsaktivitäten getilgt werden, die diese Zellen im Zellverband vorher noch aufwiesen. Als Marker-Gen verwendeten Dekeyser und Mitarbeiter (1990) das Neomycinphosphotransferase-Gen (*nptII*), dessen Aktivität sie als Maß für den Erfolg der Transformation der Stielsegmente von *Oryza sativa* (Reis) durch Elektroporation nahmen. Diese Autoren haben etliche Parameter dieser Transformationsmethode optimiert, wie es exemplarisch in Abb. 4.8 für die Anzahl der Pulse, die verwendete Kapazität und die angewandte Feldstärke dargestellt ist.

Die Autoren betonen, dass dieses optimierte Verfahren auch erfolgreich für die Transformation von Geweberbänden von *Zea mays* (Mais), *Triticum aestivum* (Weizen) und *Hordeum vulgare* (Gerste) angewandt wurde. Die erfolgreiche Transformation von *Oryza sativa* (Reis) bzw. *Triticum aestivum* (Weizen) mittels Elektroporation gelang auch Chamberlain et al (1994), wobei in dieser Versuchsreihe den Markergenen für die Neomycinphosphotransferase (Kanamycin-Resistenz), für die Phosphinothricin-N-Acetyltransferase (Basta-Resistenz) oder für die durch Mutation modifizierte Acetolactatsynthase (Resistenz gegen Sulfonylharnstoff-Herbizide) ein für Getreidepflanzen besonders geeigneter Promotor (Emu) vorgeschaltet war, durch den höhere Expressionsraten erreicht wurden als durch den 35S-Promotor des CaMV[27].

Chupeau et al (1994) beschrieben, wie sie mit Hilfe der Elektroporation Protoplasten von *Populus tremula* x *Populus alba* (Pappel) transformieren konnten und wie die transgenen Pappel-Protoplasten wieder zu vollständigen Pflanzen regenerierten. He et al (1994) konnten zwar Protoplasten von *Triticum aestivum* (Weizen) mittel der Elektroporation transformieren, jedoch waren die daraus regenerierten transgenen Weizenpflanzen nicht mehr zur Samenbildung befähigt.

Der genaue Wirkungsmechanismus der Elektroporation ist ungeklärt: Während der elektrischen Entladung, bei der sich die Geweberbände in wässriger Lösung (diese enthält die Plasmide mit der darin integrierten Fremd-DNA) zwischen den beiden Elektroden befinden, werden entweder sowohl in den Zellwänden als auch im Plasmalemma Poren geschaffen, durch die die Plasmide mit der integrierten Fremd-DNA in die pflanzlichen Zellen transferiert werden, oder die Plasmide mit der integrierten Fremd-DNA diffundieren zunächst passiv durch die Zellwand und bedürfen nur für den Duchtritt durch das Plasmalemma der elektrischen Entladung.

Für die temporäre Ausbildung von Poren im Plasmalemma wird das Verhalten der verschiedenen Komponenten dieser Zellmembran im elektrischen Feld verantwortlich gemacht. Im elektrischen Feld kommt es im Bereich der Phosphatgruppen von Komponenten der hydrophilen Außenseite des Plasmalemmas zur vermehrten Assoziation von Kationen (vor allem $Ca^{2+}$ und $Mg^{2+}$), aus der ein elektrisches Potenzial über diese Zellmembran resultiert. Die Größe dieses elektrischen Potenzials und die Beschaffenheit des Plasmalemmas bestimmen die Anzahl und die Größe der durch die elektrische Ladung temporär entstehenden Poren (Chernomordik, 1992). Sie bewirkt eine innermolekulare Veränderung der Bindungsverhältnisse und eine Verlagerung der Komponenten der hydrophilen Außenbereiche des Plasmalemmas in deren hydrophoben Innenbereich. Es entstehen Poren, deren Existenz mit dem Zusammenbruch des elektrischen Feldes bei der elektrischen Entladung endet. Während der kurzzeitigen Existenz dieser Poren können durch diese zum Beispiel Plasmide oder DNA-Konstrukte in die Zelle gelangen (oder Zellinhalt austreten).

---

[27] cauliflower mosaic virus

## 4.9. Pollentransformation

Pollen von *Tradescantia* (Dreimasterblume, Hamilton et al, 1992) bzw. von *Nicotiana tabacum* (Tabak) (Twell et al, 1989; van der Leede-Plegt et al, 1992) zeigten transiente Expression von Fremd-DNA nach Transformation durch die „particle-gun"-Methode (Kapitel 4.4.), die Transformation von *Petunia*-Pollen nach der *Agrobacterium*-Methode (Kapitel 4.1.) war dagegen stabil (Süssmuth et al, 1991). Sangwan et al (1993) kultivierten Pollen von *Datura innoxia* (Stechapfel) bzw. *Nicotiana tabacum* (Tabak) und konnten daraus Pflanzen bis zur Ausbildung der Keimblätter regenerieren. Transformation in diesem Entwicklungsstadium mit Hilfe der *Agrobacterium*-Methode hatte eine Erfolgsrate von > 75%. Nishimura et al (1995) konnten haploide transgene Pflanzen von *Nicotiana tabacum* (Tabak) nach Transformation mit Hilfe der Particle-Gun erzeugen. Jähne et al (1994) gelang es, fertile, transgene *Hordeum vulgare*-Pflanzen (Gerste) aus Pollen zu regenerieren.

Über die Pollentransformation gelang es, transgene Pflanzen von *Hordeum vulgare* (Gerste) (Yao et al, 1997; Carlson et al, 2001), *Brassica napus* (Raps; Fukoka et al, 1998), *Triticum aestivum* (Weizen; Mentewab et al, 1999), *Nicotiana tabacum* (Tabak; Aziz und Machray, 2002) und *Zea mays* (Mais; Aulinger et al, 2003) zu erzeugen.

## 4.10. Gentransfer unter Verwendung eines Mikrolasers

Auch mit Hilfe eines Mikrolasers ist es möglich, DNA in Zellen oder Gewebe zu übertragen. Weber und Mitarbeiter (1990) haben zunächst mit einem UV-Laser Löcher in die Zellwände von Zellverbänden von *Brassica napus* (Raps) gebrannt, dann diese Zellverbände in DNA-Lösungen inkubiert und anschließend in den regenerierten Raps-Embryonen eine transiente Expression der aufgenommenen Fremd-DNA nachgewiesen. In analoger Weise soll die Transformation von *Oryza sativa* (Reis) erfolgreich durchgeführt worden sein (Guo et al, 1995).

## 4.11. Chloroplastentransformation

Die Organisation der zirkulären, meist 120 bis 180 kb umfassenden Plastiden-DNA (Plastom) ist generell in allen Plastiden-Typen identisch. Das Plastom enthält meist auch (mindestens) eine duplizierte Region in umgekehrter Orientierung (‚inverted repeat') (Palmer, 1985). Von weit größerem Interesse ist für Molekularbiologen indes, dass – im Gegensatz zum Zellkern – bereits in meristematischen Zellen 10 bis 15 Proplastiden mit jeweils etwa 50 Plastomen vorhanden sind. In den Zellen von Blättern können über 100 Chloroplasten vorhanden sein, von denen jeder 100 Plastome enthält. Je nach Pflanzenspezies variiert die Anzahl an Plastomen in den Zellen von Blättern zwischen 19.000 bis 50.000 (Bendich, 1987). Es ist sicher davon auszugehen, dass dieser polyploide und polyenergide Level der plastären DNA nur dann in funktionsfähiger Form aufrecht zu erhalten ist, wenn die Plastiden über ein rigides Repair-System für ihre DNA verfügen. Auch dieser Aspekt muss beachtet werden, wenn beabsichtigt ist, experimentell eine neue genetische Eigenschaft in das Plastom einer Pflanzenspezies zu integrieren. Es wird unter diesen Umständen sicher nicht überraschen, dass mindestens 15 bis 20 Zellteilungen notwendig sind, bis sich eine gentechnische Veränderung im Plastom einer Pflanzenspezies fest etabliert hat. Dazu ist es notwendig, dass die „Fremd-DNA" zunächst in mindestens einem Plastom integriert wird und danach unter dem Selektionsdruck eines mit-inserierten Antibiotika-Markergens einen Vorteil gegenüber den nicht-transformierten Plastomen erhält (Maliga, 1993). Dabei ist es gleichgültig, ob sich das Antibiotika-Markergen in demselben Genkonstrukt befindet (Zoubenko et al, 1994) oder ob es sich um zwei in dasselbe Plastom inserierte Genkonstrukte handelt, von denen das eine das Antibiotika-Markergen und das andere das eigentliche „Ziel-Gen" enthält (Carrer und Maliga, 1995). Besonders förderlich für diese Selektionsvorgänge ist es, dass dafür keine Zellteilungen erforderlich sind.

Zur Selektion können zum Beispiel die Gene für Spectinomycin- bzw. Kanamycin-Resistenz verwendet werden (Maliga et al, 1993); jedes dieser Antibiotika hemmt selektiv die plastidäre, nicht aber die cytoplasmatische Proteinsynthese. Im entsprechenden Nährmedium mit Zusatz von Spectinomycin können zum Beispiel entsprechend Plastom-transformierte Tabakzellen überleben, während die Tabakzellen mit nicht-transformierten Plastiden durch ihr Ausbleichen phänotypisch erkennbar sind und ohne heterotrophe Ernährung absterben. Liegt in den Zellen zunächst eine Mischpopulation von Plastiden vor, so werden unter Selektionsdruck nur die Zellen mit transformierten Plastiden bei genügend langer Kultivierung überleben können (Carrer et al, 1993).

In jüngster Zeit haben Klaus et al (2004) eine faszinierende Version der Chloroplasten-Transformation entwickelt, mit der sie Marker-Gen-freie transgene Tabakpflanzen regenerieren konnten, in denen das gewünschte Insert in das Plastom sämtlicher Chloroplasten inseriert ist. Sie setzten dafür zwei verschiedene Vektoren ein, die das plastidäre Gen *petA* oder *rpoA* und als Reporter-Gen *uida* enthalten; flankiert sind *petA* und *uida* bzw. *uida* und *rpoA* vom im Plastom von *Nicotiana tabacum* (Tabak) direkt nebeneinander liegenden Nukleinsäureabschnitten (Abb. 4.9). Außerhalb dieser flankierenden plastidären Nukleinsäuresequenzen enthalten beide Vektoren das Kanamycin-Resistenzgen *aphA-6*; im Fall des *petA*-enthaltenden Vektors ist *aphA-6* dem plastidären Gen *tmN* assoziiert (Abb. 4.9.B). Zur Transformation wurden Tabakmutanten benutzt, in deren Plastom genau zwischen den in den oben beschriebenen Vektoren flankierenden, im Wildtyp aber aneinandergrenzenden Nukleinsäuresequenzen das Antibiotika-Resistenzgen *aadA* zur Etablierung der Tabakmutante eingebracht worden war (Klaus et al, 2003). Diese Tabakmutanten zeichnen sich dadurch aus, dass ihnen der grüne Phänotyp des Wildtyps fehlt und sie nicht zur Photosynthese befähigt sind. Durch die Transformation mit einem der beiden Vektoren wird das *aadA* aus dem Plastom wieder eliminiert und gleichzeitig eine der beiden o.g. Gen-Kombinationen an dieser Stelle in das Plastom integriert. Damit wird auch die Pigmentierung des Wildtyps wieder hergestellt (1. Nachweis für die erfolgreiche Transformation und experimentelles Mittel für die nachfolgende Selektion). Unter Anwesenheit von Kanamycin konnte das mit übertragene *aphA-6* als 2. Nachweis der erfolgreichen Transformation genutzt werden; jedoch wurde ohne Selektionsdruck von Kanamycin *aphA-6* aus dem Plastom der Transformanten eliminiert. Damit steht eine exzellente, hoch effektive Transformationsmethode zur Verfügung, die allerdings noch den speziellen Eigenschaften anderer Kulturpflanzen angepasst werden müsste.

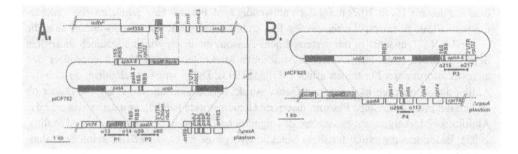

**Abb. 4.9. Konstruktion der Vektoren zur Chloroplasten-Transformation einer *Nicotiana taba-cum*-Mutante mit der Gen-Kombination *petA + uida* (A.) bzw. *uida + rpoA* (B.) in Kombination mit der Integration des Kanamycin-Resistenzgens *aphA-6* (weitere Erläuterungen im Text). (verändert nach Klaus et al, 2004)**

Für die Transformation von Chloroplasten wird meist die „Particle-Gun"-Methode einge-setzt (Boynton et al, 1988; Blowers et al, 1989; Svab et al, 1990; Zoubenko et al., 1994); die Transformation von Tabakchloroplasten ist aber auch mit Hilfe von *Agrobacterium*-Infektion (Venkateswarlu und Nazar, 1991) bzw. unter der Verwendung von Tabak-Protoplasten und der Einwirkung von Polyäthylenglykol (Goulds et al, 1993) gelungen.

Es ist einer der Vorzüge der Chloroplastentransformation, dass mit dieser Transformati-onsmethode das „Ziel-Gen" tatsächlich präzise an der gewünschten Stelle innerhalb der Nukleotidsequenz des jeweiligen Plastoms inseriert wird. Da die Plastome von über 10 Pflan-zen-Spezies bereits vollständig sequenziert vorliegen, darunter das von *Nicotiana tabacum* (Tabak), *Zea mays* (Mais) und *Oryza sativa* (Reis), ergibt sich die experimentelle Möglich-keit, das gewünschte „Fremd"-Gen an einer bestimmten Stelle in das Plastom dieser Kultur-pflanzen zu integrieren. Dazu wird ein DNA-Konstrukt erstellt, in dem das „Fremd"-Gen von plastidären Genen flankiert wird, die im Plastom der zu transformierenden Pflanze nebenein-ander liegen. Dieses DNA-Konstrukt aus drei Genen kann mittels der „Particle-Gun"-Methode in die Chloroplasten transferiert werden. Dort wird das „Fremd"-Gen durch Rekom-bination an derjenigen Stelle des Plastoms integriert, wo seine beiden flankierenden, plastidä-ren Gene ihre Pendants nebeneinander auf dem Plastom vorfinden (Maliga, 1993; Maliga et al, 1993; Zoubenko et al, 1994; Carrer und Maliga, 1995; Daniell et al, 1998).

Im Vergleich mit der Insertion eines Genkonstrukts in die Kern-DNA sind weitere Vortei-le der Chloroplastentransformation (a) die höhere Ausbeute bei der Expression des Inserts (bis zu einem Anteil von 46% am Gesamtprotein; de Cosa et al, 2001), (b) die Weitergabe der Plastiden an die nächste Generation über die Eizellen (bei den meisten Nutzpflanzen) und damit die Vermeidung der Ausbreitung des Genkonstrukts über die Pollen der transgenen Pflanzen (Daniell et al, 1998; Daniell, 2002; Daniell und Parkinson, 2003), (c) das Fehlen des Gen-Silencing im Plastom (Lee et al, 2003), (d) das Fehlen von Positionseffekten (Daniell et al, 2002), (e) die Integration und Expression des ‚mehrteiligen' bakteriellen Operons cry2Aa2 aus *Bacillus thuringiensis* (de Cosa et al, 2001), (f) die Expression von Genkonstrukten bakte-riellen Ursprungs ohne die Notwendigkeit der Angleichung an das eukaryotische Expres-sionssystem (McBride et al, 1995; Kota et al, 1999; de Cosa et al, 2001) und (g) die Anreicherung von „Fremd"-Proteinen in einem Zellkompartiment und damit die Vemeidung ihrer Modifikation im cytoplasmatischen Milieu (Daniell et al, 2001; Lee et al, 2003).

Die „Particle-Gun"-Methode hat es McBride et al (1994) möglich gemacht, in transgenen *Nicotiana tabacum*-Pflanzen einen molekularen Mechanismus zu etablieren, bei dem ein in das Plastom integriertes Fremd-Gen nur nach Eintransport einer spezifischen RNA-Polymerase in die Chloroplasten exprimiert wird. McBride et al (1994) transformierten einerseits Tabakpflanzen mit einem Genkonstrukt aus dem 35S-Promotor des CaMV[28], dem Genabschnitt für die Transitsequenz der kleinen Untereinheit der Carboxydismutase aus Tabak sowie das Gen für die T7 RNA-Polymerase. Sie wählten Pflanzen aus, bei denen dieses Konstrukt in die nukleäre DNA inseriert worden war. Andere Tabakpflanzen transfomierten sie ebenfalls mit Hilfe der „Particle-Gun" mit einem Konstrukt aus dem Promotor des Gens 10 des Phagen T7 und dem Gen für die ß-Glucuronidase (GUS). Sie verwendeten Tabakpflanzen, bei denen dieses Konstrukt in die plastidäre DNA inseriert worden war. Nur Hybridpflanzen, die aus der Kreuzung von derartigen weiblichen „Plastom-Transformanten" und derartigen männlichen „Kern-Transformanten" hervorgegangen waren, zeigten Expression des in den Plastiden vorhandenen GUS-Gens. Im Hinblick auf Sicherheitserwägungen mag dieses System von besonderem Interesse sein, da das eigentliche „Produktion-Gen" (hier das GUS-Gen als Marker) in den Plastiden lokalisiert ist, diese aber in den Pollen von Tabak nicht auf die folgenden Generationen weitergegeben werden. Damit sollte auch die Verbreitung dieses eingebrachten Fremd-Gens auf andere Kreuzungspartner über die Pollenverbreitung des Tabaks ausscheiden.

Selbstverständlich können einige der zuvor erläuterten Transformationsmethoden (Kapitel 4.1. – 4.10.) dazu verwandt werden, um „Fremd"-DNA, welche für ein Plastiden-Protein kodiert, erfolgreich in die DNA des Zellkerns zu integrieren (d.h. die Transformation der jeweiligen Pflanze wirkt sich gleichsam erst sekundär dadurch aus, dass das Expressionsprodukt des in die Kern-DNA integrierten DNA-Konstrukts im Plastom funktionell wirksam wird). In diesem Fall muss das übertragene Genkonstrukt auch für eine Transit-Sequenz kodieren, ohne die der Precursor des zukünftigen Plastiden-Proteins nach seiner Synthese im Cytoplasma (posttranslational) nicht von den Rezeptoren des Chloroplasten-Envelope „erkannt" werden und nicht in den jeweiligen Chloroplasten hineingelangen kann (ref. Brandt, 1988).

Schaut man sich die Publikationen des Jahres 2003 über transgene Pflanzen an, so sind Transformationen von Plastomen in einer Anzahl vertreten, die vermuten lässt, dass diese Methode in Zukunft noch mehr Bedeutung erlangen wird. Als Beispiele seien genannt (a) die Etablierung einer Herbizid-Toleranz in *Nicotiana tabacum* (Tabak) durch Insertion des Gens *bar* in das Tabak-Plastom (Kang et al, 2003), (b) die Insertion der genetischen Information für das Fusionsprotein aus dem VP1 des Maul- und Klauen-Seuchen-Virus und der Untereinheit B des Cholera-Toxins in das Plastom von *Chlamydomonas reinhardtii* zum Zweck der Vaccine-Gewinnung (Sun et al (2003), (c) die Insertion von *merA* und *merB* in das Plastom von *Nicotiana tabacum* zum Zweck der Sanierung von Quecksilber-verseuchten Böden (Ruiz et al, 2003), (d) die Insertion des Gens für das „green fluorescence light"-Protein in das Plastom von *Lesquerella fendleri* als „Test"-Gen für den ersten Transformationsversuch dieser *Brassica napus*-Verwandten (Skarjinskaia et al, 2003), (e) die Etablierung einer Insektenresistenz in *Nicotiana tabacum* durch Insertion des Gens für ein δ-Endotoxin aus *Bacillus thuringiensis* in das Tabak-Plastom (McBride et al, 1995; Kota et al, 1999; de Cosa et al, 2001), (f) die Inser-

---

[28] cauliflower mosaic virus

tion der genetischen Information für ein antimikrobielles Peptid in das Plastom zur Abwehr von phytopathogenen Bakterien und Pilzen (de Gray et al, 2001), (g) die Insertion der genetischen Information in das Plastom für die Akkumulation von Trehalose zur Etablierung einer Resistenz der Pflanze gegen Trockenheit (Lee et al, 2003), (h) die Gewinnung von monoklonalen Antikörpern durch Chloroplastentransformation (Daniell, 2003) und (i) die Gewinnung von Biopharmazeutika durch Chloroplastentransformation (Guda et al, 2000; Staub et al, 2000; de Gray et al, 2001; Fernandez-Dan Millan et al, 2003).

## 4.12. Chimäriplastie[29]

Bei der Chimäriplastie handelt es sich um eine Methode, die seit einigen Jahren auch zur Transformation von Pflanzen eingesetzt wird. Zu diesem Zweck werden chimäre Oligonukleotide konstruiert, die aus DNA- und RNA-Sequenzen zusammengesetzt sind und eine maximale Gesamtlänge von etwa 60 Nukleotiden nicht überschreiten (Ye et al, 1998; Rice et al, 2001). Das Zentrum der chimären Oligonukleotide wird von einer DNA-Sequenz von 5 bis 6 Nukleotiden gebildet, die – bis auf 1 Nukleotid – komplemetär zu dem Sequenzabschnitt des pflanzlichen „Ziel"-Gens ist. Die DNA-Sequenz wird an beiden Enden von methylierten[30] RNA-Sequenzen von 8 bis 12 Nukleotiden umrahmt, deren Sequenzen ebenfalls dem entsprechenden Bereich auf dem pflanzlichen „Ziel"-Gen komplementär sind. Beidseitig folgen dann 3 bis 4 Thymidin-Nukleotide, die zur Ausbildung von sog. „hairpin loops"[31] benötigt werden. Diese „hairpin loop"-Regionen sind verbunden mit einer etwa 30 Nukleotide umfassenden DNA-Sequenz, die zu dem oben aufgeführten Konstrukt aus RNA-DNA-RNA vollständig komplementär ist.

Diese chimären Oligonukleotide werden mittels der „Particle-Gun"-Methode in Pflanzenzellen eingebracht, sollen sich dort – der Theorie folgend – an das entsprechende „Ziel"-Gen anlagern und zu einem gezielten Nukleotidaustausch in der Sequenz des „Ziel"-Gens führen (Oh und May, 2001). Die ersten Pflanzen, die mit Hilfe dieser Methode transformiert worden sind, waren *Nicotiana tabacum* (Tabak) (Beetham et al, 1999) und *Zea mays* (Mais) (Zhu et al, 1999). In beiden Pflanzen wurde durch Veränderung eines Nukleotids im Gen für die Acetolactatsynthase eine Toleranz gegen bestimmte Herbizide (Sulphonylharnstoff-Verbindungen und Imidazoline) etabliert. Die Erfolgsrate lag bei etwa $10^{-4}$ (Zhu et al, 1999; Hohn und Puchta, 1999). Allerdings war die Wirkung der chimären Oligonukleotide in den Maiszellen weit weniger spezifisch, als nach der Theorie zu erwarten war; ein Austausch eines Nukleotids hatte nicht nur an der gewünschten Stelle, sondern auch an verschiedenen Stellen in Richtung auf das 5'-Ende stattgefunden. In *Zea mays* (Mais) dagegen war der punktuell erwartete Nukleotidaustausch tatsächlich eingetreten (Zhu et al, 1999) und wurde auch an die nachfolgenden Generationen weitergegeben (Zhu et al, 2000). Kochevenko und Willmitzer (2003) erreichten mit Hilfe entsprechender chimärer Oligonukleotide (Abb. 4.10.) gezielt eine punk-

---

[29] Es ist bislang noch nicht eindeutig geklärt, ob es sich bei dieser Methode tatsächlich um ein gentechnisches Verfahren handelt, bei dem ein Teil der außerhalb der Zelle „zubereiteten" Nukleotidsequenz – nämlich 1 Nukleotid – in das pflanzliche Genom integriert wird, oder ob bei diesem Verfahren die außerhalb der Zelle „zubereitete" Nukleotidsequenz gleichsam als mutagenes Agens endogene Repair-Mechanismen veranlasst, zielgerichtet an einer Stelle im pflanzlichen Genom einen Nukleotid-Austausch vorzunehmen.
[30] O-Methylierung schützt die RNA vor Abbauvorgänge in der Zelle.
[31] Haarnadelschleifen

tuelle Veränderung der Nukleotidsequenz des Gens für die Acetolactatsynthase in *Nicotiana tabacum* (Tabak) und konnte damit in diesen Pflanzen eine Toleranz gegenüber den o.g. Herbiziden etablieren.

5'                                                                                                            3'

TGGTGGTTCAATTGGAGGATCGGTTTTTTaaccgauccuCCAATugaaccaccaGCGCGTTTTCGCGC

**Abb. 4.10. Beispiel für die Sequenz eines chimären Oligonukleotids, wie es von Kochevenko und Willmitzer (2003) für die punktuelle Veränderung des Gens für die Acetolactatsynthase in *Nicotiana tabacum* (Tabak) verwendet worden ist. (DNA-Sequenzen in Großbuchstaben; RNA-Sequenzen in Kleinbuchstaben)**

Aus *in vitro*-Experimenten mit isolierten Zellkernen verschiedener Pflanzenspezies ergab sich, dass die mit-isolierten Repair-Systeme offensichtlich Spezies-abhängig mehr oder weniger spezifisch den Austausch von Nukleotiden vornehmen (Rice et al, 2000). Aus entsprechenden Versuchen mit humanen Zellen ergab sich, dass für die Spezifität des endogenen Repair-Systems die Anwesenheit des zum Repair-System gehörenden Proteins Msh2 unabdingbar ist (Cole-Strauss et al, 1999). In zellfreien Systemen konnten Rice et al (2000) nachweisen, dass die unerwarteten zusätzlichen Sequenzveränderungen in Richtung auf das 5'-Ende in großem Maße von den Konstruktionseigenschaften der verwendeten Oligonukleotide abhängt. In Anbetracht der zu geringen Ausbeute an erfolgreich transformierten Pflanzen und der experimentellen Unsicherheit, ob diese Transformationsmethode mit der erwarteten Präzision das Genom des Empfängerorganismus verändern wird, erscheint es derzeit noch dringend notwendig, diese Transformationsmethode zu optimieren.

## 4.13. Zusammenfassung

Es ist naheliegend, in einem Vergleich der beiden meist verwendeten Transformationsmethoden, *Agrobacterium*-Infektion (Kapitel 4.1.) und „Particle-Gun"-Verfahren (Kapitel 4.4.), ihre entscheidenden Vor- bzw. Nachteile hervorzuheben, wie sie sich aus der Praxis der letzten 10 Jahre ergeben haben. Waren die experimentellen Voraussetzungen gegeben, so wurde bei etlichen Transformationsereignissen nicht nur die Insert-DNA mit dem Ziel-Gen, sondern auch Bereiche der übrigen Vektor-DNA mit in das pflanzliche Genom integriert. Dies war bei transgenen Pflanzen der Fall, die mit Hilfe der *Agrobacterium*-Infektion (Ramanathan und Veluthambi, 1996; Cluster et al, 1994; Kononov et al, 1997; Tingay et al, 1997) oder mit Hilfe des „Particle-Gun"-Verfahrens (Kohli et al, 1999) transformiert worden waren.

Bereits 1991 konnten Artelt et al die negative Wirkung von bestimmten Plasmidsequenzen, die zusätzlich zum eigentlich beabsichtigten Insert inseriert worden waren, auf dessen Expressionsaktivität nachweisen. Außerdem gibt es eine Reihe von Untersuchungen, mit denen die Befähigung mancher zusätzlich inserierter Plasmid-Sequenzen zur Umorganisation des Inserts deutlich gemacht werden. Dazu gehört u.a. die Exponierung von DNA-Bereichen zur illegitimen Rekombination aufgrund der Ausbildung entsprechender Sekundärstrukturen durch die Plasmid-DNA (Muller et al, 1999; Linden et al, 1996). Entstehen dabei zu große Transgen-Bereiche, so kann dies in den Folgereaktionen zum Verlust der inserierten Fremd-

DNA führen (Stoger et al, 1998; Srivastava et al, 1996). Auf der Grundlage dieser Erkenntnisse untersuchten Fu et al (2000) die Transformation von *Oryza sativa* (Reis) mit einem Plasmid, welches ein Konstrukt aus dem Promotor, *bar* (Gen für spezifische Herbizid-Toleranz)
und Terminator enthielt, oder nur mit dem beschriebenen Konstrukt allein. Ihre Ergebnisse
zeigen deutlich, dass nur bei der Verwendung des „einfachen" Konstruktes die transformierten Reispflanzen in der Regel nur 1 bis 2 Kopien des Konstrukts in ihrem Genom enthielten
und dass es dann nur in sehr geringem Ausmaß – wenn überhaupt – zu einem Re-
Arrangement im Bereich der transgenen DNA gekommen war.

# 5. Kriterien für die erfolgreiche Zusammensetzung und die genetische Stabilität der übertragenen Genkonstrukte

Nach Anwendung einer der im Kapitel 4 beschriebenen Methoden zum Transfer von Fremd-DNA in pflanzliche Zellen wird in der Regel auf molekularbiologische Weise versucht nachzuweisen, ob und in wieviel Kopien die Fremd-DNA in das pflanzliche Genom inseriert und integriert worden ist. Von ebenso großem Interesse ist natürlich, ob und mit welcher Rate die eingebrachte Fremd-DNA exprimiert wird (Benfey und Chua, 1989). Da eine recht große Zahl von transgenen Pflanzen eine durchaus mindere Expressionsrate aufweist (Peach und Velten, 1991), kann nicht ausgeschlossen werden, dass die tatsächliche Rate erfolgreicher Transfer-Vorgänge von Fremd-DNA höher liegt als angenommen und viele Transformanten aufgrund der nicht-nachweisbaren Expression der eingeführten Fremd-DNA unentdeckt bleiben. Die Minderung der Expressionsrate (oder das vollständige Fehlen von Gen-Expression) ist grundsätzlich auf den Insertionsort der Fremd-DNA in dem pflanzlichen Genom zurückzuführen und nicht auf die Fremd-DNA selbst. Belege dafür haben Al-Shawi und Mitarbeiter bereits im Jahr 1990 in einem zweiteiligen Transformationsexperiment (allerdings mit Mäusen) beigebracht: Ein transferiertes Gen, dessen Expressionsrate bestimmt worden war, wurde re-isoliert, erneut transferiert und wiederum seine Expressionsrate bestimmt. Die beiden Expressionsraten waren signifikant verschieden.

Von besonderer Bedeutung kann bei der Kreierung eines Transformationsvektors die Wahl der notwendigen Selektionsmarker und/oder Reporter-Gene (Metz und Nap, 1997) und des geeigneten Promoters sein. Selektionsmarker werden nach der eigentlichen Transformation benötigt, um die erfolgreich transformierten (Bakterien- und) Pflanzenzellen aus der Vielzahl von nicht-transformierten zu selektieren. Reporter-Gene dagegen haben mehr experimentellen Charakter. Sie werden meist dazu benutzt, um die Expressionsaktivität in transgenen Zellen bzw. Pflanzen zu testen. Zu den Reporter-Genen gehören das Gen für die β-Glucuronidase (Jefferson et al, 1987), das Gen für die Luciferase (Ow et al, 1986), das Gen für das „Green Fluorescent Protein" (Niedz et al, 1995) oder das Gen für die Chloramphenicolacyltransferase (Herrera-Estrella et al, 1983). Die Auswahl der Selektionsmarker- bzw. Reporter-Gene ist wesentlich abhängig von der verwendeten Pflanzenspezies; manche von ihnen sind natürlicherweise resistent gegenüber der Einwirkung von Antibiotika und andere entwickeln aufgrund ihrer natürlicherweise ablaufenden physiologischen Aktivitäten einen derart hohen Pegel an scheinbar signifikanten Farbreaktionen, dass die tatsächliche Aktivität der vorhandenen Marker-Gene überdeckt oder vorgetäuscht wird.

## 5.1. Verwendung von Marker-Genen

In der traditionellen Pflanzenzüchtung werden Pflanzen aufgrund von besonderen, ohne wesentliche Hilfsmittel erkennbaren Eigenschaften ausgewählt, von denen man aus Erfahrung weiß, dass sie mit anderen, mehr auf die Nutzung durch den Menschen orientierte Merkmalen gekoppelt sind. Derartige phänotypische Merkmale dienen der schnellen und effektiven Selektion von Nachkommen.

Analog werden für die Transformation von Pflanzen die dazu verwendeten DNA-Konstrukte in etlichen Fällen zusätzlich mit Marker-Genen gekoppelt, um nach dem eigentlichen Transformationsexperiment diejenigen Pflanzenzellen sicher, schnell und frühzeitig (d.h. noch vor der Regeneration vollständiger Pflanzen aus einzelnen Zellen) identifizieren zu können, in deren Genom das eingebrachte DNA-Konstrukt erfolgreich inseriert worden ist. Ist dem jeweiligen Marker-Gen ein prokaryotischer Promoter vorgeschaltet, so kann sich die Marker-gestützte Selektion auf mit demselben DNA-Konstrukt transformierte Bakterien (z.B. *E. coli* und *Agrobacterium tumefaciens*) beschränken, die zur Vorbereitung des eigentlichen Transformationsexperiments mit den Pflanzenzellen benötigt werden.[32]

Der bewährten mikrobiologischen Praxis folgend wurden die DNA-Konstrukte, welche in die Empfängerpflanzen übertragen werden sollen, in der Regel zusätzlich mit Antibiotika-Resistenzgenen (Tab. 5.1.) gekoppelt, um jeweils nach Teilschritten des Transformationsexperiments selektieren zu können. War das Vorhandensein dieser Antibiotika-Resistenzgene in den gentechnisch veränderten Pflanzen (GVP) für ihre weiteren Untersuchungen in Klimakammern oder Gewächshäusern zunächst noch ohne wesentliche Bedeutung, so wurde jedoch ihre Anwesenheit im Genom von GVP, die für Freilandversuche oder insbesondere für das Inverkehrbringen vorgesehen waren, in den letzten Jahren als unnötig oder gar als unerwünscht angesehen. Die Behauptungen kritischer Gruppen gingen soweit anzunehmen, dass die Antibiotika-Resistenzgene aus den GVP auf Mikroorganismen übertragen und auf diese Weise die Zahl Antibiotika-resistenter pathogener Organismen erhöht werden könnte oder dass Kreuzungspartner der GVP die zusätzliche genetische Information via Pollen erhalten und zu „Unkrautpflanzen" werden könnten (Dale, 1992; Nap et al, 1992). Zur Klärung auf der Grundlage wissenschaftlicher Fakten hat die „Zentrale Kommission für die Biologische Sicherheit" (ZKBS) 1999 in einer allgemeinen Stellungnahme eine Bewertung der biologischen Sicherheit der als Marker-Gene verwendeten Antibiotika-Resistenzgene wie auch anderer Antibiotika-Resistenzgene vorgenommen, welche in Folge des Transformationexperimentes außerdem in das pflanzliche Genom gelangen können. Darin bringt die ZKBS ihre grundsätzliche Auffassung zum Ausdruck, dass künftig bei der Entwicklung von GVP, die in Verkehr gebracht werden sollen, „die eingeführten heterologen Gene zu beschränken sind auf diejenigen Gene, welche für die angestrebte Veränderung funktionell als Ziel- oder Marker-Gene erforderlich sind". Die ZKBS betont, dass „die zukünftige Entwicklung in den Verkehr zu bringender gentechnisch veränderter Pflanzen, die für die Herstellung von Lebens- oder Futtermitteln Verwendung finden sollen, darauf abzielen muss, Gene, die Resistenzen gegen therapeutisch bedeutende Antibiotikaklassen[33] bewirken, zu vermeiden". In analoger Weise (,clinical use') zielt die EU-Directive 2001/18/EC (2001) darauf ab, in GVP den Gebrauch von Antibiotika-Resistenzgenen mit möglichen schädlichen Auswirkungen auf die menschliche Gesundheit und die Umwelt auszuschließen; als Ausschlussfrist ist im Fall von GVP, die für das Inverkehrbringen vorgesehen sind, das Jahr 2004 und im Fall von GVP, die für Freilandexperimente vorgesehen sind, das Jahr 2008 festgesetzt (siehe auch Kapitel 10.2.7.).

Unabhängig von den Erwägungen zur Biologischen Sicherheit der Antibiotika-Resistenzgene in GVP oder von der Akzeptanz von solchen GVP sind in den letzten Jahren die experimentellen Bemühungen verstärkt worden, sowohl das Spektrum der verfügbaren Marker-

---

[32] Auf die Frage der Spezifität von prokaryotischen bzw. eukaryotischen Promotoren kann hier nicht näher eingegangen werden. Es sei aber in diesem Zusammenhang z.B. auf die Untersuchungen von Lewin et al (1998) hingewiesen.

[33] Die ZKBS zählt z.B. *nptII*, *hph* oder *cm*[R], die häufig bei der Transformation von Pflanzen als Marker-Gene verwendet wurden, nicht zu den Genen, die wegen der therapeutischen Bedeutung der komplementären Antibiotika als Markergene in Pflanzen nicht verwendet werden sollten.

Gene über den Bereich der Antibiotika-Resistenzgene hinaus zu erweitern als auch Verfahren zu etablieren, die während des Transformationsexperiments in das pflanzliche Genom inserierten Marker-Gene wieder aus diesem zu eliminieren (Miki und McHugh, 2004). Notwendig war diese Entwicklung neuer Methoden einerseits, da die verfügbaren Marker-Gene nicht für alle Pflanzenspezies in gleicher Weise geeignet sind[34], und anderseits um (a) in bereits transformierten Pflanzenzellen unter erneutem Einsatz der zuvor schon benutzten Marker-Gene weitere DNA-Konstrukte kontrolliert einbringen zu können und (b) die Möglichkeit zu minimieren, dass die Expression des eingebrachten Gens der ersten Transformation unterbleibt (transkriptionelles Gen-Silencing) (Peach und Velten, 1991; Bhattacharyya et al, 1994; Ye und Singer, 1996).

**Tab. 5.1. Beispiele für Marker-Gene zur Selektion von gentechnisch veränderten Pflanzen (GVP). (verändert nach Brandt, 1999c)**

| Marker-Gen | Gen-Produkt | Selektion durch | Referenz |
|---|---|---|---|
| **a) Antibiotika-Resistenzgene:** | | | |
| *nptII* | Neomycinphosphotransferase | Kanamycin, Parodomycin, Neomycin | Nap et al, 1992; Fraley et al, 1983 |
| *hph* | Hygromycinphosphotransferase | Hygromycin | Gritz und Davies, 1983; Waldron et al, 1985 |
| *aadA* | Streptomycinphosphotransferase | Streptomycin | Hollingshead et al, 1985; Jones et al, 1987 |
| **b) Herbizid-Toleranzgene:** | | | |
| *bar* | Phosphinothricinacetyltransferase | Phosphinothricin, Bialaphos | de Block et al, 1987 |
| *epsps* | 5-Enolpyruvylshikimat-3-phosphat-synthase | Glyphosat | Shah et al, 1986 |
| *csr1-l* | Acetolactatsynthase | Sulfonylharnstoff-Herbizide | Haughn et al, 1988 |
| *bxn* | Bromoxynil-Nitrilase | Bromoxynil | Stalker et al, 1988 |
| **c) Positive Selektion :** | | | |
| *uidA* | Glucuronidase | Benzyladenin-N-3-glucuronide | Joersbo und Okkels, 1996 |
| *Pmi:manA* | Phosphomannose-Isomerase | Mannose | Joersbo et al, 1999 |
| *xi* | Xylose-Isomerase | D-Xylose | Haldrup et al, 1998 |
| *ipt* | Isopentenyltransferase | Dexamethason | Ebinuma et al, 1997 |

Die Nachweiseffizienz der zunächst verwendeten Selektionssysteme – vor allem des *nptII* als Marker-Gen – [Tabelle 5.1.; Abschnitte a) und b)] lag bei vielen Pflanzenspezies bei 1:10.000 bis 1:100.000. Im Gegensatz zu diesen herkömmlichen Selektionssystemen, die auf

---

[34] Zum Beispiel ist das *nptII* als Selektionsmarker für die Transformation von *Solanaceae* sehr gut, für die von *Fabaceae* dagegen aufgrund ihrer Unverträglichkeit für Neomycin-haltige Nährböden wenig geeignet (Schroeder et al, 1993).

der durch die Resistenz- bzw. Toleranzgene vermittelten Überlebensfähigkeit der GVP unter Selektionsbedingungen beruhen, erbrachten neu entwickelte Selektionsverfahren auch höhere Nachweishäufigkeiten. Bei diesen Verfahren eröffneten die zu Selektionszwecken übertragenen neuen Eigenschaften den GVP die Option der Regeneration und des Wachstums („Positive Selektion"). Bereits die Verwendung des Gens für die β–Glucuronidase als Marker-Gen und von Glucuronid-Derivaten des Cytokinins als Selektionssubstrat steigerte bei transgenen Tabakpflanzen deren Nachweiseffizienz um das Dreifache im Vergleich zum *nptII* als Marker-Gen (Joersbo und Okkels, 1996). Bei Verwendung des Phosphomannose-Isomerase-Gens aus *E. coli* (Joersbo et al, 1998 und 1999; Negrotto et al, 2000; Lucca et al, 2001) oder des Xylose-Isomerase-Gens aus *Thermoanaerobacterium thermosulfurogenes* (Haldrup et al, 1998) konnte die Nachweiseffizienz im Vergleich zum nptII als Marker auf das Zehnfache gesteigert werden. In nicht-transformierten Pflanzen(zellen) wird Mannose-6-phosphat phosphoryliert und in den Zellen angereichert, da es nicht weiter metabolisiert werden kann (Abb. 5.1.). Mannose-6-phosphat inhibiert die Phosphoglucose-Isomerase und damit die Glykolyse (Goldworthy und Street, 1965); außerdem kommt es durch die Anhäufung von Mannose-6-phosphat und damit der Verarmung der nicht-transformierten Pflanzenzellen an Phosphat und ATP zum Wachstumsstillstand (Shen-Hwa et al, 1975). Transgene Pflanzenzellen, die dagegen das Phosphomannose-Isomerase-Gen enthalten, können Mannose als Kohlenstoffquelle (C-Quelle) nutzen und über die Glykolyse verwerten (Abb. 5.1.). Sie haben durch die eingebrachte Phosphomannose-Isomerase einen Wachstumsvorteil bei alleiniger Anwesenheit von Mannose als C-Quelle („Positive Selektion"). Wie Mannose kann auch Xylose

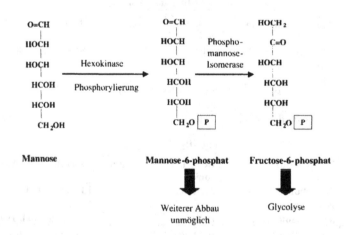

**Abb. 5.1. Metabolisierung von Mannose in gentechnisch veränderten Pflanzen, die das Phosphomannose-Isomerase-Gen als Marker-Gen enthalten. (Erläuterungen im Text) (verändert nach Brandt, 2001)**

von vielen Pflanzenspezies nicht metabolisiert werden. Durch Transformation mit dem Xylose-Isomerase-Gen werden sie befähigt, Xylose in Xylulose umzuwandeln, die in den Pentosephosphat-Stoffwechselweg eingespeist wird. Für nicht derartig transformierte Pflanzenzellen kommt es bei der Anwesenheit von Xylose als alleiniger C-Quelle zur Hemmung von Wachstum und Entwicklung.

Auf der direkten Beeinflussung der pflanzlichen Entwicklung basiert die Wirkung eines Marker-Systems mit *ipt* aus der T-DNA von *Agrobacterium tumefaciens*. Die durch das *ipt*-Gen kodierte Isopentenyltransferase bewirkt die Bildung von Isopentenyl-adenosin-5-monophosphat, dem ersten Zwischenprodukt der Cytokinin-Biosynthese. Mit *ipt* transformierte Pflanzen zeigen Zwergwuchs, abnorme Blattentwicklung und verzögerte Blattseneszenz. Wird *ipt* mit vorgeschaltetem 35S-Promotor des cauliflower mosaic virus in ein Aktivator-Element (AC-Element) aus *Zea mays* inseriert und dieses DNA-Konstrukt zusammen mit dem Ziel-Gen auf derselben T-DNA zur Transformation verwendet, so zeigen die aus den transformierten Pflanzenzellen regenerierten Pflanzen das oben genannte veränderte morphologische Erscheinungsbild. Im weiteren Entwicklungsverlauf dieser Transformanten unterbleibt gelegentlich (in 0,5 bis 1% der Fälle) nach der Ausgliederung des AC-Elementes aus seiner Insertionsstelle die Re-Integration in das pflanzliche Genom. Phänotypisch entwickelt sich dann ein transgener Seitenspross mit normalem Habitus aus transgenen, zwergwüchsigen Sprossen (Ebinuma et al, 1997). Aus dem Pflanzenmaterial derartiger transgener, aber normalwüchsiger Seitensprosse können GVP regeneriert werden, die nur noch das gewünschte Ziel-Gen enthalten. Wird dem *ipt* – ohne Integration in ein AC-Element – ein durch Dexamethason induzierbarer Promotor vorangesetzt, so kann die Regeneration von GVP aus transgenen Zellen experimentell gesteuert werden (Kunkel et al, 1999) (Kapitel 5.2.).

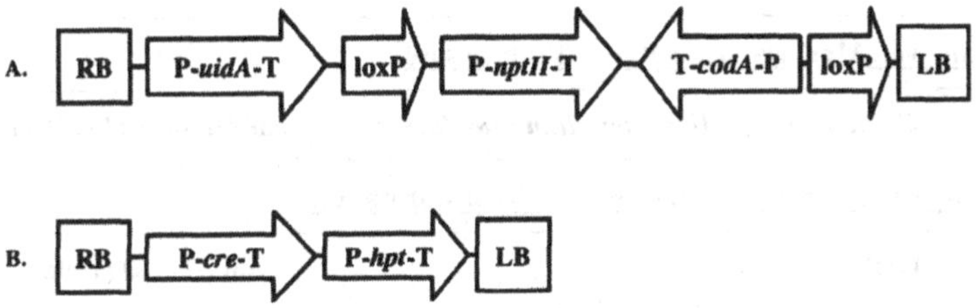

**Abb. 5.2. Beispiel für die Abfolge der DNA-Abschnitte zwischen der rechten (RB) und der linken (LB) Bordersequenz auf Ti-Plasmiden zur Erzeugung Marker-Gen-freier GVP (verändert nach Gleave et al, 1999). Das DNA-Konstrukt unter A. dient als Insert für den ersten Transformationsvorgang und wird in das pflanzliche Genom inseriert; das DNA-Konstrukt unter B. wird nach Einschleusung in die pflanzliche Zelle transient exprimiert. P = Promotor; T = Terminator; *uida* = Glucuronidase-Gen; *nptII* und *hph* = Antibiotika-Resistenzgene; *codA* = Cytosindeaminase-Gen; *cre* = Rekombinase-Gen; loxP = Erkennungssequenz für die Rekombinase. (weitere Erläuterungen im Text) (verändert nach Brandt, 1999c)**

Eine Steigerung der Anzahl von GVP, die nur noch das gewünschte Ziel-Gen, nicht aber das Marker-Gen in ihrem Genom enthalten, wird dadurch erreicht, dass an Stelle des Transposons (z.B. AC-Element aus *Zea mays*; siehe oben) eine Sequenz-spezifische Rekombinase verwendet wird und das zu eliminierende Marker-Gen von dessen Erkennungssequenzen (target sequences) flankiert wird (Sugita et al, 1999) (Tabelle 5.2.). Gleave et al (1999) gewannen Marker-Gen-freie GVP durch zwei aufeinander folgende Transformationsschritte. Im DNA-Konstrukt für den ersten Transformationsvorgang waren die Marker-Gene *nptII* und *codA*[35] durch loxP-Sequenzen flankiert (Abb. 5.2., A.). Der zweite Transformationsvorgang erfolgt mit einem DNA-Konstrukt aus *cre* (Rekombinase-Gen) und *hpt* (Abb. 5.2., B.). Er wird so gestaltet, dass es nur zur transienten Expression der *cre*-Rekombinase kommt, d.h. in einer begrenzten Zeitspanne nach dem Start des Transformationsexperiments kann die Rekombinase die loxP-Sequenzen bereits erkennen und den zwischen ihnen liegenden DNA-Abschnitt eliminieren, ohne dass es zur Insertion des *cre*-enthaltenden DNA-Konstruktes in das pflanzliche Genom kommt. Diese Eliminierung von Marker-Genen durch eine Rekombinase ist in einer Reihe weiterer ähnlicher Systeme verwirklicht worden (z.B. Zhang et al, 2003) (Tabelle 5.2.).

**Tab. 5.2. Beispiele für Verfahren zur Gewinnung von Marker-Gen-freien, gentechnisch veränderten Pflanzen. (verändert nach Brandt, 1999c)**

| Konstrukt | Herkunft | Referenz |
|---|---|---|
| **a) Eliminierung von Marker-Genen durch Sequenz-spezifische Rekombinase** | | |
| *Cre*/loxP-System | **Bakteriophage P1 von *E. coli*** | Gleave et al (1999) |
| FLP/FRT-System | **2μ Plasmid aus *Saccharomyces cerevisiae*** | Kilby et al (1995) |
| R-RS-System | **Plasmid pSR1 aus *Zygosaccharomyces rouxii*** | Sugita et al (2000); Onouchi et al (1991) |
| **b) Eliminierung von Marker-Genen durch Transposase** | | |
| *Ipt* inseriert in AC-Element | ***Agrobacterium tumefaciens*** | Ebinuma et al (1997) |
| **c) Eliminierung von Marker-Genen durch Co-Transformation** | | |
| Vektor mit 2 T-DNA-Bereichen | | Komari et al (1996) |
| Vektor mit DRB-T-DNA | | Lu et al (2001) |

Es sind außerdem Verfahren mit besonders strukturierten Vektoren entwickelt worden (Tabelle 5.2.), um die Marker-Gene wieder aus dem pflanzlichen Genom zu eliminieren, nachdem sie ihre Funktion, die erfolgreich transformierten Pflanzenzellen kenntlich zu machen, erfüllt haben. Als Beispiele seien genannt:

- Das „Co-Transformationsverfahren" mit Vektoren, die zwei separate T-DNA-Abschnitte enthalten, ermöglicht nach erfolgreicher Transformation eine Segregation der Transgene in der Folgegeneration und damit die Erzielung Marker-Gen-freier GVP (Komari et al, 1996).
- Es wurden Vektoren mit T-DNA-Abschnitten entwickelt, die z.B. das Marker-Gen *hph* zwischen zwei rechten Bordersequenzen (RB) gefolgt von dem Ziel-Gen (*bar*) zwischen

---

[35] *codA* kodiert für eine Cytosindeaminase, die 5-Fluorocytosin in toxisches 5-Fluorouracil umwandelt. 5-Fluorouracil ist eine Vorstufe des 5-Fluoro-dUMP, durch das die Thymidylatsynthase irreversibel gehemmt und schließlich die DNA-Synthese aufgrund der Verarmung an dTTT eingestellt wird (Perera et al, 1993).

der zweiten rechten Bordersequenz und einer linken Bordersequenz (LB) enthalten (Abb. 5.3.) (Lu et al, 2001). Diese Art von DNA-Konstrukten mit zweifacher rechter Bordersequenz als „Startpunkte" für Inserts lassen erwarten, dass drei verschiedene Typen von Inserts bei der *Agrobacterium*-Infektion in die pflanzlichen Zellen gelangen und dort in das Genom integriert werden: (a) das Insert, beginnend am $RB_2$, enthält nur das Ziel-Gen (Herbizidtoleranz gegenüber Basta), (b) das Insert, beginnend am $RB_1$, enthält das Marker-Gen (Antibiotikaresistenz gegen Hygromycin) und das Ziel-Gen (Herbizidtoleranz gegenüber Basta) und c) das Insert, beginnend $RB_1$, enthält das Marker-Gen und möglicherweise Teile des Ziel-Gens. Marker-Gen-freie GVP erhält man in den Folgegeneration nach Segregation der verschiedenen Insert-Typen.

Bei der zukünftigen Entwicklung von Methoden zur Selektion von gentechnisch veränderten Pflanzen(zellen) wird es darauf ankommen, die inserierten DNA-Konstrukte auf die erwünschten Ziel-Gene zu beschränken und sich damit auch Optionen auf weitere Transformationen dieser GVP offen zu halten. Im Ergebnis werden damit die experimentellen Bemühungen bei der Beschränkung auf die wesentlichen Ziel-Gene in den Inserts übereinstimmen mit den aus Sicherheitserwägungen erhobenen Forderungen z.B. der ACNFP (Advisory Committee on Novel Food and Processes) nach Eliminierung der Marker-Gene, ins-besondere der Antibiotika-Resistenzgene (ACNFP, 1994), obwohl diese pauschale Forderung im Einzelfall auch ganz anders bewertet worden ist (ZKBS, 1999; Flavell et al, 1992).

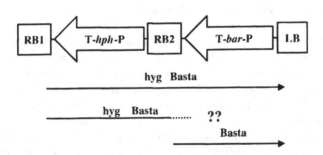

**Abb. 5.3. Beispiel für die Abfolge der DNA-Abschnitte in einer T-DNA mit zwei rechten Bordersequenzen (RB1 und RB2) und einer linken Bodersequenz (LB), dem Marker-Gen *hph* und dem Ziel-Gen *bar* sowie den bei der *Agrobacterium*-vermittelten Transformation zu erwartenden drei Insert-Typen im pflanzlichen Genom (verändert nach Dale, 1991). P = Promotor; T = Terminator; *hph* = Hygromycin-Resistenzgen; *bar* = Phosphinothricin-Toleranzgen. (weitere Eräuterungen im Text) (verändert nach Brandt, 1999c)**

Es sollte daher beachtet werden, dass die Möglichkeit einer zukünftigen Entwicklung von Marker-Gen-freien GVP nicht die Kriterien der Bewertung der Biologischen Sicherheit von Antibiotika-Resistenzgenen als Marker-Gene verändert (ZKBS, 1999). Da z.B. *nptII*, *hph* und $cm^R$ in Boden- und Enterobakterien weit verbreitet sind und deren relevanten Antiotika daher eine begrenzte therapeutische Bedeutung in der Human- bzw. Veterinärmedizin besitzen, geht die ZKBS davon aus, „dass – wenn überhaupt – das Vorhandensein dieser Antibiotika-Resistenzgene im Genom transgener Pflanzen keine Auswirkung auf die Verbreitung dieser Antibiotika-Resistenzgene in der Umwelt hat" (ZKBS, 1999).

Im Folgenden soll ergänzend noch auf einige Probleme beim Einsatz von bestimmten Marker-Genen zur Selektion der erfolgreich transformierten GVP eingegangen werden. Wird zum Beispiel die Konzentration eines als Selektionsmittel eingesetzten Antibiotikums zu niedrig gewählt, so besteht die Möglichkeit, dass eine gewisse Anzahl nicht-transformierter Pflanzen diesen »minimalen« Selektionsdruck toleriert (Horn et al., 1988); wird andererseits die Konzentration dieses Antibiotikums zu hoch gewählt, werden mit Sicherheit all diejenigen transgenen Pflanzen nicht mit ausgewählt, in denen durch die Transformation eine zu geringe Resistenz gegen dieses Antibiotikum etabliert wurde (Wang et al., 1992). Unter anderem basierend auf diesen experimentellen Befunden stellten Dalton et al. (1995) nach Transformationsversuchen mit *Festuca arundinacea* (Rohrschwingel) außerdem einen Zusammenhang zwischen Selektionsdruck und Etablierung transgener Pflanzen fest. Als Selektionsmarker war in die *Festuca*-Pflanzen eine Hygromycinresistenz eingebracht worden. Unter diskontinuierlichem Selektionsdruck war zwar die Regenerationsrate an Pflanzen hoch, gleichermaßen aber auch die Anzahl an unter diesen Selektionsbedingungen überlebenden, nicht-transgenen Pflanzen beträchtlich. Unter kontinuierlichem, aber niedrigem Selektionsdruck ergab sich eine hohe Anzahl an transgenen *Festuca*-Pflanzen ohne »Beimischung« von nicht-transgenen *Festuca*-Pflanzen. Bei kontinuierlichem, hohen Selektionsdruck lag eine größere Kopienanzahl des eingebrachten Fremdgens in den transgenen *Festuca*-Pflanzen vor als bei kontinuierlichem, niedrigem Selektionsdruck.

## 5.2. Verwendung geeigneter „Steuerelemente"

In den frühen 90iger Jahren wurden den Ziel-Genen bei der Konstruktion der Insert-DNA meist Promotoren wie z.B. der 35S-Promotor des CaMV vorangestellt, die eine konstitutive Expression des Ziel-Gens bewirken. Dies erwies sich aber in vielen Fällen als nicht geeignet im Hinblick auf die einem natürlichen Wandel (z.B. während der Ontogenese) unterliegenden physiologischen Abläufe der Empfängerpflanze (Wang et al, 2001). Daher wurden – wenn experimentell möglich und vorhanden – den Ziel-Genen in zunehmendem Maße Promotoren vorangestellt, die eine Gewebe-spezifische Expression des Ziel-Gens veranlassen (Mariani et al, 1990; Cheon et al, 1993; Prandl und Schöffl, 1995) oder deren Expressionsaktivität durch externe Faktoren wie Hitze-Schock (Prandl et al, 1996), Licht (Kuhlemeier et al, 1987) oder Wundreaktionen (Keil et al, 1989) ausgelöst wird. Der Nachteil dieser Promotoren mit sehr spezifischer Expressionsaktivität ist ihre begrenzte Einsetzbarkeit nur in bestimmten Zell- oder Gewebetypen und den mitunter unerwünschten pleiotropen Effekten bei der Regeneration von transgenen Pflanzen aus den transformierten Zellen. Es bleibt indes unbenommen, dass Promotoren, deren Expressionsaktivität abhängig ist vom Zellzyklus bzw. vom Entwicklungszustand der Pflanze, in den letzten Jahren größere Bedeutung erlangt haben (Gatz et al, 1991).

Beispielhaft soll an den Eigenschaften der beiden Promotoren pubi-4 und pubi-9 aus den Ubiquitin-Genen von *Saccharum* hybrid cv. H62-4671 (Zuckerrohr) gezeigt werden, welche Auswirkungen die Verwendung eines bestimmten Promotors auf die Expression des Ziel-Gens haben kann (Wei et al, 2003). Jeweils versehen mit *uida* als Reporter-Gen wurde *Oryza sativa* (Reis) (nur Konstrukt mit pubi-9) bzw. *Saccharum* (Konstrukte mit pubi-4 oder pubi-9) transformiert und ihre Expressionaktivitäten verglichen mit der von Transformanten, bei denen an Stelle von pubi-4 oder pubi-9 aus *Saccharum* pubi-1 aus *Zea mays* (Mais) verwendet wurde. Wurde *Oryza sativa* mit dem pubi-9-Konstrukt unter Verwendung der *Agrobacterium*-Infektion (Kapitel 4.1.) transformiert, so war die Expressionsrate des *uida* im transgenen Kallusgewebe, in den daraus regenerierten transgenen Reispflanzen und in ihren Nachkommen gleich hoch wie unter Verwendung des pubi-1-Konstrukts. Wurde im Vergleich dazu *Saccharum* mit dem pubi-4- oder dem pubi-9-Konstrukt unter Verwendung der „Particle-Gun"-Methode transformiert, so war die Expressionsrate des *uida* in den transgenen Kallusgeweben von *Saccharum* von vergleichbarer Höhe zu der der o.g. Vergleichstransformanten. Wurden jedoch aus diesem Kallusgewebe transgene Zuckerrohrpflanzen regeneriert, so sank in diesen die Expressionsaktivität des *uida* stark ab oder war nicht mehr nachweisbar. Dieser Effekt ist auf ein posttranskriptionelles Gen-Silencing (PTGS) zurückzuführen (Kapitel 6.). Im Gegensatz zu den transgenen Reispflanzen mit hoher Expressionsrate des *uida* (Integration des pubi-1-Konstrukts) sinkt die *uida*-Expressionsrate in transgenen Zuckerrohrpflanzen, die mit dem gleichen Konstrukt transformiert worden sind, ebenfalls aufgrund eines PTGS stark ab. Dies ist erneut ein Hinweis dafür, dass ein DNA-Konstrukt, das in das Genom einer Pflanze inseriert worden ist, ihr zunächst potenziell neue Eigenschaften vermitteln kann, dass aber schließlich die Pflanzezelle selbst maßgeblich darüber entscheidet, was mit der zusätzlich verfügbaren genetischen Information geschehen soll (siehe auch Kapitel 2.1.). Diese Sichtweise wird unterstützt von den Untersuchungen von Meng et al (2003), die *Hordeum vulgare* (Gerste) mit einem Konstrukt aus dem Ubiquitin-1 Promotor aus *Zea mays* (Mais) und *bar* sowie *uida* als Reporter-Gene transformierten. In der 6. Generation der Transformanten lagen u.a. die zwei transgenen *Hordeum*-Transformanten $T_3 30$ und $T_3 31$ vor, die sich in Struktur und Lokalisation des Inserts nicht unterschieden. Dennoch wurde *bar* und *uida* in der Linie $T_3 30$ exprimiert, während in der Linie $T_3 31$ das erste nicht-translatierte Exon sowie das 5′-Bereich des Introns im Promotor-Bereich methyliert war und die beiden Reporter-Gene nicht exprimiert wurden.

Um dem Ziel einer präzisen Kontrolle der Expression des Transgens dennoch näher zu kommen, wurden in den letzten Jahren eine Reihe von Expressionssystemen entwickelt, bei denen die verwendeten Promotoren durch die Zugabe externer chemischer Substanzen (Inducer) gezielt gesteuert werden können. Nach Wang et al (2003) sollte sich ein solches Expressionssystem idealerweise auszeichnen durch (a) hohe Spezifität[36], (b) Biologische Sicherheit[37], (c) große Effizienz[38], (d) Konzentrationsabhängigkeit[39] und (e) praktische Anwendbarkeit[40]. Die derzeit verfügbaren Expressionssysteme mit jeweils einem externen Inducer können meist nicht alle diese erwünschten Eigenschaften erfüllen.


## 5.2.1. Induktion bzw. Reprimierung mittels Tetracyclin-regulierter Expressionssysteme

Expressionssysteme, die durch Tetracyclin induzierbar (Gatz und Quail, 1988; Gatz et al, 1991 und 1992) bzw. reprimierbar (Weinman et al, 1994) sind, beruhen gleichermaßen auf dem bakteriellen Regulationsmechanismus der Tetracyclin-Resistenz. Ein durch Tetracyclin

---

[36] Nur das Zufügen bzw. der Entzug der externen chemischen Substanz (Inducer) darf eine Wirkung auf die Expression des Transgens haben, nicht aber endogene Faktoren.
[37] Der Inducer muss für Pflanzen nicht toxisch sein, darf keine pleiotropen Effekte in der transgenen Pflanze hervorrufen und sollte keine schädlichen Auswirkungen auf die Umwelt haben.
[38] Nur nach Zugabe des Inducers sollte die Expression des Transgens induziert werden und dies auf hohem Niveau.
[39] Die Konzentration des zugegebenen Inducers sollte über die Höhe der Expressionsrate entscheiden.
[40] Der Inducer sollte bereits in geringer Konzentration ausreichend wirksam sein und dies für den Einsatz im Labor wie auch im Freiland gleichermaßen.

induzierbares Expressionssystem wurde erstmalig von Gatz und Quail (1988) erfolgreich für transient transformierte Tabakzellen angewandt und danach – mit einigen methodischen Anpassungen – für die Erzeugung von transgenen Planzen optimiert (Gatz et al, 1991 und 1992). Es besteht aus dem *Tet*-Repressor-Gen (*TetR*) aus *E. coli* unter der Kontrolle des konstitu-

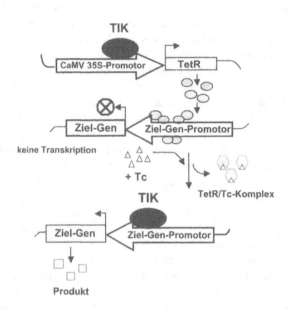

**Abb. 5.4. Durch Tetracyclin induzierbares Expressionssystem.** *TetR* **wird unter der Kontrolle des 35S-Promotors des CaMV synthetisiert. Der Promotor des Ziel-Gens enthält drei** *TetR*-**Operator-Sequenzen in Nachbarschaft zur TATA-Box.** *Tet*-**Dimere binden an diesen Sequenzen und verhindern dadurch die Bildung des Transkription-Initiation-Komplex (TIK). Wird Tetracyclin (Tc) zugesetzt, so hebt es die Bindungsfähigkeit der** *Tet*-**Dimere auf und ermöglicht damit die Bildung des Transkription-Initiation-Komplexes. Das Expressionsprodukt des Ziel-Gens wird gebildet. (verändert nach Wang et al, 2003)**

tiven 35S-Promotors des CaMV und dem Ziel-Gen unter der Kontrolle des gleichen Promotors, der jedoch in diesem Fall in der Nähe der TATA-Box mit drei *TetR*-Operator-Sequenzen versehen worden ist (Abb. 5.4.; Wirkungsverlauf siehe Legende der Abbildung). Bei Verwendung des *uida* als Reporter-Gen wurde mit diesem Expressionssystem eine 500fache Expressionssteigerung erreicht (Gatz et al, 1992). Die erwünschte Funktion dieses Expressionssystems wird bestimmt durch die Mengenverhältnisse von zugesetztem Tetracyclin und endogenem Repressor. Das bedeutet, dass ohne Tetracyclin-Zusatz schon eine geringe Konzentration an endogenem Repressor die Transkription des Ziel-Gens mindern kann bis hin zur „Verarmung" an dessen Expressionsprodukt (Veylder et al, 2000). Andererseits hat sich gezeigt, dass eine hohe Konzentration an Tetracyclin phytotoxische Wirkung hat und daher wahrscheinlich auch nicht als Inducer z.B. bei *Arabidopsis thaliana* angewandt werden kann (Corlett et al, 1996; Gatz, 1997).

Bei dem Expressionssystem, das durch Tetracyclin-Zugabe reprimiert wird, ist die Aktivierungsdomäne des *Herpes simplex* virus Proteins VP16 fusioniert worden mit *TetR* (Gossen und Bjard, 1992; Abb. 5.5.; Wirkungsverlauf siehe Legende der Abbildung).

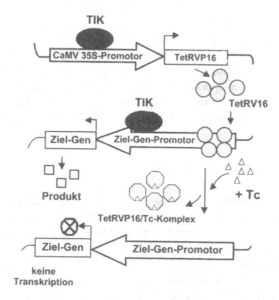

**Abb.5.5. Durch Tetracyclin reprimierbares Expressionssystem: Ein Fusionskonstrukt aus** *TetR* **und der Aktivierungsdomäne des** *Herpes simplex* **virus Proteins** *VP16* **wird unter der Kontrolle des 35S-Promotors des CaMV konstitutiv exprimiert. Ohne exogenes Tetracyclin (Tc) bindet** *TetVP16* **an den** *Tet***-Operator-Sequenzen vor der TATA-Box des Ziel-Gen-Promotors und bewirkt damit die Expression des Ziel-Gens.** *Vice versa* **bewirkt der Zusatz von Tetracyclin die Inhibierung der Bindung der TetVP16 an die Tet-Operator-Sequenzen und damit die Expression des Ziel-Gens. (verändert nach Wang et al, 2003)**

Ein entscheidender Nachteil dieses Expressionssystems ist es, dass zeitlich die Expression des Ziel-Gens nur sehr ungenau durch die Zugabe von Tetracyclin gesteuert werden kann. Außerdem ist bekannt, dass die Expressionsmöglichkeit in diesem System bereits bei den regenerierten Transformanten wie auch ihren Nachkommen zunehmend durch Methylierung des Transgens (d.h. Gen-Silencing; Kapitel 6.) vermindert sein kann (Weinmann et al, 1994). Außerdem hat ausgebrachtes Tetracyclin eine nur kurze Halbwertszeit und muss daher – um seine Wirkung zu erhalten – wiederholt ausgebracht werden.

## 5.2.2. Expressionssysteme, die durch Pristinamycin reguliert werden

Ebenso wie die Tetracyclin-regulierten Expressionssysteme gehen die Pristinamycin-regulierten auf ein Repressor-Operator-System zurück, welches auf einer bakteriellen Antibiotika-Resistenz beruht (Frey et al, 2001). Im Pristinamycin-reprimierbaren Expressionssystem besteht ein konstitutiv exprimierbarer Transaktivator (PIT) aus der Fusion der DNA-Sequenz für das Repressorprotein (Pip) für das Pristinamycin-Resistenz-Operon aus *Streptomyces coelico-*

*lor* und der VP16-Domäne (s.o.). Ohne Pristinamycin bindet PIT an dem Promotor, welcher aus 9 Pip-Bindungsstellen (PIR3) und einem Minimalanteil des 35S-Promotors des CaMV besteht; die kodierende Sequenz wird exprimiert. *Vice versa* wird durch die Zugabe von Pristinamycin die Bindungsfähigkeit der DNA für PIT herabgesetzt und damit die Expression der kodierenden DNA-Sequenz stark vermindert oder gänzlich verhindert.

Im Pristinamycin-induzierbaren Expressionssystem dagegen enthält der 35S-Promotor des Ziel-Gens eine PIR3-Sequenz. Ohne Pristinamycin bindet Pip an diesem PIR3-Operator und „schaltet" somit diesen chimären Promotor „aus". In Gegenwart von Pristinamycin hingegen wird Pip von diesem PIR3-Operator freigesetzt und die Expression des Ziel-Gens ermöglicht.

Bislang hat sich dieses Expressionssystem in Zellkulturen von *Nicotiana tabacum* (Tabak) bewährt, wurde aber in regenerierten transgenen Tabakpflanzen noch nicht überprüft.

### 5.2.3. Induktion eines Cu-regulierten Expressionssystems

Ein durch Cu induzierbares Expressionssystem wurde von Mett et al (1993) auf der Basis eines Thionin-Gens entwickelt, das u.a. zur Cu-Entgiftung verwendet wird. Das ace1[41] einer Hefe, bei dem es sich um ein Transkriptionsfaktor-Gen handelt, steht unter der Kontrolle des 35S-Promotors des CaMV. Das Ziel-Gen dagegen steht unter der Kontrolle eines 35S-Promotors von reduzierter Sequenzlänge, der aber dafür die Sequenz für eine ACE1-Bindungsstelle enthält. Wird die Kupfer-Konzentration erhöht [meist in Form von $CuSO_4$ als Spray auf die Blätter oder als wässrige Lösung über die Wurzeln appliziert], so wandelt sich die Konformation des ACE1-Proteins und ermöglicht damit seine Bindung am Promotor des Ziel-Gens; die Expression des Ziel-Gens wird ermöglicht.

Obwohl Kupfer generell in hoher Konzentration phytotoxisch wirkt, gelang es, die Expression eines Ziel-Gens in transgener *Arabidopsis thaliana* (Ackerschmalwand), *Nicotiana tabacum* (Tabak) und *Lotus corniculatus* (Hornklee) durch Kupfer-Zugabe zu induzieren (Mett et al, 1993 und 1996; Potter et al, 2001).

### 5.2.4. Induktion eines Äthanol-regulierten Expressionssystems

Auf der Grundlage des Regulationsgens *alc* aus *Aspergillus nidulans* entwickelten Caddick et al (1998) ein durch Äthanol induzierbares Expressionssystem. Das DNA-Konstrukt enthält die chimären Gene p35S:*alc*R [35S-Promotor des CaMV mit *alc*R aus *Aspergillus nidulans*, das für das Repressor-Protein AlcR kodiert] und p*alc*A:CAT [verkürzter 35S-Promotor des CaMV mit der Aktivator-Region des *alc*A-Promotors p*alc*A sowie dem Ziel-Gen]. Bei Zugabe von Äthanol bindet das AlcR-Protein an der Aktivator-Region p*al*A und veranlasst damit die Expression des Ziel-Gens.

Die Vorteile dieses Expressionssystems sind, dass (a) die Expression sehr schnell induziert wird, aber auch reversibel ist und (b) Äthanol als Inducer biologisch sicher und leicht appliziert werden kann (Caddick et al, 1998; Roslan et al, 2001). Allerdings lässt sich die Wirkung des Äthanol als Inducer nur mit großem experimentellen Aufwand auf bestimmte Teile einer Pflanze bzw. auf eine bestimmte Pflanze innerhalb eines Bestandes einschränken.

---

[41] ace = activating copper-metallothionein expression

Die Befürchtung, dass endogen produziertes Äthanol eine unerwünschte Expression des Ziel-Gens auslösen könnte, ist in Anbetracht der natürlicherweise auftretenden niedrigen Äthanol-Konzentration in Pflanzen unbegründet.

### 5.2.5. Induktion eines Glucocorticoid-regulierten Expressionssystems

In tierischen Zellen bindet der Glucocorticoid-Rezeptor (GR) in Abwesenheit seines natürlichen Liganden, eines Glucocorticoids, im Cytoplasma u.a. an den Hitzeschockproteinen hsp90 und hsp70 (Dittmar et al, 1997). In Anwesenheit eines Glucocorticoids jedoch wird GR aus dem Proteinkomplex freigesetzt und kann – gebunden an seinen Liganden – im Zellkern spezifische Gen-Expressionen induzieren. Die Eigenschaften von GR veranlassten etliche Arbeitsgruppen, auf seiner Grundlage ein induzierbares Expressionssystem für Pflanzen zu entwickeln (Lloyd et al, 1994; Simon et al, 1996; Wagner et al, 1999; Samach et al, 2000; Sakai et al, 2001). Dabei kann der eigentlich regulierende Schritt auf post-translationaler oder transkriptionaler Ebene erfolgen:

(a)   Für die Regulation auf post-translationaler Ebene wird die Hormon-bindende Domäne des GR mit Sequenzen für spezifische Transkriptionsfaktoren fusioniert. Bei Zusatz eines Gluocorticoids (oder synthetischer Analoga wie z.B. Dexamethason) wird das Fusionsprotein freigesetzt und kann spezifisch Genexpression(en) auslösen.

(b)   Für die Regulation auf transkriptionaler Ebene haben Aoyama und Chua (1997) den chimären Transkriptionsfaktor GVG konstruiert, indem sie die DNA-bindende Domäne Ga14 mit der Aktivierungsdomäne des *Herpes simplex* virus Proteins VP16 und der Hormon-Bindungsdomäne für GR fusionierten. Dem GVG wurde der 35S-Promotor des CaMV vorangestellt (Abb. 5.6.). GVG wird konstitutiv exprimiert und – ohne Inducer – im Cytoplasma u.a. mit Hitzeschockproteinen komplexiert. Bei Zugabe des Inducers wird GVG aus diesen Proteinkomplexen wieder freigesetzt und veranlasst die Expression des Ziel-Gens, das von einem 35S-Promotors des CaMV mit reduzierter Sequenz reguliert wird, in deren 5'-Ende sechs Kopien der Aktivierungssequenz GAL4 UAS integriert worden sind.

Für die praktische Anwendung modifizierten Ouwerkerk et al (2001) das GVG-System. Es wurde die Kopienzahl des GAL4 UAS von sechs auf vier reduziert und der 35S-Promotor durch den Promotor Gos2 aus *Oryza sativa* (Reis) ersetzt. Die auf der Grundlage des modifizierten GVG-Systems steuerbare Expression des Ziel-Gens blieb auch in den Nachkommen transgener Reispflanzen erhalten. Ebenso erfolgreich wurde das GVG-System in *Arabidopsis thaliana* (Ackerschmalwand; Aoyama und Chua, 1997; McNellis et al, 1998; Okamoto et al, 2001), *Nicotiana tabacum* (Tabak; Kunkel et al, 1999; Mori et al, 2001) und *Spinacea oleracea* (Spinat; Kunkel et al, 1999) eingesetzt. Die Schwierigkeiten, die sich bei Einsatz von Dexamethason als Inducer einstellen können wie z.B. Wachstumsdefekte (Kang et al, 1999; Mori et al, 2001; Ouwerkerk et al, 2001), können vermutlich durch den Einsatz anderer Glucocorticoid-Derivate behoben werden. Für den Einsatz im Freiland scheidet das GVG-Expressionssystem aber gerade aufgrund dieser Inducer-Substanzen aus.

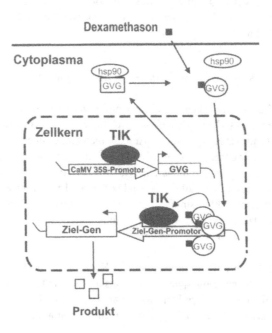

**Abb. 5.6. Das GVG-Expressionssystem. Das Fusionsprotein GVG – bestehend aus den Expressionsprodukten der DNA-bindenden Domäne Ga14, der Aktivierungsdomäne des *Herpes simplex* virus Proteins VP16 und der Hormon-Bindungsdomäne für GR – wird konstitutiv unter der Kontrolle des 35S-Promotors des CaMV exprimiert. Ohne den Inducer Dexamethason wird GVG im Cytoplasma von endogenen Proteinen im Komplex gebunden. Bei Zugabe des Inducers kommt GVG aus den Protein-Komplexen frei, gelangt in den Zellkern und löst dort – bedingt durch spezifische Bindungsstellen am Promotor – die Expression des Ziel-Gens aus. (verändert nach Wang et al, 2003)**

5.2.6. Induktion eines Östrogen-induzierten Expressionssystems

Zuo et al (2000) konstruierten einen chimären Transkriptionsaktivator XVE aus der DNA-Bindungsdomäne des bakteriellen Repressors LexA, der Aktivierungsdomäne des *Herpes simplex* virus Proteins VP16 und der Steuersequenz des Östrogen-Rezeptors. XVE wurde unter die Kontrolle eines konstitutiv die Expression veranlassenden Promotors G10-90 gestellt. Bei Zugabe des Inducers (z.B. β–Östradiol) wird XVE aktiviert und bewirkt durch seine Expression die Transkription des Ziel-Gens, dem ein chimärer 35S-Promotor des CaMV mit reduzierter Nukleotid-Sequenz vorangestellt ist, in die acht Kopien des Lex-Operators integriert worden sind.

Im Vergleich zu den anderen beschriebenen Expressionssystemen zeichnet sich das XVE-Expressionssystem durch hohe Effizienz und Spezifität aus. Es konnten bislang keine phytotoxischen noch unspezifisch physiologischen Effekte in transgenen Pflanzen beobachtet werden, die mit dem XVE-System transformiert worden waren. Allerdings ist das XVE-System für Kulturpflanzen ungeeignet, die – wie z.B. Sojabohnenpflanzen – eine hohe endogene Konzentration an Phytoöstrogenen besitzen (Zu et al, 2000).

## 5.2.7. Induktion eines Ecdyson-regulierten Expressionssystems

Das Ecdyson-regulierte Expressionssystem beinhaltet ein Tebufenozid-induziertes System [RH 5992] (Martinez et al, 1999a und 1999b) und ein Methoxyfenozid-induzierbares System (Padidam und Cao, 2001). Das Aktivator-Protein setzt sich zusammen aus den fusionierten Expressionsprodukten der Aktivierungsdomäne des Ecdyson-Rezeptors (EcR) aus *Heliothis virescens*, der DNA-Sequenz des *Herpes simplex* virus Proteins VP16 und der des Glucocorticoid-Rezeptors (GR). Das Ziel-Gen steht unter der Kontrolle eines reduzierten 35S-Promotors des CaMV, der sechs Glucocorticoid-Rezeptor-Elemente enthält.

Hervorzuheben ist, dass dieses Expressionssystem für die Anwendung im Freiland geeignet sein könnte, da es sich bei RH 5992 um eine im Handel befindliche Substanz handelt, die in der Landwirtschaft gegen den Befall durch bestimmte Schadinsekten eingesetzt wird (Heller et al, 1992). Nachteilig ist es jedoch, dass in manchen Pflanzenspezies aufgrund ihres höheren endogenen Ecdysteroidgehalts eine gewisse Expressionsrate des Ziel-Gens auch ohne Inducer-Zugabe auftritt (Saez et al, 2000).

## 5.2.8. Duales Expressionssystem, regulierbar durch Tetracyclin und durch Glucocorticoide

Um die Nachteile[42] des Tetracyclin-regulierten Expressionssystems zu eliminieren, konstruierten Böhmer et al (1999) einen Transkriptionsaktivator (TGV) auf der Grundlage von *Tet*R, der Hormon-bindenden Domäne des GR und der Aktivierungsdomäne des *Herpes simplex* virus Proteins VP16. Bei Zusatz von Dexamethason wurde TGV in transformierten Tabakpflanzen exprimiert und konnte durch Bindung an die *tet*-Operator-Regionen innerhalb der modifizierten Sequenz des 35S-Promotors des CaMV das nachgeschaltete Ziel-Gen zur Expression bringen. Durch Zugabe von Tetracyclin wird TGV wieder freigesetzt und die Expression des Ziel-Gens wird eingestellt. Die Expression des Ziel-Gens kann also in diesem System zeitlich exogen gesteuert werden.

## 5.2.9. Die Funktion nicht-translatierter Bereiche von mRNAs (UTRs)

Die experimentelle Erfahrung der letzten Jahre hat gezeigt, dass sich die mRNAs verschiedener Gene in ihrer effektiven Transkriptionsrate unterscheiden (Mathews et al, 2000). Hauptsächlich werden dafür die nicht translatierten Bereiche der mRNAs (UTRs[43]) verantwortlich gemacht, in denen translationale Enhancer- oder Repressor-Sequenzen lokalisiert sein können (Geballe et al, 2000; Rouault et al, 2000; Meyukus et al, 2000; Belsham et al, 2000; Ostareck et al, 1994; Wu und White, 1999; Guo et al, 2001). Eine gemeinsame Eigen-

---

[42] (a) stete Präsenz des Tetracyclins notwendig zur Aufrechterhaltung des Expression des Ziel-Gens und (b) stete Gefahr der „Abschaltung" des Ziel-Gens durch Methylierung seines Promotors (weitere Einzelheiten dazu siehe Kapitel 6.).
[43] UTR = untranslated region

schaft dieser UTRs ist der geringe G-Gehalt ihrer Sequenzen (Kochetov et al, 1998); darin stimmen sie mit dem ω-Element des tobacco mosaic virus (Gallie und Walbot, 1992) und der psaDb-Leader-Sequenz aus *Nicotiana tabacum* (Tabak; Yamamoto et al, 1995) überein. Von diesen UTRs wie auch von den Leader-Sequenzen des alfalfa mosaic virus RNA4 (AMV; Jobling und Gehrke, 1987; Browning et al, 1988) oder der des brome mosaic virus (Gallie et al, 1989) ist eine Translation-fördernde Wirkung bekannt.

Es war daher naheliegend, diese UTRs mit geeigneten Promotoren zu kombinieren, um auf diese Weise eine Erhöhung der Expressionsrate des Ziel-Gens zu erreichen oder sicherzu-stellen. Bereits 1993 stellten Datla et al die Expressionsraten von entsprechenden chimären Konstrukten in *Nicotiana tabacum* (Tabak) bzw. *Picea glauca* (Fichte) vor; dem 35S-Promotor des CaMV war eine synthetisch erstellte AMV-Sequenz nachgestellt sowie *uida* als Reporter-Gen. Die Expressionsrate des *uida* konnte mit Hilfe dieser Konstrukte in den trans-genen Tabakpflanzen bzw. Fichten um das 20fache gesteigert werden im Vergleich zu Pflan-zen mit Konstrukten, in denen dem *uida* nur der 35S-Promotor vorangestellt war.

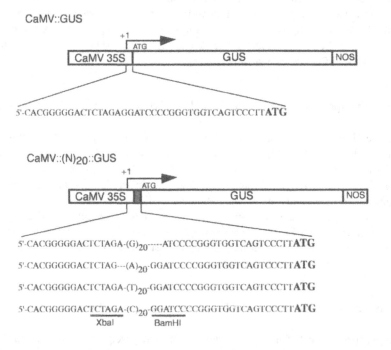

**Abb. 5.7. Chimäre Konstrukte zur Untersuchung der Translationseffizienz in Abhängigkeit von der Nukleotidsequenz der nicht translatierten Sequenzabschnitte (URTs) der mRNAs des Ziel-gens *uida*. (verändert nach Nagao und Obokata, 2003)**

Kürzlich gingen Nagao und Obokata (2003) der Frage nach, ob und welchen Einfluss die Nukleotidzusammensetzung innerhalb der UTRs tatsächlich auf die Translationsrate des Ziel-Gens hat. Sie transformierten *Nicotiana tabacum* (Tabak) mittels der *Agrobacterium*-Infektion mit Konstrukten, die entweder nur aus dem 35S-Promotor des CaMV und dem *uida* als Reporter-Gen bestanden oder bei denen der Anfangsbereich der UTRs des *uida* durch

Homopolymer-Sequenzen aus jeweils 20 G, A, T oder C erweitert worden waren (Abb. 5.7.). Im Falle der Insertion des T-Homopolymers war eine Translationssteigerung um das 4,5fache zu verzeichnen.

Aufgrund der Kenntnis, dass „natürlicherweise vorhandene" Introns die Genexpression steigern können, konstruierten Bhattacharyya et al (2003) ein „künstliches" Intron aus der kodierenden Sequenz (p7R) des peanut chlorotic streak virus (PCISV) in Antisense-Orientierung und der Leader-Sequenz des PCISV-Genoms in Sense-Orientierung. In mit diesem Konstrukt transformierten Tabakpflanzen erreichten sie eine 30- bis 800fache Steigerung der Expression des nachgeschalteten Reporter-Gens.

## 5.3. Einfluss flankierender DNA-Bereiche

Schon frühzeitig wurde erkannt, dass die Expression eines eingebrachten Fremdgens auch im Kontext des pflanzlichen Genoms problematisch sein kann. Wird die *Agrobacterium*-Transformation angewandt (Kapitel 4.1.), so wird die Integration der Transfer-DNA in das pflanzliche Genom durch deren Bordersequenzen vermittelt. Offensichtlich sind diese aber auch nicht ohne Einfluss auf die Funktionsfähigkeit des inserierten Fremd-Gens. Stephens et al (1996) konnten zum Beispiel zeigen, dass durch Mutationen bedingte Veränderungen in den Bordersequenzen zwar nicht den Insertionsvorgang, aber die Expression des eingebrachten Fremd-Gens verhindern können. Es kann vorerst nicht ausgeschlossen werden, dass derartige Veränderungen im Bereich der Bordersequenzen durch das Einbringen des Fremd-Gens bereits im *Agrobacterium* verursacht werden können.

Die unterschiedliche Expressionsaktivität ein und desselben Gens in verschiedenem genetischem Umfeld wird generell auf die Chromatinstruktur zurückgeführt. Unter anderem hängt von ihr ab, inwieweit die RNA-Polymerase Zutritt zur DNA bekommt bzw. Proteine mit der DNA in Interaktion treten können, welche regulatorische Funktion während der Transkription ausüben. Üblicherweise sind derartige Chromatinbereiche besonders anfällig für eine Nuklease-Behandlung (Reeves, 1984) oder – im elektronenmikroskopischen Bild – auffällig durch die Ausbildung sogenannter „loops" (Paulson und Laemmli, 1977).

Da nur in Einzelfällen eine Beziehung zwischen der Kopienzahl der inserierten Fremd-DNA und der Expressionsrate besteht (Stockhaus et al, 1987; Weising et al, 1988), wird eine Reihe von anderen Faktoren diskutiert, die die Expression der Fremd-DNA hemmen oder unterbinden könnten. Dies könnte zum Beispiel die Methylierung von Cytosin innerhalb regulatorischer Sequenzen sein oder sogenannte „trans-acting" Faktoren[44] des Pflanzen-Genoms. Es werden mehrere Mechanismen zur Suppression der Genexpression diskutiert (Matzke und Matzke, 1995). Die Suppression kann entweder auf transkriptionaler oder auf posttranskriptionaler Ebene erfolgen. Bei der Expression homologer Gene (endogenen Ursprungs und/oder durch Transformation in das Genom inseriert) erscheint es sehr wahrscheinlich, dass in pflanzlichen Zellen individuelle Schwellenwerte für die jeweilige Transkripte bestehen, bei deren Überschreiten für diese Transkripte spezifische Abbaumechanismen einsetzen. Auf transkriptionaler Ebene werden Gene unter Umständen direkt durch homologe Komplexierung gleichsam »ausgeschaltet« (Kapitel 6).

---

[44] Beispiele für "trans-acting" Faktoren sind auf der nächsten Seite aufgeführt.

DNA-Abschnitte, welche die Expression endogener oder übertragener Gene beeinflussen, sind im Pflanzenreich verbreitet und können in dikotylen und monokotylen Pflanzen unterschiedlich spezifische Wirkung haben. Zum Beispiel kontrolliert in *Zea mays* (Mais) und *Oryza sativa* (Reis) der *waxy* genannte DNA-Abschnitt die Amylose-Synthese, indem er die Expression der Granulum-gebundenen Stärkesynthase (GBSS) spezifisch nur in den Pollen und dem Endosperm (Zellschicht der Samen) zulässt (Sano, 1984; Klösgen et al., 1986). Im Gegensatz zu *Oryza sativa*-Pflanzen, in denen sich diese Gewebe-spezifische Expression auch nach Transformation mit dem Konstrukt aus dem *waxy*-Promotor und *uida* als Reporter-Gen bestätigen ließ, zeigte sich nach Transformation von *Petunia hybrida* (Petunie) mit diesem Konstrukt eine Expression der GBSS nur in den Pollen (Hirano et al., 1995). Aufgrund dieser Befunde wird postuliert, dass die sogenannten „cis-acting" Faktoren sich in ihrer Funktion in dikotylen bzw. monokotylen Pflanzen unterscheiden.

Den Positionseffekt, d.h. den möglichen Einfluss der Insertionsstelle auf die Expressionsrate der Fremd-DNA, haben Weising und Mitarbeiter (1990) mit Hilfe transgener Tabakpflanzen untersucht, in die ein Nopalinsynthase-Gen bzw. dieses Gen und das Licht- und Organ-spezifisch regulierte Gen ST-LSI aus *Solanum tuberosum* (Kartoffel) transferiert worden sind. Die Expressionsrate dieser inserierten Gene und ihre Zugänglichkeit für eine Behandlung mit DNase I wurden bestimmt. Diese Untersuchung erbrachte Belege dafür, dass sich der Positionseffekt nicht auf eine verschieden weit fortgeschrittene Aufwindung (im Sinne von Öffnen der kompakten Strukturen) des Chromatins an der Insertionsstelle zurückführen lässt. Vielmehr sprechen die Ergebnisse dafür, dass die Struktur der integrierten Gene konstitutiv „offen" ist. Dies hinwiederum bedeutet, dass sie potenziell exprimiert werden können. Ob allerdings ihre Expression tatsächlich erfolgt, scheint damit tatsächlich von im näheren Umfeld befindlichen endogenen Regulationssequenzen, von der Verfügbarkeit von geeigneten „trans-acting" Faktoren oder von der DNA-Methylierung abzuhängen. In diesem Zusammenhang gehört auch die systematische Untersuchung von van der Hoeven et al. (1994). Sie transformierten *Nicotiana tabacum* (Tabak) mit *uida* und *nptII*. Dem *uida* war der wurzelspezifische par-Promotor des Haemoglobin-Gens aus *Parasporia andersonii* und *nptII* der nos-Promotor aus *Agrobacterium tumefaciens* vorangestellt. Von 140 transgenen Tabakpflanzen zeigten 128 Expression des *uida* in den Wurzeln und 46 Expression des *uida* in den Blättern, wobei die Expressionsrate des eingeführten *par/uida* in den Blättern stets niedriger war als die in den Wurzeln. Die Expressionsraten des *nos/nptII*-Konstruktes folgten dieser Verteilung Organ- und Individuen-spezifischer Genexpression in guter Annäherung.

Es existiert aber mindestens ein Beispiel dafür, dass zwischen einer inserierten DNA-Sequenz und dem Insertionsort im weiteren Sinne eine funktionelle Wechselbeziehung besteht. Dies ist der Fall bei dem 35S-Promotor des CaMV[45], bei dessen Verwendung in chimären Genen diese in transgenen Pflanzen konstitutiv exprimiert werden (Ow et al, 1987). Dieser 35S-Promotor ist aus mehreren funktionellen Abschnitten zusammengesetzt, die jeder für sich die Gewebe-spezifische bzw. entwicklunsspezifische Expression des eingebrachten Gens in transgenen Pflanzen bewirken (Benfey et al, 1990) und in ihrer Summe für eine konstitutive Expression sorgen. Es sind wenigstens zwei von diesen funktionellen Abschnitten bekannt, die „trans-acting" Faktoren binden: (a) das Element as-1 umfasst den Abschnitt zwischen den Positionen -82 und -66, bindet den Faktor ASF-1, enthält zweimal die Sequenz TGACG und vermittelt eine Wurzel-spezifische Expression (Mikami et al, 1989) und (b) das Element as-2

---

[45] cauliflower mosaic virus

umfasst den Abschnitt zwischen den Positionen -98 und -90, bindet den Faktor ASF-2, enthält die Sequenz GATGTGA und vermittelt eine Gewebe-spezifische Expression in Trichomen sowie in Epidermis- und Mesophyllzellen (Lam und Chua, 1989).

Auf experimentelle Weise konnten Allen et al (1993) mit Hilfe des ARS-1 Elementes aus *Saccharomyces cerevisiae* (Bäckerhefe) weitere Belege dafür erbringen, wie die Expression eingebrachter Gene in transgenen Pflanzen beeinflusst werden kann. ARS-1 enthält eine SAR[46] genannte Region, die nachweislich mit Kern-DNA von Pflanzen in Wechselwirkung treten und damit regulatorische Funktionen haben kann. Ein chimäres Gen, das aus dem Gen für die ß-Glucuronidase (GUS) mit je einem vor- bzw. nachgeschalteten ARS-1 bestand, wurde mittels der „Particle-Gun"-Methode in Tabakzellen eingebracht. Es zeigte sich, dass die *uida*-Aktivität dieses chimären Gens um das 12fache höher war, verglichen mit der Aktivität des *uida* ohne die zugefügten ARS-1. Es bestand keine Relation zwischen der eingebrachten Kopienzahl des GUS-Gens in den transgenen Tabakzellen und der Expressionsrate. Stattdessen hob die Anwesenheit der ARS-1 offensichtlich den inhibitorischen Effekt auf die Expression des *uida* auf, wenn diese in größerer Anzahl integriert worden waren. Die SAR-Regionen schirmen demnach wohl die eingebrachte Fremd-DNA vor den Positionseffekten an der Insertionsstelle ab. Außerdem scheint die Anwesenheit der ARS-1 im Genkonstrukt auch deutlich die inserierte Kopienzahl des chimären Gens in das Genom der Tabakzellen zu beeinflussen (Abb. 5.8.). Der Mittelwert für die inserierte Kopienzahl des *uida* (ohne ARS-1) liegt bei etwa 70, der für das chimäre Gen deutlich niedriger bei etwa 35.

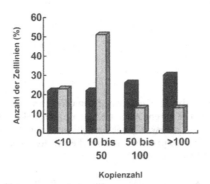

**Abb. 5.8. Anzahl der inserierten Kopien des GUS-Gens (schwarze Säulen) bzw. des chimären Gens ARS-1/GUS-Gen/ARS-1 (graue Säulen) in transgenen Tabakzellen nach Transformation mit der „Particle-Gun"-Methode. (verändert nach Allen et al, 1993)**

Noch deutlicher macht sich der Einfluss der ARS-1 Elemente auf die Expressionsrate des *uida* beim Vergleich von transienter und stabiler Expression bemerkbar (Abb. 5.9.). Unter den hier verwandten Versuchsbedingungen ist die Expression des *uida* nur dann stabil, wenn das GUS-Gen in das Pflanzen-Genom integriert ist. Gerade in diesem Fall führt die Anwesenheit von flankierenden ARS-1 Elementen zu einer Steigerung der *uida*-Expression.

---

[46] SAR = scaffold attachment region (scaffold = Gerüst), meist synonym mit MAR

Die SAR-Elemente haben in den letzten Jahren insofern an Bedeutung gewonnen, als sie typischerweise ebenso AT-reich sind wie die an inserierten Transgenen angrenzenden Genomsequenzen, z.B. in *Nicotiana tabacum* (Tabak), *Oryza sativa* (Reis) oder *Arabidopsis thaliana* (Ackerschmalwand) (Gheysen et al, 1987 und 1990; Sawasaki et al, 1998; Takano et al, 1997). Es liegen zahlreiche Befunde vor, dass SAR-Sequenzen an der Steuerung der Expression von inserierten transgenen DNA-Sequenzen beteiligt sind (Allen et al, 1993; Jenuwein et al, 1997; Sandhu et al, 1998; Thompson et al, 1994 und 1995; Wang et al, 1996) und diese vor pleiotropen Effekten abschirmen (Breyne et al, 1992; Eissenberg und Elgin, 1991; Wang et al, 1996). Unter anderem können in SAR-Sequenzen Erkennungsregionen für die Topoisomerase II enthalten sein; da SAR-Sequenzen über „ungepaarte" Abschnitte verfügen, welche die Doppelhelix der DNA in diesen Bereichen destabilisieren (Benham et al, 1997; Bode et al, 2000), kann die Einwirkung der Topoisomerase II gerade dort zu Doppelstrang-Brüchen

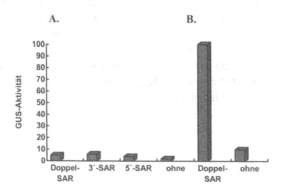

**Abb. 5.9. Vergleich der GUS-Aktivität nach Transformation von Tabakzellen mit Hilfe des *uida*, das alleine (ohne), flankiert von je einem ARS-1 Element (Doppel-SAR) oder einseitig flankiert von einem ARS-1 Element (3′-SAR bzw. 5′SAR) eingebracht wurde. Im Teil A. der Abb. 5.9 ist die *uida*-Aktivität bei transienter Expression und im Teil B. der Abb. 6 bei stabiler Expression dargestellt. (verändert nach Allen et al, 1993)**

führen (Sperry et al, 1988). Auf diese Weise können SAR-Elemente die bevorzugten DNA-Abschnitte für die Insertion von Transgenen über die illegitime Rekombination sein. Ein bespielhafter Beleg dafür kann eine 2kb umfassende genomische DNA-Sequenz aus *Petunia hybrida* (Petunie) sein, die ein SAR-Element enthält und von der berichtet wird, dass sie die Insertion von Fremd-Genen erleichtert (Buising und Benbow, 1994; Galliano et al, 1995; Meyer et al, 1988).

Um diese die Insertion fördernde Wirkung für Transgene durch SAR-Elemente näher zu untersuchen, haben Shimizu et al (2001) die flankierenden Sequenzen eines Inserts aus gentechnisch veränderten Tabakpflanzen isoliert. Es handelte sich in diesem Fall um dieselbe Nukleotidsequenz von 1,3 kb, aber in gegensätzlicher Orientierung. Diese Nukleotidsequenz enthält vermehrt A und T und weist Schnittstellen für die Topoisomerase II auf. Ein Teilbereich von 507 bp (TJ1) innerhalb dieser Nukleotidsequenz zeigte *in vitro* Bindungseigenschaften zur Kern-DNA, die aus Tabakzellen isoliert worden war. Damit handelt es sich tatsächlich um ein SAR-Element. Versahen Shimizu et al (2001) ein Insert am 5'- und am 3'-Ende jeweils mit einer TJ1-Einheit, so erhöhte sich die Transformationsrate um das 5- bis 10fache und die Expressionsrate des inserierten Ziel-Gens je Kopie um das 5fache.

Einen weiteren experimentellen Zugang zur Untersuchung der Expression der eingeführten Fremd-DNA in transgenen Pflanzen und der möglichen Faktoren, welche die Expressionsrate beeinflussen, fanden Mlynarova et al (1994). Eine in ihrer Funktion dem SAR[47] vergleichbare DNA-Region sind die MAR-Abschnitte[48] (Breyne et al, 1992). MAR-Abschnitte werden auch als die End- oder Grenzbereiche zu den Genen angesehen, die während der Interphase im elektronenmikroskopischen Bild als Schleifen („loops") sichtbar gemacht werden können; MAR-Abschnitte kommen damit auch in Betracht als Regulationsstellen der Genexpression (Laemmli et al, 1992). Eine der gut charakterisierten MAR-Elemente ist das A-Element, das im Genom des Huhns dem Lysozym-Gen vorangestellt ist (Phi-Van und Strätling, 1968). Mlynarova et al (1994) führten dieses A-Element in ein Konstrukt auf der T-DNA von *Agrobacterium tumefaciens* ein; dieses bestand aus *nptII* (Gen für die Neomycin-Phosphotransferase II, NPTII) und *uida* (Gen für die ß-Glucuronidase, GUS). Das *uida* war unter der Kontrolle des Promoters des Lhca3.St.1 (Gen für Apoprotein 2 des Light-Harvesting-Komplex des Photosystem I von *Solanum tuberosum* [Kartoffel]). Jeweils zwei A-Elemente wurden dergestalt in dieses Konstrukt eingefügt, dass entweder Lhca3/*uida* und *nptII* von ihnen umschlossen wurden (pLM) oder nur Lhca3/*uida* (pBA). Mit einem der beiden Konstrukte pBA oder pLM oder mit dem Ursprungskonstrukt ohne A-Elemente (pPPG) wurden Blattsegmente von *Nicotiana tabacum* (Tabak) mittels der *Agrobacterium*-Methode transformiert und aus den Blattsegmenten anschließend vollständige transgene Tabakpflanzen regeneriert. Die GUS-Aktivität in den Blättern wurde als Maß für die *uida*-Expression in den transgenen Tabakpflanzen bestimmt (Abb. 5.9.). In Abhängigkeit vom Vorhandensein der A-Elemente sind höhere GUS-Aktivitäten und eine markante Häufung um den Wert von 200 r.E. zu verzeichnen. Insgesamt verhindert die Anwesenheit von A-Elementen niedrigere Expressionsraten von *uida*; befinden sich die A-Elemente an den Border-Sequenzen der T-DNA, so steht die *uida*-Expressionsrate in direkter Relation zu der Anzahl der integrierten *uida*-DNA. Folgt man der „Loop"-Theorie für inserierte Fremd-DNA und schreibt den A-Elementen der verwendeten Konstrukte eine Schutzfunktion zu, so dass es zur Expression der inserierten Fremdgene unabhängig von ihrem Insertionsort im pflanzlichen Genom, aber abhängig von der Anzahl der Fremd-Gen-Kopien kommt, so wäre weiterhin auch eine Koordination der Expression aller auf dem DNA-Loop befindlichen Fremd-Gene zu erwarten. Dieser Frage sind Mlynarova et al (1995) an Hand der oben beschriebenen Konstrukte nachgegangen. Die Hypothese einer „Expressionseinheit" des *nptII*-Gens und des *uida*-Gens zwischen den A-Elementen konnte in diesem Sinne nicht aufrecht erhalten werden, da offensichtlich das dem Promoter des *nptII* benachbarte A-Element im Hinblick auf seine Expression Einfluss ausübte, nicht aber auf die des entfernteren *uida*. Die Untersuchungen anderer Laboratorien (Breyne et al, 1992; van der Geest et al, 1994; Allen et al, 1995; Spiker et al, 1995) zu dem Einfluss der MAR-Elemente auf die Expression der eingebrachten Fremd-Gene stehen zum Teil im Widerspruch zueinander, wie auch zu den Ergebnissen von Mlynarova et al (1994 und 1995). In den Untersuchungen von Allen et al (1996) konnte gezeigt werden, dass das SAR-Element aus *Nicotiana tabacum* (Tabak) bei Verwendung als Flankierung des jewei-

---

[47] Vielfach wird auch kein Unterschied mehr zwischen SAR- und MAR-Elementen gemacht.
[48] matrix-associated region

ligen Ziel-Gens in transgenen Pflanzen eine bedeutend größere Expressionssteigerung bewirkte (140fach) als das SAR-Element aus *Saccharomyces cerevisiae* (Bäckerhefe) (24fach) und dass diese Expressionssteigerung des Inserts durch SAR-Elemente nur bei Vorliegen von einer bzw. weniger Insert-Kopien im pflanzlichen Genom erfolgte.

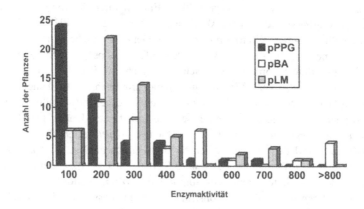

**Abb. 5.9. Graphische Darstellung der in Klassen zusammengefassten transgenen Tabakpflanzen (transformiert mit pPPg, pBA oder pLM) in Abhängigkeit von der in ihnen ermittelten GUS-Aktivität. Die GUS-Aktivität wurde bestimmt als pmol Methylumbelliferon/min/µg Protein. (Weitere Erläuterungen im Text) (verändert nach Mlynarova et al, 1994)**

Zum Teil sind diese Widersprüche wohl auch auf eine zunächst nicht eindeutige Beschreibung von DNA-Sequenzen zurückzuführen, bei denen es sich um MAR-Elemente handeln sollte. In der Hinsicht klärend waren erst die Ausführungen von Holmes-Davis und Comai (1998) und Allen et al (2000). Danach stimuliert das Vorhandensein von MAR-Elementen die Expression des Ziel-Gens und unterdrückt gleichzeitig die unerwünschten Positionseffekte, die nach der Insertion von Fremd-Genen auftreten können. Jedoch wirken MAR-Elemente nicht direkt auf die Promotoren der Ziel-Gene ein, sondern der positive Einfluss der MAR-Elemente auf die Expressionsrate hängt eher mit ihrer Wirkung auf die Chromatinstruktur zusammen (van Blokland et al, 1997; Li et al, 1999; Chua et al, 2001).

Nachdem Fukuda (1999) die zwei MAR-Elemente S/MI (Positionen –3320 bis –2621) und S/MII (Positionen –2221 bis 1371) im upstream-Bereich des Gens für die Chitinase CHN50 aus *Nicotiana tabacum* (Tabak) charakterisiert hatte, haben Fukuda und Nishikawa (2003) untersucht, ob und welche Auswirkung das Vorhandensein von S/MI und S/MII auf die Expressionsrate des Ziel-Gens hat. Sie benutzten dazu als Insert-Konstrukt *uida* als Reporter-Gen mit vorgeschalteten 35S-Promotor des CaMV. Je nach Erweiterung des Insert-Konstrukts mit S/MI und S/MII konnten signifikante Änderungen in der Expressionsrate des *uida* festgestellt werden (Abb. 5.10.).

Als Fazit dieses Teils der Untersuchungen ist festzuhalten, dass (a) die Anwesenheit von S/MI und S/MII im 5'-Bereich vor dem Ziel-Gen – unabhängig von ihrer Orientierung – zu einer etwa 10fachen Steigerung der Expressionsrate führt, (b) die Anwesenheit von S/MI und

S/MII im 3'-Bereich dagegen keinerlei Wirkung zeigt, (c) die Anwesenheit der beiden MAR-Elemente sowohl im 5'- als auch im 3'-Bereich eine zusätzliche Steigerung der Expressionsrate des *uida* um das 5fache bewirkt und (d) ohne hinreichende Promotor-Sequenz auch die Anwesenheit von S/MI und S/MII im 5'-Bereich nicht ausreicht, um eine hinreichende Expression des *uida* sicherzustellen.

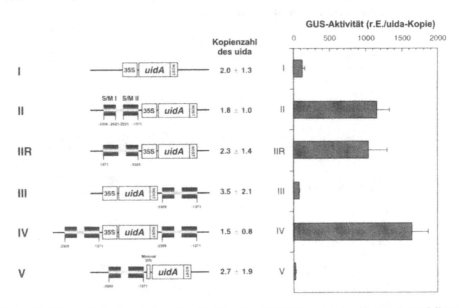

**Abb. 5.10. Schematische Darstellung der Position der MAR-Elemente im Konstrukt und ihrer Wirkung auf die Expressionrate des Konstrukts in transgenen Tabakpflanzen. Es wurden die zwei MAR-Elemente S/MI (-3309 bis -2621) und S/MII (-2221 bis -1371) verwendet sowie der 35S-Promotor des CaMV, die PolyA-Sequenz des Nopalinsynthase-Gens (NOST) und das *uida* als Reporter-Gen. (verändert nach Fukuda und Nishikawa, 2003)**

In einer Serie von Kontrollversuchen stellten Fukuda und Nishikawa (2003) sicher, wie groß der Anteil von S/MI und S/MII sein muss, um die von ihnen bewirkte Steigerung der Expressionsrate des *uida* aufrecht zu erhalten (Abb. 5.11.). Dabei stellten sie fest, dass (a) bei Anwesenheit des vollständigen S/MI und des um 34 Nukleotide verkürzten S/MII oder bei Anwesenheit nur des S/MII bzw. des S/MI im 5'-Bereich die Expressionsrate des *uida* nicht nennenswert variiert, (b) bei alleiniger Anwesenheit einer stark reduzierten S/MI im 5'-Bereich die Steigerung der Expressionsrate des *uida* stark zurückgeht und (c) bei Anwesenheit nur der Verbindungssequenz zwischen S/MI und S/MII die Expressionsrate des *uida* immer noch höher liegt als ohne jegliche vorgeschaltete DNA-Sequenzen.

Ausgehend von der Vermutung, dass MAR-Elemente über die Veränderung der Chromatinstruktur positiv Einfluss nehmen auf die Expression des Ziel-Gens, isolierten Fukuda und Nishikawa (2003) intakte Zellkerne aus transgenen Tabakpflanzen und setzten diese Zellkerne der Einwirkung von MNase[49] aus. Nach einer Einwirkungszeit von 30 Minuten zeigte sich bei

---

[49] MNase baut mit Vorrang DNA-Abschnitte ab, die Nukleosom-frei sind (Wolffe, 1995) und wird auch dazu benutzt, um Veränderungen der Nukleosomen zu untersuchen (Rao et al, 2001).

den Insertkonstrukten mit vorgeschalteten S/MI und S/MII (Abb. 5.12.), dass die DNA-Sequenz des Ziel-Gens fast unverändert vorlag und die des Terminators erst nach etwa 20 Minuten Einwirkungszeit abgebaut wurde. Dagegen setzte der DNA-Abbau des Promotors durch die MNase bereits nach 2 Minuten Einwirkungszeit ein. Fukuda und Nishikawa (2003) folgern daraus, dass S/MI und S/MII eine „Öffnung" der Chromatinstrukturen in Richtung auf den nachgeschalteten Promotor bewirken und damit auch die dortige Ausbildung des Initiationskomplexes für die Transkription erleichtern.

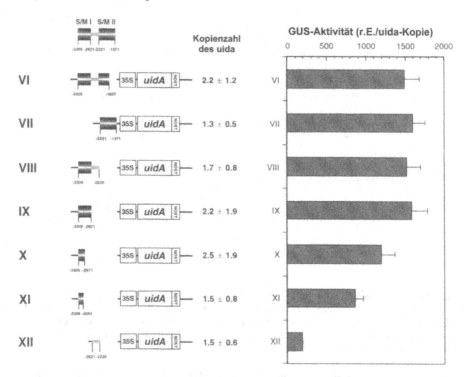

**Abb. 5.11. Schematische Darstellung der Wirkungsanalyse deletierter MAR-Elemente auf die Expression eines chimären Gens. (Weitere Erläuterungen siehe Abb. 5.10.) (verändert nach Fukuda und Nishikawa, 2003)**

Inzwischen sind genügend Sequenzeigenschaften typischer MAR-Elemente bekannt (Singh et al, 1997), so dass Wei et al (2003) zum Abschluss einer Untersuchung über die Expressionseigenschaften verschiedener Promotoren in *Oryza sativa* (Reis) im Fall des Konstrukts mit dem Promotor ubi-4 in einer Sequenzanalyse [http://www.futuresoft.org/MAR-Wiz/] vor und hinter der Sequenz des Ziel-Gens MAR-Elemente identifizieren konnten. Mit der Anwesenheit dieser MAR-Elemente ging in den transgenen Reispflanzen wiederum eine deutlich gesteigerte Expressionsrate des Ziel-Gens einher.

Eine weitere Klärung des Zusammenspiels von flankierenden MAR-Elementen und dem Promotor des Ziel-Gens gelang Mankin et al (2003). Für ihre Untersuchungsserie verwendeten sie das MAR-Element aus dem 3'-Bereich des wurzelspezifisch exprimierenden Gens RB7 aus *Nicotiana tabacum* (Tabak). Die Sequenz des RB7-MAR besteht zu 73% aus AT-

Nukleotiden und hat eine hohe Bindungsaffinität zu isolierter nukleärer Matrix (Michalowski et al, 1999). Während in einer großen Anzahl von Untersuchungen stets das Zusammenspiel dieses MAR-Elements mit dem 35S-Promotor des CaMV getestet wurde [*Nicotiana tabacum* (Tabak; Allen et al, 1996; Ülker et al, 1999); *Oryza sativa* (Reis; Vain et al, 1999); *Populus tremula* (Pappel; Han et al, 1997) und *Pinus* spec. (Fichte; Levee et al, 1999)], haben Mankin et al (2003) die sechs Promotoren 35S aus CaMV[50], AtAhas[51] aus *Arabidopsis thaliana* (Ackerschmalwand), PsFed1[52] aus *Pisum sativum* (Erbse), GmHspL[53] aus *Glycine max* (Luzerne), NOS[54] und OCS[55] aus *Agrobacterium tumefaciens* mit dem *uida* als Reporter-Gen

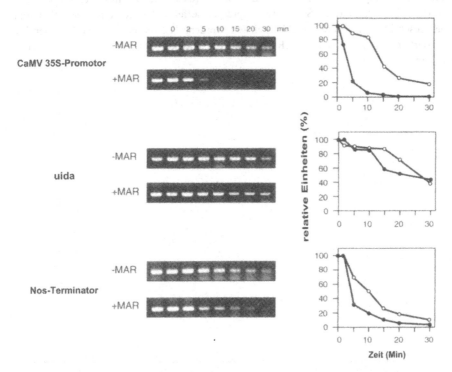

**Abb. 5.12. Darstellung des Einflusses von MAR-Elementen auf die Zugänglichkeit des Promotor-Bereichs eines chimären Konstrukts für die MNase. Aus Zellkulturen von transgenem *Nicotiana tabacum* (Tabak) wurden die Zellkerne isoliert und für eine bestimmte Zeitdauer der Einwirkung von MNase ausgesetzt. (Weitere Erläuterungen im Text) (verändert nach Fukuda und Nishikawa, 2003)**

kombiniert. Nach der Transformation von *Nicotiana tabacum* (Tabak) mit jeweils einem dieser Konstrukte bestimmten sie die Expressionsrate des Reporter-Gens. Die so ermittelten Ex-

---

[50] cauliflower mosaic virus
[51] Acetohydroxyacidsynthase-Promotor
[52] Ferredoxin-I-Promotor
[53] Hitzeschock-Protein-17.6L-Promotor
[54] 5'-Region des Nopalinsynthase-Gens
[55] 5'-Region des Octopinsynthase-Gens

pressionsraten setzten sie in Relation zu Expressionsraten von den gleichen Konstrukten in transgenen Tabakpflanzen, denen jedoch vor dem Transformationsvorgang im 5'- und im 3'-Bereich jeweils ein RB7-MAR-Element voran- bzw. nachgestellt worden war. Es zeigte sich, dass (a) die RB7-MAR-Elemente, unabhängig vom im Konstrukt verwendeten Promotor, die Anzahl von Transformanten mit niedriger Expressionsrate vermindern, (b) sie keinen Effekt auf die Expressionsrate des Konstruktes mit PsFed1 haben (das Gen mit diesem Promotor wird auch natürlicherweise nicht in diesen Zellen exprimiert), (c) sie die Expressionsrate des Konstruktes mit GmHspL erst dann erhöhen können, wenn GmHspL durch einen Hitzeschock zur Aufnahme der Expression induziert worden ist und (d) sie die konstitutiv exprimierenden Promotoren 35S, NOS und OCS in ihrer Expressionseffektivität steigern. Generalisierend kann aus diesen Ergebnissen der Schluss gezogen werden, dass die Promotoren über den Expressionsstart entscheiden und die MAR-Elemente die aktuelle Expressionsrate des Ziel-Gens erhöhen können.

# 6. Das „Abschalten" von Genen

Auf experimentelle Weise versuchten Matzke und Matzke (1990) Aufschluss darüber zu bekommen, ob und in welcher Weise Positionseffekte für die Expression von Fremd-Genen eine Rolle spielen. Zu diesem Zweck transformierten sie *Nicotiana tabacum* (Tabak) in zwei aufeinander folgenden Schritten. Zunächst wurde mittels der *Agrobacterium*-Transformation ein Genkonstrukt aus dem Gen für die Neomycinphosphotransferase II (Kanamycin-Resistenz) und dem für die Nopalinsynthase in die Tabakpflanzen eingebracht, wobei jedes der beiden Gene unter der Regie des Promotors des Nopalinsynthase-Gens stand. Aus den Blattscheiben wurden transgene Tabakpflanzen regeneriert, die beide Merkmale enthielten (Kan$^+$, NOS$^+$). Blattscheiben dieser ersten Transformanten wurden erneut mittels der *Agrobacterium*-Methode mit einem Konstrukt aus dem Gen, dessen Expressionsprodukt Hygromycin-Resistenz verleiht, und dem für die Octopinsynthase, transformiert, wobei in diesem Fall jedes der beiden Gene von dem 35S-Promotor und der Termination-Sequenz des CaMV[56] flankiert wurde. Interessanterweise war in 15% der Doppeltransformanten die Expression der beiden, bei der 1. Transformation übertragenen Gene (Kan$^+$, NOS$^+$) unterbunden. Aus diesen Doppeltransformanten konnten Nachkommen hervorgehen, bei denen die übertragenen Gene der 1. Transformation wieder exprimiert wurden, dann aber nicht die der 2. Transformation. Die generationsabhängige Inaktivierung/Aktivierung der Gene der 1. Transformation ließ sich auf die Methylierung/Demethylierung der Promotoren dieser Gene zurückführen. Matzke und Matzke (1990) stellen die Hypothese zur Diskussion, dass die zwei eingebrachten T-DNAs mit homologen Abschnitten um Bindungsstellen an der Kern-DNA konkurrieren. In ähnlicher Weise untersuchte Vaucheret (1993, 1994) die gegenseitige Beeinflussung der Expression zweier eingebrachter Konstrukte [35S-Promotor des CaMV/Ni-tritreduktase-Gen aus *Nicotiana tabacum* (Tabak) in inverser Orientierung; 35S-Promotor des CaMV/ *nptII*] in *Nicotiana tabacum*. Aus diesen und anderen Untersuchungen wurde die Hypothese der »Co-Suppression« entwickelt; das Phänomen wurde in etlichen transgenen Pflanzen festgestellt, denen zusätzlich zu einem endogenen Gen ein entsprechendes Fremd-Gen inseriert worden war. Bei diesen Transformanten handelte es sich zum Beispiel um *Petunia hybrida* (Petunie) (Chalconsynthase-Gen; Napoli et al, 1990) (Dihydroflavonolreduktase-Gen; van der Krol, 1990) (MADS-Abschnitte, Angenent et al, 1993), *Lycopersicon esculentum* (Tomate) (Polygalacturonase-Gen; Smith et al, 1990) (Pectinesterase-Gen, Seymour et al, 1993) sowie *Nicotiana tabacum* (Tabak) (Chitinase-Gen; Hart et al, 1992) (Nitratreduktase-Gen; Dorlhac et al, 1994) (Phytoensynthase-Gen; Frey und Grierson, 1993). Ob tatsächlich Co-Suppression der betroffenen Gene in einer Transformante eintritt, ist indes schwer vorhersagbar. Dorlhac et al (1994) transformierten Tabakpflanzen mit einem Konstrukt aus dem 35S-Promotor des CaMV und dem Gen *Nia* für die Nitratreduktase. In den individuellen Tabaktransformanten konnten sie entweder eine Überproduktion an mRNA für die Nitratreduktase des eingebrachten Konstrukts oder aber Co-Suppression des eingebrachten und des endogenen Nitratreduktase-Gens feststellen. Entsprechende Ergebnisse erbrachte die Transformation von Tabakpflanzen mit Konstrukten aus dem 35S-Promotor des CaMV, zwei 35S-Enhancer-Sequenzen des CaMV sowie dem Gen für die Nitritreduktase (Vaucheret et al, 1995). In den meisten bislang untersuchten Fällen scheint die Voraussetzung

---

[56] cauliflower mosaic virus

für das Eintreten der Co-Suppression eine hohe Expressionsrate des eingebrachten Fremd-Gens zu sein. Indes können die Auswirkungen vieler anderer Parameter derzeit noch nicht ausgeschlossen werden. In Freilandversuchen mit homozygoten transgenen Tabakpflanzen zeigten zwischen 0% und bis zu 57% der Transformanten Co-Suppression in Bezug auf die eingebrachte und die endogene Nitratreduktase (Palaqui und Vaucheret, 1995). Ähnliche Ergebnisse erzielten Brandle et al (1995) mit transgenen Tabakpflanzen in einem Freiland-versuch, die mit dem Gen *csr1-1* für eine Acetohydroxyacidsynthase aus *Arabidopsis thaliana* (Ackerschmalwand) transformiert worden war, welche Resistenz gegen Sulfonyl-harnstoffherbizide verleiht. Bis zu 59% der homozygoten Transformanten waren aufgrund der Co-Suppression nicht gegen eine derartige Herbizidbehandlung resistent.

Cherdshewasart et al (1993) verfolgten das weitere „Schicksal" des eingebrachten Kon-struktes 35S-Promotor/*nptII* in transformierten *Nicotiana plumbaginifolia*-Pflanzen und ihren Nachkommen. Wie auch schon an anderer Stelle ausgeführt, wurden in mehr als 50% der Transformanten 2 oder mehr Kopien des Fremd-Gens in das pflanzliche Genom integriert. Bereits in der $F_1$-Generation konnte in vielen Einzelfällen der Verlust des Fremd-Gens, die Änderung des ursprünglichen Verteilungsmusters der Kopien des Fremd-Gens etc. festgestellt werden. In etwa 5% der Transformanten war die eingebrachte Resistenz phänotypisch nicht mehr vorhanden. Aus ihren Befunden leiten Cherdshewasart et al (1993) ab, dass eine Art Erkennungsmechanismus für Fremd-Gene existieren müsste, der fähig ist, auf deren Expres-sion Einfluss zu nehmen, oder der bei Vorliegen vieler Insertionsstellen der Fremd-DNA – aufgrund der damit verbundenen Unausgewogenheit der Abläufe im Genom – den Zelltod bewirkt. Es ist derzeit allerdings ungeklärt, ob derartige Mechanismen speziesspezifisch sind, da Peng et al. (1995) nach der Transformation von *Oryza sativa* (Reis) mit dem *nptII* und dem *uida* unter Verwendung des 35S-Promotors des CaMV, des Promotors des Actin-Gens aus *Oryza sativa* oder des Promotors des Reis-Tungrobacilliformvirus in den darauffolgenden Generationen keine derartigen Phänomene beobachten konnten.

Aber es sind nicht nur Vorhersagen über den Insertionsort der Fremd-DNA im pflanzli-chen Genom sowie über die Anzahl der integrierten Kopien fast unmöglich, sondern es ist auch die Expressionsrate der integrierten Fremd-DNA grundsätzlich durchaus von anderen Faktoren als eben nur dem jeweiligen Insertionsort im pflanzlichen Genom und daraus be-dingten Positionseffekten abhängig. Stefanov et al (1994) versahen das Gen (*uida*) für die β-Glucuronidase (GUS) entweder mit dem 35S-Promotor des CaMV[57] oder dem Promotor des Mannopinsynthase-Gens (*mas*) aus *Agrobacterium tumefaciens*. *Brassica napus* (Raps) wurde jeweils mit einem der beiden Konstrukte transformiert. Jedes der Konstrukte wurde in den transgenen Raps-Pflanzen exprimiert. Jedoch war die Expressionsrate der Konstrukte in un-terschiedlicher Weise abhängig von dem Entwicklungszustand der transgenen Rapspflanzen: (a) Während der Regeneration von transgenen Rapspflanzen aus Kalluskulturen lag eine er-höhte Expressionsrate des 35S-*uida* und eine verminderte des mas-*uida* vor; (b) in Keimlin-gen war die Expressionsrate für 35S-*uida* am höchsten in den Primärwurzeln und für mas-*uida* in den Keimblättern; (c) im Rosettenstadium der transgenen Rapspflanzen wurden beide Konstrukte mit Vorrang in den älteren Pflanzenteilen exprimiert; (d) ebenso war nach dem Schossen der Pflanzen eine verminderte Expressionsrate für beide Konstrukte in den oberen Pflanzenteilen zu finden; (e) in diesen Pflanzen wurde 35S-*uida* vor allem im Phloem und Kambium, mas-*uida* dagegen nur im Phloem exprimiert (Abb. 6.1.).

---

[57] cauliflower mosaic virus

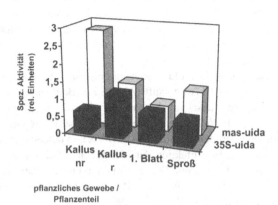

**Abb. 6.1. Expression des *uida* unter der Kontrolle des 35S-Promotors des CaMV bzw. des Promotors des Mannopinsynthase-Gens (mas) in unterschiedlichen Teilen von transgenen Rapspflanzen während der Regeneration aus transformiertem Kallusgewebe. nr = nicht regenerierend, r = regenerierend. (verändert nach Stefanov et al, 1994)**

Die Aufzählung und Erörterung all dieser möglichen oder tatsächlichen negativen Einflüsse auf die Stabilität der Insertion der Fremd-DNA bzw. auf ihre Expression soll aber nicht den Blick dafür verstellen, wie kompatibel auch das eukaryotische Realisationssystem mit eingebrachter Fremd-DNA umgehen kann. Laliberte et al (1992) brachten das Gen für eine Xylanase der Hefe *Cryptococcus albidus* – versehen mit dem 35S-Promotor des CaMV auf der 5'-Seite und dem Terminator des Nopalinsynthase-Gens von *Agrobacterium tumefaciens* auf der 3'-Seite – in *Nicotiana tabacum* (Tabak) mit Hilfe der *Agrobacterium*-Transformation ein. Das Fremd-Gen wurde in den transgenen Tabakpflanzen exprimiert; die Transkripte hatten mit 1,2 kb die erwartete Größe der pre-mRNA dieses Gens. Darüberhinaus waren etwa 10% der Transkripte auf die Größe von 0,85 kb gespleißt, d.h. die 7 Introns der Xylanase-pre-mRNA der Hefe sind korrekt im Cytoplasma der Höheren Pflanze herausgeschnitten worden.

In den letzten fünf bis sieben Jahren sind genug experimentelle Belege erbracht worden, um grundsätzliche Mechanismen benennen zu können, die zum „Abschalten" von Genen beitragen. In Pflanzen können Gene u.a. durch einen transkriptionalen oder einen posttranskriptionalen Mechanismus abgeschaltet werden. Bei dem posttranskriptionalen Gen-Silencing (PTGS[58]) weist der Promotor des fraglichen Gens eine normale Transkriptionsaktivität auf, die Transkripte unterliegen jedoch einem Nukleotidsequenz-spezifischem Abbauprozess (Hamilton und Baulcombe, 1999; Baulcombe, 2002; Matzke et al, 2001; Vance und Vaucheret, 2001; Sharp 2001; Waterhouse et al, 2001). Die induzierte PTGS wird systemisch durch ein mobiles „Signal" verbreitet (Fagard und Vaucheret, 2000). Dabei wird zunächst von einer endogenen RNA-abhängigen RNA-Polymerase eine doppelsträngige RNA (dsRNA) unter Nutzung des Transkripts als Matrize synthetisiert (Hamilton und Baulcombe, 1999; Dalmay et al, 2000; Mourrain et al, 2000); das Transkript wird außerdem zur Gewinnung von kurzketti-

---

[58] Unter PTGS werden generell Co-Suppression und Antisense-Phänomene zusammengefasst.

gen RNAs (siRNA[59]) (max. 25 Nukleotide) in Sense- oder Antisense-Orientierung verwandt (Hamilton und Baulcombe, 1999; Bernstein et al, 2001; Hammond et al, 2000; Bass, 2000). Die siRNAs werden in einem von der dsRNA-induzierten Silencing-Komplex integriert, der für den Nukleotidsequenz-spezifischen Abbau der Transkripte sorgt (Abb. 6.2.) (Hammond et al, 2000; Tang et al, 2003; Zamore et al, 2000).

Es hat sich erwiesen, dass die Homologie-abhängige Virus-Resistenz (HDR) in transgenen Pflanzen nach dem Prinzip der PTGS abläuft (Abb. 6.2.) (Baulcombe, 1996; Kumagai et al, 1995; Lindbo et al, 1993). Sehr anschaulich haben dies Ruiz et al (1998) zeigen können mit der Infektion von transgenem *Nicotiana benthamiana* (Tabak), der das „green fluorescent protein" (GFP) exprimierte, mit dem potato virus X (PVX), in dessen Genom zuvor das GFP-Gen eingebracht worden war. Bei Infektion der transgenen Tabakpflanzen durch transgenen PVX waren jene zunächst nicht resistent. Offensichtlich induzierte aber die virale Replikation auch die PTGS und damit die spezielle Virus-Resistenz dieser transgenen Tabakpflanzen (VIGS; virus-induced gene silencing) (Ruiz et al, 1998).

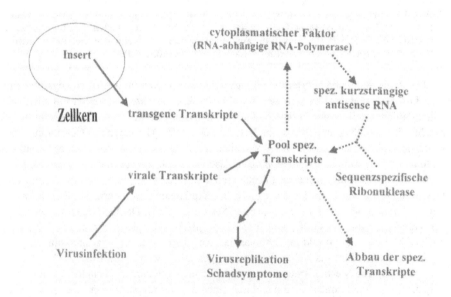

**Abb. 6.2. Schematische Darstellung der Reaktionsabläufe bei dem posttranskriptionalen Gen-Silencing (PTGS) sowie der Homologie-abhängigen Virus-Resistenz (HDR). (Erläuterungen im Text)**

Aufgrund dieser Doppelrolle der RNA phytopathogener Viren sowohl als Ziel-Molekül als auch als Inducer der PTGS lag es nahe zu vermuten, dass es sich bei der PTGS um eine generelle Abwehrreaktion gegen virale Infektionen handelt (Baulcombe, 1999; Carrington et al, 2001; Ding, 2000; Marathe et al, 2000; Voinnet, 2001). Wie verschiedentlich gezeigt werden konnte, ist die PTGS sowohl durch Inserts in Sense-Orientierung mit hoher Expressionsrate (Que et al, 1997; Vaucheret et al, 1997) als auch durch Antisense-Konstrukte (Chuang

---

[59] short interfering RNA

und Meyerowitz, 2000; Sijen et al, 2001; Stam et al, 1998; Waterhouse et al, 1998) induzierbar.

Die Hypothese der generellen Abwehrmethode gegen virale Infektion wurde durch die Erkenntnis gefördert, dass eine Reihe von phytopathogenen Viren die Fähigkeit erlangt hat, Proteine zu exprimieren, welche die Induktion der PTGS unterdrücken können (Anadalaksmi et al, 1998; Brigneti et al, 1998; Kasschau et al, 1998; Mitter et al, 2003). Außerdem haben Ratcliff et al (1999) gezeigt, dass die PTGS vollständig unabhängig von dem Vorhandensein homologer Sequenzen eintreten kann, indem sie nicht-transgenen *Nicotiana benthamiana* (Tabak) mit PVX und TMV (tobacco mosaic virus) infizierten, wobei beide mit dem GFP-Gen transformiert worden waren. In beiden Fällen wurde dennoch die PTGS induziert.

Die Existenz von viralen Proteinen, welche die PTGS suppremieren können (Voinnet et al, 1999), stellt natürlich auch die auf der PTGS-basierende Resistenz von transgenen Pflanzen in Frage (Mitter et al, 2001). Tatsächlich kann in transgenen Pflanzen, die eine Protease von Potyviren exprimieren, die PTGS unterbrochen werden; nicht dagegen ist davon die Synthese des Silencing-Signals (s.u.) oder die mit dem Silencing verbundene DNA-Methylierung betroffen (Llave et al, 2000; Mallory et al, 2001). Im Gegensatz dazu eliminiert das 2b-Protein des cucumber mosaic virus (CMV) eine bereits etablierte PTGS nicht, wohl aber verhindert es die Signal-Weiterleitung der PTGS in andere Gewebeteile (Brigneti et al, 1998; Li und Ding, 2001; Lucy et al, 2000). Allerdings wurden in Experimenten von Guo und Ding (2002) gezeigt, dass in transgenen Pflanzen, welche dieses 2b-Protein exprimieren, die Verbreitung des Silencing-Signals in den Pflanzen unterbunden wird, sich die Methylierung der transgenen DNA im Kern verändert und der zelluläre Gehalt der siRNAs reduziert wird.

Im Gegensatz zur PTGS ist bei dem transkriptionalen Gen-Silencing (TGS) der Promotor inaktiv und Transkripte werden nicht produziert (Vaucheret und Fagard, 2001). Die Methylierung von Cytosin tritt sowohl bei der PTGS als auch der TGS auf, jedoch wird bei der TGS mit Vorrang im Bereich des Promotors und bei der PTGS mit Vorrang im Bereich der kodierenden DNA-Sequenz – vor allem im 3'-Bereich – methyliert (Depicker und van Montagu, 1997; Kilby et al, 1992; Kovarik et al, 2000; Morel et al, 2000; Bartee et al, 2001; Kloti et al, 2002).

Unklarheit besteht indes weiterhin über die Kriterien für die Methylierung bestimmter DNA-Regionen (und das Übergreifen der Methylierung auf flankierende DNA-Bereiche). Zwar gibt es genug Belege, dass die Methylierung bestimmter DNA-Bereiche auf diese beschränkt bleibt und auch in dieser Form auf die Nachfolgegeneration weitergegeben wird (Muller et al, 2002; Kunz et al, 2003), aber es liegen auch Untersuchungsergebnisse vor, dass diese zunächst räumlich begrenzte Methylierung auf flankierende DNA-Bereiche übergreifen kann (Arnaud et al, 2000; Pelissier et al, 1999; Vaistij et al, 2002; van Houdt et al, 2003). Dafür kommen insbesondere solche DNA-Anschnitte in Betracht, welche zwei- oder mehrfach zusätzlich und in umgekehrter Orientierung im Genom auftreten („inververted repeat"; IR) (Selker, 1999). Es ist erwiesen, dass die durch die IRs bewirkte Methylierung von benachbarten DNA-Regionen mit ihrer räumlichen Entfernung von den IRs abnimmt und dass dafür sowohl die TGS als auch die PTGS in Betracht kommt (Stam et al, 1998).

Es wurde zwar unzweifelhaft deutlich, dass beim Vorhandensein nur einer Kopie des Transgens im Genom auch die Wahrscheinlichkeit seiner Methylierung gering war (Olhoft und Phillips, 1999), andererseits gab es auch zahlreiche Hinweise darauf, dass die generelle Methylierung der DNA unter Stress-Bedingungen ansteigt (Kovarik et al, 1997; Schmitt et al,

1997). Bei diesen Untersuchungen zeigte sich auch, dass diese DNA-Methylierung in Zellkulturen weniger stabil war als in Pflanzen, die aus Samen hervorgegangen waren. Fojtova et al (2003) untersuchten die Methylierung von DNA-Bereichen in transgenen Tabakpflanzen in Abhängigkeit von der Anzahl der Zellzyklen seit dem Transformationsereignis. In regenerierten transgenen Tabakpflanzen konnten sie zunächst eine Methylierung im 3'-Bereich und im Zentrum des Ziel-Gens *nptII* feststellen, nach Kultivierung dieser transgenen Tabakzellen über einen Zeitraum von 24 Monaten war diese Methylierung über die gesamte Sequenz des *nptII* bis in die Sequenz des vorgeschalteten 35S-Promotors vorgerückt. Da sie zu diesem Zeitpunkt auch keine Transkripte des Ziel-Gens mehr nachweisen konnten, zeigen diese Untersuchungen, dass – in Abhängigkeit von der Anzahl der durchlaufenen Zellgenerationen – eine PTGS von einer TGS abgelöst werden kann.

# 7. Konventionelle Pflanzenzüchtung *versus* „Grüne Gentechnik"

Sowohl die intensiven Bemühungen der klassischen Pflanzenzüchtung als auch die fort-schreitende Mechanisierung der Landwirtschaft haben bewirkt, dass der Ertrag landwirt-schaftlich angebauter Nutzpflanzen in den letzten 20 bis 50 Jahren stark angestiegen ist (Abb. 7.1). Jedoch sind die in dieser Hinsicht optimierten Nutzpflanzen zum Teil anfällig (geblie-ben) für mancherlei phytopathogene Organismen. Diese Krankheitsanfälligkeit ist eine Folge der in großem Stil betriebenen Monokulturen und den bisherigen Züchtungszielen vorrangig auf Ertrag und weniger auf Resistenz gegen pathogene Organismen. Zur Abwehr von Pilzbe-fall oder von Fraßinsekten werden Chemikalien eingesetzt, deren Umweltverträglichkeit zum Teil in Frage gestellt wird. Geeignete Mittel zur Bekämpfung von Viren oder Bakterien konn-ten nicht entwickelt werden oder sind sehr aufwändig. In dieser Situation bietet die „Grüne Gentechnik" experimentelle Möglichkeiten, in die landwirtschaftlich genutzten Pflanzen spe-zifische, molekulare Schutzmechanismen gegen die phytopathogenen Organismen zu übertra-gen. Wenn es mit Hilfe der Methoden der „Grünen Gentechnik" gelingt, die dringend benö-tigten Resistenzeigenschaften in die derzeitig genutzten Kulturpflanzen einzubringen, so bleibt trotz dem Erwerb dieser zusätzlichen Eigenschaft(en) die jeweilige Kulturpflanzensorte mit allen bisherigen Eigenschaften erhalten.

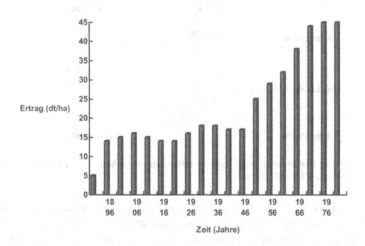

**Abb. 7.1. Winterweizenertrag in Bayern im Zeitraum von 1891 bis 1981. Angaben in dt/ha. (ver-ändert nach Fischbeck et al, 1982)**

Dies kann mit Hilfe der klassischen Pflanzenzüchtung nicht erreicht werden. Sie steht vor dem experimentellen Dilemma, aus dem Zusammenspiel unterschiedlicher genetischer Infor-mationseinheiten eine bestimmte Merkmalskombination durch Rückkreuzung einer Pflanze einer $F_1$-Hybridgeneration mit einer Pflanze der Elterngeneration herauszukreuzen. Die Suche nach dieser zufälligen Kombination von Erbanlagen der beiden Kreuzungspartner kann sich langwierig und damit auch kostenintensiv gestalten. Es ist von Zeiträumen von acht bis zehn

Jahren für diesen Prozess auszugehen. Erschwerend kommt hinzu, dass für diesen Selektions-
prozess nur Kulturpflanzen in Frage kommen, die sich sexuell vermehren lassen, eine Eigenschaft, die viele Kulturpflanzen aufgrund der genetischen „Optimierung" verloren haben. Außerdem wird immer eine Vielzahl von Genen übertragen, woduch – zusätzlich zum erwünschten Merkmal – fast immer eine Anzahl unerwünschte Merkmale übertragen werden. Diese
unerwünschten Merkmale sind meist nicht bekannt und offenbaren sich erst im Verlauf der
weiteren Züchtungsarbeiten.

Die experimentelle Eingriffsmöglichkeit in die genetische Information landwirtschaftlich
genutzter Pflanzen durch die Methoden der „Grünen Gentechnik" gestattet es, die Eigenschaften der Pflanzen so drastisch und „vollkommen" zu verändern, dass sie für die menschliche
Nutzung vielfach geeigneter erscheinen können.

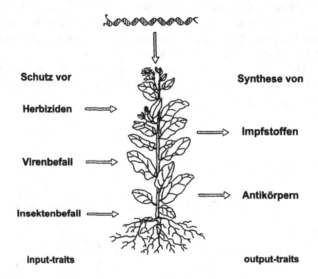

**Abb. 7.2. Darstellung von transgenen Pflanzen mit exemplarischen „input-traits" bzw. „output-
traits". (verändert nach Brandt, 1998a)**

In folgenden Kapiteln 8 und 9 werden die diversen Bemühungen dargestellt, die natürlicherweise ablaufenden Infektionswege bzw. Befallsmechanismen zumindest in Teilschritten
aufzuklären, geeignete molekulare Mechanismen zur Unterbrechung dieser Teilschritte zu
entwickeln, die dazu benötigte genetische Information aus geeigneten Organismen zu isolieren und in landwirtschaftliche Nutzpflanzen zu übertragen und diese transgenen Pflanzen auf
die möglicherweise so erworbene Resistenz gegen bestimmte Pathogene zu untersuchen. Bei
der Etablierung dieser transgenen Kulturpflanzen geht es also generell um die Abwehr Ertrag-
mindernder Organismen im Agrar-Ökosystem. Im Gegensatz zu diesen transgenen Pflanzen
mit „input-traits" (Abb. 7.2.) sind die experimentellen Erfahrungen schon sehr weit fortgeschritten, Pflanzen mit gänzlich neuen Eigenschaften auszustatten, wie z. B. der Veränderung
der Zusammensetzung der Stärke, der Fettsäure-Synthese oder der Aminosäure-Synthese oder
dem zusätzlichen Erwerb der Synthese von Impfstoffen oder Antikörpern. Derartig transformierte Pflanzen haben „output-traits" erhalten, die eine qualitative Veränderung ihrer Syntheseleistung zur Folge haben (Abb. 7.2.). Einem allgemeinen Sprachgebrauch folgend werden

die Pflanzen mit „input-traits" den transgenen Pflanzen der 1. Generation und die Pflanzen mit „output-traits" der 2. bis 3. Generation zugerechnet (ref. Brandt, 2003b).

# 8. Gentechnisch veränderte Pflanzen mit „input-traits"

Bevor auf die speziellen molekularbiologischen Strategien zur Etablierung von transgenen Kulturpflanzen mit Toleranz gegenüber bestimmten Herbiziden oder Resistenz gegenüber bestimmten phytopathogenen Schadorganismen eingegangen werden kann, sollen zweckmäßigerweise einige Grundbegriffe erläutert und auf die grundsätzlichen Prinzipien der pflanzeneigenen Abwehr eingegangen werden.

Als inkompatibel werden Schadorganismen bezeichnet, die in den befallen Pflanzen eine Überempfindlichkeitsreaktion auslösen; als kompatibel werden Schadorganismen bezeichnet, die in der befallenen Pflanze Krankheitssymptome auslösen. Unter Überempfindlichkeitsreaktion wird das Absterben der Pflanzenzellen am und um den Infektionsort verstanden. Insgesamt führt dies zur Ausbildung von Nekrosen oder Lokalläsionen und zur Isolierung des Schaderregers an der Infektionsstelle.

Bei Phytoalexinen handelt es sich um niedermolekulare Verbindungen (Terpenoide, Isoflavonoide oder Phenolderivate), die bei Infektion der Pflanze von dieser innerhalb weniger Stunden synthetisiert werden und antimikrobielle Wirkung haben. Sie werden in lebenden Zellen um den Infektionsort synthetisiert und in benachbarte, bereits abgestorbene Zellen abgegeben, wo die Phytoalexine akkumulieren. Beispiele für Phytoalexine sind Glyceollin [von *Glycine max* (Sojabohne) synthetisiert bei Befall durch *Phytophthora megasperma* oder *Saccharomyces cerevisiae*], Pisatin [von *Pisum sativum* (Erbse) synthetisiert bei Befall durch *Fusarium solani* f.sp. *pisi* oder *phaseoli*], Phaseolin [von *Phaseolus vulgaris* (Bohne) synthetisiert bei Befall durch *Botrytis cinerea*, *Uromyces phaseoli* oder *Monilia fructigen*] und Rishitin [von *Solanum tuberosum* (Kartoffel) synthetisiert bei Befall durch *Cladosporium fulvum*]. Die Synthese von Phytoalexinen ist nicht auf die Induktion durch Befall von inkompatiblen Schadorganismen beschränkt, sondern kann auch durch abiotische Faktoren ausgelöst werden.

Elicitoren sind ihrer chemischen Natur nach meist Kohlenhydrate, Glykoproteine oder Peptide des Schadorganismus und induzieren die Synthese von Phytoalexinen in der befallenen Pflanze. Elicitoren sind auch noch in sehr geringen Konzentrationen wirksam. Allerdings kann die induzierende Wirkung der Elicitoren auch ersetzt werden durch abiotische Faktoren wie zum Beispiel manche Herbizide.

Prämunität liegt vor, wenn eine Pflanze durch Befall eines Schadorganismus gegen den weiteren Befall eines anderen Schadorganismus bereits Resistenz erworben hat. Solch eine Prämunität kann systemisch, d.h. in alle Teilen der Pflanze verbreitet, vorliegen.

Die Begriffe „tolerant" und „resistent" werden oft so verwendet, als wenn sie denselben Sachverhalt ausdrücken würden. Dies ist jedoch nicht korrekt: Der Begriff „tolerant" trifft dann zu, wenn eine Pflanze auf den Befall durch Schadorganismen oder die Anwendung eines Herbizides keinerlei wesentliche physiologische Reaktion zeigt; diese Toleranz ist in der Regel abhängig von der Menge des angewandten Herbizides oder dem Umfang des Schaderregerbefalls. Das bedeutet auch, dass oberhalb einer bestimmten Konzentration an Herbizid oder einer bestimmten Befallsdichte durch Schadorganismen die Abwehr der Pflanze zusammenbricht. Resistenz dagegen liegt vor, wenn durch wiederholten Einsatz von Herbiziden oder massiven Befallsdruck von Schadorganismen aus einer Population von Pflanzen diejenigen herausselektiert worden sind, die nicht mehr auf schädigende Einwirkungen reagieren. In diesem Sinne sind auch transgene Pflanzen resistent, die erst durch gentechnische Modifikation die Eigenschaft erworben haben, dem Befall durch Schadorganismen zu widerstehen. Dagegen können transgene Pflanzen mit einem „Abwehrmechanismus" gegenüber dem Einsatz bestimmter Herbizide stets nur als Herbizid-tolerant bezeichnet werden, da – im Grundsatz – bei einer genügend hoch angewendeten Konzentration des betreffenden Herbizids (die aber nicht Praxis-relevant ist) auch diese transgenen Pflanzen nicht überleben können.

Aus Sicht der Gentechnik ist es von besonderer Bedeutung, dass in Höheren Pflanzen grundsätzlich natürlicherweise bereits Abwehrmechnismen vorhanden sind, die bei Schaderregerbefall aktiviert werden können. Verständlicherweise wäre es erstrebenswert, an Stelle vom Einsatz welcher Chemikalien auch immer diesen Abwehrmechanismus in den landwirtschaftlich genutzten Kulturpflanzen mit molekularbiologischen Methoden zu intensivieren oder – bei Kulturpflanzen, die nicht (mehr) über solche Abwehrmechanismen verfügen – diese zu etablieren.

Die besondere Eigenschaft vieler Pflanzenspezies in der Abwehr von Schadorganismen ist die länger währende, wenig spezifische, systemische Resistenz, die erlangt und induziert wird, wenn ein Schadorganismus die Pflanzen temporär infiziert bzw. befällt. Diese Resistenz wird auch systemisch erlangte Resistenz (SER[60]) genannt. Bereits 1982 wiesen van Loon und Antonio nach, dass SER verbunden ist mit dem Auftreten von sogenannten PR[61]-Proteinen im extrazellulären Raum oder in den Vakuolen der Zellen. Grüner und Pfitzner (1994) ver-

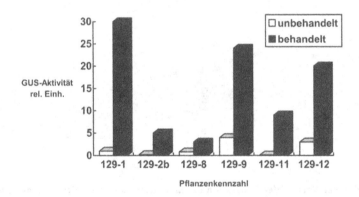

**Abb. 8.1. Induktion der GUS-Aktivität in jungen transgenen Tabakpflanzen (transformiert mit einem Konstrukt aus dem Promotor des PR-1a-Protein-Gens und *uida*). Die GUS-Aktivität wurde vor der Behandlung und nach der Behandlung der Tabakpflanzen mit Acetylsalicylsäure bestimmt. (verändert nach Grüner und Pfitzner, 1994)**

knüpften den nicht-kodierenden Teil auf der 5′-Seite des Gens für das PR-1a-Protein aus *Nicotiana tabacum* (Tabak) mit dem *uida* (ß-Glucuronidase als Marker) und transformierten damit *Nicotiana tabacum*. Sie konnten deutlich machen, dass in etlichen Transformanten die Expression des Marker-Gens tatsächlich durch Infektion mit TMV[62] oder durch Besprühen der Blätter mit Acetylsalicylsäure erst induziert (oder stark gesteigert) wird (Abb. 8.1.). In der

---

[60] Im englischen Sprachgebrauch "SAR" = systemic acquired resistance
[61] pathogenesis-related
[62] tobacco mosaic virus

nachfolgenden Generation dieser transgenen Tabakpflanzen wurde das PR-1a-Markergen auch ohne exogenen Einfluss in den Laubblättern junger Tabakpflanzen exprimiert; gemessen über alle Blätter einer Pflanze war in den ältesten Blättern die höchste Expressionsrate des eingebrachten Gens zu finden (Abb. 8.2.). Damit unterliegt die Expression des PR-1a-*uida* in *Nicotiana tabacum* der Induktion durch exogene Faktoren wie auch der Abhängigkeit vom Entwicklungsstand der einzelnen Pflanzenteile.

Grundsätzlich kann die SER in die Initiationsphase und die Bewahrungsphase unterteilt werden. In der Bewahrungsphase werden etliche Gene in Pflanzenteilen exprimiert, die nicht von Schadorganismen befallen waren (Ward et al, 1991); diese Gene werden auch SER-Gene genannt. Damit es zu ihrer Expression kommt, muss es eine Informationsübertragung vom Ort des Schaderregerbefalls zu den nicht-befallenen Pflanzenteilen geben. Ein durch Verwundung von Blattgewebe von *Populus trichocarpa* x *P. deltoides* (Pappel) zur Expression induzierbares Gen für eine saure Chitinase wird nach Insertion in das Genom von *Nicotiana tabacum* (Tabak) auch dort durch "Wundsignale" induziert sowohl in dem betroffenen Blatt als auch in anderen Blättern, wenn sie über das Leitungssystem mit dem betroffenen Blatt in gutem Kontakt stehen (Clarke et al, 1994).

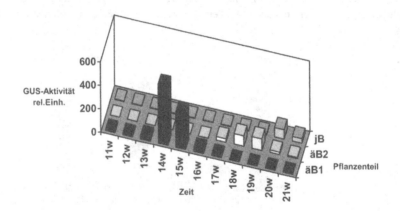

**Abb. 8.2. Zeitlicher Verlauf der Expression des *uida* (unter der Regie des Promotors des PR-1a-Protein-Gens) in den Blättern transgener F1-Tabakpflanzen während der Ontogenese; die transgenen Pflanzen wurden nicht mit Acetylsalicylsäure besprüht. Die GUS-Aktivität wurde wöchentlich in zwei älteren Blättern (äB1 und äB2) und in einem jungen Blatt (jB) bestimmt. (verändert nach Grüner und Pfitzner, 1994)**

McGurl et al (1994) gelang es, *Lycopersicon esculentum* (Tomate) mit einem chimären Konstrukt derart zu transformieren, dass durch Expression des inserierten Gens die sogenannte "Wundreaktion" konstitutiv und systemisch in den transformierten Tomatenpflanzen erfolgte. McGurl et al (1994) benutzten dazu ein Gen-Konstrukt aus einer cDNA für Prosystemin und dem 35S-Promotor des CaMV. Systemin ist ein Polypeptid aus 18 Aminosäuren, das aus der Prozessierung des Prosystemin hervorgeht, welches ein Polymer aus 200 Aminosäuren ist. Systemin wird die Rolle zugeschrieben, in verwundeten Blättern von Tomatenpflanzen die Expression von Proteinase-Inhibitor-Genen zu veranlassen (Pearce et al, 1991; McGurl et al, 1992). In derartig transformierten Tomatenpflanzen wurden – ohne Vorliegen von Läsionen, aber bei konstitutiver Expression des integrierten Prosystemin-Gens – die pflanzeneigenen

Gene für die Proteinase-Inhibitoren I und II exprimiert, so dass diese beiden Proteine in den Blättern bis zu über 1 mg/g Trockengewicht angereichert wurden. Pfropfungsversuche mit Teilen nicht-transformierter Tomatenpflanzen erbrachten den Beweis, dass aus den jeweiligen Teilen von transformierten Tomatenpflanzen Prosystemin auch in die aufgepfropften nicht-transformierten Pflanzenteilen gelangte und dort als "Wundreaktion" die Expression der Proteinase-Inhibitor-Gene auslöste (McGurl et al, 1994)[63].

Nichtsdestoweniger ist der Einsatz der PR-Proteine bei Überempfindlichkeitsreaktionen von Pflanzen auf Pathogenbefall seit längerer Zeit bekannt. Bereits 1971 entwickelte Flor aus der Reaktion von *Linum usitatissimum* (Flachs) auf den Befall durch den Schadpilz *Melampsora lini* die Theorie von den interagierenden Genen in der jeweiligen Wirtspflanze und dem Pathogen, den PR-Genen und den Avirulenzgenen (*avr*). Die PR-Gene werden durch Erkennung von Elicitoren aktiviert, welche durch die *avr*-Gene kodiert sind.

Beispiele für identifizierte PR-Gene sind [a] das Hm1-Gen von *Zea mays* (Mais) (Johal und Briggs, 1992) gegen den pathogenen Pilz *Cochliobolus carbonum* mit einem Avirulenzgen für ein Toxin, [b] das *PTO*-Gen aus *Lycopersicon esculentum* (Tomate) (Martin et al, 1993) gegen das pathogene Bakterium *Pseudomonas syringae* pv. tomato mit dem Avirulenzgen *avrPto*, [c] das *FEN*-Gen aus *Lycopersicon esculentum* gegen das Insektizid Fenthion (Salmeron et al, 1994), [d] das *RPS2*-Gen aus *Arabidopsis thaliana* (Ackerschmalwand) gegen *Pseudomonas syringae* pv. tomato oder *Pseudomonas syringae* pvs. *maculicola* mit dem Avirulenzgen *avrRpt2* (Minonnas et al, 1994), [e] das *N*-Gen aus *Nicotiana tabacum* (Tabak) gegen den tobacco mocasic virus (TMV) (Whitham et al, 1994), [f] das *cf-9*-Gen aus *Lycopersicon esculentum* gegen den Pilz *Cochliobolus fulvum* mit dem Avirulenzgen *avr9* (Jones et al, 1994), [g] das *L⁶*-Gen aus *Linum usitatissimum* (Flachs) gegen den Pilz *Melampsora lini* (Ellis et al, 1995) und [h] *PR-2*-Gene aus *Vitis vinifera* (Wein) gegen den Pilz *Botrytis cinerea* (Renault et al, 1996).

Die konstitutive Expression eines PR-5-Gens aus *Nicotiana tabacum* (Tabak) wurde in damit transformierten Tabak- bzw. Hefezellen erfolgreich durchgeführt (Sato et al, 1995) (das Osmotin-ähnliche PR-Protein verfügt über ein N-terminales Signalpeptid für den Eintransport in das ER und ein C-terminales Signalpeptid für den intrazellulären Verbleib). Vierheilig et al (1995) wiesen nach, dass der Mykorrhiza-Pilz *Glomus mosseae* im Wurzelbereich entsprechend transformierter Tabakpflanzen nur bei der konstitutiven Expression eines *PR-2*-Gens (kodiert für eine β-1,3-Glucanase) im Wachstum gehemmt wird, nicht aber bei der von *PR-1a-*, *Pr-3-*, *PR-Q'-*, *Pr-4-* oder *PR-5*-Genen.

Weitere Erläuterungen zu diesem Themenkomplex sind in den entsprechenden Kapiteln, insbesondere 7.2. und 7.7., aufgeführt.

## 8.1. Herbizid-Toleranz

Grundsätzlich lassen sich drei physiologische Grundmechanismen unterscheiden, nach denen Pflanzen einen Herbizideinsatz tolerieren können. Diese drei Mechanismen sind, unabhängig von gentechnischen Modifikationen, bereits in der Pflanzenwelt realisiert und können

---

[63] Für weitere Details über die Suppression der Pathogene, die die Abwehrstrategie der Pflanzen stören bzw. hemmen, sei auf den Review von Shiraishi et al. (1994) verwiesen.

in Analogie dazu mittels gentechnischer Methoden in bislang noch nicht Herbizid-tolerante Pflanzen eingebracht werden.

Die erste Möglichkeit ist die reduzierte Sensitivität auf das eingesetzte Herbizid; auf molekularer Ebene erfolgt dies entweder durch stark erhöhte Anzahl der Wirkungsorte oder aber durch deren Modifikation. So kann zum Beispiel ein Enzym der Fettsäuresynthese, die Acetyl-CoA-Carboxylase (ACCase), von bestimmten Grasarten durch Aryloxyphenoxypropionat-Herbizide (wie zum Beispiel Diclofop, Sethoxydim oder Haloxyfop) gehemmt werden; jedoch sind Mutanten von *Zea mays* (Mais) (betroffen ist das nukleäre Strukturgen *Accl*) (Marshall et al, 1992) (Abb. 8.3.) und von *Lolium rigidum* (Weidelgras) (Tardif et al, 1993) durch diese Herbizide nicht betroffen. Im Falle von *Lolium rigidum* scheint diese Herbizid-Toleranz allerdings nicht nur in der unterschiedlichen Sensitivität der ACCase begründet zu sein als vielmehr in der Fähigkeit der toleranten Pflanzen, anderweitige Auswirkungen des Diclofop (Depolarisierung von Membranen etc.) wieder zu eliminieren (Häusler et al, 1991; Holthum et al, 1991).

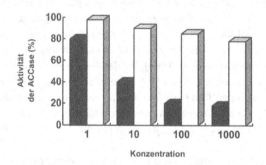

**Abb. 8.3. Hemmung der Acetyl-CoA-Carboxylase (ACCase) von *Zea mays* (Mais) durch das Herbizid Sethoxydim, dargestellt für den Wildtyp (schwarz) und die Mutante H1 (weiß) im-Vergleich zu unbehandelten Maispflanzen (Aktivitätsangaben in % zu unbehandelten Pflanzen; Konzentrationsangaben in µM). (verändert nach Marshall et al, 1992)**

Die zweite Möglichkeit ist die gesteigerte Metabolisierung[64] des eingesetzten Herbizids. Dieser Wirkungsmechanismus ist vor allem bei dem Einsatz von Sulfonylharnstoff-Herbiziden in einigen landwirtschaftlich genutzten Pflanzen zu finden (Mazur und Falco, 1989). So konnten Harms et al (1992) nachweisen, dass in *Nicotiana tabacum* (Tabak) der Linie SU-27DS das Gen für die Acetohydroxyacidosynthase (AHAS) im Vergleich zum Wildtyp um das 20fache amplifiziert vorliegt und damit eine um das 7fache gesteigerte AHAS-Aktivität möglich macht. Aus dieser Amplifikation des AHAS-Gens resultiert eine sehr deutliche Toleranz von SU-27DS gegenüber Primisulfuron (Abb. 8.4.).

Bei den toleranten Linien XA17, XI12 und QJ22 von *Zea mays* (Mais) liegen Mutationen des AHAS-Gens vor; diese Linien metabolisieren dadurch Imidazolinon-Herbizide effektiver (Newhouse et al, 1991).

---

[64] Abbau oder auch nur molekulare Veränderung des Herbizids im Stoffwechsel der Pflanze

Die dritte Möglichkeit beinhaltet Strategien, welche die Aufnahme des ausgebrachten Herbizides in die Pflanze verhindern oder bei Aufnahme des Herbizides dieses ohne physiologische Auswirkung in der Zelle kompartimentieren[65]. Entsprechende Untersuchungen liegen von Foy (1964) bzw. Fuerst et al (1985) vor.

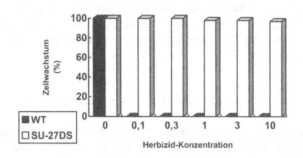

**Abb. 8.4. Wachstum einer Zellkultur von *Nicotiana tabacum* (Tabak) (Linie SU-27DS bzw. Wildtyp) in Abhängigkeit von verschiedenen Konzentrationen (µg/ml) des Herbizids Primisulfuron. Angaben in % des Wachstums ohne Herbizideinfluss. (verändert nach Harms et al, 1992)**

Die Abbauwege für Herbizide in den verschiedenen Pflanzenspezies sind recht komplex und konnten vielfach noch nicht in allen Einzelheiten aufgeklärt werden (Quinn, 1990). Da andererseits etliche Mikroorganismen für den Abbau von Herbiziden bekannt und erprobt sind und da man bereits in vielen Fällen die Gene für relevante metabolische Enzmye aus ihnen isolieren konnte, verstärkt sich der Trend, diese mikrobiellen Gene in Höhere Pflanzen zu übertragen und diese so Herbizid-tolerant zu machen.

Bislang wurden nur wenige Versuche unternommen, alternativ zu Herbiziden und im Hinblick auf diese transformierte Kulturpflanzen andere Wege der Unkratbekämpfung mit gentechnischen Methoden zu beschreiten. Grundsätzlich bietet es sich an, (1) natürliche Antagonisten von Unkräutern durch gentechnische Methoden effektiver zu machen, (2) den jeweiligen Kulturpflanzen oder dem begleitenden Bodenbewuchs durch gentechnische Veränderung einen Wachstumsvorteil zu verschaffen oder (3) den begleitenden Bodenbewuchs derart zu verändern, dass er die Bekämpfung von Unkräutern erleichtert (Gressel, 2002). Im Sinne der ersten Vorgehensweise wurde das Gen *NEP1* aus *Fusarium*, das für ein Phytotoxin kodiert, in den phytopathogenen Organismus *Colletotrichum coccodes* eingeführt, der nur das – aus landwirtschaftlicher Sicht – Unkraut *Abutilon theophrasti* befallen soll (Amsellem et al, 2002). In der Tat war die Virulenz von *Colletotrichum coccodes* durch die gentechnische Modifikation um das 9fache gesteigert.

Sollen auf den Wurzeln landwirtschaftlicher Nutzpflanzen parasitierende Höhere Pflanzen wie zum Beispiel *Orobanche* spec. (Sommerwurz) oder *Striga* spec. mittels eines Herbizids bekämpft werden, ohne dass die Nutzpflanzen durch das Herbizid geschädigt werden, so kommen nur solche gentechnischen Modifikationen für die Erlangung einer Herbizid-Toleranz in Betracht, bei denen das für das jeweilige Herbizid spezifische »Ziel«-Enzym der

---

[65] Dies kann zum Beispiel die Ablagerung in der Vakuole oder die Einlagerung in der Zellwand sein.

transgenen Pflanze keine Herbizidbindung mehr ermöglicht (Joel et al, 1995). Cohen et al (2002) führten zwei Gene der Indol-3-Acetamid-Synthese in *Fusarium oxysporum* bzw. *F. arthrosporoides* ein. Beide transgenen Fusarien konnten in Gewächshausversuchen erfolgreich gegen *Orobranche aegyptiana* eingesetzt werden.

Im Sinne des o.g. dritten Prinzips entwickelten Stanislaus und Chen (2002) eine Gen-Kassette, mit deren Hilfe die Pflanzen des Bodenbewuchses, der während des Winters landwirtschaftliche Flächen vor der Bodenerosion bewahren soll, dahingehend transformiert werden können, dass sie im Frühling bei wärmeren Temperaturen vor der Aussaat – ohne zusätzlichen Herbizideinsatz – absterben.


### 8.1.1. Toleranz gegenüber Herbiziden, die das Photosystem II inhibieren

Es gibt zwei Gruppen von Herbiziden, die den photosynthetischen Elektronentransport am Photosystem II an derselben Stelle unterbrechen. Es sind dies Herbizide vom "Phenol-Typ" und solche vom "Harnstoff/Triazin-Typ"; aus chemischer Sicht handelt es sich um zwei völlig verschiedene Stoffgruppen. Diese Herbizide können an einer bestimmten Stelle des D2-Proteins binden. Das D2-Protein[66] ist eine Untereinheit des Photosystem II, wird von dem plastidären Gen *psbA* kodiert, als Precursor von 33,5 kDa translatiert und in die Thylakoidmembranen inseriert; sein Processing zu dem 32 kDa -Protein geht einher mit der funktionellen Integration in das Photosystem II (ref. Brandt, 1988). Zusammen mit einem D1 genannten Protein bildet das D2 als Heterodimer das PSII-Reaktionszentrum. Aus Hydropathie-Plot-Messungen längs der Aminosäuresequenz des D2-Proteins konnte man ableiten, dass diese fünf hydrophobe Abschnitte aufweist, die lang genug sind, um $\alpha$-Helix-Strukturen auszubilden und in der Thylakoidmembran durchspannend zu sein (Abb. 8.5.).

Eine für die oben genannten Herbizide prominente Bindungsstelle befindet sich im Abschnitt der Aminosäuresequenz, der sich zwischen der 4. und 5. $\alpha$-Helix befindet und vom plastidären Stroma her zugänglich ist. Eine besondere Bedeutung kommt offensichtlich der Aminosäure Serin in Position 264 zu, da eine Punktmutation an dieser Stelle der DNA-Sequenz des *psbA* dazu führen kann, dass die PSII-Herbizide nicht mehr binden und damit auch nicht mehr den photosynthetischen Elektronentransport hemmen können. In Gebieten, wo Atrazin in größeren Mengen und auf Dauer eingesetzt worden ist, haben sich solche Pflanzen durchgesetzt, die durch Punktmutation Atrazin-tolerant geworden sind (Hirschberg und McIntosh, 1983; Sundby et al, 1993).

Aus auf diese Weise Atrazin-tolerant gewordenem *Amaranthus hybridus* (Fuchsschwanz) isolierten Cheung et al (1988) das modifizierte *psbA*, kombinierten es mit dem Genabschnitt für die Transitsequenz der kleinen Untereinheit der Ribulose-1,5-bisphosphatcarboxylase/oxygenase und transformierten mittels der *Agrobacterium*-Transformation mit diesem chimären Genkonstrukt *Nicotiana tabacum* (Tabak). Die transgenen Tabakpflanzen zeigten einen niedrigen Grad an Atrazin-Toleranz. Damit war es gelungen, ein "ehemaliges" Gen des Plastoms in die Kern-DNA zu integrieren; darüber hinaus wurde dieses Fremd-Gen dort exprimiert, das Translationsprodukt tatsächlich zu den Plastiden transportiert, dort importiert, processiert und in die Thylakoidmembran integriert. Damit folgt die Realisation dieser

---

[66] auch $Q_B$-Protein oder 32 kDa-Protein genannt

genetischen Information dem üblichen Expressionsablauf der nukleär kodierten Plastidenproteine (ref. Brandt, 1988).

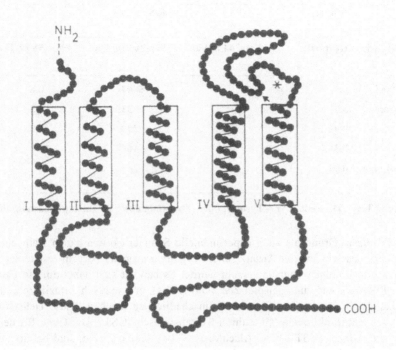

**Abb. 8.5. Aus Hydropathie-Plot-Messungen ermittelte Faltung der Aminosäuresequenz des D2-Proteins vom Photosystem II mit fünf hydrophoben Helices, welche die Thylakoidmembran durchspannen. (verändert nach Trebst, 1986) \* = Serin in Position 264, ⇒ = Phenylalanin in Position 255**

Das D2-Protein ist ubiquitär in photosynthetisch aktiven Algen und Höheren Pflanzen vertreten. Da sowohl die Funktionsweise als auch die Aminosäuresequenz (zu 93% homolog) des D2-Proteins der volvocalen Grünalge *Chlamydomonas reinhardtii* mit denen von zum Beispiel *Spinacea oleracea* (Spinat) übereinstimmt, wurde *Chlamydomonas reinhardtii* (Wildtyp und etliche *psbA*-Mutanten) als Testorganismus gewählt, um die Wirkungsweise von PSII-Herbiziden in Abhängigkeit von verschieden lokalisierten Punktmutationen im *psbA* zu testen. Tab. 8.1. gibt die Konzentration der eingesetzten Herbizide an, bei welcher der photosynthetische Elektronentransport zwischen PSII und PSI zu 50% gehemmt ist ($I_{50}$). Für die Mutanten werden sogenannte R/S-Werte angegeben. Dabei handelt es sich um das Verhältnis der $I_{50}$-Werte von resistenten Mutanten zu denen des Wildtyps.

Diejenigen Punktmutationen, die tatsächlich im Zusammenhang mit einer Toleranz gegenüber PSII-Herbizide stehen, konnten auf diese Weise erkannt werden (Trebst, 1991); die modifizierten *psbA*-Gene stehen damit theoretisch zur Transformation von landwirtschaftlich genutzen Pflanzen zur Verfügung. Eine Realisierung ist jedoch in Anbetracht der Diskussion über die Anwendung von Atrazin mehr als fraglich.

◢

**Tab. 8.1. R/S-Werte für Mutanten von *Chlamydomonas reinhardtii* (Erläuterungen im Text). (verändert nach Egner et al, 1993)**

| PSII-Herbizide | Wildtyp I$_{50}$ (µM) | R/S-Werte Ser-264 zuThr | Ser-264 zu Ala | Phe-255 zu Tyr |
|---|---|---|---|---|
| Metribuzin | 0,3 | | 5000 | 0,6 |
| Metamitron | 5,0 | | 32 | 0,3 |
| Diuron | 0,05 | 40* | 200 | 0,8 |
| Atrazin | 0,3 | 560* | 160 | 16 |
| Phenmedipham | 0,04 | | 200 | 16 |

(Ser = Serin, Thr = Threonin, Tyr = Tyrosin, Phe = Phenylalanin)(* an Tabakpflanzen bestimmt)

Sowohl dieser Grund als auch experimentelle Schwierigkeiten haben wahrscheinlich dazu geführt, dass ein anderer Ansatz zur Erzeugung transgener Atrazin-resistenter Pflanzen bislang noch nicht weiter untersucht wurde. Es handelt sich dabei um die Fähigkeit mancher Pflanzen, wie zum Beispiel *Zea mays* (Mais), enzymatisch Atrazin zu metabolisieren und damit für das Photosystem II unschädlich zu machen. Diese Detoxifikation erfolgt über multifunktionelle Glutathion-S-Transferasen (GST). Die Gene für derartige Enzyme, die Atrazin (GSTI) bzw. Alachlor (GSTIII) detoxifizieren, sind bereits aus *Zea mays* isoliert worden (Shah et al, 1986). Bisherige Versuche, diese Eigenschaft der Atrazin-Metabolisierung von *Zea mays* auf andere Pflanzen zu übertragen, ist daran gescheitert, dass *Zea mays* im Gegensatz zu anderen Pflanzen konstitutiv eine höhere Glutathionkonzentration aufweist und die GSTI in *Zea mays* von mehr als nur einem Gen exprimiert wird.

Gegen Vertreter der Carbamat-Herbizide, die wie die Phenyl/Harnstoff-Herbizide am D2-Protein des Photosystem II binden ( Ravanal et al, 1990), ist es gelungen, *Nicotiana tabacum* durch gentechnische Modifikation tolerant zu machen (Streber et al, 1994). Gegen Phenmedipham sind *Spinacia oleracea* (Spinat), *Fragaria vesca* (Walderdbeere), *Matricaria chamomilla* (Echte Kamille) und *Beta vulgaris* (Zuckerrübe) natürlicherweise bereits tolerant. Für *Beta vulgaris* ist bekannt, dass Phenmedipham enzymatisch zunächst zu dem ebenfalls als Herbizid wirkenden N-Hydroxy-Phenmedipham umgewandelt wird und dann durch Glycolysierung inaktiviert wird (Celorio, 1983; Davies et al, 1990). Typischerweise werden Carbamat-Herbizide in Pflanzen durch Hydroxylierung metabolisiert (Burt und Corbin, 1978; Cutler et al, 1985; Joshi, 1987; Still und Mansager, 1973; Zurgiyah et al, 1976), von Bakterien oder Säugetieren dagegen durch hydrolytische Spaltung abgebaut (Knowles und Benezet, 1981). Streber et al isolierten aus *Arthrobacter oxidans* P52 das Gen für ein Enzym, das Phenmedipham hydrolytisch spalten kann. Sie transformierten damit Tabakpflanzen über die Agrobakterium-Methode; das Insert stand unter der Kontrolle des 35S-Promotors des CaMV. Die transformierten Tabakpflanzen waren gegen Phenmedipham-Konzentrationen tolerant, die um das 10fache über der gewöhnlichen Dosis dieses Herbizids im Freiland lagen.

### 8.1.2. Toleranz gegenüber Bromoxynil

Bromoxynil (= 3,5-Dibromo-4-hydroxybenzonitril) ist ein Herbizid, das den photosynthetischen Elektronentransport mancher Pflanzen unterbricht. Pflanzen wie *Hordeum vulgare* (Gerste) und *Stellaria media* (Vogelmiere) verfügen sogar natürlicherweise über ein effektives Enzymsystem, um Bromoxynil abzubauen (Schaller et al, 1992). Im Laufe von 48 Stunden nach Einsatz von Bromoxynil sind Bromohydrochinon und 2,6-Dibromohydrochinon und mit weiter fortschreitender Zeit Glucoside und gebundene Metabolite nachzuweisen (Abb.8.6.).

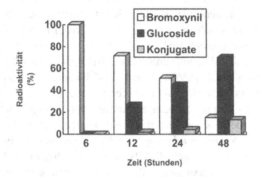

**Abb. 8.6. Verteilung der Radioaktivität auf Bromoxynil, Glucoside und Konjugate in *Hordeum vulgare* (Gerste) im Zeitraum von 48 Stunden nach Behandlung der Pflanzen mit [3,3-$^{14}$C]-Bromoxynil. (verändert nach Schaller et al, 1992)**

Von Bodenbakterien wird Bromoxynil ebenfalls im Verlauf mehrerer Tage abgebaut. *Flavobacterium* sp. Stamm ATCC39723 metabolisiert Bromoxynil mit Hilfe seiner Pentachlorophenolhydroxylase zu 2,6-Dibromohydrochinon; darauf folgt die Mineralisation (Topp et al, 1992). In ähnlicher Weise ist das Bodenbakterium *Klebsiella ozaenae* zur Metabolisierung von Bromoxynil befähigt; es kann das Herbizid sogar als alleinige Stickstoffquelle verwenden. *Klebsiella ozaenae* besitzt eine Plasmid-kodierte Nitrilase, die konstitutiv exprimiert wird und Bromoxynil in den inaktiven Metaboliten 3,5-Dibromo-4-Hydroxybenzoesäure umwandelt. Das die Nitrilase kodierende Gen *bxn* ist isoliert und cloniert worden (Stalker et al, 1988a). In einem chimären Genkonstrukt wurde dem *bxn* der Genabschnitt für die Transitsequenz der kleinen Untereinheit der Ribulose-1,5-bisphosphat-carboxylase/oxygenase vorangestellt und das gesamte Konstrukt via *Agrobacterium*-Transformation in *Nicotiana tabacum* (Tabak) bzw. *Lycopersicon esculentum* (Tomate) eingebracht (Stalker et al, 1988b). Damit war experimentell sichergestellt, dass nach Integration des Genkonstrukts in die Kern-DNA der Empfängerpflanze und Expression der Fremd-DNA ein Precursor-Protein vorliegt, dass in die Plastiden eintransportiert und dort zum funktionsfähigen Enzym – der Nitrilase – prozessiert wird. Die Bromoxynil-metabolisierende Nitrilase liegt also in demselben Organell

vor, in dem das Herbizid auch seinen primären Wirkungsort – den Photosyntheseapparat –
hat. Die Nitrilase-enthaltenden transgenen Tabak- bzw. Tomatenpflanzen erwiesen sich im
Gewächshaus als Bromoxynil-tolerant.


### 8.1.3. Toleranz gegenüber 2,4-D

2,4-D (= 2,4-Dichlorophenoxyessigsäure) ist in seiner Wirkungsweise dem Pflanzenhormon Auxin ähnlich; seine Herbizid-Wirkung zeigt sich darin, dass oxidative und photosynthetische Phosphorylierung gehemmt werden und dass sekundär auch Strukturveränderungen am Thylakoidsystem und Störungen bei der Zellteilung auftreten (Moreland, 1980).
In der Regel wirkt dieses Herbizid eher auf dikotyle als auf monokotyle Pflanzen. 2,4-D kann
als Kohlenstoff- und Energiequelle für Kulturen von Spezies der Genera *Arthrobacter, Pseudomonas, Xanthobacter* oder *Alcaligenes* dienen. Die Metabolisierung des 2,4-D erfolgt dabei
über mindestens drei verschiedene enzymatische Schritte. Eine Metabolisierung des Herbizids
2,4-D in Höheren Pflanzen wurde für *Pisum sativum* (Erbse) mittels einer mehr unspezifi-
schen Oxidase beschrieben (Gressel, 1989).

Das erste der drei für die Metabolisierung des 2,4-D notwendigen Enzyme ist die 2,4-Di-
chlorophenol-6-Monooxygenase (DPAM). Das DPAM kodierende Gen (*tfdA*) ist aus *Alcaligenes eutrophus* isoliert und charakterisiert worden (Streber et al, 1987). DPAM baut 2,4-D
zu 2,4-Dichlorophenol ab, das bis zu Konzentrationen von 10 mg/l nicht mehr toxisch auf
Pflanzen wirkt. *tfdA* wurde in Kombination mit einem pflanzlichen Promotor via Agrobak-
terium-Transformation in *Nicotiana tabacum* (Tabak) (Streber und Willmitzer, 1989; Lyon et
al, 1989) bzw. *Gossypium* spec (Baumwolle) (Bayley et al, 1992; Llewellyn et al, 1990; Lyon
et al, 1994)) eingebracht; die transgenen Pflanzen erwiesen sich unter Gewächshausbedingungen als tolerant gegenüber 2,4-D.

Abschließend sei auf eine experimentelle Schwierigkeit bei der Regeneration von sol-chen
Pflanzen aus den "leaf disks" hingewiesen. Das DPAM-Gen kann dabei nicht als Selek-
tionsmarker für transgene Zellen benutzt werden, da diese von den nicht-transgenen Zellen in
Anwesenheit von 2,4-D "überwachsen" werden.


### 8.1.4. Toleranz gegenüber Glufosinat (Phosphinothricin) und Bialaphos

Phosphinothricin (PPT) (= DL-Homoalanin-4-(methyl)-phosphinsäure) – auch als Glufo-
sinat (Ammoniumsalz des PPT) bekannt – ist der wirksame Bestandteil des Herbizids Basta.
PPT ist ein unspezifisches Kontaktherbizid (Schwerdtle et al, 1981), von dem das L-Enantiomer
L-Phosphinothricin (L-PPT) als kompetitiver Inhibitor der Glutaminsynthase (GS) wirkt (Ta-
chibana et al, 1986a); diese ist das zentrale Enzym des Stickstoff-Stoffwechsels der Pflanzen
(Miflin und Lea, 1980). Die durch PPT bewirkte Hemmung der GS führt zur Anhäufung von
Ammonium in der Pflanzenzelle (Abb. 8.7.) und damit zu deren Tod (Tachibana et al, 1986b).

Es gelang, eine Zellkultur von *Medicago sativa* (Blaue Luzerne) zu kultivieren, die gegenüber PPT tolerant war (Donn et al, 1984). In diesen Zellen war durch Amplifikation des
GS-Gens auch die Expression der GS auf das 10fache erhöht. Außerdem wurde eine GS-
cDNA isoliert von diesen resistenten *Medicago*-Pflanzen, mit dem 35S-Promotor des

CaMV[67] verknüpft und in diesem chimären Konstrukt in *Nicotiana tabacum* (Tabak) einge-bracht. Die Resistenz gegen Phosphinothricin war allerdings nur gering und auch nur dann gegeben, wenn die Tabakpflanzen das Herbizid durch die Wurzeln aufnahmen (Mazur und Falco, 1989).

Im Gegensatz zu diesen ersten Versuchen, durch Übertragung von modifizierten Pflan-zengenen landwirtschaftlich genutzte Pflanzen Basta-tolerant zu machen, ist die Isolierung und der Einsatz von relevanten Genen aus Bodenbakterien vielversprechender. Bartsch und Tebbe (1989) wiesen nach, dass eine Reihe von Bodenbakterien PPT metabolisieren können. Nur *Rhodococcus* spec. war dazu befähigt, auf PPT als Kohlenstoff- und Energiequelle zu wachsen; in *Rhodococcus* spec, *Alcaligenes faecalis*, *Alcaligenes denitrificans*, *Agrobacte-rium tumefaciens* und *Pseudomonas* spec. wird mittels einer Acetyltransferase aus Phosphi-nothricin N-Acetyl-Phosphinothricin (N-Ac-PPT) und Acetyl-CoA gebildet. Die genannten Bakterien und *Enterobacter agglomerans* können außerdem mittels einer Transaminase PPT zu 4-Methylphosphino-2-oxobuttersäure (PPO) abbauen. In den Streptomyceten, die bekannt-lich zahlreiche verschiedene Antibiotika synthetisieren, muss naturgemäß auch eine grö-

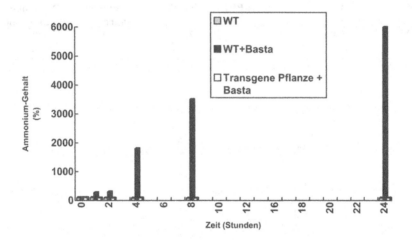

**Abb. 8.7. Prozentuale Veränderung des Ammoniumgehaltes in Tabakpflanzen in einem Zeit-raum von 24 Stunden nach Behandlung mit Basta (20 l/ha). WT = *Nicotiana tabacum* (Wildtyp) ohne Basta-Behandlung; WT + Basta = *N. tabacum* (Wildtyp) nach Basta-Behandlung; Trans-gene Pflanze + Basta = transgene *N. tabacum* nach Basta-Behandlung. (verändert nach de Block et al, 1987)**

ßere Anzahl von Genen vorhanden sein, welche die genetische Information für Enzyme besit-zen, die den Abbau oder die Umwandlung von diesen und anderen toxisch wirkenden Stoffen ermöglichen. In *Streptomyces hygroscopicus* kodiert das *bar*-Gen für eine Phosphinothricin-Acetyltransferase (PAT); dies ist ein Enzym, das PPT durch Acetylierung inaktiviert (Mura-kami et al, 1986; Thompson et al, 1987). Die Substratspezifität der PAT wurde für PPT, Glu-taminsäure und Substanzen untersucht, die den beiden erstgenannten analog sind (Tab. 8.2.). Dabei zeigte PAT eine hohe Substratspezifität für PPT.

---

[67] cauliflower mosaic virus

*Streptomyces hygroscopicus* und *Streptomyces viridochromogenes* besitzen nicht nur die genetische Information für PPT-metabolisierende Enzyme, sondern synthetisieren auch natürlicherweise eine das PPT enthaltende Verbindung, die Bialaphos genannt wird. Bialaphos ist ein Tripeptid aus PPT und zwei L-Alanin-Bestandteilen. Im Gegensatz zu PPT hat Bialaphos nur wenig inhibitorische Wirkung auf die GS (Tachibana et al, 1986a). In Bakterien wie Pflanzen werden in der Regel die Alanin-Bestandteile des Bialaphos durch intrazelluläre Peptidasen abgespalten und damit PPT freigesetzt. Mittels *Agrobacterium*-Transformation ist das *bar*-Gen auf *Nicotiana tabacum* (Tabak), *Lycopersicon esculentum* (Tomate), *Solanum tuberosum* (Kartoffel) (de Block et al, 1987), *Brassica napus* (Raps) (de Block et al, 1989) und *Beta vulgaris* (Zuckerrübe) (d'Halluin et al, 1992) übertragen worden. *Triticum aestivum* (Weizen) wurde mit Hilfe der „Particle-Gun"-Methode transformiert (Vasil et al, 1992 und

**Tab. 8.2. Substratspezifität gereinigter Phosphinothricin-Acetyltransferase aus *Streptomyces hygroscopicus*. (verändert nach Thompson et al, 1987)**

| Substrat | PPT | Dimethyl-PPT | Bialaphos | Glutamin-säure | Methionin-sulfoximin |
|----------|-----|--------------|-----------|----------------|----------------------|
| Km (mM) | 0,06 | 2 | 22 | 240 | 36 |

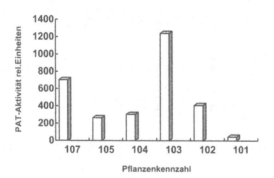

**Abb. 8.8. Aktivität der Phosphinothricin-Acetyltransferase des Extraktes aus verschiedenen mit dem *bar*-Gen transformierten Tabakpflanzen. (verändert nach de Block et al, 1987)**

1993; Melchiorre et al, 2003). Diese transgenen Pflanzen waren unter Gewächshausbedingungen tolerant gegenüber Glufosinat und Bialaphos. Es sei allerdings am Beispiel der transgenen Tabakpflanzen darauf hingewiesen, dass die individuellen Pflanzen durchaus unterschiedliche Aktivität des eingebrachten PAT aufweisen (Abb. 8.8.) (de Block et al, 1987). Eine ähnliche Variabilität in der Expressionsfähigkeit des inserierten *bar*-Gens zeigten die transgenen *Brassica*-Pflanzen (de Block et al, 1989). Bis zu 25% der Transformanten zeigten keinerlei Enzymaktivität, obwohl mittels Hybridisierungsversuchen die inserierte Fremd-DNA zweifelsfrei nachgewiesen werden konnte. Für die transgenen Weizenpflanzen wurde bislang gezeigt, dass die Basta-Toleranz auch in den beiden folgenden Generationen erhalten geblieben war und dieses Merkmal offenbar dominant vererbt wurde (Vasil et al, 1992).

Die Transformation mit dem *bar*-Gen vermittelt nicht nur die Basta-Toleranz, sondern lenkt auch den Metabolismus des PPT um (Abb. 8.9.). Während in nicht-transgenen Pflanzen PPT zu 4-Methylphosphino-2-oxobuttersäure und 3-Methylphosphinopropionsäure metabolisiert wird, wird PPT in transgenen Pflanzen acetyliert. Dieses Acetyl-Phosphinothricin hat zwar nicht mehr die herbizide Wirkung, ist aber nach den Untersuchungen von Dröge et al (1992) mehr als 100 Stunden stabil in den Pflanzenzellen vorzufinden. In einer vergleichenden Studie stellte Jansen et al (2000) fest, dass in 20 verschiedenen nicht-transformierten Pflanzenspezies hauptsächlich der Metabolit 3-Methylphosphinicopropionsäure nach Phosphinothricin-Einsatz auftritt. Ruhland et al (2002) wiesen darüber hinaus eine speziesspezifische Metabolisierungsrate des Phosphinothricin nach; 14 Tage nach dem Phosphinothricin-Einsatz war in nicht-transformiertem wie auch in transformiertem Raps zwischen 3 bis 10% des Phosphinothricins metabolisiert, während zu diesem Zeitpunkt in nicht-transgenem Mais 20% und in transgenem Mais 40% des Phosphinothricins metabolisiert war.

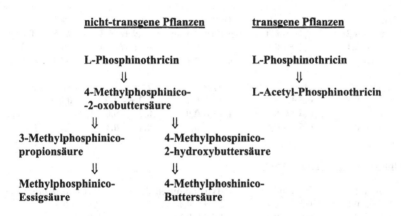

**nicht-transgene Pflanzen**          **transgene Pflanzen**

**L-Phosphinothricin**               **L-Phosphinothricin**
⇓                                    ⇓
**4-Methylphosphinico-**             **L-Acetyl-Phosphinothricin**
**-2-oxobuttersäure**
⇓            ⇓
**3-Methylphosphinico-**    **4-Methylphospinico-**
**propionsäure**            **2-hydroxybuttersäure**
⇓                       ⇓
**Methylphosphinico-**      **4-Methylphoshinico-**
**Essigsäure**              **Buttersäure**

**Abb. 8.9. Grundsätzliches Schema der Metabolisierung von L-Phosphinothricin in nicht-transgenen bzw. transgenen Pflanzen. (verändert nach Dröge et al, 1992; Dröge-Laser et al, 1994; Ruhland et al, 2002)**

Bereits 1990 wurden in den USA in Freisetzungsversuchen transgene Pflanzen mit einer Basta-Toleranz im praktischen Feldeinsatz überprüft und gleichzeitig ihre agronomisch relevanten Daten ermittelt. Zum Beispiel wurde transgener Raps (Topas 19/2), der durch Transformation mit dem *bar*-Gen gegenüber Phosphinothricin-haltigen Herbiziden tolerant gemacht worden war, in der Nähe von Saskatoon zusammen mit der nicht-transformierten Sorte Westar und dem Hybridraps aus Topas 19/2 und Westar freigesetzt (Oelck et al, 1991). Nach Basta-Einsatz überlebten nur Topas 19/2 und der Hybridraps. Nach der Ernte der Rapssamen wurden deren Öl in quantitativer wie auch qualitativer Hinsicht im Vergleich zur nicht-transformierten Rapssorte Westar untersucht (Tab. 8.4.).

Der Ölgehalt der Transformante liegt knapp unter und der des Hybridraps etwas über dem der einen Ausgangssorte Westar. Der Anteil an Erucasäure war vernachlässigbar klein, ebenso der der Oleinsäure. Ebenso erwies sich der Gehalt der Transformante an Glucosinolaten als niedrig. An phänologischen Daten konnte festgestellt werden, dass die Hybridpflanzen zwei Tage früher mit der Blüte begannen, dass die Ausbildung der Saatkörner aber etwa zur gleichen Zeit einsetzte.

**Tab. 8.3. Qualtätsanalyse des Rapssaatgutes, das aus einem Freilandversuch mit *Brassica napus* (Raps) 1990 bei Saskatoon gewonnen wurde. Westar = nicht-transformierte Sorte; Topas 19/2 = transformierter Raps; Hydridraps = Hybride aus Westar und Topas 19/2. Angaben als gemittelte Werte mit Standardabweichnung , in % Trockenmasse. (verändert nach Oelck et al, 1991)**

**Ölgehalt:**

|  | |
|---|---|
| Topas 19/2 | 39,4 +/- 0,86 |
| Hybridraps | 41,3 +/- 0,57 |
| Westar | 40,7 +/- 1,12 |

**Ölzusammensetzung (% der gesamten Fettsäuren):**

|  | 16:0 | 16:1 | 18:0 | 18:1 | 18:2 |
|---|---|---|---|---|---|
| Topas 19/2 | 3,6 +/- 0,2 | 0,3 +/- 0,0 | 0,1 +/- 0,1 | 61,9 +/- 1,3 | 21,5 +/- 0,8 |
| Hybridraps | 3,3 +/- 0,1 | 0,2 +/- 0,0 | 0,1 +/- 0,1 | 66,1 +/- 0,3 | 18,6 +/- 0,2 |
| Westar | 3,7 +/-03 | 0,1 +/- 0,2 | 0,1 +/- 0,1 | 64,9 +/- 1,8 | 19,1 +/- 1,0 |

|  | 18:3 | 20:0 | 20:1 | 22:0 | 22:1 |
|---|---|---|---|---|---|
| Topas 19/2 | 8,4 +/- 0,1 | 0,5 +/- 0,0 | 1,3 +/- 0,1 | 0,3 +/- 0,0 | 0,0 +/- 0,0 |
| Hybridraps | 7,4 +/- 0,0 | 0,6 +/- 0,0 | 1,4 +/- 0,0 | 0,3 +/- 0,0 | |
| Westar | 7,3 +/- 0,2 | 0,6 +/- 0,0 | 1,6 +/- 0,5 | 0,4 +/- 0,1 | 0,2 +/- 0,4 |

**Glucosinolatgehalt (μmol/g ölfreie Masse):**

|  | Butenyl | Pentenyl | Hydroxybutenyl | Hydroxypentenyl |
|---|---|---|---|---|
| Topas 19/2 | 1,4 +/- 0,0 | 0,5 +/- 0,1 | 2,0 +/- 0,1 | 0,1 +/- 0,1 |
| Hybridraps | 2,3 +/- 0,3 | 0,5 +/- 0,1 | 2,7 +/- 0,8 | 0,0 +/- 0,1 |
| Westar | 3,6 +/- 0,4 | 0,3 +/- 0,1 | 6,7 +/- 1,0 | 0,1 +/- 0,1 |

De Greef et al (1989) untersuchten erstmals sowohl die gentechnisch eingebrachte Herbizid-Resistenz als auch agronomische Daten von transgenen Tabak- bzw. Kartoffelpflanzen unter Freilandbedingungen. Auch hier handelte es sich um die durch das eingebrachte *bar*-Gen vermittelte Resistenz gegen Phosphinothricin-haltige Herbizide. Die Herbizid-Toleranz der transgenen Pflanzen bestätigte sich im Freilandversuch. In bezug auf agronomische Daten wurde der Längenzuwachs der Tabakblätter in einem Zeitraum von 14 Tagen bestimmt, wobei zwischenzeitlich am 4. Tag das Herbizid eingesetzt wurde (Abb. 8.10.). Dazu wurden jeweils das längste Laubblatt von 5 Pflanzen pro Versuchsfläche vier Tage vor und 10 Tage nach dem Herbizideinsatz gemessen (Standardmethode von Tabakzüchtern). Der signifikant größere Längenzuwachs bei den Transformanten kann möglicherweise auf die bessere Unkrautbekämpfung durch das Herbizid im Vergleich zu der manuellen Unkrautbekämpfung bei den nicht-transgenen Tabakpflanzen zurückzuführen sein.

Die Herbizid-Toleranz von insgesamt 4 Transformanten (2 von der Sorte Bintje, je 1 von der Sorte Berolina bzw. Desiree) bestätigte sich im Freilandversuch. Das Erscheinungsbild der transgenen Kartoffelpflanzen nach der Basta-Behandlung unterschied sich nicht von dem

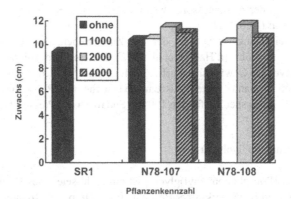

**Abb. 8.10. Zuwachs der Blätter von Tabakpflanzen in der Zeit von 14 Tagen, wobei nach dem 4. Tag das Herbizid Basta angewandt worden war. SR1 = nicht-transformierte Kontrollpflanzen; N78-107 und N78-108 = transgene, Herbizid-resistente Tabakpflanzen; ohne = kein Herbizid-Einsatz; 1000, 2000 bzw. 4000 = angewandte Basta-Dosis (g/ha). (verändert nach de Greef et al, 1989)**

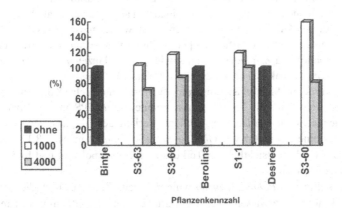

**Abb 8.11. Ernteertrag nicht-transformierter und transgener, Herbizid-toleranter Kartoffel-pflanzen in einem Freilandversuch bei Einsatz von Basta in unterschiedlicher Konzentration. Angegeben ist der Ernteertrag (%) bezogen auf den der nicht-transformierten Ausgangssorte ohne Herbizideinsatz. Bintje, Berolina und Desiree = nicht-transformierte Kartoffelsorten; S3-63 und S3-66 = Transformanten aus der Sorte Bintje; S1-1 = Transformante aus der Sorte Bero-lina; S3-60 = Transformante aus der Sorte Desiree; ohne = kein Herbizideinsatz; 1000 bzw. 4000 = angewandte Basta-Dosis (g/ha). (verändert nach de Greef et al, 1989)**

der unbehandelten Sorten Bintje, Berolina bzw. Desiree. In Bezug auf den Ernteertrag lag dieser generell bei den Transformanten unabhängig von der Sorte, aus der diese hervorgegangen sind, etwas höher als der der Ausgangssorte, wenn die Transformanten mit einer Herbizid-Konzentration von 1000 g /ha behandelt worden waren. Der Ernteertrag der Transformanten lag eher unter dem der Ausgangssorte, wenn eine Herbizid-Konzentration von 4000 g/ha angewandt worden war (Abb. 8.11.).

Als weiterer Freisetzungsversuch sei der mit Zuckerrüben, die gegenüber Phosphinothricin tolerant sind, angeführt (d'Halluin et al, 1992). Die Herbizid-Toleranz der *Beta vulgaris*-Pflanzen, die zuvor im Gewächshaus erfolgreich getestet worden waren, hatte auch unter Freilandbedingungen Bestand. Erste Freisetzungsversuche mit Phosphinothricin-toleranten Erdbeerpflanzen (*Fragaria* spec.) erfolgten 1994 in Südafrika (du Plessis et al, 1995).


8.1.5. Toleranz gegenüber Glyphosat

Glyphosat (= [N-(Phosphonomethyl)glycin] ist ein nicht-selektives Herbizid; es ist eines der meist benutzten Herbizide, wirksamer Bestandteil des Herbizids Roundup und wird gegen 76 Unkrautarten weltweit eingesetzt. Glyphosat hemmt die 5-Enolpyruvylshikimi-3-phosphat-Synthase (EPSPS). Diese Synthase ist das Schlüsselenzym für die Synthese von Aminosäuren mit aromatischer Struktur in Pflanzen und Bakterien. Die pflanzliche EPSPS ist ein Plastidenenzym, dessen genetische Information Kern-kodiert ist.

Glyphosat soll nicht toxisch für Tiere sein und wird von Bodenmikroorganismen schnell abgebaut. Spezies von *Pseudomonas*, *Flavobacterium* und *Arthrobacter* können Glyphosat als Phosphat-Quelle nutzen (Pipke und Amrhein, 1988). Es sind grundsätzlich zwei mikro-bielle Abbauwege für das Glyphosat bekannt; bei dem einen Abbauweg entsteht als Metabolit Aminomethylphosphonsäure (AMPS), bei dem anderen Abbauweg Sarcosin und Glycin (Jacob et al, 1988). Für eine ganze Reihe von Pflanzen [Zellkulturen von *Triticum aestivum* (Weizen), *Glycine max* (Sojabohne) und *Zea mays* (Mais) sowie ganze Pflanzen von *Picea abies* (Fichte), *Nicotiana tabacum* (Tabak), *Triticum aestivum* (Weizen), *Glycine max* (Sojabohne) und *Zea mays* (Mais)] wurde die Metabolisierung von Glyphosat untersucht (Komoßa et al, 1992). Als einziger messbarer Metabolit des Glyphosat konnte nur AMPS in den Pflanzen bzw. Pflanzenzellen nachgewiesen werden. Der zeitliche Verlauf der Glyphosat-Metabolisierung ist exemplarisch für eine Zellkultur von *Glycine max* (Sojabohne) in Abb. 8.12. dargestellt. Im weiteren Verlauf wird offensichtlich ein Teil des AMPS metabolisiert und findet Eingang in Lipide der Zellmembranen.

Aus einer Zellkultur von *Petunia hybrida* wurden bereits Zellen isoliert, die sich gegenüber Glyphosat als tolerant erwiesen hatten. Aufgrund einer Amplifikation des relevanten Gens kommt es in diesen *Petunia*-Zellen zur Überproduktion von EPSPS. Das die EPSPS kodierende Gen wurde isoliert, sein Promotor ersetzt durch den 35S-Promotor des CaMV[68] und mit diesem chimären Konstrukt *Petunia*-Pflanzen transformiert (Shah et al, 1986). Diese transgenen *Petunia*-Pflanzen erwiesen sich als tolerant gegenüber der Glyphosat-Behandlung.

In ähnlicher Weise lässt sich die Plastiden-freie Mutante $W_{10}BSmL$ der einzelligen Alge *Euglena gracilis* durch Kultivierung unter langsam ansteigender Konzentration von Glyphosat an dieses Herbizid adaptieren, indem der Einzeller, ebenfalls unter Amplifizierung seines

---

[68] cauliflower mosaic virus

*arom*, die Synthese der EPSPS drastisch steigert (Reinbothe et al, 1993) [*arom* von *Euglena gracilis* hat seine Entsprechung in *ARO1*, *aroA*, *aroL* oder *aroE* von zum Beispiel *Saccharomyces cerevisiae*]. Außerdem deuten die Ergebnisse von Reinbothe et al (1991) darauf hin, dass ein weiteres Enyzm/Protein von 59 kDa *Euglena gracilis* Toleranz gegenüber Glyphosat vermittelt.

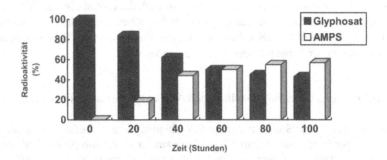

**Abb. 8.12. Prozentuale Verteilung der radioaktiven Markierung auf Glyphosat bzw. Aminomethylphosphonsäure (AMPS) in einer Zellkultur von *Glycine max* (Sojabohne) nach Inkubation mit [3-$^{14}$C]Glyphosat über einen Zeitraum von 100 Stunden. (verändert nach Komoßa et al, 1992)**

Comai und Mitarbeiter (1985) haben aus *Salmonella typhimurium* ein die ESPS kodierendes Gen (*aroA*) isoliert. *aroA* wurde in *Nicotiana tabacum* (Tabak) transferiert und in seiner nukleären DNA inseriert. Da in diesem Fall kein Genabschnitt dem *aroA* vorgeschaltet war, der für eine Transitsequenz kodiert, sondern der 35S-Promotor des CaMV, verblieb das exprimierte Fremdprotein im Cytoplasma der Pflanzenzellen; die transgenen Tabakpflanzen waren dennoch resistent gegen Glyphosat. Es kann daraus geschlossen werden, dass bei *Nicotiana tabacum* ein zweiter (cytoplasmatischer) Shikimisäure-Stoffwechselweg besteht oder dass die am Skikimisäure-Stoffwechselweg beteiligten Substrate und Produkte durch die zweimembranige Chloroplastenhülle transportiert werden können. Es sei aber auch erwähnt, dass diese transgenen Tabakpflanzen nach dem Besprühen mit Glyphosat kleinere Blätter entwickelten als ohne Glyphosat-Behandlung. Vergleichbare Ergebnisse erzielten Fillatti et al (1987) mit dem gleichen Genkonstrukt in transgenen *Lycopersicon*-Pflanzen; auch diese waren gegenüber Glyphosat zwar tolerant, aber sie waren auch kleinwüchsiger.

Es wurde vermutet, dass die Lokalisierung der eingebrachten EPSPS im Cytoplasma auch dafür verantwortlich ist, dass die transgenen Pflanzen einen vergleichsweise niedrigeren Grad an Toleranz gegenüber Glyphosat aufweisen. In der Tat widerstehen transgene Tabakpflanzen höheren Dosen von Glyphosat, in welche eine Glyphosat-tolerante EPSPS aus *E.coli* eingebracht worden ist. Damit diese EPSPS in die Chloroplasten der Tabakpflanzen gelangen konnte, war das modifizierte *aroA* aus *E.coli* mit dem 3´-Ende der DNA-Sequenz für das Transit-Peptid der EPSPS aus *Petunia hybrida* verknüpft (Della Cioppa et al, 1987). Auf diese Weise transformierte Tomatenpflanzen zeigten sich „toleranter" gegenüber Glyphosat (ref. Stalker, 1991).

Toleranz gegenüber der Behandlung mit Glyphosat kann auch durch Transformation der Pflanzen mit dem Gen *hph* für die Hygromycin-B-Phosphotransferase aus *Escherichia coli* oder *Streptomyces hygroscopicus* erreicht werden (Penaloza-Vazquez et al, 1995). Diese Phosphotransferase überträgt eine Phosphatgruppe auf die C-4-Position des Antibiotikums Hygromycin B (Kaster et al, 1983), kann aber auch Glyphosat als Substrat verwenden. Die von Penaloza-Vazquez et al (1995) mit *hph* transformierten Tabakpflanzen waren gegenüber geringen Konzentrationen von Glyphosat tolerant; nach der Hypothese von Penazola-Vazquez et al (1995) lässt sich dieser Toleranzpegel deutlich erhöhen, wenn dieses Insert mit einem ein Transit-Peptid kodierenden DNA-Abschnitt für den Eintransport des Expressionsproduktes in die Chloroplasten der Tabakpflanzen versehen werden würde.

8.1.6. Toleranz gegenüber Sulphonylharnstoff-Verbindungen und Imidazolinone

Toleranz gegenüber Sulphonylharnstoff-Verbindungen und Imidazolinone (im Folgenden SI-Toleranz genannt) kann in dem Pilz *Saccharomyces cerevisiae* (Falco et al, 1985), in den Bakterien *Salmonella typhimurium*, *Escherichia coli* (Yadav et al, 1986) und *Streptomyces griseolus* (Harder et al, 1991) und in den Höheren Pflanzen *Nicotiana tabacum* (Tabak) (Chaleff und Ray, 1984), *Lotus corniculatus* (Gemeiner Hornklee) (Pofelis et al, 1992) (Abb. 8.13.) sowie in *Arabidopsis thaliana* (Ackerschmalwand) (Haugh und Somerville, 1988) auf eine Mutation des Gens für die Acetolactatsynthase (ALS) zurückgeführt werden; diese ist das Schlüsselenzym für die Synthese der verzweigten Aminosäuren Leucin, Isoleucin und Valin. Die jeweilige Mutation beschränkt sich bei *Arabidopsis thaliana* (Ackerschmalwand) (Haugh et al, 1988) und *Saccharomyces cerevisiae* (Yadav et al, 1986) auf den Austausch eines Serins für ein Prolin an Position 196 der Aminosäuresequenz bzw. eines Alanins an der Position 196 an Stelle eines Prolin und eines Tryptophan an Position 573 an Stelle eines Leucins in den Mutanten SuRA C3 und SuRB S4-Hra von *Nicotiana tabacum* (Tabak) (Lee et al, 1988). Diese *Nicotiana*-Mutanten sind sowohl gegenüber Sulphonylharnstoff-Verbindungen als auch gegen Imidazolinone tolerant. Von *Zea mays* (Mais) liegen Zelllinien vor, die gegenüber Imidazolinone tolerant sind. Wiederum erwies sich deren ALS als modifiziert (Shaner et al, 1985). Wird in *Solanum tuberosum* (Kartoffel) durch Transformation mit einem ALS-Gen in Antisense-Orientierung und durch dessen Expression des endogenen ALS-Gens unterbunden, so unterbleibt die Synthese von Leucin, Isoleucin und Valin genauso wie in konventionell gezüchteten Kartoffelpflanzen, die mit einem Sulfonylharnstoff-Herbizid behandelt worden sind (Höfgen et al, 1995).

In Tabakpflanzen ist bereits das mutierte ALS-Gen aus *Nicotiana tabacum* (Tabak) oder *Arabidopsis thaliana* (Ackerschmalwand) eingebracht worden (Mazur et al, 1987; Lee et al, 1988; Haugh et al, 1988); die transgenen Tabakpflanzen zeigten SI-Toleranz. Das ALS-Gen aus *Nicotiana tabacum* (Tabak) wurde auch zur Transformation von *Lycopersicon esculentum* (Tomate) (Hartnett et al, 1990) und von *Beta vulgaris* (Zuckerrübe) (d'Halluin et al, 1992) benutzt. Die transgenen Tomatenpflanzen waren gegenüber Chlorimuron tolerant. Das ALS-Gen aus *Arabidopsis thaliana* (Ackerschmalwand) fand Verwendung zur Transformation von B*rassica napus* (Raps) (Miki et al, 1990), *Allium sativum* (Zwiebel) (Park et el, 2002) und *Linum usitatissimum* (Flachs) (McHughen, 1989). Die Transformanten waren tolerant gegenüber Chlorsulphuron. In entsprechender Weise gelang es Sathasivan et al (1991), aus der *Arabidopsis*-Mutante GH90, welche gegenüber dem Imidazolinon Imazapyr tolerant ist, das ALS-Gen zu isolieren; an Position 653 (nahe dem carboxylterminalen Ende) ist Serin durch Asparagin ersetzt. Mittels *Agrobacterium*-Transformation wurden *Nicotiana*-Pflanzen in bezug auf diese Herbizid-Toleranz gentechnisch verändert. Im Vergleich zu nicht-transgenen Tabakpflanzen unter Herbizid-Einsatz war das Wachstum dieser transgenen Tabakpflanzen um das 100fache gesteigert.

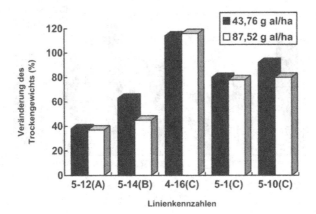

**Abb. 8.13. Veränderung des Trockengewichts von *Lotus corniculatus* (Gemeiner Hornklee) 14 Tage nach Anwendung des Herbicids "Harmony" in verschiedenen Konzentrationen. Angaben in % im Vergleich zu unbehandelten Pflanzen. A = Kontrollpflanzen, aus Samen gezogen; B = Kontrollpflanzen, aus Zellkulturen regeneriert; C = resistente Pflanzen, aus Zellkulturen regeneriert. (verändert nach Pofelis et al, 1992)**

Odell et al (1990) untersuchten die Expressionsrate des mutierten ALS-Gens aus *Arabidopsis thaliana* in damit transformierten Tabakpflanzen. Sie verglichen vier verschiedene Typen von transgenen Tabakpflanzen: (a) 35AS und AS sind transgene *Nicotiana*-Pflanzen, die die Acetolactatsynthase des Wildtyps von *Arabidopsis thaliana* enthalten; diesem ALS-Gen ist der 35S-Promotor des CaMV[69] bzw. der natürlicherweise vorhandene Promotor aus *Arabidopsis thaliana* vorgeschaltet. (b) 35AR und AR sind transgene *Nicotiana*-Pflanzen, die die Acetolactatsynthase der *Arabidopsis*-Mutante enthalten; diesem ALS-Gen (das Herbizid-Toleranz verleiht) ist der 35S-Promotor des CaMV bzw. der natürlicherweise vorhandene Promotor aus *Arabidopsis thaliana* vorgeschaltet. In Vorversuchen zeigte sich bereits, dass die Vorschaltung des 35S-Promotors die Expressionsrate der Wildtyp-ALS erhöht und damit eine gewisse Rate an Herbizid-Resistenz vermittelt: Von 22 AS-Transformanten war keiner, von 36 35S-Transformanten dagegen waren Zellen von 20 individuelle Pflanzen befähigt, Zellkulturen unter Anwesenheit von 100 ppb Chlorsulfuron zu bilden. Vergleicht man die ALS-Aktivität der AR- bzw. der 35AR-Pflanzen in Anwesenheit von 100 ppb Chlorsulfuron mit der entsprechenden ALS-Aktivität ohne Herbizideinwirkung, so wird deutlich, dass 40 bis 60% der Gesamtaktivität von dem eingebauten Fremd-Gen herrührt, wenn der natürlicherweise vorhandene Promotor vorgeschaltet ist, dass aber 85 bis 90% der Gesamt-ALS-Aktivität von dem eingebrachten Fremd-Gen herrühren, wenn ihm der 35S-Promotor vorgeschaltet ist

---

[69] cauliflower mosaic virus

(Abb.8.14.). Diese die Expression steigernde Wirkung des 35S-Promotor zeigte sich auch an dem Wachstumsverhalten von Zellkulturen der 35AS- bzw. 35AR-Transfor-manten (Abb. 8.15. und 8.16.). Wie die Kontrolle wachsen AS-Transformanten bei Anwesenheit von 1ppb Chlorsulfuron nicht mehr. Bei dieser Herbizidkonzentration zeigte eine 35AS-Transformante genauso viel Wachstumsaktivität wie eine der AS-Transformanten bei 0,3 ppb Chlorsulfu-

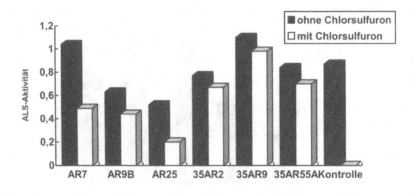

**Abb. 8.14. Aktivität der Acetolactatsynthase aus transgenen Tabakpflanzen mit oder ohne Ein-wirkung von Chlorsulphuron. Die gentechnische Veränderung wurde erreicht durch Übertra-gung des mutierten ALS-Gens aus *Arabidopsis thaliana*; diesem Gen war entweder der ur-sprüngliche Promoter (AR) oder der 35S-Promotor (35AR) vom CaMV vorgeschaltet. Die ALS-Aktivität ist angegeben in OD530/mg Protein/Std. (verändert nach Odell et al, 1990)**

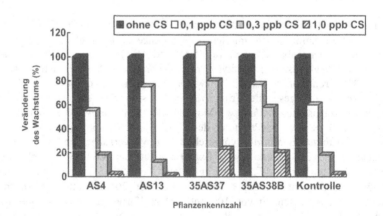

**Abb. 8.15. Quantifizierung des Wachstums von Zellkulturen transgener *Nicotiana tabacum*-Pflanzen mit oder ohne Einwirkung von Chlorsulphuron (CS). Die gentechnische Veränderung wurde erreicht durch Übertragung des mutierten ALS-Gens aus *Arabidopsis thaliana*; diesem Gen war entweder der ursprüngliche Promotor (AS) oder der 35S-Promotor (35AS) vom CaMV vorgeschaltet. Als Kontrolle dienten *Nicotiana*-Pflanzen, in die nur der Vektor pKNK übertra-gen worden war. (verändert nach Odell et al, 1990)**

ron (Abb. 8.15.). Mehrere AR-Transformanten wuchsen bei 30 ppb Chlorsulfuron genauso gut (Abb. 8.16.) wie AS-Transformanten bei 0,1 ppb Chlorsulfuron (Abb. 8.15.), was eine um das 300fache gesteigerte Toleranz gegenüber Chlorsulfuron belegt. Das Vorschalten des 35S-Promotors steigert dieses Toleranzverhalten noch einmal um das 10fache (Abb. 8.16). Die so vermittelte Toleranz gegenüber Chlorsulfuron ging auch stabil auf die nachfolgende Generation von Pflanzen über, die aus Samen aufgezogen worden sind (Abb. 8.17). Wieder erbrachte das Vorschalten des 35S-Promotors vor das ALS-Gen der AR-Pflanzen eine Erhöhung der Chlorsulfuron-Toleranz. Die Untersuchungen von Odell et al (1990) zeigten außerdem, dass generell in den ALS-transgenen *Nicotiana*-Pflanzen die ALS-mRNA in hoher Rate synthetisiert wird; mit diesem großen mRNA-Pool für die ALS geht aber nicht die entsprechende Erhöhung der ALS-Enzymaktivität einher.

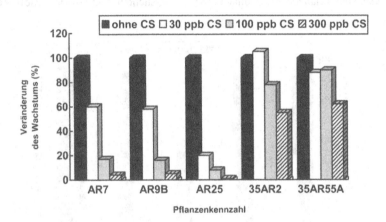

**Abb. 8.16. Quantifizierung des Wachstums von Zellkulturen transgener *Nicotiana tabacum*-Pflanzen mit oder ohne Einwirkung von Chlorsulphuron (CS). Die gentechnische Veränderung wurde erreicht durch Übertragung des mutierten ALS-Gens aus *Arabidopsis thaliana*; diesem Gen war entweder der ursprüngliche Promotor (AR) oder der 35S-Promotor (35AR) von CaMV vorgeschaltet. (verändert nach Odell et al, 1990)**

Es erscheint derzeit unmöglich, SI-tolerante Pflanzen durch Transformation mit einer entsprechenden ALS bakterieller Herkunft zu erzeugen, da sich herausgestellt hat, dass (a) die ALS in den Plastiden Höherer Pflanzen lokalisiert ist und aus einem Protein besteht und (b) die bakterielle ALS dagegen aus zwei verschiedenen Untereinheiten besteht. Dies würde bedeuten, dass die bakteriellen ALS-Gene für beide Untereinheiten in die Kern-DNA oder das Plastom der Empfängerpflanze eingebracht und dass die koordinierte Expression beider Gene sowie die Assemblierung der beiden Untereinheiten zum Enzymkomplex sichergestellt werden müsste.

Die mit dem aus *Arabidopsis thaliana* (Ackerschmalwand) isolierten, mutierten ALS-Gen transformierten *Brassica napus*-Pflanzen (Raps) zeigten ein Toleranz-Verhalten gegenüber Chlorsulfuron (Miki et al, 1990), das dem zuvor geschilderten der transgenen *Nicotiana tabacum*-Pflanzen analog war (Odell et al, 1990). Im Vergleich zu diesen transgenen *Brassica napus*-Pflanzen konnten Miki et al (1990) auch nachweisen, dass die ALS einiger verwandter, nicht-transgener Pflanzen ebenfalls durch Sulfonylharnstoff-Verbindungen, wie zum Beispiel Chlorsulphuron, gehemmt wird. Darunter waren *Brassica rapa* (Rübsen), *Brassica nigra* (Schwarzer Senf), *Brassica oleracea* (Kohl) und *Brassica juncea* (Sarepta-Senf). Nachweislich sind einige Unkräuter wie *Lactuca serriola* (Stachel-Lattich), *Kochia scoparia* (Besenradmelde) und *Stellaria media* (Vogelsternmiere) durch den Feldeinsatz von Sulphonylharnstoff-Verbindungen gegen diese im Laufe von 1989 bis 1992 resistent geworden. Auch für diese Pflanzen beruht die SI-Resistenz auf den Eigenschaften der ALS, wie sie oben für die landwirtschaftlich genutzten Pflanzen beschrieben worden ist. Saari et al (1992) konnten für *Stellaria media* (Vogelsternmiere), *Lolium perenne* (Englisches Raygras) und *Salsola iberica* (Salzkraut) Varianten bestimmen, die gegenüber einer Reihe von Sulphonylharnstoff-Herbiziden tolerant sind (Tab. 8.4.). Sowohl die toleranten als auch die sensitiven Varianten der untersuchten Pflanzen metabolisieren die untersuchten Sulphonylharnstoff-Verbindun-

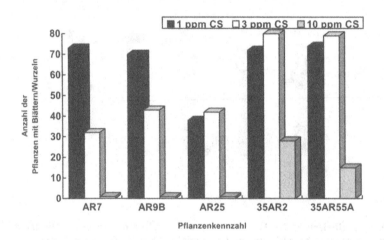

**Abb. 8.17. Resistenz der nachfolgenden Generation an transgenen Tabakpflanzen gegen die Behandlung mit Chlorsulphuron. Die gentechnische Veränderung wurde erreicht durch Übertragung des mutierten ALS-Gens aus *Arabidospsis thaliana*; diesem Gen war entweder der ursprünglichePromotor (AR) oder der 35S-Promotor (35AR) von CaMV vorgeschaltet. (verändert nach Odell et al, 1990)**

gen mit gleicher Rate, so dass darin nicht die Herbizid-Toleranz begründet ist. Die Untersuchungen von Boutsalis und Powles (1995) an Herbizid-toleranten *Sonchus oleraceus* (Kohl-Gänsedistel) machen deutlich, dass in dieser Pflanze tatsächlich die ALS tolerant ist gegen die Einwirkung von Chlorsulfuron, Sulfometuron, Imazethapyr, Imazapyr bzw. Flumetsulam, und zwar graduell abnehmend in der angegebenen Reihenfolge dieser Herbizide.

Sowohl für die Beurteilung der unter Selektionsdruck erzeugten Toleranz gegenüber Sulphonylharnstoff-Herbiziden als auch für die Beurteilung der durch gentechnische Modifikation erzeugten Toleranz gegenüber diesen Herbiziden ist mit in Betracht zu ziehen, dass im Freiland verschiedenartige Chemikalien miteinander und mit den behandelten Pflanzen in Wechselbeziehung stehen können. Zum Beispiel zeigten Kreuz und Fonne-Pfister (1992), dass das Insektizid Malathion die Toleranz von *Zea mays* (Mais) gegenüber Primisulfuron beeinträchtigt (Abb. 8.18.). Welche möglichen Konsequenzen oder Überlegungen aus dem

Faktum zu ziehen sein können, dass bereits Herbizid-tolerante Wildpflanzen isoliert und beschrieben werden konnten, wird in anderem Zusammenhang in Kapitel 10 eingehender behandelt werden.

**Tab. 8.4. $I_{50}$-Werte für die Hemmung isolierter Acetolactatsynthase aus *Stellaria media* (Vogelsternmiere), *Lolium perenne* (Englisches Raygras) oder *Salsola iberica* (Salzkraut). Angaben für Pflanzen, die gegen Sulphonylharnstoff-Verbindungen sensitiv (S) bzw. resistent (R) sind. (verändert nach Saari et al, 1992)**

| | *Stellaria media* | | *Lolium perenne* | | *Salsola iberica* | |
|---|---|---|---|---|---|---|
| Herbizid | S | R | S | R | S | R |
| | | | $I_{50}$ (nM) | | | |
| Chlorsulphuron | 34 | 450 | 24 | 840 | 20 | 150 |
| Imazapyr | 5700 | 14000 | 12000 | 80000 | 7100 | 25000 |
| Methyl-Metsulfuron | 18 | 160 | 18 | 240 | 25 | 94 |
| Methyl-Sulfometuron | 19 | 180 | 10 | 500 | 8 | 130 |
| Methyl-Thifensulfuron | 83 | 1400 | 120 | 2800 | 78 | 700 |
| Triasulfuron | 40 | 270 | 40 | 800 | 30 | 250 |
| 2,6-Dichlorosulfoanalid | 27 | 240 | 110 | >2600 | 70 | 550 |

Ein weiterer, möglicherweise auch standortspezifischer Anwendungsbereich ergibt sich aus der Persistenz der Sulphonylharnstoff-Verbindungen im Boden, die bei neutralem pH-Wert des Bodens etwa drei Jahre darin überdauern können (Dixon, 1995). Mit gentechnischen Methoden gegen diese Herbizide tolerant gemachter *Linum usitatissimum* (Flachs) hat sich in den USA bereits als geeignet für den Anbau auf derartigen Böden gezeigt.

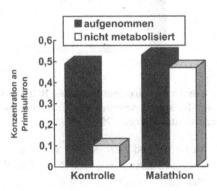

**Abb. 8.18. Effekt des Insektizids Malathion auf die Aufnahme und den Metabolismus von [$^{14}$C] Primisulfuron in *Zea mays* (Mais). Die Pflanzen wurden 20 Stunden nach der Behandlung mit Malathion und [$^{14}$C]Primisulfuron (2,1 µg/Pflanze) analysiert. (verändert nach Kreuz und Fonne-Pfister, 1992)**

Einen gänzlich anderen experimentellen Ansatz wählten Yamada et al (2002a, 2002b), um in *Solanum tuberosum* (Kartoffel) eine Resistenz gegen Sulphonylharnstoff-Herbizide zu etablieren. Sie inkorporierten in diese Pflanzen ein DNA-Konstrukt aus dem PR1a-Promotor von *Nicotiana tabacum* (Tabak) und dem Gen *C4P1A1* für eine Cytochrom P450-Monooxygenase der Ratte, wobei von dem PR1a-Promotor bekannt ist, dass er durch Zugabe von exogenem Benzothiadiazol (BTH) zur Auslösung der Expression induziert werden kann. Yamada et al (2002a, 2002b) konnten zeigen, dass die auf diese Weise transformierten Kartoffelpflanzen befähigt sind, die Herbizide Chlortoluron und Methabenzthiazuron zu metabolisieren. Es ist nicht auszuschließen, dass derartige transgene Kartoffelpflanzen in Zukunft auch für Bioremediation-Maßnahmen eingesetzt werden können.

8.1.7. Toleranz gegenüber Paraquat und Diquat

Paraquat (1,1′-Dimethyl-4,4′-bipyridyliumdichlorid) und Diquat sind nicht-spezifische Kontaktherbizide, die auch zur Unkrautbekämpfung auf Plantagen und in Gewässern eingesetzt werden. Beide Herbizide sind kompetitive Hemmstoffe für den photosynthetischen Elektronentransport und für pflanzliche Superoxid-Dismutasen. Aono et al (1995) zeigten die Abhängigkeit der Toleranz gegen Paraquat von der Aktivität einer pflanzlichen Glutathion-Reduktase. Als Folgereaktion werden u.a. die Carotinoide geschädigt (Abb. 8.19.) (Young-

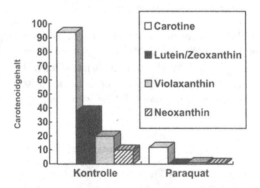

**Abb. 8.19. Veränderung des Gehalts an Carotenoiden in den Blättern von *Linum usitatissimum* (Flachs) nach Behandlung mit Paraquat. Angaben des Carotenoidgehaltes in µg/g Frischgewicht. (verändert nach Youngman und Dodge, 1979)**

man und Dodge, 1979). Für Menschen und Tiere werden sie als toxisch beschrieben, können aber andererseits leicht photochemisch zersetzt oder von Pilzen (Smith et al, 1976) und Bakterien (Baldwin et al, 1966) metabolisiert werden. Insbesondere kann der Pilz *Lipomyces starkeyi* Paraquat als Stickstoffquelle benutzen (Carr et al, 1985). Allerdings unterscheiden sich die Abbauwege des Paraquat in *Lipomyces starkeyi* und den dazu befähigten Bakterien. Aus *Pseudomonas* konnten Salleh und Pemberton (1993) bereits das Toleranz-Gen Pq[r] von einem Plasmid isolieren und in *E. coli* clonieren. Es stände damit für die Transformation landwirtschaftlich genutzter Pflanzen zur Verfügung. Eine Erzeugung Paraquat-resistenter transgener

Pflanzen hätte allerdings zu berücksichtigen, dass einige wildwachsende Pflanzen bereits Toleranz gegenüber diesem Herbizid entwickelt haben (Hickok und Schwarz, 1986).

Eine Erhöhung der Toleranz gegenüber der Einwirkung von Paraquat wiesen Aono et al (1995) für *Nicotiana tabacum* (Tabak) nach, der mit dem Gen für die Glutathion-Reduktase aus *E. coli* und dem Gen für die cytosolische Cu/Zn Superoxid-Dismutase aus *Oryza sativa* (Reis) transformiert worden war (siehe auch Kapitel 8.7.5.).

## 8.1.8. Toleranz gegenüber Cyanamid

Die in den vorausgegangenen Kapiteln entwickelten Strategien zur Erzeugung Herbizidtoleranter transgener Pflanzen gingen jeweils von einem der drei Grundmuster aus: Entweder wurde die verfügbare Menge des in der Pflanze primär betroffenen Proteins drastisch erhöht oder die Expression einer mutierten Variante dieses Proteins wurde bewerkstelligt oder ein neues Enzym wurde eingeführt, welches das Herbizid metabolisieren konnte. In jedem dieser Fälle kann nicht außer Acht gelassen werden, dass das Herbizid selbst oder aber dessen Metabolite in der Pflanze verbleiben könnten. In dieser Hinsicht vorzuziehen wären sicher transgene Pflanzen, in denen die Metabolite des Herbizids in die natürlichen Abbauwege der Pflanze einbezogen werden.

**Tab 8.5. Aktivität der Cyanamid-Hydratase in transgenen Tabakpflanzen, die mit dem *cah*-Gen aus *Myrothecium verrucaria* transformiert worden sind. Weitere Erläuterungen im Text. (verändert nach Maier-Greiner et al, 1991b)**

| Pflanzenteil | Aktivität (units/g Frischgewicht) | spez. Aktivität (units/mg Protein) |
|---|---|---|
| Wurzeln | 0,073 | 0,660 |
| Spross | 0,437 | 0,469 |
| Blätter | 0,643 | 0,202 |

Aus dem Pilz *Myrothecium verrucaria* wurde eine Cyanamid-Hydratase und das dazugehörige Gen *cah* isoliert (Maier-Greiner et al, 1991a). Dieses Enzym wandelt das Herbizid Cyanamid (Alzodef) in Harnstoff um, der dann durch pflanzliche Ureasen weiter abgebaut werden kann. Dem *cah* wurde der 35S-Promotor des CaMV[70] vor- und die Polyadenylierungssequenz des Nopalinsynthase-Gens aus *Agrobacterium tumefaciens* nachgeschaltet. Mit diesem Konstrukt wurde mittels der *Agrobacterium*-Transformation *Nicotiana tabacum* (Tabak) transformiert. 15 transgene Tabakpflanzen konnten isoliert und weiter auf ihr Wachstumsverhalten bei Cyanamid-Behandlung untersucht werden. Die Cyanamidhydratase-Aktivität konnte in allen Pflanzenteilen festgestellt werden (Tab. 8.5.).

---

[70] cauliflower mosaiv virus

Die transgenen Tabakpflanzen konnten auf Nährböden wachsen, die 2,4 mM Cyanamid
enthielten; dies ist eine Herbizid-Konzentration, die nicht-transgene Pflanzen innerhalb von 6
Wochen abtötet. Bei einer spezifischen Aktivität der Cyanamid-Hydratase von 0,58 units/mg
Protein treten keine Nekrosen an den transgenen Tabakpflanzen ein, wenn sie mit 5%iger
Cyanamidlösung besprüht werden.

### 8.1.9. Toleranz gegenüber Norflurazon oder Fluridon

Fluridon (= 1-Methyl-3-phenyl-5(3-(trifluoromethyl)phenyl)-4(1H)-pyridinon) und Norflurazon (= 4-Chloro-5(methylamino)-2-($\alpha,\alpha,\alpha$-trifluoro-m-tolyl)-3(2H)-pyridazinon) ist gemeinsam, dass diese Herbizide in die pflanzliche Carotinoid-Synthese auf der Stufe der Phy-
toen-Umwandlung eingreifen. Durch die Hemmung der Phytoen-Desaturase werden zum Beispiel das Cyanobakterium *Aphanocapsa* 6714 (= *Synechocystis* PCC6714) (Kowalczyk-
Schröder und Sandmann, 1992) und die volvocale Grünalge *Chlamydomonas reinhardii* (Ru-

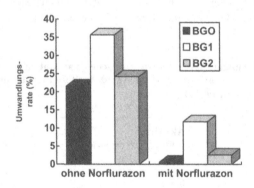

**Abb. 8.20. Aktivität der Phytoen-Desaturase aus *Erwinia uredovora* in transformiertem *Syne-
chococcus* PCC7942. Die Umwandlungsrate wurde bestimmt nach der Formel 100x(dpm ß-
Carotin/[dpm Phytoen + dpm ß-Carotin); weitere Erläuterungen im Text. (verändert nach
Windhövel et al, 1994)**

izzo et al, 1992) durch den Verlust an Carotenoiden und damit in Folge durch den Verlust des
Chlorophylls gelblich bis weiß. Man bezeichnet diesen Vorgang mit "bleaching". Chamovitz
et al (1991) gelang es, aus dem Cyanobakterium *Synechococcus* PCC7942 eine mutierte Phytoen-Desaturase zu isolieren, die sich als tolerant gegen Norflurazon erwies. Sie konnten das
Gen für die Phytoen-Desaturase (*pds*) isolieren und nachweisen, dass es in seiner Aminosäuresequenz an Position 403 ein Glycin enthält an Stelle des in dieser Position beim Wildtyp
vorhandenen Valins. Eine Anwendung des *pds* für die Erzeugung transgener Pflanzen mit
Resistenz gegen Norflurazon ist bislang nicht erfolgt.

Ein weiterer Versuchsansatz, der es in Zukunft ermöglichen könnte, durch Transformation
Pflanzen gegen das Herbizid Norflurazon resistent zu machen, gelang Windhövel et al (1994).
Bereits Sandmann und Fraser (1993) hatten nachgewiesen, dass sich die Phytoen-Desaturase
des Bakteriums *Erwinia uredovora* in ihrer Aminosäuresequenz von der aus Höheren Pflan-

zen, Algen oder Cyanobakterien unterscheidet und nicht durch Norflurazon gehemmt wird. Windhövel et al (1994) verwendeten für ihre Versuche zwei verschiedene Genkonstrukte. Entweder wurde das Gen *crtl* für die Phytoen-Desaturase aus *Erwinia uredovora* dem 5′-Ende des *psbA*-Gens der Xantophycee *Bumilleriopsis lipiformis* nachgeschaltet (BG2) oder aber wurde *crtl* an das Gen *nptII* für die Neomycin-Phosphotransferase II des Transposons Tn5 angefügt (BG1). Mit jeweils einem dieser Konstrukte oder aber nur mit dem *nptI*I (BG0) wurde das Cyanobakterium *Synechococcus* PCC7942 transformiert. Die Wirkungsweise der in den transformierten Cyanobakterien exprimierten Phytoen-Desaturase aus *Erwinia uredovora* wurde in Anwesenheit von Norflurazon nachgewiesen durch die Umwandlungsrate von Phytoen in ß-Carotin (Abb. 8.20) und durch den verminderten Grad des Ausbleichens der Cyanobakterien (d.h. Abnahme des Carotinoidgehalts der Zellen) (Abb. 8.21.).

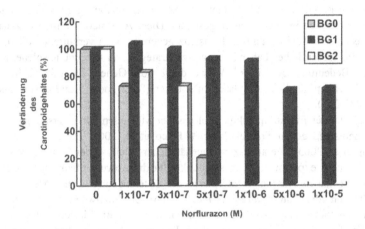

**Abb. 8.21. Veränderung des Carotinoidgehaltes von transformierten *Synechococcus* PCC7942-Zellen unter der Einwirkung von Norflurazon; weitere Erläuterungen im Text. (verändert nach Windhövel et al, 1994)**

8.1.10. Toleranz gegenüber Methotrexat als Marker

1987 hatten Eichholz und Mitarbeiter gezeigt, dass in *Petunia hybrida* (Petunie) mittels der *Agrobacterium*-Transformation ein chimäres Genkonstrukt aus dem Gen für die Dihydrofolat-reduktase (DHFR) der Maus und dem 35S-Promotor des CaMV[71] inseriert werden kann. Da dieses Fremd-Gen den betreffenden transgenen Pflanzen Toleranz gegenüber Methotrexat verleiht, optimierten Kemper et al (1992) die Vorgehensweise dieser Transformation, um so generell außer den gebräuchlichen Antibiotikaresistenzen eine weitere experimentelle Möglichkeit zur erfolgreichen Selektion positiver Transformanten zu schaffen. Es hat sich aber gezeigt, dass diese Herbizidtoleranz für transgene Pflanzen über die Praxis im Labor hinaus keine Bedeutung erlangt hat.

---

[71] cauliflower mosaic virus

## 8.2. Insekten-Resistenz

Weltweit werden jährlich mehr als 15% der landwirtschaftlich genutzten Pflanzen durch Insektenbefall vor der Ernte vernichtet (Oerke et al, 1995). Zwischen 4 und 6 Milliarden Dollar werden pro Jahr aufgewandt für Chemikalien gegen diese Schadinsekten. Dabei entfällt die Hälfte der Kosten auf den "chemischen Schutz" von *Zea mays* (Mais), *Oryza sativa* (Reis) und *Gossypium* spec. (Baumwolle). Die Verluste können entstehen direkt durch vollkommene Vernichtung oder Beschädigung der Pflanzen oder ihrer Samen oder indirekt durch Übertragung von Pilzen, Bakterien oder Viren beim Fraßbefall. Ohne Zweifel sind bereits die aus konventioneller Züchtung hervorgegangenen Insekten-resistenten Pflanzen der Anwendung von Insektiziden vorzuziehen: solche Pflanzen sind in der Regel in allen Teilen gegen Insektenbefall resistent, also auch in Pflanzenteilen, die von Chemikalien nur schwer erreichbar sind. Die Resistenz stellt einen anhaltenden Schutz dar, der unabhängig von dem Befallsdruck ist; Nützlinge unter den Insekten werden geschont. Diese Argumente werden von denjenigen, die auf gentechnische Weise Pflanzen Resistenz gegen Insekten vermitteln wollen, ebenfalls vorgebracht. Im Wesentlichen haben bislang drei Strategien zur Erzeugung solcher transgenen Pflanzen an Bedeutung gewonnen: Verwendung von Genen für pflanzliche Protease-Inhibitoren (8.2.1.), pflanzliche Amylasen-Inhibitoren (8.2.2.) oder δ-Endotoxine aus *Bacillus thuringiensis* (8.2.3.).

Allerdings hat der Einsatz molekularbiologischer Methoden zur Erforschung pflanzlicher Abwehrmechanismen gegen Fraßfeinde (z.B. Falco et al, 2001; Halitschke und Baldwin, 2003; Zhang et al, 2003) wie auch zur grundsätzlichen Analyse der Synthesewege pflanzlicher Alkaloide neue experimentelle Ansatzpunkte für die Abwehr pflanzenpathogener Insekten erbracht. So haben Aharoni et al (2003) bei Untersuchungen zum Metabolismus von flüchtigen Terpenoiden von *Arabidopsis thaliana* (Ackerschmalwand) festgestellt, dass von den Blüten von transgenen *Arabidopsis*-Pflanzen mit dem im Plastom integrierten DNA-Konstrukt *FaNES1*, das für zwei verschiedene Terpen-Synthasen kodiert, Linalool und eine Anzahl von glykosilierten bzw. hydroxylierten Abkömmlingen in die Luft abgegeben werden. Im Vergleich zum Wildtyp war die Konzentration an glykosilierten Abkömmlingen bis auf das 60fache gesteigert; sogar die Abgabe von Nerolidol konnte nachgewisen werden. In ersten Tests zeigte sich, dass *Myzus persicae* (Blattlaus) durch diese flüchtigen Terpenoide der transgenen *Arabidopsis*-Pflanzen von deren Befall abgehalten wurde. Wenn z.B. die derzeitigen Ergebnisse der Untersuchungen zur Signalkette zwischen akutem Fraßbefall durch phytopathogene Insekten und der intrazellulären Synthese-Induktion von Jasmonsäure und PR-Proteinen (Falco et al, 2001; Halitschke und Baldwin, 2003) oder die der Untersuchungen zur Funktion der Salicylsäure bei der Auslösung der systemisch verbreiteten Resistenz (SAR) nach Fraßbefall (Zhang et al, 2003) in Betracht gezogen werden, so wird sich in Zukunft eine große Vielfalt an experimentellen Möglichkeiten zur Abwehr von phytopathogenen Insekten mittels gentechischer Methoden eröffnen. Ein Beispiel für einen neuen experimentellen Ansatz, Resistenz gegen Schadinsekten zu etablieren, haben Marwick et al (2003) mit der Transformation von *Nicotiana tabacum* (Tabak) bzw. von *Malus* x *domestica* cv. Royal Gala (Apfel) gezeigt. Sie benutzten dazu DNA-Konstrukte aus dem Avidin-Gen *pPLA2* oder dem Streptavidin-Gen *pSAV2α*, denen jeweils die DNA-Sequenz für die Signalsequenz des Proteinase-Inhibitors I aus *Solanum tuberosum* (Kartoffel) vorgeschaltet war. Diese Signalsequenz stellt sicher, dass das exprimierte Avidin bzw. Strepavidin in die Vakuolen transportiert wurde und damit nicht in anderen pflanzlichen Zellkompartimenten das für den Fettsäure-Metabolismus und den Zitronensäure-Zyklus notwendige Biotin binden kann (Christeller et al, 2000; Murry et al, 2002). In Fütterungsversuchen an Schmetterlingsraupen war bereits die insektizide Wirkung der beiden Biotin-bindenden Proteine bewiesen worden (Marwick et al, 2001; Burgess et al. 2002). Auch die transgenen Tabakpflanzen bzw. Apfelbäume erwiesen sich mit Expressionsraten des Avidins von durchschnittlich 5µM und des Streptavidins von durchschnittlich 12,6 µM gegen den Befall durch Raupen von *Phthorimaea operculella* bzw. *Epiphyas postvittana* als resistent.

### 8.2.1. Verwendung von Protease-Inhibitoren

Proteine, die mit Proteasen Komplexe bilden und damit deren proteolytische Aktivität hemmen, sind in der Natur weit verbreitet. Generell bedürfen Tiere des Aufschlusses der aufgenommenen Nahrung im Magen-Darm-Trakt. Unter anderem spielen Proteasen dabei eine prominente Rolle. Für Insekten zeigte Baker et al (1984), dass die Sekretion von Proteasen in den Verdauungstrakt vom Proteingehalt der aufgenommenen Nahrung und nicht von der aufgenommenen Nahrungsmenge abhängt. Dies wird zurückgeführt entweder auf Wechselwirkungen zwischen den in der aufgenommenen Nahrung enthaltenen Proteinen und den Epithelzellen des Verdauungstraktes oder auf hormonale Funktionsabläufe, welche die Nahrungsaufnahme steuern und durch sie wiederum beeinflusst werden. Wird z.B. der Nahrung von Larven von *Heliothis zea* der Trypsin-Inhibitor aus *Glycine max* (Sojabohne) (SBT1) und der Inhibitor II aus *Solanum tuberosum* (Kartoffel) zugesetzt, so wird die endogene Aktivität Trypsin-ähnlicher Enzyme gesteigert (Broadway und Duffey, 1986a und b).

Proteasen vom Serin-Typ sind in den Verdauungstrakten von etlichen Insektenfamilien, insbesondere den *Lepidotera* (Schmetterlinge) gefunden worden. Das pH-Optimum dieser Proteasen liegt im Bereich von 9 bis 11. Für die Ernährung der Raupen von *Pieris rapae* (Kohlweißling), *Trichoplusia ni* (Amerikanischer Gemüseeulenfalter), *Heliothis zea*, *Spodoptera exigua* (Zuckerrübeneulenfalter), *Callosobruchus maculatus* und *Manduca sexta* hat der Zusatz von Protease-Inhibitoren des Serin-Typs mindestens starke Wachstumshemmung zur Folge. Es kommt hinzu, dass die Beschädigung der Blätter durch Insektenfraß zur Steigerung der Synthese von Protease-Inhibitoren führt (ref. Ryan, 1990). Zum Beispiel akkumulieren bis zu 200 µg Inhibitor I und II pro g Gewebe in Blättern von *Lycopersicon esculentum* (Tomate) nach Verwundung und hemmen das Wachstum von Larven von *Spodoptera exigua* (Broadway et al, 1986). Trotzdem dass eine enge Korrelation zwischen dem Anstieg des Gehaltes an Protease-Inhibitoren und der Zunahme an Resistenz gegen den Befall durch Larven von *Spodoptera exigua* offensichtlich zu sein scheint, kann der Zuwachs an Resistenz auch auf andere chemische Verbindungen zurückgeführt werden.

Den ersten direkten Nachweis für die den Insektenbefall abwehrende Wirkung von Protease-Inhibitoren erbrachten Hilder et al (1987) an transgenen *Nicotiana tabacum*-Pflanzen (Tabak). In diese transgenen Tabakpflanzen war das Gen für den Trypsin-Inhibitor CpTI aus *Vigna unguiculata* (Bohne) mit dem vorgeschalteten 35S-Promotor des CaMV[72] eingebracht. Diese transgenen Tabakpflanzen waren geschützt gegen Befall durch Raupen. Auch Gatehouse und Mitarbeiter (1991) wiesen nach, dass diese Tabakpflanzen resistent sind gegen die

---

[72] cauliflower mosaic virus

Raupen etlicher *Lepidoptera*. Eine Ertragseinbuße trat bei diesen Tabakpflanzen durch die gentechnische Veränderung nicht ein (Hilder und Gatehouse, 1991).

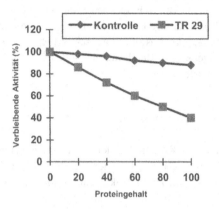

**Abb. 8.22. Hemmung der Aktivität von Trypsin durch Extrakte aus Blättern von nicht-transgenen Tabakpflanzen (Kontrolle) bzw. von der Tabaktransformante TR 29 (transformiert mit dem Gen für Inhibitor I aus *Lycopersicon esculentum* (Tomate)). Angaben des Proteingehaltes der Blattextrakte in µg. (verändert nach Johnson et al, 1989)**

Aus *Solanum tuberosum* (Kartoffel) und *Lycopersicon esculentum* (Tomate) sind Inhibitoren von Serin-Proteasen isoliert und charakterisiert worden. Inhibitor I hemmt Chymotrypsin und Inhibitor II hemmt Trypsin und Chymotrypsin. Die diese Inhibitoren kodierenden Multigenfamilien werden exprimiert, wenn die Blätter der Kartoffel- oder Tomatenpflanzen durch Insektenfraß verletzt werden. Die Kern-kodierten Inhibitoren werden als Precursor-Proteine synthetisiert, post-translational processiert und in die Vakuole der Pflanzenzelle abgegeben. Die Gene für Inhibitor I und II wurden isoliert und sequenziert (Lee et al, 1986; Thornburg et al, 1987). Johnson et al (1989) transformierten Tabakpflanzen mit chimären Genkonstrukten aus dem 35S-Promotor des CaMV und dem Gen für den Inhibitor I aus *Solanum tuberosum* oder aus *Lycopersicon esculentum* oder für den Inhibitor II aus *Lycopersicon esculentum*. Die eingebrachte Fremd-DNA wurde in den Tabakblättern exprimiert. Ihr Gehalt an Inhibitoren lag zwischen 50 und mehr als 200 µg/g Blattgewebe und damit in dem quantitativen Bereich, der bei Verwundung von Kartoffel- oder Tomatenpflanzen auch natürlicherweise erreicht wird (Graham et al, 1986). Im Vergleich zu dem Extrakt aus Blättern von nicht-transgenen Tabakpflanzen zeigten die Extrakte aus Blättern der transgenen Tabakpflanzen TR 29 (Inhibitor II aus *Solanum tuberosum*) und TR 8 (Inhibitor aus *Lycopersicon esculentum*) starke Inhibitorwirkung auf Trypsin (Abb. 8.22.) bzw. Chymotrypsin (Abb. 8.23.).

Werden Larven von *Manduca sexta* mit Blättern dieser transgenen Tabakpflanzen gefüttert, so bleibt das Gewicht der *Manduca*-Raupen bereits innerhalb der ersten fünf Tage merklich hinter dem Gewicht der *Manduca*-Raupen zurück, die als Kontrolle mit Blättern von nicht-transgenen Tabakpflanzen ernährt wurden (Abb. 8.24.). Bei ungestörtem Wachstum erlangen die *Manduca*-Raupen innerhalb von 10 Tagen ein Gewicht von mehr als 500 mg. Dieses Gewicht ist die Voraussetzung für die nachfolgenden Entwicklungsabschnitte von *Manduca sexta*. Damit ist nicht nur die Nutzpflanze vor dem Insektenfraß geschützt, sondern weiterreichend der Entwicklungsablauf des Schadinsekts nachhaltig betroffen, wenn ihm keine andere Nahrungsquelle zur Verfügung steht.

Ähnlichen Erfolg wie Johnson et al (1989) hatten Duan et al (1996) bei der Etablierung einer Resistenz gegen das Schadinsekt *Sesamia inferens* in *Oryza sativa* (Reis) durch Transformation der Reispflanzen mit dem Gen für den Protease-Inhibitor II aus *Solanum tuberosum* (Kartoffel). Falco und Silva-Filho (2003) dagegen waren nicht erfolgreich mit der Transformation von *Saccharum officinarum* (Zuckerrohr) mit DNA-Konstrukten mit der cDNA für den Kunitz Trypsin-Inhibitor aus *Glycine max* (Sojabohne) oder mit der des Sojabohnen-Bowman-Birk-Inhibitors gegen den Befall durch *Diatraea saccharalis* (Zuckerrohrmotte). Alfonso-Rubi et al (2003) dagegen zeigten, dass *indica* oder *japonica* Reispflanzen, die mit dem *Itr1*-Gen für den Trypsin-Inhibitor BTI-CMe von *Hordeum vulgare* (Gerste) transformiert worden waren, in großem Ausmaß Resistenz gegenüber dem Befall durch *Sitophilus oryzae* (Reiskornwurm) bewiesen.

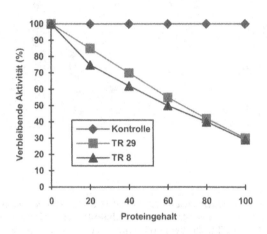

**Abb. 8.23. Hemmung der Aktivität von Chymotrypsin durch Extrakte aus Blättern von nicht-transgenen Tabakpflanzen (Kontrolle), von der Tabaktransformante TR 29 (transformiert mit dem Gen für Inhibitor I aus *Lycopersicon esculentum* (Tomate)) bzw. von der Tabaktransformante TR 8 (transformiert mit dem Gen für Inhibitor II aus *Solanum tuberosum* (Kartoffel)). Angaben des Proteingehaltes der Blattextrakte in µg. (verändert nach Johnson et al, 1989)**

Thomas et al (1995) analysierten die Effektivität verschiedener Protease-Inhibitoren, wenn sie von dementsprechend transformierten Kulturpflanzen gegen den Befall durch Schadinsekten synthetisiert werden. Zu diesem Zweck transformierten sie *Gossypium hirsutum* (Baumwolle) mit dem Gen für den Trypsin-Protease-Inhibitor, den Chemotrypsin-Inhibitor oder den Elastase-Protein-Inhibitor aus *Manduca sexta*. Die unter der Kontrolle des 35S-Promotors des CaMV stehenden Inserts wurden in den transgenen Baumwollpflanzen bis zu 0,1% des Gesamtproteins exprimiert. Auf die Larvenentwicklung von *Bemisia tabaci* (Tabakmotte) zeigte der Elastase-Inhibitor die größte Hemmwirkung (etwa 90%), gefolgt von dem Trypsin-Inhi-bitor (etwa 50%) und dem Chemotrypsin-Inhibitor (etwa 25%) im Vergleich zu nicht-transformierten Baumwollpflanzen.

Verschiedenen Vertretern pflanzlicher Lectine wird eine insektizide Wirkung zugeschrieben. Dies wurde u.a. über ein Lectin aus *Galanthus nivalis* (Schneeglöckchen) (van Damme et al, 1991) und über ein Lectin (P-Lec) aus *Pisum sativum* (Erbse) (Boulter und Gatehouse, 1986) berichtet. Das Gen für P-Lec und für CpTI (Trypsin-Inhibitor aus *Vigna unguiculata* (Bohne)) wurde von Boulter und Mitarbeitern (1990) verwendet, um zunächst zwei Typen von Tabaktransformanten zu erzeugen, deren eingebrachte neue Merkmale sie anschließend durch Kreuzung in den Nachkommen vereinigten. So war es ihnen möglich zu testen, ob ein synergistischer oder additiver Effekt in bezug auf den Schutz gegen Schadinsekten zu verzeichnen ist, wenn verschiedene neue Eigenschaften gleichzeitig in die Tabakpflanzen eingeführt worden sind. Wie die Versuche von Hilder et al (1987) bzw. Edwards (1988) gezeigt

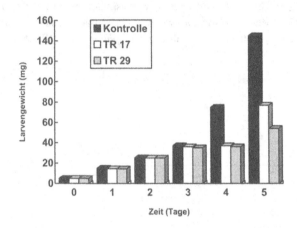

**Abb. 8.24. Wachstum von *Manduca sexta*-Raupen während der ersten 5 Tage ihrer Entwicklung bei Fütterung mit Blättern von nicht-transgenen Tabakpflanzen (Kontrolle) oder von der Tabaktransformante TR 17 bzw. TR 29 (beide transformiert mit dem Gen für Inhibitor II aus *Solanum tuberosum* (Kartoffel)). (verändert nach Johnson et al, 1989)**

haben, werden CpTI und P-Lec in den transgenen Tabakpflanzen in hoher Rate exprimiert und korrekt prozessiert. Raupen von *Heliothis virescens* wurden 7 Tage lang mit Blättern von nicht-transgenen Tabakpflanzen (C-L-) bzw. von transgenen Tabakpflanzen gefüttert, die das Gen für P-Lec (C-L+), das Gen für CpTI (C+L-) oder diese beiden Gene (C+L+) enthielten. Die statistische Auswertung dieser Fütterungsversuche ergab, dass die beiden neuen Eigenschaften den transgenen Tabakpflanzen additiv und effektiv Schutz gegen den Befall durch *Heliothis*-Raupen verschafften (Abb. 8.25.). Die Autoren postulieren auf der Grundlage ihrer Ergebnisse, dass bei Einbringung verschiedener Abwehrmechanismen in eine Pflanze diese nicht nur gegen eine (möglicherweise schwächere) Subpopulation der jeweiligen Schadinsekten geschützt ist.

In einer Reihe von Untersuchungen werden weitere Lectine benannt, die insektizide Wirkung haben (sollen). Romero (1984) isolierte ein Lectin aus *Phaseolus vulgaris* L. var *aborigeneus* (Bohne). Dieses Arcelin genannte Lectin vermittelt Schutz gegen den Befall durch *Zabrotes subfasciatus*. Einem weiteren Lectin aus *Phaseolus vulgaris* wird Inhibitor-Wirkung auf α-Amylasen von Insekten zugeschrieben (Morreno und Chrispeels, 1989). Zum Einsatz bei der Erzeugung transgener Pflanzen sind die Gene für diese oder andere Lectine noch nicht gekommen oder wurden – wie z.B. das Gen für das Phytohaemagglutinin aus *Phaseolus vulgaris* (Bohne) (Rayon et al, 1996) – zwar zur Transformation von Kulturpflanzen eingesetzt,

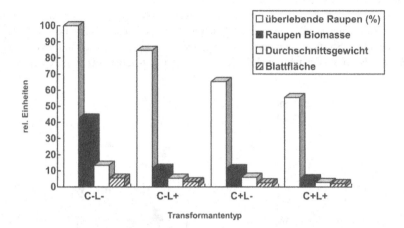

**Abb. 8.25.** Anzahl der überlebenden Raupen von *Heliothis virescens* nach 7tägiger Fütterung mit Blättern von nicht-transgenen Tabakpflanzen (C-L-) bzw. von transgenen Tabakpflanzen (C-L+, C+L-und C+L+; transformiert mit den Genen für CpTI aus *Vigna unguiculata* und/oder für P-Lec aus *Pisum sativum*). Angegeben sind ferner die Gesamtbiomasse an Raupen (mg), ihr Durchschnittsgewicht (mg) sowie die aufgefressene Blattfäche (cm²). (verändert nach Boulter et al, 1990)

ohne aber zu testen, ob durch Einsatz dieser Lectine Insektenresistenz erreicht werden kann. Mit dem Gen für das *Galanthus nivalis* (Schneeglöckchen) Agglutinin wurde bereits eine Reihe von Kulturpflanzen transformiert; auf diese Weise transformierte (i) Tabakpflanzen (Shi et al, 1994; Hilder et al, 1995) waren resistent gegen den Befall durch *Myzus persicae* (Grüne Pfirsichblattlaus), (ii) Kartoffelpflanzen waren resistent gegen den Befall durch *Myzus persicae* (Gatehaouse et al, 1996) oder durch *Aucacorthum solani* (Gefleckte Kartoffellaus) (Down et al, 1996), (iii) Weizenpflanzen waren resistent gegen den Befall durch *Sitobion avenae* (Blattlaus) (Stoger et al, 1999) und (iv) Reispflanzen waren resistent gegen den Befall durch *Nilaparvata lugens* (Rao et al, 1998; Foissac et al, 2000; Sun et al, 2002). Außerdem liegen etliche Untersuchungen darüber vor, ob und in welcher Weise Insekten wie *Aphidius ervi*, *Aphelinus abdominalis* oder *Adalia bipunctata*, die sich von Blattläusen ernähren, auf diese Weise indirekt von dem Lectin der transgenen Pflanzen betroffen sind. Es konnte nachgewiesen werden, dass das Lectin in dieser Hinsicht keine Bedeutung hat (Down et al, 2000; Couty et al, 2001a, 2001b). Demgegenüber haben Romeis et al (2003) nachgewiesen, dass die Wespen *Aphidius colemani*, *Trichogramma brassicae* und *Cotesia glomerata* durch Aufnahme des „Honigtaus", der von an den o.g. transgenen Kulturpflanzen saugenden Blattläusen ausgeschieden wird, eine deutlich verminderte Überlebensrate aufwiesen. *Adalia bipunctata* zeigte sich unbeeinflusst in Bezug auf Entwicklung, Überlebensfähigkeit, Fruchtbarkeit und Eiproduktion, wenn er sich von den o.g. Blattläusen ernährte (Down et al, 2003).

Ein weiterer Aspekt erscheint bemerkenswert, will man effektiv Fraßschutz gegen Schadinsekten durch Protease-Inhibitoren erreichen. McManus et al (1994) transformierten mittels der *Agrobacterium*-Transformation *Nicotiana tabacum* (Tabak) mit dem Gen für einen Chymotrypsin-Iso-Inhibitor (PPI II) aus *Solanum tuberosum* (Kartoffel). Der Protease-Inhibitor wurde in den regenerierten Tabakpflanzen exprimiert und als intaktes und funktionsfähiges Enzym akkumuliert. Mit der nachfolgenden Generation transgener Tabakpflanzen unternahmen McManus und Mitarbeiter (1994) Untersuchungen zum Fraßverhalten dreier verschiedener Eulenfalter-Spezies: *Chrysodeixis eriosoma*, *Spodoptera litura* und *Thysanoplusia orichalcea*. Als Kontrolle wurden Fraßversuche mit nicht-transgenen Tabakpflanzen durchge-

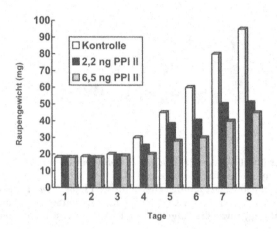

**Abb. 8.26. Gewicht der Raupen von *Chrysodeixis eriosoma* während der Zeit von 8 Tagen bei Fütterung mit Blättern von nicht-transgenen Tabakpflanzen (Kontrolle) bzw. von transgenen Tabakpflanzen [transformiert mit dem Gen für den Protease-Inhibitor II aus *Solanum tuberosum* (Kartoffel); 2 verschiedene Transformanten mit unterschiedlicher Expressionsrate des Fremd-Gens]. (verändert nach McManus et al, 1994)**

führt. Erstaunlicherweise wurden nur die Raupen von *Chrysodeixis eriosoma* in Abhängigkeit von der exprimierten PPI-II-Menge in ihrem Wachstum/Entwicklung gehemmt (Abb. 8.26.). Die Raupen von *Trysanoplusia orichalcea* oder *Spodoptera litura* jedoch zeigten sich bei Fütterung mit diesen transgenen Tabakblättern z.T. entweder in ihrem Wachstum unbeeinflusst oder sogar gesteigert (Abb. 8.27. und 8.28.). Diese (nicht vorhersehbare) Selektivität in der Bekämpfung von Schadinsekten erscheint durchaus für die Entwicklung weiterer Strategien beachtenswert.

Ein neuerer Versuchsansatz gentechnischer Modifikation gelang Hosoyama et al (1994) für den Schutz von gelagertem Reis gegen Insektenfraß. Sie verwendeten das Gen für *Oryza*-Cystatin (OC), einen Cystein-Proteinase-Inhibitor. Diesem OC-Gen war der 35S-Promotor des CaMV voran- und ein bakterielles ina-DNA-Fragment aus dem nicht-kodierenden 3′-Bereich nachgestellt. In den Blättern und Samen von mit diesem Konstrukt gentechnisch modifizierten Reispflanzen wurde das OC-Gen exprimiert. Die Wirksamkeit des in diesen transgenen Reispflanzen exprimierten OC wie des OC von in ähnlicher Weise transformierten Kartoffelpflanzen (Benchekroun et al, 1995) muss indes noch untersucht werden. Mit OC transformierte Pappeln (*Populus tremula* x *Populus tremuloides*) bewiesen allerdings schon eine hohe Resistenz gegen den Befall durch *Chrysomela tremulae* (Pappelblattkäfer) (Leple et al, 1995).

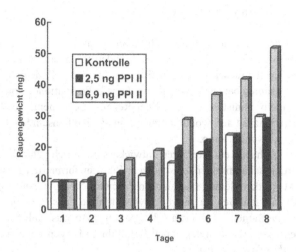

**Abb. 8.27. Gewicht von Raupen von _Thysanoplusia orichalcea_ während der Zeit von 8 Tagen bei Fütterung mit Blättern von nicht-transgenen Tabakpflanzen (Kontrolle) bzw. von transgenen Tabakpflanzen [transformiert mit dem Gen für den Protease-Inhibitor II aus _Solanum tuberosum_ (Kartoffel); 2 verschiedene Transformanten mit unterschiedlicher Expressionsrate des Fremd-Gens]. (verändert nach McManus et al, 1994)**

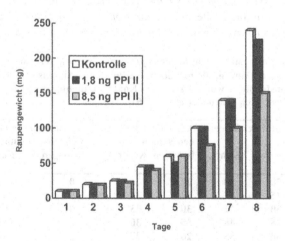

**Abb. 8.28. Gewicht der Raupen von _Spodoptera litura_ während der Zeit von 8 Tagen bei Fütterung mit Blättern von nicht-transgenen Tabakpflanzen (Kontrolle) bzw. von transgenen Tabakpflanzen [transformiert mit dem Gen für den Protease-Inhibitor II aus _Solanum tuberosum_ (Kartoffel): 2 verschiedene Transformanten mit unterschiedlicher Expressionsrate des Fremd-Gens]. (verändert nach McManus et al, 1994)**

8.2.2. Verwendung von Amylase-Inhibitoren

Das Hauptziel bei der Etablierung von Insekten-Resistenz war bislang vornehmlich der Schutz der auf der jeweiligen Anbaufläche wachsenden Pflanzen vor Insektenbefall und vor den damit verbundenen Fraßschäden. Von fast ebenso großer Bedeutung ist aber auch der Schutz von Pflanzensamen bei der Lagerhaltung. Gerade Populationen von Schadinsekten, die sich in solchen Lagern einnisten, weisen in der Regel ein exponentielles Wachstum mit äußerst kurzer Generationszeit auf, wodurch unter ungünstigen Umständen die gesamte eingelagerte Ernte vernichtet werden kann.

Shace et al (1994) haben ein Verfahren entwickelt, um durch gentechnische Modifikation Erbsen vor Lagerungsschadinsekten zu schützen. Sie transformierten *Pisum sativum* mit einem Genkonstrukt aus dem Samen-spezifischen Promotor des Phytohaemagglutinin-Gens von *Phaseolus* (*dlec2*) und dem Gen für den $\alpha$-Amylase-Inhibitor aus *Phaseolus*. In der Tat wurde in den *Pisum sativum*-Samen bis zu etwa 1 % (g/g) an $\alpha$-Amylase-Inhibitoren gebildet. Diese transgenen Erbsen waren resistent gegen den Befall durch Larven von *Callosobruchus maculatus* bzw. *Callosobruchus chinensis*.

Bereits auf dem Feld werden unter anderem auch die Samen von *Pisum sativum* (Erbse) von *Bruchus pisorum* (Erbsenkäfer) in ökonomisch relevanten Mengen vernichtet. Schroeder et al (1995) benutzten das von Shade et al (1994) beschriebene chimäre Genkonstrukt (siehe oben) zur Transformation von *Pisum sativum* und und führten gleichzeitig als genetischen Marker das *bar*-Gen unter der Regie des 35S-Promotors aus CaMV in die transgenen Erbsenpflanzen ein; das *bar*-Gen verleiht Resistenz gegen den Herbizidwirkstoff Phosphinothricin. Der $\alpha$-Amylase-Inhibitor aus *Phaseolus vulgaris* (Bohne) wurde in den transgenen Erbsen (soweit untersucht) bis in die fünfte Generation exprimiert und in den Samen bis zu einem Anteil von 3 % der löslichen Proteine angereichert. Im Vergleich hierzu wird auf einen An-

**Tab. 8.6. Entwicklung von Larven von *Bruchus pisorum* (Erbsenkäfer) an reifenden Samen von sechs transgenen Erbsenpflanzen, die mit dem Gen für den $\alpha$-Amylase-Inhibitor aus *Phaseolus vulgaris* (Bohne) transformiert worden sind; als Kontrolle dienten sechs nicht-transgene Erbsenpflanzen. (verändert nach Schroeder et al, 1995)**

| Erbsenpflanze | Anzahl der Samen | | Anzahl der befalle-nen Samen | | Anzahl der befallenen Samen mit sich entwickelnden Larven | |
|---|---|---|---|---|---|---|
| | transgen | Kontr. | transgen | Kontr. | transgen | Kontr. |
| 1 | 50 | 38 | 27 | 26 | 0 | 23 |
| 2 | 45 | 44 | 42 | 35 | 0 | 32 |
| 3 | 50 | 42 | 30 | 35 | 0 | 30 |
| 4 | 48 | 46 | 35 | 30 | 0 | 25 |
| 5 | 40 | 35 | 26 | 27 | 0 | 21 |
| 6 | 46 | 39 | 29 | 28 | 0 | 26 |
| Gesamt | 279 | 244 | 189 | 181 | 0 | 157 |

teil des $\alpha$-Amylase-Inhibitors von maximal 2 % der löslichen Proteine in *Phaseolus vulgaris* hingewiesen (Schroeder et al, 1995). Es wird davon ausgegangen, dass durch den Samen-spezifischen Promotor des Phytohaemagglutinin-Gens das eingebrachte chimäre Gen nur in den Kotyledonen und im Spross des Embryos exprimiert wird. Hier treffen die Larven von

*Bruchus pisorum* in einem frühen Entwicklungsstadium auf den α-Amylase-Inhibitor in dem Fraßgut aus den transgenen Erbsen; ihre weitere Entwicklung wird damit effektiv und schnell gehemmt (Tabelle 8.6.).

In vielen Getreidearten sind natürlicherweise Amylase- bzw. Proteinase-Inhibitoren vorhanden (Ryan, 1990). Masoud et al (1996) transformierten *Nicotiana tabacum* (Tabak) mit dem Gen für einen solchen Inhibitor, nämlich 14K-CI aus *Zea mays* (Mais), und stellten fest, dass dieser heterologe Inhibitor in den transgenen Pflanzen exprimiert (bis zu 0,05% des Gesamtproteingehaltes junger Blätter) und auch das Precursorprotein korrekt prozessiert wurde.

## 8.2.3. Verwendung von δ–Endotoxinen von *Bacillus thuringiensis*

*Bacillus thuringiensis* ist ein gram-positives Bakterium, das z.B. im Erdboden, auf Blattoberflächen oder in toten Insekten zu finden ist. Bei der Sporenbildung synthetisiert es einen oder mehrere Kristalle aus Protoxinen (δ-Endotoxine oder Cry-Proteine)[73]. Bislang sind etwa 100 verschiedene Cry-Gene isoliert worden[74]; davon können bis zu fünf verschiedene Cry-Gene in jedem Bt-Stamm vorhanden sein. Da sich die Cry-Gene auf Plasmiden befinden und von Transposase-Elementen flankiert sind, können sie über Konjugation innerhalb der Spezies weitergegegeben werden.

In sporulierenden Kulturen von *B. thuringiensis* var *kurstaki* können bis zu 50% des Gesamtproteins als Protoxine vorliegen. Von den mehr als 3000 *B. thuringiensis*-Isolaten wirken die vom Typ A (mit den Varietäten *aizawa, galleriae, kurstaki* und *thuringiensis*) gegen *Lepidoptera* (Schmetterlinge), die vom Typ B (mit den Varietäten *israelensis* und *morrisoni* PG14) gegen *Diptera* (Zweiflügler) und die vom Typ C ( mit der Varietät *tenebrionis*) gegen *Coleoptera* (Käfer). Aufgrund der Aminosäuresequenzen der verschiedenen *B.t.*-Endotoxine und ihren Wirtsbereichen unterscheidet man Cry1 (spezifisch für *Lepidoptera*), Cry 2 (spezifisch für *Lepidoptera* bzw. *Diptera*), Cry3 (spezifisch für *Coleoptera*) und Cry4 (spezifisch für *Diptera*). Außerdem sind die beiden Gruppen Cry5 und Cry6 bekannt, die für Nematoden spezifische Endotoxine umfassen. Durchschnittlich liegt der Homologiegrad der Aminosäuresequenzen der in diesen Gruppen zusammengefassten *B.t.*-Endotoxine bei weniger als 45%.

Grundsätzlich weisen die Cry-Toxine fünf konservative Sequenzabschnitte auf (Abb. 8.29.). In ihrer Gesamtlänge unterscheiden sich die verschiedenen Protoxine jedoch erheblich. Kristallographische Untersuchungen ergaben für Cry1, Cry2 und Cry3 eine in wesentlichen Teilen übereinstimmende Tertiärstruktur mit drei Domänen. Die N-terminale Domäne I besteht aus 6 α-Helices, die eine zentrale α-Helix umhüllen. Die Domäne II besteht aus drei β-Faltblattstrukturen, die prismenartig zueinander angeordnet sind. Die C-terminale Domäne III besteht aus 2 β–Faltblattstrukturen. Werde diese Protoxine z.B. von Raupen mit der Nahrung aufgenommen, so werden die Protoxine im basischen Milieu des Verdauungstraktes zu einem oder mehreren Toxinen im Molekulargewichtsbereich von 27 bis 140 kDa umgewan-

---

[73] In dem Proteinkristall befinden sich außerdem Cytolysine (Cyt-Toxine) mit einem anderen Wirkmechanismus. *B. thuringiensis* erzeugt außerdem weitere Virulenzfaktoren, wie z.B. α-Exotoxine, β-Exotoxine, Chitinasen und Phospholipasen. Die Cry-Proteine werden generell auch Bt-Toxine genannt, obwohl einige Cry-Proteine auch in *Bacillus popilliae* und *Clostridium bifermentans* vorkommen (Schnepf et al, 1998).
[74] http://www.biols.susx.ac.uk/Home/Neil_Crickmore/Bt

delt[75]. Bei der proteolytischen Umwandlung des Protoxins in das aktive Toxin werden in der Regel eine kurze N-terminale Sequenz von 20 bis 40 Aminosäuren vor der Domäne I sowie der C-terminale Teil hinter der Domäne III abgespalten. Bei Vorhandensein der für das jeweilige Cry-Toxin spezifischen Rezeptoren auf der Oberfläche des Darmepithels kann das Toxin dort binden (Abb. 8.30.) und schließlich lytische Poren in der Darmwand ausbilden. Domäne I des aktiven Toxins ist beteiligt an der Insertion in die Membran und der Porenbildung, während die Domänen II und III an der Rezeptor-Erkennung und -Bindung beteiligt sind. In der Folge kommt es zur Zerstörung der Zellmembranen und Lysierung der Epithelzellen. Innerhalb von fünf Tagen sterben in der Regel Raupen, welche die für sie spezifischen Cry-Toxine aufgenommen haben. Beispielhaft für die selektive Wirkung des δ–Endotoxin von *Bacillus thuringiensis* ssp. *israelensis* sei darauf hingewiesen, dass es auf *Daphnia mag-na* nicht toxisch wirkt und von ihm folgenlos verdaut wird (Vaishnav und Anderson, 1995).

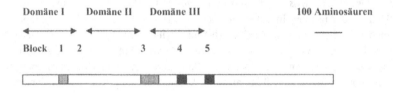

**Abb. 8.29. Schematische Darstellung der Primärstruktur von Cry-Toxinen mit Angabe der Position der fünf konservativen Abschnitte. Die Lage der Domänen I-III entspricht der von Cry1. (verändert nach de Maagd et al. 2001)**

Die Spezifität der Endotoxine für bestimmte Insektengruppen (bzw. Nematoden) liegt an dem Vorhandensein, der Anzahl und der hohen Spezifität der Rezeptoren der Darm-Epithelzellen der betreffenden Organismen. Zum Beispiel wiesen Knight et al (1994) nach, dass der Rezeptor für das δ-Endotoxin von *Bacillus thuringiensis* Cry1Ac in der Darmwand von Raupen von *Manduca sexta* ein Glycoprotein von 120 kDa ist, das die Charakteristika einer Metalloprotease/Aminopeptidase N aufweist. Butko et al (1994) belegten die Veränderung der Permeabilität von Membranen durch die Einwirkung von δ-Endotoxin des *Bacillus thuringiensis* Cry1C und die dadurch bewirkte Zunahme an sauren Phospholipiden in der Membran.

Nachdem seit etwa 1960 *B.t.* zunächst als Insektizid vorwiegend gegen die Raupen verschiedener Schmetterlingsarten (*Aporia crataegi*, Baumweißling; *Euproctis chryssorrhea*, Goldafter; *Heda nubiferana*, Grauer Knospenwickler; *Malacosoma neustria*, Ringelspinner; *Operophthera brumata*, Kleiner Frostspanner; *Pieris brassicae*, Großer Kohlweißling; *Pieris rapae*, Rübenweißling) in Form von in Wasser gelöstem "Pulver" eingesetzt worden ist, gelang es in neuerer Zeit unter Einsatz molekularbiologischer Methoden einige Schwächen dieses insektiziden Abwehrmittels zu mindern bzw. zu beheben. Es hatte sich nämlich z.B. herausgestellt, dass die Endotoxin-Kristalle aus ernährungsphysiologischen Gründen meist nur

---

[75] Bei den Schadorganismen mit einem neutralen bzw. schwach saurem pH-Wert im Verdauungstrakt (z.B. Coleoptera) können die betreffenden Cry-Toxine (z.B. Cry1Ba oder Cry/Aa) nur dann wirksam werden, wenn der Proteinkristall zuvor *in vitro* in Lösung gebracht worden ist.

mit dem B.t.-Sporen eingesetzt werden können, letztere aber durch UV-Licht schnell inaktiviert werden.

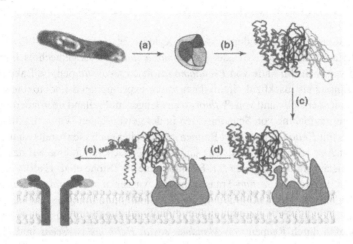

**Abb. 8.30. Schematische Darstellung des Wirkungsverlaufs eines Cry-Toxins. Nach der Auf-
nahme (a) durch das Insekt löst sich der Proteinkristall im Darmtrakt (b) auf und der längere
C-terminale wie auch der kürzere N-terminale Abschnitt wird proteolytisch vom Protoxin abgespalten. Das damit aktivierte Toxin bindet an einen Rezeptor auf der Oberfläche einer Darm-
epithelzelle (c), wobei die Domänen II und III den spezifischen Erkennungs- und Bindungs-
prozess vermitteln. Durch ein Re-Arrangement innerhalb des Proteins (d) wird wahrscheinlich
eine aus zwei α–Helices bestehende „Hairpin"-Struktur gebildet (Domäne I), die in die Membran inseriert werden kann (e). (verändert nach de Maagd et al, 2001)**

Bevor ich auf die modifizierten Einsatzweisen der B.t.-Endotoxine näher eingehe, möchte
ich die Ergebnisse einiger Untersuchungen zum Fraßverhalten von Schadinsekten bei Einsatz
von *B.t.*-δ-Endotoxin unter simulierten Freilandbedingungen vorstellen. Gegen die gängigen
Labortests war eingewandt worden, dass die Raupen dabei im Gegensatz zum Freiland außer
*B.t.*-δ-Endotoxin-behandelten Blättern keine Alternative zum Fressen wählen konnten. Bei
einem entsprechend anders gewählten Versuchsansatz konnten Gould et al (1991) in einem
Fütterungsversuch mit jungen Raupen von *Heliothis virescens* feststellen, dass diese Raupen
auf unbehandelte Blätter ausweichen, wenn sie die Wahl zwischen behandelten und unbehandelten Blättern haben. Gould und Anderson (1991) testeten das Fraßverhalten von *Heliothis*-
Raupen bei einem Angebot von unbehandelten Blättern bzw. gleichzeitigem Angebot von
behandelten und unbehandelten Blättern; die beiden kommerziell verfügbaren *B.t.*-Präparate
Dipel 2X und HD-73 wurden wahlweise eingesetzt. Aus etlichen Parametern dieser Versuche
konnten Gould und Anderson (1991) in eindrucksvoller Weise darstellen, um wieviel schneller sich bei Vorliegen von nur *B.t.*-δ-Endotoxin-behandelten Fraßgut gegen *B.t.*-δ-Endotoxin-
resistente *Heliothis*-Stämme herausbilden (Abb. 8.31. und 8.32.).

Bei Einsatz von einem der beiden Mittel und alleiniger Verfügbarkeit von behandeltem
Fraßgut haben sich spätestens nach 30 Generationen die ersten *B.t.*-δ-Endotoxin-resistenten
*Heliothis*-Spezies herausgebildet. Diese Resistenz wird hauptsächlich zurückgeführt auf Mu-
tationen der Membranrezeptoren des Darmepithels (Gill et al, 1992).

Die Resistenz gegen *B.t.*-δ-Endotoxine bildet sich natürlich in vergleichbarer Weise auch bei Schadinsekten heraus, wenn die Toxine mit gentechnologischen Methoden in der Nutzpflanze verfügbar gemacht werden. Dies kann auf zwei verschiedenen Wegen erreicht werden.

(a) Es wird entweder das endophytisch im Xylem vieler monokotyler Pflanzen vorkommende Bakterium *Clavibacter xyli* oder *Pseudomonas fluorescens* gentechnisch mit dem Endotoxin-Gen versehen. Im Falle von *Pseudomonas fluorescens* werden die Bakterien abgetötet vor dem Einsatz als Insektizid; die in ihnen zuvor exprimierten δ-Endotoxine von *B.t.* sind durch den Schutz der Zellwand von *P. fluorescens* länger im Freiland überdauerungsfähig und bei der Nahrungsaufnahme von Schadinsekten in der gewünschten Weise funktionsfähig. Bei Fraßversuchen mit *Heliothis virescens*-Raupen setzten aber auch hier bereits ab der 3. Generation die ersten Anzeichen einer Resistenz und ab der 7. Generation eine auf das 24fache gestiegene Widerstandsfähigkeit gegen *B.t.*-δ-Endotoxine ein (Stone et al, 1989).

(b) Mittels der *Agrobacterium*-Transformation wurden u.a. *Nicotiana tabacum* (Tabak) (Vaeck et al, 1987; Barton et al, 1987; Adang et al, 1987) und *Lycopersicon esculentum* (Tomate) (Fischhoff et al, 1987) mit einem der Cry-Gene aus *Bacillus thuringiensis* transformiert. Gegen Fraßbefall durch Raupen von *Manduca sexta*, *Heliothis virescens* und *Heliothis zea*

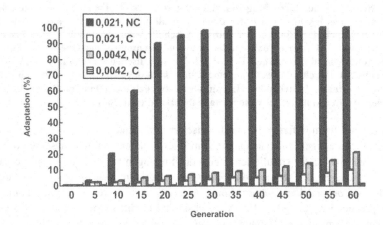

**Abb. 8.31. Ausbildung der Resistenz (dargestellt als Adaptation in %) in einer Population von *Heliothis virescens* gegen das *B.t.*-δ-Endotoxin-Präparat HD-73 unter unterschiedlichen Fraßbedingungen; NC = nur mit HD-73 behandelte Blätter, C = Auswahlmöglichkeit zwischen mit HD-73 behandelten Blättern und unbehandelten Blättern; Mengenangaben in μg/ml. (verändert nach Gould und Anderson, 1991)**

waren die transgenen Tomatenpflanzen unter Gewächshausbedingungen geschützt. Ebenso ge-lang es, durch Einbringen der Cry-Gene *Solanum tuberosum* (Kartoffel) (Cheng et al, 1992), *Gossypium spec.* (Baumwolle; Perlak et al, 1990), *Populus spec.* (Pappel; McCown et al, 1991; Genissel et al, 2003), *Coffea canephora* (Kaffeepflanze; Leroy et al, 2000) und *Oryza sativa* (Reis; Marfa et al, 2002) gegen Schadinsekten zu schützen. Allerdings waren Transkripte dieser Cry-Gene nur in sehr geringer Rate in den meisten dieser transgenen Pflanzen vorhanden (ref. Murray et al, 1991). Murray et al (1991) führen dies auf die geringe Stabilität dieser Transkripte in den Pflanzenzellen zurück und konnten belegen, dass die ersten 579

Nukleotide des Gens hinreichen würden, um stabilere Transkripte der (dann verkürzten) Cry-Gene zu bekommen. Weitere Anpassungen der ursprünglichen Cry-Gene an die im pflanzlichen Expressionsapparat vorherrschenden Bedingungen (z.B. Codon-Gebrauch der Pflanze; Vermeidung von Regionen mit hohem G+C-Gehalt; Vermeidung von destabilisierenden ATTTA-Sequenzen; Vermeidung potenzieller Terminationssequenzen) führten zu einer bis zu 100fach gesteigerten Anreicherung des entsprechenden Cry-Toxins in den transgenen Pflanzen (Perlak et al, 1991). Die insektizide Wirkung dieser verkürzten und modifizierten Endotoxine ließ sich nicht von der der natürlicherweise auftretenden Ausgangsprodukte unterscheiden.

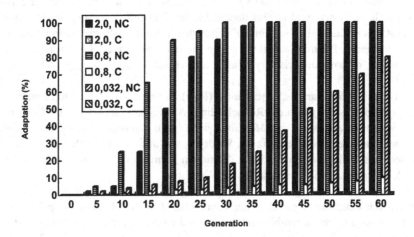

**Abb. 8.32. Ausbildung der Resistenz (dargestellt als Adaptation in %) in einer Population von *Heliothis virescens* gegen das *B.t.*-δ-Endotoxin-Präparat Dipel unter unterschiedlichen Fraßbedingungen; NC = nur mit Dipel behandelte Blätter, C = Auswahlmöglichkeit zwischen mit Dipel behandelten Blättern und unbehandelten Blättern; Mengenangaben in μg/ml. (verändert nach Gould und Anderson, 1991)**

McBride et al. (1995) wählten einen anderen Versuchsansatz, um zu einer besseren Expressionsrate des eingebrachten Cry-Gens und einer genügenden Anreicherung seines Translationsproduktes zu gelangen. Sie schalteten vor die für Cry1Ac kodierende Sequenz den konstitutiv exprimierenden, plastidären ribosomalen Promotor Prrn und die Ribosomen-bindende DNA-Sequenz des Gens für die große Untereinheit der Carboxydismutase und nach dem Cry1Ac-Gen das nicht-translatierte 3'-Ende des rps16[76]. Mittels der »Particle-Gun-Methode« transformierten sie Tabakpflanzen und selektierten diejenigen Transformanten, die das Fremdgen in das Plastom integriert hatten. Dort lag es durch Amplifikation in bis zu 1000 Kopien pro Zelle vor. Das als Protoxin synthetisierte δ-Endotoxin erreichte einen mengenmäßigen Anteil von 3 bis 5 % der löslichen Proteine in den Tabakblättern. Die Larven von *Heliothis virescens*, *Helicoverpa zea* und *Spodoptera exigua* (Zuckerrübeneulenfalter) wurden bei Fraß an diesen transgenen Tabakpflanzen in sehr kurzer Zeit abgetötet. Es sei außerdem darauf hingewiesen, dass diese auf die Plastiden beschränkte gentechnische Veränderung wegen der (wahrschein-

---

[76] plastidäres ribosomales Protein

lich) ausschließlichen Weitergabe dieser Zellorganellen über die Eizelle und nicht über die Pollen nicht auf verwandte Arten durch Auskreuzen übertragen werden kann. Es liegt hier also ein biologisches »Containment« vor.

Van der Salm et al (1994) gingen in der Etablierung einer Insekten-Resistenz in transgenen Pflanzen mit Hilfe der δ-Endotoxine von *Bacillus thuringiensis* noch weiter. Sie fusionierten die Gene *cry1C* und *cry1Ab* und transformierten damit Tabak- bzw. Tomatenpflanzen. Diese transgenen Pflanzen exprimierten das chimäre Endotoxin und waren resistent gegen den Befall durch Larven von *Spodoptera exigua*, *Heliothis virescens* oder *Manduca sexta*. In ähnlichen Untersuchungen fanden Bosch et al (1994), dass die Domäne III des *cry1C* (Abb. 8.29.) für die toxische Wirkung des Endotoxins auf *Spodoptera exigua* und *Mamestra brassicae* verantwortlich ist. Bosch et al (1994) fügten den der Domäne III entsprechenden Abschnitt des *cry1C*-Gens in das cry1E-Gen ein und etablierten durch Transformation mit diesem Konstrukt in transgenen Pflanzen Resistenz gegen die oben genannten Schadinsekten. Dies ist bemerkenswert, da normalerweise cry1E nicht toxisch auf *Spodoptera exigua* oder *Mamestra brassica* wirkt.

Wünn et al (1996) gelang es, *Oryza sativa* (Reis) durch Transformation mit einem synthetischen Cry1Ab resistent gegen die Reisschädlinge *Scirpophaga insertulas*, *Chilo suppressalis*, *Cnaphalocrosis medinalis* und *Marasmia patnalis* zu machen. Dieses Konstrukt war zu 65% homolog mit der DNA-Sequenz des Wildtyps, war aber zu 100% identisch in der Aminosäuresequenz. In der hier verwendeten, deletierten Form enthielt das Konstrukt nur die ersten 648 der insgesamt 1155 Aminosäuren der Wildform.

Aufgrund der Befürchtung, dass sich durch den großflächigen Anbau von transgenen Kulturpflanzen mit einer durch ein Cry-Gen vermittelten Insekten-Resistenz Populationen von resistenten Schadinsekten herausbilden könnten, und auch aufgrund erster Berichte, dass Populationen von *Plutella xylostella* diesen Status bereits erreicht haben sollen (Shelton et al, 1993; Perez und Shelton, 1996; Tang et al, 1997), wurden neue Strategien zur Abwehr der Schadinsekten erprobt. Cao et al (2001) transformierten *Brassica oleracea* ssp *italica* (Brokkoli) mit einem Konstrukt aus dem Cry1Ab-Gen, dem der chemisch induzierbare Promotor PR-1a aus *Nicotiana tabacum* (Tabak) vorangestellt war. In diesen transgenen Pflanzen wird daher nicht kontinuierlich Cry1Ab exprimiert und damit auch nicht fortwährend ein Selektionsdruck auf die Schadinsekten ausgeübt. Vielmehr braucht erst bei wirtschaftlich relevantem Schadorganismen-Befall durch exogene Zugabe von 2,6-Dichloroisonikotinsäure (INA) oder 1,2,3-Benzo-thiadiazol-7-carbothioinsäure-S-methylester (BTH) die Expression des Inserts induziert werden. Gänzlich anders ist die Wirkung von transgenem *Brassica oleracea* ssp *italica* mit einem Konstrukt aus dem Cry1C-Gen, dem der 35S-Promotor sowie vierfach seine Enhancer-Region aus dem CaMV vorangestellt ist (Cao et al, 1999). Das Cry1C-Protein wurde konstitutiv und in hoher Rate (0,4% der löslichen Proteine) exprimiert. Auch Populationen von *Plutella xylostella*, die eine Resistenz geringen Grades gegenüber dem Cry1A- oder dem Cry1C-Protein besaßen, wurden sehr schnell und vollständig vernichtet, wenn ihre Raupen sich von diesen transgenen Brokkoli-Pflanzen ernährten. Eine Weiterentwicklung dieser Strategie stellt die Etablierung von transgenen Brokkoli-Pflanzen dar, die das Cry1Ac- und das Cry1C-Gen enthalten (Cao et al, 2002). Bei Befall dieser transgenen Pflanzen durch *Plutella xylostella*-Populationen, die bereits resistent gegenüber dem Cry1A- oder dem Cry1C-Toxin waren, starben all diese Organismen ebenfalls in kurzer Zeit. Ebenso gelang es Cheng et al (1998), *Oryza sativa* (Reis) mit DNA-Konstrukten aus dem Cry1Ab- und dem Cry1Ac-Gen

zu transformieren. Diesen Genen waren entweder der 35S-Promotor des CaMV, der Ubiqui-
tin-Promotor aus *Zea mays* oder der Pollen-spezifische Promotor Bp10 aus *Brassica* spec.
vorangestellt. Die beiden Cry-Toxine wurden in hoher Rate (3% der löslichen Proteine)
exprimiert. Populationen von *Scirpophaga incertulas* bzw. *Chilo suppressalis* wurden innerhalb von 5 Tagen gänzlich vernichtet. Einen vierten experimentellen Ansatz verfolgten Tabashnik et al (2002), indem sie im ersten Jahr transgene Baumwoll-Pflanzen mit dem
Cry1Ac-Gen und im zweiten Jahr transgene Baumwoll-Pflanzen mit dem Cry2Ab-Gen aus-
brachten. In Fütterungsversuchen überlebten Populationen von *Pectinophora gossypiella*, die
gegenüber dem Cry1Ac-Protein resistent waren, nicht die Ernährung mit Cry2Ab-Protein hal-
tigem Blattmaterial. Auch Tabashnik et al (2002) würden deshalb die Etablierung von transgenen Pflanzen mit mindestens zwei Resistenzfaktoren befürworten.

Verständlicherweise wurden nicht nur verschiedene experimentelle Verfahren bei der
Konstruktion transgener Kulturpflanzen erprobt, um die Entstehung resistenter Schadinsek-
ten-Populationen zu vermeiden, sondern auch unter Freiland-Bedingungen getestet, ob diese
Entwicklungsmöglichkeit auch real bestand. In einem zweijährigen Freilandexperiment haben
Wu und Guo (2003) festgestellt, dass beim Vergleich vom Anbau konventionell gezüchteter
Baumwollpflanzen und den damit verbundenen Insektizid-Spritzungen und dem Anbau von
transgenen Baumwollpflanzen, die ein DNA-Konstrukt mit dem Cry1A-Gen enthielten, die
Populationen von *Helicoverpa armigera* (Blattlaus) beim konventionellen Anbau unter dem
Einsatz konventioneller Insektizide größer waren als beim Anbau von transgenen Baumwollpflanzen. Jasinski et al (2003) dagegen konnten keinen signifikanten Unterschied zwischen
den Populationen von Nicht-Zielorganismen beim Vergleich des Anbaus von konventionell
gezüchtetem Mais mit dem von transgenem Mais im Bundesstaat Ohio finden (Anbaufläche
von Bt-Mais im Jahr 2001 im Bundesstaat Ohio 1,37 Mill. Hektar). Tabashnik et al (2003)
konnten feststellen, dass trotz der weltweiten Anbaufläche von mehr als 62 Mill. Hektar mit
transgenen Bt-Kulturpflanzen keinerlei Nachweis für die Entstehung relevanter resistenter
Schadinsektenpopulationen vorliegt. Sie stellten eine offensichtliche Diskrepanz zwischen
den Ergebnissen aus Laborversuchen und denen aus Freilandversuchen fest. Die Nicht-
Ausbildung von Cry-Toxin-resistenten Populationen von *Plutella xylostella*, *Pectinophora
gossypiella* bzw. *Helicoverpa armigera* unter Freilandbedingungen begründeten Tabashnik et
al (2003) u.a. mit dem Vorhandensein nicht-transgener Refugien der entsprechenden Kulturpflanzen. In diesem Sinn äußern sich auch Groot und Dicke (2002), wenn sie einräumen, dass
keine Belege aus multi-trophischen Untersuchungen dafür vorliegen, dass der Anbau von
transgenen Bt-Pflanzen irgendwelche negative Auswirkungen auf Nicht-Zielorganismen haben könnten.

Fast im ‚Randbereich' der „Grünen Gentechnik" liegt die Transformation des Cyanobakteriums *Anabaena PCC 7120*, in dessen Genom u.a. ein DNA-Konstrukt aus den Nukleinsäuresequenzen für die Toxine Cry4Aa, Cry11Aa und Cyt1Aa sowie das akzessorische Protein
P20 aus *Bacillus thuringiensis* subsp. *israelensis* unter der Kontrolle der Promotoren $P_{psba}$ und
$P_{A1}$ inseriert worden war (Khasdan et al, 2003). *Anabaena* wird von Moskito-Larven aufgenommen (Stevens et al, 1994); es zeigte sich, dass mit Hilfe der transgenen *Anabaena* die
toxische Wirkung der o.g. δ–Endotoxine aus *Bacillus thuringiensis* um das 3 bis 5fache gesteigert werde kann. Prinzipiell könnten derartige transgene *Anabaena* als Insektizid gegen
*Aedes aegypti* eingesetzt werden.

Bereits ab 1995 erlangte der kommerzielle Anbau von B.t.-Mais (transfomiert mit Cry1Ab
oder Cry1F) ebenso wie von B.t-Baumwolle außerhalb der EU-Staaten an Bedeutung. Zuvor

hatte die zuständige US-amerikanische Behörde „Environmental Protection Agency" (EPA)
erklärt, dass von den zur Beurteilung vorliegenden B.t.-Mais- bzw. Baumwollsorten keine
Gefährdung der menschlichen Gesundheit und der Umwelt ausgeht[77]. Allein in Zeitraum von
1995 bis 2001 wurden 13 transgene Bt-Kulturpflanzen für den konventionellern Anbau in den
USA zugelassen (Tab. 8.7.).

**Tab. 8.7. Zulassung von transgenen Bt-Kulturpflanzen in den USA im Zeitraum von 1995 bis
2001 (verändert nach Mendelsohn et al, 2003).**

| Jahr | Cry-Protein | Kulturpflanze | Firma | Status |
|------|-------------|---------------|-------|--------|
| 1995 | Cry3A | *Solanum tuberosum* | Monsanto | keine Begrenzung |
| 1995 | Cry1Ab | *Zea mays* | Syngenta | genehmigt 01.04.01 |
| 1995 | Cry1Ab | *Zea mays* | Dow Agro Sciences | genehmigt 30.06.01 |
| 1995 | Cry1Ac | *Gossypium hirsutum* | Monsanto | bis 30.09.06 |
| 1996 | Cry1Ab | *Zea mays* | Syngenta | bis 15.10.08 |
| 1996 | Cry1Ab | *Zea mays* | Monsanto | bis 15.10.08 |
| 1996 | Cry1Ab | *Zea mays* | Monsanto | beendet 05.98 |
| 1997 | Cry1Ac | *Zea mays* | De Kalb | beendet 20.12.2000 |
| 1998 | Cry1Ab | *Zea mays* | Syngenta | bis 01.0401 |
| 1998 | Cry1Ab | *Zea mays* | Syngenta | bis 15.10.08 |
| 1998 | Cry9C | *Zea mays* | Aventis | beendet 20.12.2001 |
| 2001 | Cry1F | *Zea mays* | Mycogen Seeds | bis 15.10.08 |
| 2001 | Cry1F | Zea mays | Pioneer Hi-Bred | bis 15.10.08 |

Schon früh wurde befürchtet, dass sich durch den großflächigen Anbau von transgenen
Bt-Pflanzen resistente Populationen von Schadinsekten herausbilden könnten. Dies hätte dann
nicht nur zur Folge, dass der kommerzielle Anbau der transgenen Bt-Pflanzen ökonomisch
nicht mehr von Interesse sein würde, sondern würde z.B. auch die δ–Endotoxine von *B. thu-
ringiensis* als Insektizid unbrauchbar machen. Die EPA hat deshalb schon frühzeitig in einem
„Insect Resistance Management"-Programm (IRM) geregelt, dass z.B. beim Anbau transgener
Bt-Pflanzen stets ein prozentual festgelegter Anteil der Anbaufläche mit nicht-transgenen
Pflanzen derselben Spezies bepflanzt werden muss.

Bei ihrer Bewertung von den derzeitig zugelassenen transgen BT-Pflanzen hat die EPA
u.a. auch festgestellt, dass bei ihrem Anbau in den USA nicht die Möglichkeit für die Übertragung ihrer transgenen Eigenschaft auf Kreuzungspartner *via* Pollen besteht; für die in Fra-

---

[77] http://www.epa.gov/pesticides/biopesticides/pips/bt_brad.htm

ge kommenden Mais-, Kartoffel- und Baumwollpflanzen ist diese Möglichkeit aufgrund ihrer Chromosomenzahl, ihrer Blühperiode oder ihrer Anbaufläche auszuschließen.[78]. Von fast

**Tab. 8.8. Angaben zum Gehalt an δ–Endotoxin in verschiedenen transgenen B.t.-Pflanzen. (verändert nach Mendelsohn et al, 2003)**

| Pflanze | Blatt (ng/mg) | Wurzel (ng/mg) | Pollen | Samen (ng/mg) | Pflanze (ng/mg) |
|---------|---------------|----------------|--------|---------------|-----------------|
| Cry1Ab in Mais Bt11 | 3,3 | 2,2-37,0[a] | ≥90 ng/g[b] | 1,4 | n.a. |
| Cry1Ab in Mais MON810 | 10,34 | n.a. | ≥90 ng/g[b] | 0,19 – 0,39 | 4,65 |
| Cry1F in Mais TC1507 | 56,6 – 148,9 | n.a. | 113,4 –168,2[a] | 71,2 - 114,8[a] | 830,2 – 1572,7[a] |
| Cry3A in Kartoffel | 28,27 | 0,39[c] | n.a. | n.a. | 3,3 |
| Cry1Ac in Baumwolle | 2,04 | n.a. | 11,5 ng/g | 1,62 | n.a. |

Alle Werte beziehen sich – wenn nicht anders angegeben – auf das Frischgewicht. n.a. = nicht angege-ben; a = ng/mg Gesamtprotein; b = Trockengewicht; c= Knollen.

ebenso großem Interesse ist der tatsächliche Gehalt der transgenen Bt-Pflanzen an δ–Endotoxinen (Tab. 8.8.) wie auch – in Bezug auf die Bodenfauna – die Dauer ihrer Verfügbarkeit im Erdboden (Tab. 8.9.). Es stellte sich heraus, dass der größte Anteil der δ-Endotoxine innerhalb weniger Tage im Boden metabolisiert wurde. Zwar entging ein geringer Anteil der δ–Endotoxine dem mikrobiellen Abbau durch Bindung z.B. an Ton-Partikel, jedoch war dies auch schon zuvor bekannt von δ-Endotoxinen, die in Form von Pulvern oder Sprays als Insektizide auf Feldern ausgebracht worden waren. Aufgrund dieser verfügbaren und ausreichenden Daten und weiterer Fütterungsversuche mit Nicht-Zielorganismen, wie z.B. Collembolen, der Honigbiene, der Florfliege oder dem Marienkäfer, sah die EPA auch keinen Anlass, begründet davon ausgehen zu können, dass der konventionelle Anbau dieser transgenen Bt-Pflanzen schädigenden Einfluss auf die Bodenflora oder Nicht-Zielorganismen habe.

Wenn man sich bewusst macht, dass bereits im Jahr 2002 auf 14,5 Mill Hektar weltweit transgene B.t.-Kulturpflanzen angebaut worden sind, so sind die Untersuchungen von Zhao et al (2003) zur Vermeidung der Resistenz-Entwicklung in Populationen von Schadinsekten von Bedeutung für eine praxisbezogene Vorgehensweise. Mit dem Test-Anbau von transgenem *Brassica oleracea* (Broccoli), in dessen Genom sowohl das Gen für das Cry1Ac-Toxin als auch das Gen für das Cry1C-Toxin inseriert worden waren, konnten sie zeigen, dass eine deutlich abgesenkte Tendenz zur Resistenz-Entwicklung in Populationen von *Plutella xylostella* vorlag.

---

[78] Für die Regionen Hawaii, Florida, Puerto Rico und die Virgin Islands hat die EPA den Anbau von transgenen Bt-Pflanzen untersagt.

**Tab. 8.9. Überdauerungszeit von δ–Endotoxinen von *Bacillus thuringiensis* aus transgenen Bt-Pflanzen im pflanzlichen Gewebe bzw. im Erdboden. (verändert nach Mendelsohn et al, 2003)**

| Cry-Protein | Überdauerungszeit |
|---|---|
| Cry1Ab | Pflanzliches Gewebe im Erdboden: $DT_{50}$, 1,6 Tage; $DT_{90}$, 15 Tage<br>Pflanzliches Gewebe: $DT_{50}$, 25,6 Tage; $DT_{90}$, 40,7 Tage<br>Aufgereinigtes Cry-Protein im Erdboden: $DT_{50}$, 8,3 Tage; $DT_{90}$, 32,5 Tage |
| Cry1F | Aufgereinigtes Cry-Protein im Erdboden: $DT_{50}$, 3,13 Tage<br>Cry1F wird innerhalb von 28 Tagen im Erdboden vollständig abgebaut. |
| Cry1Ac | Aufgereinigtes Cry-Protein im Erdboden: $DT_{50}$, 9,3-20,2 Tage<br>Pflanzliches Gewebe: $DT_{50}$, 41 Tage |

Es liegen genügend Berichte darüber vor, dass im Fall des Anbaus transgener Bt-Baumwolle bei steigenden Erträgen gleichzeitig die Kosten für die sonst notwendigen Anwendungen von Insektiziden merklich reduziert wurden (für die USA: Perlak et al, 2001; für China: Pray et al, 2001, und Huang et al, 2002; für Südafrika: Ismael et al, 2001; für Mexiko: Traxler et al, 2001). Pray et al (2002) machten deutlich, dass (i) sich an dem kommerziellen Anbau von transgener Bt-Baumwolle in China in den Jahren 1999 bis 2001 mehr als 4 Mill. Kleinbauern beteiligten, (ii) sie mehr Ertrag bei weniger Insektizid-Einsatz erzielten, (iii) Arbeitszeit eingespart wurde, um die meist umweltschädlichen Insektizide auf den Feldern auszubringen, und (iv) damit bedeutend weniger Erkrankungen durch den sonst notwendigen Insektizid-Einsatz auftraten. Der kommerzielle Anbau der Bt-Baumwolle in den USA betrug im Jahr 2001 bereits ein Drittel der Gesamtanbaufläche für Baumwolle (Perlak et al, 2001). Diese trangenen Bt-Baumwollpflanzen erwiesen sich auch im kommerziellen Anbau als resistent gegenüber *Heliothis virescens*, *Helicoverpa zea* und *Pectinophora gossypiella*.

**Appendix zu 8.2.: *Baculovirus*-Insektizide**

Vorbemerkung: *Baculovirus*-Insektizide beruhen auf einer gentechnischen Veränderung der viralen DNA. Die dadurch erreichte insektizide Wirkung schützt nach Besprühen von Pflanzen diese vor langdauerndem Insektenfrass unabhängig davon, ob die Pflanzen selbst nicht-transgen oder transgen sind. Im strengen Sinne brauchen daher die *Baculovirus*-Insektizide in diesem Buch „Transgene Pflanzen" nicht behandelt zu werden; sie seien hier dennoch in Kürze dargestellt, um ein Gesamtbild zu geben von den bisherigen, im Labor erprobten Strategien, Pflanzen gegen Schadinsekten mit Hilfe gentechnischer Methoden zu schützen.

Prototypen der viralen Untergruppe multiple nuclear polyhedrosis viruses (MNPV) sind *Autographa californica* MNPV (AcMNPV[79]), *Bombyx mori* MNPV und *Orgyla pseudosugata* MNPV. Wie schon an dieser Zuordnung ersichtlich ist, haben diese Baculoviren einen begrenzten Wirtsbereich. Nach Aufnahme der sogenannten Polyhedrinkörper mit der Nahrung

---

[79] *Autographa californica*= Kalifornischer Eulenfalter

werden im alkalischen Milieu des Mitteldarms von Insekten(larven) Virionen freigesetzt. Nulceocapside werden in den Darmepithelzellen zum jeweiligen Zellkern transportiert; dort wird die virale DNA freigesetzt. Die Expression und Synthese der viralen DNA läuft im Kern ab; die viralen Proteine werden im Cytoplasma synthetisiert. Neue virale Nukleocapside werden im Kern assembliert und dann (18 Stunden nach der Infektion) an der Plasmamembran mit einem Lipoprotein umhüllt, wodurch infektiöse Virionen entstehen, die systemisch den gesamten Organismus befallen können. Weitere assemblierte Nukleocapside verbleiben zunächst im Kern und werden dort durch *de novo* synthetisierte Lipoproteine zu Virionen komplettiert; schließlich werden sie von Polyhedrin umschlossen; das Polyhedrin (ein Protein von etwa 29 kDa) kann in der Endphase der Baculovirus-Infektion einen Anteil von 30 bis 50 % am Gesamtprotein des Insekts erreichen. Die neuen Polyhedrinkörper werden freigesetzt, wenn die Insekten(larven) tot sind. Der Tod der Insekten kann bereits 4 bis 5 Tage nach der Aufnahme der Baculoviren, im Freiland aber auch nach mehr als einer Woche eintreten.

Es ist naheliegend, für die Synthese eines Proteins das Expressionspotenzial des Promoters des Polyhedrin-Gens zu nutzen. Dazu kann entweder der ORF[80] für das Polyhedrin durch die cDNA für das gewünschte Protein ersetzt werden oder diese wird vor dem ORF für das Polyhedrin in das Polyhedrin-Gen integriert. Theoretisch wäre eine ähnlich hohe Syntheserate des Fremdproteins zu erwarten, wie sie für das Polyhedrin erreicht wird. Die Eigenschaften des Fremdproteins können jedoch in Einzelfällen auch zu einer verminderten Syntheseleistung beitragen.

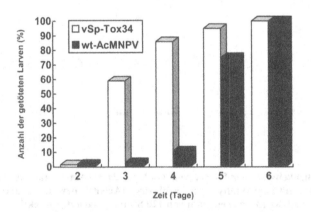

**Abb. 8.33. Sterblichkeitsrate der Larven von *Trichoplusia ni* (Amerikanische Gemüseeule) bei Fütterungsversuchen unter Verwendung unveränderter Baculoviren (wt-AcMNPV) bzw. gentechnisch veränderter Baculoviren (vSp-Tox34). Erläuterungen im Text. (verändert nach Tomalski und Miller, 1991)**

Stewart et al (1991) brachten das Gen AaHIT für ein Insekten-spezifisches Neurotoxin des nordafrikanischen Skorpions *Androctonus australis* Hector (Dickschwanzskorpion) in einen *Baculovirus*-Expressionsvektor ein; AaHIT wurde – versehen mit dem p10-Promotor und dem Genabschnitt gp67 für eine Signalsequenz (beide Genabschnitte stammen aus AcMNPV)

---

[80] ORF (open reading frame) = Protein kodierende DNA-Sequenz

– vor der Region integriert, die für Polyhedrin kodiert. Bei Infektion mit Baculoviren, die dieses chimäre Genkonstrukt AcST-3 enthielten, wurde in Raupen von *Spodoptera frugiperda* (Eulenfalter) das Neurotoxin von *Androctonus australis* Hector 18 Stunden nach der Infektion exprimiert. Das Expressionsmaximum lag bei 36 Stunden und das Nachlassen der Expression 48 Stunden nach der Infektion der *Spodoptera*-Zellen. Fütterungsversuche mit Raupen von *Trichoplusia ni* (Amerikanischer Gemüseeulenfalter) zeigten, dass sowohl ihre $LD_{50}$ als auch ihre Überlebenszeit ($ÜZ_{50}$) bei Verwendung von AcST-3 um 25% gesenkt war im Vergleich zu Fütterungsversuchen mit dem unveränderten *Baculovirus*.

Tomalski und Miller (1991) fügten anstelle des Polyhedrin-kodierenden Bereiches in das Genom von AcNPV das Gen für ein Toxin (TxP-I) aus weiblichen Milben der Spezies *Pyemotes tritici* ein; vorgeschaltet war diesem Fremd-Gen der modifizierte Polyhedrin-Promotor LSXIV. Dieses Toxin TxP-I wirkt Insekten-spezifisch lähmend auf die Muskulatur. In Fütterungsversuchen wurden 12 Stunden alte Larven von *Trichoplusia ni* (Amerikanischer Gemüseeulenfalter) bei der Nahrungsaufnahme mit unveränderten Baculoviren (wt-AcMNPV) bzw. gentechnisch modifizierten Baculoviren (vSp-Tox34) infiziert (Abb. 8.33.). Es konnte nach-

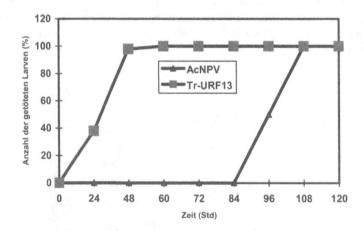

**Abb. 8.34. Sterblichkeitsrate der Larven von *Trichoplusia ni* (Amerikanischer Gemüseeulenfalter) nach Infektion mit dem Wildtyp von Baculoviren (AcNPV) bzw. mit T-urf13-transformierten Baculoviren (Tr-URF13) im Zeitraum von 120 Stunden nach der Infektion. (verändert nach Korth und Levings, 1993)**

gewiesen werden, dass das Milbentoxin tatsächlich exprimiert wird und dass bei Infizierung mit den gentechnisch veränderten Baculoviren die Sterblichkeitsrate der Schadinsekten viel schneller und drastisch ansteigt als bei Infektion mit dem unveränderten *Baculovirus*.

Die insektizide Wirkung vom Genprodukt des T-urf13 wurde von Korth und Levings (1993) benutzt, um *Spodoptera frugiperda* bzw. *Trichoplusia ni* (Amerikanischer Gemüseeulenfalter) effektiver bekämpfen zu können. Das URF13-Protein ist mitochondrialen Ursprungs; es bewirkt bei *Zea mays* (Mais) männliche Sterilität und erzeugt im Zusammenwirken mit den Toxinen der Schadpilze *Bipolaris maydis* oder *Phyllosticta maydis* Poren in der inneren Mitochondrienmembran (Levings, 1990). T-urf13 wurde unter der Regie des Polyhedrinpromotors von AcNPV gestellt und in AcNPV transferiert (Korth und Levings, 1993).

Von einer Population von *Trichoplusia ni* wurden der eine Teil mit unveränderten Baculoviren und der andere Teil mit den transformierten Baculoviren infiziert. Das in die Baculoviren eingebrachte URF13 bewirkte eine Abtötung der Insektenlarven in der Hälfte der Zeit, nach der die Insektenlarven von den unveränderten Baculoviren vernichtet wurden (Abb. 8.34.).

Sind transgene Kulturpflanzen mit DNA-Konstrukten für δ–Endotoxine aus *Bacillus thuringiensis* in den meisten Fällen erfolgreich bei der Abwehr phytopathogener Insekten, so versagt dieses Schutz-Prinzip jedoch bei der Abwehr von manchen Schadorganismen, wie z.b. *Anthonomus grandis* (Estruch et al, 1997). Abhilfe kann hier der Einsatz von Enhancin-Genen von *Trichoplusia ni* (*Tn-En*) oder *Helicoverpa armigera* (*Ha-En*) Baculoviren (Roelvink et al, 1995) schaffen, deren Expressionsprodukte die Wände des Verdauungstraktes der betroffenen Insekten(larven) zerstören (Lepore et al, 1996; Wang und Granados, 1997). Bereits Hayakawa et al (2000) haben gezeigt, dass *Spodoptera exigua*-Larven, die mit Pflanzenmaterial transgener Tabakpflanzen (mit dem *Tn-En*-Gen) gefüttert wurden, einen um das 10fache erniedrigten $LD_{50}$ für die Infektion durch *Autographa californica* MNPV aufweisen. Daher transformierten Cao et al (2002) *Nicotiana tabacum* (Tabak) mit *Tn-En* oder *Ha-En* und konnten aber deren Expressionsprodukte in diesen transgenen Tabakpflanzen nur in geringer Konzentration nachweisen. Die insektizide Wirkung der transgenen Tabakpflanzen gegen den Befall durch Larven von *Trichoplusia ni* war in den meisten Fällen unzureichend. Da Granados et al (2001) nachweisen konnten, dass der Zusatz von Enhancin von *Trichoplusia ni* Baculoviren zu kommerziell erhältlichen *Bacillus thuringiensis*-Produkten die insektizide Wirkung gegen viele Schmetterlingsarten erhöht, kann diese Kombination für die Etablierung zukünftiger transgener Kulturpflanzen von Bedeutung sein.

## 8.3. Virus-Resistenz [81]

Die Schäden durch phytopathogene Viren sind weltweit erheblich. Phytopathogene Viren bestehen aus einem Nukleinsäuremolekül [meist Ribonukleinsäure (RNA)], das von einer Proteinhülle umgeben ist (Tab. 8.10.). Die Idee, durch Insertion von Teilen der genetischen Information eines viralen Pathogens in das Genom von Pflanzen Resistenz gegen dieses Pathogen zu erzeugen, wurde erstmals von Sanford und Johnston (1985) entwickelt. Diese Form der Resistenz wird jetzt generell mit dem Kürzel PDR (pathogen-derived resistance) bezeichnet. Grundsätzlich laufen die Resistenz-Mechanismen der PDR auf der Ebene der Proteine oder der Transkripte ab. Im letzten Fall spricht man auch von der Homologie-abhängigen Virus-Resistenz (HDR), bei der diejenigen viralen Transkripte abgebaut werden, für die in der transgenen Pflanze bereits homologe Transkripte vorliegen, welche aus der Expression der inserierten Gene hervorgegangen sind (Baulcombe 1996). Es hat sich erwiesen, dass die HDR dem Prinzip des PTGS entsprechend abläuft (für weitere Details siehe Kapitel 6) (Hamilton und Baulcombe, 1999).

In Höheren Pflanzen wird die PTGS als ein natürlicher Abwehrmechanismus gegen den Befall durch phytopathogene Viren angesehen (Baulcombe, 1999; Carrington et al, 2001; Ding, 2000; Dougherty und Parks, 1995; Marathe et al, 2000; Voinnet, 2001). Es ist offensichtlich, dass das PTGS durch stark exprimierte Transgene induziert wird (Que et al, 1997;

---

[81] Der besseren Lesbarkeit halber und wegen der Vergleichbarkeit mit der englischen Originalliteratur wird davon abgesehen, die Namen der Viren in deutscher Sprache wiederzugeben, wenn dadurch die international gebräuchlichen Abkürzungen nicht mehr verständlich sind.

Vaucheret et al, 1997; Chuang und Meyerowitz, 2000: Sijen et al, 2001: Stam et al, 1998; Waterhouse et al, 1998).

**Tab. 8.10. Schematische Auflistung der Charakteristika phytopathogener Pflanzenviren.**

| Infizierender Strang | RNA-Genom | DNA-Genom |
|---|---|---|
| Einzelstrang, negativ | Rhabdoviren<br>Bunyaviren | Geminiviren |
| Einzelstrang, positiv | Poty-, Potex-, Carmo-, Tombus-, Toba-, Nepo-, Luteo-, Tymo-, Soba-, Como-, Bromo-, Tobra-, Cuculo-, Hordei-, Har-, Furo- und Dianthoviren, Alfalfa Mosaik Virus | |
| Doppelstrang | Phytoreoviren, Fijiviren | Caulimoviren |

Positiv: der kodierende Strang ist im Virus enthalten; negativ: der Gegenstrang ist im Virus enthalten.

Bereits 1986 konnte gezeigt werden, dass Pflanzen, denen das Gen für das Hüllprotein des Tabakmosaikvirus (TMV) inseriert worden war, gegen diesen Virus resistent waren (Powell-Abel et al, 1986). Neben diesem Konzept der durch das Hüllprotein des Virus bewirkten Resistenz von transgenen Pflanzen, das bereits an etlichen Pflanzenspezies erprobt worden ist (Beachy et al, 1990), eröffnen sich grundsätzlich weitere experimentelle Möglichkeiten auf der Grundlage der einzelnen Abschnitte im Replikationszyklus eines Pflanzenvirus (Abb. 8.35): Nach dem Eindringen des Virus in die pflanzliche Zelle wird die Proteinhülle von der einsträngigen RNA entfernt; das dann vorliegende Viroid kodiert in der Wirtszelle die Bildung einer virusspezifischen Replikase, mit deren Hilfe im Kern der pflanzlichen Zelle an der Virus-RNA im Zuge der Basenpaarung ein komplementärer RNA-Strang [(-)RNA] gebildet wird. Diese (-)RNA dient als Matrize für die Neusynthese der eigentlichen Virus-RNA [(+)RNA]. Diese (+)RNA vermittelt die Synthese von viralen Proteinen an den pflanzlichen Ribosomen, wobei die virale RNA als mRNA fungiert. Virus-RNA und virale Proteine assemblieren wieder zu vollständigen Viren oder erhalten als RNA-Potein-Komplexe mittels des sog. "Moving"-Proteins (M-Protein) eine derartige Konfiguration, dass sie über die Plasmodesmen in die benachbarten pflanzlichen Zellen verbreitet werden können[82]. Grundsätzlich wird die Möglichkeit gesehen, diesen Replikationszyklus dadurch zu unterbrechen, dass der Pflanze auf gentechnische Weise die genetische Information des relevanten Virus für das Hüllprotein, die Replikase, Proteasen, das M-Protein, die (-)RNA oder die (+)RNA verfügbar gemacht wird.

Die Mechanismen, die so möglicherweise zu spezifischer Virusresistenz führen können, werden zwar erprobt, aber in ihrer Komplexität noch nicht völlig verstanden. Wie die Resistenz gegen einen bestimmten phytopathogenen Virus durch gentechnische Modifikation der jeweiligen Pflanze zu erreichen ist, wird in den folgenden Abschnitten behandelt.

---

[82] Ausnahmen sind einige Caulimo- und Comoviren (siehe Kapitel 8.3.4)

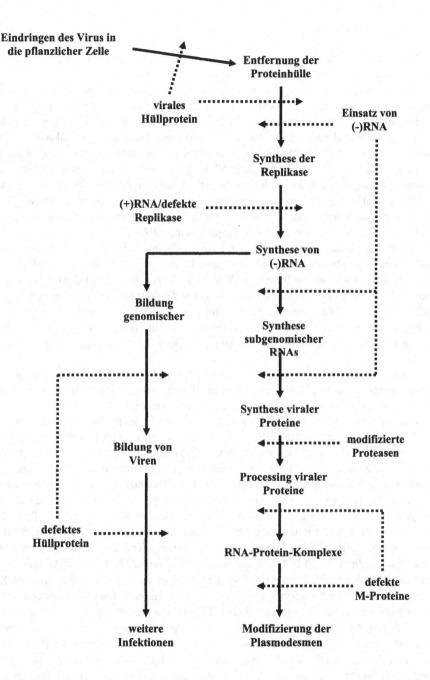

**Abb 8.35. Grundsätzliches Schema des Replikationszyklus eines Pflanzenvirus mit Angabe der möglichen oder hypothetischen Eingriffsstellen durch gentechnische Modifikationen der Pflanze. (Erläuterungen im Text)**

### 8.3.1. Virales Hüllprotein[83]

Pflanzen, denen das Gen für das Hüllprotein (CP) eines bestimmten Virus inseriert worden ist, können gegen diesen Virus resistent sein wie auch gegen andere Viren, wenn deren Hüllproteine wenigstens zu 60% homolog sind zu dem viralen Hüllprotein, das die Pflanzen aufgrund der gentechnischen Modifikation exprimieren können. Unter diesen Umständen ist es dem in diese pflanzlichen Zellen eingedrungenen Virus unmöglich, seine umhüllenden Proteine abzulösen (Bendahmane et al, 1997). Auf diese Weise gelang es Okada et al (2001), *Ipomoea batatas* (Süßkartoffel) nach Transformation mit dem CP-Gen des sweet potato feathery mottle virus (SPFMV) gegen Befall durch diesen Virus resistent zu machen. Ebenso konnte in *Citrus aurantifolia* durch Transformation mit dem CP-Gen des citrus tristeza virus (CTV) erstmalig eine Resistenz gegen den CTV und auch gegen nicht homologe CTV-Stämme erreicht werden; das CP-Gen der transgenen Citrus-Pflanzen wurde in hoher Rate exprimiert und das CP angereichert (Dominguez et al, 2002).

Die Hemmwirkung scheint jedoch in etlichen Fällen eher von dem Vorhandensein der mRNA für das virale Hüllprotein als von dem Hüllprotein selbst auszugehen (Hemenway et al, 1988; Kawchuk et al, 1990; van der Wijk et al, 1991) (siehe Kapitel 6). Als Beispiel sei hier die Transformation von *Oryza sativa* subsp. *indica* oder *japonica* (Reis) mit dem CP1-, CP2- und/oder CP3-Gen des rice tungro spherical virus (RTVS) genannt (Sivamani et al, 1999). In den transgenen Reispflanzen reicherte(n) sich das (die) betreffende(n) Transkript(e) an; die transgenen Reispflanzen zeigten eine gemäßigte Resistenz gegen die Infektion durch RTSV.

Zumindest jedoch in einigen Fällen, wie zum Beispiel nach Infektion durch den red clover necrotic mosaic virus (RCNMV), ist das virale CP notwendig für die systemische Verbreitung als Virus in der befallenen Pflanze (Vaewhongs und Lommel, 1995).

Das Hüllprotein (CP) des potato virus X (PVX) wird vom fünften Abschnitt am 3'-Ende des PVX-Genoms kodiert (Huisman et al, 1988). Zur Erzeugung einer Resistenz gegen den PVX wurde von Hoekema und Mitarbeitern (1983) ein Genkonstrukt – bestehend aus dem viralen Gen für das CP des PVX mit vorgeschaltetem 35S-Promotor des CaMV[84] und nachgeschaltetem Terminationssignal des Nopalinsynthase-Gens aus *Agrobacterium tumefaciens* – mit Hilfe der *Agrobacterium*-Transformation (Kapitel 4.1.) in Kartoffelpflanzen der Sorten Bintje und Escort übertragen. Transgene Kartoffelpflanzen, die das virale Hüllprotein von PVX da-raufhin in hoher Rate exprimierten, wurden mit PVX infiziert. Im Vergleich zu nicht-transgenen Kartoffelpflanzen derselben Sorten wiesen diese Transformanten unter künstlichem Befallsdruck im ELISA-Test nur wenige PVX auf (Abb. 8.36.). Phänotypisch waren die transgenen Kartoffelpflanzen nicht vom Wildtyp zu unterscheiden; die durch PVX üblicherweise ausgelösten Schadsymptome traten an den transgenen Kartoffelpflanzen nicht auf.

In ähnlicher Weise verwendeten Chia et al (1992) das Gen für das CP des cymbidium mosaic virus (CyMV) zur Etablierung der Resistenz gegen diesen Virus in einer Höheren Pflanze. CyMV verursacht große Schäden bei der kommerziellen Kultivierung von Blumen (insbesondere von Orchideen). Sein CP von 23,6 kDa stimmt mit seiner Aminosäuresequenz im mittleren Bereich mit der des CP vom PVX bzw. vom clover mosaic virus (ClMV) überein.

---

[83] Unüblicherweise wird hier der Vereinfachung halber unter Hüllprotein auch Nukleoprotein oder Kapsid-Protein verstanden.
[84] cauliflower mosaic virus

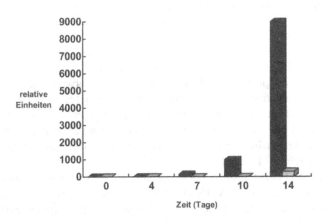

**Abb. 8.36. Akkumulation von potato virus X in regenerierten Kartoffelpflanzen der Sorte Escort im Zeitraum von 14 Tagen nach Virus-Infektion (1 µg/ml PVX). Angaben in PVX (ng/µl), schwarze Säulen = Kontrollpflanzen; graue Säule = transgene Pflanzen. (verändert nach Hoekema et al, 1989)**

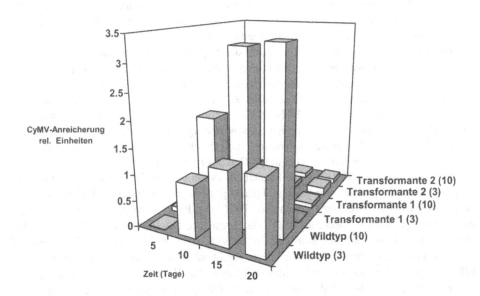

**Abb. 8.37. Anreicherung des cymbidium mosaic virus (CyMV) in mit dem CP-Gen von CyMV transformierten bzw. nicht-transformierten Tabakpflanzen im Zeitraum 20 Tagen nach der CyMV-Infektion (3 µg/ml oder 10 µg/ml). (verändert nach Chia et al, 1992)**

Chia et al (1992) flankierten eine der CP-RNA von CyMV entsprechende cDNA mit dem 35S-Promotor des CaMV und dem 3′-Ende des Gens für die kleine Untereinheit der Carboxydismutase. Mittels der *Agrobacterium*-Transformation wurde dieses Konstrukt in *Nicotiana benthamiana* überführt. Das Fremd-Gen wurde in den transgenen Tabakpflanzen exprimiert; die Anreicherung von CyMV nach Infektion durch diesen Virus der transgenen Tabakpflanzen war stark unterdrückt (Abb. 8.37.).

Leclerc und Abou-Haidar (1995) konnten in Tabakpflanzen Resistenz gegen den potato aucuba mosaic virus (PAMV) etablieren, wenn sie diese Pflanzen mit dem Gen des PAMV-CP transformierten. Den gleichen Effekt erreichten sie bei Verwendung des CP-Gens des PAMV in Antisense-Orientierung oder in einer verkürzten Form (ein Genabschnitt, der für 86 Aminosäuren des mittleren Bereichs des PAMV-CP kodiert, war deletiert). Fehlten jedoch Teile des N-Terminus des PAMV-CP-Gens, wurden in den transgenen Tabakpflanzen zwar die entsprechenden Transkripte und Proteine nachgewiesen, aber dennoch keine Resistenz gegen den Befall durch PAMV etabliert.

MacKenzie et al (1990) transformierten in ähnlicher Weise *Nicotiana debneyii* (Tabak) mit dem CP-Gen des potato virus S (PVS). PVS wird durch Blattläuse auf Solanaceen und Chenopodiaceen übertragen. Mittels der *Agrobacterium*-Transformation transferierten Mac-Kenzie et al (1990) das CP-Gen von PVS (flankiert vom 35S-Promotor des CaMV und dem Terminator des Nopalinsynthase-Gens aus *Agrobacterium tumefaciens*) in *Nicotiana debneyii*. Das CP wurde in den Transformanten exprimiert; in ihnen wurde bei Infektion mit PVS (Stamm ME) oder nur mit dessen RNA die Replikation und Anreicherung von PVS unterbunden (Abb. 8.38.).

Bei den Potyviren ist das Vorhandensein des CP für den Infektionsablauf unabdingbar. Farinelli et al (1992) transformierten deshalb *Solanum tuberosum* (Kartoffel) mit einer der CP-RNA von potato virus $Y^{85}$ (Stamm N) entsprechenden cDNA, die flankiert wurde vom 35S-Promotor des CaMV und dem Terminator des Nopalinsynthase-Gens aus *Agrobacterium tumefaciens*. Diese transgenen Kartoffelpflanzen waren resistent gegen PVY, Stamm N, ohne dass das Expressionsprodukt des eingebrachten Fremd-Gens nachweisbar war. Werden die transgenen Kartoffelpflanzen allerdings mit PVY, Stamm O, infiziert, so ist das CP von $PVY^N$ nachweisbar im Capsid von neugebildeten $PVY^O$. Eine genauere elektronenmikroskopische Untersuchung bestätigte diese heterologe Encapsidierung des $PVY^O$ mit $CP^N$; sie ist jedoch nachweislich nicht auf eine Rekombination zurückzuführen. Mäki-Valkama et al (2000a) zeigten in ähnlicher Weise, dass mit dem CP-Gen des $PVY^O$ transformierte Kartoffelpflanzen auf der Grundlage eines PTGS (siehe Kapitel 6) resistent gegen $PVY^O$ waren; die transformierten Pflanzen enthielten nur geringe Transkript-Mengen des Inserts (CP-Gen). Obwohl keine Sequenzunterschiede der CP-Gene von $PVY^O$ und $PVY^N$ vorliegen, waren die transgenen Kartoffelpflanzen in Bezug auf $PVY^N$ nicht resistent. Die Infektion mit $PVY^N$ bewirkte eine verstärkte Expression des Transgens. Mäki-Valkama et al (2000a) schließen daher auf andere Faktoren, die für die Spezifität dieser Resistenz entscheidend sind. Einen ähnlichen Effekt beschreiben Savenkov und Valkonen (2001b) für *Nicothiana benthamiana* (Tabak), der mit dem Gen für das CP des potato virus A (PVA) transformiert worden war und auch resistent gegen PVA-Infektionen war. Diese transgenen Tabakpflanzen waren jedoch nicht resistent gegen die Infektion von potato virus Y (PVY).

Zur weiteren Aufklärung dieser unerwarteten Ergebnisse und des durch das CP bewirkten Mechanismus der Virus-Resistenz transformierten Farinelli und Malnoe (1993) *Nicotiana ta-*

---

[85] Primärer Angriffspunkt des pflanzlichen Zellgeschehens durch PVY ist die Inhibierung des Photosystem II. Nachweislich ist das CP des PVY in den Chloroplasten von infizierten Pflanzen vorhanden (Gunasinghe und Berger, 1991).

*bacum* mit einem chimären Gen-Konstrukt, das einem RNA-Abschnitt des PVY[N] entspricht, der die genetische Information für das 3'-Ende des viralen Polymerase-Gens, für das komplette CP sowie für einen Teil des nicht-kodierenden 3'-Endes enthält und der vom 35S-Promotor des CaMV und dem Terminator des Nopalinsynthase-Gens aus *Agrobacterium tumefaciens* flankiert war; der Genomabschnitt des PVY[N] wurde in Sense- oder in Antisense-Orientierung verwendet. Generell wurde mit den Genkonstrukten in Sense-Orientierung bessere Virus-Resistenz erreicht. Das Fremd-Gen erwies sich als stabil integriert, so dass auch die Nachkommen der 2. Generation gegen mehrere PVY-Stämme resistent waren. Die Transkripte des CP[N] waren in den transgenen Tabakpflanzen nachweisbar, das CP[N] selbst nur nach deren Infektion durch PVY[O], PVA oder PVV. Selbst das Einbringen von zwei Nukleotiden in die das CP[N] kodierende Region des Konstruktes (und damit eine daraus resultierende Veränderung der Aminosäuresequenz über weite Teile des CP[N]) konnte die protektive Wirkung des eingebrachten Fremd-Gens nicht gänzlich aufheben.

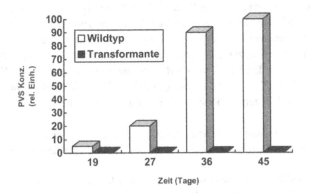

**Abb. 8.38.** **Anreicherung von potato virus S (PVS) in den oberen Blättern von nicht-transformierten bzw. transformierten *Nicotiana debneyii*-Pflanzen im Zeitraum von 45 Tagen nach der Infektion mit PVS, Stamm ME (2,0 µg/ml). Die Tabakpflanzen waren mit dem Konstrukt 35S-Promotor des CaMV/"CP-Gen" des PVS/nos transformiert worden. Der Basiswert ohne PVS-Infektion lag bei etwa 0,1 ng/mg Blattgewebe. (verändert nach MacKenzie und Tremaine, 1990)**

Murry et al (1993) versuchten, landwirtschaftlich genutzte Pflanzen gegen einen weiteren Potyvirus resistent zu machen. Es handelt sich dabei um den maize dwarf mosaic virus (MDMV). Infektion durch MDMV mindert in starkem Maße das Wachstum und den Ertrag von *Zea mays* (Mais). Eine das CP von MDMV kodierende cDNA wurde um den nicht-kodierenden Anteil am 3'-Ende verkürzt, da dieser Abschnitt für die Ausbildung der Schadsymptome bei MDMV-Infektion verantwortlich ist (Rodriguez-Cerezo et al, 1991). Die so verkürzte cDNA war flankiert von dem 35S-Promotor des CaMV und dem Terminator des Nopalinsynthase-Gens aus *Agrobacterium tumefaciens*. Dieses Genkonstrukt wurde mittels der "particle-gun"-Methode in Zellkulturen von *Zea mays* (Mais) transferiert. In regenerierten transgenen Maispflanzen wurde das Fremd-Gen exprimiert und das CP von MDMV bis zu Konzentrationen von 100 bis 200 µg/g Blattfrischgewicht angereichert. Diese transgenen

Maispflanzen waren resistent gegen den Befall durch MDMV oder auch Mischinfektionen von MDMV und MCMV (maize chlorotic mottle virus). Xu et al (2001) gelang es, *Lolium perenne* (Deutsches Weidelgras) gegen den Befall durch den ryegrass mosaic virus (RgMV) resistent zu machen, indem sie die Pflanzen mit einem DNA-Konstrukt transformierten, das ein nicht-translatierbares CP-Gen des RgMV enthielt. Bei dieser Resistenzausbildung handelte es sich um ein PTGS (siehe Kapitel 6).

Aus der Sequenzierung der CPs verschiedener Potyviren geht hervor, dass trotz unterschiedlicher Wirtsbereiche und unterschiedlicher Serotypen die Aminosäuresequenzen der CPs zu 55 bis 60% einander homolog sind. Es lag daher nahe zu versuchen, ob durch Einbringen eines CP-Gens in eine Höhere Pflanze diese gegen mehrere Vertreter der Potyviren resistent wird. Um solch eine heterologe Virus-Resistenz zu etablieren, benutzten Stark und Beachy (1989) das CP-Gen vom soybean mosaic virus (SMV), um damit *Nicotiana tabacum* (Tabak) zu transformieren. SMV war für diesen Versuch besonders geeignet, da er in bezug auf Tabakpflanzen nicht phytopathogen ist und sich sein Wirtsbereich auf die Leguminosen beschränkt. Für die Transformation wurde das SMV-CP-Gen flankiert vom 35S-Promotor des CaMV und dem Terminator des Nopalinsynthase-Gens aus *Agrobacterium tumefaciens*. Das eingebrachte Fremd-Gen wurde in den transgenen Tabakpflanzen exprimiert; das SMV-CP erreichte einen Anteil von bis zu 0,2 % (w/w) am Gesamtprotein. Die transgenen Tabakpflanzen waren resistent gegen den Befall vom SMV wie auch gegen den vom PVY oder vom tobacco etch virus (TEV); TEV und PVY sind serologisch SMV nicht nahestehend. Das Prinzip der heterologen Virus-Resistenz scheint damit bei diesen transgenen Pflanzen erfolgreich gewesen zu sein.

Etliche Jahre später gelang es Wang et al (2001) endlich, *Glycine max* (Sojabohne) durch Transformation mit dem Gen für das CP-Protein des SMV gegen dessen Befall resistent zu machen.

Die durch das SMV-CP-Gen und seiner Expression bewirkte Resistenz gegen den TEV-Befall ist in ihrer Wirkungsweise nur einseitig einsetzbar. Lindbo und Dougherty (1992) konstruierten eine Reihe von chimären CP-Genen des TEV in Sense- bzw. Antisense-Orientierung, von denen einige nicht translatierbar waren. Sie transformierten mit jeweils einem dieser Konstrukte *Nicotiana tabacum* und untersuchten den Grad der Schadsymptomausbildung und der Virusanreicherung in diesen transgenen Tabakpflanzen nach TEV-Infektion. Sie konnten feststellen, dass bei der Resistenz gegen TEV, die durch Transformation der Pflanzen mit einem TEV-CP-Gen erfolgt ist, diese Resistenz durch das Transkript des TEV-CP-Gens hervorgerufen wird. Diese Resistenz ist nur TEV-spezifisch [die transgenen Tabakpflanzen waren nicht resistent gegen das potato virus Y (PVY) oder das tobacco vein mottling virus (TVMV)], unabhängig von der verwendeten TEV-Konzentration bei der Infektion der transgenen Pflanzen sowie unabhängig vom Alter und der Entwicklung der transgenen Pflanzen; sie bewirkt eine merkliche Minderung der TEV-Replikationsrate. Die Autoren führen die Etablierung dieser TEV-Resistenz zurück auf eine RNA/RNA-Hybridisierung mit dem (-)RNA-Strang der TEV oder auf die Bindung von für die Virus-Replikation notwendige Komponenten des Virus oder der transgenen Pflanzen. Für diesen Wirkungsmechanismus sprechen auch die Ergebnisse mit transgenen Tabakpflanzen, die mit einem verkürzten CP-Gen des TEV transformiert worden waren (das Gen kodierte nur für die ersten 146 Aminosäuren des CP und wurde durch ein Transkription-Stopcodon begrenzt) (Silva-Rosales et al, 1994). Nur das entsprechend verkürzte CP-Transkript war in den transgenen Pflanzen nachweisbar; diese waren resistent gegen TEV-Infektion.

Außerdem bemerkten Lindbo und Dougherty (1992), dass diejenigen transgenen Pflanzen, deren eingebrachtes Fremd-Gen bzw. dessen Expressionsprodukte die Symptomausprägung nach TEV-Infektion nicht verhinderte, nach drei bis fünf Wochen eine induzierte Resistenz bei einer weiteren TEV-Infektion erlangen konnten und dann Schadsymptom-frei blieben. Sie gingen diesem Phänomen mit weiteren Untersuchungen nach und benutzten dazu ein TEV-CP-Genkonstrukt von voller Länge oder eines, dessen Expressionsprodukt auf der N-terminalen Seite um 28 Aminosäuren verkürzt war (Lindbo et al, 1993). Der mRNA-Gehalt in derartig resistent gewordenen transgenen Pflanzen war um das 12- bis 22fache niedriger als in nicht-befallenen transgenen Pflanzen, obwohl vergleichbare nukleäre Expressionsraten für beide Pflanzentypen vorlagen. Lindbo et al (1993) (siehe auch Dougherty et al, 1994) führten bereits damals die Erlangung der induzierten Virus-Resistenz im Falle des TEV auf einen Mechanismus in der pflanzlichen Transformantenzelle zurück, bei dem über einen Erkennungsmechanismus nur bestimmte RNA-Sequenzen inaktiviert werden (siehe Kapitel 6). Lindbo et al neigten bereits 1993 dazu, grundsätzlich auch alle Arten der »cross-protection« diesem Mechanismus zuzuordnen (siehe hierzu die Ausführungen über das PTGS in Kapitel 6). In diese Richtung weisen auch die Untersuchungen von Ling et al (1991), die ein Konstrukt mit einer das CP vom papaya ringspot virus (PRV) kodierenden DNA-Sequenz zur Transformation von *Nicotiana tabacum* benutzten. Dazu wurde die relevante cDNA mit einer DNA-Sequenz flankiert, die 70 Nukleotiden des nicht-translatierten 5′-Bereiches des CP-Gens des cucumber mosaic virus (CMV) sowie seinem Translationsstart (ATG) und den ersten 16 Aminosäuren des CMV-CP entsprach; beide Teile standen unter der Regie des 35S-Promotors des CaMV und wurden von seiner Terminationssequenz beendet. Die Transformanten und ihre nachfolgenden Generationen exprimierten das PRV-CP und waren resistent gegen TEV, PVY, pepper mottle virus (PeMV) und PRV.

Der tobacco rattle virus (TRV) wird natürlicherweise durch die Nematoden *Trichodorus* oder *Paratrichodorus* über die Wurzeln der Pflanzen übertragen. Van Dun et al (1987) transformierten *Nicotiana tabacum* (Tabak) mit einem Konstrukt aus einer dem TRV-CP-Gen entsprechenden cDNA, die vom 35S-Promotor des CaMV und dem Terminator des Nopalinsynthase-Gens aus *Agrobacterium tumefaciens* flankiert war. Das TRV-CP wurde in den transgenen Tabakpflanzen exprimiert und verlieh den Pflanzen Resistenz gegen TRV-Befall. Wurde allerdings zur Transformation die genetische Information für das CP des TRV, Stamm TCM verwendet, so waren diese transgenen Tabakpflanzen nicht resistent gegen den Befall durch TRV, Stamm PLB (van Dun und Bol, 1988). Die Aminosäuresequenzen beider CPs sind einander nur zu 39% homolog und die beiden CP-Gene kreuzhybridisieren nicht. Andererseits waren diese transgenen Tabakpflanzen resistent gegen den Befall durch PEBV, dessen CP-Gen mit dem von TRV, Stamm TCM, kreuzhybridisiert.

In einer vergleichenden Studie transformierten Angenent et al (1990) Tabakpflanzen mit dem CP-Gen von TRV, Stamm PLB oder Stamm TCM, bzw. mit einem anderen Gen eines dieser beiden TRV-Stämme. Das Transkript des jeweils eingebrachten Fremd-Gens war in den transgenen Pflanzen nachweisbar. Nur die CP-exprimierenden Transformanten waren resistent gegen Infektion durch den jeweils homologen TRV-Stamm; sie waren allerdings nicht resistent gegen die virale RNA des homologen TRV-Stammes. Diesen Effekt nahmen Ploeg et al (1993) zum Anlass, die Virus-Übertragung auf TRV-CP-transformierte Tabakpflanzen näher zu untersuchen. Sie verglichen die mechanische Übertragung des TRV über Blattläsionen oder Läsionen an den Wurzeln mit der über die Nematoden (s.o.). Im letzteren Fall erwiesen sich die transgenen Pflanzen als nicht-resistent gegen den TRV-Befall. Ploeg et al (1993) mutmaßen, dass entweder über die Nematoden eine größere Anzahl von TRV in die transgenen Pflanzen gelangt als durch mechanische Übertragung oder dass bei der Übertragung durch Nematoden die virale Hülle des TRV so weitgehend destabilisiert ist, dass diese Infektionsart der mit viraler RNA von TRV nahe kommt.

Abel et al (1986) benutzten eine cDNA des CP-Gens vom TMV zur Transformation von *Nicotiana tabacum* (Tabak); flankiert war diese cDNA vom 35S-Promotor des CaMV und dem Terminator des Nopalinsynthase-Gens aus *Agrobacterium tumefaciens*. Regenerierte transgene Tabakpflanzen synthetisierten das Transkript und das CP; ein großer Anteil der transformierten Tabakpflanzen zeigte keine Schadsymptom-Ausbildung nach TMV-Infektion. Bei denjenigen, die auf die TMV-Infektion mit der Ausbildung von Schadsymptomen reagierten, war die Latenzzeit dafür umso kürzer, je höher die TMV-Konzentration zur Infektion gewählt wurde. Register und Beachy (1988) wiesen an ähnlich transformierten Tabakpflanzen nach, dass sie gegen TMV-Infektion resistent waren, nicht aber gegen die Infektion mit der RNA vom TMV. Sie ziehen daraus den Schluss, dass durch die Expression des TMV-CP-Gens in den transgenen Pflanzen das Ablösen der Virenhülle des TMV als erster Schritt des Infektionsverlaufes (siehe Abb. 8.35.) verhindert wird. Befunde, die aus Untersuchungen mit TMV-infizierten Tabakprotoplasten gewonnen wurden, bestärken diese Hypothese (Register und Beachy, 1989). Dabei wurde in Tabakprotoplasten entweder gereinigtes TMV-CP oder durch UV-Bestrahlung inaktivierte TMV eingebracht und anschließend diese Tabakprotoplasten mit TMV infiziert. Es zeigte sich, dass solche Tabakprotoplasten eine temporäre Resistenz gegen die TMV-Infektion besitzen, welche abhängt von dem Assemblierungsgrad der vorhandenen CPs: größere CP-Aggregate verliehen eine dauerhaftere Resistenz gegen TMV-Infektion als niederpolymere CP-Komplexe. Ebenso bestärken die Versuche von Nejidat und Beachy (1989) den ursprünglichen Zusammenhang zwischen einer ausreichenden CP-Konzentration in den Zellen der transgenen Tabakpflanzen und der damit verbundenen Etablierung der Virus-Resistenz gegen TMV-Infektion. Nejidat und Beachy (1989) zeigten, dass durch Kultivierung der transgenen Tabakpflanzen bei erhöhter Temperatur (30°-35° C) ihr Gehalt an TMV-CP in einem Zeitraum von 6 Std. absinkt und dass damit die Zunahme der Infektiösität der Pflanzen gegenüber TMV einhergeht. Da die Transkriptionsrate des eingebrachten CP-Gens unverändert ist bei 25° C bzw. 35° C, wird davon ausgegangen, dass das virale CP in der pflanzlichen Zelle bei erhöhter Termperatur nicht stabil ist.

Untersuchungen von Tenllado et al (1995) an *Nicotiana benthamiana* (Tabak) nach deren Transformation mit dem DNA-Bereich für das sog. »54-kDa-Protein« des pepper mild motle virus (PMMV) ergaben das alternative Auftreten zweier verschiedener Resistenzformen gegen die Infektion durch PPMV: die transgenen Tabakpflanzen waren entweder vollständig resistent gegen PPMV-Infektionen oder aber diese Resistenz etablierte sich mit zeitlicher Verzögerung nach der PPMV-Inokulation. Die sofort präsente und vollständige Resistenz gegen eine PPMV-Infektion (siehe Kapitel 6) ist aber auch in Tabakpflanzen nachzuweisen, die mit einem auf 18 kDa verkürzten »54-kDa-Protein« transformiert worden sind (Tenllado et al, 1996).

Versuche von Osbourne et al (1989) beweisen, dass es nicht zur Re-Enkapsidierung kommt, wenn in Doppeltransformanten von *Nicotiana tabacum* (Tabak) sowohl das TMV-CP-Gen als auch die sogenannte Assemblierungssequenz vom TMV exprimiert werden. Auch diese Befunde bestärken die Hypothese, dass das Vorhandensein des CP des TMV in den Pflanzenzellen das Ablösen der TMV-Hülle be- oder verhindert und nicht zur Neubildung dieser Hülle beiträgt. Sowohl Osbourn et al (1989) als auch Lindbeck et al (1991) wiesen in elektronenmikroskopischen Untersuchungen nach, dass sich die CPs in transgenen Pflanzen in der Nähe der Chloroplasten in sogenannten "coatprotein bodies" zusammenlagern. Über die Verhinderung der TMV-Replikation hinaus kommt dem in transgenen Tabakpflanzen exprimierten CP noch eine weitere Funktion in bezug auf den TMV-Infektionsablauf zu. Aus vergleichenden Untersuchungen, in denen das TMV-CP-Gen entweder unter der Regie des 35S-Promotors des CaMV (= konstitutive Expression) oder unter der Regie des Promotors des Gens für die kleine Untereinheit der Carboxydismutase aus *Petunia hybrida* (Petunie) (= Expression mit Vorrang in Mesophyllzellen) stand, ging hervor, dass Transformanten mit dem Konstrukt 35S-CP-Gen resistenter gegen die systemische Verbreitung des TMV in der Pflanze sind, da diese Transformanten höhere CP-Konzentrationen im Phloem und den Phloemassoziierten Geweben aufwiesen (Clark et al, 1990; Wisniewski et al, 1990).

Die Frage der »cross-protection« im Falle des TMV-CP wurde von Nejidat und Beachy (1990) und Anderson et al (1989) untersucht. Transgene *Nicotiana tabacum*-Pflanzen zeigten eine Verzögerung der Schadsymptom-Ausbildung von 1 bis 3 Tagen bei Befall durch potato virus X (PVX), potato virus Y (PVY), cucumber mosaic virus (CMV) oder alfalfa mosaic virus (AIMV) im Vergleich zu nicht-transgenen Tabakpflanzen, obwohl die Akkumulierung der Viren in beiden Pflanzentypen in gleicher Weise verlief (Anderson et al, 1989). Eine direkte Korrelation zwischen dem Homologiegrad der Aminosäuresequenzen der CPs verschiedener Tobamoviren und der Ausprägung der Resistenz gegen deren Infektion gelang Nejidat und Beachy (1990); sie testeten in dieser Weise die »cross-protection« gegen tomato mosaic virus (ToMV) (Homologiegrad von 82%), tobacco mild green mosaic virus (TMGMV) (Homologiegrad 72%), *Odontoglossum* ringspot virus (ORSV) (Homologiegrad 60%), pepper mild mottle virus (PMMV) und ribgrass mosaic virus (RMV).

Rubino et al (1993) versuchten, *Nicotiana benthamiana* durch Transformation mit einer cDNA, die dem CP des cymbidium ringspot virus (CyRSV) entspricht, gegen die CyRSV-Infektion resistent zu machen. Das zur Transformation verwendete Konstrukt bestand aus dem 35S-Promotor des CaMV, der Leader-Sequenz des tobacco etch potyvirus (TEV), dem Transkript der CP-mRNA aus CyRSV sowie der Poly(A+)-Sequenz des CaMV. Das eingebrachte Fremd-Gen wurde in den transgenen Tabakpflanzen exprimiert. Allerdings war eine Resistenz gegen CyRSV nur unvollständig zu erreichen. Bei Infektionsversuchen mit einer CyRSV-Konzentration bis 0,05 µg/ml hatte die durch die Transformation vermittelte Resistenz gegen diesen Virus Bestand. Wurden jedoch Konzentrationen von 0,5 oder 5,0 µg/ml des CyRSV oder nur seine *in vitro* synthetisierte RNA zur Infektion verwendet, so war keine Resistenz mehr gegeben.

Für den zu den Luteoviren gehörenden beet western yellows virus (BWYV) berichten Brault et al (2002), dass transgene *Nicotiana benthamiana*-Pflanzen, welche mit dessen CP-Gen für das Protein P74 transformiert worden sind, bei BWYV-Infektion nur wenig Transkripte für das P74 enhalten und auch nur einen geringen Gehalt an P74-Protein aufweisen. Während das transgene Insert offensichtlich methyliert und damit für die Expression inaktiviert wurde, wurde die virale RNA exprimiert und das P74-Protein im Phloem synthetisiert.

Die Nepoviren werden durch Nematoden wie zum Beispiel *Xiphinema* oder *Longidorus* übertragen (Martelli und Taylor, 1989). Aus der Gruppe der Nepoviren sind einige Viren bekannt, die bei Befall von Kulturpflanzen durchaus größeren ökonomischen Schaden anrichten können. Dazu gehören zum Beispiel der grapevine fanleaf virus (GFLV), der arabis mosaic virus (ArMV), der grapevine chrome mosaic virus (GCMV) sowie der tomato black ring virus (TBRV). Le Gall et al (1994) transformierten *Vitis berlandieri x Vitis rupestris* mit einem Konstrukt aus dem Gen für Hygromycin-Resistenz, dem Gen für Kanamycin-Resistenz, dem GUS-Gen und dem CP-Gen des GCMV. Das GCMV-CP wurde in den transformierten Pflanzen exprimiert und diese waren unter Laborbedingungen gegen GCMV-Befall resistent. Berichte über die Resistenz von transformierten Tabakpflanzen gegen den Befall durch GFLV (Bardonnet et al, 1994) bzw. ArMV (Bertioli et al, 1992) liegen ebenfalls vor. Auch in diesen Fällen wurde die jeweilige Resistenz durch Transformation der Tabakpflanzen mit Konstrukten erreicht, welche das CP-Gen von GFLV bzw. ArMV enthielten. Spielman et al (2000) transformierten sowohl *Nicotiana benthamiana* (Tabak) als auch *Vitis rupestris* (Wein) mit einem DNA-Konstrukt für das CP des ArMV. Jedoch nur die transgenen Tabakpflanzen reicherten das CP des ArMV an und zeigten einen verzögerten Infektionsverlauf; einige transgene Tabakpflanzen waren resistent. In den transgenen Weinpflanzen wurde das Insert dagegen nicht exprimiert.

Über transgene Pflanzen, die mit einer dem CP-Gen entsprechenden cDNA von CMV transformiert worden sind, und über deren damit erworbene Resistenz gegen den Befall durch CMV ist verschiedentlich berichtet worden (Cuozzo et al, 1988; Namba et al, 1991; Quemada et al, 1991; Okuno et al, 1993). Nakajima et al (1993) transformierten *Nicotiana tabacum* mit einem das CP von CMV, Stamm O kodierenden DNA-Fragment, das vom 35S-Promotor des CaMV und dem Terminator des Nopalinsynthase-Gens aus *Agrobacterium tumefaciens* flankiert war. Das eingebrachte Fremd-Gen wurde in den transgenen Tabakpflanzen exprimiert; bei Infektion mit CMV, Stamm O (Abb. 8.39.) wie auch dem virulenteren Stamm Y[86] zeigten die Transformanten eine gut entwickelte Resistenz gegen CMV. Ebenso waren die Transformanten resistent gegen einen weiteren Cucumo-Virus, den chrysanthemum mild mottle virus (CMMV), obwohl CMMV aufgrund serologischer Daten als nicht-verwandt zu CMV angesehen werden kann (Hanada und Tochihara, 1980).

Aus den bislang vorliegenden Befunden geht hervor, dass in den mit dem CP-Gen von CMV transformierten Pflanzen generell das eingebrachte Fremd-Gen exprimiert und das CMV-CP in Mengen von 0,002 bis 0,7% der löslichen Proteine in den transgenen Pflanzen angereichert wird. Allerdings korreliert der Grad der CMV-Resistenz nicht mit dem Grad der CP-Anreicherung in den transgenen Pflanzen (Namba et al, 1991; Quemada et al, 1991). In einigen Fällen kam es bei Infektion mit CMV, Stamm Y, zu einer Anreicherung der CMV in transgenen Tabakpflanzen, ohne dass eine Schadsymptom-Ausbildung an den transgenen Pflanzen entdeckt werden konnte. Wurde zur Infektion CMV, Stamm Y zusammen mit der Satelliten-RNA verwandt, so waren sämtliche Transformanten CMV-resistent (Okuno et al, 1993). Bei Kultivierung der Transformanten bei erhöhter Temperatur (>30°C) erwies sich nicht das Transkript des CP-Gens, aber das CP selbst als instabil. Der CP-Gehalt sank daher unter solchen Bedingungen. Damit in Korrelation nahm die Virus-Resistenz der Transformanten gegenüber CMV ab (Okuno et al, 1993). CP-transformierte Tabakpflanzen weisen eine sehr spezifische Resistenz gegenüber CMV auf (Jacquemond et al, 2001). Wird das CP eines CMV aus der Untergruppe I (I17F) zum Transformieren genommen, so sind die transgenen

---

[86] Das erste Schadsymptom auf molekularer Ebene, das nach Infektion durch CMV, Stamm Y, im Bereich von Nekrose-Flecken auftritt, ist die quantitative Abnahme zweier Polypeptide des "Wasser-spaltenden" Enzym-Komplexes des Photosyntheseapparates (Takahashi und Ehara, 1992; Takahashi et al, 1991).

Tabakpflanzen nicht gegen CMV der Untergruppen I oder II resistent. Im Gegensatz dazu verleiht die Verwendung eines CP aus der CMV Untergruppe II (R) den transgenen Tabakpflanzen eine beachtliche Resistenz, allerdings nur gegen CMV aus der Untergruppe II. Der Infektionsverlauf verlief bei den resistenten transgenen Tabakpflanzen entweder in Form ei-

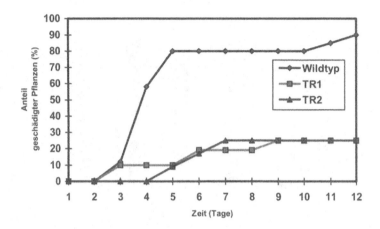

**Abb. 8.39. Symptomausprägung in mit dem CP-Gen des cucumber mosaic virus (CMV), Stamm O, transformierten *Nicotiana tabacum*-Pflanzen (TR1 und TR2) und im Wildtyp nach Infektion mit CMV, Stamm Y. (verändert nach Nakajima et al, 1993)**

ner schnellen „Erholung" innerhalb einer Woche (mit wenig ausgeprägten Schadsymptomen an den infizierten sowie an einigen unteren Blättern, jedoch nie an Blättern oberhalb der infizierten Blätter) oder langsamer „Erholung" innerhalb von vier bis fünf Wochen. Ein PTGS (siehe Kapitel 6) kann ausgeschlossen werden; stattdessen vermuten Jacquemond et al (2001) eine Hemmung der Replikation oder eine Verhinderung der CMV-Verbreitung in der Pflanze.

Proovidenti und Gonsalves (1995) gelang die Transformation von *Lycopersicon esculentum* (Tomate) mit dem Gen für das CP des »white leaf strain« des CMV (CMV-WL). Diese transgenen Tomatenpflanzen waren resistent gegen den CMV-Befall, unabhängig vom Serotyp, Herkunftsort oder dem Vorhandensein von Satelliten-RNA (mit Ausnahme einer Mutanten-Satelliten-RNA von CMV-WL).

Bereits bei Behandlung der TMV-CP-vermittelten Virus-Resistenz war auf Versuche eingegangen worden, welche die Möglichkeit der Re-Enkapsidierung von TMV-RNA durch das in den jeweiligen transgenen Pflanzen exprimierte CP untersuchten (Osbourn et al, 1990). Das Phänomen der Hetero-Enkapsidierung sollte aber grundsätzlich bei allen derartigen Versuchen nicht außer Acht gelassen werden. Zwischen verwandten Viren ist die Hetero-Enkapsidierung ein vielfach in der Natur beobachtetes Ereignis. Sie ist insbesondere für Vertreter der Luteo- und der Poty-Viren beschrieben worden (Hobbs und McLaughlin, 1990; Wen und Lister, 1991; Bourdin und Lecoq, 1991). Solche Hetero- oder Transkapsidierung kann dazu führen, dass solch ein Virus aufgrund der „neu erworbenen", heterologen Virushülle über neue Infektionswege auf zusätzliche Wirtspflanzen übertragen werden kann, wie dies von der

Infektion durch das zucchini yellow mosaic virus (ZYMV) über Blattläuse berichtet wurde (Bourdin und Lecoq, 1991). ZYMV war erst durch Blattläuse übertragbar geworden nach der heterologen Enkapsidierung mit dem CP vom papaya ringspot virus (PRV). Candelier-Harvey und Hull (1993) untersuchten in Analogie zu derartigen Publikationen die Möglichkeit der Transkapsisierung des CMV durch das CP des alfalfa mosaic virus (AlMV), wenn dieses

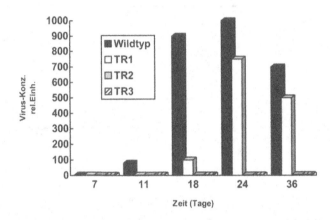

**Abb. 8.40. Anreicherung des tomato spotted wilt virus (TSWV) in den oberen Blättern von transgenen Tabakpflanzen (TR1, TR2, TR3) bzw. vom Wildtyp im Zeitraum von 7 bis 36 Tagen nach Infektion. Weitere Erläuterungen im Text. (verändert nach MacKenzie und Ellis, 1992).**

Hüllprotein in transgenen Tabakpflanzen exprimiert wird. Sie infizierten AlMV-CP-transformierte *Nicotiana tabacum*-Pflanzen mit CMV und untersuchten zwei Wochen nach dieser Infektion sowohl die zur Infektion benutzten als auch andere Blätter auf transkapsidierte CMV. Sie fanden tatsächlich in 11 von 33 transgenen Tabakpflanzen solche transkapsidierten CMV. Allerdings kann dieses Ergebnis nicht blindlings als generelle Möglichkeit der Virenmodifikation in transgenen Pflanzen verstanden werden. Sicher ist die Transkapsidierung nur dann möglich und erfolgreich, wenn bestimmte sterische Voraussetzungen von Virushülle und viraler RNA erfüllt sind.

MacKenzie und Ellis (1992) transformierten *Nicotiana tabacum* (Tabak) mit einem Konstrukt aus dem 35S-Promotor des CaMV, einer dem Nukleokapsid-Protein (NP) vom tomato spotted wilt virus (TSWV) entsprechenden cDNA und dem Terminator des Nopalinsynthase-Gens aus *Agrobacterium tumefaciens*. Die transgenen Tabakpflanzen exprimierten das NP vom TSWV, waren gegen die TSWV-Infektion resistent und bildeten keine Schadsymptome aus. Das TSWV konnte sich in den transgenen Tabakpflanzen nicht replizieren und nicht anreichern (Abb. 8.40). Bereits de Haan et al (1992) hatten vermutet, dass diese Virus-Resistenz durch die vorhandene mRNA bewirkt werden würde. Das Phänomen der HDR (siehe Kapitel 6) von transgenen Pflanzen, welche das Gen für das Nukleocapsid-Protein (N) des TWSWV exprimieren, ist intensiv analysiert worden (Pang et al, 1993, 1994, 1996 und 1997; Jan et al, 2000a und 2000b). Da aber dennoch zu wenig Information über die Rolle des N-Gens von TSWV als Zielobjekt und gleichzeitig als Inducer des PTGS vorlag, hat Sonoda (2003) diese Doppelfunktion untersucht. Um aufzuklären, welchen Einfluss das N-Gen (oder sein Expressionsprodukt) des TSWV auf die Induktion des PTGS hat, untersuchte Sonoda (2003) die HDR (siehe Kapitel 6) von transgenem *Nicotiana benthiamiana* (Tabak), indem er die Resistenz gegenüber der Infektion durch PVX, welcher die Sequenz für das N-Gen des TSWV enthielt, analysierte. Es zeigte sich, dass sowohl 5'- als auch 3'-Bereiche des N-Gens von TSWV als Inducer effizient wirksam waren. Im Fall, dass eine transgene Tabak-Linie, welche nicht in ihrer Expression behindert wurde, mit einem transgenen PVX infiziert wurde, der zumindest Teilbereiche der Nukleinsäuresequenz des N-Gens des TSWV enthielt, konnte Sonoda (2003) ein VIGS (siehe Kapitel 6) nachweisen. Übereinstimmend damit hatten schon Herrero et al (2001) nachgewiesen, dass in transgenen Tabakpflanzen, die mit dem Gen für das Nukleokapsid-Protein (NP) des TSWV transformiert und gegen die Infektion durch TSWV resistent waren, das Nukleokapsid-Protein fehlte. Bereits unter einem deutlich kommerziellen Aspekt gelang es Vaira et al (2000), die Zierpflanze *Osteospermum ecklonis* (südafrikanisches Kapkörbchen) mit dem Gen für das NP des TSWV zu transformieren und gegen seine Infektion resistent zu machen.

Tumer et al (1987) benutzten ein Konstrukt aus dem 35S-Promotor des CaMV, einer für das CP des alfalfa mosaic virus (AIMV) relevanten cDNA sowie dem Terminator des Nopalinsynthase-Gens aus *Agrobacterium tumefaciens* zur Transformation von *Nicotiana tabacum* (Tabak) bzw. *Lycopersicon esculentum* (Tomate). Die Nachkommen der regenerierten, transgenen Pflanzen zeigten bei Infektion durch AIMV eine deutlich verminderte Schadsymptom-Ausprägung (Abb. 8.41.) und reicherten deutlich weniger AIMV-CP in den Blättern an.

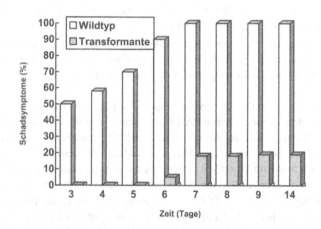

**Abb. 8.41. Anteil der Schadsymptome zeigenden Tabakpflanzen (Wildtyp bzw. AIMV-CP-Transformante) im Zeitraum zwischen dem 3. und 14. Tag nach AIMV-Infektion. (verändert nach Tumer et al, 1987)**

Die Ergebnisse vergleichbarer Untersuchungen von van Dun et al (1987) widersprechen in Teilen der Schadsympton-Entwicklung, wie sie von Tumer et al (1987) für den Infektionsverlauf von AIMV in transgenen Tabakpflanzen beschrieben worden ist. Van Dun et al (1987) benutzten ein Genkonstrukt zur Transformation von *Nicotiana tabacum* cv. Samsun NN, das aus denselben Komponenten aufgebaut ist, wie das von Tumer et al (1987) verwendete Konstrukt. Van Dun et al (1987) erzeugten transgene Tabakpflanzen, in denen das eingebrachte

AIMV-CP-Gen exprimiert und das CP konstitutiv bis zu einem Anteil von 0,05% der löslichen Blattproteine angereichert wurde. (Parallel zu diesen Versuchen wurde *Nicotiana tabacum* cv. *xanthi* nc. mit einem DNA-Konstrukt für das CP des tobacco rattle virus (TRV) transformiert; die Ergebnisse entsprechen den oben beschriebenen Daten aus den Versuchen mit dem CP von AIMV.) Die transgenen Tabakpflanzen, die das AIMV-CP anreicherten, waren resistent gegen eine Infektion durch AIMV-Nukleoproteine.

In einer weiteren Versuchsserie zeigten van Dun et al (1988), dass Tabakpflanzen, die mit einer für das CP des tobacco streak virus (TSV) kodierenden DNA transformiert worden waren, durch AIMV-Nukleoproteine bzw. durch ein Gemisch der AIMV-RNAs 1, 2 und 3 infiziert werden konnten. Wurde die das AIMV-CP kodierende DNA in Teilen ihrer Sequenz verändert, so wurde dieses veränderte Fremd-Gen in diesen transgenen Tabakpflanzen in gleicher Rate exprimiert wie das unveränderte Fremd-Gen in den anderen transgenen Tabakpflanzen. Jedoch wurde ein der DNA-Veränderung entsprechend modifiziertes CP nicht in den Zellen angereichert. Diese transgenen Tabakpflanzen zeigten auch keine Resistenz gegen die AIMV-Infektion.

Infektion von *Beta vulgaris* (Zuckerrübe) durch den beet necrosis yellow vein virus (BNYVV) (Überträger ist der Pilz *Polymyxa betae*) führt zur Ausbildung der als Rizomania bezeichneten Krankheit, bei der *Beta vulgaris* verstärkt Seitenwurzeln ausbildet und die Ausbildung der Rübe stark gehemmt ist. Als Folge dieser phänotypischen Veränderungen wird der agronomisch angestrebte, hohe Zuckergehalt nicht erreicht. Kallerhoff et al (1990) und Ehlers et al (1991) transformierten mit cDNAs, die der CP-RNA entsprach, Zellkulturen von *Beta vulgaris*. Die verwendeten Konstrukte standen unter der Regie des 35S-Promotors des CaMV und wurden auf der 3'-Seite flankiert vom Terminator des Nopalinsynthase-Gens aus *Agrobacterium tumefaciens* bzw. von einem poly(A$^+$)-Abschnitt. In beiden Untersuchungen wurde stabile Integration und Expression des Fremd-Gens erreicht. Kallerhoff et al (1990) zeigten, dass die transgenen *Beta vulgaris*-Zellen Resistenz erlangt hatten gegen die Infektion durch BNYVV.

Aufgrund der besonderen viralen Genom-Organisation des Tospovirus tomato spotted wilt virus (TSWV) mit drei genomischen RNA-Fragmenten, die dicht von einem Nukleoprotein (N-Protein) umhüllt sind und insgesamt von einer Lipidhülle umgeben werden, war zu vermuten, dass der zelluläre Gehalt an freiem, unassembliertem N-Protein darüber entscheidet, ob die virale Replikase transkribiert oder das Virus in die Replikationsphase eintritt. Dies wäre zugleich ein experimenteller Ansatz, um durch Transformation Höherer Pflanzen mit dem N-Protein-Gen eine Resistenz gegen TSWV zu erzeugen (Gielen et al, 1991). In derartigen transgenen Pflanzen wurden N-Proteinmengen von bis zu 1,5% der Fraktion löslicher Proteine erreicht. Die Transformanten zeigten einen hohen Grad an Resistenz gegen die Infektion durch TSWV. Allerdings konnte keine Korrelation zwischen N-Protein-Menge und Virus-Resistenz erkannt werden. De Haan et al (1992) zeigten sogar, dass in Transformanten auch dann eine hohe Virus-Resistenz erreicht wurde, wenn die Transkripte des eingebrachten Fremd-Gens nicht translatiert werden konnten. Daher scheint auch diese Virus-Resistenz eher auf einen Eingriff auf transkriptionaler Ebene zurückzuführen zu sein.

Prins et al (1995) transformierten Tabakpflanzen mit Hilfe eines Vektors, der ein chimäres Konstrukt aus den Genen für das jeweilige N-Protein aus dem TSWV, aus dem groundnut ringspot virus (GRSV) und aus dem tomato chlorotic spot virus (TCSV) enthielt, wobei diesen drei Genen der 35S-Promotor des CaMV vorgeschaltet war; die DNA-Sequenzen dieser drei Gene sind einander zwischen 74% und 82% homolog. Die transgenen Tabakpflanzen erwiesen sich als resistent gegen die drei Tospoviren TSWV, TCSV und GRSV.

Kunik et al (1994) verknüpften das Kapsid-Protein VI-Gen des tomato yellow leaf curl virus (TYLCV) mit dem 35S-Promotor des CaMV und transferierten dieses Konstrukt mittels der *Agrobacterium*-Transformation in die Tomatenhybride *Lycopersicon esculentum* X *Lycopersicon pennellii*. Nach Infektion mit TYLCV erwiesen sich die Transformanten entweder als resistent und zeigten keine Schadsymptome oder sie entwickelten nur schwach ausgeprägte Schadsymptome und waren nach erneuter Infektion mit TYLCV bedeutend resistenter als zuvor. In den Transformanten, die sich als resistent gegen die TYLCV-Infektion erwiesen, wurde das Kapsid-Protein VI synthetisiert und angereichert.

Zusammenfassend sollten aufgrund der bisherigen Untersuchungen für die CP-vermittelte Virus-Resistenz in transgenen Pflanzen folgende generelle Aspekte festgehalten werden:

**a.** Wenn mittels des in der transgenen Pflanze synthetisierten CP Virus-Resistenz erreicht wird, so greift dieser CP-Mechanismus schon sehr früh in die ersten Teilschritte der Virus-Replikation ein. Damit wird nicht nur diese verhindert, sondern auch der Gefahr vorgebeugt, dass die infizierenden Viren mutieren und dann die Resistenz überwinden.

**b.** Da die CP-vermittelte Resistenz jeweils nur gegen eine geringe Zahl verschiedener Virus-Spezies wirksam ist (»cross-protection«), wäre zum umfassenden Schutz der meisten landwirtschaftlich genutzten Pflanzen die Übertragung mehrerer verschiedener CP-Gene angezeigt[87].

**c.** Die über den CP-Mechanismus bewirkte Virus-Resistenz ist nur wirksam bei Viren mit bestimmten Assemblierungsmechanismen; sie wird versagen bei den Viren, deren Replikationsablauf anders organisiert ist.

**d.** Selbst bei der CP-vermittelten Virus-Resistenz handelt es sich um eine in den transgenen Pflanzen etablierte Abwehrstrategie, die in Abhängigkeit vom CP und von den bei Infektion in ihrer Replikation betroffenen Viren auf verschiedenen Wirkungsmechanismen beruht.

Es ist zum Teil sehr schwierig, auf dieser Grundlage die verschiedenen Daten und Berichte über »cross-protection« in ein schlüssiges Gesamtkonzept einzuordnen. Shaw et al (1990) transformierten Tabakpflanzen mit dem CP-Gen vom tobacco vein mottling virus (TVMV) und machten diese Pflanzen damit in gewissem Grade auch resistent gegen den tobacco etch virus (TEV), nicht aber gegen die virulenteren Stämme des TVMV. Transgene Pflanzen, die mit dem CP-Gen des tobacco mosaic virus (TMV) transformiert worden waren, waren in etwa gleichem Maße resistent gegen etliche Vertreter der Tobamo-Virusgruppe. Gegen entfernter verwandte Tobamo-Viren war diese Resistenz allerdings weniger ausgeprägt (Nejidat und Beachy, 1990). Mit dem CP-Gen des TMV transformierte Tomatenpflanzen erwiesen sich resistent gegen TMV und dem nicht mit TMV verwandten tomato mosaic virus (ToMV) (Nelson et al, 1988; Sanders et al, 1992). Durch das CP-Gen des TMV oder alfalafa mosaic virus (AlMV) vermittelte Resistenz war wirksam gegen potato virus X (PVX), PVY oder cucumber mosaic virus (CMV), die gänzlich verschiedenen Virusgruppen angehören (Anderson et al, 1989). Mit dem CP-Gen des TMV transformierte Pflanzen waren in gewissem Grad resistent gegen AlMV, nicht aber mit dem CP-Gen von AlMV transformierte Pflanzen gegen TMV (Anderson et al, 1989). Transgene Pflanzen, die mit dem CP-Gen des papaya ringspot

---

[87] Xu et al (1997) kombinierten z.B. die Transformation mit einem DNA-Konstrukt für das CP des tobacco vein mottling virus (TVMV) mit dem Inserieren eines endogenen Resistenzgens (VAM) und erreichten damit eine deutlich gesteigerte Resistenz gegen eine größere Anzahl verschiedener Viren-Spezies.

virus (PRV) (Ling et al, 1991) oder dem des soybean mosaic virus (SMV) (Stark et al, 1989) transformiert worden waren, waren resistent gegen TEV und PVY, im ersteren Fall nicht aber gegen CMV.

Der rice ragged stunt oryzavirus (RRSV) kann sowohl in *Nilaparvata lugens* (Schadinsekt als Vektor) als auch *Oryza sativa* (Reis) replizieren. RRSV wird von einem sehr komplexen Protein-Ensemble umhüllt. Reispflanzen, die mit dem Gen für eine Komponente dieser Proteinhülle (39 kDa Spike Protein) transformiert worden waren, zeigten eine hohe Resistenz gegen den Befall durch RRSV (Chaogang et al, 2003). Außerdem war *Nilaparvata lugens* gegen die Infektion durch RRSV geschützt, wenn sich dieses Insekt zuvor von transgenen Reispflanzen ernährt hatte. Diese Tatsache eröffnet die Möglichkeit für eine sehr umweltschonende Strategie, den Befall von Reispflanzen durch RRSV abzuwehren.

Es liegen einige Berichte über Freilandversuche mit transgenen Kulturpflanzen vor, die mit einem DNA-Konstrukt für ein virales CP transformiert worden sind, z.B. mit Tabakpflanzen (tobacco vein mottling virus, TVMV; Xu et al, 1997), Kartoffelpflanzen (potato virus x und potato virus y, PVX und PVY; Kaniewski et al, 1990), Tomatenpflanzen (tobacco mosaic virus, TMV; Nelson et al, 1988), Kartoffelpflanzen (potato virus Y, PVY; Malnoe et al, 1994), Tomatenpflanzen (TMV; Sanders et al, 1992), Tabakpflanzen (cucumber mosaic virus, CMV; Yie et al, 1995) oder Tabakpflanzen (tobacco etch vein mottling virus, TVMV; Whitty et al, 1994).

## 8.3.2. Virale Satelliten-RNA

Etliche Viren können mit nicht-genomischen RNA-Molekülen assoziiert sein, die als Satelliten-RNA bezeichnet werden. Die Viren sind nicht von ihr, sie aber von den Viren abhängig in bezug auf Replikation, Verbreitung in Pflanzen und von Pflanze zu Pflanze (Francki, 1985). Zwar wurde mehrfach nachgewiesen, dass keine Sequenzen auf der Satelliten-RNA vorhanden sind, die viralen Sequenzen homolog wären (Murant und Mayo, 1982), jedoch muss eine strukturelle Affinität zwischen Satelliten-RNA und Helfervirus vorliegen, da zum Beispiel sonst die Inanspruchnahme der viralen Replikase durch die Satelliten-RNA nicht möglich erscheinen kann.

Im Zusammenspiel zwischen infizierter Pflanze, die Schadsymptome ausprägt, Helferviren und Satelliten-RNA können letztere die durch den Virusbefall ausgelöste Ausprägung von Schadsymptomen abschwächen oder verstärken. Die durch die Satelliten-RNA bewirkten Schadsymptome können sogar andere sein als die durch die Helferviren ausgelösten, wie Takanami (1991) für die Infektion von *Nicotiana tabacum* (Tabak) oder *Lycopersicon esculentum* (Tomate) durch den cucumber mosaic virus (CMV) unter Anwesenheit der Satelliten-RNA von CMV, Stamm Y, zeigten. Diese Y-satRNA umfasst 369 Nukleotide, kodiert aber für kein Protein. Eine Y-Domäne genannte Region der Y-satRNA von 100 bis 200 Nukleotiden ist für die Ausbildung eines Mosaiks hellgelber Flecken auf den Tabakblättern verantwortlich. Matsuta et al (1992) zeigten, dass die Y-satRNA mit der tRNA[Glu] [dem Cofaktor des ersten Abschnitts der Chlorophyllsynthese (Schön et al, 1986)] einen Komplex auf der Grundlage einer Antisense-Hybridisierung ausbilden kann. Saito et al (1992) benutzten eine Satelliten-RNA (T73-satRNA) zur Transformation von Tomatenpflanzen, welche bei gleichzeitiger Infektion mit CMV die durch CMV bewirkten Schadsymptome gemindert zeigten. Unter der Kontrolle eines pflanzlichen Promotors wurde eine der T73-satRNA entsprechende cDNA mittels der *Agrobacterium*-Transformation in *Lycopersicon esculentum* eingebracht. Regenerierte Transformanten exprimierten das Fremd-Gen in niedriger Rate. Diese war stark erhöht, wenn die Transformanten mit CMV infiziert wurden. Die Ausbildung der für CMV-Befall typischen Symptome (z.B. geringere Wuchsfreudigkeit und verminderter Ansatz von Früchten) blieb bei diesen Transformanten aus. Im Wesentlichen analoge Ergebnisse erhielten Jacquemond et al (1988, 1994), Harrison et al (1987) bzw. Pena et al (1994) bei der Transformation von *Nicotiana tabacum* mit verschiedenen satRNA-"Spezies". Harrison et al (1987) zeigten auch, dass in ihren transgenen Tabakpflanzen nicht nur die Replikation von CMV und die durch CMV bewirkten Schadsymptome fast vollständig unterdrückt waren, sondern dass auch eine Infektion durch das nahe verwandte TAV (tomato aspermy virus) keine Schädigung der transgenen Tabakpflanzen bewirken konnte, obwohl in letzterem Fall die Replikation des TAV unbeeinflusst blieb. So erfolgreich sich diese Versuche zur Etablierung einer Virus-Resistenz in transgenen Pflanzen auch anlassen, so sei aber auch darauf hingewiesen, dass nur

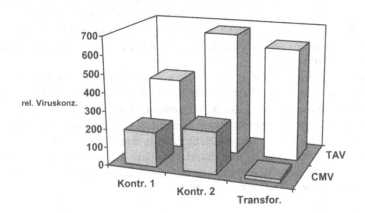

**Abb. 8.42. Effekt der satRNA transgener Tabakpflanzen auf die Akkumulierung von Helferviren nach Infektion.** *Nicotiana tabacum* **wurde mit der der CMV-satRNA entsprechenden cDNA transformiert. Nicht-transformierte bzw. transformierte Tabakpflanzen wurden mit CMV (cucumber mosaic virus) oder TAV (tomato aspermy virus) infiziert. (verändert nach Harrison et al, 1987).**

sehr wenige Deletionen oder Mutationen der satRNA hinreichen, um deren Schaden-mindernde Wirkung in eine Schaden-verstärkende Wirkung umzuwandeln (Jacquemond et al, 1988). Welche wirtschaftliche Bedeutung solch einem Wechsel von der attenuierten zur virulenten Wirkungsweise der satRNA zukommen kann, haben die Epidemie-artigen Ernteausfälle bei Tomatenpflanzungen in Süditalien in den Jahren 1988 und 1989 gezeigt. Diese Ernteausfälle wurden u.a. durch die Schadwirkung solch einer virulenten satRNA-Variante hervorgerufen.

Gerlach et al (1987) gelang es, *Nicotiana tabacum* durch Transformation mit einer cDNA resistent gegen TobRSV (tobacco ringspot virus) zu machen, die der satRNA dieses Virus entsprach. Auch hier wurde das eingebrachte Fremd-Gen erst bei Infektion durch TobRSV verstärkt exprimiert. Ponz et al (1987) transformierten *Vigna unguiculata* (Bohne) ebenfalls mit einer der satRNA von TobRSV entsprechenden cDNA und untersuchten dann aber das Verhalten dieser Transformanten bei Infektion durch CLRV (cherry leafroll virus). Bei CLRV handelt es sich wie bei TobRSV um einen Nepovirus, dessen Replikase nicht kompatibel für die TobRSV-satRNA ist. Wurden die transgenen *Vigna*-Pflanzen mit CLRV und TobRSV-satRNA infiziert, so waren etwaige Schadsymptome stark vermindert. Eine entsprechende Infektion zusammen mit CPMV (cowpea mosaic virus) erbrachte keine Minderung der durch CPMV bewirkten Schadsymptome an den transgenen *Vigna*-Pflanzen. Diese Ergebnisse sprechen insgesamt dafür, dass der Wirkungsmechanismus der integrierten cDNA bzw. der davon exprimierten TobRSV-satRNA nicht nur auf Kompetitionseffekten beruhen kann. Weitere vergleichende Untersuchungen mit anderen Nepoviren bzw. deren satRNA wie zum Beispiel mit GFLV (grapevine fanleaf virus) (Saldarelli et al, 1993) stehen noch aus. Vermutlich wird sich nicht mit jeder speziellen satRNA eine Virus-Resistenz in transgenen Pflanzen erreichen lassen. Ein Beispiel dafür sind die Untersuchungen von Rubino et al (1992), in denen eine der satRNA aus CyRSV (cymbidium ringspot virus) entsprechende cDNA unter der Regie des 35S-Promotors von CaMV in *Nicotiana benthamiana* eingebracht wurde. Obwohl auch hier das eingebrachte Fremd-Gen bei Infektion der transgenen Pflanzen durch CyRSV verstärkt exprimiert wurde, konnten dennoch die durch CyRSV bewirkten Schadsymptome nicht verhindert oder gemindert werden.

Aufgrund der bisherigen Befunde ist versucht worden, Hypothesen zu entwickeln über die Wirkungsweise der in das pflanzliche Genom integrierten satRNA bei Infektion durch verschiedene pflanzenpathogene Viren. Da die Vorstellung, dass die satRNA und das Helfervirus um die begrenzte Menge an viraler Replikase konkurrieren, nur in Einzelfällen zutreffen kann (in vielen Fällen ist die Replikation der Helferviren in den Zellen der transgenen Pflanzen nicht beeinträchtigt (Abb. 8.42.)), ist anzunehmen, dass der satRNA die Eigenschaft zukommt, entweder in die durch den Virus ausgelöste Symptom-Induktion oder in die durch die Pflanze eingeleitete Symptom-Ausprägung einzugreifen.


### 8.3.3. Antisense-RNA und Sense-RNA

Wird eine RNA im pro- oder eukaryotischen System synthetisiert, die einem zelleigenen Transkript komplementär ist, so ist die Akkumulierung dieses Transkripts limitiert oder seine Synthese wird verhindert. Es wird davon ausgegangen, dass das Transkript mit der Antisense-RNA einen Komplex bildet, der insgesamt dem Abbau unterliegt oder zumindest nicht translatiert werden kann (Lichtenstein, 1988).

Es wurde verschiedentlich versucht, dieses Prinzip der Antisense-RNA auch in transgenen Pflanzen zur Etablierung einer Virus-Resistenz zu benutzen. Einige Beispiele seien hier benannt.

Nur mäßigen Erfolg hatten Powell et al (1989) bei der Transformation von *Nicotiana tabacum* mit cDNAs, deren Expression Antisense-RNA ergab zu Transkripten des CP-Gens des tobacco mosaic virus (TMV) mit oder ohne die tRNA-ähnliche Struktur am 3′-Ende des CP-Gens. Nur Transformanten mit dem Konstrukt, das auch die tRNA-ähnliche Struktur als Antisense-RNA umfasste, zeigten bei TMV-Infektion eine gewisse Virus-Resistenz. Diese lag aber deutlich unter der, die durch das CP-Gen und seine Expression erzielt wird (Abb. 8.43.).

Resistenz gegen die Infektion durch den tomato golden mosaic virus (TGMV) konnten dagegen Day et al (1991) in *Nicotiana tabacum* erzeugen. Sie benutzten dazu eine DNA-

Sequenz für eine Antisense-RNA, die dem Transkript des AL1-Protein-Gens aus dem tomato golden mosaic virus (TGMV) komplementär war. Das AL1-Protein ist für die Replikation des TGMV unbedingt notwendig. Die gewünschte Antisense-RNA wurde in den transformierten Tabakpflanzen in ausreichender Menge synthetisiert. In guter Korrelation zu ihr waren die Transformanten resistent gegen eine Infektion mit dem TGMV. Dies wurde auf der Grundlage der Ausbildung von Schadsymptomen an den Pflanzen und der Bestimmung des Antisense-RNA-Gehaltes in ihnen ermittelt (Abb. 8.44.). Bejarano und Lichtenstein (1994) infi-

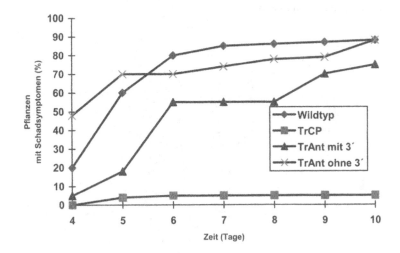

**Abb. 8.43. Entwicklung von Schadsymptomen an *Nicotiana tabacum* im Zeitraum von 4 bis 10 Tagen nach Infektion mit TMV. Wildtyp = nicht-transformierte Tabakpflanzen, TrCP = transformiert mit einer cDNa für das CP des TMV, TrAnt mit 3′ = transformiert mit einem Gen für eine Antisense-RNA, die dem CP-Transkript mit seinem 3′-Ende komplementär ist; TrAnt ohne 3′ = transformiert mit einem Gen für eine Antisense-RNA, die dem CP-Transkript ohne seinem 3′-Ende komplementär ist. (verändert nach Powell et al, 1989)**

zierten diese transgenen Tabakpflanzen mit african cassava mosaic virus (ACMV) oder mit beet curly top virus (BCTV). Gegen die BCTV-Infektion konnte eine erhöhte Resistenz festgestellt werden, gegen die ACMV-Infektion dagegen nicht. Dieser Unterschied wird auf die verschieden große Homologie der RNA von BCTV und TGMV bzw. ACMV und TGMV zurückgeführt.

Vergleichbaren Erfolg hatten Pang et al (1993) nach der Transformation von *Nicotiana tabacum* mit Konstrukten, die in Sense- oder Antisense-Orientierung nicht-translatierbare DNA-Sequenzen für das N-Protein aus dem tomato spotted wilt virus (TSWV) enthielten. Transformanten mit Sense- wie auch mit Antisense-Konstrukten zeigten Resistenz gegen TSWV-Infektion und gegen die Infektion naher verwandter Tospoviren. Die Replikation des TSWV wurde in Transformanten mit niedrigem Transkriptgehalt des eingebrachten Konstruktes erreicht. Bei Transformanten mit einem Konstrukt in Antisense-Orientierung war für den Erfolg der Virus-Resistenz der Entwicklungsstand der transgenen Pflanzen sowie die Menge an TSWV entscheidend, die für die Infektion verwandt worden war.

Die Verwendung von nicht-translatierbaren Sequenzen hat auch im Falle des turnip yellow mosaic virus (TYMV) zur Erzeugung transgener, Virus-resistenter Pflanzen geführt. Zaccomer et al (1993) benutzten dazu eine Sequenz von 100 Nukleotiden des nicht-translatierten 3'-Endes dieses viralen Genoms in Sense- oder Antisense-Orientierung. *Brassica napus* (Raps) wurde mit jeweils einem dieser Konstrukte über die *Agrobacterium*-Methode transformiert. Die Transformanten zeigten gegen TYMV-Infektion eine in unterschiedlicher Stärke ausgeprägte Resistenz, die durch hohe TYMV-Konzentrationen bei der Infektion überwunden werden konnte. Die Resistenz war damit abhängig von der vorhandenen Menge an Transkripten des eingebrachten Fremd-Gens.

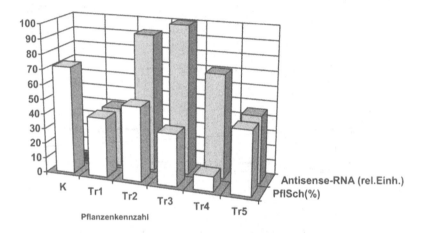

**Abb. 8.44. Ausbildung von Schadsymptomen an Tabakpflanzen 21 Tage nach Infektion mit dem tomato golden mosaic virus (TGMV). Es wurden entweder der nicht-transgene Wildtyp (K) oder verschiedene transgene Tabakpflanzen (Tr1 bis Tr5) untersucht; diese synthetisierten eine Antisense-RNA, die zum Transkript des AL1-Protein-Gens von TGMV komplementär war. (verändert nach Day et al, 1991)**

Smith et al (1994) gelang es, mit Hilfe verschiedener Konstrukte, die eine cDNA (in nicht-modifizierter oder modifizierter Form) für das Hüllprotein des potato virus Y (PVY) enthielten, haploide Tabakpflanzen zu transformieren, die einen unterschiedlichen Grad an Resistenz gegenüber einer PVY-Infektion erkennen ließen. Bei der Transformante Y-35S bestand das inserierte Konstrukt nur aus dem 35S-Promotor des CaMV sowie aus nicht-translatierbaren Abschnitten aus seinem 5'- bzw. 3'-Bereich. Bei der Transformante Y-CP war zwischen diese beiden Abschnitte eine cDNA für das CP von PVY integriert. Bei der Transformante Y-RC1 war die Sequenz dieser cDNA genau hinter dem Startcodon in ein Stopcodon verändert worden, so dass das entstehende Transkript nicht mehr translatiert werden konnte. Die Transformante Y-AS enthielt zwischen den beiden besagten Abschnitten die cDNA für das CP des PVY in Antisense-Orientierung und war in dieser Ausrichtung nicht translatierbar. Es stellte sich heraus, dass – sofern bei diesen Transformanten Resistenz auftrat – diese nur gegen eine PVY-Infektion wirksam war. Bei denjenigen Transformanten, deren Insert nicht translatiert werden konnte, war die vorhandene Menge an Transkripten des inserierten Fremd-Gens invers korreliert zu dem Grad an Resistenz gegenüber PVY. Homozygote diploide Transformanten zeigten verschiedene Ausprägungen an Virus-Resistenz. Diejenigen Transformanten mit methylierten Inserts wiesen nur geringe Mengen der entsprechenden Transkripte auf und waren gegen PVY resistent. Smith et al (1994) verweisen zur Deutung des Wirkungsmechanismus auf das Phänomen der Sense-Suppression, das generell bei gentechnischen Modifikationen beobachtet werden kann. Es handelt sich dabei um die Rückregulierung der Transkriptionsraten, wenn zum Beispiel in der Absicht, die Synthese eines bestimmten Proteins in einer Pflanze zu steigern, ein zusätzliches Gen in diese transferiert wird, dessen Expression eigentlich insgesamt eine Erhöhung dieser Syntheserate und der Menge des betreffenden Proteins erbringen sollte. Man kann in derartigen Transformanten vielfach eine Drosselung der Transkriptionsrate beobachten, die eigentlich durch die gentechnische Modifikation gesteigert werden sollte. Smith et al postulieren bereits 1994 für die individuellen Transformanten Schwellenwerte für die Transkriptmenge des jeweiligen Inserts, bei deren Überschreiten ein im Cytoplasma lokaliserter Abbaumechanismus für diese Transkripte einsetzt. Mithin werden Transformanten mit hoher Expressionsrate ihres Inserts niedrige Transkriptmengen aufweisen. Wenn nun die Transkripte Homologien mit viraler RNA aufweisen, so werden diese von den Abbaumechanismen mit erfasst; die Transformante ist phänotypisch Virus-resistent. Ist die Expressionsrate des Inserts zu gering und erreicht die Transkriptmenge damit nicht den Schwellenwert, so bleibt die Induktion der Abbaumechanismen aus und die Transformanten erweisen sich als nicht-resistent gegenüber der Infektion durch den relevanten Virus. Es handelt sich also um das Phänomen, das später als PTGS bezeichnet wurde (siehe Kapitel 6). Darauf basierend konnten Mäki-Valkama et al (2000b) eine sehr spezifische Resistenz von transgenen Kartoffelpflanzen gegen den Befall durch potato virus Y (PVY$^O$) erzielen, nicht aber gegen PVY$^N$, PVA oder PVX. Zur Transformation benutzten sie eine cDNA entsprechend der P1-Sequenz des PVY$^O$, allerdings in Antisense-Orientierung. Sie erhielten auf diese Weise fünf unabhängige transgene Kartoffellinien mit einer stark ausgebildeten Resistenz gegen PVY$^O$; nach der Inokulation bildeten sie keine Schadsymptome aus und weder in den inokulierten noch in den darüber befindlichen Blättern konnten PVY$^O$ nachgewiesen werden. Die transgenen Tabaklinien enthielten mehrere Kopien des Inserts in ihrem Genom und exprimierten nur geringe Mengen des P1-Antisense-Transkripts.

Gegen den Befall durch das citrus exocortis viroid (CEVd) versuchten Atkins et al (1995) Resistenz in *Lycopersicon lycopersicum* cv. UC82B (Tomate) durch deren Transformation mit Ribozym- und/oder Antisense-Genen zu etablieren, die RNA von CEVd spezifisch erkennen. Transgene Tomatenpflanzen mit derartigen Antisense-Konstrukten zeigten bei CEVd-Befall eine verminderte Anreicherung von deren RNA, wenn die Konstrukte in bezug auf die (-) RNA von CEVd konstruiert worden waren, und eine gesteigerte Anreicherung von deren RNA, wenn die Konstrukte in bezug auf die (+) RNA von CEVd konstruiert worden waren. Das Hinzufügen von Ribozym-Genen in die Konstrukte zeigte keine weitere Erhöhung der Resistenz gegen den Befall durch CEVd.

Hammond und Kamo (1995) wiesen nach, dass in *Nicotiana benthamiana* (Tabak) nach Transformation mit dem C-terminalen Bereich des CP-Gens des bean yellow mosaic virus (BYMV) Resistenz gegen den Befall von BYMV, nicht aber gegen den des pepper mottle virus (PeMV) oder des turnip mosaic virus (TYMV) erreicht werden konnte; offensichtlich reichte für die Etablierung dieser Resistenz das Vorhandensein des Transkripts des Teilbereichs des CP-Gens des BYMV aus.

Eine komplexere Art der Virus-Resistenz durch virale Transkripte in transgener *Nicotiana tabacum* (Tabak) beschreiben Goodwin et al (1996). Die Resistenz gegen den Befall durch den tobacco etch virus (TEV) wird in diesem Fall vermittelt durch eine das TEV-CP kodierende DNA, deren mRNA aber nicht translatiert wird. Eine hohe Resistenz gegen TEV-Infektion wurde nur dann in den transgenen Pflanzen erreicht, wenn mindestens drei Kopien inseriert waren. Der der TEV-Resistenz zugrundeliegende Abwehrmechanismus ist mit ziemlicher Sicherheit wiederum das PTGS (siehe Kapitel 6).

Über einen Feldversuch im Jahr 1998 bei Ashburn (USA) mit transgener *Arachis hypogaea* (Erdnuss), zu deren Transformation eine für das Nukleocapsid (N) des tomato spotted wilt virus (TSWV) kodierende, jedoch in Antisense orientierte cDNA verwendet wurde, berichten Magbanua et al (2000). Nach der Transformation konnten sie aus insgesamt 327 unabhängigen Transformanten zwei isolieren, die das Insert enthielten und sich zu fertilen Pflanzen regenerieren ließen. Nach 14 Wochen im Freilandversuch zeigten 76% der ausgebrachten transgenen Erdnusspflanzen keine TSWV-Schadsymptome und nur 2% waren stark geschädigt durch einen TSWV-Befall bzw. abgestorben. Bei den nicht-transgenen Kontrollpflanzen waren nur 42% TSWV-Symptom-los und 50% waren stark geschädigt oder abgestorben. In den transgenen Pflanzen wurde das transgene Transkript nachgewiesen; bei TWSV-Inokulation veränderte sich der zelluäre Gehalt dieser Transkripte nicht.

### 8.3.4. Virales Movement-Protein

Es ist allgemein anerkannt, dass der Transport von viralem genetischen Material innerhalb der infizierten Pflanze von Zelle zu Zelle grundsätzlich über die sie verbindenden Plasmodesmen erfolgt (Goshroy et al, 1997; Lazarowitz und Beachy, 1999) (Ausnahmen gibt es bei den Caulimo- und den Comoviren, von denen einige *de novo* röhrenförmige Strukturen um Virus-ähnliche Partikel ausbilden und damit den pflanzlichen Transportweg für Nukleinsäuren durch die Plasmodesmen umgehen). An diesem Transportvorgang sind virale Proteine (Transfer- oder Movement-Proteine, TraP oder MP) und Pflanzen-kodierte Komponenten beteiligt. Im Falle des tobacco mosaic virus (TMV) erleichtert sein MP auf zweierlei Art diese Weitergabe von Zelle zu Zelle. Es verändert zum einen den Wirkungsquerschnitt der Plasmodesmen um das 10fache (Wolf et al, 1989) und verändert zum anderen die Sekundärstruktur der viralen RNA durch Komplexbildung (Citovsky et al, 1992)[88]. Das sogenannte 3a-Protein des cucumber mosaic virus (CMV) wurde als Movement-Protein identifiziert (Vaquero et al, 1994). TMV-MP wurde in den Plasmodesmen von TMV-infizierten Pflanzen (Tomenius et al, 1987) und von TMV-MP-transformierten Pflanzen (Atkins et al, 1991) gefunden. Yoshikawa et al (1999) haben mit Hilfe der Immunogold-Elektronenmikroskopie exemplarisch das Vorhandensein des MP des apple chlorotic leaf spot virus (ACLSV) in den Plasmodesmen von ACLSV infizierter *Chenopodium quinoa* (Reismelde) nachweisen können (Abb.8.45.).

---

[88] Das MP des tobacco mosaic virus (TMV) – exprimiert in derart transformierten Tabakpflanzen – kann bei deren Befall durch Varianten des tomato mosaic virus (ToMV), denen das MP fehlt oder in seiner Funktion durch Deletionen des zugehörigen Genes beeinträchtigt sind, diese Defekt-Mutanten erfolgreich komplementieren (Deom et al, 1987). Ebenso konnte eine Reihe von Varianten des cucumber mosaic virus (CMV), deren Gen für das MP modifiziert war, bei Befall von Tabakpflanzen, die mit diesem Gen transformiert worden waren, wieder vervollständigt werden (Kaplan et al, 1995).

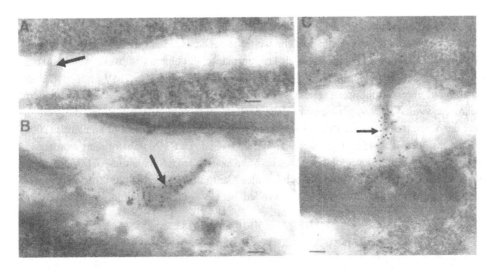

**Abb. 8.45.** Elektronenmikroskopische Aufnahmen von Plasmodesmen von *Chenopodium quinoa* (Reismelde); A = nicht infiziert, B und C = mit dem apple chlorotic leaf spot virus (ACLSV) infiziert; Pfeile weisen auf die Plasmodesmen ohne (A) oder mit (B und C) durch Immunogold-partikel identifizierte Movement-Proteine des ACLSV. (verändert nach Yoshikawa et al, 1999)

Die Vergrößerung des Wirkungsquerschnittes der Plasmodesmen erfolgt über MP-vermittelte Strukturveränderungen. Perl et al (1992) konnten für das TMV-MP Phosphodiesterase-Aktvität nachweisen. Citovsky et al (1993) belegten, dass das TMV-MP an den Positionen 258 (Serin), 261 (Threonin) und 265 (Serin) phosphoryliert werden kann. Bei der TMV-Infektion wird das TMV-MP stets im Überschuss produziert, obwohl für die eigentliche Erstinfektion epidermaler Zellen sowie die sich anschließende virale Ausbreitung in der Pflanze von Zelle zu Zelle bzw. systemisch durchaus niedrigere MP-Konzentrationen hinreichend sind (Arce-Johnson et al, 1995). Für die Erstinfektion von epidermalen Zellen durch den TMV ist nahezu kein TMV-MP notwendig, für die anschließende Ausbildung von „Infektionsstellen" im Blattgewebe nur 30% der vom TMV bereitgestellten MP-Menge, für die weitere Infektion benachbarter Zellen nur 2% und für die systemische Ausbreitung in der Pflanze nur 4%. Das TMV-MP in den Plasmodesmen weist die Eigenschaften von integralen Membranproteinen auf (Moore et al, 1992). Für die spezifische Wirkung des MP auf die Plasmodesmen ist von seiner Sequenz von 268 Aminosäuren der Abschnitt zwischen den Positionen 126 und 224 essenziell (Waigmann et al, 1994). Zwei TMV-Mutanten weisen innerhalb dieser MP-Sequenz Veränderungen auf. Bei der Mutante Ls1 ist an Position 154 Prolin durch Serin und bei der Mutante Ni2519 an der Position 144 Arginin durch Glycin ersetzt. Wird *Nicotiana tabacum* mit dem MP-Gen von TMV Ni2519 transformiert, so können diese transgenen Tabakpflanzen bei 24° C vom TMV, Wildtyp infiziert werden, erlangen bei 33° C einen gewissen Grad an Resistenz gegen den Befall durch den TMV, Wildtyp und sind bei Rückkehr auf 24° C nicht mehr resistent gegen den TMV, Wildtyp (Malyshenko et al, 1993). Es wird angenommen, dass die Etablierung bzw. das Verschwinden der Resistenz mit Konformationsveränderungen des TMV-MP der Mutante Ni2519 zusammenhängt und dass seine Konformation bei 33° C zusammen mit seiner Funktionsunfähigkeit die Möglichkeit für das infizierende TMV stark vermindert, von Zelle zu Zelle weiter in der transgenen Pflanze verbreitet zu werden. Lapidot et al (1993) gelang es durch Transformation mit einem Konstrukt, welches das in 9 Positionen deletierte Gen [MPΔ3-5] für das Movement-Protein des TMV enthielt, Tabakpflanzen in ihrer Anfälligkeit gegen systemische Infektionen durch TMV zu verändern. Nekrosen wurden in weit geringerem Maße nach der Infektion ausgebildet und die Verbreitung der Viren innerhalb der Pflanze war stark vermindert. Auch Canto und Palukaitis (2002) stellten fest, dass Tabakpflanzen, welche mit dem N-Gen des CMV transformiert worden waren, gegen den Befall durch diesen Virus resistent waren; jedoch hatte diese CMV-Resistenz nur unterhalb von 28°C Bestand. Jedoch konnten Canto und Palukaitis (2002) auch nachweisen, dass in derartigen transgenen Tabakzellen bei 33°C die Ausbreitungsmöglichkeit des

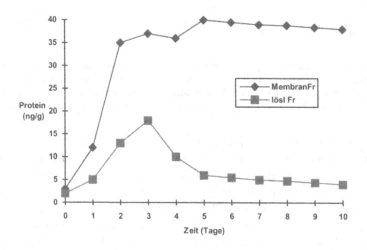

**Abb. 8.46.** Verteilung des Movement-Proteins vom alfalfa mosaic virus (AlMV) aus mit dem MP-Gen transformierten *Nicotiana tabacum*-Pflanzen auf deren Membranfraktion (Membran-Fr) und deren Fraktion löslicher Komponenten (löslFr). (verändert nach Godefroy-Colburn et al, 1990).

CMV auf die benachbarten Zellen stark eingeschränkt war. Waren jedoch die Tabakpflanzen zuvor mit dem CP-Gen des cucumber mosaic virus (CMV) transformiert worden, so war auch die bei höherer Temperatur behinderte Ausbreitung des TMV aufgehoben. Canto und Palukaitis (2002) konnten außerdem zeigen, dass die durch die Transformation mit dem N-Gen des TMV bewirkte Virus-Resistenz der Tabakpflanzen in keinem Zusammenhang mit einer etwaigen Synthese von Salicylsäure steht. Wurde *Nicotiana tabacum* mit dem MP-Gen vom brome mosaic virus (BMV) transformiert, so waren diese transgenen Tabakpflanzen gegen den TMV-Wildtyp resistent (Malyshenko et al, 1993).

Ähnliche Charakteristika fanden Erny et al (1992) für das MP des alfalfa mosaic virus (AlMV). *Nicotiana tabacum* wurde entweder mit dem AlMV-Gen für sein MP (P3 umfasst 300 Aminosäuren) oder mit zwei am N-terminalen Ende verkürzten Versionen (P3Δ[1-12] ist um 12 Aminosäuren und P3Δ[1-77] um 77 Aminosäuren verkürzt) transformiert. Erny et al

(1992) konnten nachweisen, dass in diesen transgenen Tabakpflanzen P3 (Abb. 8.46.) und P3 Δ[1-12] mit den Zellwänden assoziiert waren, P3Δ[1-77] dagegen nicht. Damit erscheint der Bereich zwischen Position 13 und 77 auf der Aminosäuresequenz des MP vom AlMV für die Anheftung an die Zellwand und damit auch an Bereiche der Plasmodesmen notwendig zu sein.

In einer systematischen Untersuchung testeten Cooper et al (1995) die Resistenzeigenschaften von transgenen Tabakpflanzen, die mit dem Gen für ein modifiziertes MP des tobacco mosaic virus (TMV) transformiert worden waren, auf die Infizierbarkeit durch den tobacco rattle virus (TRV), den tobacco ringspot virus (TRSV), den alfalfa mosaic virus (AIMV), den peanut chlorotic streak virus (PNCSV) oder den cucumber mosaic virus (CMV). Grundsätzlich war gegen alle diese Viren eine Verzögerung des Auftretens von Schadsymptomen zu verzeichnen. Wurde dagegen das intakte Gen für das MP des TMV zur Transformation der Tabakpflanzen verwendet, so waren die transgenen Tabakpflanzen in hohem Maße anfällig für die Infektion durch die oben genannten Viren.

Erfolgreich waren Sijen et al (1995) bei der Transformation von *Nicotiana benthamiana* (Tabak) mit einem das MP des cowpea mosaic virus (CPMV) kodierenden Konstrukt. Die transgenen Tabakpflanzen waren resistent gegen einen CPMV-Befall: die Replikation der viralen RNA für das CPMV-MP wurde in diesen Pflanzen unterbunden. Der molekulare „Resistenz"-Mechanismus erfolgte also in diesem Fall auf Transkriptionsebene; das durch das Insert kodierte CPMV-MP wurde in den transgenen Tabakpflanzen nicht exprimiert.

Trotz dieser Erfolge bleibt die Transformation von Höheren Pflanzen mit viralen MP-Genen zum Zwecke der Etablierung einer Resistenz gegen den entsprechenden Virus problematisch. Dies soll mit einer Untersuchung von Pascal et al (1993) exemplarisch belegt werden. Sie untersuchten mit viralen MP-Genen transformierte Tabakpflanzen in bezug auf die Ausbildung von Schadsymptomen. Sie benutzten dazu die zwei viralen Gene für die Movement-Proteine BR1 und BL1 des Geminivirus squash leaf curl virus (SqLCV)[89]. War *Nicotiana benthamiana* mit dem MP-Gen für BR1 oder einem modifizierten MP-Gen für BL1 transformiert worden, so waren diese Tabakpflanzen phänotypisch und in ihrer Wuchsfreudigkeit nicht unterscheidbar vom nicht-transformierten Wildtyp. War dagegen *Nicotiana benthamiana* transformiert worden mit dem MP-Gen für BL1 oder mit den MP-Genen für BR1 und BL1, so wurden Schadsymptome an den transgenen Pflanzen ausgeprägt, die für eine SqLCV-Infektion typisch sind. BL1 war in den transgenen Pflanzen mit der Zellwand assoziiert und BR1 war im Cytoplasma zu finden. Ähnliche Ergebnisse erhielten Hou et al (2000), als sie *Lycopersicon esculentum* (Tomate) mit DNA-Konstrukten transformierten, welche das MP-Gen BV1 (unterstützt den Export viraler DNA aus dem Zellkern in das Cytoplasma) oder BC1 (vergrößert den Wirkungsquerschnitt der Plasmodesmen und unterstützt den Transport viraler DNA in die Nachbarzellen) des bean dwarf mosaic virus (BDMV) in unveränderter oder mutierten Form enthielten. Die mit BV1-transformierten Tomatenpflanzen waren phänotypisch nicht vom Wildtyp zu unterscheiden. Die BC1-transformierten Tomatenpflanzen jedoch wiesen die typischen Merkmale der Infektion durch BDMV auf (Kümmerwuchs, gefleckte Blätter). Wurde in der Aminosäuresequenz des MP BC1 an Position 78 Aspartat durch

---

[89] Den Untersuchungen von Sanderfoot et al (1995) zufolge fungiert BR1 als Transportprotein für die einsträngige DNA des SqLCV zum Nucleus der Pflanzenzelle und nach Replikation der viralen DNA wieder in das Cytoplasma und BL1 als eigentliches MP des SqLCV für den Transport des Komplexes aus BR1 und viraler DNA von Zelle zu Zelle der infizierten Pflanze (Sanderfoot et al, 1996).

Asparagin ersetzt, so konnte dieses mutierte MP (BC1-D78N) DNA nur noch binden, aber nicht mehr ihren Transport unterstützen. Mit BC1-D78N transformierte Tomatenpflanzen waren symptomlos. Bei Infektion durch den tomato mottle virus (ToMoV) wiesen diese transgenen wie auch die mit BV1 transformierten Tomatenpflanzen einen deutlich verzögerten Infektionsverlauf auf.

In diesem Zusammenhang sei auf die Untersuchung von Cooper und Dodds (1995) über die unterschiedliche subzelluläre Lokalisation des MP des tobacco mosaic virus (TMV) bzw. des cucumber mosaic virus (CMV) nach entsprechender Virusinfektion bzw. in entsprechend transformierten Tabakpflanzen hingewiesen. In den transgenen Tabakpflanzen war das MP des TMV bzw. des CMV hauptsächlich in den Zellwänden des Blattgewebes zu finden; nach Virusinfektion nicht-transformierter Pflanzen jedoch war zwar das MP des TMV nicht, das des CMV aber in den Organellen von Zellen jüngerer Laubblätter angereichert. Welche Bedeutung dieser unterschiedlichen Lokalisierung des MP des TMV für eine effektive TMV-Resistenz in Tabakpflanzen haben kann, die zuvor mit dem MP-Gen des TMV transformiert worden sind, kann derzeit noch nicht ermessen werden.

Bei den Überlegungen, die viralen MP-Gene zur Etablierung einer Resistenz gegen Viren zu benutzen, sollte auch einbezogen werden, dass nach den Untersuchungen von Koonin et al (1991) die Aminosäuresequenzen der viralen Movement-Proteine einige charakteristische Organisationsmerkmale gemeinsam haben mit den Aminosäuresequenzen der "heat-shock"-Proteine bzw. Chaperone. Wenn in diesem Zusammenhang außerdem bedacht wird, dass die viralen MP-Proteine ähnlich wie die Chaperone dazu fähig und nötig sind, die Konformation anderer Proteine und/oder Nukleinsäuren spezifisch zu verändern, so sollte dieser mögliche Einfluss der viralen MP-Proteine auf das Zellgeschehen in transgenen Höheren Pflanzen nicht unbeachtet gelassen werden. Erste Anzeichen für die Einflussnahme von viralen Movement-Proteinen auf den Kohlenstoffwechsel in transgenen Tabakpflanzen liegen bereits vor. Olesinski et al (1995) wiesen nach, dass in derartigen Transformanten das MP des TMV offensichtlich Einfluss nimmt auf die endogenen Regulationsprozesse des C-Metabolismus und des C-Exports; insbesondere in derartigen Kartoffelpflanzen wurde der Wirkungsquerschnitt der Plasmodesmen der Mesophyllzellen in den Laubblättern vergrößert und ihr Stärke- und Zuckergehalt im Vergleich zu den Kontrollpflanzen abgesenkt. Diese Veränderungen traten allerdings nur in der Entwicklungsphase nach dem Beginn der Knollenbildung ein und auch nur dann, wenn dem MP-Gen des TMV der Promotor des lichtinduzierbaren Gens ST-LS1 vorgeschaltet war (Olesinski et al, 1996). Herbers et al (1997) haben nachgewiesen, dass die Expression des MP-Gens vom potato leafroll virus (PLRV-MP17) in transgenen Tabakpflanzen ihr Wachstum verzögert und zur drastischen Anreicherung von löslichen Zuckern und Stärke in den Blättern führt. Mit Hilfe von MP17-GFP[90]-Konstrukten konnte gezeigt werden (Hofius et al, 2001), dass das MP17 eine hohe Affinität zu den Plasmodesmen in photosynthetisch aktiven Tabakblättern hat und den Wirkungsquerschnitt dieser Plasmodesmen vergrößert sowie dass der zelluläre Gehalt an löslichen Zuckern und Stärke direkt korreliert mit dem an MP17. Wolf und Millatiner (2000) wiesen nach, dass in mit dem Gen für das MP des TMV transformierte Tabakpflanzen in Bezug auf die für die Photosynthese relevanten Faktoren insbesondere der Orthophosphat-Gehalt in den Zellen um bis zu 30% abgesenkt ist. Durch Zugabe von externen Phosphat-Lösungen kann dieser Defekt ausgeglichen werden. Werden Tabakpflanzen, die mit dem Gen für die HC-Proteinase des potato virus A (PVA) transfor-

---

[90] GFP = green fluorescent protein

miert worden sind, mit PLRV infiziert, so breitet sich PLRV nicht nur im Phloem der Tabakpflanzen aus, sondern auch in den übrigen Pflanzenteilen (Savenkov und Valkonen, 2001a).

Auf die Auswirkung der Transformation von Kulturpflanzen mit dem Gen für eine HC-
Proteinase muss etwas detaillierter eingegangen werden. Mlotshwa et al (2002) haben *Nicotiana benthamiana* (Tabak) mit dem Gen für die HC-Proteinase des cowpea aphid-borne mosaic virus (CABMV) transformiert. Gegenüber der Infektion durch CABMV zeigten die
Transformanten eine gewisse Resistenz ebenso wie gegen die heterologe Infektion durch den
potato virus X (PVX) oder den cowpea mosaic virus (CPMV). Andererseits waren Tabakpflanzen, die mit dem Gen einer nicht-translatierbaren HC-Proteinase oder einer translatierba-
ren PC-Proteinase mit Deletionen in seiner zentralen Domäne transformiert worden waren,
nicht resistent gegenüber dem Befall durch CABMV oder den o.g. heterologen Viren. Für die
Ausbildung der Schadsymptome an CABMV-infizierten transgenen Tabakpflanzen, welche
die HC-Proteinase exprimierten, war typisch, dass bei ihnen eine kurze Phase der Erholung
von der Virus-Infektion zu verzeichnen war, der eine Wiederherstellung der Gegebenheiten der
Virus-Infektionen folgte. Für eine der transgenen Tabakpflanzen-Linien (h48), die das Gen
für die HC-Proteinase exprimierte, konnte nachgewiesen werden, dass nur geringe
Transkriptmengen der tansgenen HC-Proteinase-RNA vorlagen und dass diese Transformanten gegenüber der Infektion durch CABMV oder CPMV resistent waren.

Eine besondere Eigenschaft der HC-Proteinase des PVA ist ihre Fähigkeit, das PTGS zu
verhindern; damit ist sie eine Komponente der Viren, mit der sie die Abwehrreaktion der Höheren Pflanzen unterlaufen können. In transgenem *Nicotiana benthamiana* (Tabak), der mit
einer die HC-Proteinase kodierenden Nukleinsäuresequenz transformiert worden war, trat das
sonst übliche Methylieren des Transgens (Silencing) nicht auf (Savenkov und Valkonen,
2002). Wurden diese transgenen Tabakpflanzen mit PVA inokuliert, so wurden sie während
der ersten 14 Tage systemisch infiziert. Die danach entstandenen Blätter waren jedoch Schadsymptom-frei. In diesen Blättern waren auch keine virale RNA, CP-Proteine oder Transgen-
RNA nachzuweisen. Da die weiter oben ansitzenden Blätter zwar Schadsymptom-frei waren,
aber durchaus mit PVA infiziert werden konnten, gehen Savenkov und Valkonen (2002) davon aus, dass die zu diesem Zeitpunkt vorliegende Virus-Resistenz der transgenen Tabakpflanzen auf einem „Hemm-Mechanismus" im Phloem beruht[91].

Bei den Bestrebungen zur Etablierung einer Virusresistenz in einer Pflanze durch ihre
Transformation mit einem viralen MP-Gen sollte stets bedacht werden, dass es in Folge dieser
Transformation zur heterologen Komplementierung kommen kann, wenn die transgene Pflanze von einer weiteren Virus-Spezies infiziert wird, die sich normalerweise nicht systemisch in
dieser Pflanze ausbreiten könnte. Cooper et al (1996) wiesen eine solche Komplementierung
eines in bezug auf sein MP defekten CMV durch das TMV-MP in derartig transformierten
Tabakpflanzen nach; eine analoge TMV-Mutante konnte jedoch nicht nach Infektion von mit
dem CMV-MP-Gen entsprechend transformierten Tabakpflanzen komplementiert werden.

---

[91] Derartige Eingriffsmöglichkeiten der Viren in Abwehrmaßnahmen der Höheren Pflanzen sind nicht selten. So
unterbindet z. B. das 2b-Protein des cucumber mosaic virus (CMV) das PTGS in transgenem *Nicotiana benthamiana* (Tabak) und beeinträchtigt die Hemmwirkung der Salicylsäure auf die virale Replikation (Ji und Ding,
2001). Ebenso zeigten Mitter et al (2003), dass eine Infektion von transgenen Tabakpflanzen, die eine Resistenz
gegenüber PVY aufgrund eines PTGS erworben hatten, mit dem cucumber mosaic virus (CMV) sowohl die
PVY-Resistenz als auch das PTGS wieder aufhoben.

Geachy und Barker (2000) untersuchten die Möglichkeit, *Nicotiana benthamiana* (Tabak) durch Transformation mit dem CP-Gen (RNA3) des potato mop-top virus (PMTV) gegen dessen Befall resistent zu machen. In mit PMTV infizierten Zellen der transgenen Tabakpflanzen wurden nennenswerte Konzentrationen von seinen RNA1- und RNA2-Transkripten nachgewiesen, nicht aber von seiner RNA3. Wurden RNA-Extrakte aus solchen transgenen Tabakpflanzen zur Inokulation von nicht-transgenen Tabakpflanzen benutzt, so replizierten – in Abwesenheit von RNA3 – RNA1 und RNA2; beide breiteten sich systemisch im Gewebe aus. Damit liegt die Vermutung nahe, dass die Gesamtheit von RNA1, RNA2 und RNA3 für die systemische Ausbreitung des PTMV verantwortlich ist.

### 8.3.5. Virale Replikase

Es gibt experimentelle Belege dafür, dass die Virus-Resistenz von Pflanzen, die mit dem Gen für eine virale Replikase transformiert worden sind, bei Virus-Infektion je nach Virus-Spezies sich verschiedener Abwehrmechanismen bedient. Untersuchungen der durch die virale Replikase vermittelten Resistenz gegen den tobacco mosaic virus (TMV) oder den pea early browning virus (PeBV) haben gezeigt, dass das entsprechende DNA-Konstrukt in den transgenen Pflanzen exprimiert und sein Translationsprodukt von 54 kDa in ausreichender Konzentration vorhanden sein musste, um die Resistenz zu etablieren (Carr et al, 1992; Mac-Farlane und Davies, 1992). Ebenso ist die ausreichende Bereitstellung des 2a Replikase-Proteins des alfalfa mosaic virus (AlMV) in transgenen Pflanzen notwendig, wenn sie gegen die Infektion von AlMV resistent sein sollen (Brederode et al, 1995)[92]. Nach den Untersuchungen von Rubino und Russo (1995) ist für die Ausbildung der Resistenz gegen den cymbidium ringspot virus (CyRSV) die Expression der kompletten Replikase dieses Virus in den transgenen Pflanzen notwendig.

Dazu im Gegensatz stehen die Untersuchungen von Braun und Hemenway (1992). Sie transformierten *Nicotiana tabacum* (Tabak) mit einer cDNA, die der vollen Länge des ersten "Offenen Leserahmens" auf der viralen RNA des potato virus X (PVX) entsprach. Dieser erste ORF kodiert für die virale RNA-abhängige RNA-Polymerase (= Replikase) des PVX. Die transgenen Tabakpflanzen waren gegen PVX-Infektion oder gegen die Infektion durch PVX-RNA resistent. Braun und Hemenway (1992) testeten weiterhin mit verschiedenen Konstrukten, welcher Anteil des 1. ORF essenziell für die Etablierung dieser Art von Virus-Resistenz ist. Umfasste das Fragment des Replikase-Gens die Leadersequenz und die ersten 674 Nukleotide des ORF, so wurde eine sehr wirksame Virus-Resistenz erreicht. Waren dagegen nur Teile der zweiten Hälfte des 1. ORF vorhanden (in dem die Nukleotidbindungs-stelle kodiert ist), so wurde durch die Transformation mit diesem Konstrukt kein Schutz gegen PVX-Infektion erreicht. In den Transformanten mit der vollen Länge des 1. ORF war die Akkumulierung der PVX sowohl in den infizierten als auch in den weiter oben an der Pflanze befindlichen Blättern unterbunden. In allen untersuchten Transformanten konnten Braun und Hemenway (1992) das Transkript des 1. ORF (in seiner vollen Länge, respektive in seiner verkürzten Variante), nicht aber das entsprechende Translationsprodukt nachweisen, obwohl die-

---

[92] Eine Replikase-vermittelte Resistenz transgener Tabakpflanzen gegen die Infektion durch den alfalfa mosaic virus (AlMV) soll nur dann effektiv sein, wenn das (die) eingebrachte(n) Replikase-Gen(e) von AlMV im Bereich der 3. Domäne (Gly-Asp-Asp) modifiziert ist (sind) (Bol et al, 1993).

se Transkripte des 1. ORF zur Translation kompetent waren. Damit stimmen die Ergebnisse der Untersuchungen von Pinto et al (1999) überein, die nachgewiesen haben, dass *Oryza sativa* (Reis) – transformiert mit dem Gen für die Replikase des rice yellow mottle virus (RYMV) – offensichtlich aufgrund eines PTGS (siehe Kapitel 6) resistent gegenüber dem Befall durch RYMV war.

Der Replikase-vermittelte Resistenz-Mechanismus gegen den cucumber mosaic virus (CMV) ist sehr komplex und beinhaltet zumindest [A] die Verhinderung der CMV-Replikation (Carr et al, 1994) und [B] die Verhinderung der systemischen CMV-Ausbreitung über die ganze Pflanze (Wintermantel et al, 1997); ein weiterer Mechanismus zur Verhinderung der CMV-Ausbreitung von Zelle zu Zelle existiert offensichtlich außerdem [C] (Nguyen et al, 1996; Canto und Palukaitis, 1999).

[A] *Nicotiana tabacum* (Tabak) wurde mit einer cDNA transformiert, die einem modifizierten Abschnitt der RNA2 des CMV entsprach (Anderson et al, 1992). Aus der Sequenz des Replikase-Gens wurden die Positionen 1857 bis 1950 deletiert, wodurch sich der "offene Leserahmen" verschob und sich ein verändertes Translationsprodukt ergab, das nur noch 75% der vollen Länge der Replikase erreichte. Die cDNA stand unter der Regie des 35S-Promotors des CaMV[93] und wurde durch den nos-Terminator beendet. Die so erzeugten transgenen Tabakpflanzen waren gegen CMV (< 500 µg/ml) oder CMV-RNA (< 50 µg/ml) resistent. Es lag eine vollständige CMV-Resistenz vor, da sich weder Schadsymptome an den Pflanzen entwickelten noch CMV in den Pflanzen nachzuweisen waren. Anderson et al (1992) wiesen Transkripte für die modifizierte Replikase nach, konnten aber über das Vorhandensein der funktionsuntüchtigen Replikase keine Aussage machen. Es kann mit Sicherheit davon ausgegangen werden, dass durch die Deletion der veränderten Replikase die für die Replikation notwendige Sequenz der 3. Domäne (Gly-Asp-Asp) fehlt. Dennoch wurde die Resistenz gegen CMV in den Pflanzen etabliert. Eine verfeinerte Überprüfung der CMV-Resistenz an Protoplasten von transgenen Pflanzen der nachfolgenden Generationen zeigte, dass geringe Anteile an CMV-spezifischer RNA nach CMV-Infektion in den Protoplasten vorlagen (Carr et al, 1994). Im Bereich der wenigen Blattnekrosen waren geringe Quantitäten an CMV-RNA, CMV und CMV-Replikase-Aktivität nachweisbar. Ebenfalls waren Spuren der modifizierten, funktionsunfähigen CMV-Replikase (der transgenen Pflanzen) vorhanden. Damit erscheint evident, dass der Resistenz-Mechanismus auf der Ebene der Replikation eingreift. Für die Ausbildung dieser Resistenz gegen CMV ist die Volllängen-RNA (RNA2) der CMV-Replikase notwendig (Hellwald und Palukaitis, 1995).

[B] Für die Verhinderung der systemischen CMV-Verbreitung in der transgenen Pflanze ist nur die zentrale Region der RNA2 der CMV-Replikase notwendig (Hellwald und Palukaitis, 1995). Es zeigte sich, dass transgene Tabakpflanzen, welche mit einer modifizierten Form des Replikase-Gens des CMV (Stamm Fny) transformiert worden waren, eine stark ausgeprägte Resistenz gegenüber der Infektion durch CMV aufwiesen, wenn sie mechanisch oder durch Insekten inokuliert worden waren (Wintermantel et al, 1997). Es war jedoch möglich, durch Aufpropfen von CMV-infizierten nicht-transgenen Pflanzenteilen auf die zuvor genannten, transgenen CMV-resistenten Pflanzenteile auch diese zu infizieren. Der Transport der Viren im vaskulären System erfolgte sehr schnell. In den transgenen Pflanzenteilen wurde die Virus-Replikation jedoch weiterhin unterdrückt (niedrigere Konzentration viraler RNA als in den systemisch infizierten, nicht-transgenen Pflanzenteilen), der Transport von Zelle zu

---

[93] cauliflower mosaic virus

Zelle in dem transgenen Gewebe war sehr verzögert und eine systemische Verbreitung der Viren erfolgte nicht in den transgenen Geweben. Offensichtlich konnte CMV in dem transgenen Pflanzengewebe nicht von den Bündelscheidenzellen in die parenchymatischen Gefäßzellen gelangen.

[C] In transgenen Tabakpflanzen, welche mit einem modifizierten Replikase-Gen des CMV (Stamm Fny) transformiert worden sind, ist seine Replikation und die Verbreitung in die Nachbarzellen weitgehend unterbunden. Nguyen et al (1996) untersuchten die Transportwege der viralen DNA in transgenen Tabakzellen, indem sie die markierte, virale DNA direkt injizierten. Eine gleichzeitige Injektion von CMV-RNA und dem CMV-Movement-Protein 3a in nicht-transformierte Tabakzellen führte zu einem schnellen Transport der viralen RNA in die benachbarten Mesophyllzellen. Diese Verbreitung der CMV-RNA unterblieb in Tabakzellen, die mit dem Replikase-Gen des CMV transformiert worden waren. Damit lagen erste Hinweise vor, dass das Expressionsprodukt des CMV-Replikase-Gens möglicherweise an der Regulation des Transports des CMV von der infizierten Zelle in die benachbarten Zellen beteiligt ist. Canto und Palukaitis (2001) zeigten, dass die RNA1-Suppression konstitutiv in der jeweiligen infizierten Zelle abläuft. Jedoch kann eine systemische Ausbreitung des CMV über das Phloem in die ganze Pflanze erfolgen, wenn der Virus zunächst in einen nicht resistenten Pflanzenteil eindringt, auf den ein resistenter Pflanzenteil aufgepfropft worden ist. Dieser Resistenzmechanismus setzt sich demnach aus der zellulären RNA1-Suppres-sion und einer Zutrittssperre zum Phloem zusammen.

Obwohl die maßgeblichen Regionen der RNA2 des CMV für die Ausbildung der einzelnen Resistenz-Varianten bekannt sind, herrscht weiterhin Unklarheit darüber, ob das Vorliegen des Transkripts, ob seine Translatierbarkeit oder ob die Replikase (in funktionsfähiger oder funktionsloser Form) die notwendige Voraussetzung ist (Wintermintel und Zaitlin, 2000).

Im Gegensatz dazu läuft der Replikase-vermittelte Resistenzmechanismus gegen PVX auf RNA-Ebene ab. Aus Untersuchungen an *Nicotiana tabacum* (Tabak), die mit dem Gen für die virale Replikase des potato virus X (PVX) transformiert worden waren, hat Baulcombe bereits 1995 seine Hypothese der „Homologie-abhängigen Resistenz" spezifiziert (Mueller et al, 1995). Ausgehend von der generellen Beobachtung, dass offenbar eine direkte Beziehung zwischen der Expression des Replikase-Gens des PVX nach der Infektion der transgenen Tabakpflanzen und der Menge an Replikase-Transkripten besteht, welche die transgenen Tabakpflanzen aufgrund des PVX-Replikase-Inserts bereitstellen, und dass die „kritische" Menge dieser Transkripte, welche die Expression des Replikase-Gens des PVX noch zulässt oder bereits sein „Silencing" bewirkt, in den verschiedenen Transformanten verschieden groß ist, schloss Baulcombe auf das Vorhandensein einer dem Insert benachbarten „Genom-Struktur", die – unter Einfluss des Inserts – diesen molekularen Abwehrmechanismus gegen die Expression des Replikase-Gens des infizierenden PVX initiiert. Im Ergebnis würden spezifisch die Transkripte für die PVX-Replikase abgebaut und/oder das Replikase-Gen des infizierenden PVX methyliert werden (siehe hierzu Kapitel 6).

Ganz im Gegensatz zu den Untersuchungen von Anderson et al (1992) über die gegen CMV gerichtete Resistenz sprechen die Ergebnisse der Untersuchungen von Audy et al (1994) dafür, dass für die erfolgreiche Etablierung einer Replikase-vermittelten Resistenz in transgenen Tabakpflanzen gegen die Infektion durch das potato virus Y (PVY) die volle Länge des Replikase-Gens, insbesondere die Sequenz der 3. Domäne (Gly-Asp-Asp), notwendig ist. Das von Audy et al (1994) verwendete Replikase-Gen stammte aus PVY, Stamm O. Die gegen PVY$^O$ erfolgreiche Resistenz der transgenen Tabakpflanzen wirkte sich bei Infektion durch PVY$^N$ nur in deren verminderter Replikation aus.

Diese Deutung der Etablierung der Virus-Resistenz aufgrund der Expressionsrate des Gens für die virale Replikase haben Tenllado et al (1995 und 1996) durch ihre Versuche mit transgenen Tabakpflanzen, die mit dem Replikase-Gen des pepper mild mottle tobamovirus, Stamm S (PMMoV-S) transformiert worden sind, experimentell bestätigt. Wurden diese transgenen Tabakpflanzen mit PMMoV infiziert, so konnten sie zwei verschiedene Arten der Resistenzentwicklung beobachten. Entweder waren die transgenen Tabakpflanzen sofort gänzlich resistent gegenüber der Infektion durch PMMoV und entwickelten dann auch phäno-typisch keine viralen Schadsymptome oder die transgenen Tabakpflanzen entwickelten erst allmählich eine Resistenz gegen die Infektion von PMMoV. Tenllado et al (1996) konnten außerdem experimentell beweisen, dass für die Ausbildung der Resistenz weder ein hoher Gehalt der viralen Replikase noch ihres Transkripts notwendig war (Tenllado und Diaz-Ruiz, 1999).

Sijen et al (1995) waren erfolgreich bei der Transformation von *Nicotiana tabacum* (Ta-bak) mit einem die Replikase des cowpea mosaic virus (CPMV) kodierenden Konstrukt. Die transgenen Tabakpflanzen waren resistent gegen den Befall durch verschiedene CPMV-Stämme (Wildtyp CPMV-Sb sowie CPMV-S1 und CPMVS8), nicht aber gegen den Befall durch einen anderen Comovirus (cowpea severe mosaic virus, CPSMV). Die Replikation der viralen RNA für die CPMV-Replikase wurde in diesen Pflanzen unterbunden. Der molekulare Resistenz-Mechanimus erfolgt in diesem Fall auf Transkriptionsebene; die durch das Insert kodierte CPMV-Replikase wurde in den transgenen Tabakpflanzen nicht exprimiert. Es liegt also wahrscheinlich ein PTGS vor (siehe Kapitel 6).

Golemboski et al (1990) gelang es, durch Transformation mit dem Replikase-Gen des to-bacco mosaic virus (TMV) *Nicotiana tabacum* (Tabak) gegen TMV-Infektion resistent zu machen. Nur TMV-RNA war im Bereich der Infektion in den Blattzellen transgener Tabak-pflanzen zu finden (Carr und Zaitlin, 1991). Die Resistenz gegen den TMV wirkte sich also als Replikationshemmung und Hemmung der systemischen Verbreitung des TMV aus. Eine speziellere Untersuchung dieser TMV-Resistenz an Protoplasten der transgenen Tabakpflan-zen erbrachte den Beweis, dass zur Etablierung der Resistenz auch die Translation des inse-rierten TMV-Replikase-Gens in den transgenen Tabakpflanzen erfolgen muss (Carr et al, 1992). Damit ähnelt dieser Resistenz-Mechanismus gegen TMV dem gegen CMV (s.o.).

In ersten Versuchen waren mit dem Replikase-Gen des brome mosaic virus (BMV) trans-formierte Tabakpflanzen nicht resistent gegen die Infektion durch BMV (Mori et al, 1992); in genaueren Untersuchungen, bei denen transgene Tabakpflanzen Konstrukte enthielten, welche für die RNA1 und RNA2 des BMV kodierten, kam es nicht zu einer Anreicherung von BMV-RNA in diesen transgenen Tabakpflanzen nach BMV-Infektion (Kaido et al, 1995). Die von RNA1 bzw. RNA2 kodierten Proteine 1a und 2a sind Komponenten der BMV-Replikase. Huntley und Hall (1996) erzielten Resistenz gegen BMV-Infektion in *Oryza sativa* (Reis) durch Transformation der Reispflanzen mit Konstrukten, die eine der RNA2 entsprechende, in Teilen jedoch modifizierte DNA enthielten. Lyer et al (2000) bestätigten die in transgenen Pflanzen etablierte BMV-Resistenz, wenn diese Pflanzen mit einem Insert transformiert wor-den waren, welches das Gen für die CMV-Replikase enthielt (2a-Protein).

Sivamani et al (2000) berichteten über die Transformation von *Triticum aestivum* (Wei-zen) mit einem DNA-Konstrukt, welches das Replikase-Gen vom wheat streak mosaic virus

(WSMV) enthielt. Sie erhielten WSMV-resistente Weizenpflanzen, die bei Infektion mit diesem Virus keinerlei Schadsymptome zeigten und in denen keine Transkripte des Inserts nachzuweisen waren. Auch hier ist ein PTGS zu vermuten (siehe Kapitel 6).

Zwar nicht mit dem Replikase-Gen, sondern mit dem Gen *rep* für das Replikation-assoziierte Protein des african cassava mosaic virus (ACMV), transformierten Hong und Stanley (1996) *Nicotiana benthamiana* (Tabak). Die transgenen Tabakpflanzen zeigten einen unterschiedlichen Grad an Resistenz gegen die Infektion durch ACMV. Lucioli et al (2003) untersuchten die durch *rep* eines anderen Geminivirus – tomato yellow leaf curl sardinia virus (TYLCSV) – bewirkte Resistenz gegen die Infektion durch diesen Virus in transgenen Tabak- und Tomatenpflanzen. Das TYLCSV-Genom enthält sechs, zum Teil überlappende ORFs, die auf zwei verschiedenen Transkriptionseinheiten angeordnet sind. Die ORFs V1 und V2 befinden sich auf dem viralen Sense-Strang, die ORFs C1 bis C4 auf dem komplementären Strang, wobei der ORF C4 innerhalb des ORF C1 liegt. CP1 kodiert für das Replikation-assoziierte Protein des TYLCSV. Brunetti et al (1997) hatten gezeigt, dass die Expression des modifizierten C1-Gens des TYLCSV (kodiert nur für die ersten 210 Aminosäuren des REP-Proteins; Rep-210) und möglicherweise die Ko-Expression des C4-Gens in derart transformierten Tabak- oder Tomatenpflanzen Resistenz gegenüber dem Befall durch TYCSV verleiht. Durch experimentellen Nachweis konnte die hypothetische Beteiligung des C4-Gen-Expressionsprodukts an der Resistenzausbildung ausgeschlossen werden (Brunetti et al, 2001). Lucioli et al (2003) konnten zeigen, dass in mit Rep-210 transformierte Pflanzen bei Befall durch TYLCSV die Transkription des C1-Gens unterbunden wird und dass bei Befall durch heterologe Viren die Oligomerisationsdomäne des *rep-210* in Aktion tritt. Dabei hängt die Fortdauer der Resistenz von der Fähigkeit des Virus ab, das PTGS wieder aufzuheben (siehe Kapitel 6).

### 8.3.6. Andere Verfahrensweisen

Wie in anderem Zusammenhang dargestellt, können Höhere Pflanzen auf den Befall durch einen pathogenen Organismus mit verschiedenartigen Abwehrmaßnahmen reagieren, wobei in den meisten Fällen die Expression spezieller Gene induziert wird.

Diesem Expressionsmuster unterliegt zum Beispiel auch das Gen *STH-2* in *Solanum tuberosum* (Kartoffel), das für ein 17 kDa-Protein kodiert. Die Funktion dieses 17 kDa-Protein ist nicht bekannt. Constabel et al (1993) unterstellten ihm eine mögliche antivirale Funktion und transformierten zur Überprüfung ihrer Hypothese *Solanum tuberosum* mit einem Genkonstrukt, in dem *STH-2* unter der Kontrolle des 35S-Promotors des CaMV konstitutiv exprimiert wurde. Die transgenen Kartoffelpflanzen exprimierten das STH-2-Protein in hoher Rate. Diese Transformanten wie auch der nicht-transformierte Wildtyp wurden mit dem potato virus X (PVX) infiziert. Es stellte sich heraus, dass in beiden Pflanzentypen die Replikation des PVX in gleicher Weise ablief und damit dem STH-2-Protein in den transgenen Pflanzen keine antivirale Wirkung zugesprochen werden kann.

Einen ähnlichen Versuch unternahmen Cutt et al (1989), die eine Resistenz gegen Virusbefall durch Einsatz der PR-Proteine erreichen wollten. Dazu transformierten sie *Nicotiana tabacum* (Tabak) mit dem PR1b-Gen aus Tabak, das konstitutiv unter der Regie des 35S-Promotors des CaMV exprimiert wurde. Das PR1b-Protein wurde in der gleichen Menge in den transgenen Pflanzen synthetisiert wie in den Wildtyp-Pflanzen bei deren Infektion durch den tobacco mosaic virus (TMV). Auch in den transgenen Pflanzen wurde das PR1b-Protein in die Interzellularen exkretiert. Dennoch war weder eine Verzögerung noch eine Minderung der Ausprägung der Schadsymptome bei TMV-Infektion der transgenen Tabakpflanzen zu verzeichnen. Auch die Wuchsfreudigkeit, Blattzahl und -größe war bei den infizierten nicht-transgenen und infizierten transgenen Tabakpflanzen gleich. Das PR1b-Protein zeigt damit keine antivirale Wirkung.

Dennoch sollte der experimentelle Ansatz, über die Induktion von PR-Proteinen Virus-Resistenz zu erreichen, nicht unterbewertet werden. Ursprünglich wurden gerade die PR-Proteine in von Viren befallenen Pflanzen nachgewiesen (van Loon und van Kammen, 1970). In der Folgezeit stellte sich dann heraus, dass die verschiedenen Isoformen der PR-Proteine nur spezifisch in bestimmten Pflanzengeweben oder -organen auftreten und ihre Bildung über unterschiedliche Mechanismen induziert wird (Brederode et al, 1991; Memelink et al, 1990; Ohashi und Oshima, 1992). In TMV-infizierten Pflanzen wurde Salicylsäure als einer der PR-Protein-induzierenden Botenstoffe identifiziert (Malamy et al, 1990; Metraux et al, 1990). Mehr Aufschluss über die Wechselbeziehungen zwischen den Komponenten dieses komplexen Abwehrmechanismus erbrachten die Untersuchungen von Sano et al (1994). Sie transformierten *Nicotiana tabacum* (Tabak) mit dem Gen *rgp1* aus *Oryza sativa* (Reis), das für ein GTP-bindendes Protein kodiert. Die transgenen Tabakpflanzen zeigten eine geminderte apikale Dominanz und die Tendenz, vermehrt Seitensprosse zu bilden. Diese phänotypische Ausprägung ging einher mit einer Erhöhung des Gehalts an endogenen Cytokininen (Zeatin und Zeatinribosid) sowie der erhöhten Transkription PR-Protein-relevanter mRNAs.

Unter Verwendung des Gens für das Ribosomen-inaktivierende Protein (RIP) aus *Dianthus caryophyllus* (Nelke) gelang es Hong et al (1996), in *Nicotiana tabacum* (Tabak) eine Resistenz gegen den african cassava mosaic virus (ACMV) zu etablieren. Das verwendete Konstrukt bestand aus der das RIP kodierenden DNA-Sequenz und einem Promotor des ACMV-Genoms, der durch das Expressionsprodukt von dessen Gen *AC2* aktiviert wird. Das RIP wurde daher in den transgenen Tabakpflanzen nicht konstitutiv, sondern nur räumlich und zeitlich begrenzt (d. h., nur bei ACMV-Infektion und nur am Ort der Infektion) exprimiert. In ähnlicher Weise benutzten Wang et al (1998) das als RIP wirkende antivirale Protein PAPII aus *Phytolacca americana* (Amerikanische Kermesbeere), um Tabakpflanzen mit einem entsprechenden DNA-Konstrukt zu transformieren. In einigen transgenen Tabakpflanzen-Linien wurden bis zu 250 ng PAPII/mg Protein exprimiert; diese Linien waren in PAPII-Konzentration-abhängiger Weise resistent gegen den Befall durch den tobacco mosaic virus (TMV) oder den potato virus X (PVX). Wang et al (1998) konnten auch nachweisen, dass zwar das »pathogenesis-related protein« (PR1) in den transgenen Tabakpflanzen exprimiert wurde, aber kein Anstieg des Gehalts an Salicylsäure festzustellen war.

Zhang et al (2001) transformierten *Triticum aestivum* (Weizen) mit einem Insert, welches das mutierte Gen *rnc70* für die RNAse III aus *Escherichia coli* enthielt. In der Aminosäuresequenz dieser Doppelstrang-RNA-spezifischen Ribonuklease ist in Position 117 Glutaminsäure gegen Lysin ausgetauscht; die RNAse III kann RNA noch binden, aber nicht mehr aufspalten. Die transgenen Weizenpflanzen waren resistent gegen den Befall durch den barley stripe mosaic virus (BSMV), von dem bekannt ist, dass er bei der Replikation doppelsträngige RNA ausbildet.

Im Gegensatz zu diesen Versuchsansätzen waren Tavladoraki et al (1993) mit einer anderen Strategie erfolgreich. Sie griffen die von Hiatt et al (1989) bzw. Düring et al (1990) in anderem Zusammenhang erprobte Methode der Synthese von Antikörpern in transgenen Pflanzen auf (siehe Kapitel 9.1) und transformierten *Nicotiana benthamiana* mit der optimierten Form einer DNA-Sequenz, die für einen Antikörper kodiert. Dieser Antikörper wies hohe Spezifität gegen das Hüllprotein des artichoke mottled crinkle virus (AMCV) auf. Da auch

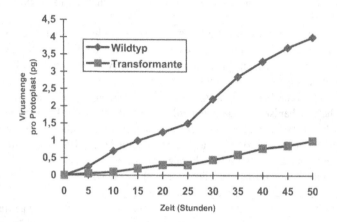

**Abb. 8.47. Anreicherung des artichoke mottled crinkle virus (AMCV) in Protoplasten aus *Nicotiana benthamiana* im Zeitraum von 50 Stunden nach der Infektion. Es wurden Protoplasten aus dem Wildtyp oder aus Pflanzen verwendet, die mit der cDNA für einen Antikörper gegen das CP des AMCV transformiert worden waren. (verändert nach Tavladoraki et al, 1993).**

hier der 35S-Promotor des CaMV verwandt wurde, wurde der Antikörper in allen Teilen der transgenen Pflanzen exprimiert. An Protoplasten, die aus Zellmaterial der regenerierten transgenen Tabakpflanzen oder der Wildtyp-Pflanzen gewonnen worden waren, wurde der Grad der Virus-Resistenz bei Infektion durch AMCV bzw. durch den cucumber mosaic virus (CMV) überprüft. Die Resistenz der transgenen Tabakpflanzen gegen die AMCV-Infektion war deutlich ausgeprägt, gegen eine CMV-Infektion dagegen nicht vorhanden (Abb. 8.47. und 8.48.).

Truve et al (1994) versuchten, durch Transformation ein antivirales Abwehrsystem in Pflanzen zu etablieren, wie es in Wirbeltieren durch Interferon induziert werden kann. Das Schlüsselenzym dieses Abwehrsystems ist eine 2-5A-Polymerase. Die Replikation von Viren kann durch die 2-5A Polymerase gehemmt werden, wenn sie als Ribonuklease die virale RNA abbaut. Truve et al (1994) transformierten *Solanum tuberosum* (Kartoffel) bzw. *Nicotiana tabacum* (Tabak) mit einer cDNA für die 2-5A-Polymerase. Derartige transgene Tabakpflanzen waren resistent gegen PVS-Infektionen, derartige transgene Kartoffelpflanzen gegen PVX-Infektionen. Keinen Erfolg dagegen hatten Frese et al (2000) mit der Transformation von Tabakpflanzen mit einem DNA-Konstrukt, welches das Gen für das humane Mx-Protein[94] enthielt. Das Konstrukt stand unter der Kontrolle des 35S-Promotors des CaMV und wurde in den gesamten transgenen Tabakpflanzen exprimiert. Sie waren jedoch nicht resistent gegen die Infektion mit dem tomato spotted wilt virus (TSWV), dem tomato chlorotic spot

---

[94] Mx-Proteine werden, im Gegensatz zu anderen GTPasen, durch Typ I Interferon reguliert.

virus (TCSV), dem groundnut ringspot virus (GRV), dem tobacco mosaic virus (TMV), dem cucumber mosaic virus (CMV) oder dem potato virus Y (PVY).

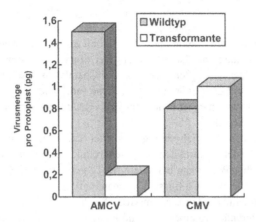

**Abb. 8.48. Anreicherung des artichoke mottled crinkle virus (AMCV) bzw. cucumber mosaic virus (CMV) in Protoplasten aus *Nicotiana benthamiana* 21 Stunden nach der Infektion. Es wurden Protoplasten aus dem Wildtyp oder aus Pflanzen verwendet, die mit der cDNA für einen Antikörper gegen das CP des AMCV transformiert worden waren. (verändert nach Tavladoraki et al, 1993)**

In Analogie zu den Erfahrungen mit Ribozymen bei der Modulation der Genexpression in tierischen Zellen entwickelten de Feyter et al (1996) ein für die Etablierung der Virus-Resistenz in Pflanzen neues Verfahren. Sie transformierten *Nicotiana tabacum* (Tabak) mit dem Konstrukt aus dem 35S-Promotor des CaMV, einer 1004 bp umfassenden Antisense-cDNA zu dem entsprechenden Abschnitt des tobacco mosaic virus (TMV) sowie dem Nopalin-Terminator aus *Agrobacterium tumefaciens*. In die Antisense-DNA waren zusätzlich an drei Stellen synthetisch erstellte Ribozyme vom „Hammerkopf"-Typ integriert worden. Derartige Ribozyme kommen natürlicherweise auch in der Satelliten-RNA einiger Pflanzenviren und -viroiden vor. Im vorliegenden Fall befanden sich auf ihrem DNA-Strang an den Enden Antisense-Abschnitte zu relevanten DNA-Bereichen des TMV („Hammerkopf"); da diese relevanten DNA-Bereiche des TMV jeweils nur von 1 Nukleotid getrennt sind, kommt es in dem mittleren, etwa 23 Nukleotide umfassenden DNA-Abschnitt zur Ausbildung eines intramolekularen Loops („Hammerstiel"), der die Befähigung besitzt, die virale DNA im Bereich des gegenüberliegenden 1 Nukleotids zu spalten. Homozygote Tabaktransformanten zeigten hohe Resistenz gegen die Infektion durch TMV, ebenso gegen die des nahe verwandten tomato mosaic virus (ToMV). Diese Virus-Resistenz blieb allerdings auch dann bestehen, wenn die TMV-DNA im Bereich der Ribozym-Schnittstellen so verändert worden war, dass die Ribozyme die TMV-DNA nicht mehr spalten konnten. Das Prinzip dieser Virus-Resistenz beruht daher wohl primär auf der Antisense-Wirkung.

## 8.4. Pilz-Resistenz

Während das Ziel der konventionellen Pflanzenzüchtung Mitte des vergangenen Jahrhunderts zunächst die Ertragsteigerung war, standen etwa seit 1980 erst die experimentellen Mittel zur Verfügung, pflanzliche Resistenzmechanismen gegen phytopathogene Organismen – und hier insbesondere gegen phytopathogene Pilze – zu untersuchen und aufzuklären. Im Rahmen dieser Untersuchungen konnte auch die Vielfalt an Genen identifiziert werden, die mit ihren Expressionsprodukten an der Etablierung der pflanzlichen Resistenz beteiligt sind. Nach der Identifizierung der beteiligten Gene und der Charakterisierung ihrer jeweiligen Bedeutung war es nur noch ein kleiner Schritt, diese Gene (oder andere, deren Expressionsprodukte den pflanzlichen Abwehrmechanismus sinnvoll verstärken können) zur Transformation von Kulturpflanzen zu verwenden.

Grundsätzlich kann man die Zielrichtungen solcher Transformationen wie folgt in fünf Kategorien einordnen: (i) Die Expression von Genprodukten, die für die phytopathogenen Pilze toxisch sind oder ihre Wachstum behindern. Dazu gehören die PR-Proteine[95], wie zum Beispiel hydrolytische Enzyme (Chitinasen, Glucanasen), gegen Pilze wirkende Proteine (vom Osmotin- bzw. Thaumatin-Typ), antimikrobielle Peptide (Thionine, Defensine, Lectine), Ribosomen-inaktivierende Proteine (RIP) und Phytoalexine. (ii) Die Expression von Genprodukten, die Bestandteile des Pathogens zerstören oder neutralisieren, wie zum Beispiel Polygalacturonasen, Oxalsäure und Lipasen. (iii) Die Expression von Genprodukten, welche die Pathogen-Abwehr der Pflanze strukturell verbessern, wie zum Beispiel die erhöhte Konzentration von Peroxidasen und Lignin. (iv) Die Expression von Genprodukten, die als regulatorische Botenstoffe im pflanzlichen Abwehrsystem eine wichtige Rolle spielen, wie zum Beispiel spezifische Elicitoren, $H_2O_2$, Salicylsäure oder Äthylen. (v) Die Expression von Resistenz-Genprodukten, die an der Übersensitivitätsreaktion (HR) und der Interaktion mit den Avirulenzfaktoren (Avr) beteiligt sind.

Bei der Verwendung dieser Gene zur Transformation wurde angestrebt, ihre Expressionsprodukte, von denen einige *in vivo* erst 48 Stunden nach dem Pathogen-Befall in der pflanzlichen Abwehr zur Verfügung stehen, früher oder konstitutiv in der transgenen Pflanzen zu exprimieren. Weitere Ziele waren die Steigerung der Expressionsrate von natürlicherweise bereits am Abwehrmechanismus beteiligten Gene, seine frühzeitige Induktion oder die Einbeziehung von Resistenz-Genen, um durch eine spezifische Gen-Gen-Beziehung den Pathogen-Befall abzuwehren. Hinzu kommen der Einsatz von doppelsträngiger RNA viralen Ursprungs (Clausen et al, 2000) oder humane Lysozym-Gene (Nakajima et al, 1997; Takaichi und Oeda, 2000).

### 8.4.1. Hydrolytische Enzyme

In Korrelation mit dem Auftreten einer Resistenz gegen Pilzbefall wird eine große Anzahl verschiedener Proteine exprimiert. Dazu gehören lytische Enzyme, die die Zellwandbestandteile vieler Pilze, wie zum Beispiel *Fusarium*, *Alternaria* und *Cercospora*, abbauen können; die zur Gruppe der PR-Proteine gehörenden Chitinasen und ß-1,3-Glucanasen seien hier besonders benannt (Boller, 1989 und 1993; Bowles, 1990; Linthorst, 1991). Ein enger Zusammen-

---

[95] PR-Proteine = pathogenesis related proteins

hang konnte zwischen dem Befall durch einen pathogenen Pilz und der Aktivierung des Promotors des Chitinase-Gens aus *Phaseolus vulgaris* (Bohne) gezeigt werden (Roby et al, 1990). Von den zwei genannten Enzym-Arten werden jeweils mindestens zwei verschiedene Ausprägungen synthetisiert: die Class-I-Enzyme akkumulieren intrazellulär in der Vakuole (Boller und Vögeli, 1984), die Class-II-Enzyme werden in den extrazellulären Raum abgegeben (Payne et al, 1990).

*In vitro* wird das Wachstum verschiedener Pilze durch eine Class-I-Chitinase aus *Phaseolus vulgaris* (Schlumbaum et al, 1986) oder durch eine Class-I-Chitinase und eine Class-I-ß-1,3-Glucanase aus *Pisum sativum* (Erbse) (Mauch et al, 1988) gehemmt. Allerdings wirken die beiden entsprechenden Enzyme aus *Nicotiana tabacum* (Tabak) nur synergistisch gegen das Wachstum von *Fusarium solani* (Sela-Buurlage et al, 1993). Für mit einem Chitinase-Gen transformierte Kulturpflanzen ist (im jeweiligen Einzelfall) eine Resistenz gegen den Befall durch *Alternaria* (Mora und Earle, 2001a und 2001b; Lorito et al, 1998), *Bortrytis cinerea* (Terakawa et al, 1997; Tabei et al, 1998; Punja und Raharjo, 1996; Takatsu et al, 1999), *Cercospora arachidicola* (Rohini und Rao, 2001), *Magnaporthe grisea* (Nishizawa et al, 1999), *Phytophthora megasperma* (Masoud et al, 1996b), *Rhizoctonia solani* (Kumar et al, 2003; Datta et al, 2001; Broglie et al, 1991; Punja und Raharjo, 1996; Howie et al, 1994), *Sclerotinia sclerotiorum* (Terakawa et al, 1997; Grison et al; 1996), *Uncicula necator* (Yamamoto et al, 2000) oder *Venturia inaequalis* (Bolar et al, 2001; Wong et al, 1999) nachgewiesen worden.

Es gelang zwei Arbeitsgruppen, in das Genom von *Nicotiana* ein bakterielles Chitinase-Gen einzubringen (Jones et al, 1988; Neuhaus et al, 1991). Neuhaus und Mitarbeiter (1991) zeigten zwar, dass die transgenen Tabakpflanzen diese Chitinase in hoher Rate exprimieren, daduch aber gegen den Pilz *Cercospora nicotianae* – den Erreger der „Froschaugen"-Krankheit – keine Resistenz erlangen. Transgener Tabak, der dagegen die Fähigkeit vermittelt bekommen hat, eine Chitinase aus *Phaseolus vulgaris* zu exprimieren, zeigte sich in den Untersuchungen von Broglie und Mitarbeitern (1991) gegen den Befall durch den Pilz *Rhizoctonia solani* weniger sensibel. Ein chimäres Gen aus dem CaMV[96]-35S-Promoter und diesem Chitinase-Gen wurde über *Agrobacterium*-Transformation in Blattstücke von *Nicotiana tabacum* cv. *xanthi* eingebracht. Daraus regenerierte Tabakpflanzen zeigten in allen Teilen eine Expression des eingebrachten Fremd-Gens, die höchsten Expressionsrate in den Wurzeln (Tab. 8.11).

In analoger Weise wurde das gleiche Genkonstrukt in *Brassica napus* cv. Westar (Raps) inseriert und anschließend nachgewiesen, dass auch diese transgenen Pflanzen eine größere Widerstandsfähigkeit gegen den Befall durch *Rhizoctonia solani* aufweisen (Abb. 8.49.).

Im Gegensatz zu der erhöhten Widerstandsfähigkeit der transgenen Tabakpflanzen gegen den Befall durch *Rhizoctonia solani* ist ein vergleichbarer Effekt gegen den Befall durch den Pilz *Pythium aphanidermatum*, dessen Zellwände kein Chitin enthalten, nicht festgestellt worden.

Die Befunde von Broglie und Mitarbeitern (1991) konnten jedoch von Melchers Arbeitsgruppe Mitte der 90iger Jahre nicht bestätigt werden, die mittels *Agrobacterium*-Transformation entweder ein Class-I-Chitinase-Gen oder ein Class-I-ß-1,3-Glucanase-Gen in Tomatenpflanzen überführte und keine Resistenz gegen den Pilz *Fusarium oxysporum* f.sp. *lycopersici* nachweisen konnte. Tomatenpflanzen dagegen, die mit einem Genkonstrukt aus einem

---

[96] cauliflower mosaic virus

Class-I-Chitinase-Gen und einem Class-I-ß-1,3-Glucanase-Gen sowie vorgeschaltetem CaMV-35S-Promoter transformiert worden sind, zeigen erhöhte (aber nicht vollkommene) Resistenz gegen den Befall durch *F. oxysporum*. Eine erhöhte Resistenz gegen *Magnaporte grisea* erzielten Nishizawa et al (2003) für *Oryza sativa* (Reis) durch dessen Transformation mit dem Gen für eine 1,3;1,4-β-Glucanase aus *O. sativa* unter der Kontrolle des 35S-Promo-

**Tab. 8.11. Chitinase-Aktivität in den Blättern, dem Stiel bzw. den Wurzeln von Tabakpflanzen, die mit einem chimären Chitinase-Gen aus *Phaseolus vulgaris* transformiert worden sind. Aufgeführt sind die transgenen Pflanzen mit der niedrigsten bzw. der höchsten Expressionsrate im Vergleich zu nicht-transgenen Pflanzen. (verändert nach Broglie et al, 1991).**

|  | Chitinase-Aktivität (nkat) / Proteingehalt (mg) | | |
|---|---|---|---|
|  | **Blatt** | **Stiel** | **Wurzel** |
| **nicht-transgene Pflanze** | 1,3 | 1,5 | 13,4 |
| **transgene Pflanze (Nr.238)** | 29,9 | 16,8 | 24,4 |
| **transgene Pflanze (Nr.373)** | 57,2 | 35,4 | 58,4 |

tors des CaMV. Da diese Class-I-Enzyme offensichtlich einen höheren Grad an Pilz-Resistenz verleihen als die entsprechenden Class-II-Enzmye, hat Melchers Arbeitsgruppe Genkonstrukte zur Transformation von Tomatenpflanzen ausgewählt, welche die endgültige Lokalisation der exprimierten Class-I-Enzyme im extrazellulären Raum – also den Interzellularen – gewährleisten, da durch diese die meisten Pilze mittels ihrer Hyphen in die Pflanzen eindringen.

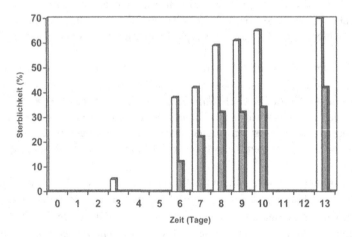

**Abb. 8.49. Sterblichkeitsrate (%) von *Brassica napus* (Raps) während des Zeitraums von 15 Tagen nach Infektion durch *Rhizoctonia solani*. Weiße Säulen = Kontrollpflanzen, graue Säulen = transgene Pflanzen. Erläuterungen im Text. (verändert nach Broglie et al, 1991)**

*Cercospora beticola* befällt *Beta vulgaris* (Zuckerrübe) und verursacht phänotypisch die Ausbildung von gefleckten Blättern. Mikkelsen et al (1992) konnten nachweisen, dass bei Befall durch diesen pathogenen Pilz in *Beta vulgaris* die Synthese einer Class-III-Chitinase induziert wird. Nachdem das Gen für diese Chitinase in Zellen von *Nicotiana benthamiana* (Tabak) eingeführt worden war, exprimierten die regenerierten Tabakpflanzen zwar dieses Fremd-Gen und die Chitinase wurde in größerer Menge in den Interzellularen dieser Pflanzen nachgewiesen, in anschließenden Testreihen konnte aber keine gesteigerte Widerstandsfähigkeit gegen den Befall durch *Cercospora nicotianae* nachgewiesen werden (Nielsen et al, 1993).

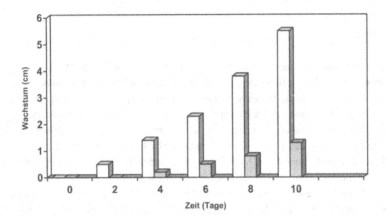

**Abb. 8.50. Wachstum von transgenen Tabakpflanzen (transformiert mit Chitinase-Gen aus *Serratia marcescens*) (weiße Säulen) und von nicht-transgenen Tabakpflanzen (graue Säulen) auf mit *Rhizoctonia* beimpftem Boden über eine Zeitdauer von 10 Tagen nach Animpfen des Bodens. (verändert nach Jach et al, 1992)**

Die teils fehlende, teils nur wenig hemmende Wirkung endogener Chitinasen oder solcher Chitinasen, die nach Einbringen des entsprechenden pflanzlichen Gens in andere Pflanzen dort bei Pilzbefall exprimiert werden, haben Jach et al (1992) einen modifizierten Versuchsansatz wählen lassen. Sie isolierten aus dem Bodenbakterium *Serratia marcescens* ein Chitinase-Gen (*ChiA*), dessen Translationsprodukt das Wachstum von Pilzen effizient hemmt. *ChiA* wurde in folgender Weise in ein chimäres Genkonstrukt integriert: 35S-Promotor des CaMV[97]/ *ChiA*/ 35SpA[98]/ *wuni*[99]/ *uida*[100]/ nospA[101]. Über *Agrobacterium*-Transformation wurde dieses chimäre Gen in "leaf discs" von *Nicotiana tabacum* (Tabak) eingeführt und dort in das pflanzliche Genom integriert. Aus diesen Blattscheiben regenerierte transgene Tabakpflanzen wurden in mit *Rhizoctonia solani* beimpften Boden kultiviert. Zur Kontrolle wurden nicht-transgene Tabakpflanzen von gleicher Größe und gleichem Entwicklungsstadium in gleichem Boden herangezogen. Abb. 8.50. zeigt deutlich, dass das Wachstum der *ChiA*-transgenen Tabakpflanzen trotz der Anwesenheit eines Schadpilzes nahezu unbeeinflusst abläuft.

---

[97] cauliflower mosaic virus
[98] aus Poly-Adenin-Sequenz
[99] Promotor, der durch Läsion pflanzlicher Zellen aktiviert wird
[100] *uida* kodiert für eine ß-Galacturonidase
[101] Terminator des Nopalinsynthase-Gens

Die Autoren betonen, dass nur wenige Infektionssymptome festzustellen sind (Jach et al, 1992). Ihren Erfolg führen sie darauf zurück, dass sich die phytopathogenen Pilze an die Abwehrstrategien der befallenen Pflanzen in der Evolution angepasst haben und dass diese Anpassung der Schadorganismen durch Einbringen einer bakteriellen Chitinase durchbrochen worden ist.

Eine Möglichkeit, in Zukunft Resistenz gegen den Befall durch Zygomyceten zu etablieren, haben El Quakfaoui et al (1995) durch die erfolgreiche Insertion des Chitosanase-Gens aus *Streptomyces* sp. Stamm N174 in Tabakpflanzen aufgezeigt; die Chitosanase hydrolysiert Chitosan, ein typisches Polymer der Zygomyceten-Zellwand aus β-1,4-D-Glucosamin.

## 8.4.2. PR-Proteine

Außer den Oligomeren aus Chitin oder Glucan muss es noch weitere Faktoren geben, die als Elicitoren die Synthese pflanzeneigener Proteine induzieren; viele Vertreter der Oomyceten (*Phytophthora cactorum, Pythium ultimum, Pythium aphanidermatum*) besitzen in den Zellwänden kein Chitin und sind somit auch nicht angreifbar durch Chitinasen. So wird beispielsweise durch den phytopathogenen Pilz *Phytophtora infestans* (Mehltau) in Tomatenpflanzen die Synthese eines Proteins von 24 kDa (AP24) induziert, das die Sporangien von *Phytophthora infestans* lysiert und das Wachstum seiner Hyphen hemmt (Woloshuk et al, 1991). AP24 gehört zu den Thaumatin-ähnlichen Proteinen wie Osmotin II. In Tabakpflanzen wird auf ähnliche Weise die Synthese zweier Thaumatin-ähnlicher Proteine induziert (Singh et al, 1987; Cornelissen et al, 1986). Generell sind bereits eine Vielzahl solcher Proteine zur Etablierung einer systemischen Resistenz gegen Pilzbefall in Pflanzen bekannt: zum Beispiel PR1-a, PR1-b und PR1-c (weitgehend homologe Proteine von 14 kDa, die exkretiert werden), PR-2 (Glucanasen), PR-3 (Chitinasen), PR-5 (Permatine). Mit PR-1a transformierte Tabakpflanzen haben bereits ihre Resistenz gegen Pilzbefall bewiesen (Alexander et al, 1993, nicht publiziert).

Bei den Osmotin- und Thaumatin-ähnlichen Proteinen (TLP) handelt es sich um weitere PR-Proteine. Osmotin ist ein basisches Protein von 24 kDa, das zur PR-5 Familie gehört und damit weitgehend in seiner Aminosäuresequenz homolog ist zum süß-schmeckenden Thaumatin aus *Thaumatococcus danielli*; Osmotin wird unter Stress-Bedingungen in Pflanzen exprimiert ( Zhu et al, 1995). Die antifungizide Wirkung der PR-5 Proteine beruht wahrscheinlich darauf, dass sie die Durchlöcherung der Plasmamembran der Pilze bewirken (Kitajima und Sato, 1999). Zhu et al (1996) transformierten *Solanum commersonii* (Kartoffel) mit einem Konstrukt aus der DNA-Sequenz für ein Osmotin-ähnliches Protein (pA13) in Senseoder Antisense-Orientierung unter der Regie des 35S-Promotors des CaMV. Die transgenen Kartoffelpflanzen waren resistent gegen die Infektion durch *Phytophthora infestans*. Ähnlichen Erfolg hatten Chen und Punja (2002) mit der Transformation von *Daucus carota* (Karote) mit einem TLP-Gen; die transgenen Karotten-Pflanzen waren resistent gegen den Befall von *Botrytis cinerea* und *Sclerotinia sclerotiorum*. Ebenso gelang die Etablierung einer Pilzresistenz durch Transformation mit einem Gen für ein TLP bei *Oryza sativa* (Reis) gegen *Rhizoctonia solani* (Datta et al, 1999), bei *Triticum aestivum* (Weizen) in Kombination mit einem Chitinase- und einem Glucanase-Gen gegen *Fusarium graminearum* (Anand et al, 2003), bei

*Triticum aestivum* (Weizen) gegen *Fusarium graminearum* (Chen et al, 1999) und bei *Lycopersicon esculentum* (Tomate) gegen *Phytophthora citrophthora* (Faguaga et al, 2001).

In vielen Getreidearten wird bei Infektion durch *Pseudomonas syringae* pv. *syringae* eine Reihe von pflanzlichen Genen zur Expression induziert; dazu gehört im Fall von *Oryza sativa* (Reis) das Gen *Rir1b* (Bull et al, 1992; Mauch et al, 1998). *Rir1b* kodiert für ein Glycin- und Prolin-reiches Protein von 11 kDa, das in den extrazellulären Raum sekretiert wird. Schaffrath et al (2000) haben mit *Rir1b* unter der Kontrolle des 35S-Promotors des CaMV *Oryza sativa* var. *japonica* transformiert; diese transgenen Reispflanzen wiesen eine erhöhte Resistenz gegen den Befall durch *Magnaporthe grisea* auf.

*Aspergillus giganteus* sekretiert das fungizide Protein *Ag*-AFP, das seine toxische Wirkung auf Pilze ausübt, indem es sich an die negativ geladenen Phospholipide von Membranen phytopathogener Pilze anlagert (Lacadena et al, 1995). Oldach et al (2001) transformierten *Triticum aestivum* (Weizen) mit einem DNA-Konstrukt, das außer dem Gen für das *Ag*-AFP das Gen für die Class-II-Chitinase und das für das Ribosom-inaktivierende Protein RIPI [beide aus *Hordeum vulgare* (Gerste)] enthielt. Diese transgenen Weizenpflanzen waren resistent gegen den Befall durch *Erysiphe graminis* oder *Puccinia recondita* f. sp. *tritici.*

### 8.4.3. Antimikrobielle Proteine, Peptide und andere Substanzen

Bei den Defensinen und Thioninen handelt es sich um niedermolekulare, Cystein-reiche Peptide (5 kDa), die zunächst aus Samen isoliert worden sind und antimikrobielle Wirkung aufweisen (Evans und Greenland, 1998). Defensine wurden aus *Hordeum vulgare* (Gerste), *Aesculus hippocastanum* (Rosskastanie), *Pentadiplandra brazzeana*, *Raphanus sativus* (Hederich), *Nicotiana tabacum* (Tabak) und *Triticum aestivum* (Weizen) isoliert und charakterisiert (de Samblanx et al, 1997). Transgene Rapspflanzen, die mit einem Defensin-Gen aus *Pisum sativum* (Erbse) transformiert worden sind, zeigten eine erhöhte Resistenz gegen den Befall durch *Leptosphaeria maculans* (Wang et al, 1999). Auch dem Viscotoxin, einem Thionin aus *Viscum album* (Mistel), wird eine fungizide Wirkung zugeschrieben. Mitsuhara et al (2000) zeigten, dass transgene Tabakpflanzen, die mit einem Gen für das bakterielle Peptid Sacotoxin aus *Sarcophaga peregrina* transformiert worden waren, gegen den Befall durch *Rhizoctonia solani* oder *Pythium aphanidermatum* resistent waren. Ebenso erwies sich *Rosa hybrida* (Rose) nach der Transformation mit dem Gen für das Defensin Ace-AMP1 aus *Allium cepa* (Küchenzwiebel) als resistent gegen den Befall durch *Sphaerotheca pannosa* (Li et al, 2003). Durch die Transformation mit Genen von bestimmten Magaininen (Defensine aus der Haut von *Xenopus*) erlangten transgene Tabakpflanzen (Li et al, 2001; de Gray et al, 2001) Resistenz gegen den Befall durch *Peronospora tabacina*, *Aspergillus flavus*, *Fusarium moniliforme* und *Verticillium dahliae.*

Bei Heveinen handelt es sich um Chitin-bindende Proteine von max. 40 Aminosäuren, die vor allem in Samen mancher Pflanzen-Spezies zu finden sind. Zunächst hatten de Bolle et al (1996) wenig Erfolg mit der Transformation von Tabakpflanzen mit Genen für Heveine aus *Amaranthus* und *Mirabilis* zur Etablierung einer Resistenz gegen den Befall durch *Alternaria longipes* oder *Botrytis cinerea*. Erfolgreicher waren Kanrar et al (2002) mit der Transformation von *Brassica juncea* (Serepta-Senpf) und Koo et al (2002) mit der von *Nicotiana tabacum* (Tabak). Diese transgenen Pflanzen waren resistent gegen den Befall von *Alternaria brassicae* bzw. *Phytophthora parasitica.*

Das Ziel, durch Transformation in Pflanzen Resistenz gegen Schadpilze zu erzeugen, gelang Logemann et al (1992) in einem anderen Versuchsansatz. Es ist bekannt, dass in den Samen von etlichen Getreidesorten Proteine vorhanden sind, die unter anderem auf phytopathogene Organismen toxisch wirken. Diese Proteine inhibieren die Proteinsynthese der Schadorganismen durch eine spezifische RNA-N-Glycosidase-Modifikation der 28SrRNA (Endo et al, 1988). Diese Funktion wird bei *Hordeum vulgare* (Gerste) einem Typ-I-Ribosomen-inaktivierendem Protein (RIP) (Leah et al, 1991) und bei *Triticum aestivum* (Weizen) dem Tritin (Coleman und Roberts, 1982) zugeschrieben. Diese RIPs inaktivieren nicht die pflanzeneigenen Ribosomen, sondern nur die von weniger verwandter Arten wie zum Beispiel von Pilzen. Ein chimäres Genkonstrukt aus dem Promotor wunI[102] aus *Solanum tuberosum* (Kartoffel) und dem RIP-Gen aus *Hordeum vulgare* (Gerste) wurde mittels *Agrobacterium*-Transformation in Tabakpflanzen überführt und integriert. Die transgenen Tabakpflanzen, in denen RIP sowohl im Stengel als auch in der Wurzel exprimiert wurde, waren gegen *Rhizoctonia solani* bedeutend resistenter geworden (Abb. 8.51.) (Logemann et al, 1992; Maddaloni et al, 1997); dies traf aber nicht für derart transformierte Weizenpflanzen gegen den Befall durch *Blumeria graminis* zu (Bieri et al, 2000).

In Nachahmung einer Multigen-Resistenz gegen pathogenen Pilzbefall, wie sie auch mit konventionellen Züchtungstechniken vielfach angestrebt wird, haben Jach et al (1995) *Nicoti-*

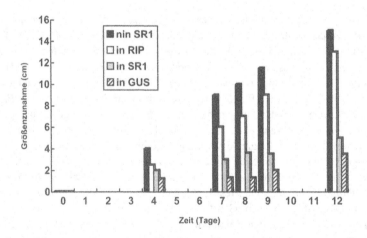

**Abb. 8.51. Wachstum von transgenen Tabakpflanzen (transformiert mit einem chimären Gen aus wunI und RIP-Gen) unter Befallsdruck von *Rhizoctonia solani* (in RIP) während eines Zeitraums von 12 Tagen nach Animpfen des Bodens mit dem Pilz. Im Vergleich dazu sind dargestellt das Wachstum von nicht-transgenen Tabakpflanzen ohne Befallsdruck durch den Pilz (nin SR1), von nicht-transgenen Tabakpflanzen mit Befallsdruck durch den Pilz (in SR1) und von transgenen Tabakpflanzen unter Befallsdruck durch den Pilz, denen aber an Stelle des RIP-Gens das GUS-Gen mittels des Genkonstruktes inseriert wurde (in GUS). (verändert nach Logemann et al, 1992)**

---

[102] Promotor, der durch Läsion pflanzlicher Zellen aktiviert wird

*ana tabacum* (Tabak) mit Genen aus *Hordeum vulgare* (Gerste) für eine Class-I-Chitinase, für eine Class-II-β-1,3-Glucanase und für ein Typ-I-Ribosomen-inaktivierendes Protein in verschiedenen Kombinationen transformiert. Bedingt durch ihre Signalpeptide wurden die Chitinase und die β-1,3-Glucanase in die Intercellularräume der transgenen Tabakpflanzen exportiert; durch Vorschalten eines DNA-Abschnittes für ein Signalpeptid vor das RIP-Gen wurde das RIP ebenfalls exportiert. Bei Co-Expression des RIP und der Chitinase bzw. der β-1,3-Glucanase und der Chitinase wurden die solchermaßen transformierten Tabakpflanzen besser gegen den Befall durch *Rhizoctonia solani* als nach einer Transformation durch nur eines dieser Gene geschützt. In ähnlicher Weise hatten Bieri et al (2003) und Kim et al (2003) mit der Transformation von *Hordeum vulgare* (Gerste) bzw. *Oryza sativa* (Reis) Erfolg. Eine Resistenz gegen den Befall durch *Blumeria graminis* f. sp. *tritici* erhielten die transgenen Gerstenpflanzen durch Insertion eines DNA-Konstrukts mit Genen für ein Typ-I-Ribosomen-inaktivierendes Protein aus *Hordeum vulgare*, eine Barnase, eine Chitinase und/oder eine β-1,3-Glucanase; die transgenen Reispflanzen erwarben eine Resistenz gegen den Befall durch *Rhizoctonia solani*, *Bipolaris oryzae* und *Magnaparthe grisea* durch Integration eines DNA-Konstruktes mit den Genen für ein Ribosomen-inaktivierendes Protein aus *Zea mays* (Mais) und eine Chitinase aus *Oryza sativa*. Die lytische Aktivität des humanen Lysozyms zur Abwehr von Pilzen wurde verschiedentlich für die Transformation von Pflanzen genutzt (Nakajima et al, 1997; Trudel et al, 1995; Takaichi und Oeda, 2000). Transgene Tabak- bzw. Karottenpflanzen wurden auf diese Weise gegen den Befall durch *Erysiphe cichoracearum* bzw. *Erysiphe heraclei* resistent.

Die Verwendung eines Gens für ein Protein mit antiviralen Eigenschaften aus *Pytolacca americana*, das außerdem noch Ribosom-inaktivierende Eigenschaften aufwies, für die Transformation von Tabakpflanzen verhalf diesen zur Resistenz gegen den Befall durch *Rhizoctonia solani* (Wang et al, 1998). Ebenso erfolgreich waren Osusky et al (2000) mit der Transformation von *Solanum tuberosum* (Kartoffelpflanzen) mit dem Gen für ein chimäres Cecropin-Melittin-Peptid. Die transgenen Kartoffelpflanzen waren resistent gegenüber dem Befall durch *Phytophthora cactorum* und *Fusarium solani*. Cary et al (200) konstruierten ein synthetisches Peptid mit antimikrobieller Wirkung und transformierten Tabakpflanzen mit dem entsprechenden Gen; die transgenen Tabakpflanzen waren resistent gegen den Befall durch *Colletotrichum destructivum*. Die Gene für die zwei Cystein-reichen Peptide Heliomicin und Drosomycin mit fungizider Wirkung aus *Drosophila melanogaster* benutzten Banzet et al (2002) zur Transformation von Tabakpflanzen. Diese waren dadurch resistent gegen den Befall durch *Botrytis cinerea* oder *Cercospora nicotianae*. Krishnamurthy et al (2001) gelang es, *Oryza sativa* (Reis) erfolgreich zu transformieren mit dem Gen für ein Puroindolin aus *Triticum aestivum* (Weizen).

Zur Etablierung einer spezifischen Pilz-Resistenz wurde von Kinal et al. (1995) ein völlig anderer Ansatz gewählt. Es ist bekannt, dass der für *Zea mays* (Mais) pathogene Pilz *Ustilago maydis* RNA-Viren enthält, die für *Ustilago maydis*-spezifische Killertoxine kodieren (Koltin und Day, 1975); diese Killertoxine werden nach den drei dafür relevanten *Ustilago*-Subtypen P1, P4 und P6 mit KP1, KP4 bzw. KP6 bezeichnet und sind gegen den sie jeweils »beherbergenden« *Ustilago*-Subtyp nicht toxisch. Die Resistenz gegen KP1, KP4 oder KP6 hängt von dem Vorhandensein dreier nukleärer Gene und ihrer Expression ab. Diese nukleären Resistenz-Gene sind allerdings nur in 10% der Stämme einer natürlichen *Ustilago*-Population zu finden (Day, 1981). Mit Hilfe der *Agrobacterium*-Methode transfomierten Kinal et al. (1995) *Nicotiana tabacum* (Tabak) mit einem chimären Konstrukt aus dem viralen Gen für das *Usti-*

*lago*-Killertoxin KP6, dem der 35S-Promoter des CaMV vorangestellt war. In diesen transgenen Tabakpflanzen wurde das Propolypeptid für KP6 exprimiert und – wie in *Ustilago maydis* – zur α- und β-Untereinheit prozessiert[103]; beide Untereinheiten werden in den Interzellularraum abgegeben. Sowohl die Prozessierung der KP6-Untereinheiten als auch ihre Sekretion in den Interzellularraum wird durch eine pflanzeneigene, Subtilisin-ähnliche Protease ermöglicht. In analoger Weise transformierten Clausen et al (2000) *Triticum aestivum* (Weizen) mit einem DNA-Konstrukt aus der cDNA für das *Ustilago*-Killertoxin KP4 unter der Regie des Ubiquitin-Promotors aus *Zea mays* (Mais). Die Resistenz der transgenen Weizenpflanzen gegen den Befall durch *Tilletia tritici* war in einem kleinräumigen Freilandversuch deutlich erhöht[104,105].

## 8.4.4. Phytoalexine[106]

Phytoalexine sind niedermolekulare Metabolite des pflanzlichen Sekundärstoffwechsels, die antimikrobielle Eigenschaften aufweisen und deren Synthese durch Pathogen-Infektion bzw. von den von pathogenen Organismen abgegebenen Elicitoren induziert wird (Hammerschmidt, 1999; Grayer und Kokubun, 2001). Die Biosynthese der Phytoalexine ist sehr komplex und insofern schwer zugänglich für gentechnische Veränderungen. Es war in Einzelfällen auch nicht möglich, bestimmten Phytoalexinen eine eindeutige Rolle in den pflanzlichen Abwehrmaßnahmen gegen den Pilzbefall zuzuschreiben. Zum Beispiel war eine *Arabidopsis*-Mutante, die nicht zur Synthese des Phytoalexins Camalexin befähigt ist, nicht resistent gegen Befall durch *Alternaria brassicicola*, aber resistent gegen den Befall durch *Botrytis cinerea* (Thomas et al, 1997).

Eine spezifische Wechselbeziehung konnte allerdings in Einzelfällen in der (oft lokal begrenzten) Synthese von bestimmten Phytoalexinen als Reflex auf und zur Resistenz gegen den Befall durch bestimmte Pilze nachgewiesen werden. So reagiert *Vitis vinifera* (Weinstock) auf den Befall durch *Botrytis cinerea* mit der Synthese von Trans-Resveratrol (3,4′,5-Trihydroxystilben). Nach Transformation von *Nicotiana tabacum* wurde das inserierte Stilbensynthase-Gen [in diesem Fall isoliert aus *Arachis hypogaea* (Erdnuss)] konstitutiv exprimiert und die Stilbensynthase am Stoffwechsel beteiligt (Hain et al, 1990), da in Tabakpflanzen wie in vielen anderen Pflanzen die Vorstufen zur Stilben-Synthese natürlicherweise vorhanden sind. Die transgenen Tabakpflanzen erwiesen sich tatsächlich als resistent gegen den

---

[103] Eine Assemblierung der α- und der β-Untereinheit erfolgt weder im Interzellularraum der transgenen Tabakpflanzen noch *in vivo* nach Sekretion aus *Ustilago maydis*; die α-Untereinheit bindet zunächst an der Zellwand sensitiver *Ustilago*-Subtypen und dient damit der β-Untereinheit als »Erkennungszeichen« zum Binden. Erst danach setzt die toxische Wirkung ein (Ginsberg, 1992).

[104] Dieser Freisetzungsversuch konnte erst stattfinden, nachdem die ETH Zürich – aufgrund der zuvor abgegebenen, positiven Stellungnahme der staatlich eingesetzten wissenschaftlichen Expertenrunde – gegen den ablehnenden Bescheid der Zulassungsbehörde beim zuständigen schweizerischen Ministerium Einspruch eingelegt hatte und dieses eine Neubewertung durch die Zulassungsbehörde verlangte.

[105] In einer Begleituntersuchung zu dem Freisetzungsversuch mit den transgenen Weizenpflanzen konnten Romeis et al (2003) in Gewächshausversuchen feststellen, dass diese transgenen Weizenpflanzen keinen Einfluss auf die Population der Collembolen *Folsomia candida* hatten.

[106] Die Synthese von Phytoalexinen (d.i. der Reflex der Pflanze auf spezifische Elicitoren) hängt u.a. entscheidend von der extrazellulären $Ca^{2+}$-Konzentration ab (Tavernier et al, 1995). Mithöfer et al (1999) haben nachgewiesen, dass der rasche Anstieg der cytosolischen $Ca^{2+}$-Konzentration in *Glycine max* (Sojabohne) die erste Stufe der „Abwehr-Kaskade" gegen Pilzbefall darstellt.

Befall durch *Bortrytis cinerae*. Wurde ein Teil dieser (Vor-) Untersuchungen mit der "Modell"-Pflanze vorgenommen, so wandten sich Jeandet et al (2002) den direkten Wechselwirkungen zwischen den wirtschaftlich interessanten Kulturpflanzen, den *Vitaceae,* und ihrem Schadorganismus *Bortrytis cinerae* zu. In einem aufwendigen experimentellen Verfahren konnten sie nachweisen, dass – bei nicht resistenten Spezies der *Vittaceae* – *B. cinerae* befähigt ist, z.B. das Phytoalexin Trans-Resveratrol in wasserunlösliche Verbindungen umzuwandeln und sich damit seiner toxischen Wirkung zu entziehen. Adrian et al (1998) beschreiben braun-gefärbte Einschlüsse in den Vakuolen von *B. cinerea,* die möglicherweise aus solchen Abbauprodukten des Trans-Resveratrol bestehen. Trotz der Aufklärung dieses molekularen Mechanismus ist die Resistenz-Wirkung durch Trans-Resveratrol bei transgenen Pflanzen jeweils im Einzelfall zu überprüfen. Thomzik et al (1997) transformierten *Lycopersicon esculentum* (Tomatenpflanzen) mit dem Gen für die Stilben-Synthase aus *Vitis vinifera* (Wein). Trans-Resveratrol konnte in signifnikanter Menge kurz nach Infektion dieser transgenen Tomatenpflanzen durch phytopathogene Pilze festgestellt werden. Jedoch waren diese transgenen Tomatenpflanzen nur gegen den Befall durch *Phytophthora infestans,* nicht aber gegen den durch *Botrytis cinerae* oder *Alternaria solani* resistent. Wenig erfolgreich war der Versuch von Fettig und Hess (1999), *Triticum aestivum* (Weizen) mit einem DNA-Konstrukt aus dem Gen für die Stilben-Synthase aus *Vitis vinifera* (Wein) unter der Regie des Ubiquitin-Promotors aus *Zea mays* (Mais) zu transformieren; das eingebrachte Insert wurden durch Methylierung inaktiviert. Dagegen konnten Hipskind und Paiva (2000) erfolgreich *Medicago sativa* (Alfalfa) mit einer cDNA für die Resveratrol-Synthase aus *Arachis hypogaea* (Erdnuss) unter der Regie des 35S-Promotors des CaMV transformieren. Interessanterweise exprimierten die transgenen Pflanzen ein Trans-Resveratrol-3-O-β-D-Glucopyranosid. Gegen Infektion durch *Phoma medicaginis* waren diese transgenen Pflanzen resistent. Coutos-Thevenot et al (2001) transformierten *Vitis vinifera* (Wein) mit einem DNA-Konstrukt aus dem Promotor des PR10-Gens von *Medicago sativa* und dem Gen für die Stilben-Synthase (*Vst1*) aus *Vitis vinifera* . Einige der Transformanten zeigten eine bis um das 100fache gesteigerte Anreicherung des Trans-Resveratrol. Diese Transformanten bewiesen eine hohe Resistenz gegenüber *Botrytis cinerea.*

## 8.4.5. Hemmung der pathogenen Virulenz

Die pflanzliche Zellwand ist eine massive Barriere, welche ein phytopathogener Pilz mit seinen Hyphen zunächst überwinden muss, um die betreffenden Pflanzenzellen besiedeln zu können. Zu diesem Zweck werden von dem phytopathogenen Pilz Zellwand-zerstörende Enzyme (Depolymerasen, wie zum Beispiel endo- und exo-Polygalacturonasen (PG), Pectat-Lyasen oder Glucanasen) abgegeben oder Toxine produziert, wie z.B. Oxalsäure (Walton, 1994). Schon frühzeitig konnten Inhibitoren in der pflanzlichen Zellwand gegen diesen enzymatischen „Angriff" identifiziert werden (Stotz et al, 1993 und 1994). Zu ihnen gehören vor allem die (fast) in allen Pflanzen-Spezies vorkommenden Polygalacturonase-Inhibitor-Proteine (PGIP), welche die von den Pilzen exkretierten Polygalacturonasen mit endo/exo-Funktion hemmen (Cook et al, 1999). Die vorrangige Rolle der PIGPs in der Pilzabwehr ist mehrfach belegt: (i) PGs werden beim ersten Kontakt von Pilzhyphe und pflanzlicher Zellwand produziert und sorgen für die „Erweiterung" des Infektionsortes (ten Have et al, 1998), (ii) PIGPs können etliche PGs inhibieren (Yao et al, 1995; Sharrock und Labavitch, 1994), insbesondere solche PGs der weniger aggresiven phytopathogenen Pilze (Abu-Goukh et al, 1993), (iii) bei der Hemmung der PGs durch die PGIPs werden geringe Mengen von Oligomeren der PGs produziert (Cervone et al, 1989), die als Elicitoren den Abwehrmechanismus der Pflanzen

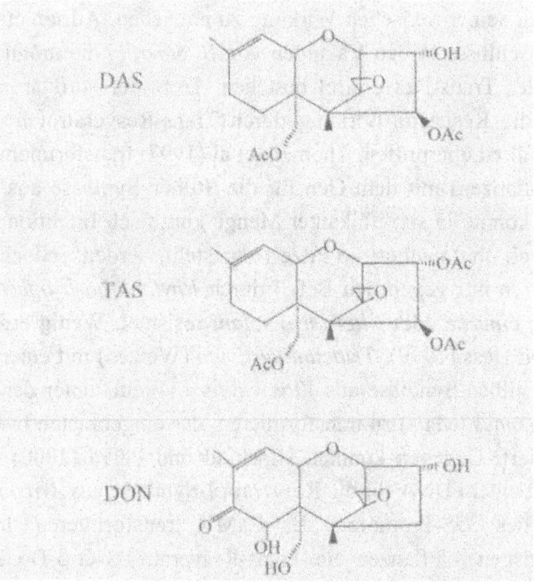

**Abb. 8.52. Molekulare Strukturen der Trichothecene DAS (4,15-Diacetoxyscirpenol), TAS (3,4,15-Triacetoxyscirpenol) und DON (Deoxynivalenol) aus *Fusarium sporotrichioides*. (verändert nach Muhitch et al, 2000)**

(HR) induzieren können und (iv) die Aminosäuresequenzen der PGIPs weisen, wie die der PR-Proteine, Leucin-reiche Sequenzabschnitte (LRR) auf (de Lorenzo et al, 1994, Stotz et al, 1994), die für eine Genotyp-spezifische Pathogen-Resistenz notwendig ist (Staskawicz et al, 1995; Baker et al, 1997). Aufgrund dieser Eigenschaften haben Powell et al (2000) und Desiderio et al (1997) *Lycopersicon esculentum* (Tomatenpflanze) mit einem DNA-Konstrukt transformiert, welches für das PGIP aus *Pyrus communis* (Birnbaum) bzw. aus *Phaseolus vulgaris* (Bohne) kodiert. Die Expression des PGIP-Gens in den transgenen Tomatenpflanzen führte zu widersprüchlichen Ergebnissen. Die mit dem *Pyrus*-PGIP-Gen transformierten Tomatenpflanzen waren gegen den Befall durch *Botrytis cinerea* weitgehend resistent, die mit dem *Phaseolus*-PGIP-Gen transformierten Tomatenpflanzen waren jedoch nicht gegen den Befall durch *Fusarium*, *Botrytis* oder *Alternaria* resistent. Nicht lange nach den Untersuchungen von Desiderio et al (1997) stellte sich heraus, dass die PGIPs der verschiedenen Pflanzen-Spezies die PGs der phytopathogenen Pilze nicht in der gleichen Weise inhibieren können (Cook et al, 1999).

Eine derzeit weitgehend noch hypothetische Methode, den Befall durch phytopathogene Pilze abzuwehren, ist die Transformation von Kulturpflanzen mit Antibody-Genen, deren Expressionsprodukte Virulenzprodukte der Pilze binden können (van Engelen et al, 1994; de

Jaeger et al, 2000; Schillberg et al, 2001). Erste Versuche in diese Richtung sind (a) die Verhinderung der Infektion von Tomatenpflanzen durch *Bortrytis cinerea*, indem die für die Inokulation vorgesehenen Sporen dieses Pilzes mit Antilipase-Antikörpern vermischt worden war (Commènil et al, 1998) oder (b) die Verhinderung der Infektion von Avocado-Früchten durch *Colletotrichum gloeosporioides* durch polyclonale Antikörper gegen die Pectat-Lyase des Pilzes (Wattad et al, 1997).

Die Produktion von phytotoxischen Stoffwechselprodukten (Mycotoxine oder Oxalsäure) durch die phytopathogenen Pilze ist ein weiterer experimenteller Ansatzpunkt, den Abwehrmechanismus der Pflanzen durch deren geeignete Transformation erfolgreich zu verstärken. In dieser Hinsicht sind die Mycotoxine von *Fusarium* (Abb. 8.52.) von besonderem Interesse, da sie bei Vorhandensein in Lebens- oder Futtermitteln eine Gefährdung der Gesundheit von Tieren bzw. Menschen darstellen[107]. Dazu ist das Gen für eine Trichocen-3-O-acetyltransferase, die *Fusarium sporotrichioides* vor den schädlichen Wirkungen der eigenen Mycotoxine durch deren Metabolisierung schützt, geeignet (Muhitch et al, 2000). Die damit transformierten Tabakpflanzen wiesen eine erhöhte Resistenz gegenüber dem Befall durch *Fusarium sporotrichioides* auf.

Mit Zielrichtung auf die „Ausschaltung" von Pilz-Toxinen haben pflanzliche Reduktasen an Bedeutung gewonnen. Zum Beispiel haben Johal und Briggs (1992) nachgewiesen, dass die NADPH-abhängige HC-Toxin-Reduktase von *Zea mays* das HC-Toxin von *Cochliobolus carbonum* inaktivieren kann. Auf diese Untersuchung aufbauend gelang es Hihara et al (1997), das Gen für eine HC-Toxin-Reduktase aus *Oryza sativa* (Reis) zu isolieren. Wenige Jahre später konnten Uchimiya et al (2002) nachweisen, dass *Oryza sativa*, der mit diesem Gen transformiert worden war, gegen den Befall durch *Magnaporthe grisea* resistent war.

Bei den Oxalat-Oxidasen handelt es sich um Glycoproteine, die verstärkt bei der Keimung von Getreidepflanzen oder induziert durch Pilzbefall auftreten. Bei der durch sie bewirkten Metabolisierung von Oxalsäure entsteht $CO_2$ und $H_2O_2$, das den Abwehrmechanismus der Pflanze induzieren kann (einschließlich der Verstärkung der Zellwände) (Brisson et al, 1994). Die Expression des Gens für die Oxalat-Oxidase aus *Hordeum vulgare* (Gerste) in *Brassica napus* (Raps) erbrachte eine gewisse Toleranz gegenüber dem Befall durch *Sclerotinia sclerotiorum* (Thomas et al, 1997). Die Expression des Gens für die Oxalat-Oxidase aus *Triticum aestivum* (Weizen) in *Populus* x *euramericana* verlieh diesen transgenen Pappelpflanzen eine erhöhte Resistenz gegenüber dem Befall durch *Septoria* (Liang et al, 2001); ebenso waren Tomatenpflanzen, die mit einem DNA-Konstrukt transformiert worden waren, welches das Gen für eine Oxalat-Decarboxylase aus *Collybia velutipes* enthielt, resistent gegenüber dem Befall durch *Sclerotinia sclerotiorum* (Kesarwani et al, 2000).

## 8.4.6. Veränderung struktureller Komponenten der Pflanze

Eine der Strategien zum Auffinden von molekularen Mechanismen gegen Pilzbefall besteht auch darin, Gene in Pflanzen zu identifizieren, deren Expressionsprodukte – bei Pilzbefall induziert – zur Verstärkung der Zellwände führen, um den Pilzhyphen das Eindringen in die pflanzlichen Zellen unmöglich zu machen oder mindestens zu erschweren. Derartige

---

[107] Die Bedeutung der Mycotoxine von *Fusarium* als Risiko für die Lebensmittelherstellung wird u.a. dadurch deutlich, dass die »European Natural Toxin Task Force« speziell zum Thema „Trichothecene" eine Workshop im September 2003 in Dublin abgehalten hat.

Zellwandverstärkungen wiesen Rodriguez-Galvez und Mendgen (1995) in *Gossypium barbadense* (Baumwolle) bei Befall durch den Pilz *Fusarium oxysporum* f. sp. *vasinfectum* nach. Die geringfügig gesteigerte Menge an Xyloglucan an der Zellwandoberfläche und die vermehrte Anlagerung von Callose soll aber nach diesen Untersuchungen den Verlauf der Pilzinfektion nicht beeinträchtigt haben. Dem widersprechen die Untersuchungen von Belfa et al (1996) an transgenen Tabakpflanzen, die mit dem Gen für eine β–1,3-Glucanase aus *Nicotiana tabacum* (Tabak) in Antisense-Orientierung transformiert worden waren. Bei Expression des Inserts sank der Gehalt an β–1,3-Glucanase und stieg derjenige der Callose. Der erhöhte Callose-Gehalt dieser transgenen Tabakpflanzen bedingte einen erhöhten Schutz gegen Pathogenbefall [in diesen Untersuchungen allerdings gegen die Infektion durch den tobacco mosaic virus (TMV)]. Einen indirekten Beweis dafür, dass die Einlagerung von Callose zur Abwehr des Pilzbefalls eingesetzt wird, gelang Donofria und Delaney (2001). Sie transformierten *Arabidopsis thaliana* (Ackerschmalwand) mit einem Gen für eine Salicylat-Hydroxylase. Diese transgenen Pflanzen, die eine geringere Callose-Einlagerung in den Zellwände im Umfeld der Haustorien von *Peronospora parasitica* aufwiesen und bei denen außerdem die Expressionsrate des PR1-Gens vermindert war, konnten leichter von diesem Pilz befallen werden als der Wildtyp. Offensichtlich ist die Callose-Synthese über Salicylsäure als Vermittler in den pflanzlichen Abwehrmechanismus mit einbezogen. Diese Callose-Einlagerungen in die Zellwand dienen auch der Ausbildung der sogenannter Papillen, indem sie unter Vermittlung einer Peroxidase mit Phenolderivaten etwa 3 bis 6 Stunden nach dem Pathogen-Befall verknüpft werden (Skou et al, 1984; Aist et al, 1988). Der Versuch von Kristensen et al (1997), *Nicotiana tabacum* (Tabak) durch Transformation mit dem Gen für eine Peroxidase aus *Hordeum vulgare* (Gerste) eine erhöhte Resistenz gegen *Erysiphe cichoracearum* zu vermitteln, schlug jedoch fehl.

Die zusätzliche Einlagerung von Lignin in die Zellwand am Infektionsort hat sich bei vielen Pflanzen als erfolgreiche Abwehr der weiteren Pilzinfektion erwiesen (Nicholsen und Hammerschmidt, 1992). Für die Polymerisation der Phenolderivate zum Lignin ist eine Peroxidase notwendig; durch Transformation von *Solanum tuberosum* (Kartoffel) mit einem Gen für eine Tryptophan-Carboxylase konnte so in den Tryptophan-Stoffwechsel eingegriffen werden, dass der Gehalt an Phenolderivaten und des Lignins abgesenkt wurde (Yao et al, 1995). Damit einhergehend nahm die Anfälligkeit dieser transgenen Kartoffelpflanzen für *Phytophthora infestans* zu. Ebenso konnte durch Hemmung der Phenylalanin-Ammoniumlyase[108] (Eingriff in den Phenylpropanoidstoffwechsel) in transgenen Tabakpflanzen ihre Anfälligkeit für *Cercospora nicotianae* erhöht werden (Maher et al, 1994). Wurde *Nicotiana tabacum* (Tabak) mit dem Gen für eine Phenylalanin-Ammoniumlyase aus *Stylosanthes humilis* transformiert, so zeigten dieses transgenen Tabakpflanzen eine hohe Resistenz gegenüber dem Befall durch *Phytophthora parasitica* var. *nicotianae* (Way et al, 2002). Andererseits hatte die Überexpression eines Peroxidase-Gens aus *Cucumis sativa* (Gurke) in transgenen Kartoffelpflanzen keine Auswirkung auf ihre Lignineinlagerung und erhöhte auch nicht ihre Resistenz gegenüber *Fusarium sambucinum* oder *Phytophthora infestans* (Ray et al, 1998). Durch die Überexpression des Gens für eine anionische Peroxidase aus *Nicotiana tabacum* in transgenen Tomatenpflanzen wurde zwar die Wandeinlagerung von Lignin erhöht; dies hatte aber nicht die Erhöhung der Resistenz gegen *Fusarium oxysporum* und *Verticillium dahliae*

---

[108] Da durch die Phenylananin-Ammoniumlyase auch die Vorstufen zur Synthese der Salicylsäure (Vermittler der SAR) bereitgestellt werden, ist es nicht verwunderlich, dass bei Drosselung der Aktivität dieses Enzyms in transgener *Arabidopsis thaliana* (Ackerschmalwand) ihre Resistenz gegenüber *Peronospora parasitica* herabgesetzt ist (Mauch-Mani et al, 1996).

zur Folge (Lagrimini et al, 1993). Eine gesteigerte Lignineinlagerung in die Zellwände konnte in transgenen Tabakpflanzen durch die Expression des Gens für die Indolessigsäure (Wachstumshormon) (Sitbon et al, 1999) oder in transgenen Kartoffelpflanzen durch die Expression des Gens für eine $H_2O_2$-entwickelnde Glucose-Oxidase aus *Aspergillus niger* (Wu et al, 1995 und 1997) erreicht werden. Zwar war die Resistenz dieser transgenen Kartoffelpflanzen gegenüber *Phytophthora infestans*, *Alternaria solani* und *Verticillium dahliae* gesteigert, Wachstum und Entwicklung waren jedoch beeinträchtigt (Lagrimini et al, 1997).

Eine Modifizierung der Zellwandzusammensetzung wird bei Pilzbefall eingeleitet durch eine gesteigerte Expression bestimmter Gene bei gleichzeitig geminderter Expression anderer Gene (Sheng et al, 1990). Wird *Phaseolus vulgaris* (Bohne) von *Colletotrichum lindemuthianum* befallen, so wird die Transkription für das Prolin-reiche Zellwandprotein PvPRP1 der Bohne stark gehemmt (Zhang et al, 1993). Diese Hemmung wird durch die Bindung eines Proteins mit einem Molekulargewicht von 50 kDa bewirkt, das sich an das Transkript für das PvPRP1 anlagert (Zhang und Mehdy, 1994). Die Transkription für das PvPRP1-BP wiederum wird durch den Pilzbefall über Elicitoren bewirkt. Die Verminderung des PvPRP1 wird als Abwehrstrategie gegen den Pilzbefall als sinnvoll erachtet, da dieses Protein weniger zur Quervernetzung innerhalb der Zellwand der Bohnenzellen beiträgt als andere Prolin-reiche Glycoproteine, deren Synthese im Gegensatz zu PvPRP1 bei Pilzbefall deutlich gesteigert ist (Sheng et al, 1990).

8.4.7. Aktivierung des pflanzlichen Abwehrsystems

Maßgebliche Aktivatoren des pflanzlichen Abwehrsystems können Elicitoren sein, die von den in das pflanzliche Gewebe eindringenden phytopathogenen Pilzen abgegeben werden. Diese Elicitoren können die Überempfindlichkeitsreaktion (HR) der befallenen Pflanze, die Expression der PR-Proteine sowie die der Phytoalexine auslösen (Heath, 2000; Shirasu und Schulze-Lefert, 2000). Keller et al (1999) haben das Gen für den Elicitor Cryptogein (ein basisches Protein mit einer Sequenz von nur 98 Aminoäsuren) aus *Phytophthora cryptogea* isoliert und damit *Nicotiana tabacum* (Tabak) transformiert, wobei sie das Cryptogein-Gen unter die Kontrolle eines Pathogen-induzierbaren Promotors stellten. Damit erreichten sie für die transgenen Tabakpflanzen Resistenz gegenüber dem Befall durch *Phytophthora parasitica*, *Thielaviopsis basicola*, *Botrytis cinerea* und *Erysiphe cichoracearum*. Kamoun et al (1998) zeigten, dass der Elicitor INF1 aus *Phytophthora infestans* in dem Wechselspiel zwischen diesem Phytopathogen und *Nicotiana tabacum* (Tabak) als Avr-Faktor agiert. Durch die Expression des *AVR9*-Gens aus *Cladosporium fulvum* in transgenen Tomatenpflanzen, welche das Gen *Cf-9* enthielten, wurde eine erhöhte Resistenz erreicht (Hammond-Kosack et al, 1994; Honée et al, 1995). Andererseits traten die typischen Blatt-Läsionen bei Tabakpflanzen ohne Infektion durch einen phytopathogenen Pilz auf, die mit dem Gen für das Bacterio-Opsin aus *Halobacterium halobium* transformiert worden waren (Mittler et al, 1995). Transgene Kartoffelpflanzen, die mit dem Gen für das Bacterio-Opsin transformiert worden waren, waren dadurch resistent gegen den Befall durch *Phytophthora infestans*, nicht aber gegen den durch *Erwinia carotovora* (Abad et al, 1997), während andererseits derartig transformierte Pappeln vollständig resistent waren (Mohamed et al, 2001). Takahashi et al (1997) aktivierten das pflanzliche Abwehrsystem in transgenen Tabakpflanzen dadurch, dass sie die Tabakpflanzen mit einem Antisense-Konstrukt des Gens für eine Katalase transformiert hatten. Allerdings wurde in diesen transgenen Tabakpflanzen nicht nur die Synthese der PR-Proteine induziert, sondern sie entwickelten auch die Befall-typischen Blattnekrosen.

Ein weiterer Auslöser des pflanzlichen Abwehrsystems ist $H_2O_2$, das zum Beispiel durch die Aktivität der Glucose-Oxidase entstehen kann. $H_2O_2$ hemmt das Wachstum pathogener Pilze (Wu et al, 1995; Jacks et al, 1999) und induziert die Synthese der PR-Proteine, der Salicylsäure, des Äthylens und der Phytoalexine (Wu et al, 1997; Chamnongpol et al, 1998; Mehdy, 1994). Transgene Baumwoll-, Tabak- und Kartoffelpflanzen mit einer erhöhten $H_2O_2$-Konzentration waren resistent gegen den Befall durch *Rhizoctonia solani* (Murray et al, 1999), *Verticillium dahliae* (Murray et al, 1999; Wu et al, 1995 und 1997), *Phytophthora infestans* (Yu et al, 1999) oder *Alternaria solani* (Wu et al, 1995 und 1997). Rajasekaran et al (2000) transformierten Tabakpflanzen mit einem Gen für eine Chloroperoxidase aus *Pseudomonas pyrrocinia* und erreichten damit eine hohe Resistenz gegen den Befall durch *Colletrichum destructivum*.

Weitere Aktivatoren des pflanzlichen Abwehrsystems sind Salicylsäure, Äthylen und Jasmonsäure (Dempsey et al, 1999). Mit entsprechend transformierten Tabakpflanzen konnte Resistenz gegen *Phytophthora parasitaca*, *Cercospora nicotianae*, *Perenospora parasitica* oder *Odium lycopersicon* erreicht werden. Belbahri et al (2001) transformierten Tabakpflanzen mit einem DNA-Konstrukt aus dem Pathogen-induzierbaren Promotor des PR-Protein-Gens *hsr203J* des Tabaks und dem Gen für den Elicitor popA aus *Ralstonia solanacearum*. Da popA seinerseits *hsr203J* zur Expression induziert, kommt es bei Pathogen-Befall an der Befallsstelle zur schnellen Anhäufung des popA. Dadurch wird lokal begrenzt sehr schnell die HR ausgelöst.

Mene-Saffrane et al (2003) gelang es, Tabakpflanzen erfolgreich gegen den Befall durch *Phytophthora parasita* var. *nicotianae* zu transformieren. Dafür übertrugen sie ein DNA-Konstrukt, welches das Gen für eine Lipoxygenase aus *Nicotiana tabacum* enthielt.


8.4.8. Resistenz-Gene

Die Expressionsprodukte der Resistenz-Gene (R-Gene) fungieren entweder als Rezeptoren für die pathogenen Avr-Faktoren oder erkennen die Avr-Faktoren indirekt über einen Co-Rezeptor (Staskawicz et al, 1995). Diese Gen-Gen-Interaktion beeinflusst mindestens eine Signaltransduktionskette, die den pflanzlichen Abwehrmechanismus gegen den Befall durch Pathogene auslöst (Hammond-Kosack und Jones, 1996; de Wit, 1997). Dieser Abwehrmechanismus umfasst die Entwicklung der Überempfindlichkeitsreaktion (HR), die Expression der PR-Proteine, die Anreicherung von Salicylsäure und die Entwicklung der SAR (Kombrink und Schmelzer, 2001). In vielen Fällen sind bei der Signal-Übertragung Äthylen und Jasmonsäure beteiligt (Dong, 1998).

Die R-Gene von *Lycopersicon esculentum* (Tomate), *Nicotiana tabacum* (Tabak), *Oryza sativa* (Reis), *Linum usitatissimum* (Flachs), *Arabidopsis thaliana* (Ackerschmalwand) und etlicher anderer Spezies sind identifiziert worden. Ihre Expressionsprodukte zeichnen sich durch einige Gemeinsamkeiten aus; sie besitzen mit einer Domäne mit Serin- oder Threonin-Kinase-Aktivität, einer Nukleotid-Bindungsstelle und einem Leucin-reichen Sequenzbereich die Eigenschaften von spezifischen Rezeptoren (Takken und Joosten, 2000). Das *Hm1* R-Gen von *Zea mays* (Mais) ist allerdings eine Ausnahme, indem es für eine NADPH-abhängige Reduktase kodiert; dieses Enzym inaktiviert das Toxin von *Cochliobolus carbonum* (Johal und Briggs, 1992). Viele der R-Gene gehören zu den nah miteinander verwandten Multigen-Familien *cf4* bis *cf9* und verleihen mit ihren Expressionsprodukten Resistenz gegen *Cladosporium fulvum* (Thomas et al, 1997).

Verschiedene Rassen von *Cladosporium fulvum*, die das Avirulenz-Gen *avr9* besitzen, bewirken eine Elicitorsynthese in bestimmten Linien von *Lycopersicon esculentum* (Tomate), die das R-Gen *Cf9* enthalten. Werden *Cf9*-Tomatenpflanzen mit *avr9* transformiert und ist *avr9* ein Promotor vorgeschaltet, der durch ein breites Spektrum von phytopathogenen Pilzen im Bereich der Befallsstelle der Pflanze aktiviert wird, so resultiert aus der Interaktion von *avr9* und *Cf9* die Ausbildung einer lokalen Nekrose, die unter Umständen den Befallsort isoliert (de Wit, 1992). Honée et al (1995) transformierten *Nicotiana tabacum* (Tabak) mit jeweils einem der folgenden drei *avr9*-Konstrukte: *AVIR1* enthielt die kodierende Sequenz für das *avr9*-Preproprotein von 63 Aminosäuren, *AVIR2* enthielt die kodierende Sequenz für die Signalsequenz des PR-S sowie die für das *avr9*-Proprotein von 40 Aminosäuren und *AVIR21* enthielt die kodierende Sequenz für die Signalsequenz des PR1a sowie für das prozessierte *avr9*-Protein. *AVIR1*, *AVIR2* und *AVIR21* waren jeweils der 35S-Promotor des CaMV und die RNA4-Leadersequenz des alfalfa mosaic virus vor- sowie die Terminatorsequenz des Nopalinsynthase-Gens nachgeschaltet. Die transgenen Tabakpflanzen exprimierten bei unverändertem Phänotyp *avr9* von *Cladosporium fulvum*. Die spezifische Nekrose-auslösende Aktivität und das Molekulargewicht des in den transgenen Tabakpflanzen produzierten AVR9 stimmten mit denen des AVR9 überein, das bei Infektion durch *Cladosporium fulvum* in Tomatenpflanzen vorgefunden wird. Werden Tomatenpflanzen, die das *Cf9*-Gen nicht besitzen (= *Cf0*), mit dem Konstrukt *AVIR21* transformiert, so zeigt sich bei ihnen keine phänotypische Veränderung. Werden diese *Cf0*-Transformanten mit dem *Cf9*-Wildtyp gekreuzt, so zeigen die Nachkommen eine geringe Wuchsfreudigkeit, die Ausbildung von Nekrosen und nur kurze Lebensdauer.

Nach Transformation von *Nicotiana tabacum* (Tabak) mit *AVIR21* konnten Honée et al (1995) AVR9 in den transgenen Tabakpflanzen extrazellulär nachweisen; die Prozessierung des AVR9-Precursors erfolgt also auch durch das Protease-System der Tabakpflanzen. Es sollte beachtet werden, dass derartige heterologe Mechanismen nicht obligat anzutreffen sind. In *Lycopersicon esculentum* (Tomate), die mit dem Gen für das Prohevein aus *Hevea brasiliensis* (Kautschukbaum) transformiert wurde, konnte das exprimierte Preprohevein[109] nur in geringer Rate zum Prohevein und überhaupt nicht zum Hevein prozessiert werden (Lee und Raikhel, 1995). Das Prohevein akkumulierte in den Zellen der transgenen Tabakpflanzen und verhalf aufgrund der Chitinase-Aktvität des Hevein-Anteils (?) diesen Transformanten zur Resistenz gegen den Befall durch *Trichoderma hamatum*.

Es gibt etliche weitere Beispiele für die Expression von R-Genen in transgenen Pflanzen. Aus der Wild-Kartoffel *Solanum bulbocastanum* wurde das Cluster *RB* vom Chromosom 8 isoliert, das vier verschiedene R-Gene enthält (Song et al, 2003). Mit einem dieser R-Gene wurde *Solanum tuberosum* (Kartoffelpflanze) transformiert; sie erwies sich als resistent gegen den Befall durch *Phytophthora infestans*. Mit der Überexpression des R-Gens *HRT* aus *Arabidopsis thaliana* lässt sich in transgenen Tabak-Pflanzen zwar eine Resistenz gegen die Infektion durch den turnip crinkle virus (TCV) erreichen, nicht aber gegen den Befall durch

---

[109] Das Preprohevein besteht aus einem Signalpeptid von 17 Aminosäuren, dem Hevein von 43 Aminosäuren und einem C-terminalen Protein von 144 Aminosäuren, das dem PR-4 aus *Nicotiana tabacum* (Tabak) bzw. dem P2 aus *Lycopersicon esculentum* (Tomate) entspricht.

*Peronospora tabacina* (Cooley et al, 2000). Wang et al (1999) benutzten das Gen *DRR206* aus *Pisum sativum* (Erbse) zur Transformation von *Brassica napus* (Raps); die Expression von *DRR206* wird in *Pisum sativum* bei Befall durch phytopathogene Organismen, insbesondere durch deren Elicitoren induziert. Die transgenen Rapspflanzen waren resistent gegen den Befall durch *Leptosphaeria maculans*[110], dem Erreger der „Schwarzbeinigkeit". Auch gegen den Befall durch *Rhizoctonia solani* oder *Sclerotinia slerotiorum* war ihre Resistenz erhöht (Wang und Fristensky, 2001). Mit *HcrVf2* aus *Cladosporium fulvum* [weitgehend homolog zu dem R-Gen *Vf* aus *Malus floribunda* (Wildapfel)] konnte der Apfelsorte Gala Resistenz gegen den Apfelschorf vermittelt werden (Belfanti et al, 2004).

## 8.5. Bakterien-Resistenz

Die meisten phytopathogenen Bakterien gehören zu den Genera *Clavibacter*, *Erwinia*, *Pseudomonas* oder *Xanthomonas*. Im Gegensatz zu der Interaktion zwischen *Agrobacterium* und Pflanzen (Kapitel 4.1.) kann davon ausgegangen werden, dass die entscheidende Interaktion zwischen phytopathogenen Bakterien und ihrem Umfeld über Homoserin-Lacton erfolgt. Steigt der intrazelluläre Gehalt an Homoserin-Lacton an, so kommt es in den Bakterien zur Expression von Genen, die für pektolytische Enzyme kodieren (Jones et al, 1993; Pirhonen et al, 1993; Wharam et al, 1995). Wegener et al (1996) versuchten, *Solanum tuberosum* (Kartoffelpflanze) durch Transformation mit dem Gen für eine Pektatlyase (PL3) aus *Erwinia carotovora* subsp. *atroseptica* gegen dieses phytopathogene Bakterium resistent zu machen. Das PL3-Gen stellten Wegener et al (1996) entweder unter die Kontrolle des konstitutiv exprimierenden 35S-Promotor des CaMV[111] oder nur unter die Kontrolle des in den Kartoffelknollen exprimierenden Patatin-Promotor B33 aus *Solanum tuberosum*. Dementsprechend wurde PL3 in hoher Rate in transgenen Kartoffelpflanzen mit dem B33-PL3-Konstrukt in den Kartoffelknollen und mit dem 35S-PL3-Konstrukt in den Blättern exprimiert. Die Resistenz der transgenen Kartoffelpflanzen gegen *Erwinia*-Befall war erhöht.

Es ist bekannt, dass etliche Pflanzen auf die Infektion von phytopathogenen Bakterien mit der Überempfindlichkeitsreaktion (HR) reagieren (Maher et al, 1994) [u.a. Synthese von Phenylalanin-Ammoniumlyase (PAL), Chalconsynthase (CHS), Chalconisomerase (CHI) (Jakobek und Lindgren, 1993), ß-1,3-Glucanase (Dong et al, 1991) und/oder Proteinase-Inhibitor I und II (Pautot et al, 1991)]. Diese Abwehrmechanismen benötigen nur die Zeitdauer von wenigen Stunden, um mittels Transkription und Translation die entsprechenden Proteine zur Abwehr der Bakterien bereitzustellen. Interessanterweise können etliche phytopathogene Bakterien die Etablierung dieser Abwehrmechanismen unterbinden oder verzögern. So wird in *Phaseolus*-Pflanzen vom Cultivar Red Mexican bei Befall durch einen Stamm von *Pseudomonas syringae* pv *phaseolicola* innerhalb von 3 bis 6 Stunden die Transkriptionsrate für die CHI stark gesteigert, während diese bei Einsatz eines anderen *Pseudomonas*-Stammes auf 20 bis 24 Stunden hinausgezögert wird (Voisey und Slusarenko, 1989). Jakobek et al (1993) gelang es nachzuweisen, dass nach Beimpfung mit *Pseudomonas syringae* pv *phaseolicola*, Stamm NP3121, in *Phaseolus vulgaris* (Bohne) die Transkription für PAL, CHS und CHI

---

[110] synonym zu *Phoma lingam*
[111] cauliflower mosaic virus

während der folgenden 5 Tage nicht gesteigert wurde. Ebenso wird die Phytoalexinsynthese unter diesen Bedingungen in den Bohnenpflanzen stark gehemmt (Abb. 8.53.).

Diese Hemmung der Phytoalexinsynthese und die Transkriptionssteigerung für PAL, CHS und CHI wie auch die Überempfindlichkeitsreaktion sind nicht miteinander zwingend verknüpft. Bei Befall von Bohnenpflanzen durch die Hrp⁻-Mutante Pfl1528::Hrp1 von *Pseudomonas syringae* pv *tabaci* bleibt die Überempfindlichkeitsreaktion aus, die Induktion der Phytoalexinsynthese dagegen erfolgt (Abb. 8.54.) (Jakobek und Lindgren, 1993). Auch bei Beimpfung von Tabakpflanzen, die mit einem Konstrukt aus dem CHS-Gen und dem β-Glucuronidase-Gen transformiert worden waren, mit dem virulenten Stamm K60 bzw. mit dem avirulenten Stamm B1 von *Pseudomonas solanacearum* ergab sich, dass der CHS-Promotor des inserierten chimären Gens durch den Bakterienbefall in verschiedener Weise aktiviert wurde (Huang und McBeath, 1994). In beiden Fällen war die induzierte Genaktivität auf den von *Pseudomonas solanacearum* infiltrierten Blattbereich der transgenen Tabakpflanzen beschränkt. Jedoch war bei Befall durch den Stamm B1 die Schnelligkeit der Geninduktion größer sowie das Niveau der Genexpression höher als bei dem Befall durch den Stamm K60. Selbst bei Verwendung von durch Hitze inaktivierten Pseudomonaden beider Stämme wurde das in das Genom der Tabakpflanzen inserierte Gen zur Expression induziert.

Insgesamt sind die Mechanismen der Beeinflussung oder Induktion zwischen *Pseudomonas*-Stämmen und Höheren Pflanzen in allen Einzelheiten noch nicht völlig verstanden. Zahlreiche Versuche wurden bereits unternommen, mit Hilfe genetischer Information aus diesem Bakterium resistente Tabakpflanzen zu erzeugen. Anzai et al (1988) haben mit dem Gen für eine Acetyltransferase aus *Pseudomonas syringae* pv. *tabaci* Tabakpflanzen transformiert und damit diesen Resistenz gegen die „Wildfeuer" genannte Krankheit vermittelt, die von diesem Bakterium in Tabakpflanzen hervorgerufen wird. Eine weitere Möglichkeit, einen molekularen Mechanismus zur Etablierung einer Resistenz gegen Bakterien in Pflanzen einzuführen, kann die genauere Aufklärung der Gen-Gen-Interaktion zwischen *Arabidopsis* mit seinem Resistenz-Gen RPS2 und den Avirulenzgenen avrRpt2, avrB und avrRpm1 von *Pseudomonas syringae* (Kunkel et al, 1993) bzw. zwischen dem Pto/Prf von *Lycopersicon esculentum* (Tomate) und dem Avirulenzgen avrPto von *Pseudomonas syringae* pv tomato (Salmeron et al, 1994) erbringen. Thilmony et al (1995) haben bereits *Nicotiana tabacum* (Tabak) mit dem Pto aus *Lycopersicon esculentum* (Tomate) transformiert. Bei Befall durch *Pseudomonas syringae* pv *tabaci* zeigten die transformierten Tabakpflanzen eine beschleunigte Überempfindlichkeitsreaktion, eine verminderte Ausbildung der Schadsymptome und eine verminderte Wachstumsrate des phytopathogenen Bakteriums.

In einer Reihe von Untersuchungen wurde versucht, einzelne Komponenten aus dem Beziehungssystem zwischen phytopathogenen Bakterien und Pflanzen für die Erhöhung ihrer Resistenz zu verwenden. So transformierten Shen et al (2000) *Nicotiana tabacum* (Tabak) mit dem Avirulenz-Gen *hrmA* aus *Pseudomonas syringae* pv. *syringae* und machten damit die transgenen Tabakpflanzen resistent gegen den Befall durch *Pseudomonas syringae* pv. *tabaci* (Erreger des „wild fire"). Von diesem phytopathogenen Bakterium ist bekannt, dass es das Tab-Toxin produziert und in das befallene pflanzliche Gewebe abgibt. Dort wird das Tab-Toxin durch Spaltung zum Tab-Toxin-β-Lactam prozessiert, das die Glutaminsynthetase der befallenen Pflanze inhibiert, damit zur Anreicherung von Ammonium und schließlich zum Zelltod führt. Gegen die Wirkung des Tab-Toxins ist *Pseudomonas syringae* pv. *tabaci* durch sein Tab-Toxin-Resistenzgen *ttr* geschützt (Turner und Debbage, 1982). Ein entsprechendes

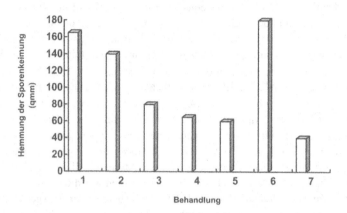

**Abb. 8.53. Unterdrückung der Phytoalexinanreicherung in *Phaseolus vulgaris* (Bohne) durch *Pseudomonas syringae* pv *phaseolicola*, Stamm NPS3121. Bohnenpflanzen wurden mit NPS3121 in verschiedenen Konzentrationen von $10^4$ bis $10^9$ Zellen/ml oder sterilem $H_2O$ infiltriert und für 8 Stunden inkubiert. Anschließend erfolgte bei den Proben 1 bis 6 eine Infiltration der Bohnenpflanzen mit *Pseudomonas syringae* pv. *tabaci* Pt11528 in einer Konzentration von $10^8$ Zellen/ml und eine weitere Inkubation von 8 Stunden. Extrakte der Blätter wurden dann in einem Biotest untersucht (Hemmung der Sporenkeimung von *Cladosporium*, Flächenangabe der Hemmzone in $mm^2$). 1 = $10^4$ Zellen/ml; 2 = $10^5$ Zellen/ml; 3 = $10^7$ Zellen/ml; 4 = $10^8$ Zellen/ml; 5 = $10^9$ Zellen/ml; 6 = $H_2O$; 7 = zweimalige $H_2O$-Infiltration. (verändert nach Jakobek et al, 1993)**

Entgiftungssystem für die Albicidine von *Xanthomonas albilineans* besitzt *Pantoea dispera* mit dem Resistenzgen *albD* (Zhang und Birch, 1997). Batchvarova et al (1998) haben Tabakpflanzen mit dem *ttr* transformiert und sie damit gegen *Pseudomonas syringae* pv. *tabaci* resistent gemacht; ebenso gelang Zhang et al (1999) die Transformation von Zuckerrohrpflanzen mit *albD* und damit die Etablierung ihrer Resistenz gegen *Xanthomonas albilineans*. Auch die Verwendung eines anderen bakteriellen Gens zur Transformation von Pflanzen war erfolgreich; es handelt sich dabei um das Gen für Bacterio-Opsin (bO) aus *Halobacterium halobium*. Werden Tabak- oder Kartoffelpflanzen mit dem bO-Gen transformiert, so werden bei seiner konstitutiven, hohen Expression die Synthese der PR-Proteine und die der Salicylsäure aktiviert (Mittler et al, 1995; Abad et al, 1997), außerdem aber auch Schadsymptome ausgebildet. Deshalb haben Keller et al (1999), McNellis et al (1998) und Rizhsky und Mittler (2001) dem bO-Gen induzierbare Promotoren vorangestellt, um nur bei einer tatsächlichen Infektion durch phytopathogene Bakterien die Überempfindlichkeitsreaktion der Pflanze deutlich gesteigert und schneller auslösen zu können.

Khush et al (1990) haben aus *Oryza longistaminata* (Wildform des Reises) das Resistenz-Gen Xa21 gegen den bakteriellen Mehltau isoliert. Von der aus Xa21 abgeleiteten Aminosäuresequenz des Expressionsproduktes kann man auf einen Rezeptor schließen, der als Kinase-ähnliches Protein über Leucin-reiche Abschnitte[112] in einer extrazellulären Domäne, über eine Trans-Membran-Domäne und über eine intrazelluläre Domäne mit einer Serin-Threonin-Kinase verfügt (Song et al, 1995). Mit Xa21-Inserts transformierte Kultur-Reissorten erweisen

---

[112] Leucine rich repeat (LRR)

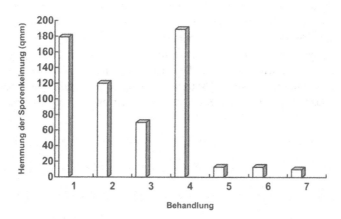

**Abb. 8.54. Akkumulation von Phytoalexinen in *Phaseolus vulgaris* (Bohne) nach Infektion mit verschiedenen Bakterienstämmen. Die Wirkung des jeweils verwendeten Bakterienstammes wurde 8 Stunden nach Infiltration durch einen Biotest bestimmt (siehe Legende zu Abb. 8.53.) 1 = *Pseudomonas syringae* pv. *tabaci* Pt11528; 2 = *P.syringae* Pt11528::Hrp1; 3 = *P. syringae* pv. *tabaci* Pt11528 behandelt mit Neomycin; 4 = *Pseudomonas fluorescens* Pf101; 5 = *P. syringae* NPS3121; 6 = $H_2O$ (geerntet direkt nach der Infiltration); 7 = $H_2O$ (geerntet 8 Stunden nach der Infiltration). (verändert nach Jakobek und Lindgren, 1993)**

sich als resistent gegen die Infektion durch *Xanthomonas oryzae* pv. *oryzae* (Wang et al, 1996; Tu et al, 1998; Zhang et al, 1998). Gerade dieser Erfolg bewegte Tang et al (2001) dazu, Kultur-Reissorten mit einem anderen Resistenz-Gen zu versehen. Dazu benutzten sie das Gen für das Ferredoxin-ähnliche amphipathische Protein AP1 aus *Capsicum annuum* (Lin et al, 1997), das bei Infektion durch *Pseudomonas syringae* pv. *syringae* die normalerweise ausgelöste Überempfindlichkeitsreaktion der befallenen Pflanze erübrigt und den Austransport eines Elicitors, des Proteins Harpin$_{Pss}$, bewirkte. Kultur-Reissorten, die mit dem *AP1*-Gen transformiert worden waren, erwiesen sich ebenfalls als resistent gegen die Infektion durch *Xanthomonas oryzae* pv. *oryzae*. Durch die Transformation der Kultur-Reissorten sowohl mit *Xa21*- als auch dem *AP1*-Gen wird es (vermutlich) in Zukunft möglich sein, ihre Resistenz gegenüber *Xanthomonas oryzae* pv. *oryzae* aufrecht zu erhalten.

Verschiedentlich wurde versucht, Pflanzen durch Transformation mit einem Lysozym-Gen gegen Bakterienbefall resistent zu machen. Ein aus wirtschaftlicher Sicht lohnendes Objekt ist der Schutz von *Solanum tuberosum* (Kartoffel) vor dem Befall durch *Erwinia carotovora*. Dieses Bakterium ruft die Nassfäule der Kartoffelknollen bzw. die sogenannte Schwarzbeinigkeit der Kartoffelpflanzen hervor. Dazu dringt *Erwinia carotovora* über Wundläsionen in die Kartoffelpflanzen ein und verbreitet sich interzellulär. Die Zellwände und ganze Gewebeverbände der befallenen Kartoffelpflanzen werden enzymatisch mazeriert. Zur Abwehr der Infektion durch *Erwinia carotovora* wurde mit Hilfe der *Agrobacterium*-Transformation ein Genkonstrukt aus dem 35S-Promotor des CaMV, dem Genabschnitt für das Signalpeptid der α-Amylase aus *Hordeum vulgare* (Gerste) und dem Gen für Lysozym aus dem Bakteriophagen T4 in das Genom von *Solanum tuberosum* eingebracht (Düring et al,

1993). Das Einfügen des Signalpeptids der α-Amylase soll sicherstellen, dass nach Expression dieses chimären Gens das T4-Lysozym auch tatsächlich von den synthetisierenden Pflanzenzellen in die Interzellularen der Pflanze abgegeben wird und damit die dort möglicherweise eingedrungenen Bakterien lysiert. Um die Resistenz solcher transgener Kartoffelpflanzen gegen Bakterieninfektion zu testen, wurden Scheiben aus den Knollen mit Erwinia carotovora atroseptica beimpft und in den darauf folgenden 12 Tagen die Mazeration dieser Scheiben quantitativ erfasst. In Abb. 8.55. ist dieser Mazerationsverlauf für Knollenscheiben der zwei nicht-transgenen Kartoffel-

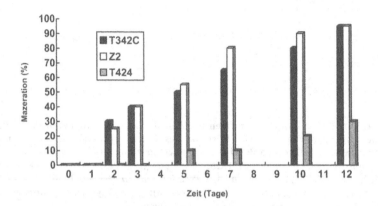

**Abb. 8.55. Verlauf der Mazeration von Knollenscheiben nicht-transgener Kartoffelpflanzen (T342C und Z2) bzw. einer transgenen Kartoffelpflanze (T424), die die Fähigkeit besitzt, T4-Lysozym zu synthetisieren, im Zeitraum von 12 Tagen nach der Beimpfung mit *Erwinia carotovora atroseptica* (2500000 Zellen/ml). (verändert nach Düring et al, 1993**

pflanzen Z2 und T342C und der transgenen Kartoffelpflanze T424 dargestellt, wobei letztere bei dem hier gewählten übermäßigen Befallsdruck unter Laborbedingungen immer noch eine stark reduzierte Mazeration zeigt. Im Rahmen eines Freilandversuches untersuchten Ahrenholtz et al (2000) den Einfluss dieser transgenen Kartoffelpflanzen auf *Bacillus subtilis* auf ihren Wurzeln. Es stellte sich heraus, dass nicht-transgene Kartoffelpflanzen bereits einen beachtlichen Teil dieser *B. subtilis*–Population töten und dass bei den transgenen T4-Lysozm-Kartoffelpflanzen diese Tötungsrate um das 1,5- bis 3,5fache gesteigert ist. In vergleichbarer Weise haben Trudel et al (1995) und Nakajima et al (1997) *Nicotiana tabacum* (Tabak) mit einem DNA-Konstrukt transformiert, welches das Gen für das aviäre (HEWL) bzw. das humane Lysozym enthielt. Trudel et al (1995) zeigten, dass das HEWL *in vitro* das Wachstum von *Clavibacter michiganense* hemmt; in den transgenen Tabakpflanzen von Nakajima et al (1997) war das Wachstum von *Pseudomonas syringae* pv. *tabaci* stark unterdrückt und die Ausbildung von Schadsymptomen auf 17% abgesenkt.

Im Endosperm von Gerstenkörnern sind Hordothionine (HTHs) vorhanden, die antibakterielle Wirkung besitzen. Die HTHs sind relativ kleine Proteine (durchschnittliches Molekulargewicht von 5000), die als Precursor synthetisiert werden. Die Precursor besitzen eine aminoterminale Signalsequenz, die für den Eintransport des Precursors in das Lumen des Endoplasmatischen Reticulums notwendig ist, den Bereich des funktionalen Proteins[113] und eine

---

[113] Im englischen Sprachgebrauch „mature protein" genannt

carboxylterminale Sequenz[114] (Bohlmann, 1999). Den im Endosperm von *Hordeum vulgare* nachgewiesenen Hordothioninen sind die Purothionine im Endosperm von *Triticum aestivum* (Weizen) und andere Thionine verschiedener monokotyler Pflanzen ähnlich. Carmona et al (1993) transformierten *Nicotiana tabacum* (Tabak) mit einem Konstrukt aus dem 35S-Promotor des CaMV und dem Gen für das α-HTH aus *Hordeum vulgare*. Die transformierten Tabakpflanzen zeigten für dieses HTH hohe Expressionsraten und waren gegen die beiden pflanzenpathogenen Bakterien *Pseudomonas syringae* pv. *tabaci* und *Pseudomonas syringae* pv. *syringae* resistent. Ein analoges Konstrukt mit dem Gen für das α-HTH aus *Triticum aestivum* (Weizen) wurde dagegen nur in geringer Rate in transgenen Tabakpflanzen exprimiert und führte auch nicht zur Resistenz gegen pflanzenpathogene Bakterien. Florack et al (1994) transformierten ebenfalls *Nicotiana tabacum* jeweils mit einem von verschiedenen (zum Teil synthetisch hergestellten) HTH-Genkonstrukten, denen der ganze DNA-Abschnitt oder Teile davon für die aminoterminale bzw. carboxylterminale Aminosäuresequenz fehlten. Die höchste Expressionsrate der Fremd-DNA in den transgenen Tabakpflanzen wurde bei Einsatz des vollständigen Gens erreicht (Typ C). Fehlte die genetische Information für die carboxylterminale Sequenz (Typ B), so war die Expressionsrate gegenüber dem o.g. Konstrukt um das 10fache niedriger. Ohne beide Sequenzen (Typ A) war in den transgenen Tabakpflanzen fast keine Expression des eingebrachten Fremd-Gens mehr feststellbar (Abb. 8.56.). Das in den transgenen Tabakpflanzen exprimierte HTH erwies sich für das pflanzenpathogene Bakterium *Clavibacter michiganensis* subsp. *michiganensis* als toxisch. Iwai et al (2002) gelang die Transformation von *Oryza sativa* (Reis) mit dem Thionin-Gen *Asth1* aus *Avena sativa* (Hafer); von 9 verschiedenen Thionin-Genen aus *Avena sativa* hatte *Asth1* in Vorversuchen die höchste Expressionsrate in der Avena-Koleoptile gezeigt, der Befallsstelle der zwei phytopathogenen Bakterien *Burkholderia plantarii* und *B. glumae*. Die transgenen Reispflanzen waren gegen diese beiden Bakterien resistent.

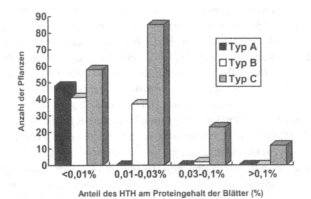

**Abb. 8.56. Expressionsrate des eingebrachten HTH-Gens aus *Hordeum vulgare* (Gerste) in transgenen *Nicotina tabacum*-Pflanzen (Tabak). Untersucht wurden 48 transgene Pflanzen mit dem Konstrukt vom Typ A, 80 transgene Pflanzen mit dem Konstrukt vom Typ B und 178 transgene Pflanzen mit dem Konstrukt vom Typ C. Weitere Erläuterungen im Text. (Verändert nach Florack et al, 1994)**

---

[114] acidic protein

In den letzten Jahren sind die Gene für eine Anzahl von Peptiden mit antimikrobieller Wirkung zur Transformation von Kulturpflanzen verwendet worden. Magainine sind antimikrobielle Peptide mit einer Sequenz von 22 bis 24 Aminosäuren, die ursprünglich aus der Haut von *Xenopus* isoliert worden sind (Zasloff, 1987). Li et al (2001) und de Gray et al (2001) transformierten *Nicotiana tabacum* mit einem modifizierten Magainin-Gen (Myp30 bzw. MSI-99) und konnten damit eine Resistenz in diesen transgenen Tabakpflanzen erzeugen gegen den Befall durch *Erwinia carotovora* subsp. *carotovora* bzw. *Pseudomonas syringae* pv. *tabaci*. Cecropine sind eine weitere Gruppe antimikrobieller Peptide, die aus *Hyalophora cecropia* (Große Seidenmotte) (Boman und Hultmark, 1987) oder *Bombyx mori* (Kato et al, 1993) isoliert worden sind, eine Sequenz von 31 bis 39 Aminosäuren aufweisen, im Kontakt mit Bakterien-Membranen eine α–helikale Konfiguration annehmen und in diesen Ionen-Kanäle ausbilden (Christensen et al, 1988). Sharma et al (2000) und Liu et al (2001) konnten durch Transformation von *Oryza sativa* (Reis) bzw. *Malus* x *domestica* (Apfelbaum) mit einem Insert, welches das Gen für Cecropin B bzw. Cecropin MB39 enthielt, gegen den Befall durch *Xanthomonas oryzae* pv. *oryzae* bzw. *Erwinia amylovora* resistent machen. Reynoird et al (1999) transformierten *Pyrus communis* (Birnbaum) mit einem Konstrukt, welches das Gen für das Cecropin Attacin E aus *Hyalophora cecropia* enthielt; die transgenen Birnbäume waren gegen den Befall durch *Erwinia amylophora* resistent. Osusky et al (2000) transformierten *Solanum tuberosum* (Kartoffelpflanzen) mit dem Gen *msrA1* für das chimäre Protein CEMA, das aus einer Sequenz von acht Aminosäuren des Cecropin A und der modifizierten C-terminalen Aminosäuresequenz des Melittin[115] besteht. Die transgenen Kartoffelpflanzen waren gegen *Erwinia carotovora* resistent. Ebenso wie die Cecropine sind die Sarcotoxine dazu befähigt, bakterielle Membranen zu durchdringen und ihr elektrochemisches Potenzial zusammenbrechen zu lassen. Mit dem Gen für das Peptid Sarcotoxin IA aus *Sarcophaga peregrina* transformierten Ohshima et al (1999) und Mitsuhara et al (2000) *Nicotiana tabacum* (Tabak) und machten damit diese transgenen Tabakpflanzen resistent gegen den Befall durch *Erwinia carotovora* subsp. *carotovora* und *Pseudomonas syringae* pv. *tabaci*. Tachyplesin I aus der südostasiatischen Krabbe *Tachypleus tridentatus* ist ebenfalls ein Peptid mit antimikrobieller Wirkung; Allefs et al (1996) transformierten mit dem Gen für Tachyplesin I *Solanum tuberosum* (Kartoffel). Die transgenen Kartoffelpflanzen waren gegen den Befall durch *Erwinia carotovora* ssp. *atroseptica* resistent. Ebenso ist eine antibakterielle Funktion von pflanzlichen Lipid-Transfer-Proteinen (LTPs) deutlich geworden (Garcia-Olmedo et al, 1995). Molina und Garcia-Olmeda (1997) transformierten erfolgreich *Nicotiana tabacum* (Tabak) mit dem LTP2-Gen aus *Hordeum vulgare* und konnten eine merkliche Resistenz gegen die Infektion durch *Pseudomonas syringae* pv. *tabaci* nachweisen.

Als Abwehrreaktion auf eine Pathogen-Infektion produzieren etliche Pflanzenspezies $H_2O_2$. Dieses Resistenzprinzip haben Wu et al (1995) durch Transformation mit einem Gen für eine Glucose-Oxidase aus *Aspergillus niger* auf *Solanum tuberosum* (Kartoffel) übertragen. Das Expressionsprodukt dieses Inserts oxidierte in den Blättern und in den Knollen der transgenen Kartoffelpflanzen Glucose unter $H_2O_2$-Entwicklung. Diese Erhöhung des $H_2O_2$-Gehalts vermittelte den transgenen Kartoffelpflanzen Resistenz gegen das Bakterium *Erwinia carotovora* subsp. *carotovora* wie auch gegen den Pilz *Phytophthora infestans*. Weniger Erfolg hatten Polidoros et al (2001) bei der Transformation von *Nicotiana tabacum* (Tabak) mit

---

[115] Das Peptid Melittin ist ein Bestandteil des Bienengifts und zeichnet sich durch eine hydrophobe N-terminale und eine amphipathische C-terminale Aminosäuresequenz aus (Habermann, 1972).

dem Katalase-Gen *Cat2* aus *Zea mays* (Mais) zur Etablierung einer Resistenz gegen phytopathogene Bakterien; bei Infektion durch *Pseudomonas syringae* pv. *syringae* unterlag das Transgen einem PTGS (siehe Kapitel 6). Auch in Hinsicht auf die Überempfindlichkeitsreaktion (HR) und die systemisch erworbene Resistenz (SAR) unterschieden sich die transgenen Tabakpflanzen nicht vom Wildtyp.

Das phytopathogene Bakterium *Erwinia amylovora* produziert einen Virulenzfaktor, welcher chemisch zu den Desferrioxaminen gerechnet werden kann und es dem Bakterium ermöglicht, niedrigere Eisen-Konzentrationen in pflanzlichen Geweben zu überdauern. Diesen Tatbestand nahmen Malnoy et al (2003) zum Anlass, *Pyrus communis* (Birne) mit einem DNA-Konstrukt aus dem 35S-Promotor des CaMV und der für das bovine Lactoferrin kodierenden DNA-Sequenz zu transformieren; Lactoferrin ist ein Eisen-bindendes Glycoprotein und senkt damit den Gehalt an frei verfügbarem Eisen in den pflanzlichen Zellen ab. Die *Pyrus*-Transformanten zeigten eine deutliche Resistenz nicht nur gegen den Befall durch *Erwinia amylovora*, sondern auch gegen den durch *Pseudomonas syringae* pv. *syringae*.

Landwirtschaftlich relevante Schäden an Obst- und Nussbäumen, Weinstöcken und Zierpflanzen werden durch den Befall von *Agrobacterium tumefaciens* und nachfolgende Ausbildung von Gewebe-Gallen verursacht (zur Wirkungsweise siehe Kapitel 4.1). Entscheidend für die Ausbildung der Pflanzen-Galle sind die Übertragung der bakteriellen Gene *iaaM* (Tryptophan-Monooxygenase), *iaaH* (Indol-3-acetamidhydrolase) und *ipt* (Isopentenyl-Transferase) in die Pflanzenzelle und deren Expression. Viss et al (2003) haben *Malus* x *domestica* (Apfelbaum) mit einem DNA-Konstrukt transformiert, das für eine doppelsträngige RNA des *iaaM* bzw. *ipt* kodiert. Diese transgenen Apfelbaumpflanzen waren gegen den Befall durch *Agrobacterium tumefaciens* resistent; bei Infektion kam es zum PTGS (siehe Kapitel 6). In analoger Weise gelang Lee et al (2003) die Transformation von Tabakpflanzen mit *iaaM*- bzw. *ipt*-Konstrukten; in diesen transgenen Tabakpflanzen kam es nach der *Agrobacterium*-Infektion ebenfalls zum PTGS und damit zur Verhinderung der Gallenbildung.

## 8.6. Nematoden-Resistenz

Etwa 10 bis 25 % der Ernte gehen in den tropischen Ländern durch Nematoden-Befall verloren. Die Schäden an landwirtschaftlich genutzten Kulturpflanzen allein durch *Meloidogyne* spec. sollen sich jährlich weltweit auf 100 Milliarden $ belaufen (Sasser und Freckman, 1987).

Ähnlich wie bei dem Befall durch andere phytopathogene Organismen können Pflanzen auf den Befall durch Nematoden mit der Aktivierung ihrer PR-Proteine (pathogen related proteins) reagieren (Hammond-Kosack et al, 1989). Innerhalb von 12 Stunden kann dadurch die Synthese spezifischer Zellwandbestandteile wie Extensin oder Callose induziert werden. So wird in den Wurzeln von Tabakpflanzen die Expression von Extensin-Genen gesteigert bzw. induziert, wenn die Wurzeln von *Meloidogyne javanica* oder *Globodera tabacum* ssp *solanacearum* befallen werden (Niebel et al, 1993), und wird verstärkt Callose in den Wandbereichen eingelagert, wo *Criconemella* Fraßschäden verursacht hat (Hussey et al, 1992). Interessanterweise bewirkt der Befall durch *Globodera pallida* oder *Meloidogyne javanica* qualitativ und quantitativ eine unterschiedliche Genexpression in den befallenen Pflanzen. Hansen et al (1996) benutzen dazu ein DNA-Konstrukt aus dem Fraßbefall-induzierbaren Promotor *wun1* und dem *uida* als Reporter-Gen. In den damit transformierten Kartoffelpflanzen verursachte *Globodera pallida* beim Eindringen in das pflanzliche Gewebe eine starke Expression des *uida,* die sich im weiteren Befallsverlauf aber auf den Gewebebereich beschränkte, wo sich *G. pallida* aktuell befand. Demgegenüber wurde das Eindringen von *Meloidogyne javanica* nur von einer geringen Expressionsrate des *uida* beantwortet; dafür war seine Expressionsrate um so höher bei der Gallen-Ausbildung.

In der Folge zu diesen Beobachtungen wurde verstärkt nach endogenen, Nematoden-spezifischen Resistenzgenen in den Pflanzen-Spezies gesucht. Ein solches Resistenz-Gen (*Mi*) wurde z.B in der Wildtomate *Lycopersicon peuvianum* entdeckt und in die Kulturformen der Tomate eingekreuzt (Prakash, 1998). Interessanterweise verleiht *Mi* diesen Tomatensorten nicht nur Resistenz gegenüber Nematoden (Milligan et al, 1998), sondern auch gegenüber *Macrosiphum euphorbiae* (Grünstreifige Kartoffellaus) (Rossi et al, 1998).

In den letzten Jahren haben sich vielfältige Möglichkeiten ergeben, transgene Kulturpflanzen mit einer Nematoden-Resistenz zu etablieren (Atkinson et al, 1998; Jung und Wyss, 1999; Williamson, 1999). Dazu wurden Resistenz-Gene wie z.B. das $Hs1^{pro-1}$ oder Protease-Inhibitoren, Endotoxine oder γ-Aminobutyrat (GABA; pflanzlicher Neurotransmitter mit Hemmwirkung nur auf Wirbellose) eingesetzt. Da die GABA-Konzentration in Pflanzen nur durch den Einfluss externer Faktoren stark ansteigt, transformierten McLean et al (2003) Tabakpflanzen mit dem Gen für die Glutamatdecarboxylase aus *Nicotiana tabacum* (Tabak) unter der Kontrolle eines chimären Octopin-Synthase/Mannopin-Synthase-Promotors. Die transgenen Tabakpflanzen wiesen auch ohne Nematoden-Befall einen höhren GABA-Gehalt auf als der Wildtyp. Bei Befall durch *Meloidogyne hapla* waren auf den transgenen Tabakpflanzen deutlich weniger Ei-Ablagen zu finden als auf dem Wildtyp.

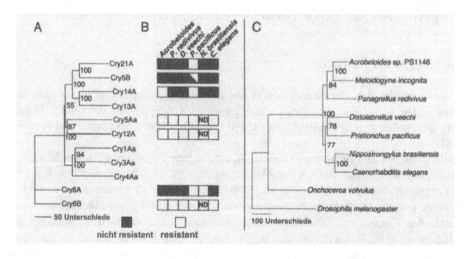

**Abb. 8.57. Darstellung der evolutionären Beziehungen zwischen den drei δ–Endotoxinen Cry1Aa, Cry3Aa und Cry4Aa von *Bacillus thuringiensis* (A), ihrer Wirkung auf verschiedene Nematoden-Spezies (B) sowie Darstellung des Verwandschaftsgrades dieser Nematoden. (verändert nach Wei et al, 2003)**

Wenn man bedenkt, dass es mehr als 100 000 Nematoden-Spezies gibt (Andrassy, 1992), viele davon in der Boden-Fauna vorkommen und als Nahrung auch Bakterien aufnehmen, so verwundert es nicht, dass sich insbesondere Spezies von *Bacillus thuringiensis* mit speziellen δ–Endotoxinen zur Abwehr der Nematoden herausgebildet haben. Bislang konnte nachgewiesen werden (Griffitts et al, 2001; Marroquin et al, 2000), dass Cry5B auf *Caenorhabditis elegans* toxisch wirkt und dass Cry6A und Cry14A die Population von *C. elegans* verkleinern. Daraus ergibt sich die experimentelle Möglichkeit, Pflanzen mit Hilfe der Transformation mit entsprechenden Gen-Konstrukten aus *B. thuringiensis* gegen den Befall durch Nematoden resistent zu machen (zum Wirkungsmechanismus siehe Kapitel 8.2.3.). Mit einer ausführlichen systematischen Untersuchung haben Wei et al (2003) darauf hingewiesen, wie unterschiedlich die δ–Endotoxine Cry21A, Cry5B, Cry14A, Cry13A, Cry5Aa, Cry12A, Cry1Aa, Cry3Aa bzw. Cry4Aa auf die fünf Nematoden-Spezies *Panagrellus redivivus, Distolabrellus veechi, Pristionchus pacificus, Nippostrongylus brasiliensis* bzw. *Caenorhabditis elegans* wirken (Abb. 8.57.).

Von den auf ihre Nematoden-toxische Wirkung untersuchten δ-Endotoxinen gehören Cry5Aa, Cry5B, Cry12A, Cry13A, Cry14A und Cry21A zur Cry5-Familie und Cry6A und Cry6B zur Cry6-Familie. Wei et al (2003) konnten nachweisen, dass vier der verwendeten δ– Endotoxine gegen mindestens eine Nematoden-Spezies wirksam waren und dass auf jede untersuchte Nematoden-Spezies mindestens ein δ–Endotoxin toxisch wirkt.

Eine weitere Möglichkeit zeigten Lelivelt und Krens (1992) mit einer Protoplastenfusion zwischen *Brassica napus* (Raps) und *Raphanus sativus* ssp. *oleiferus* (Rettich)[116]. Von *Raphanus sativus* ssp *oleiferus* ist schon seit längerem bekannt, dass diese Pflanze gegen den Nematoden *Heterodera schachtii* (Rübenälchen) resistent sein kann (Toxopeus und Lubberts, 1979) und diese BCN[117]-Resistenz möglicherweise auf ein Gen zurückzuführen ist. Da Kreuzungsversuche zwischen *Brassica napus* und *Raphanus sativus* ssp *oleiferus* nur wenig Erfolg hatten (Takeshita et al, 1980), erzeugten Lelivelt und Krens (1992) über Protoplastenfusion zunächst somatische Hybridpflanzen, die in hohem Grad BCN-resistent waren. Allerdings waren diese Hybridpflanzen in ihrer Fertilität stark reduziert und konnten nicht mit *Brassica napus* rückgekreuzt werden.

Zur Etablierung einer Resistenz gegen die Nematoden *Globodera rostochiensis, Globodera pallida, Meloidogyne hapla* und *Meloidogyne incognita* wurde *Solanum tuberosum* (Kartoffel) mit Konstrukten transformiert, welche die Gene *barnase* und *barstar* aus *Bacillus amyloliquefaciens* enthielten. *barnase* kodiert für eine Ribonuclease und *bastar* für einen barnase-Inhibitor. Das Gen *barnase* war flankiert von dem Promotor des GOS2 aus *Oryza sativa* (Reis) oder einem Teil des Promotors von *rolC* von *Agrobacterium rhizogenes* (de Pater et al, 1992; Goddijn et al, 1993) sowie dem nos-Terminator. Diese Konfiguartion bewirkt, dass die eingebrachte Fremd-DNA bei Fraßbefall zur Expression induziert wird. Das Gen *barstar* war flankiert vom 35S-Promotor des CaMV oder dem *rolD*-Promotor von *Agrobacterium rhizogenes* (Slightom et al, 1986) sowie dem nos-Terminator; *barstar* wurde konstitutiv in allen Pflanzenteilen exprimiert mit Ausnahme derjenigen, die Fraßbefall aufwiesen. Die örtlich begrenzte Expression von *barnase* ist lethal für die vom Fraßbefall betroffenen Zellen oder Zellgruppen. Die konstitutive Expression von *barstar* in Pflanzenteilen außerhalb der Nema-

---

[116] Es bleibt abschließend zu entscheiden, ob es sich bei diesen Experimenten um eine gentechnische Veränderung im Sinne des Gentechnikgesetzes handelt (siehe Kapitel 2.2).
[117] BCN = beet cyst nematode

toden-Fraßstellen stellt sicher, dass eine möglicherweise räumlich von der Fraßstelle entfern-
tere Expression von *barnase* neutralisiert wird. Die Inhibitorwirkung der Ribonuclease auf die
Entwicklung pflanzlicher Zellen ist gut untersucht (Mariani et al, 1990 und 1992) und wird in
Kapitel 9.6.2. in anderem Zusammenhang ausführlich erläutert.

Analog zu der Verwendung von Protease-Inhibitoren gegen Schadinsekten (siehe Kapitel
8.2.1) können einige davon zur Etablierung einer Resistenz gegen Nematoden-Befall zur
Transformation von Kulturpflanzen benutzt werden. Insbesondere Cystein-Proteinase-Inhi-
bitoren (Cystatine) kommen dafür in Betracht. Mit DNA-Konstrukten, die das Gen für Cystatin I des Reis (Oryzacystatin I; OC-I) oder des Mais (CC-I) enthielten, sind bereits *Oryza
sativa* (Reis; Hosoyama et al, 1994; Irie et al, 1996), *Solanum tuberosum* (Kartoffel; Ben-
chekroum et al, 1995), *Nicotiana tabacum* (Tabak; Masoud et al, 1993), *Lycopersicon esculentum* (Tomate; Urwin et al, 1995) und *Arabidopsis thaliana* (Ackerschmalwand; Urwin et
al, 1997) transformiert worden. Allerdings gelang es erst Vain et al (1998), mit Hilfe der „Particle Gun"-Methode Kultur-Reissorten zu transformieren. Sie verwendeten dazu ein modifiziertes OC-I (OC-IΔD86) und konnten nachweisen, dass Populationen von *Meloidogyne incognita* in diesen transgenen Reispflanzen nur etwa halb so groß waren verglichen mit denen
im Wildtyp.[118]

## 8.7 Toleranz gegenüber abiotischen Faktoren

Schwankungen der Witterungsparameter mit Extremwerten wie zum Beispiel hohe Temperaturen oder extreme Trockenheit können die landwirtschaftlichen Erträge spürbar mindern.
Da eine ganze Reihe von Wildpflanzen bekannt ist, welche sich auch in solchen Extremsitua-
tionen normal entwickeln und ohne erkennbare Beeinträchtigung wachsen, lag es nahe, nach
den molekularen Mechanismen für diese sogenannte Stresstoleranz zu suchen. Grundsätzlich
stehen dafür vier verschiedene Vorgehensweisen zur Verfügung:

a) Das Aufspüren der unter Stressbedingungen exprimierten Gene durch vergleichende
Hybridisierungsexperimente mit mRNAs von Pflanzen, die unter Stressbedingungen kultiviert
worden sind, bzw. von unter Normalbedingungen gewachsenen Pflanzen und der cDNA[119]
aus diesen Pflanzen.

b) Das „Ausschalten" der Stresstoleranz durch Inaktivieren dafür relevanter Gene durch
Transposon-ähnliche DNA oder durch über die T-DNA eingebrachte DNA-Abschnitte. (Die
Identifizierung der abgeschalteten Gene erfolgt dann ebenfalls über die sie inaktivierenden
DNA-Abschnitte.)

c) Die Identifizierung von Genen, die ursächlich mit der Etablierung der Stresstoleranz in
Zusammenhang stehen, durch RFLP[120] mapping.

Obwohl in den meisten Fällen die spezifischen physiologischen Abläufe zum Etablieren
der Stresstoleranz sicher von der Expression einer Vielzahl von Genen abhängen mag, besteht

---

[118] Im Freiland wurde untersucht, ob Cystatin-transformierte Kulturpflanzen auch Nicht-Zielorganismen bein-
trächtigen. Transgene Kartoffelpflanzen, die ein Cystatin des Huhnes (CEWc) enthielten, hatten keinen negativen Einfluss auf Populationen von *Myzus persicae* (Grüne Pfirsichblattlaus) (Cowgill et al, 2002a). In einem
zweijährigen Freilandversuch konnte gezeigt werden, dass die transgenen Kartoffelpflanzen die Bakterien- und
Pilz-Populationen im Boden um etwa 20% verringern (Cowgill et al, 2002b).

[119] cDNA = komplementäre DNA

[120] RFLP = restriction fragment length polymorphism

dennoch Hoffnung, mit einer der oben beschriebenen Methoden Gene identifizieren zu können, deren Expression (möglicherweise) die „Startreaktion" ist für die Expression weitere Gene oder Genkomplexe.

Eine andere Vorgehensweise ist es, Pflanzen, die bereits Eigenschaften wie Überdauerungsfähigkeit von Trockenzeiten besitzen, durch Transformation geeigneter Eigenschaften für Nahrungs- bzw. Viehfutterzwecke verfügbar zu machen. Erste Ergebnisse in diesem Sinne erzielten Sarria et al (1994) mit der tropischen Futterpflanze *Stylosanthes guianensis*. Diese Pflanze kann sowohl Trockenperioden als auch große Niederschlagsmengen überstehen. *Stylosanthes guianensis* wurde mit einem Konstrukt aus *uida* (ß-Glururonidase als Marker) unter der Kontrolle des 35S-Promotors des CaMV sowie *nptII* (Kanamycin-Resistenz) und *bar* (Phosphinothricin-Resistenz) unter der Kontrolle des TR1'-2'-Promotors der Octopin-TDNA mittels der *Agrobacterium*-Methode transformiert. Die Regeneration der transgenen Pflanzen gelang ebenso wie der Nachweis, dass die eingebrachten Fremd-Gene *uida*, *nptII* und *bar* stabil auf die nachfolgende Generation vererbt worden waren. Damit ist erstmalig für diese tropische Futterpflanze ein experimentelles Verfahren etabliert, um sie auch mit neuen Eigenschaften im Hinblick auf spätere Nutzung zu transformieren.

In vielen Pflanzenspezies ist das Tripeptid Glutathion (Glu-Cys-Gly) als Komponente des Primärstoffwechsels, des pflanzlichen Schwefelhaushalts wie auch bei Bewältigung verschiedener Stress-Situationen (Rennenberg und Brunold, 1994; Smith et al, 1990) bekannt. In Bakterien, Tieren und Pflanzen wird Glutathion – ausgehend von den Aminosäuren – über einen zweistufigen Syntheseweg produziert (Meister und Anderson, 1983; Strohm et al, 1995). Strohm et al (1995) transformierten *Populus tremula* x *Populus alba* mit dem Gen *gshII* für eine Glutathion-Synthase aus *Escherichia coli*, dem in doppelter Ausführung der 35S-Promotor des CaMV voran- und die Polyadenylierungssequenz des CaMV nachgestellt war. In den derartig transformierten Pappeln wurde im Vergleich zu nicht transformierten Pappeln eine um das 15- bis 16fach gesteigerte Glutathionsynthase-Aktivität gemessen, ohne dass sich allerdings der Gehalt an Glutathion signifikant von dem nichttransformierter Pappeln unterschieden hätte.

## 8.7.1. Osmotischer Stress

Nach Pontis und del Campillo (1985) kann die Polymerisationslänge von Fructanen zwischen 10 und 200 Fructosemolekülen variieren und hängt von den Umweltbedingungen ab, unter denen die jeweiligen Pflanzen existieren. Pilon-Smits et al (1995) stellten die Hypothese auf, dass die Vertreter einer Reihe von Pflanzenfamilien (*Poaceae*, *Liliaceae* und *Asteraceae*) unter Umständen deswegen an Stelle von Stärke Fructane als Speicherkohlenhydrat synthetisieren, um so gegen Wachstumsbedingungen unter osmotischem Stress (z.B. Trockenzeiten) geschützt zu sein. Pilon-Smits et al (1995) transformierten *Nicotiana tabacum* (Tabak) mit einem chimären Genkonstrukt aus dem 35S-Promotor des CaMV, dem DNA-Abschnitt für die Signalsequenz der Carboxypeptidase Y aus *Saccharomyces cerevisiae* (diese Signalsequenz vermittelt den Eintransport in Vakuolen) und dem Gen *sacB* für die Levansynthase aus *Bacillus subtilis*. Wurden diese transgenen Tabakpflanzen in Gegenwart von Polyäthylenglykol kultiviert, um osmotischen Stress durch Trockenheit zu simulieren, so war ihre Wachstumsrate (+55%), ihr Frischgewicht (+33%) und ihr Trockengewicht (+59%) größer als die

entsprechenden Parameter nicht-transformierter Tabakpflanzen unter denselben Wachstumsbedingungen. Auch der Gesamtkohlenstoffgehalt war in den transformierten Tabakpflanzen
erhöht. Eine Schutzfunktion von Fructanen gegen osmotischen Stress ist damit nicht auszuschließen.

## 8.7.2. Salz-Toleranz

Durch Versalzung werden – vor allem bei künstlich bewässerten Äckern – jährlich etwa
10 Mill. Hektar für die landwirtschaftliche Nutzung mehr oder weniger unbrauchbar (Flowers und Yeo, 1995; Nelson et al, 1998). Damit verschärft sich das Problem, genügend Lebensmittel für die Weltbevölkerung zu produzieren (ref. Brandt, 2003a).

Pflanzliches Wachstum hängt von der Aufnahme von Mineralstoffen durch die Wurzeln
ab. Die prozentual häufig in Böden vorkommenden Natrium-Kationen sind für die meisten
Pflanzen nicht essenziell. In versalzten Böden ist durch die hohe Konzentration an Natrium-
Kationen das für Pflanzen wichtige ausgewogene Verhältnis zu anderen, essenziellen Mineralstoffen – insbesondere zur Konzentration der Kalium-Kationen – nicht mehr gegeben. In
dieser für die meisten Pflanzenspezies schwierigen osmotischen Situation kommt es schnell
zum oxidativen Stress (Zhu, 2001), zur Hemmung des Wachstums und schließlich zum Absterben der Pflanze.

Prinzipiell könnten Höhere Pflanzen mit drei Strategien die schädliche Anreicherung von
Natrium-Kationen in ihren Zellen unterbinden. **(1)** Der Zutritt von $Na^+$ könnte durch eine
selektive Ionen-Aufnahme der Pflanze gesteuert sein; jedoch haben Davenport und Tester
(2000) sowie Demidchik und Tester (2002) gezeigt, dass in den Wurzeln eine nicht-selektive
Kation-Aufnahme (und damit auch der Import von $Na^+$) erfolgt. **(2)** Eintransportierte Natrium-Kationen werden mittels $Na^+/H^+$-Antiporter in die pflanzlichen Vakuolen eingeschleust
(Aspe et al, 1999; Fukuda et al, 1999; Gaxiola et al, 1999; Darley et al, 2000; Quintero et al,
2000; Hamada et al, 2001; Parks et al, 2002). Da in solchen Pflanzen zu den von außen aufgenommenen und in der Vakuole angereicherten Ionen eine osmotische „Balance" im Cytoplasma geschaffen werden muss, sind unter solchen Stressbedingungen zum Beispiel höhere Konzentrationen an Mannitol, Sorbitol oder Pinitol im Cytoplasma zu finden. Derartige
physiologische Reaktionen der Anreicherung von Prolin und Osmotin erfolgen auch in Tabakpflanzen, die mit dem *ipt* aus *Agrobacterium tumefaciens* transformiert worden sind, und
in Folge dieser Transformation einen höheren Gehalt an Cytokininen aufweisen als der Wildtyp (Thomas et al, 1995). Zur Erzeugung salztoleranter Pflanzen wurde dieser natürlicherweise in einigen Pflanzenspezies auftretende Mechanismus auch auf *Nicotiana tabacum* (Tabak) übertragen. Tarcynski et al (1982) transformierten Tabakpflanzen mit dem Gen für das
Enzym Mannitol-1-Phosphat-Dehydrogenase aus *Escherichia coli* und Vernon et al (1993)
mit dem Gen für das Enzym Inositol-Methyltransferase aus *Mesembryanthemum crystalli-*
*num* (Stechapfel). In Gegenwart von einer Salzkonzentration von 250 mM erwiesen sich die
transformierten Tabakpflanzen im Verhältnis zu dem unveränderten Wildtyp als wuchsfreu-
diger, entwickelten größere Blätter und mehr Wurzeln (Tarcynski et al, 1993). Ebenso erfolgreich war die Transformation von *Lycopersicon esculentum* (Tomate) oder *Brassica napus*
(Raps) (Aspe et al, 1999; Zhang und Blumwald, 2001; Zhang et al, 2001) mit dem Gen
*AtNHX1* für einen Tonoplast-$Na^+/H^+$-Antiporter aus *Arabidopsis thaliana* (Ackerschmalwand). Selbst in Gegenwart von 200 mM NaCl konnten sich diese transgenen Pflanzen normal entwickeln und Früchte im vom Wildtyp zu erwartenden Umfang ausbilden. **(3)** Im Cy-

toplasma vorhandene Natrium-Kationen werden durch Na$^+$/H$^+$-Antiporter wieder aus der Zelle ausgeschleust (zumindest bis in den apoplastischen Bereich) (Blumwald et al, 2000). Bei *SOS1* handelt es sich um das Gen für einen solchen Antiporter aus *Arabidopsis thaliana* (Shi et al, 2002) und verleiht dieser Pflanze bei Überexpression eine Resistenz gegenüber von NaCl (Shi et al, 2003). Analog handelt es sich bei *SOD2* um ein Gen für einen Na$^+$/H$^+$-Antiporter aus *Schizosaccharomyces pombe*. Wird *Arabidopsisi thaliana* mit einem *SOD2*-haltigen DNA-Konstrukt transformiert, so sind diese transgenen *Arabidopsis*-Pflanzen NaCl-resistent und reichern weniger Na$^+$ und mehr K$^+$ im Symplasten an (Gao et al, 2003).

Ähnlich wie durch die Transformation von *Arabidopsis thaliana* mit dem Gen *AVP1* für eine H$^+$-Pyrophosphatase (Gaxiola et al, 2001) gelang es Ellul et al (2003b), *Citrullus lanatus* (Wassermelone) durch Transformation mit dem *HAL1*-Gen aus *Saccharomyces cerevisiae* (Bäckerhefe) eine erhöhte Salztoleranz zu vermitteln. Das *HAL1*-Gen-Produkt bewirkt gleichzeitig einen intrazellulären Anstieg der K$^+$- und ein Absinken des intrazellulären Na$^+$-Niveaus.

Verschiedene neuere Untersuchungen haben deutlich gemacht, in welcher Weise sich Höhere Pflanzen unter oxidativen Stress-Bedingungen behaupten können. So haben Moon et al (2003) gezeigt, dass *Arabidopsis thaliana* (Ackerschmalwand) abiotischen Stress vielfältiger Art ertragen kann, wenn er mit einem Gen für eine bestimmte Protein-Kinase (MAPK) transformiert worden ist. Ähnlichen Erfolg hatten Sunkar et al (2003) mit der Transformation von *Arabidopsis thaliana* mit dem Gen für eine Aldehyddehydrogenase aus *Craterostigma plantagineum*. Hsieh et al (2002a und 2002b) hatten *Lycopersicon esculentum* (Tomate) mit dem *CBF1*-Gen[121] aus *Arabidopsis thaliana* unter der Kontrolle des 35S-Promotors transformiert; diese transgenen Tomatenpflanzen zeigten eine hohe Salz-Toleranz, wiesen aber Zwergwuchs und geminderten Ertrag auf. Lee et al (2003) stellten das zur Transformation verwendete *CBF1*-Gen daher unter die Kontrolle des aus drei Kopien bestehenden ABRC1-Komplexes aus *Hordeum vulgare* (Gerste), der über das Pflanzenhormon Abscisinsäure (ABA) gesteuert wird. Derartig transformierte Tomatenpflanzen zeigten den normalen Phänotyp und waren außerdem tolerant gegenüber erhöhten Salzkonzentrationen.

McCue und Hanson (1990) äußerten die Hypothese, dass Höhere Pflanzen durch Transformation mit den Eigenschaften zur Synthese von Glycin-Betain tolerant gemacht werden könnten gegen hohe Salzkonzentrationen im Boden. Glycin-Betain ist bekannt als osmotischer Schutzfaktor in Halophyten. Nach McCue und Hanson (1990) sind nur zwei enzymatische Umwandlungen des Cholins nötig, um in landwirtschaftlich genutzten Pflanzen Glycin-Betain synthetisieren zu können. *E. coli* kann exogenes Cholin aufnehmen und mittels einer Membran-gebundenen Cholin-Dehydrogenase von 62 kDa zu Betainaldehyd oxidieren und mittels einer Betainaldehyd-Dehydrogenase von 53 kDa zu Glycin-Betain umwandeln. Die für diese beiden bakteriellen Enzyme relevanten Gene *betA* und *betB* wurden isoliert und sequenziert (Lamark et al, 1991). Holmström et al (1994) versahen *betB* mit dem Promotor von *ats1a* [(Gen für die kleine Untereinheit der Carboxydismutase aus *Arabidopsis thaliana* (Ackerschmalwand); in einem Teil der Versuche enthielt das verwendete Konstrukt außerdem den DNA-Abschnitt für die Transit-Sequenz dieses plastidären Enzyms]. Mit jeweils einem dieser Konstrukte transformierten Holmström et al (1994) *Nicotiana tabacum* (Tabak). Jedes der Konstrukte wurde offensichtlich in das nukleäre Genom integriert und auch exprimiert. In

---

[121] CBF1 = C-repeat / dehydration responsive element binding factor 1

beiden Typen von Transformanten konnten Holmström et al (1994) hohe Aktvitäten der Be-
tain-Dehydrogenase nachweisen und auch belegen, dass in der Transformante, deren Insert
den für die Transit-Sequenz relevanten DNA-Abschnitt enthielt, die Betainaldehyd-
Dehydrogenase in den Plastiden lokalisiert war. Exogen verfügbares Betainaldehyd wurde
von den transformierten Tabakpflanzen zu Glycin-Betain umgewandelt. Lilius et al (1996)
gelang ebenfalls die Transformation von *Nicotiana tabacum* (Tabak) mit einem Konstrukt aus
dem 35S-Promotor des CaMV, dem Gen *betA* aus *Escherichia coli* und dem Terminator des
Nopalinsynthase-Gens aus *Agrobacterium tumefaciens*. Die transgenen Tabakpflanzen zeigten – im Gegensatz zum Wildtyp – unter dem Einfluss von bis zu 300 mM NaCl keinerlei
Hemmung des Wachstums und keine Veränderung des Phänotyps. Li et al (2003) konnten
zeigen, dass Tabakpflanzen in Gegenwart von 200 mM NaCl überleben konnten, wenn sie mit
dem Gen für eine Betain-Aldehyddehydrogenase aus *Suaeda liaotungensis* transformiert worden waren. Ebenso hatte die Arbeitsgruppe von Norio Murata (Mohnaty et al, 2002) Erfolg
mit der Transformation von *Arabidopsis thaliana* mit dem Gen *codA* für die Cholin-Oxidase
aus einem Bodenbakterium; die transgenen *Arabidopsis*-Pflanzen zeigten auch in Gegenwart
von 300 mM NaCl eine normale Entwicklung.

Liu et al (1999) transformierten *Zea mays* (Mais) mit *GutD*, dessen Expressionsprodukt
in *E. coli* an der Metabolisierung von Kohlenhydraten zu Alkoholen beteiligt ist. In den
transgenen Tabakzellen wurde Sorbitol angereichert und die transgenen Zellen erwarben damit eine gesteigerte Toleranz gegenüber erhöhten Konzentrationen von Natrium-Kationen.

Katsuhara et al (2003) hatten keinen Erfolg mit der Transformation von *Oryza sativa*
(Reis) mit dem Gen *HvPIP2;1* aus *Hordeum vulgare*, das für ein Plasmalemma-Aquaporin
kodiert. Die transgenen Reispflanzen zeigten in Gegenwart von 100 mM NaCl größere Ent-
wicklungsstörungen als der Wildtyp.

8.7.3. Kälte-Toleranz

Zahlreiche Pflanzenspezies können ihre Kälte-Toleranz bei einer länger währenden Ak-
klimatisierung an niedrige Temperaturen oberhalb des Gefrierpunktes stark erhöhen. Diese
Kälte-Adaptation wird unter anderem begleitet von der induzierten Expression verschiedener
Gene in den Pflanzen. So haben Seki et al (2002) 53 Gene im Genom von *Arabidopsis thaliana* (Ackerschmalwand) identifiziert, deren Expression bei derartig niedrigen Temperaturen
induziert wird. Mit der Kälte-Adaptation sind verbunden die Expression von Kälte-Stress-
Proteinen [*COR* bei *Arabidopsis thaliana* (Steponkus et al, 1998) und *WCS* und *WCOR* bei
*Triticum aestivum* (Weizen) ( Danyluk et al, 1998)], die Anreicherung von Zuckern, insbesondere von Saccharose (Carpenter und Crowe, 1988), die Anreicherung von Prolinen (Nanjo et al, 1999) und von Glycinbetainen (Hayashi et al, 1997) und die Veränderung der Lipid-
Zusammensetzung der Membranen (Uemura und Steponkus, 1994). Die konstitutive Expres-
sion der *COR*-Gene in transgener *Arabidopsis thaliana* hat nachweislich deren Kälte-
Toleranz erhöht (Jaglo-Ottosen et al, 1998). Ebenso waren transgene *Arabidopsis*-Pflanze,
die konstitutiv die Proteine COR15am und COR6.6 anreicherten und eine erhöhte zelluläre
Konzentration an Prolin und Saccharose aufwiesen, dadurch mit einer erhöhten Kälte-
Toleranz versehen (Gilmour et al, 2000). Die auf der Expression von *COR*-Genen beruhende
Kälte-Toleranz ist auch in anderen Höheren Pflanzen, wie z. B. *Brassica napus* (Raps), na-
türlicherweise vorhanden (Jaglo et al, 2001).

Es konnte nachgewiesen werden, dass mit der Kälte-Adaptation eine „Umprogrammierung" bei der Bildung neuer Blätter einhergeht, indem die Stärke-Anreicherung zugunsten einer Speicherung von Saccharose abgesenkt wird (Strand et al, 1999). Dies konnten Strand et al (2003) mit der Transformation von *Arabidopsis thaliana* u.a. mit einem Gen für eine Saccharose-Phosphat-Synthase und einer Kultivierung dieser transgenen Pflanzen bei niedrigen Temperaturen nachweisen.

Hara et al (2003) transformierten *Nicotiana tabacum* (Tabak) mit dem Gen für ein Dehydrin aus *Citrus unshui*. Diese transgenen Tabakpflanzen exprimierten das Dehydrin-Gen in hoher Rate und reicherten das Dehydrin in ihren Zellen an; sie zeigten eine gesteigerte Kälte-Toleranz und ihre Samen keimten zu einem früheren Zeitpunkt als die des Wildtyps. Bei den Dehydrinen handelt es sich um Proteine, die in der späten Phase der Embryogenese exprimiert werden, insbesondere bei Wassermangel (Close, 1997). Sie weisen hydrophobe Eigenschaften auf und besitzen sowohl Glycin- als auch Lysin-reiche Sequenzabschnitte. Mit ihren amphiphilen α-Helices schützen sie u.a. auch die Funktionen der pflanzlichen Membranen unter Stress-Bedingungen. Die Schutzfunktion des *Citrus*-Dehydrins (CuCOR19) auf Katalase oder Lactatdehydrogenase ist größer als die durch Saccharose, Glycin-Betain, Prolin oder Albumin (Hara et al, 2001).

Einen gänzlich anderen experimentellen Ansatz haben Shou et al (2004) verfolgt, um einer Pflanze Kälte-Toleranz zu vermitteln. Generell geht man davon aus, dass bei der Kälte-Adaptation der Pflanzen, außer der gesteigerten Expression von bestimmten Genen, auch eine Art oxidativer Stress auf die Pflanzen stimulierend ausgeübt wird. Shou et al (2004) transformierten *Zea mays* (Mais) mit dem Gen für eine Mitogen-aktivierte Protein-Kinase-Kaskade aus *Nicotiana tabacum* (Tabak) und konnten damit in diesen transgenen Maispflanzen die Produktion von $H_2O_2$ bewirken, das auf die Pflanzen stimulierend wirkt, Kälte-Toleranz-relevante Gene zu exprimieren. Die transgenen Maispflanzen erwiesen sich als Kälte-tolerant. Yoshimura et al (2004) konnten die Kälte-Toleranz von Tabakpflanzen erhöhen, indem sie diese mit dem Gen für eine Glutathion-Peroxidase (GPX) aus *Chlamydomonas reinhardii* transformierten; die hauptsächliche Funktion der GPX ist die enzymatische Abwehr von oxidativen Vorgängen, die zur irreversiblen Schädigung von Biomembranen führen können.

## 8.7.4. Schwermetall-Toleranz und Bioremediation

Es wurde wiederholt versucht, (a) Pflanzen zu befähigen, Schwermetalle aus dem Boden aufzunehmen und in den Pflanzenteilen anzureichern, die nicht zu Lebensmittel- oder Futterzwecken verwendet werden, oder (b) die Toleranz von Pflanzen gegenüber Schwermetallen merklich zu erhöhen, damit durch deren Anreicherung in diesen Pflanzen und ihrem mehrfachen Anbau und Ernte der Schwermetallgehalt des betreffenden Bodens gemindert (Bioremediation) oder aber ihm bestimmte Schwermetalle auf diese kostengünstige Weise zur weiteren Verarbeitung entzogen werden. Dazu können transgene Pflanzen etabliert werden, die Schwermetall-bindende Faktoren oder Proteine bereitstellen (Metallothionin, Phytochelatin-Konjugate, Citrat, Phytosiderophore oder Ferritin), toxische Schwermetalle durch Ionselektive Transporterproteine aus den Zellen exkretieren oder in Kompartimente einschleusen (Cohen et al, 1998; Guerinot et al, 2000; Hu et al, 2001; Pilon-Smits und Pilon, 2002).

Die Anreicherung von Schwermetallen im Wurzelwerk und die Ernte des gesamten Pflanzenmaterials wird Rhizofiltration genannt (Dushenkov und Kapulnik, 2000). Unter Phytoextraktion versteht man die Anreicherung der Schwermetalle im Sprossgewebe (Blaylock und Huang, 2000). Das geerntete Pflanzenmaterial kann verbrannt und – wenn ökonomisch von Interesse – die Schwermetalle zurückgewonnen werden (Chaney et al, 2000).

Die gesteigerte Synthese von Phytochelatinen hat in etlichen Fällen die Schwermetall-Toleranz der betreffenden Pflanzen beträchtlich erhöht. Durch Transformation mit dem Gen für ein humanes Metallthionin konnten Misra und Gedamu (1988) *Brassica napus* (Raps) bzw. *Nicotiana tabacum* (Tabak) wachstumtolerant gegen höhere Konzentrationen an Cadmium machen. Das eingebrachte Fremd-Gen wurde konstitutiv exprimiert und auf die nachfolgende Generation vererbt. Das Wachstum von Wurzeln und Spross der transgenen *Brassica napus*- bzw. *Nicotiana tabacum*-Pflanzen war bis zu Werten von 100 µM $CdCl_2$ unverändert im Vergleich zu Kontrollpflanzen, die ohne $CdCl_2$ aufgezogen worden waren. Pan et al (1994) transformierten *Nicotiana tabacum* mit dem Gen *MT-1* der Maus und erzeugten auf diese Weise 49 transgene Pflanzen, von denen 20% Cadmiumkonzentrationen bis zu 200 µM tolerierten. Elmayan und Tepfer (1994) hatten als Versuchsziel, durch gentechnische Modifikation Tabakpflanzen zu erzeugen, deren Cadmium-Konzentration im Sprosssystem bei Anbau solcher Pflanzen auf Böden mit höherem Cd-Gehalt wesentlich herabgesetzt sein sollte. Sie verwendeten zu dieser Transformation ein Konstrukt aus dem 35S-Promotor des CaMV und dem Gen für ein humanes Metallothionin. Diese transgenen Tabakpflanzen exprimierten das Cd-bindende Protein und wiesen eine Cd-Konzentration auf, die um 60 bis 70 % unter der der nicht-transformierten Kontrollpflanzen lag. Darüber hinaus war der Cd-Transport innerhalb des Sprosssystems der Transformanten stark vermindert. Hasegawa et al (1997) konnten die Cd-Toleranz von *Brassica oleracea* (Blumenkohl) durch Transformation mit dem Gen *CUP1* aus *Saccharomyces cerevisiae*, das für ein Metallothionin kodiert, sogar um das 16fache steigern. Demgegenüber war die Transformation von *Nicotiana tabacum* (Tabak) mit diesem Gen *CUP1* im Hinblick auf eine Toleranz gegen Kupfer weniger erfolgreich. Thomas et al (2003) konnten durch diese Transformation nur erreichen, dass die transgenen Tabakpflanzen eine um das 2- bis 3fach erhöhte Cu-Konzentration tolerierten.

Zhu et al (1999a und 1999b) transformierten *Brassica juncea* (Ruten-Kohl) mit einem Gen für eine γ–Glutamylcystein-Synthetase oder mit einem Gen für eine Glutathion-Synthetase. Diese transgenen Pflanzen reicherten Glutathion und Phytochelatine an und wiesen eine erhöhte Cd-Toleranz auf. *Nicotiana tabacum* (Tabak) konnte eine gesteigerte Cd-Toleranz vermittelt werden durch die Transformation mit dem Gen für eine Cystein-Synthase aus *Oryza sativa* (Reis) (Harada et al, 2001). Koprivova et al (2002) transformierten *Populus tremula* x *P. alba* (Espe) mit einem bakteriellen Gen für eine Glutathion-Synthetase; die transgenen Espen wiesen eine erhöhte Cd-Toleranz auf und reicherten Cd vor allem in jungen Blättern an (die Cd-Konzentration dort war um das 2,5- bis 3fache höher als in den Blättern des Wildtyps).

Ezaki et al (2000) gelang es, *Arabidopsis thaliana* (Ackerschmalwand) durch Transformation mit dem Gen *parB* für eine Glutathion-S-Transferase aus *Nicotiana tabacum* eine Toleranz gegenüber höheren Konzentrationen an Kupfer, Aluminium und Natrium zu vermitteln; Cu, Al und Na wurden Glutathion-gebunden in den Vakuolen angereichert. Ähnlichen Erfolg hatten Song et al (2003) mit der Transformation von *Arabidopsis thaliana* mit dem Gen für das Protein YCF1 aus *Saccharomyces cerevisiae*. Diese transgenen *Arabidopsis-*

Pflanzen waren tolerant gegenüber höheren Konzentrationen an Blei und Cadmium; auch in diesem Fall wurde Pb und Cd Glutathion-gebunden in den Vakuolen angereichert.

Das *Fer*-Gen für das Eisen-bindende Protein Ferritin aus *Glycine max* (Sojabohne) wurde von Goto et al benutzt, um damit *Nicotiana tabacum* (Tabak) (1998), *Oryza sativa* (Reis) (1999) und *Spinacia oleracia* (Spinat) (2000) zu transformieren; sie erzielten bei diesen Pflanzen eine Steigerung der Fe-Konzentration um das 1,5 bis 3fache. Vasconcelos et al (2003) versahen das *Fer*-Gen mit dem Endosperm-spezifischen Promotor GluB-1 und transformierten damit *Oryza sativa* var. *indica*. Auch diese transgenen Reispflanzen speicherten vermehrt Eisen, aber dies vor allem im Endosperm[122].

Da schon seit einigen Jahren bekannt ist, dass viele Pflanzen auf den Eintransport toxischer Schwermetalle mit einer gesteigerten Prolin-Synthese reagieren und durch den gesteigerten Prolin-Gehalt intrazelluäre Membranen und Proteine schützen (Verma, 1999), war es naheliegend, dass Siripornadulsil et al (2002) diesen Mechanismus mit Hilfe von transgener *Chlamydomonas reinhardii* (Grünalge) näher untersuchten. *Chlamydomonas reinhardii* wurde mit einem DNA-Konstrukt transformiert, welches das Gen für eine $\Delta^1$-Pyrrolin-5-Carboxylatsynthetase (P5CS) enthielt. Der Prolin-Gehalt dieser transgenen *Chlamydomonas*-Zellen war um 80% gesteigert. Sie wuchsen noch bei Cd-Konzentrationen von 100 μM.

Rugh et al (1996) haben *Arabidopsis thaliana* (Ackerschmalwand) mit dem bakteriellen Gen *merA* für eine Hg-Reduktase transformiert; die für den pflanzlichen Stoffwechsel grundsätzlich toxischen Quecksilber-Ionen wurden von den Wurzeln dieser transgenen *Arabidopsis*-Pflanzen aufgenommen und dort mittels der eingebrachten Hg-Reduktase in flüchtiges Hg(O) metabolisiert. Aufgrund ihrer experimentellen Erfahrungen gelang es Rugh et al (1998), *Liriodendron tulipifera* (Tulpenbaum) mit dem *merA*-Gen – „angepasst" an das pflanzliche Expressionssystem – zu transformieren und den transgenen Tulpenbäumen damit eine Resistenz gegen Quecksilber zu verleihen (25 μM HgCl$_2$). Die Abgabe von flüchtigem Hg(O) wurde um das 10fache gesteigert[123].

## 8.7.5. Ozon-Toleranz

Es liegen viele Berichte vor, dass Pflanzen (u.a. durch Umwelteinflüsse) in ihrem Metabolismus durch Radikale stark beeinflusst werden können. Es lag daher für etliche Arbeitsgruppen nahe, diese schädigenden Einflüsse durch die Wirkung einer zusätzlich in die Pflanze eingebrachten Superoxid-Dismutase (SOD) zu eliminieren. Die SOD werden nach ihrem Metall-Cofaktor klassifiziert: Kupfer/Zink (Cu/Zn), Mangan (Mn) oder Eisen (Fe). FeSOD ist in Prokaryoten und den Chloroplasten einiger Pflanzen vorhanden, MnSOD ist in Pro- und Eukaryoten weit verbreitet und in den Eukaryoten meistens in den Mitochondrien vorzufinden (Zhu und Scandalios, 1995) und Cu/ZnSOD ist auf das Cytoplasma der Eukaryoten (und in

---

[122] Diese transgenen Reispflanzen haben vor allem Bedeutung im Hinblick auf die menschliche Ernährung in den Ländern, wo Reis das hauptsächliche Lebensmittel ist. Durch das übliche „Polieren" der Körner der konventionell gezüchteten Reissorten wird ihre braune Schale beseitigt; gleichzeitig verlieren diese Reiskörner damit auch einen großen Teil ihres Fe. Die Verwendung des o.g. transgenen Reis kann der weit verbreiteten Fe-Mangel-Ernährung entgegenwirken.

[123] Die Abgabe von flüchtigem Hg(O) in die Atmosphäre durch Bodenbakterien wird auf jährlich 4000 t geschätzt. Die US-amerikanische Firma PhytoWorks, die diese transgenen Tulpenbäume vermarktet, behauptet, dass die von ihnen abgegebenen Quecksilber-Dämpfe verschwindend gering seien im Vergleich zu dem, was an Quecksilberdämpfen mit jedem Atemzug von Amalganfüllungen in Zähnen aufgenommen werde.

einigen Fällen auf deren Chloroplasten) beschränkt. Es ist bekannt, dass Pflanzen, die zum Beispiel Ozon oder $SO_2$ ausgesetzt sind, einen höheren Gehalt an SOD aufweisen (Tanaka und Sugahara, 1980).

Bowler et al (1991) verwendeten zur Transformation von *Nicotiana tabacum* (Tabak) ein Konstrukt aus dem Gen für die mitochondriale MnSOD aus *Nicotiana plumbaginifolia*. Den Genabschnitt für die mitochondriale Transitsequenz ließen sie unverändert oder ersetzten ihn durch den für die plastidäre Transitsequenz der kleinen Untereinheit der Carboxydismutase aus *Pisum sativum* (Erbse); sie stellten jedes dieser Konstrukte unter die Kontrolle des 35S-Promotors des CaMV. Es zeigte sich, dass in den transgenen Blattscheiben von *Nicotiana tabacum* nur bei hoher Expressionsrate des eingebrachten Fremd-Gens und hohem Gehalt des Enzyms in dem jeweiligen Zellkompartiment die dort durch Radikale sonst zu verzeichnenden Schädigungen nicht eintraten. Wurde bei dem eingebrachten Fremdgen die Kodierungssequenz für die mitochondriale Transitsequenz belassen, so wurde das Expressionsprodukt tatsächlich in die Mitochondrien der transgenen Tabakpflanzen transportiert. Bei höheren Ozonkonzentrationen konnte die SOD in diesem Zellkompartiment aber keine Schutzfunktion für die Gesamtzelle übernehmen. Bei Eintransport in die Chloroplasten der transgenen

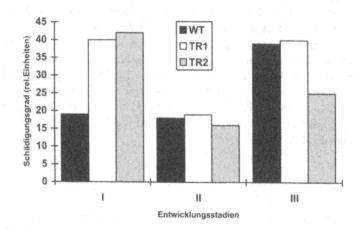

**Abb. 8.58. Schädigungsgrad von Tabakblättern bei Begasung mit Ozon in verschiedenen Entwicklungsstadien der Tabakpflanzen. WT = Wildtyp, TR = transformierte Tabakpflanzen. Weitere Erläuterungen im Text. (verändert nach Pitcher et al, 1991)**

Pflanzen zeigte sie dagegen die gewünschte Schutzfunktion unter höheren Ozon-Konzentrationen (van Camp et al, 1994). Ganz im Gegensatz dazu stehen die Befunde von Pitcher et al (1991), die *Nicotiana tabacum* mit einem chimären Genkonstrukt aus dem Gen für die plastidäre Cu/ZnSOD aus *Petunia hybrida* (Petunie) unter der Regie des 35S-Promotors des CaMV transformiert hatten. Pitcher et al (1991) konnten keine Ozontoleranz dieser transgenen Tabakpflanzen bei gesteigerter Expression des Cu/ZnSOD-Gens feststellen (Abb. 8.58), auch wenn sie Blätter unterschiedlicher Entwicklungsstadien untersuchten. Pitcher und Zilinskas (1996) stellten jedoch fest, dass die cytosolische Cu/Zn-SOD gut geeignet ist, Pflanzen gegen Ozonbelastung resistent zu machen. Tabakpflanzen, die sie mit dem Cu/Zn-SOD-Gen aus

*Pisum sativum* (Erbse) transformiert hatten, zeigten an jungen, sich gerade entfaltenden Blättern weniger nekrotische Flecken bei Ozonbehandlung als die des nicht transformierten Wildtyps.

Weitere Transformationen mit unterschiedlichem Erfolg wurden durchgeführt an *Nicotiana tabacum* mit einem MnSOD-Gen aus *Escherichia coli* (van Assche et al, 1989), an *Nicotiana tabacum* mit einem Cu/ZnSOD-Gen aus *Petunia hybrida* (Petunie) (Teppermann und Dunsmuir, 1990) und an *Solanum tuberosum* (Kartoffel) mit Cu/ZnSOD-Genen für die cytoplasmatische bzw. für die plastidäre SOD-Form aus *Lycopersicon exculentum* (Tomate) (Perl et al, 1993; Gupta et al, 1993). In ersten Untersuchungen an gentechnisch veränderten Tabakpflanzen, die Kardish et al (1994) mit einem plastidären Cu/ZnSOD-Gen aus *Lycopersicon esculentum* (Tomate) transformiert hatten, konnte festgestellt werden, dass der Promotor dieses Gens sowohl entwicklungsspezifisch als auch durch Licht in seiner Expressionsaktivität beeinflusst werden kann. Nach Rennenberg und Polle (1994) kann eine Toleranz gegenüber höheren Ozon-Konzentrationen durch Transformation in Höheren Pflanzen nur dann etabliert werden, wenn man ihnen gleichzeitig Gene für eine Superoxid-Dismutase und für eine Glutathion-Reduktase inseriert. Einen Hinweis für diese gewünschte synergistische Wirkungsweise beider Enzyme geben Mais-Kultivare, die durch traditionelle Züchtung die Fähigkeit erlangt haben, höhere Konzentrationen an Ozon zu ertragen (Malan et al, 1990), oder *Nicotiana tabacum* (Tabak), der nach Transformation mit dem GR-Gen aus *Escherichia coli* und dem Cu/Zn-SOD-Gen aus *Oryza sativa* (Reis) eine erhöhte Toleranz gegen das Herbizid Paraquat aufwies (Aono et al, 1995).

Grundsätzlich sollte das Phänomen des sogenannten „Ozonstress" weiter gefasst werden und die Bildung von vielerlei reaktionsfreudigen Sauerstoffverbindungen (ROI[124]) im Zellgeschehen mit einschließen, wie sie zum Beispiel bei niedrigen Temperaturen in Kombination mit hohen Lichtintensitäten, bei Trockenheit oder vorzeitiger Seneszenz bei den physiologischen Abläufen in den Pflanzen vermehrt auftreten können (Mehlhorn und Wellburn, 1994). Die zuvor beschriebene Rolle der diversen SOD wird unterstützt und ermöglicht durch die Enzyme des Glutathion-Ascorbat-Zyklus, insbesondere durch die Ascorbatperoxidase (APX), die Monodehydroascorbatreduktase, die Dehydroascorbatreduktase sowie die Glutathionreduktase (GR). Cytoplasmatische und plastidäre Formen der APX aus verschiedenen Pflanzen sind charakterisiert (Asada, 1992) und für die cytoplasmatischen, kernkodierten Formen die entsprechenden cDNAs aus *Pisum sativum* (Erbse) (Mittler und Zilinskas, 1991) bzw. aus *Arabidopsis thaliana* (Ackerschmalwand) (Kubo et al., 1992) isoliert worden. Pitcher et al. (1994) transformierten Tabakpflanzen entweder mit dem Gen für die cytoplasmatische Form der APX oder mit einem chimären Konstrukt aus diesem Gen und der ihm vorangestellten DNA-Sequenz für eine plastidäre Transitsequenz. Jedes dieser Konstrukte wurde in das Pflanzengenom der Tabakpflanzen integriert und in reichlichem Maße exprimiert. Aber nur die Transformanten mit der cytoplasmatischen Form der APX zeigten Resistenz gegen ROIs. Interessanterweise wird die PAX in gesteigertem Maße auch in transgenen Tabakpflanzen synthetisiert, die mit dem Gen für die plastidäre Cu/ZnSOD transformiert worden waren und diese exprimieren (Gupta et al., 1993). Ebenso ist der Gehalt an Glutathion und Ascorbat wie auch die Aktivität von FeSOD, APX, Dehydroascorbatreduktase und Monohydroascorbatreduktase in Tabakpflanzen gesteigert, die mit dem Gen für eine in ihren Plastiden lokalisierten

---

[124] Im englischen Sprachgebrauch aus »reactive oxygen intermediate« abgeleitet.

MnSOD transformiert worden waren und diese MnSOD dort auch stark anreichern (Slooten et al, 1995).

Gibt es für die APX offensichtlich im Cytoplasma einen definierten Wirkungsort, so stellt sich die Situation für die Glutathionreduktase (GR) anders dar. In den Blättern von *Pisum sativum* (Erbse) fanden Edwards et al. (1990) zum Beispiel die GR im Cytoplasma, in den Plastiden und in den Mitochondrien. Im Widerspruch zu diesen diversen Isoformen der GR fanden Mullineaux et al. (1994) jedoch nur ein in der Kern-DNA lokalisiertes Gen für diese GR. Aufgrund verschiedener Konstrukte in transgenen Tabakpflanzen und der intrazellulären Lokalisierung der jeweiligen GR-Varianten kommen Mullineaux et al. (1994) zu dem Schluss, dass die Transitsequenz des GR-Precursorproteins den Eintransport sowohl in die Plastiden als auch in die Mitochondrien vermittelt (»co-targeting«). In mit diesen Varianten des GR-Gens aus *Pisum sativum* (Erbse) transformierten Tabakpflanzen war jedoch in keinem Fall eine Steigerung der GR-Transkript oder der GR-Proteinmenge zu verzeichnen (Mullineaux et al., 1994). Andere Transformanten, deren GR-Menge bis um 50% gesteigert war, zeigten dennoch keine Toleranz gegenüber der Behandlung mit dem Herbizid Paraquat; allerdings waren zwei dieser Transformanten tolerant gegen eine einmalige Behandlung mit einer höheren Ozon-Dosis (200 ppb über 7 Stunden bei Belichtung der Pflanzen). Weitere Untersuchungen zeigten eine recht widersprüchliche Relation zwischen der Erhöhung der Glutathion-Reduktase-Aktivität und der Anfälligkeit der Pflanzen auf Ozon-Begasung bzw. auf Behandlung mit dem Herbizid Paraquat (Broadbent et al, 1995). Analoge Transformationsversuche unternahmen Aono et al. (1993), indem sie in das Plastom von Tabakpflanzen das GR-Gen *gor* aus *Escherichia coli* einbrachten, welchem ein eine plastidäre Transitsequenz kodierender DNA-Abschnitt vorangestellt war. Der GR-Gehalt in diesen transgenen Tabakpflanzen war im Vergleich zum Wildtyp um das 3fache gesteigert; dennoch waren diese transgenen Tabakpflanzen nicht tolerant gegen höhere Konzentrationen an Ozon. Andererseits wird bei einer Absenkung des Glutathion-Gehalts in transgenen Tabakpflanzen die Sensitivität gegenüber dem Herbizid Paraquat deutlich erhöht (Aono et al., 1995).

### 8.7.6. Stress durch hohe Temperatur und Wassermangel

Die landwirtschaftlichen Ernteerträge werden in großen Teilen der Erde während der Vegetationsperiode durch Temperaturen von über 40° C stark gemindert. Das Wachstum der Pflanzen wird unter diesen Temperaturbedingungen stark verzögert; meist ist mit diesem Hitze-Stress auch noch Wassermangel verbunden. Während die Möglichkeiten der klassischen Pflanzenzüchtung begrenzt sind, besser geeignete Kulturpflanzen für diese klimatischen Bedingungen bereitzustellen, zeichneten sich für die gentechnische Erzeugung solcher Pflanzen in den letzten Jahren mehrere experimentellen Vorgehensweisen ab.

Eine der Erfolg versprechenden Strategien ist die Transformation von Pflanzen mit solchen Genen, die ihnen die Anreicherung geeigneter osmotisch wirksamer Substanzen, wie z.B. Aminosäuren, Zucker oder Alkohole vermitteln. Zum Beispiel wurde *Nicotiana tabacum* (Tabak) in einer Reihe von Forschungsprojekten mit diesem Ziel transformiert; es zeigte sich, dass die Anreicherung von Mannitol (Tarczynski et al, 1994), D-Ononitol (Sheveleva et al, 1997), Prolin (Kishor et al, 1995), Fructan (Pilon-Smits et al, 1995) oder Trehalose (Holmström et al, 1996; Pilon-Smits et al, 1998) diese transgenen Tabakpflanzen tolerant machte gegenüber Wassermangel oder Salz-Stress. Exemplarisch soll hier näher auf die

Schutzfunktion der Trehalose eingegangen werden. Trehalose geht aus UDP-Glucose und Glucose-6-Phosphat katalysiert durch die Trehalose-6-Phosphat-Synthase (TPS) hervor. In dem folgenden enzymatischen Syntheseschritt erfolgt die Dephosphorylierung zur Trehalose durch die Trehalose-6-Phosphat-Phosphatase (TPP). Aus *Escherichia coli* sind die beiden entsprechenden Gene *OtsA* ( für TSP) und *OtsB* (für TPP) isoliert und charakterisiert worden. Garg et al (2002) transformierten *Oryza sativa* (Reis) mit einem DNA-Konstrukt, das *OtsA* und *OtsB* enthielt. Das Konstrukt stand entweder unter der Kontrolle eines Gewebe-spezifischen oder eines Stess-abhängigen Promotors. Der Trehalose-Gehalt der transgenen Reispflanzen stieg um das 3- bis 10fache und sie zeigten eine merklich erhöhte Toleranz gegenüber Wassermangel.

Die zweite Strategie ist die Verwendung von Genen für LEA-Proteine[125] zur Transformation von Pflanzen. Es hat sich herausgestellt, dass mindestens drei LEA-Proteine für eine Toleranz gegen Wassermangel in Frage kommen: LEA25 aus *Lycopersicon esculentum* (Tomate) verstärkt die Resistenz von damit transformierter *Saccharomyces cerevisiae* gegen hohe Salzkonzentrationen und Temperaturen nahe des Gefrierpunktes (Imai et al, 1996), *HVA*1 aus *Hordeum vulgare* (Gerste) vermittelt *Oryza sativa* (Reis) Toleranz gegenüber Wassermangel und Salz-Stress (Xu et al, 1996) und *Em* aus *Triticum aestivum* kodiert für ein Protein, das in *Saccharomyces cerevisiae* erfolgreich als osmotisch wirksame Substanz fungiert (Swire-Clark und Marcotte, 1999). Für Sivamani et al (2000) war insbesondere das *HVA*1 aus *Hordeum vulgare* von Interesse. Es wird durch das Pflanzenhormon Abscisinsäure drei Tage nach Samenquellung (Wasseraufnahme) zur Expression induziert und sein Expressionsprodukt tritt in der Aleuronschicht von Gerstenkörnern auf. In transgenen Reispflanzen führte die Anreicherung des *HVA*1-Gen-Produkts zu einer gesteigerten Wuchsfreudigkeit und zu einer verbesserten Beseitigung von Schäden durch Welken, wenn der Wassermangel beseitigt worden war (Wu et al, 1996). Sivamani et al (2000) transformierten *Triticum aestivum* (Weizen) mit *HVA*1 unter der Regie des *ubi1*-Promotors aus *Zea mays* (Mais). Bei Wassermangel kultivierte transgene Weizenpflanzen konnten das zur Verfügung stehende Wasser effizienter ausnutzen als der Wildtyp und erreichten höhere Werte beim Frisch- und Trockengewicht der pflanzlichen Biomasse als der Wildtyp.

Die dritte Strategie ist die Anreicherung von Glycin-Betain[126] als Schutzsubstanz (Guo et al, 1997; Sakamoto und Murata, 2001). Alia et al (1998) transformierten *Arabidopsis thaliana* mit dem *codA*-Gen aus *Arthrobacter globiformis* für eine Cholinoxidase und erreichten damit, dass die transgenen *Arabidopsis*-Pflanzen höhere Temperaturen ertrugen, ohne Wachstumsnachteil. Interessanterweise waren die sogenannten Hitzeschockproteine (insbesondere hsp70) an diesem Phänomen nicht beteiligt. Shen et al (2002) isolierten das Gen für eine Cholin-Monooxygenase aus *Atriplex hortensis* (Gartenmelde) und transformierten damit *Nicotiana tabacum* (Tabak). Die transgenen Tabakpflanzen reicherten Glycin-Betain an und wiesen eine erhöhte Toleranz gegenüber Wassermangel auf.

---

[125] Bei LEA-Proteinen (LEA = late embryonic abundant) handelt es sich um Proteine, die in der späten Phase der Embryogenese bei Austrocknung der Samen oder in pflanzlichen Geweben bei Wassermangel exprimiert und angereichert werden.
[126] Siehe 8.7.2. zur Synthese von Glycin-Betain

# 9. Gentechnisch veränderte Pflanzen mit „output-traits"

Die experimentellen Möglichkeiten der Gentechnik lassen grundsätzlich den Transfer eines jeden „geeigneten" DNA-Konstrukts in das pflanzliche Genom zu (siehe Abb. 7.2.). Damit ist es auch möglich, transgene Pflanzen mit „output-traits" zu erzeugen. Dazu gehören u.a. transgene Pflanzen, die bestimmte Substanzen synthetisieren und anreichern können: (i) „fremde" Proteine, (ii) bestimmte Kohlenhydrate, Fettsäuren, Proteine, Aminosäuren oder Vitamine, (iii) bestimmte Substanzen des Sekundärstoffwechsels oder (iv) bestimmte Polymere. Dazu gehören aber auch Pflanzen, die im Hinblick auf Veränderungen im Wachstum oder der Entwicklung (z.B. Blühverhalten, Fruchtreife, Ertrag an Biomasse) transformiert worden sind. Im Gegensatz zu der Mehrzahl der „input-traits", die meist auf einer Beziehung von „Gen – Protein – Wirkung" beruhen, sind an der Ausprägung der zuvor genannten „output-traits" eine Vielzahl von Synthesewegen und deren Steuerung beteiligt, mithin Sekundäreffekte nicht auszuschließen.

Davon ausgehend, dass der zukünftige Anbau solcher transgenen Höheren Pflanzen mit den o.g. Eigenschaften im Freiland im Hinblick auf die Auswirkungen auf die Umwelt im Einzelfall problematisch sein und daher nicht genehmigt werden kann, sind schon seit einigen Jahren verstärkt Untersuchungen betrieben worden, um pro- oder eukaryotische einzellige Algen zu transformieren und dann auch in Massenkulturen unter Laborbedingungen für die o.g. Zwecke einsetzen zu können. Zum Beispiel sind erfolgreiche Transformationsverfahren entwickelt worden für die Dinoflagellaten *Amphidinium* und *Symbiodinium* (Lohuis und Miller, 1998), für die Grünalgen *Chlamydomonas reinhardtii* (Shimogawara et al, 1998; Hayashi et al, 2001; Shrager et al, 2003) und *Chlorella ellipsoidea* (Jarvis und Brown, 1991), für die Diatomeen *Phaedactylum tricornutum* (Apt et al, 1996), *Cyclotella cryptica* (Dunahay et al, 1995), *Navicula saprophila* (Dunahay et al, 1995), *Thalassiosira weissflogii* (Falciatore et al, 1999) und *Cylindrotheca fusiforma* (Fischer et al, 1999), für die Rotalge *Porphyridium* (Lapidot et al, 2002) und für die Blaualge *Spirulina* (Kojima und Kawata, 2001)[127].

Seit jeher hat die Menschheit Proteine aus dem Pflanzenreich (in Form von z.B. Heilkräutern) bezogen, um sich gegen Krankheiten zu schützen oder wieder zu genesen. Bis in die heutige Zeit hat diese Suche nach pflanzlichen Drogen gegen Krankheiten angehalten. Jedoch birgt die Verwendung von pharmazeutisch nutzbaren Proteinen „natürlicher" Herkunft grundsätzlich auch Gefahren[128]; andererseits gibt es bislang in der Natur noch keine Verfahren, um zum Beispiel „single-chain" Antikörper aus pflanzlichen Systemen isolieren zu können. Die herkömmlichen Syntheseverfahren durch mikrobielle Fermentation oder tierische Zellkulturen erwiesen sich im Hinblick auf Kosten und Produkt-Sicherheit als weniger geeignet (Schwartz, 2001; Chu und Robinson, 2001; Houdebaine, 2000). Die Methoden der „Grünen Gentechnik" bieten in dieser Situation ganz andere Möglichkeiten, um therapeutisch nutzbare Antikörper, Impfstoffe oder andere pharmazeutisch anwendbare Proteine in großer Menge kostengünstig zu erzeugen.

---

[127] Zum Beispiel betreiben die Firmen Phycotransgenic (http://www.phycotransgenic.com) und PharmaMar (http://www.pharmamar.com/language.cfm) Forschungsprojekte zur Entwicklung von Anti-Tumor-Mitteln und Impfstoffen auf der Basis von Massenkulturen von einzelligen Algen, ebenso wie die Firma Entelechon (http://www.entelechon.com) zum Auffinden geeigneter eukaryotischer Expressionssysteme für humane Proteine.

[128] Sicher ist die Problematik der Blutkonserven im Zusammenhang mit dem latenten HIV-Verdacht noch nicht vergessen.

## 9.1. Produktion von Antikörpern

Die Nutzung von transgenen Pflanzen als „Produktionssysteme" für die Bereitstellung von therapeutisch relevanten Antikörpern ist bereits weiter fortgeschritten, als allgemein bekannt sein dürfte. In den vergangenen 10 Jahren hat die therapeutische Bedeutung von monoklonalen Antikörpern (MAKs) für den Nachweis, die Behandlung sowie die Prävention vieler Krankheiten extrem zugenommen; bereits 20 auf MAKs basierende Produkte sind in den USA bzw. in der EU zugelassen [darunter auch MAKs zur Krebstherapie (White et al, 2001)]. Als erstes MAK-Präparat wurde Palivizumab® zugelassen für die Prophylaxe gegen die Infektionskrankheit, die durch den respiratorischen Syncytialvirus bei humanen Embryonen ausgelöst werden kann (Keller und Stiehm, 2000). Es gibt bereits jetzt Anzeichen dafür, dass in Zukunft MAKs erfolgreich eingesetzt werden könnten gegen neurodegenerative Erkrankungen wie Creutzfeld-Jakob oder Alzheimer (Peretz et al, 2001).

Glücklicherweise sind die 5 Klassen von Antikörpern (IgG, IgA, IgM, IgD und IgE) ebenso wie die Antikörper-Fragmente der Modifikation durch gentechnische Modifikationen zugänglich. Die molekulare Struktur der Antikörper-Fragmente erlaubt es zum Beispiel, murine MAKs in humane MAKs durch geeignete Veränderungen umzuwandeln (Co et al, 1991).

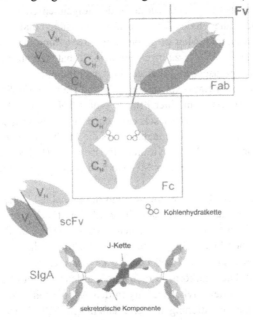

**Abb. 9.1. Schematische Darstellung von IgG- und SIgA-Antikörpern.** Umrahmte Felder zeigen die Domänen und monomeren Ig-Fragmente [Fc = „konstantes" Fragment; Fab = Antigenbindendes Fragment; Fv = variables Fragment; scFv = variables Fragment (Einzelkette); $C_L$ und $C_H$ = konstante Region der leichten bzw. schweren Kette; $V_L$ und $V_H$ = variable Region der leichten bzw. schweren Kette]. Im unteren Bildteil SIgA als dimeres IgA zusammengesetzt und durch die J-Kette im terminalen Bereich der Fc verbunden. (verändert nach Warzecha und Mason, 2003)

Dies ist eine bedeutende Vorraussetzung für den Einsatz in einer Antikörper-Therapie (White et al, 2001). Derzeit sind über 60 Antikörper in der klinischen Erprobung. Transgene Pflanzen haben längst bewiesen, dass mit ihrer Hilfe vollständige Antikörper wie auch Antikörper-Fragmente in ökonomisch relevanter Menge produziert werden können.

Seit Hiatt et al (1989) zum ersten Mal über die erfolgreiche Expression von vollständig assemblierten IgG-Antikörpern (Abb. 9.1.) in transgenen Tabakpflanzen berichtet haben, ist eine – aus damaliger Sicht – unerwartet große Anzahl verschiedener Antikörper bzw. ihrer Fragmente in transgenen Pflanzen produziert worden (Torres et al, 1999). Zu diesem Zweck wurde entweder die transiente Expression des Transgens *via* rekombinanter Viren (Verch et al, 1998) oder die stabile Expression *via* der *Agrobacterium*-Transformation von Pflanzen verwendet. Die gleichzeitige Expression der „Schweren" und der „Leichten" Kette eines Antikörpers wurde von de Neve et al (1993) durch eine simultane Transformation von Tabak- bzw. *Arabidospsis*-Pflanzen mit beiden DNA-Konstrukten erreicht; ebenso erfolgreich war in dieser Hinsicht die Verwendung einer Expressionskassette mit beiden Transgenen (Düring et al, 1990; van Engelen et al, 1994). Eine weitere experimentelle Möglichkeit wurde von Hiatt et al (1989) und Khoudi et al (1999) gewählt, indem sie die cDNAs für die „Schweren" und die „Leichten" Ketten eines Antikörpers getrennt voneinander zur Pflanzen-Transformation verwendeten. Durch Einkreuzen wurde in den folgenden Generationen eine Pflanze erzeugt, welche alle Untereinheiten des Antikörpers synthetisieren und zum funktionsfähigen Antikörper assemblieren konnte. Mag diese *de-facto* Ausstattung der transgenen Pflanzen auch auf andere experimentelle Weise zu erreichen sein, so hat sich aber erwiesen, dass die über Einkreuzen erzeugten transgenen Pflanzen die Untereinheiten für die vollständig assemblierten Antikörpern in höherer Rate exprimieren (Ma und Hein, 1995). Selbst die Expression von vier verschiedenen Transgenen in einer Pflanze – nach sukzessiver Einkreuzung – und deren Assemblierung zu einem chimären sekretorischen IgA (SIgA) gelang Ma et al (1995) (Abb. 9.2.). An dieser Stelle ist hervorzuheben, dass die Produktion von SIgA auch in humanen Zellen erfolgen kann (Chintalacharuvu und Morrison, 1997), dass aber nur mit Hilfe von transgenen Pflanzen die ausreichenden Mengen von SIgA für therapeutische Zwecke produziert werden können.

Wird den cDNAs für die „Schwere" und die „Leichte" Kette der Antikörper jeweils eine Signal-Sequenz für das Endoplasmatische Retikulum (ER) vorgeschaltet, so reichern sich die Antikörper im ER an und werden danach sekretiert (Hiatt et al, 1989; Fiedler und Conrad, 1995). Dazu wurden Leader-Sequenzen aus Pflanzen (Zeitlin et al, 1998; Düring et al, 1990), aus der Maus (Fischer et al, 1999) oder *Saccharomyces cerevisiae* (Bäckerhefe) (Hein et al, 1991) verwendet. Die Antikörper-Fragmente wurden in allen Fällen nach der Abspaltung der Signal-Sequenz und der Glykolysierung in den Apoplasten exkretiert (de Wilde et al, 1998). Durch die Kompartimentierung in der pflanzlichen Zelle hingegen können Antikörper geschützt angereichert und vielfach auch leichter aufgereinigt werden. Während zum Beispiel im Cytoplasma nur für scFv-Fragmente hinreichende Mengen akkumuliert werden [1 % des löslichen Proteins in *Petunia hybrida* (Petunie); de Jaeger et al, 1999], können Fab-Fragmente unter Verwendung des Retentionssignals KDEL im ER von *Arabidopsis thaliana* bis zu 6% des löslichen Proteins angereichert werden (Peeters et al, 2000). De Jaeger et al (2002) verglichen die Wirkung des 35S-Promoters des CaMV und des Promoters des Speicherprotein-Gens *Arcelin 5-1* aus *Phaseolus vulgaris* (Bohne) auf die Expression des murinen scFv G4. In transgener *Arabidopsis thaliana* (Ackerschmalwand) wurde das scFv unter der Kontrolle des

35S-Promoters bis zu 1% des löslichen Proteinanteils angereichert, unter der Kontrolle des *Arcelin*-Promoters jedoch bis zu 36%. Wird das DNA-Konstrukt für ein Antikörper-Fragment in das Plastom integriert (Moloney und Holbrook, 1997; Ruf et al, 2001), so kann man sicher sein, dass die bei Expression im Chloroplasten angereicherten Antikörper-Fragmente nicht glykolysiert werden (Daniell et al, 2001a)[129].

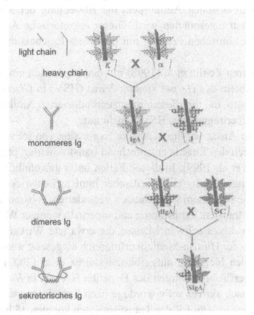

**Abb. 9.2. Kreuzungsschema für die Erzeugung einer transgenen Pflanze, welche die vier verschiedenen DNA-Konstrukte für ein sekretorisches IgA in sich vereinigt. Zu Beginn wurden Pflanzen mit jeweils einem dieser vier DNA-Konstrukte transformiert. (verändert nach Ma et al, 1995)**

Die in transgenen Pflanzen produzierten Antikörper unterscheiden sich nicht in ihren Antigen-bindenden Eigenschaften von denen humaner oder muriner Herkunft (Hein et al, 1991; Ma et al, 1998). Jedoch unterscheiden sie sich in ihrer Glykolisierung (Spik und Theisen, 2000); dies kann Auswirkungen auf ihre Effektivität und Stabilität haben (Wright und Morrison, 1997). Zum Beispiel werden IgG-Antikörper in der $C_H2$-Region glykolisiert (Abb. 9.1.). Nach einer Asparagin-gebundenen Glykolysierung, die in allen verwendeten Zellsystemen geschieht, sorgt ein jeweils Zell-Typ abhängiges Sortiment von Glycosyltransferasen und Glycosidasen für eine unterschiedliche „Verästelung" der Kohlenhydratketten und für die Addition von unterschiedlichen, terminalen Endgruppen (Kornfeld und Kornfeld, 1985).

Einige der in transgenen Pflanzen produzierten Antikörper befinden sich bereits in der klinischen Prüfung. Die Prüfung eines in transgenem *Nicotiana tabacum* (Tabak) produzierten, chimären Antikörpers ist besonders weit fortgeschritten. Ma et al (1995) verwendeten ein murines IgG (Guy's 13), bei dem die $C\gamma_3$-Domäne der schweren Kette durch $C\alpha_2$- und $C\alpha_3$-

---

[129] Derzeit unverstanden und für die Anwendung von marginaler Bedeutung ist der von Frigerio et al (2000) beschriebene Eintransport von Antikörper-Hybriden in die pflanzliche Vakuole, einem Zellkompartiment mit meist proteolytischer Aktivität.

Domänen eines IgA ersetzt worden war. Nach schrittweiser Einkreuzung (analog dem Schema von Abb. 9.2.) der cDNAs für die „J-Kette" und die sekretorische Komponente konnten die resultierenden transgenen Tabakpflanzen einen sekretorischen Antikörper assemblieren, der auf das Antigen I/II von *Streptococcus mutans* und *Streptococcus sobrinus* (Auslöser der Karies) ansprach. Larrick et al (1998) konnten nachweisen, dass durch Anwendung dieses pflanzenproduzierten sekretorischen Antikörpers die Besiedlung der Mundhöhle durch die beiden *Streptococcus*-Arten unterbunden wird. Dieser sekretorische Antikörper, CaroRx[TM], hat auch die 2. Stufe der klinischen Prüfung mit positivem Ergebnis durchlaufen (Ma et al, 1998).

Ebenso erfolgreich waren Zeitlin et al (1998) mit der Expression eines Antikörpers gegen ein Oberflächen-Glycoprotein des *Herpes simplex*-Virus (HSV) in *Glycine max* (Sojabohne). Bei HSV-infizierten Mäusen, die mit diesem pflanzenproduzierten Antikörper behandelt wurden, trat keine vaginale Übertragung des HSV-2 mehr auf.

Ein vielversprechender Ansatz ist die transiente Expression von scFv für die Therapie von bestimmten Tumoren durch den Einsatz entsprechend transformierter, phytopathogener Viren in Pflanzen (McCormick et al, 1999). In diesen Fällen muss gewöhnlich für jeden einzelnen Patienten arbeits- und zeitaufwendig ein spezifischer Impfstoff entwickelt werden. Statt dessen kann eine Pflanze, die mit einem gentechnisch veränderten Tobamovirus infiziert wurde, dessen Insert (scFv-Gen) transient exprimieren und innerhalb weniger Wochen genügend Antikörper bereitstellen. Da dieses scFv in Mäusen die erwartete Wirkung zeigte, besteht die Hoffnung, dass es auch in der Human-Medizin erfolgreich eingesetzt werden kann[130].

Weitere Beispiele seien hier kurz aufgeführt. Ramirez et al (2002) ließen einen scFv-Antikörper gegen ein Oberflächen-Antigen des Hepatitis B Virus in *Nicotiana tabacum* (Tabak) exprimieren; biologisch aktives scFv wurde je nach Transformante aus dem Apoplasten bzw. aus dem ER isoliert. Aus dem ER der Transformanten konnten 15 bis 20 µg reines aktives scFv pro g Frischgewicht isoliert werden. Auch Ehsani et al (2003) fanden einen experimentellen Ansatz zur pflanzlichen Synthese von scFv-Antikörpern. Sie transformierten *Nicotiana tabacum* mit einem Konstrukt für murine scFv-Antikörper gegen die humanen Interleukine IL-4 und IL-6. Es stellte sich heraus, dass insbesondere die Wurzel der transgenen Tabakpflanzen die gewünschten scFv-Antikörper anreicherten und in das umgebende Medium ausschieden. Die Menge an biologisch aktivem IL-6-scFv-Antikörper betrug maximal 0,18% des gesamten löslichen Proteins. Vaquero et al (1999) benutzten transgene Tabakpflanzen, um die Expression verschiedener Formen von Tumor-spezifischen Antikörpern in Pflanzen zu untersuchen. Sie setzten dazu das Konstrukt für einen rekombinanten scFv-Antikörper bzw. das Konstrukt für einen chimären (aus murinen und humanen Anteilen bestehenden) Volllängen-Antikörper gegen ein humanes Krebs-Antigen ein. Die transgenen Tabakpflanzen produzierten eine ausreichende Menge beider Antikörper, um sie aufreinigen und im Labormaßstab analysieren zu können. De Wilde et al (2002) widmeten sich der Ausarbeitung von Verfahrensweisen, um im Großmaßstab Antikörper mit Hilfe von transgenen Pflanzen produzieren zu können. Sie transformierten *Solanum tuberosum* (Kartoffel) mit Konstrukten für Volllängen-IgG-Antikörper bzw. Fab-Fragmente. In den transgenen Kartoffelknollen reicherten sich die Antikörper bis zu 0,5% des löslichen Proteins an. Sie überdauerten eine Lagerung der Kartoffelknollen von 6 Monaten ohne Einbuße. De Wilde et al (2002) weisen darauf hin, dass

---

[130] Allerdings wird es aufgrund der gesetzlichen Bestimmungen nur möglich sein, im Gewächshaus angebaute Kulturpflanzen mit gentechnisch veränderten, pflanzenpathogenen Viren zu infizieren (Miele, 1997).

ein Zeitraum von 9 Monaten hinreicht, um etliche 100 kg transgener Kartoffeln zu ernten und daraus Antikörper isolieren zu können.

**Tab. 9.1. Zusammenstellung der Antikörper, welche durch transgene Pflanzen produziert werden und sich bereits in der klinischen Vorprüfung befinden. (verändert nach Ma et al, 2003)**

| |
|---|
| **Avicidin**[131]: Immunoglobulin (IgG) gegen das EpCAM-Antigen (Darmkrebs) |
| **CaroxRx:** chimäres IgA/G gegen das Adhäsionsprotein von *Streptococcus mutans* (Larrick et al, 2001; Ma et al, 1998) |
| **T84.66:** monoklonaler Antikörper gegen das CEA-Antigen (Hautkrebs) (Perrin et al, 2000; Vaquero et al, 2002) |
| **Anti-RSV:** IgG gegen das R9-Protein des respiratorischen Syncytialvirus (RSV) |
| **Anti-HSV:** IgG1 gegen das Glycoprotein B des *Herpes simplex* Virus (HSV) (Zeitlin et al, 1998) |
| **38C18:** scFv-Antikörper gegen Oberflächen-Marker von malignen B-Zellen (Krebserkrankung des lymphatischen Systems) (McCormick et al, 1999) |
| **PIPP:** Monoclonaler Antikörper zur Diagnose und Therapie von Tumoren, die hCG produzieren (Kathuria et al, 2002) |

In der Tabelle 9.1. sind diejenigen Antikörper aus pflanzlicher Produktion aufgeführt, die bereits in die klinische Prüfung gelangt sind.

## 9.2. Produktion von Impfstoffen[132]

Ohne Zweifel unterziehen sich die meisten Menschen – und davon insbesondere die Kinder – eher einer Schluckimpfung als einer Impfung per Spritze. Wenn man außerdem bedenkt, dass Impfaktionen vielfach mehrere Millionen Menschen – auch in abgelegenen Regionen der Erde – erreichen müssen, um erfolgreich zu sein, dass dafür eine ununterbrochene Kühlkette für den Transport und die Lagerung der Impfstoffe notwendig ist und dass der Einsatz von Spritzen und Kanülen sowohl kostenträchtig ist als auch bei unsachgemäßem Gebrauch die Gefahr der Infektion birgt, so ist es nachvollziehbar, dass die „Children's Vaccine Initiative" kostengünstigere Impfstoffe auf der Basis der Schluckimpfung gefordert hat (Mitchell et al, 1993) und dass sich transgene Pflanzen als Produzenten von Impfstoffen zu diesem Zweck anbieten. Grundsätzlich stehen dafür drei verschiedene experimentelle Vorgehensweisen zur Verfügung: (i) Geeignete Pflanzenspezies werden mit einem entsprechenden DNA-Konstrukt

---

[131] Avicidin wurde vom Hersteller im Laufe der klinischen Prüfung wieder zurückgezogen, weil es zu Durchfallerkrankungen bei den Patienten gekommen war.

[132] Obwohl im Folgenden etliche erfolgreiche Untersuchungen vorgestellt werden, so soll auch darauf hingewiesen werden, dass generell der Anteil des exprimierten „Fremd"-Proteins meist unter 1% des löslichen Gesamtproteins lag (Kusnadi et al, 1997), dass die Wahrscheinlichkeit eines Transgen-Silencing (de Wilde et al, 2000), der störende Einfluss von Positionseffekten (Peach und Velten, 1991) oder unterschiedliches RNA-Processing sehr hoch war.

so transformiert, dass es stabil in das pflanzliche Genom inseriert und ausreichend exprimiert wird (Abb. 9.3.; linke Seite).(ii) Die Expression der Impfstoffe wird über die Infektion von geeigneten Pflanzenspezies mit rekombinanten pflanzenpathogenen Viren und die transiente Expression der viralen Nukleotidsequenz erreicht (Abb. 9.3.; rechte Seite) (siehe Kapitel 4.2.). (iii) Mit einem entsprechenden DNA-Konstrukt wird das Plastom einer geeigneten Pflanzenspezies transformiert und ist damit meist mit mehr als 200 bis 300 Kopien je Zelle präsent (siehe Kapitel 4.11.).

Die Untereinheit eines Hepatitis B-Impfstoffes, die als erstes Protein dieser Art erfolgreich von transgenen Tabakpflanzen produziert wurde, war das HBsAg[133] (Mason et al, 1992); in diesen transgenen Tabakpflanzen bildete HBsAg Virus-ähnliche Partikel (VLP) von 22 nm Durchmesser aus und entsprach damit den in transgener *Saccharomyces cerevisiae* exprimierten VLPs, die zur Herstellung des derzeit gebräuchlichen Hepatitis B-Impfstoffes benutzt werden. Die Impfung mit diesen (aufgereinigten) Pflanzen-produzierten HBsAg zeigte dieselben Charakteristika, wie der mit Hilfe von *Saccharamyces cerevisiae* produzierte herkömmliche Hepatitis B-Impfstoff (Thanavala et al, 1995). Richter et al (2000) versuchten,

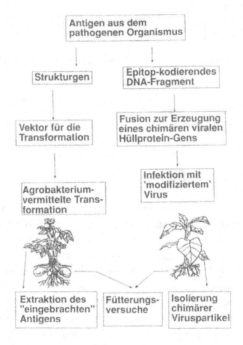

**Abb. 9.3. Schematische Darstellung der Verfahrensweisen, die geeignet sind, mit Hilfe gentechnisch veränderter Pflanzen (linke Seite) bzw. mit Hilfe von Pflanzen, die mit rekombinanten Viren (oder deren RNA) infiziert worden sind (rechte Seite), Pflanzenmaterial zu gewinnen, das vollständige Antigene oder Teilbereiche von Antigenen enthält und zur Etablierung eines aktiven Impfschutzes verwendet werden kann. (verändert nach Brandt, 1998a)**

---

[133] HBsAg = Hepatitis B surface antigen

die Expression des Gens für die HBsAg in Kartoffelknollen zu optimieren. Im Rahmen dieser Untersuchungen konnten sie nachweisen, dass das Einfügen einer Nukleotidsequenz für eine Signalsequenz (Einschleung in die Vakuole) oder eine Transitsequenz (Einschleusung in den Chloroplasten) keinen Einfluss auf die Anreicherung des Antigens hatte, dass aber das Einfügen des ER-Retentionssignals SEKDEL in die Insert-Sequenz zu einer Anreicherung des Antigens in den Blättern der transgenen Pflanzen führte. In oralen Testimpfungen erwiesen sich die durch transgene Pflanzen produzierten Antigene den herkömmlich produzierten Impfstoffen gegen Hepatitis B überlegen (Richter et al, 2000; Kong et al, 2001). Bislang gibt es einen wissenschaftlichen Bericht über den klinischen Test von HBsAg (Kapusta et al, 1999). Dabei wurden drei freiwilligen Probanden jeweils 150 g entsprechend gentechnisch veränderten Spinat verabreicht (entsprach 0.1 bis 0.5 µg Antigen / 100 g Frischgewicht). Nach der zweiten Verabreichung stieg der Antikörper-Titer an, fiel jedoch nach vier Wochen wieder stark ab (wahrscheinlich aufgrund der zu geringen verabreichten Dosis).

Von zwei weiteren klinischen Untersuchungen mit Pflanzen-produzierten Antigenen wurde berichtet. In dem einen Fall handelt es sich um die Synthese des Kapsid-Proteins des Norwalk-Virus, der Durchfall-Erkrankungen hervorruft. Bei heterologer Expression in Insekten-Zellen assemblierte dieses Kapsid-Protein zu VLP von 38 nm und reagierte mit Seren von infizierten Menschen (Jiang et al, 1992). Da diese VLP sich als säureresistent erwiesen, kann davon ausgegangen werden, dass sie auch unbeschadet die Magen-Darm-Passage überstehen können (Ball et al, 1996). In einer klinischen Studie mit 20 Freiwilligen zeigte sich, dass die Gabe von 150 g rohen Kartoffelmaterials (215 bis 750 µg NCVP) bei 95% der Probanden eine Immunisierung herbeiführte.

Auch die Toxin-Untereinheit B des *Vibrio cholerae* wie auch die Hitze-labile Enterotoxin-Untereinheit von *Escherichia coli* (CT-B und LT-B) konnten bereits in derart transformierten Pflanzen exprimiert werden (Haq et al, 1995; Arakawa et al, 1998); für das so produzierte LT-B konnte immunisierende Wirkung bei Menschen nachgewiesen werden (Tacket et al, 1998). Durch die Verwendung von synthetischen Genen (Mason et al, 1998; Lauterslager et al, 2001), bei denen die Nukleotidsequenz dem pflanzlichen Expressionssystem angepasst und möglicherweise RNA-destabilisierende Sequenzabschnitte in den cDNAs vermieden worden waren, konnte die Expressionsrate der eingebrachten Gene um das 5fache gesteigert werden (10 µg/g vs. 2µg/g).

Durch Chloroplastentransformation gelang es Daniell et al (2001), transgene Tabakpflanzen zu erzeugen, welche die Untereinheit B des Cholera-Toxins in einem Anteil von bis zu 4% des löslichen Proteins exprimieren.

Tackaberry et al (1999) haben nachgewiesen, dass in transgenen Tabakpflanzen das immunodominante Glycoprotein B des humanen Cytomegalovirus exprimiert und in deren Samen stabil gespeichert wurde (Wright et al, 2001).

Eine gänzlich andere experimentelle Herangehensweise zur Erzeugung von Impfstoffen mit Hilfe von Pflanzen ist der Einsatz rekombinanter Pflanzenviren. (Koprowski und Yusibov, 2001). Damit erzielt man hohe Expressionsraten des per Virus in die Pflanzen eingebrachten Gens und dies ohne die Gefahr, dass noch kurz vor der Ernte der Pflanzen ein Transgen-Silencing eine Minderung der Transgen-Expression herbeiführen könnte. Vor allem modifizierte virale Gene wurden dazu benutzt, um z. B. Epitop-Bereiche des respiratorischen Syncytialvirus (RSV) (Belanger et al, 2000), des Rabies-Virus oder des HIV (Yusibov et al, 1997) in transgenen Pflanzen zu exprimieren. Obwohl auch schon der cowpea mosaic virus (Durrani et al, 1998) oder der potato virus X (O'Brien et al, 2000) zu diesem Zweck verwendet worden sind, soll das nicht darüber hinwegtäuschen, dass experimentell eine Limitierung bei der Integration in das jeweilige virale Coat-Protein-Gen [maximal Kodierungskapazität für 25 bis 37 Aminosäuren (Koprowski und Yusibov, 2001)] oder durch die Gesamtgröße der Gene in Bezug auf virale Enkapsidierung und Transfer in die pflanzlichen Zellen besteht.

Es steht derzeit außer Zweifel, dass transgene Pflanzen zur Produktion von Impfstoffen nur unter Bedingungen angebaut werden könnten, bei denen die Auskreuzung der Eigenschaften der transgenen Pflanzen auf Kulturpflanzen zur Lebens- oder Futtermittelherstellung gänzlich ausgeschlossen sein muss. Insofern sind für diesen Zweck infertile Pflanzen, die vegetativ vermehrt werden, von besonderem Interesse, wie z.B. Bananen- und Kartoffelpflanzen. Außerdem muss bedacht werden, dass die notwendige Höhe der Dosierung des jeweiligen Impfstoffes nicht konstant von einer frei wachsenden, vielen Umweltfaktoren unterworfenen transgenen Pflanze erwartet werden kann. Daher wird es immer nötig bleiben, diese transgenen Pflanzen (zumindest in bescheidenem Umfang) aufzuarbeiten, um das pflanzliche Material als Impfstoff einsetzen zu können.

In den vergangenen Jahren wurden eine Vielzahl von Versuchen unternommen, um Pflanzen direkt oder indirekt zur Gewinnung von Impfstoffen zu transformieren. Summarisch seien hier einige davon erwähnt: Khattak et al (2002) transformierten Tabak- und Kartoffelpflanzen mit einem Konstrukt, das für das N-Protein des Hantavirus kodiert. Tackaberry et al (2003) transformierten Tabakpflanzen mit einem Konstrukt für das Glycoprotein B des humanen Cytomegalovirus so, dass das rekombinante Glycoprotein B in den Tabaksamen angereichert wurde. *Nikotiana tabacum* (Tabak) (Rukavtsova et al, 2003) und *Solanum tuberosum* (Kartoffel) (Kong et al, 2001) wurden mit einem Konstrukt für das Oberflächen-Antigen HBsAg des Hepatitis B Virus transformiert. Varsani et al (2003) brachten ein Konstrukt für das Kapsid-Protein 16L1 des humanen Papillomavirus in Tabakpflanzen zur Expression und konnten durch Verfütterung an Kaninchen eine schwache Immun-Antwort erhalten. Da Silva et al (2002) transformierten Tabakpflanzen mit einem Konstrukt für die Pilin-Untereinheit A des enteropathogenen *Escherichia coli* (EHEC), verfütterten das transgene Pflanzenmaterial an Mäuse und wiesen die Bildung entsprechender Antikörper nach. Huang et al (2003) wiesen nach, dass Tabakpflanzen, die sie mit einem Konstrukt für FaeG [Untereinheit der K88 Fimbrien von enterotoxigenem *Escherichia coli* (ETEC)] transformiert hatten, bei Verfütterung an Mäuse diese gegen Faeg immunisieren konnten. Konstrukte für die Untereinheit B des Hitze-labilen Enterotoxins aus *Escherichia coli* wurde in *Lycopersicon esculentum* (Tomate; Walmsley et al, 2003) und in *Zea mays* (Mais; Chikwamba et al, 2003) eingebracht; in den transgenen Maispflanzen reicherte sich das LT-B vor allem in den Maiskörnern an. Khandelwal et al (2003a und 2003b) transformierten Tabak- bzw. Erdnusspflanzen mit einem Konstrukt für das Haemagglutinin des Rinderpest-Virus und erreichten bei Verfütterung des Pflanzenmaterials an Mäuse bzw. Kühe die gewünschte Immunantwort. Arakawa et al (1998) transformierten *Solanum tuberosum* (Kartoffel) mit einem chimären Konstrukt aus einem Abschnitt für die Untereinheit B des Cholera-Toxins und einem Abschnitt für das humane Proinsulin. Die Verfütterung der transgenen Kartoffelknollen an an IDDM[134]-erkrankte Mäuse bewirkte eine deutliche Abschwächung der Krankheit. Kim und Langridge (2003) transformierten *Solanum tuberosum* mit einem chimären Konstrukt aus einem Abschnitt für die Untereinheit B des Cholera-Toxins und einem Abschnitt für das Enterotoxin des murinen Rotavirus NSP4. Im Jahr darauf transformierten sie (Kim und Langridge, 2004) *Nicotiana tabacum* mit

---

[134] IDDM = insulin-dependent diabetes mellitus

einem chimären Konstrukt aus einem Abschnit für 12 Aminosäuren des HIV-1 Tat und einem Abschnitt für 90 Aminosäuren des Enterotoxins des murinen Rotavirus NSP4. Lee et al (2003) transformierten *Trifolium repens* (Weißklee) mit einem Konstrukt für ein Fragment des Leukotoxins aus *Mannheimia haemolytica* (Erreger der bovinen Lungen-Pasteurellose). Dieser transgene Weißklee wurde im Freiland angebaut, gemäht und bei $50^0$ C getrocknet. Noch nach einem Jahr Lagerung war das Antigen in dem getrockneten Weißklee vorhanden. Santos et al (2002) kombinierten einen DNA-Abschnitt für einen Epitopbereich des Struktur-proteins VP1 (Aminosäuren 135 bis 160) des Maul-und-Klauen-Seuche-Virus (FMDV) mit dem *uida* als Reporter-Gen und transformierten damit *Medicago sativa* (Luzerne). Mäuse konnten mit dem von den transgenen Luzerne-Pflanzen produzierten chimären Antigen voll-ständig gegen FMDV immunisiert werden. Rymerson et al (2003) transformierten Tabak-pflanzen mit einem Konstrukt für das Kapsidprotein VP2 des porcinen Parvovirus. Mäuse konnten mit dem aus den transgenen Tabakpflanzen isolierten löslichen Protein-Gesamtextrakt gegen PPV immunisiert werden. Kim et al (2003) transformierten *Solanum tuberosum* (Kartoffel) mit einem Konstrukt für das humane β–Amyloid-Peptid, das im Zu-sammenhang mit der Alzheimer-Krankheit auftritt, und eröffneten damit den Weg zur Ent-wicklung eines Impfstoffes gegen diese Krankheit.

Zum Abschluss sei noch darauf hingewiesen, dass angesichts der weltpolitischen Lage und den weltweiten Anstrengungen, genügend Impfstoff für den Fall einer bioterroristischen Attacke vorzuhalten, die Bedeutung der Produktion von Impfstoffen durch transgene Pflanzen an jedem Ort und unter geringem Kostenaufwand immens an Bedeutung gewonnen hat (Sala et al, 2003).

## 9.3. Anreicherung bestimmter Kohlenhydrate, Fettsäuren oder Proteine

Im Laufe der Evolution haben sich in den verschiedenen Pflanzenspezies Stoffwechsel-wege herausgebildet, die in ihrer Gesamtheit eine fast nicht mehr erfassbare Vielfalt von Sub-stanzen umsetzen bzw. synthetisieren können. Die Methoden der Gentechnologie scheinen sich in diesem Zusammenhang geradezu anzubieten, um diese verschiedenen pflanzlichen Biosynthesewege zu verändern und damit Endprodukte zu erhalten, die für die menschliche Nutzung qualitativ und/oder quantitativ geeigneter sind. In erster Linie kommen dafür die Speicherstoffe der Samen von Getreide bzw. von Hülsenfrüchten in Frage. Weltweit wird der tägliche Proteinbedarf zu 45% über die Nutzung von Getreideprodukten gedeckt. Insgesamt wird der Anteil an der menschlichen Ernährung durch pflanzliche Speicherstoffe auf etwa 85% der Kalorien geschätzt. Außerdem sei auf den steigenden Bedarf der chemischen Indu-strie an pflanzlichen Rohstoffen hingewiesen; zum Beispiel wird Stärke vor allem in der Pa-pier- und Pappe-Industrie, im Textilbereich und für biotechnologische Zwecke benötigt, wird Zucker zur Herstellung von Antibiotika, Vitaminen und organischen Säuren verarbeitet, sowie pflanzliche Öle und Fette zur Herstellung u.a. von Waschhilfsstoffen, Gleitmitteln, Farben, Kunststoffen, Weichmachern, Schmierstoffen und Bodenbelägen verwendet.

In diesem Sinne werden in den folgenden Kapiteln beispielhaft nur solche Untersuchun-gen behandelt, die zur pflanzlichen Synthese bestimmter Substanzen geführt haben, und grundsätzlich nicht solche Experimente referiert, mit denen vorrangig metabolische Wechsel-beziehungen analysiert wurden.

9.3.1. Anreicherung bestimmter Kohlenhydrate

Das hauptsächlich gebildete Reservekohlehydrat Höherer Pflanzen ist die Stärke. Sie wird
für länger währende Speicherzwecke in Amyloplasten, z.B. der Kartoffelknollen, oder zur
zeitweiligen Speicherung von Photosyntheseprodukten in Chloroplasten gebildet (Kossmann
und Lloyd, 2000). Die Hauptbestandteile der Stärke sind die unverzweigte, helikale Amylose
mit Molekulargewichten zwischen 10 000 und 100 000 und das verzweigte Amylopektin mit
Molekulargewichten bis zu 10 000 000. Amylose und Amylopektin sind Glucose-Polymere.
Die Stärke in Kartoffelknollen besteht zu 18 bis 23% aus Amylose (Shannon und Gorwood,
1984). Unabhängig von dem zukünftigen Speicherzweck wird Stärke über einen Syntheseweg
ausgehend von der Glucose gebildet, wobei Stärke-Synthasen und Enzyme, die zur Verzwei-
gung der entstehenden Stärkemoleküle beitragen, die Schlüsselenzyme darstellen. Die Stärke-
Synthasen katalysieren die Verlängerung von Amylose- bzw. Amylopektin-Molekülen durch
Verknüpfung mit ADP- oder UDP-Glucose an die nicht-reduzierenden Enden der Polymere.
Man unterscheidet die löslichen Stärke-Synthasen (zur Polymerisation des Amylopektin) und
die Granulum-gebundenen Stärke-Synthasen (GBSS) (zur Polymerisation der Amylose)[135]
(Kuipers et al, 1994).

ADP- oder UDP-Glucose werden entweder über die Pyrophosphorylase-Reaktion oder die
Umkehrung der Saccharose-Synthese synthetisiert. Die ADP-Glucose-Pyrophosphorylase
wird als das Schlüsselenzym der Stärkebiosynthese in den Blättern (Stark et al, 1992) angesehen und die Saccharose-Synthase als das der Umwandlung von Saccharose in Stärke bei der
Ausbildung von Samen in *Zea mays* (Mais) oder *Oryza sativa* (Reis) (Lee und Su, 1982;
Chourey und Nelson, 1976). Dafür sprechen die Eigenschaften mehrerer typischer Mutanten
von *Zea mays* und *Oryza sativa*, die in ihrer Stärkesynthese defekt und z.T. auch phänotypisch unterscheidbar sind. Für *Zea mays* sind dies die Mutanten (1) „shrunken-1" (sh-1) [ge-
ringer Gehalt an Saccharose-Synthase, verminderter Stärkegehalt des Endosperm, schrumpe-
liges Aussehen der Samenkörner; Chourey und Nelson, 1976], (2) „shrunken-2" (sh-2) und
„brittle 2" (bt-2) [verminderter Stärke-Gehalt des Endosperm, völliges Fehlen der ADP-
Glucose-Pyrophosphorylase, schrumplige und brüchige Samenkörner; Tsai und Nelson,
1966], (3) „waxy" (wx) [Veränderung der Stärkezusammensetztung, hier 100% Amylopektin,
geringer Gehalt an UDP-Glucose-Stärkesynthase; Chourey, 1981; Nelson und Rines, 1962].
In analoger Weise gibt es für *Oryza sativa* die entsprechenden Mutanten „shrunken" (sh),
„sugary" (su), „dull" (du) und „waxy" (wx) (Okuno, 1976; Satoh und Omura, 1981; Yano et
al, 1985).

In *Zea mays* und *Oryza sativa* gibt es jeweils zwei Gewebe-spezifische ADP-Glucose-
Pyrophosphorylasen, von denen jeweils eine in den Blättern und die andere in den Samen
aktiv ist; die beiden Gene wurden isoliert und charakterisiert (Khrishnan et al, 1986). Außerdem sind für *Zea mays* zwei Gewebe-spezifische Isoenzyme der Saccharose-Synthase und
deren Gene bekannt, die entweder nur im Endosperm oder nur in embryonalen Geweben
exprimiert werden (McCarthy et al, 1986; Gupta et al, 1988).

In Untersuchungen an *Beta vulgaris* (Zuckerrübe; Servaites und Geiger, 1974), *Zea mays*
(Mais; Kalt-Torres et al., 1987) und *Glycine max* (Sojabohne; Rufty und Huber, 1983) zeigte

---

[135] Es konnte aber für *Ipomea batatas* (Süßkartoffel; Baba et al, 1987), *Pisum sativum* (Erbse; Denyer et al,
1996) und *Chlamydomonas reinhardtii* (van de Wal et al, 1998) gezeigt werden, dass in diesen Organismen die
GBSS auch an der Amylopektin-Synthese beteiligt sein kann.

sich, dass die experimentell herbeigeführte Minderung der Netto-Photosyntheserate eine Abnahme der Rate bewirkt, mit der Photoassimilate vom Ort ihrer Synthese – den Blättern – in
andere Pflanzenteile transportiert werden. Demnach könnte die Saccharose-Biosynthese in
den Blättern der die Assimilat-Translokation begrenzende Schritt sein, wenn ausreichend viele Pflanzenteile »assimilatbedürftgig« sind. Leidreiter et al. (1995) transformierten *Solanum
tuberosum* (Kartoffel) mit dem Gen für die kleine Untereinheit der ADP-Glucose-Pyrophosphorylase (AGPase) in Antisense-Orientierung entweder unter der Regie des konstitutiv
exprimierenden 35S-Promotors des CaMV[136] oder des ST-LS1-Promotors des Gens für ein
PSII-Protein[137], der nur in photosynthetisch aktiven Zellen exprimiert (Stockhaus et al.,
1989). In diesen transgenen Kartoffelpflanzen war – im Vergleich zum Wildtyp – die AGPa-
se-Aktivität um 70 bis 94% gemindert, die Photosynthese-Aktivität unverändert, der Stärkegehalt der Blätter stark verringert, der Gehalt an löslichen Zuckern und Malat unverändert und
der Eintransport von Photosyntheseassimilaten in die Kartoffelknollen unter Photosynthese-
Bedingungen (d.h. bei Belichtung) stark erhöht. Diese Veränderung der Assimilattranslokati-
on hatte allerdings keinen Einfluss auf den Knollenertrag dieser transgenen Kartoffelpflanzen.

Auf der Grundlage dieser und weiterer Erkenntnisse über die physiologischen Abläufe bei
der Synthese von Kohlenhydraten bis hin zu der Stärkebildung bzw. ihrer Anreicherung sind
mehrere Strategien entwickelt worden, um durch Transformation Höherer Pflanzen mit geeigneten Genkonstrukten diese Synthesewege in die gewünschte Richtung zu steuern und damit bestimmte Endprodukte in größeren Mengen anzureichern:

[1] Fructane sind Polymere der Fructose mit ß(2-1) oder ß(2-6) glykosidischen Bindungen. Fructose wird industriell aus hydrolysierter Stärke durch Einwirkung von Glucose-
Isomerase gewonnen. Neben Saccharose und Stärke, welche ubiquitär als Speicherkohlenhy-
drate auftreten, sind die Fructane als weiteres Speicherkohlenhydrat weitgehend auf die *Aste-
rales* sowie die *Cyperales* und die *Liliales* beschränkt. Unter anderem gehören dazu *Triticum
aestivum* (Weizen) und *Hordeum vulgare* (Gerste) [Speicherung von Fructanen in den Blättern und im Spross], *Tulipa gesneriana* (Gartentulpe) und *Allium cepa* (Küchenzwiebel)
[Speicherung von Fructanen in der Zwiebel] sowie *Cichorium intybus* (Wegewarte) und *Cyanara cardunculus* (Artischocke) [Speicherung von Fructanen in Wurzeln und Sprossknollen].

Die von Pollack und Cairns (1991) und von anderen Arbeitsgruppen erbrachten Befunde
sprechen dafür, dass Fructane in Pflanzen in deren Vakuolen aus Saccharose mittels zweier
Fructosyltransferasen synthetisiert werden. Die Länge der pflanzlichen Fructane ist beschränkt auf maximal 60 Fructose-Einheiten. Da im menschlichen Verdauungstrakt keine
Enzyme zur Spaltung der glykosidischen Bindungen der Fructane vorhanden sind, sind diese
Kohlenhydratpolymere wirtschaftlich interessant, da sie als Süßstoff benutzt werden können,
ohne nennenswert den Kaloriengehalt der Nahrung zu erhöhen.

Außer etlichen Höheren Pflanze sind verschiedene Mikroorganismen (*Bacilli*, Pseudomonaden und *Streptococci*) befähigt, mit Hilfe einer extrazellulären Fructosyltransferase Saccharose in bakterielle Fructane umzuwandeln; diese werden auch Levane genannt. Levane können aus mehr als 100 000 Fructose-Einheiten bestehen mit den oben bereits angeführten Verzweigungen mit ß(2-1)- und ß(2-6)-glykosidischen Bindungen.

---

[136] cauliflower mosaic virus
[137] Es handelt sich dabei um eine Untereinheit von 10,8 kDa des »oxygen-evolving complex«.

Van der Meer et al (1994) transformierten *Solanum tuberosum* (Kartoffel), um Fructane in deren Sprossknollen zu synthetisieren und anzureichern. Sie benutzten dazu chimäre Genkonstrukte aus entweder dem Gen *sacB* für die Levansynthase aus *Bacillus subtilis* (Steinmetz et al, 1985) oder das Gen *ftf* für die Fructosyltransferase aus *Streptococcus mutans* (Shiroza und Kuramitsu, 1988). Im ersten Fall ist der vorherrschende Verzweigungstyp ß(2-6) und im zweiten Fall ß(2-1). *sacB* und *ftf* war jeweils der Genabschnitt für die Signalsequenz (*cpy*) der Carboxypeptidase einer Hefe vorgeschaltet. Jedes Konstrukt wurde von zwei 35S-Promotoren des CaMV[138] und einer Translation-Leadersequenz des AIMV[139] eingeleitet und von der Ter-

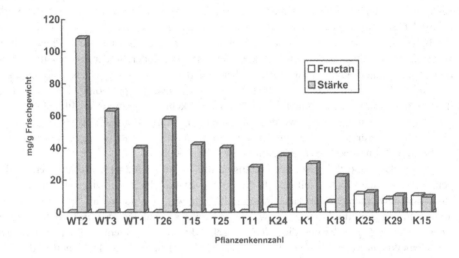

**Abb. 9.4. Vergleich des Gehaltes an Stärke und Fructan in Sprossknollen einzelner Pflanzen von *Solanum tuberosum* (Kartoffel). WT = nicht transformiert, T = transformiert mit ftf, K = transformiert mit sacB. Weitere Erläuterungen im Text. (verändert nach van der Meer et al, 1994)**

minationssequenz des Nopalinsynthasegens aus *Agrobacterium tumefaciens* abgeschlossen. Die transgenen Kartoffelpflanzen reicherten Fructane an, die einen hohen Polymerisationsgrad erreichten ($>5 \times 10^6$). Der Fructangehalt in den transgenen Pflanzen betrug bei den Blättern zwischen 1 und 30 % des Trockengewichts und bei den Sprossknollen zwischen 1 und 7% des Trockengewichts (Abb.9.4. und 9.5.). Gerrits et al (2001) untersuchten ebenfalls die Fructan-Synthese in den Amyloplasten von transgenen *Solanum tuberosum*-Pflanzen mit Hilfe des o.g. eingebrachten bakteriellen Gens. In dieser Untersuchung wurde außer der Anreicherung von Fructan festgestellt, dass der Stärke-Ertrag stark gesunken und die Stärke selbst morphologisch verändert war[140].

In analoger Weise gelang es Ebskamp et al (1994) *Nicotiana tabacum* (Tabak) mit dem oben genannten Konstrukt 35S/35S/AIMV/cpy/sacB/nos bzw. Caimi et al (1996) *Zea mays* (Mais) mit einem Konstrukt aus dem Promotor des Zein-Gens aus *Zea mays*, der Sequenz für

---

[138] cauliflower mosaic virus
[139] alfalfa mosaic virus
[140] Bislang liegt kein Beweis für eine etwaige Verknüpfung von Fructosyl-Gruppen mit Stärke-Polymeren vor.

das Signalpeptid des Sporamin-Gens aus *Ipomea batatas* (Süßkartoffel), dem *sacB* aus *Bacillus amyloliquefaciens* und dem CaMV-Terminator zu transformieren, so dass auch in diesen transgenen Tabak- bzw. Maispflanzen Fructane synthetisiert und angereichert wurden.

Hellwege et al (1997) isolierten aus *Cyanara scolymus* (Artischocke) das Gen *Cy21* für eine Saccharose:Saccharose-1-Fructosyltransferase (1-SST) und transformierten damit *Solanum tuberosum*. In den Knollen der transgenen Kartoffelpflanzen wurde die Fructane 1-Kestose und Nystose angereichert; außerdem konnten Spuren von Fructosyl-Nystose nachgewiesen werden. Nur 1 Jahr später gelang es Sevenier et al (1998) *Beta vulgaris* (Zuckerrübe) mit einem DNA-Konstrukt zu transformieren, welches das 1-SST-Gen aus *Helianthus tuberosus* (Topinambur) enthielt. In den transgenen Zuckerrüben war mehr als 90% der Saccharose in Fructane umgewandelt; dies war ohne Gewichtseinbuße der transgenen Zuckerrüben im Vergleich zum Wildtyp erfolgt. Die Expression sowohl einer SST als auch einer Fructan:Fructan-Fructosyltransferase (FFT) in *Petunia hybrida* (Petunie) gelang van der Meer et al (1998) mit den relevanten Genen aus *Helianthus tuberosus*. Die Erwartung, dass in diesen transgenen Petunien – wie in *Helianthus tuberosus* – das Fructan Inulin ($C_{50}$) angereichert werden würde, bestätigte sich nicht. Grundsätzlich wurden nur kurzkettige Fructane in den transgenen Petunien gebildet (in älterten Laubblättern max. $C_{25}$). In den Knollen transgener Kartoffelpflanzen jedoch, die mit dem SST- und dem FFT-Gen *aus Cyanara scolymus* transformiert worden waren (Hellwege et al, 2000), wurde Inulin bis zu einem Anteil von 5% am Trockengewicht der Kartoffelknollen angereichert.

Durch Transformation mit heterologen Genkonstrukten können Pflanzen, die zur endogenen Synthese von bestimmten Fructanen befähigt sind, dazu veranlasst werden, zusätzlich andere Fructane zu produzieren. Dies konnten Vijn et al (1997) mit der Transformation von *Cichorium intybus* (Gemeine Wegwarte) zeigen, in die das Gen für eine 6-Glucose-Fructosyltransferase (6-SFT) aus *Allium cepa* (Zwiebel) eingebracht worden war. Zusätzlich zu dem „linearen" Inulin wurden von den transgenen *Cichorium*-Pflanzen Inulin-Derivate angereichert. Die Transformation von *Nicotiana tabacum* bzw. *Cichorium intybus* mit einem DNA-Konstrukt, welches das Gen für eine 6-SFT aus *Hordeum vulgare* (Gerste) enthielt, führte in den transgenen Pflanzen zur Synthese von verzweigten Fructanen, wie sie für die *Gramineae* (Süßgräser) typisch sind. Wurden in transgener *Solanum tuberosum* (Kartoffel) gleichzeitig die Stärkeproduktion durch ein Antisense-Konstrukt für das Gen der ADP-Glucose-Pyrophosphorylase gehemmt und die Fructan-Synthese durch das Gen für eine Fructosyltransferase aus *Erwinia amylovora* initiiert, so war der gesamte Kohlenhydratgehalt dieser transgenen Kartoffelknollen niedriger als derjenigen, in denen nur die Stärkeproduktion durch das o.g. Antisense-Konstrukt gehemmt war (Röber et al, 1996).

[2] Cyclodextrine sind ringförmig geschlossene Kettenmoleküle aus Glucose-Einheiten, die über $\alpha$(1-4)-glykosidische Bindungen miteinander verbunden sind. Man unterscheidet $\alpha$-, $\beta$- und $\gamma$-Cyclodextrine aus 6, 7 oder 8 Glucose-Molekülen. Oakes et al (1991) transformierten *Solanum tuberosum* (Kartoffel) mit dem Gen für eine Cyclodextrin-Glycosyltransferase aus *Bacillus macerans*. Diesem Gen war der Patatin-Promotor aus *Solanum tubersosum* und der Genabschnitt für die Transitsequenz der kleinen Untereinheit der Carboxydismutase aus *Pisum sativum* (Erbse) vorangestellt. Das exprimierte Fremd-Enzym katalysierte tatsächlich die Synthese von Cyclodextrin in den Sprossknollen der transgenen Kartoffelpflanzen.

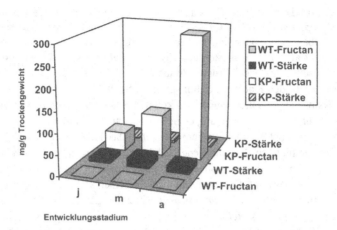

**Abb. 9.5. Gehalt an Fructan bzw. Stärke in den Blättern von _Solanum tuberosum_ (Kartoffel) in unterschiedlichen Entwicklungsstadien (j = jung, m = mittleres Alter, a = alt). WT = Wildtyp, KP = transformiert mit _sacB_. Weitere Erläuterungen im Text (verändert nach van der Meer et al, 1994)**

[3] Saccharose ist ein Polymer aus Glucose-Einheiten. Saccharose wird im Cytoplasma synthetisiert, zwischenzeitlich in der Vakuole gespeichert und über das Phloem zu photosynthetisch inaktiven Teilen der Pflanze transportiert. Sonnewald et al (1993) unterbrachen durch Transformation von _Solanum tuberosum_ mit jeweils einem von verschiedenen Genkonstrukten diese Werdegang der Saccharose in den aufeinanderfolgenden Zellkompartimenten. Sie kombinierten das Gen für eine Invertase aus einer Hefe mit dem N-terminalen Teil des Patatin-Gens aus _Solanum tuberosum_ für den Eintransport der Invertase in die Vakuole oder mit der DNA-Sequenz für die Signalsequenz des Proteinase-Inhibitors II für den Eintransport der Invertase in den Apoplasten. Die regenerierten Kartoffelpflanzen zeigten starke Anreicherung von Stärke und löslichen Zuckern in den Laubblättern; die Wurzelausbildung war stark reduziert. Der Gehalt an Glucose und Fructose im Apoplasten stieg um 20% an (Heineke et al, 1992).

Die Expression der pflanzeneigenen ADP-Glucose-Pyrophosporylase (AGPase) konnten Müller-Röber et al (1992) durch Einbringen eines chimären Konstruktes weitgehend hemmen, das aus dem Gen für eine Untereinheit der AGPase – allerdings in inverser Orientierung – mit vorgeschaltetem 35S-Promotor des CaMV und nachgeschaltetem Terminator des Octopin-synthase-Gens aus _Agrobacterium tumefaciens_ bestand. In den mit diesem Konstrukt transformierten Kartoffelpflanzen war die AGPase in den Laubblättern teilweise und in den Sprossknollen vollständig gehemmt. Die Stärkeproduktion war unterbrochen, der Anteil der Saccharaose am Trockengewicht der Sprossknollen stieg auf bis zu 30% an und der der Glucose auf bis zu 8%. Damit einhergehend stieg der Gehalt an mRNA für die Saccharose-Phosphatsynthase stark an.

Pedra et al (2000) isolierten aus _Glycine max_ (Sojabohne) das Gen für ein Saccharose-bindendes Protein (SBP) und transformierten damit in Sense- bzw. in Antisense-Orientierung _Nicotiana tabacum_. Die transgenen Antisense-_sbp_-Tabakpflanzen wiesen die typischen

Schadmerkmale einer Hemmung der Saccharose-Translokation sowie ein Verzögerung in Wachstum und Entwicklung auf; das Wachstum der transgenen Sense-*sbp*-Tabakpflanzen hingegen war beschleunigt und die Ausbildung der Blüten erfolgte schneller.

Sonnewald et al (1994) weisen darauf hin, dass in den Knollen transgener Kartoffelpflanzen der metabole Rückgriff auf Saccharose durch Antisense-Konstrukte gegen das Gen für die Saccharose-Synthase und die Steigerung des metabolen Saccharoseumschlags durch Insertion eines Gens für eine Invertase aus einer Hefe herbeigeführt werden kann.

Zrenner et al (1995) konnten durch Transformation von *Solanum tuberosum* mit einem Antisense-Konstrukt gegen das Gen der Saccharose-Synthase zeigen, dass diese Tranformation keine Auswirkung auf den Saccharose-Gehalt in sich entwickelnden transgenen Kartoffel-knollen hatte, dass aber andere Zucker stark angereichert und die Bildung von Stärke stark unterdrückt wurde.

Durch Verwendung eines Antisense-Konstrukts gegen das Gen der Fructose-1,6-bisphosphatase (FBPase) konnten Zrenner et al (1996) in den Knollen transformierter Kartof-felpflanzen nachweisen, dass bei 45%iger Verminderung der FBPase-Aktivität keine metabo-lischen Veränderungen auftraten, dass es aber bei Verminderung der FBPase-Aktivität auf unter 20% zu einer Anhäufung von Triosephosphaten, Fructose-1,6-bisphosphat und 3-Phosphoglycerat kam.

Von Veramendi et al (1999) konnte gezeigt werden, dass es bei Minderung der Hexoki-nase-1-Aktivität durch Transformation von *Solanum tuberosum* mit einem entsprechenden Antisense-Konstrukt zu einer starken Anreicherung von Stärke in den Laubblättern der trans-genen Kartoffelpflanzen kommt, dass aber der Kohlenhydratmetabolismus insgeamt unbe-rührt bleibt.

[4] Stärke ist ein Gemisch der beiden Polymere Amylose und Amylopektin. Es gibt meh-rere Möglichkeiten, in den Syntheseweg der Stärkebildung experimentell einzugreifen:

Wie die pflanzliche Stärke ist Glykogen ein Glucosepolymer mit $\alpha$(1-4) und $\alpha$(1-6) gly-kosidischen Bindungen. Allerdings hat das bakterielle Glykogen einen anderen Verzwei-gungsgrad; etwa 10 % der Verzweigungen sind bei ihm vom $\alpha$(1-6)-Typ. Shewmaker et al (1994) transformierten mit dem Gen *glgA* für die Glykogen-Synthase aus *Escherichia coli* *Solanum tuberosum* (Kartoffel); dem *glgA* war der Patatin-Promotor aus *Solanum tuberosum* und der Genabschnitt für die Transitsequenz der kleinen Untereinheit der Carboxydismutase von *Pisum sativum* (Erbse) vorgeschaltet. Das Fremdgen wurde tatsächlich in den Sprossknol-len der transgenen Kartoffelpflanzen exprimiert und die translatierte Glykogensynthase in den Amyloplasten transportiert und dort zu der funktionellen Form prozessiert. Der Stärkegehalt dieser Sprossknollen war erniedrigt, der Gehalt an löslichen Zuckern um bis zu 80% gestei-gert. Das Verhältnis zwischen Amylose und Amylopektin war ebenfalls erniedrigt. Das Amy-lopektin war weniger phosphoryliert und stärker verzweigt. Alle Parameter sprachen dafür, dass ein neuer Stärketyp in diesen transgenen Kartoffelpflanzen synthetisiert wird; ein expe-rimenteller Beweis für die Bindung von Fructosyl-Gruppen an die Stärke-Polymere steht je-doch weiterhin noch aus (Kortstee et al, 1996).

Eine Möglichkeit zur Minderung des Zuckergehaltes in den Sprossknollen von *Solanum tuberosum* zeigten Fladung et al (1993). Sie transformierten Kartoffelpflanzen mit einem chimären Genkonstrukt aus dem lichtinduzierbaren Promotor (rbcS) der kleinen Untereinheit der Carboxydismutase aus *Solanum tuberosum* und dem *rolC*-Gen aus *Agrobacterium tume-*

*faciens*. Sie untersuchten die Expression dieses Konstruktes im Vergleich zu der eines Konstruktes aus dem 35S-Promotor des CaMV und dem *rolC*-Gen. Es zeigte sich, dass bei dem nur in den Blättern der Kartoffelpflanzen exprimierten Konstrukt rbcS/*rolC* bei unveränderter Größe und unverändertem Stärkegehalt nur der Zuckergehalt der Sprossknollen abgesenkt war. Wurde jedoch das in allen Pflanzenteilen exprimierte Konstrukt 35S/*rolC* verwandt, so war zusätzlich die Größe der Sprossknollen wie auch etliche andere phänologische Merkmale der Pflanzen merklich gemindert bzw. verändert.

Die Granulum-gebundenen Stärke-Synthasen (GBSS) wurden bereits in der Einleitung dieses Kapitels vorgestellt. Die von ihnen katalysierte Amylosesynthese kann über entsprechende gentechnische Veränderungen, die dieses Enzym bzw. seine Expression betreffen, beeinflusst werden. Zur Untersuchung der Gewebe-spezifischen Expression der GBSS in Kartoffelpflanzen transformierten Visser et al (1991a) *Solanum tuberosum* mit einem Konstrukt aus einem 0,8 kb langen DNA-Abschnitt, der auf der 5'-Seite dem kodierenden Bereich des Gens für die GBSS aus *Solanum tuberosum* vorgelagert ist, dem Gen *uida* für aus *Escherichia coli* als Reporter-Gen und dem Genabschnitt für die Termination der Nopalinsynthase aus *Agrobacterium tumefaciens*. Dieses chimäre Fremd-Gen zeigte hohe Expressionsraten in den Stolonen und Sprossknollen der transgenen Kartoffelpflanzen, aber nur geringe in den Laubblättern, Sprossen und Wurzeln; die GUS-Aktivität war in den Stolonen und Sprossknollen bis zu 3350fach höher als in den Laubblättern.

Visser et al (1991b) versuchten, die Expression der pflanzeneigenen GBSS durch GBSS-Antisense-RNA zu inhibieren. Sie konstruierten dazu ein Gen, dessen Nukleotidsequenz invers zu der des GBSS-Gens (Visser et al, 1989) war, und flankierten es auf der 5'-Seite mit dem 35S-Promotor des CaMV und auf der 3'-Seite mit dem Terminationsabschnitt des Nopalinsynthase-Gens aus *Agrobacterium tumefaciens*. Die damit transformierten Kartoffelpflanzen zeigten nur noch GBSS-Aktivität zwischen 0 und 30 %, verglichen mit dem Wildtyp. Bei 100%iger Hemmung der GBSS-Expression lag Amylose-freie Stärke vor. Die nicht in allen Fällen 100%ige Hemmung der GBSS-Expression wird von Visser et al (1991b) auf die unterschiedlichen Insertionsstellen des Konstrukts im pflanzlichen Genom der einzelnen Transformanten und damit verbundenen unterschiedlichen Positionseffekten zurückgeführt.

Noda et al (2002) hatten *Ipomea batatas* (Süßkartoffel) mit einem Sense-Konstrukt gegen das Gen der GBSS von *Ipomea batatas* transformiert und damit transgene Süßkartoffelpflanzen erzielt, deren Knollen Amylose-freie Stärke enthielten. Auch die physikochemischen Untersuchungen bestätigten dieses Ergebnis.

Für die Amylose-Synthese in *Oryza sativa* (Reis) ist das *waxy*-Gen der GBBS von entscheidender Bedeutung; mit Hilfe von $Wx^a$ werden große Mengen an Amylose synthetisiert, mit Hilfe von $Wx^b$ dagegen nur geringe Mengen. Da die meisten kommerziell genutzen Reissorten das $Wx^b$ enthalten, transformierten Itoh et al (2003) *Oryza sativa* (Reis) mit einem $Wx^a$-Konstrukt. Der Amylosegehalt konnte in einigen Transformanten um bis zu 40% gesteigert werden.

Seit längerem ist der Triosephosphat-Translokator (ein Protein der inneren plastidären Envelope-Membran) bekannt (Heldt und Rapley, 1970). Er ermöglicht den Austransport von Triosephosphat aus dem Chloroplasten bei gleichzeitigem Eintransport von Phosphat (Fliege et al, 1978). Wird *Solanum tuberosum* (Kartoffel) mit einer Antisense-DNA für den Triosephosphat-Translokator transformiert, so ist dessen messbare Aktivität in den transgenen Pflanzen auf bis zu 20 bis 30 % abgesenkt (Heineke et al, 1994). Gleichzeitig steigt der Anteil an $CO_2$, das in Stärke fixiert wird, von rund 40 % auf bis zu 90 % an.

In Zukunft könnte die Transformation von *Solanum tuberosum* mit Genen für z.B. Dextran- (aus *Leuconostoc mesenteroides*), Mutan- (aus *Streptococcus mutans*) oder Alternansucrasen (aus *Leuconostoc mesenteroides*) dazu führen, Stärkesorten von gänzlich anderem Verzweigungsgrad, -dichte und anderer Kettenlänge zu produzieren (ref. Kok-Jacon et al, 2003).

[5] Die Ausgestaltung der Zellwände während der pflanzlichen Entwicklung beinhaltet auch die Festlegung von großen Mengen organischer Verbindungen in meist polymerer und damit in für enzymatische Abbauprozesse schwer zugänglicher Form. Wird pflanzliches Material zu Futterzwecken verwandt, so kann die Erleichterung des Aufschlusses des pflanzlichen Materials von wirtschaftlicher Bedeutung sein. Erste Ansätze in diese Richtung hatten Herbers et al (1995, 1996) unternommen, indem sie *Nicotiana tabacum* (Tabak) (als Modellpflanze) mit dem Gen für eine thermostabile Xylanase aus *Clostridium thermocellum* bzw. mit dem Gen *xynD* für ein Enzym mit Xylanase- bzw. β(1-3,1-4)-Glucanase-Aktivität erfolgreich transformierten. Beide Enzyme wurden in den jeweiligen Transformanten in hoher Rate exprimiert und ihre Translationsprodukte im Apoplasten akkumuliert. Kimura et al (2003) benutzten ein Fragment (*xynA1*) des Gen *xynA* aus *Clostridium thermocellum*, das für eine Xylanase kodiert, zur Transformation von *Oryza sativa* (Reis); die Xylanase wurde in allen Pflanzenteilen exprimiert und kann damit die Verwertbarkeit der transgenen Reispflanzen als Viehfutter verbessern (enzymatischer Abbau von Zellwandkomponenten). Zu demselben Zweck haben Patel et al (2000) *Hordeum vulgare* (Gerste) mit einem DNA-Konstrukt aus dem Promotor des Reis-Glutelin-Gens (*GluB-1*) oder des Gerste-Hordein B-1- Gens (*Hor2-4*) und nachgeschaltetem Gen für eine Xylanase aus dem Pilz *Neocallimastix patriciarum* transformiert. Die Xylanase wurde in den Gerstenkörnern angereichert und kann bei Verwendung der transgenen Gerste als Futtergetreide die Verwertbarkeit des Pflanzenmaterials um mehr als 10% erhöhen.

Zur besseren Verfügbarkeit, insbesondere des Phosphats aus Futtermitteln, wurden mit dem Gen *phyA* für eine Phytase aus *Aspergillus niger* transformiert *Nicotiana tabacum* (Tabak; Pen et al, 1993), *Medicago sativa* (Luzerne; Austin et al, 1994), *Glycine max* (Sojabohne; Denbow et al, 1998), *Brassica napus* (Raps; Zhang et al, 2000a und 2000b), *Oryza sativa* (Reis; Lucca et al, 2001) und *Triticum aestivum* (Weizen; Brinch-Pedersen et al, 2000) und 2003).

9.3.2. Anreicherung bestimmter Fettsäuren und Öle[141]

Pflanzliche Fettsäuren – gewonnen aus konventionellen Sorten landwirtschaftlich genutzter Pflanzen – werden bereits seit längerem von der chemischen Industrie zur Herstellung vielfältiger Produkte genutzt, wie zum Beispiel Seifen, Detergentien, Lösungsmittel, Kunstharze, Farben, Lacke und Kosmetika. Bereits Anfang der 90iger Jahre wurden Versuche unternommen, einige Nutzpflanzen mit ölhaltigen Samen wie *Brassica napus* (Raps), *Helianthus annuus* (Sonnenblume), *Glycine max* (Sojabohne), *Gossypium* spec. (Baumwolle) und *Carthamus tinctorius* (Saflor) im Hinblick auf die Veränderung ihrer Fettsäuren zu transformieren. Jedoch hatten diese ersten Versuche noch wenig Erfolg, da sehr bald deutlich wurde, dass die Biosynthese der pflanzlichen Fettsäuren und Öle qualitativ und quantitativ von einer Kaskade von Genen bzw. von den von ihnen kodierten Enzymen bestimmt wird. Zudem ist es schwierig, diese Enzyme (als erster Schritt zur Identifizierung der relevanten Gene) zu isolieren, da sie in ihrer Mehrzahl Membran-gebunden in der pflanzlichen Zelle vorliegen.

Der molekulare Aufbau der im Pflanzenreich hauptsächlich auftretenden Fettsäuren lässt sich auf 6 oder 7 Grundmuster zurückführen, deren jeweilige Kettenlänge meist in der Größenordnung von 16 oder 18 Kohlenstoffatomen liegt und die eine oder drei Doppelbindungen aufweisen. Diese Fettsäuren werden alle ausgehend vom Acetyl-CoA über eine Serie von hintereinander geschalteten Reaktionen in den Plastiden synthetisiert (Abb. 9.10.). Während dieser Fettsäure-Assemblierung und während der Einführung der ersten Doppelbindung sind die entstehenden Fettsäure-Moleküle an das Acyl-Carrier-Protein (ACP) gebunden. Nach der durch eine spezifische Thioesterase bewirkten Abspaltung vom ACP können die Fettsäuren das Chloroplasten-Envelope durchqueren. Im Cytoplasma werden sie durch Membran-gebundene Enzyme des Endoplasmatischen Reticulums modifiziert (u.a. Einfügen weiterer Doppelbindungen, Bindung von jeweils drei Fettsäuren an Glycerin zur Bildung von Triacylglycerol [Speicherform der Fettsäuren in Samen]). Durch Zufügen spezieller Gruppen kann das Grundmuster der 6 oder 7 Fettsäurearten abgewandelt werden in etliche 100 Modifikationen, die in verschiedenen Pflanzenspezies realisiert sind.

Grundsätzlich eröffnet sich damit auch ein weites experimentelles Anwendungsgebiet gentechnischer Methoden, um bestimmte Fettsäuren anzureichern oder zu modifizieren. Im Folgenden kann nur exemplarisch darauf eingegangen werden, wie Öle mit einem hohen Anteil an Stearinsäure [1] oder einem hohen Anteil an Ölsäure [2] erzeugt werden können oder wie „seltene" Fettsäuren [3] oder solche von mittlerer Kettenlänge [4], von langer Kettenlänge [5] oder von sehr langer Kettenlänge mit vielen Doppelbindungen [6] angereichert werden können.

---

[141] Die Struktur der Fettsäuren wird üblicherweise in einer Art Kurzschrift angegeben; die Zahl vor dem Doppelpunkt gibt die Kettenlänge des Moleküls, die Zahl nach dem Doppelpunkt die Anzahl der Doppelbindungen im Molekül an. Es sei eine Liste der häufigsten Fettsäuren angefügt: 6:0 = Capronsäure (= Hexansäure); 8:0 = Caprylsäure (= Octansäure); 10:0 = Caprinsäure (= Decansäure); 12:0 = Laurinsäure (= Dodecansäure); 14:0 = Myristinsäure; 16:0 = Palmitinsäure (Hexadecansäure); 16:1 = Palmitensäure ($\Delta$3-trans-Hexadecansäure); 18:0 = Stearinsäure (Octadecansäure); 18:1(9c) = Ölsäure ($\Delta$9-Octadecansäure)); 18:1(6c) = Petroselinsäure; 18:1 (9c;12-OH) = Ricinolsäure; 18:2 (9c;12c) = Linolsäure ($\Delta$9,12-Octadecansäure), 18:3 (9c;12c;15c) = $\alpha$-Linolensäure ($\Delta$9,12,15-Octadecansäure); 18:3 (6c;9c;12c) = $\gamma$-Linolensäure; 20:1$^{\Delta5}$ = Eicosensäure; 20:2$^{\Delta5,13}$ = Eicosansäure; 20:3$^{\Delta6,9,12}$ = Di-Homo-$\gamma$-Linolensäure; 20:4$^{\Delta5,8,11,14}$ = Arachidonsäure; 20:5$^{\Delta5,8,11,14,17}$ = Eicosapentaensäure (= Icosapentaensäure); 22:1 (13c) = Erucasäure. 20:6$^{\Delta4,7,10,13,16,19}$ = Docosahexaensäure; c = cis; in der numerischen Kurzbeschreibung der Fettsäuren bezeichnet $\Delta$ die Position von Doppelbindungen und $\omega$ die Anzahl an Doppelbindungen.

[1] Stearinsäure (18:0): Der Syntheseschritt von der Stearinsäure (18:0) zur Ölsäure (18:1) in den Chloroplasten von *Brassica napus* (Raps) bzw. *Brassica rapa* (Rübsen) wurde erfolgreich durch eine gentechnische Modifikation dieser Pflanzen gehemmt. Sie wurden mit dem in inverser Richtung orientierten Gen für die Stearin-ACP-Desaturase transformiert, so dass das pflanzeneigene Gen für dieses Enzym durch die Antisense-RNA an der Expression gehindert wurde (Kuntzon et al, 1992). Als Folge war in den Samen dieser transgenen *Brassica*-Pflanzen der Gehalt an Stearinsäure um das 20fache gesteigert. In einem anderen Fall wurde in transgenen *Brassica napus*-Pflanzen eine Überproduktion der 3-Ketoacyl-ACP-Synthase II (KAS II) bewirkt. Durch die erhöhte Umsatzrate von Palmitinsäure (16:0) in Stearinsäure (18:0) kam es zur drastischen Absenkung des Gehalts an Palmitinsäure in den transgenen Rapssamen (Bleibaum et al, 1993). Die Anreicherung von Stearinsäure gelang jeweils durch Transformation mit einem Antisense-Konstrukt zum Gen der $\Delta^9$-Stearin-ACP-Desaturase in *Elaeis guineensis* (Ölpalme; Parveez et al, 2000) und in *Gossypium hirsutum* (Baumwolle; Liu et al, 2000). Unter Einsatz der Ribozym-Methode (Termination der Transkripte) gelang es Merlo et al (1998), den Gehalt an Stearinsäure in transgenen Maispflanzen um das 2- bis 4fache zu steigern.

Auch über andere Enzyme kann eine verstärkte Synthese der Stearinsäure (18:0) erreicht werden und anschließend ihre Bindung in Triacylglyceriden erfolgen. Hawkins und Kridl (1998) isolierten das Gen für eine Stearoyl-ACP-Thioesterase aus *Garcinia mangostana* (Mangostane), die in ihren Eigenschaften von den typischen plastidären Thioesterasen des FatA- und FatB-Typs abweicht (selektiv für 18:1-ACP bzw. 16:0-ACP). Aufgrund der Nukleotidsequenz seines Gens müsste diese neue Thioesterase als FatA-Typ gelten, würde sie nicht als Substrat 18:0-ACP nutzen. Bei Überexpression dieser Thioesterase in *Brassica napus* (Raps) stieg der prozentuale Gehalt an Stearinsäure in den transgenen Rapssamen auf 22% an.

[2] Ölsäure (18:1): An der Gewinnung und Anreicherung von Ölsäure für chemische und Lebensmittelzwecke besteht großes Interesse. Mit Hilfe von klassischer Pflanzenzüchtung (Mutantenselektion) konnten Kulturpflanzen mit hohem Gehalt an 18:1 ermittel werden [Erdnuss: Steigerung von 55% auf 80%; Haumann, 1998] [Raps: Steigerung von 60% auf 90%; Vilkki, 1995; Auld et al, 1992] [Sonnenblume: Steigerung von 30% auf 90%; Cole et al, 1998]. Sind diese Steigerungen insgesamt beachtenswert, so darf nicht unberücksichtigt bleiben, dass diese Mutanten nicht die Charakteristika der jeweiligen Hochleistungssorten tragen. Grundsätzlich wird Ölsäure ($\Delta^9$-18:1) angereichert, wenn die Aktivität der Oleat-$\Delta^{12}$-Desaturase abgesenkt werden kann. Für diese Enzym-Aktivität gibt es mindestens zwei Gene; die Fad2-Desaturasen sind im Cytoplasma und die Fad6-Desaturasen sind in den Chloroplasten lokalisiert. Da in den verschiedenen Kulturpflanzen-Sorten meistens mindestens zwei verschiedene Fad2-Desaturasen auftreten, ist der gentechnische Ansatz, mittels Antisense-Konstrukten den Biosyntheseweg zu modifizieren, nicht aussichtslos. So wurde die Antisense- bzw. Sense-Technik erfolgreich in dieser Hinsicht bei verschiedenen Kulturpflanzen angewandt. In transgenen Baumwollpflanzen wurde auf diese Weise der Ölsäuregehalt von 15% auf 77% (Liu et al, 2000), in transgenen Sojabohnenpflanzen auf 85% (Kinney, 1998) und in transgenen Rapspflanzen auf 89% (Stoutjesdijk et al, 2000) gesteigert. Erfolg hatten Buhr et al (2002) mit der Ribozym-Methode (Termination der Transkripte); sie konnten in transgener *Glycine max* (Sojabohne) den Gehalts an Oleinsäure bis auf 75% erhöhen.

[3] „Seltene" Fettsäuren: In vielen Spezies der *Umbelliferae* (Doldengewächse), *Garrya-ceae* (zugehörig zu den Hartriegelgewächsen) und *Araliaceae* (Efeugewächse) werden recht ungewöhnliche Fettsäuren, wie die Ricinolsäure [*Ricinus communis* (Rizinus) und *Lesquerella gracilis*], die Crepenylsäure [*Crepis alpina* (Pippau)], die Vernolsäure [*Vernonia galamensis*] oder die Petroselinsäure ($18:1\Delta^{6cis}$), synthetisiert und angereichert (Kleiman und Spencer, 1982). Cahoon et al (1992) hatten nachgewiesen, dass die Doppelbindung in der Petroselin-säure in *Coriandrum sativum* (Koriander) durch eine $\Delta^9$-Stearin-ACP-Desaturase katalysiert wird. In mit dem für dieses Enzym relevanten Gen transformierten *Nicotiana tabacum*-Pflanzen wurde Petroselinsäure (und weitere Folgeprodukte) synthetisiert. Die Analyse des Translationsproduktes ergab, dass das Produkt des in die Kern-DNA integrierten Fremd-Gens als Precursor-Protein exprimiert wird, dessen Transitsequenz den Eintransport dieses Precur-sors in die Plastiden sicherstellt. In weiteren Untersuchungen konnte gezeigt werden (Cahoon und Ohlrogge, 1994; Cahoon et al, 1994), dass auch der Syntheseweg der Petroselinsäure über das ACP verläuft. Zwar wurde das eingebrachte Desaturase-Gen im gleichen Maße wie die endogenen Desaturase-Gene exprimiert, jedoch entsprach der tatsächliche Gehalt an Petrose-linsäure nicht der relevanten Transkriptmenge (Suh et al, 2002). Es liegen keine Belge dafür vor, dass Petroselinsäure während der Samenentwicklung abgebaut wird.

Inzwischen wurden mit cDNAs für die relevanten Enzyme zur Biosynthese der „seltenen" Fettsäuren Ricinolsäure, Crepenylsäure und/oder Vernolsäure *Arabidopsis thaliana* (Acker-schmalwand; Smith et al, 2000; Lee et al, 1998) oder *Brassica napus* (Raps; Broun et al, 1998) transformiert. Während für die erste Generation der jeweiligen transgenen Pflanzen noch von einem Gehalt von 25% Crepenylsäure bzw. von 15% Vernolsäure berichtet wurde (Lee et al, 1998), konnte in den transgenen Pflanzen in den folgenden Generationen nicht so-viel von den „seltenen" Fettsäuren angereichert werden, um ihren Gehalt in ihren jeweiligen Herkunftspflanzen (*Ricinus communis*, *Lesquerella gracilis* und *Vernonia galamensis*) errei-chen zu können; Thomæus et al (2001) berichten von einem Gehalt von 18 % Ricinolsäure, von 5 % Vernolsäure und 1,5 % Crepenylsäure in transgenen *Arabidopsis*-Pflanzen. Durch die Samen-spezifische Expression des Gens für eine $\Delta^9$-Conjugase aus *Calendula* spec. (Rin-gelblume) in *Glycine max* wurde in diesen transgenen Sojabohnenpflanzen Calendinsäure mit einem Gehalt von bis zu 22 % synthetisiert, während die Expression von Genen für zwei $\Delta^{12}$-Conjugasen aus *Momordia charantia* (Balsambirne) und *Impatiens balsaminae* (Gartenbal-samine) in transgenen Sojabohnenpflanzen nur einen Gehalt von 5–18 % für die α-Eleostearinsäure und die α–Parinarinsäure erbrachte (Cahoon et al, 1999 und 2001). Außer-dem gelang es Cahoon et al (2002), ein Gen (*CYP726A1*) für ein Cytochrom P450 aus *Euphorbia lagascae* zu isolieren; mit *CYP726A1* transformierte Tabak- oder Sojabohnen-pflanzen konnten Vernolsäure bis zu einem Gehalt von bis zu maximal 43 % anreichern.

Moire et al (2004) gelang es mit Hilfe von transgenen *Arabidopsis*-Pflanzen, welche mit dem Gen für die Oleinsäure-12-Dehydrogenase aus *Ricinus communis* (Ricinus) oder dem Gen für die Linolen-12-Epoxygenase aus *Crepis palaestina* (Pippau) tranformiert worden waren, nachzuweisen, dass der Gehalt an Ricinolsäure bzw. Vernolsäure eine gewisse Höchstmarke nicht überschreiten kann, da dann ein Abbaumechanismus für diese „seltenen" Fettsäuren einsetzt (Abb. 9.6.)[142]. Dies gilt in gleicher Weise für transgene Pflanzen, in denen

---

[142] Dieser Abbaumechanismus für die „seltenen" Fettsäuren beruht – ebenso wie für z.B. größere Mengen an Laurinsäure (Ohlrogge, 2002) – auf dem begrenzten Umsatzvermögen der Acyltransferasen und anderer Enzyme bei der Synthese dieser Fettsäure(n) und dem damit verbundenen „Abfluss" über die ß-Oxidation.

das Gen für eine Caproyl-ACP-Thioesterase aus *Cuphea lanceolata* (Köcherblümchen) exprimiert und auf Grund dessen größere Mengen an Capronsäure angereichert wurden.

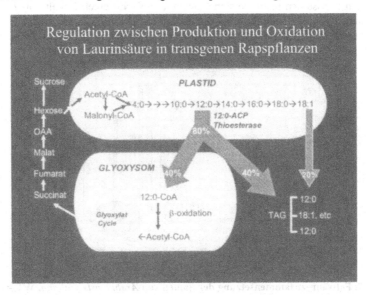

**Abb. 9.6. Biosynthese und β–Oxidation von Laurinsäure in transgenen Rapspflanzen. (verändert nach Ohlrogge, 2002)**

[4] Fettsäuren mittlerer Kettenlänge (C8 bis C14): Eine Gruppe kommerziell interessanter Fettsäuren sind diejenigen mittlerer Kettenlänge, die hauptsächlich zur Herstellung von Kosmetika, Seifen und Detergentien benötigt werden. Herkömmlich werden sie vor allem aus Kokosnuss- und Palmkernöl gewonnen. Für industrielle Zwecke von besonderer Bedeutung ist u.a. eine Fettsäure mit einer Kettenlänge von nur 12 Kohlenstoffatomen. Es handelt sich um die Laurinsäure, die vielfältige Anwendung findet. Man fand heraus, dass in den Samen von *Umbellularia californica* (Amerikanischer Lorbeerbaum) Laurinsäure einen Anteil von 70% an dem Gesamtfettsäuregehalt hat. *Umbellularia californica* besitzt eine Laurinsäure-ACPspezische ACP-Thioesterase (Pollard et al, 1991), die zum Abbruch der weiteren Synthese führt, wenn die Fettsäuren die Kettenlänge von 12 Kohlenstoffatomen erreicht haben. Voelker et al (1992) verknüpften das Gen für diese ACP-Thioesterase aus *Umbellularia californica* auf der 5´-Seite des Gens mit dem Promotor des Napin-Gens aus *Brassica napus* (Raps) und transformierten mit diesem Konstrukt *Arabidopsis thaliana* (Ackerschmalwand). In den transgenen *Arabidopsis*-Pflanzen wurde das Fremd-Gen exprimiert und Laurinsäure in großer Menge angereichert (Abb. 9.7.). Sie wurde, wie die anderen Fettsäuren, in Triacylglyceriden als Speicherlipid festgelegt.

Dehesh et al (1996) gelang die Produktion von Caprylsäure (8:0) und Caprinsäure (10:0) in *Brassica napus*-Pflanzen, welche mit dem Gen (*CHFatB2*) für eine Thioesterase aus *Cuphea hookeriana* transformiert worden waren. Allerdings wurde weder in diesen Untersuchungen noch in anderen, die auch entsprechende Gene aus *Cuphea*-Species zur Transformation von (meist) *Brassica napus* verwandten (Leonard et al, 1997; Töpfer et al, 1995), die erwartete Steigerung an Caprylsäure (8:0), Caprinsäure (10:0) und Myristinsäure (14:0) er-

reicht. Wiberg et al (2000) transformierten *Brassica napus* mit einem DNA-Konstrukt, welches *ChFatB2* sowie das Gen *ChKASIV* für ein Ketten-verlängerndes Enzym enthielt. In den
transgenen Rapssamen reicherte sich Caprylsäure bis auf einen Gehalt von 7 %, Caprinsäure
bis auf einen von 29 % und Laurinsäure bis auf einen von 63 % an. In den Triacylglyceriden
wurde vor allem die Laurinsäure in Position sn-2 gefunden.

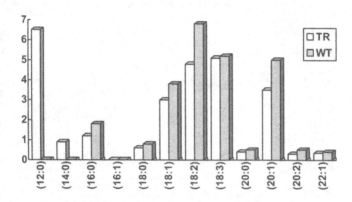

**Abb. 9.7. Fettsäurezusammensetzung der Samen von *Arabidopsis thaliana*. WT = Wildtyp, TR =
Transformante mit dem eingebrachten Gen für die ACP-Thioesterase aus *Umbellularia californica*; die Fettsäuren sind mit ihrer jeweiligen Kettenlänge und der Anzahl der Doppelbindungen angegeben; die quantitativen Angaben erfolgen in relativen Einheiten. (verändert nach
Voelker et al, 1992)**

[5] Fettsäuren mit langer Kettenlänge (C15 bis C20): Die Nachfrage nach Fettsäuren mit
langer Kettenlänge wird hauptsächlich durch Erucasäure (22:1) befriedigt, welche für verschiedene chemische Anwendungen eingesetzt wird. Die einzige Wachs-Ester-Verbindung
pflanzlicher Herkunft und kommerziellen Interesses ist das sog. Jojoba-Öl aus *Simmondsia
chinensis*. Es wird hauptsächlich für die Herstellung von Kosmetika benötigt.
Reddy et al (1993) vermittelten mit Hilfe einer entsprechenden Transformation Tabakpflanzen die zusätzliche Eigenschaft, Linolsäure (18:2) in γ-Linolensäure (18:3) (GLA) umzuwandeln, also in eine Fettsäure längerer Kettenlänge eine weitere Doppelbindung einzufü-
gen. Dies hat vielfätige Bedeutung, da die meisten pflanzlichen Öle kein GLA enthalten, GLA
aber aus ernährungsphysiologischen Gründen, insbesondere bei Herz-Kreislauferkrankungen,
in Nahrungsmitteln an Stelle anderer gesättigter Fettsäuren vorhanden sein sollte (Gunstone,
1992). Die prinzipielle Durchführbarkeit dieses Vorhabens wiesen bereits Reddy et al (1993)
mit der Transformation des Cyanobakteriums *Anabaena* sp. PCC7120 durch das Gen für eine
$\Delta^6$-Desaturase aus dem Cyanobacterium *Synechocystis* sp. PCC6803 nach. In der transformierten *Anabaena* sp. PCC7120 wurde GLA (und eine weitere Fettsäure [18:4]) angereichert
(Abb. 9.8.). Die in Parallellversuchen durchgeführte Transformation des Cyanobakteriums
*Synechococcus* mit diesem Gen erbrachte die Anreicherung von Linol- und γ-Linolensäure. In
dem Labor von Reddy wurde außerdem *Nicotiana tabacum* (Tabak) mit dem Gen für die $\Delta^6$-
Desaturase aus *Synechocystis* sp. PCC 6803 transformiert. Es war dem Gen entweder ein
DNA-Abschnitt für die Signalsequenz des Extensins aus *Daucus carota* (Karotte) oder ein
DNA-Abschnitt für ein plastidäres Transit-Peptid sowie in jedem Fall der 35S-Promotor von

CaMV vorgeschaltet (Reddy und Thomas, 1996). Tatsächlich wurde auch in den transgenen Tabakpflanzen GLA (wenn auch nur in geringen Mengen) akkumuliert. Mehr Erfolg hatten Hamada et al (1996) mit der Steigerung bzw. mit dem Absenken des GLA-Gehalts in transgenen Tabakpflanzen, die in entsprechender Weise mit dem Gen für die mikrosomale $\omega$-3-Fettsäure-Desaturase (*NtFaD3*) aus *Nicotiana tabacum* (Tabak) transformiert worden waren. Hatten sie ein Konstrukt aus dem 35S-Promotor des CaMV und einen Teil des *NtFad3* (flankierende, nicht-kodierende Region auf der C-terminalen Seite des Gens sowie ein Teil des kodierenden DNA-Abschnitts) in inverser Orientierung in das Genom der Tabakpflanzen inseriert, so sank der GLA-Gehalt um 20%; bei Verwendung eines Konstruktes aus dem 35S-Promotor des CaMV und dem *NtFad3* in den transgenen Tabakpflanzen wird der GLA-Gehalt bis auf das 1,5fache gesteigert. Stellten Hamada et al (1998) *NtFaD3* unter die Kontrolle der eine starke Exprimierung bewirkenden Promotor-Sequenz El2$\Omega$, so stieg der GLA-Gehalt in den Wurzeln der transgenen Tabakpflanzen bis um 40% und in den Laubblättern bis um 10% an, verglichen mit dem Wildtyp[143]. Zu ähnlichen Ergebnissen kamen Wakita et al (2001), die mit *NtFAD3* entweder unter der Kontrolle des 35S-Promotors des CaMV oder unter der Kontrolle des o.g. El2$\Omega$ *Ipomea batatas* (Süßkartoffeln) transformierten. Während die transgenen Süßkartoffel-Pflanzen mit dem 35S-Promotor-Konstrukt sich nicht vom Wildtyp unterschieden, stieg in den mit dem El2$\Omega$-Konstrukt der Gehalt an Linolsäure um 47,7 % und der von $\gamma$–Linolensäure um 24,8 % an. Ebenso konnten Sayanova et al (1997) durch Transformation von *Nicotiana tabacum* (Tabak) mit einem DNA-Konstrukt mit dem Gen für die $\Delta^6$-Fettsäure-Desaturase aus *Borago officinalis* (Boretsch) zeigen, dass in diesen transgenen Tabakpflanzen der Gehalt an GLA auf 13,2 % und der der Octadecatetraeninsäure auf 9,6 % anstieg. In einer genaueren Analyse konnten Sayanova et al (1999) feststellen, dass die GLA in den Chloroplasten und im Cytoplasma der transgenen Tabakpflanzen zu finden war und dass diese GLA bei Triacylgliceriden in Position sn-2 gebunden vorlag.

Polashock et al (1992) gelang es, durch eine andere gentechnische Modifikation den natürlicherweise ablaufenden Syntheseweg von der Palmitinsäure (16:0) zur Stearinsäure (18:0) im Chloroplasten mindestens zum Teil „umzuleiten". Sie kombinierten das Gen für die $\Delta^9$-Desaturase von *Saccharomyces cerevisiae* am 5'-Ende mit dem 35S-Promotor des CaMV und am 3'-Ende mit einer Poly-A$^+$-Sequenz. In mit diesem Konstrukt transformierten *Nicotiana tabacum*-Pflanzen stieg der Palmitensäuregehalt (16:1) um das 10fache an (Abb. 9.9.). Die Wirkungsweise der $\Delta^9$-Desaturase ist in *Saccharomyces cerevisiae* gebunden an das Endoplasmatische Reticulum, insbesondere an das Cytchrom $b_5$. Da in den transgenen Tabakpflanzen die Palmitensäure und weitere Folgeprodukte nur im Cytoplasma, nicht aber im Chloroplasten auftraten, kann davon ausgegangen werden, dass die eingebrachte $\Delta^9$-Desaturase auch in den transgenen Tabakpflanzen ihren Wirkungsort im Cytoplasma hat.

*Brassica napus* (Raps) bzw. *Nicotiana tabacum* (Tabak) wurden mit Verwoert et al (1994) mit dem Gen *fabD* aus *Escherichia coli* transformiert, das für das Enzym Malonyl-CoA-ACP-Transacylase (MCAT) kodiert. Um eine samen- und entwicklungsspezifische Expression des eingebrachten Gens sicherzustellen, war dem MCAT-Gen der Napin-Promotor vorgeschaltet, und um sein Translationsprodukt nur in den Chloroplasten wirksam werden zu lassen, war der Genabschnitt für die Transit-Sequenz der Enoyl-ACP-Reduktase dem MCAT-Gen vorangestellt. Das eingebrachte bakterielle MCAT erreichte seine maximale Aktivität am Ende der Samenentwicklung der transgenen Pflanzen. Eine signifikante Veränderung der Lipidmenge oder -zusammensetzung konnte nicht festgestellt werden.

---

[143] Eine Kälte-Toleranz war damit nicht verbunden.

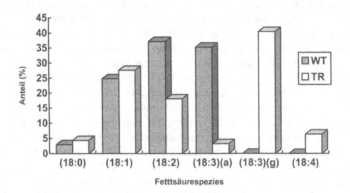

**Abb. 9.8. Zusammensetzung der C18-Fettsäuren in *Anabaena* sp. PCC7120. WT = Wildtyp, TR = Transformant, gentechnisch modifiziert mit dem Gen für die $\Delta^6$-Desaturase aus *Synechocystis* sp. PCC6803; (18:3)(a) = α-Linolensäure; (18:3)(g) = γ-Linolensäure. (verändert nach Reddy et al, 1993)**

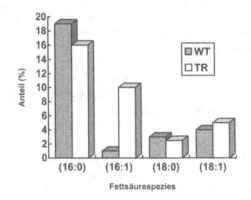

**Abb. 9.9. Prozentualer Anteil von gesättigten und ungesättigten Fettsäuren am Gesamtfettsäuregehalt in *Nicotiana tabacum* (Tabak); WT = Wildtyp, TR = Transformante, modifiziert durch Einbringen des Gens für die $\Delta^9$-Desaturase aus *Saccharomyces cerevisiae* (Bäckerhefe). Der prozentuale Anteil von Linol- und Linolensäure beträgt in beiden Fällen etwa 60% und ist in der Grafik nicht mit aufgeführt. (verändert nach Polashock et al, 1992)**

Ebenso ergebnislos blieb die Transformation von *Nicotiana tabacum* mit dem Gen *fabA* für eine β-Hydroxyldecanoylthioesterdehydrase aus *Escherichia coli* (Saito et al, 1995), die zur Biosynthese einer ungesättigten Fettsäure im Bakterium unter anaeroben Bedingungen beiträgt. Die Aktivität des Enzyms konnte in den transgenen Tabakpflanzen nachgewiesen werden, die Fettsäurezusammensetzung änderte sich jedoch nicht im Vergleich zu nicht-transformierten Tabakpflanzen.

Von *Arabidopsis thaliana* (Ackerschmalwand) wurde eine Reihe von Mutanten isoliert, die sich vom Wildtyp durch Veränderungen in ihrem Lipidmuster unterschieden (Abb. 9.10.). Einer dieser Mutanten (fad3) zeigte einen Defekt in dem Syntheseschritt von der Linolsäure zur Linolensäure. Das für diesen Syntheseschritt relevante Enzym, die $\Delta^{15}$-Desaturase, und das es kodierende Gen wurden isoliert und charakterisiert. Wurde *Arabidopsis thaliana* mit dem *fad3* transformiert, so stieg ihr Gehalt an Linolensäure stark an und der von Linolsäure war stark gemindert (Arondel et al, 1992). Das *fad3* mag in Zukunft möglicherweise den Gehalt an Linolensäure in *Linum usitatissimum* (Flachs) noch stärker erhöhen, als er normalerweise schon in dieser Pflanze vorliegt (etwa 50% des Gesamtgehalts an Fettsäuren).

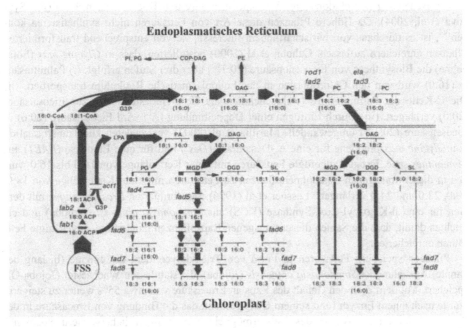

**Abb. 9.10. Schematische Darstellung der zwei Lipid-Biosynthesewege in den Blättern von *Arabidopsis thaliana* (16:3-Pflanze). Die Stärke der Pfeile gibt die Bedeutung der einzelnen Biosynthesewege relativ zueinander wieder. Unterbrechungen der Pfeile geben die jeweiligen Mutanten von *Arabidopsis thaliana* an. FSS = Fettsäuresynthase. (verändert anch Browse und Somerville, 1991)**

Okuley et al (1994) isolierten das Gen *fad2* für eine Oleatdesaturase aus *Arabidopsis thaliana* (Ackerschmalwand); dieses Enzym ist in Pflanzen in den Membranen des Endoplasmatischen Reticulums lokalisiert und benötigt NADH, NADH:Cytb$_5$-Oxidoreduktase, Cytb$_5$ und Sauerstoff für die Synthese der ungesättigten Fettsäuren Linolensäure (18:2) und α–Linolensäure (18:3). Covello und Reed (1996) transformierten *Saccharomyces cerevisiae* (Bäckerhefe) mit *fad2* und stellten die Synthese beider o.g. Fettsäuren fest. Interessanterweise ist diese Synthese von Linolensäure und α–Linolensäure in den transformierten Hefezellen temperaturabhängig: bei 28° bis 39° C beträgt der Mengenanteil beider Fettsäuren am Gesamtfettsäuregehalt etwa 0,5%, bei 22° C etwa 6,5% und bei 15° C etwa 9%. Möglicherweise ist die durch die Transformation in den transgenen Hefezellen exprimierte Oleatdesaturase bei höheren Temperaturen weniger stabil.

[6] Fettsäuren mit sehr langer Kettenlänge und vielen Doppelbindungen (C20 bis C24): Diese Fettsäuren gehen aus der Kettenverlängerung der Ölsäure (18:1) hervor; diese Synthese findet außerhalb der Chloroplasten statt. In Samen von *Arabidopsis thaliana* (Ackerschmalwand) kommen diese Fettsäuren natürlicherweise in den Triacylglyceriden vor [bis zu 17 % 20:1 und bis zu 3 % Erucasäure (22:1)]. Für die menschliche Ernährung sind unter gesundheitlichen Aspekten insbesondere die ungesättigten Fettsäuren mit sehr langer Kettenlänge von Bedeutung (Arachidonsäure, Eicosapentaensäure und Docosahexaensäure) (ref. Syanova et al, 2004). Da Höhere Pflanzen diese Art von Fettsäuren nicht synthetisieren können[144], ist es durchaus von wirtschaftlichem Interesse, sie von entsprechend transformierten Pflanzen anreichern zu lassen. Cahoon et al (2000) postulierten, dass in *Glycine max* (Sojabohne) die Biosynthese von Eicosenonsäure ($20:1^{\Delta 5}$) über drei Stufen erfolgt: (i) Palmitinsäure (16:0) wird von den Chloroplasten in das Endoplasmatische Retikulum transportiert. (ii) Die C-Kette der Palmitinsäure (wahrscheinlich als CoA-Thioester) wird zur Eicosalsäure (20:0) verlängert. (iii) Durch Einfügen einer Doppelbindung ($\Delta^5$) wird Eicosalsäure (20:0) in Eicosensäure ($20:1^{\Delta 5}$) umgewandelt. Marillia et al (2002) verwendeten zur Transformation von *Glycine max* die Gene für eine $\Delta^5$-Desaturase (*Des⁵*) und für eine Elongase (*FAE1*) aus *Limnanthes* spec. Exogen zugefügte Fettsäuren mit einer Kettenlänge von 14:0 bis 16:0 wurden in diesen transgenen Sojabohnenpflanzen zu Fettsäuren mit einer Kettenlänge von 18:0, 20:0, 22:0 und 24:0 verlängert. Lassner et al (1996) transformierten *Brassica napus* mit dem Gen für eine β-Ketoacyl-CoA-Synthase (KCS) aus *Simmondsia chinensis* (Jojoba) und erreichten damit, dass die Samen dieser transgenen Rapspflanzen langkettige, ungesättigte Fettsäuren anreicherten.

Pflanzen speichern Fettsäuren in Form von Triacylglyceriden, die einzige (bislang bekannte) Ausnahme ist *Simmondsia chinensis* (Jojoba), die stattdessen Wachsester (Jojoba-Öl) speichert. Mit dem Ziel, den Gehalt des Raps an Erucasäure von etwa 55% weiter zu steigern, wurde nach einem Enzym (und seinem Gen) gesucht, das die Bindung von Erucasäure in der Position 2 der Triacylglyceride des Raps ermöglicht (wie dies natürlicherweise in Position 1 und 3 schon der Fall ist). Lassner et al (1995) haben aus *Limnanthes alba,* bei der alle drei Positionen der Triacylglyceride von Erucasäure besetzt sind, das Gen für eine sn-2-Acyltransferase isoliert. Mit einem entsprechenden Gen aus *Limnanthes douglasii* unter der Kontrolle des napin-Promotors transformierten Brough et al (1996) *Brassica napus* (Raps). Tatsächlich war an der Position sn-2 der Triacylglyceride in den transgenen Rapspflanzen Erucasäure gebunden.

Entscheidende Schritte in Richtung auf die Biosynthese und Speicherung von langkettigen, ungesättigten Fettsäuren waren die Untersuchungen von Liu et al (2001) und Hong et al (2002). Liu et al (2001) transformierten *Brassica napus* (Raps) mit einem DNA-Konstrukt, welches die Gene für eine Ölsäure-$\Delta^{12}$-Desaturase (Fad2) und für eine $\Delta^6$-Desaturase aus dem Pilz *Mortierella aplina* enthielt. Diese transgenen Rapspflanzen wurden in Freilandversuchen getestet; noch in der 5. Generation enthielten die transgenen Rapssamen bis zu 44 % an Di-

---

[144] Diese Fettsäuren werden vor allem in Fischen angereichert; umgangssprachlich werden sie auch pauschal als Omega-Fettsäuren bezeichnet.

Homo-γ-Linolensäure (GLA) (20:3), der Vorstufe der Arachidonsäure (20:4). Diese GLA wurde in den Triacylglyceriden der transgenen Rapssamen sowohl in den Positionen sn-1 und sn-3 als auch in der Position sn-2 gefunden. Verwendeten Liu et al (2001) zur Transformation nur das Gen für die $\Delta^6$-Desaturase, so sank zwar der Anteil der GLA auf 13% ab, aber es wurde eine andere, ungewöhnliche Fettsäure [18:2 ($\Delta^{6,\,9}$)] bis zu einem Gehalt von 4,5 % angereichert. Einen GLA-Gehalt von 30 bis 40 % konnten Hong et al (2002) mit transgenem *Brassica juncea* (Rutenkohl) erreichen, der zuvor mit einem Gen für eine $\Delta^6$-Desaturase aus *Pythium irregulare* transformiert worden war.

### 9.3.3. Anreicherung bestimmter Proteine[145]

Die bisherigen Expressionssysteme für „Fremd"-Proteine wie zum Beispiel mikrobielle Fermentation oder humane Zellkulturen weisen einige Mängel auf (Kosten, Produktsicherheit und Ausbeute). Demgegenüber erweisen sich transgene Pflanzen zunehmend als geeigneter für die Biosynthese von „Fremd"-Proteinen (Fischer und Emans, 2000; Giddings, 2001).

Das erste „Fremd"-Protein humanen Ursprungs, das von transgenen Pflanzen exprimiert wurde, war der humane Wachstumsfaktor (Barta et al, 1986). In der Folge erweitete sich das Spektrum von „Fremd"-Proteinen, die in transgenen Pflanzen exprimiert wurden, beträchtlich: Enzyme zu industriellen Zwecken (Laccase; Hood et al, 2003); Proteine für Forschungszwecke (Avidin[146]; Hood et al, 1997), Milchproteine als Lebensmittelzusatzstoffe (β-Casein; Chong et al, 1997) und Proteinpolymere für medizinische bzw. industrielle Zwecke (Kollagen; Ruggiero et al, 2000).

Viele therapeutisch genutzte Proteine werden bereits in transgenen Pflanzen produziert (Tabelle 9.2.). Dazu gehören u.a. das humane Serumalbumin, für das ein jährlicher Bedarf von etwa 500 t besteht, wie auch Cytokine und andere humane Signalsubstanzen, die in weit geringeren Mengen benötigt werden. Während in den Blättern von transgenen Tabakpflanzen typischerweise maximal 0,1% des löslichen Proteins aus dem „Fremd"-Protein besteht, konnte durch Transformation der Tabak-Chloroplasten die Expressionsrate auf bis zu 7% (humaner Wachstumsfaktor; Staub et al, 2000) bzw. 11% (humanes Serumalbumin; Fernandez-San Millan et al, 2003) des löslichen Proteins gesteigert werden. Moloney et al (2003) gelang es in ähnlicher Weise, dass Hirudin als Fusionsprotein mit dem Oleosin in transgenem *Brassica napus* (Raps) bis zu einer Rate von 0,3% des Gesamtproteins der Samen angereichert wurde.

Ebenfalls für therapeutische Zwecke interessant erscheint das den Albuminen zuzurechnende Ricin aus *Ricinus communis*. Bei Ricin handelt es sich um ein Ribosomen-inaktivierendes Protein (RIP) vom Typ II (Nicolson et al., 1974). Es wird zunächst als Precursor mit einer Signalsequenz von 35 Aminosäuren am N-terminalen Ende synthetisiert. Diese Signalsequenz vermittelt den Eintransport des Precursors co-translational (d.h. während seiner Synthese) in das Endoplasmatische Retikulum (ER) (ref. Brandt, 1988). Post-translational wird die Signalsequenz im ER proteolytisch abgespalten. Nach dem Eintransport dieses Proricin in Proteinspeichervakuolen wird eine Sequenz von 12 Aminosäuren zwischen der RNA-spezifi-

---

[145] Bei der Expression von „Fremd"-Proteinen in Kulturpflanzen, die anschließend zu Lebensmittelzwecken verwendet werden sollen, ist selbstverständlich u.a. darauf zu achten, dass diese „Fremd"-Proteine kein allergenes Potenzial besitzen [z.B. Speicherproteine der Paranuss (*Bertholletia excelsa*)]
[146] Es hat sich auch herausgestellt, dass Avidin-haltige transgene Maiskörner bei der Lagerung gegen Schadinsekten resistent sind (Kramer et al, 2000).

schen N-Glykosidase (sog. A-Kette [RTA]) und einem Galaktose-bindenden Lectin (sog. B-Kette [RTB]) proteolytisch herausgelöst. RTA und RTB bilden zusammen als Heterodimer das funktionelle Toxin (Endo und Tsurgi, 1987; Zentz et al., 1978; Baenziger und Fiete, 1979; Halling et al., 1985). Sehnke et al. (1994) transformierten *Nicotiana tabacum* (Tabak) mit einer cDNA für den Precursor des Proricin. Über Western-Blot-Analysen wiesen sie nach,

**Tabelle 9.2. Beispiele für humane, pharmazeutisch relevante Proteine, die von transgenen Pflanzen synthetisiert und angereichert werden. [verändert nach Ma et al (2003) und erweitert]**

| Protein | transgene Pflanze | Referenzen |
|---|---|---|
| humaner Wachstumsfaktor | *Nicotiana tabacum* (Tabak), *Helianthus annuus* (Sonnenblume) | Barta et al (1986); Staub et al (2000) |
| humanes Serumalbumin | *Nicotiana tabacum* (Tabak), *Solanum tuberosum* (Kartoffel) | Fernandez-San Millan et al (2003); Sijmons et al (1900) |
| α-Interferon | *Oryza sativa* (Reis); *Raphanus raphanistrum* (Hederich) | Zhu et al (1994) |
| Erythropoietin | *Nicotiana tabacum* (Tabak) | Matsumoto et al (1995) |
| humane basische Phosphatase | *Nicotiana tabacum* (Tabak) | Borisjuk et al (1999); Komamytsky et al (2000) |
| Aprotinin | *Zea mays* (Mais) | Delaney et al (2002) |
| Kollagen | *Nicotiana tabacum* (Tabak) | Ruggiero et al (2000); Merle et al (2002) |
| α1-Antitrypsin | *Oryza sativa* (Reis) | Terashima et al (1999) |
| humanes Lysozym | *Oryza sativa* (Reis) | Yang et al (2003) |
| humanes Lactoferrin | *Solanum tuberosum* (Kartoffel) | Chong und Langridge (2000) |
| humanes Lactoferrin | *Panax schin-seng* (Ginseng) | Kwon et al (2004) |
| humanes ß-Casein | *Solanum tuberosum* (Kartoffel) | Chong et al (1997) |

dass RTA und RTB – in oben beschriebener Weise prozessiert – in den transgenen Tabakpflanzen vorlagen. Das in den transformierten Tabakpflanzen synthetisierte Ricin zeigte inhibitorische Wirkung auf die Translation von Retikulozyten aus Kaninchen. Es wird von manchen Arbeitsgruppen postuliert, dass Ricin zu den Substanzen gehören könnte, die in Zukunft zu therapeutischen Zwecken (z.B. gegen Aids oder Krebsleiden) eingesetzt werden könnten.

Erste Versuche zur Synthese von Polymeren in transgenen Pflanzen (Zhang et al, 1996; Guda et al, 2000) für chirurgische Zwecke scheiterten zunächst an der geringen Proteinausbeute; diese artifiziellen Polymere gingen vom bovinen Elastin aus. Ruggiero et al (2000) indes gelang die Synthese von humanem Kollagen in transgenen Tabakpflanzen. Dieses von den transgenen Tabakpflanzen produzierte Kollagen war bei höheren Temperaturen instabil; durch Co-Transformation mit dem Gen für eine Prolin-4-Hydroxylase wurden die transgenen Tabakpflanzen befähigt, bei der Synthese des Kollagens genügend Hydroxyprolin zu integrieren und damit das Kollagen zu stabilisieren (Merle et al, 2002). Auch ein synthetisches Seidenprotein der Spinne *Nephila clavipes* wurde bereits in transgenen Tabak- bzw. Kartoffelpflanzen produziert (Scheller et al, 2001). Seidenproteine von bis zu 100 kD wurden sowohl in den Blättern der transgenen Tabak- bzw. Kartoffelpflanzen als auch in den Knollen der transgenen Kartoffelpflanzen mit einem Anteil von bis zu 2% des löslichen Gesamtproteins angereichert. Das humane Cytokin hGM-CSF[147] konnte mit Hilfe von Zellkulturen von transgener *Lycopersicon esculentum* (Tomate; Kwon et al, 2003) bzw. von transgenem *Oryza sativa* (Reis; Shib et al, 2003) produziert werden. Dieses Cytokin wird für verschiedene klinische Anwendungen gebraucht. Vom ersten Enzym, das im Großmaßstab in transgenen Maispflanzen produziert wird, berichten Woodward et al (2003); es handelt sich dabei um bovines Trypsin, das von der biopharmazeutischen Industrie zur Aufarbeitung von tierischem Material benötigt wird.

Die Samen Höherer Pflanzen enthalten größere Mengen an Speicherproteinen (Higgins, 1984), die als Reservestoffe für den zukünftig auswachsenden Keimling dienen sollen. In der Mehrzahl werden die Speicherproteine in speziellen Vakuolen kompartimentiert[148]. Enzymatische Eigenschaften sind nur für sehr wenige Speicherproteine bekannt. Generell ist die genetische Information für die Speicherproteine in Gen-Familien von bis zu 100 Genen niedergelegt (Casey und Domoney, 1987).

Die Zusammensetzung der Speicherproteine, die Zahl und Verteilung der Gene für die Speicherproteine auf dem Genom sowie die zeitlich aufeinander abgestimmte Expression ist sehr komplex: In *Pisum sativum* (Erbse) wird die Untereinheit (50 kDa) des Vicilin (7S) von mindestens drei Gen-Familien kodiert, von denen jede bis zu 6 verschiedene Gene enthält. Wenigstens vier homologe Gene kodieren für die Legumine (11S) von *Pisum sativum* (Erbse) (Croy et al, 1982). Die Legumine (Glycinine) von *Glycine max* (Sojabohne) werden von fünf Genen zweier Gen-Familien kodiert (Nielsen et al, 1989); Gy1, Gy2 und Gy3 der einen Gen-Familie sind auf zwei Domänen des Genoms von *Glycine max* lokalisiert; die ß-Conglycinine (7S) werden von 2 Genen kodiert, die in sechs Regionen des *Glycine max*-Genoms mit insgesamt wenigstens 15 Kopien vertreten sind (Harada et al, 1989). In analoger Weise sind die Phaseoline (7S) von *Phaseolus vulgaris* (Bohne) in zwei Gen-Familien mit je 7 bis 8 Genen kodiert (Slighton et al, 1985; Talbot et al, 1984).

Die Speicherproteine von *Zea mays* (Mais) – Zeine oder Prolamine – sind in 10 Gen-Familien mit jeweils bis zu 10 Genen kodiert (Burr et al, 1982; Hagen und Rubinstein, 1981; Pedersen et al, 1982; Viotti et al, 1982; Wienand und Feix, 1980) und besitzen – soweit bislang sequenziert – keine Introns. Eines der Hauptspeicherproteine von *Oryza sativa* (Reis) ist das Glutelin. Es wird von einer eher kleinen Gen-Familie kodiert und weist drei Introns auf (Takaiwa et al, 1987a und 1987b).

---

[147] HGM-CSF = human granulocyte-macrophage colony stimulating factor
[148] im englischen Sprachgebrauch „protein bodies" genannt

Generell weisen die Gene der 7S-Speicherproteine verschiedener Spezies der Leguminosen wie auch die der 11S-Speicherproteine bemerkenswerte Homologien auf. Allein diese Tatsache kann Anhaltspunkt sein, um im Rahmen von gentechnischen Modifikationen dieser Gene diese konservativen Sequenzabschnitte unverändert zu lassen, die möglicherweise für die Gewebe-spezifische Expression oder die Expressionsrate unabdingbar sind. Generell erfolgt die Expression dieser Gene offensichtlich nur bei der Samenbildung und nach einem distinkten zeitlichen Ablauf (Walling et al, 1986).

Als Futter- bzw. Nahrungsmittel verwendet ist der Nährwert von Samen abhängig von dem Vorhandensein der 10 essenziellen Aminosäuren, die von Tieren nicht synthetisiert werden können. Typischerweise ist der Gehalt an Lysin in den Proteinen von Getreidekörnern und der an Methionin in den Proteinen von Leguminosen gering. Insbesondere zeigen *Glycine max* (Sojabohne) einen Mangel an Methionin und Cystein und Maiskörner (*Zea mays*) einen Mangel an Lysin und Tryptophan. Ähnliches gilt für die zur Ölgewinnung angebauten Sonnenblumen (*Helianthus annuus*) bzw. Rapspflanzen (*Brassica napus*), da nach Gewinnung des Pflanzenöls der zurückbleibende sog. Ölkuchen (= Proteine) zur Viehfütterung verwendet wird. Mit gentechnischen Methoden kann in all diesen Nutzpflanzen durch Einbringen entsprechender Gene für Speicherproteine, die reich an essenziellen Aminosäuren sind, relativ schnell der Nährwert der Samen verändert werden (Altenbach und Simpson, 1990)[149].

Zahlreiche Arbeitsgruppen haben zunächst in *Nicotiana tabacum* (Tabak) als Modellpflanze die Parameter für die erforderliche Exprimierung solcher „fremden" Speicherproteine in Tabaksamen untersucht. Hoffman und Mitarbeiter (1987) transformierten erfolgreich *Nicotiana tabacum* mit einem Zein-Gen aus *Zea mays* (Mais), dem der Promotor und die Termination-Sequenz des Phaseolin-Gens aus *Phaseolus vulgaris* (Bohne) vorangestellt bzw. nachgeschaltet waren. Die Zeine sind Alkohol-lösliche Speicherproteine des Mais, die im Zeitabschnitt von 12 bis 50 Tagen nach der Befruchtung von ER[150]-gebundenen Ribosomen in Endospermzellen translatiert werden (Larkins und Hurkman, 1978). Sie treten in Molekulargewichtsklassen von 10, 15, 16, 19, 22 und 27 kDa auf, wovon die 15- und 16-kDa Proteine den höchsten Anteil an Methionin aller Zeine aufweisen (Melcher und Fraij, 1980). Den Untersuchungen von Hoffman et al (1987) waren Experimente anderer Arbeitsgruppen vorausgegangen, deren Ergebnisse für die hier gewählte Vorgehensweise und die Konstruktion des chimären Genes sprachen. Pedersen et al (1986) war es bereits gelungen, *Glycine max* (Sojabohne) und *Phaseolus vulgaris* (Bohne) mit dem Gen für das 15 kDa-Zein zu transformieren. Jedoch glückte die Regeneration vollständiger Pflanzen nur schwer. In mit Zein-Genen transformierten Zellen von *Helianthus annuus* (Sonnenblume) (Goldsbrough et al, 1986) wie auch in mit dem Gen für das 19 kDa-Zein transformierter *Petunia hybrida* (Petunie) (Larkins, unveröffentlicht) wurden nur die entsprechenden Zein-RNAs, nicht aber die entsprechenden Zein-Proteine exprimiert. Obwohl in diesen Versuchen den eingebrachten Fremd-Genen ihre homologen Regulationssequenzen belassen waren, war die ursprünglich in *Zea mays* (Mais)

---

[149] Dem Bericht von D. Melvin zufolge (Atlanta Journal-Constitution vom 3. März 2004) ist es Wissenschaftlern gelungen (http://www.ajc.com/news/content/news/atlanta_world/0304/03ghana.html), eine um 1960 in den Anden entdeckte Maissorte mit hohem Körnergehalt an Lysin und Tryptophan in eine Maissorte einzukreuzen (konventionelle Pflanzenzüchtung!), die vorwiegend in Ghana angebaut wird (*koko*). Die neue Maissorte (*obatanpa*) zeichnet sich durch einen erhöhten Gehalt der beiden o.g. Aminosäuren in den Körnern sowie insgesamt durch höhere Erträge aus. Weitere afrikanische Staaten zeigen großes Interesse an dieser neuen, konventionell gezüchteten Maissorte.

[150] ER = Endoplasmatisches Reticulum

bestehende Gewebe-spezifische Exprimierung dieser Zein-Gene in dem neuen genetischen Kontext der transgenen Pflanzen aufgehoben. Daher erschien es Hoffman et al (1987) erfolgversprechend, das Gen für das 15 kDa-Zein unter die Kontrolle von Regulationselementen eines Gens für ein Speicherprotein einer dikotylen Pflanze zu stellen und die Expression dieses Genkonstruktes dann in einer dikotylen Pflanze zu testen. Die transgenen Tabakpflanzen bildeten Samen aus, deren Gesamtprotein bis zu 1,6 % Zein enthielt. Die für den Ablauf des co-translationalen Eintransportes notwendige Signalsequenz (ref. Brandt, 1987) des („monokotylen") Zein-Precursors wird in den transgenen Tabakpflanzen zeitlich und im richtigen („dikotylen") Kompartiment prozessiert. Das 15 kDa-Zein wird in den Vakuolen der Endospermzellen der transgenen Tabakpflanzen abgelagert. Dieser Vorgang erscheint im Hinblick auf die unterschiedliche Entstehungsweise von Kompartimenten mit Speicherproteinen in monokotylen bzw. dikotylen Pflanzen von besonderem Interesse: In monokotylen Pflanzen sollen die die Speicherproteine enthaltenden Vakuolen aus der direkten „Abschnürung" des Endoplasmatischen Reticulums hervorgehen (Krishman et al, 1986), in dikotylen Pflanzen hingegen aus der Verschmelzung von Golgi-Vesikeln (ref. Herman et al, 1986). Damit scheint der Signalsequenz eine bedeutende Rolle in der Speicherung von Zein in den transgenen Tabaksamen zuzukommen. Diese Beobachtungen werden von den Versuchen von Su et al (2001) bestätigt. Bei Verwendung des Promotors vom Prolamin-Gen *rp5* aus *Oryza sativa* (Reis) mit nachgeschaltetem Reporter-Gen zur Transformation von Tabak- bzw. Reispflanzen wurde das Transgen unspezifisch in der gesamten Tabakpflanze exprimiert, in den transgenen Reispflanzen dadegen nur in der Aleuronschicht der Samenkörner.

Bagga et al (1995) transformierten ebenfalls *Nicotiana tabacum* mit dem für ein 15-kDa-Zein kodierenden DNA-Abschnitt, dem aber in diesem Fall der 35S-Promotor des CaMV vorgeschaltet war. Sie verglichen die Expression und Speicherung dieses Konstruktes in den transgenen Tabakpflanzen mit der eines Konstruktes aus dem 35S-Promotor des CaMV und der für das Phaseolin kodierenden DNA-Sequenz, mit dem bereits andere Tabakpflanzen transformiert worden waren. Bagga et al (1995) konnten nachweisen, dass das exprimierte 15-kDa-Zein gewebeunspezifisch und stabil in den transgenen Tabakpflanzen akkumuliert wird, das exprimierte Phaseolin dagegen nur in reifenden Samen der entsprechenden transgenen Tabakpflanzen. Die Stabilität des 15-kDa-Zein führen Bagga et al (1995) darauf zurück, dass dieses Speicherprotein entweder im Endoplasmatischen Reticulum verbleibt und nicht in die Vakuolen transportiert wird oder dass das 15-kDa-Zein – im Gegensatz zu dem Phaseolin – von Proteasen in den Vakuolen der Tabakpflanzen nicht abgebaut werden kann.

Analoge Untersuchungen liegen vor für Speicherproteine von *Pisum sativum* (Erbse; Higgins et al, 1988), *Phaseolus vulgaris* (Bohne; Sturm et al, 1988) und *Glycine max* (Sojabohne; Bray et al, 1987; Guenoune et al, 1999) in *Nicotina tabacum* (Tabak). Ferner wurden bereits Speicherproteine von *Glycine max* (Sojabohne) in *Petunia hybrida* (Petunie; Beachy et al, 1985) oder *Nicotiana tabacum* (Tabak; Guenoune et al, 2003), von *Pisum sativum* (Erbse; Edwards et al, 1991), von *Amaranthus hypochondriacus* (Fuchsschwanz; Chakraborty et al, 2000) oder von *Colocasia esculenta* (Taropflanze; Guimaraes et al, 2001) in *Solanum tuberosum* (Kartoffel), von *Sesamum indicum* (Sesam; Lee et al, 2003), von *Glycine max* (Sojabohne; Momma et al, 1999) oder von *Heliantus annuus* (Sonnenblume; Hagan et al, 2003) in *Oryza sativa* (Reis) oder in *Trifolium repens* (Weißklee; Christiansen et al, 2000), von *Bertholletia excelsa* (Paranuss; Aragao et al, 1999) in *Phaseolus vulgaris* (Bohne), von *Glycine max* (Sojabohne; Naito et al, 1995) und von anderen Rapsgenotypen (Stayton et al, 1991) in *Bras-*

*sica napus* (Raps) exprimiert. In all diesen Fällen wurde eine Erhöhung des Gehalts der gewünschten essenziellen Aminosäuren erreicht. Lai und Messing (2002) fanden einen gänzlich anderen experimentellen Zugang, um den Gehalt an Methionin-reichen Speicherproteinen in *Zea mays* (Mais) zu steigern; sie konnten mit gentechnischen Methoden die Hemmung der Expression des endogenen *Dzs10*-Gens aufheben, das für ein Methionin-reiches Speicherprotein in *Zea mays* kodiert. Segal et al (2003) transformierten *Zea mays* erfolgreich mit einem Antisense-Konstrukt, durch dessen Expression in den transgenen Maispflanzen die Synthese des endogenen α-Zein von 22 kD unterdrückt wurde. Gleichzeitig brachten Segal et al (2003) bei diesem Transformationsvorgang ein DNA-Konstrukt für *opaque*-2-Protein einer Maismutante mit erhöhtem Lysin-Gehalt ein.

Aus den bisherigen Ausführungen zur Transformation von Höheren Pflanzen mit Genen für Speicherproteine ist wohl deutlich geworden, dass grundsätzlich in den meisten Fällen noch Bedarf besteht, mehr Erkenntnisse über die Regulation dieser Gene zu erhalten. Mit diesem Versuchsziel haben etliche Arbeitsgruppen entweder chimäre Genkonstrukte aus unterschiedlichen Teilbereichen des 5'-Endes der Gene für Speicherproteine und den kodierenden Abschnitten von Reporter- oder Marker-Genen (z.B. das Gen für die ß-Glucuronidase (GUS)) konstruiert oder in dem 5'-Bereich der Gene für Speicherproteine Abschnitte deletiert. Die Expression dieser veränderten Gene wurde dann nach Transformation von Höheren Pflanzen in diesen im Hinblick auf die Rate, die Orte der Anreicherung und die Entwicklungsstadien der Pflanzen untersucht.

Stalberg et al (1993) konstruierten aus der Promotorsequenz/dem 5'-Ende des Napin-Gens *napA* (2S) von *Brassica napus* (Raps) und dem GUS-Gen eine Chimäre und transformierten damit *Nicotiana tabacum* (Tabak). Es zeigte sich, dass die Deletion des Bereiches zwischen den Positionen -1101 und -309 die Aktivität des GUS-Gens steigert, des Bereichs zwischen den Positionen -309 und -211 dagegen vermindert. Als unabdingbar erwies sich der Bereich zwischen den Positionen -152 und +44 für die Samen-spezifische Expression des GUS-Gens (Abb. 9.11.). Bei Deletionen unterhalb der Position -126 verschwand diese Samen-spezifische Expression. Im Gegensatz zur Expression in *Brassica napus* (Raps) wurde das chimäre Konstrukt aus *napA*-Promotor und GUS-Gen in den transgenen Tabakpflanzen bereits frühzeitig im Endosperm aktiv und erst in einem späteren Entwicklungsstadium im Embryo. In den Blättern oder Wurzeln der transgenen Tabkpflanzen wurde keine GUS-Aktivität gefunden. In transgenen Tabakpflanzen, die mit einem chimären Genkonstrukt aus dem GUS-Gen und den regulatorischen 5'- und 3'-Regionen des Gens für das Speicherprotein Vicilin aus *Pisum sativum* (Erbse) oder des Gens für das Speicherprotein Napin aus *Brassica napus* (Raps) transformiert worden waren, konnten Jiang et al (1995) zeigen, dass die Aktivität dieser Fremdgene während der späten Samenreifung wie auch bei der Quellung reifer oder vorzeitig „getrockneter" Samen stark abnimmt. Im Gegensatz dazu werden diese Gene bei Vorschaltung des 35S-Promotors des CaMV konstitutiv in derartigen Samen exprimiert.

Ohta et al (1991) schalteten dem GUS-Gen das 5'-Ende des Gens *gSPO-Al* für das Speicherprotein Sporamin von *Ipomea batatas* (Süßkartoffel) vor und transformierten damit *Nicotiana tabacum* (Tabak). In den regenerierten transgenen Tabakpflanzen war die GUS-Aktivität in den Sprossen nachweisbar. Und zwar war sie dort beschränkt auf das Phloem und das zentrale Parenchym. Dies entspricht den natürlichen Expressionsorten des Sporamin-Gens in *Ipomoea batatas* (Abb. 9.12.). Deletionen im Bereich von -1000 bis -305 hatten keinen Einfluss auf die räumliche Verteilung der GUS-Aktivität in den transgenen Tabakpflanzen, solche zwischen den Positionen -305 und -237 bewirkten den Ausfall der GUS-Aktivität im

Phloem und solche zwischen den Positionen -192 und -94 den Ausfall der GUS-Aktivität im zentralen Parenchym.

Rerie et al (1991) transformierten *Nicotiana tabacum* (Tabak) mit dem Gen *LegA1* für das Speicherprotein Legumin aus *Pisum sativum* (Erbse). Auch hier erwies sich aus Deletionsversuchen, dass der Sequenzabschnitt zwischen den Positionen -668 und -237 auf dem 5'-Ende des Gens notwendig ist für eine hohe Expressionsrate der eingebrachten Fremd-DNA und für die entwicklungsspezifische Expression des *LegA1* in den Tabaksamen 20 Tage nach der Befruchtung.

Bäumlein et al (1991a) isolierten aus *Vicia faba* (Ackerbohne) ein Gen *USP* für ein noch nicht näher charakterisiertes Speicherprotein. Sie fügten das 5'-Ende des USP entweder mit dem GUS-Gen oder mit dem Gen *nptII* für die Neomycinphosphotransferase II zu einem chimären Konstrukt zusammen und transformierten damit *Arabidopsis thaliana* (Ackerschmalwand) oder *Nicotiana tabacum* (Tabak). In den transgenen Tabakpflanzen verlieh der *USP*-Promotor den Reporter-Genen in den Samen und in den Embryos, in den transgenen *Arabidopsis*-Pflanzen nur in den Embryonen Aktivität. Für die Expression der chimären Gene war ein Anteil von 637 bp des 5'-Endes des *USP* hinreichend.

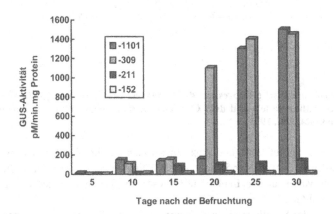

**Abb. 9.11. GUS-Aktivität in transgenen Tabakpflanzen, die mittels der *Agrobacterium*-Transformation mit dem chimären Konstrukt aus unterschiedlichen Bereichen des 5'-Endes eines Napin-Gens aus *Brassica napus* (Raps) und dem GUS-Gen transformiert wurden. Weitere Erläuterungen im Text. (verändert nach Stalberg et al, 1993)**

Bäumlein et al (1991b) zeigten mit Hilfe von chimären Genen aus dem 5'-Ende des Legumin-Gens *LeB4* aus *Vicia faba* (Ackerbohne) und den Reporter-Genen *uida* (GUS) bzw. *nptII*, mit denen *Nicotiana tabacum* (Tabak) transformiert worden war, dass die Positionen -1000 bis 0 für eine hohe Expressionsrate in den Tabaksamen hinreichen und dass bei einer Deletion bis auf die Position -200 die Expressionsrate der Reportergene auf unter 10% absinkt.

Takaiwa et al (1991) untersuchten die Funktion einzelner DNA-Bereiche auf der 5'-Seite des Gens für das Glutelin von *Oryza sativa* (Reis). Dazu verknüpften sie unterschiedliche

Abschnitte aus diesem Bereich mit *uida* (ß-Glucuronidase als Marker) und transformierten damit *Nicotiana tabacum* (Tabak). Sie stellten fest, dass zwischen den Positionen -1329 und -74 der Bereich zwischen den Positionen -441 und -237 unabdingbar ist für die Expression des Fremd-Gens in den Tabaksamen. In den Blättern oder dem Spross der transgenen Tabakpflanzen wurde das Fremd-Gen überhaupt nicht exprimiert. In ähnlicher Weise beschreiben

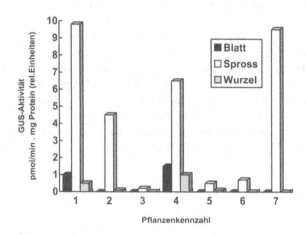

**Abb. 9.12. Gewebe-spezifische Expression des chimären Gens aus dem *gSPO-Al*-Promotor aus *Ipomoea batatas* (Süßkartoffel) und dem GUS-Gen in transgenen *Nicotiana tabacum*-Pflanzen. (verändert nach Ohta et al, 1991)**

Radke et al (1988) die auf transgene Raps-Embryonen beschränkte Expression eines eingebrachten Napin-Gens, dem auf der 5´-Seite nur 300 Nukleotide seiner ursprünglichen Sequenz belassen worden waren; in den Laubblättern dieser transgenen Pflanzen erfolgte keine Expression des Fremd-Gens.

Man könnte zu der Verallgemeinerung neigen, dass nur der Bereich zwischen den Positionen -600 und 0 des 5´-Endes der verschiedenen Speicherprotein-Gene für die Expression der nachgeschalteten kodierenden Genabschnitte notwendig ist. Es ist sicher gerechtfertigt, diesem Genabschnitt diese regulatorischen Funktionen zuzuschreiben. Da aber hier diese Funktionen nur in transgenen Tabakpflanzen bzw. in transgener *Arabidopsis thaliana* (Ackerschmalwand) erprobt wurden, ist die Datenlage noch zu dürftig, um gesicherte Vorhersagen für den Transformationserfolg in anderen landwirtschaftlich genutzten Pflanzen machen zu können. Untersuchungen von Blundy et al (1991) geben Anlass, derartige generalisierende Aussagen als verfrüht anzusehen. Die Promotoren der Patatin-Gene *PS20* und *PS3/27* aus *Solanum tuberosum* (Kartoffel) wurden mit dem GUS-Gen verknüpft und Pflanzen der Kartoffelsorten Desiree bzw. Maris Bard mit diesem chimären Gen transformiert. Es stellte sich heraus, dass unter der Regie des Promotors *PS20* die GUS-Aktivität in den Kartoffelknollen der Sorte Desiree 5fach niedriger war als in denen der Sorte Maris Bard. Unter der Regie des Promotors *PS3/27* dagegen lag eine etwa gleich hohe GUS-Aktivität in den Kartoffelknollen beider Sorten vor. Ferner stellte sich heraus, dass die Höhe der GUS-Aktivität mit der Menge an entsprechender mRNA und nicht mit der Anzahl der integrierten chimären Gene in den Kartoffelpflanzen korrelierte (siehe hierzu auch Kapitel 6). Die Realisierung der regulatorischen Funktion solcher Promotoren hängt damit auch von den Eigenschaften der transformierten Pflanze ab. Hinzu kommen weitere physiologische Einflüsse wie zum Beispiel Mangel an verwertbaren Schwefelverbindungen oder der aktuelle Gehalt der Pflanze an dem pflanzlichen Hormon Abscisinsäure (Naito et al, 1994). Auch bietet die Expression des Fremd-Gens in allen Teilen einer transgenen Pflanze in keiner Weise auch die Gewähr für das Vorhandensein oder gar die Anreicherung des dazugehörenden Translationsproduktes. Bagga et al (1992) stellten das Gen für das ß-Phaseolin unter die Kontrolle des 35S-Promotors des CaMV. In damit transformierten *Medicago sativa*-Pflanzen (Luzerne) wurde zwar das ß-Phaseolin-Gen ubiquitär exprimiert und das Protein translatiert und richtig prozessiert, jedoch war es nur in den Samen der transgenen Pflanzen stabil.

Von fast ebenso großem Interesse wie die Bedingungen für die Expression des eingebrachten Speicherprotein-Gens sind die Mechanismen zur korrekten Akkumulierung der gebildeten Speicherproteine in den dafür vorgesehenen Zellkompartimenten der transgenen Pflanzen. In einer vergleichenden Arbeit konnten Höfte und Mitarbeiter (1991) zeigen, dass die Speicherproteine in transgenen Pflanzen auch in den Vakuolen der Blattzellen abgelagert werden können, da diese Speicherproteine über Teilbereiche in ihrer Aminosäuresequenz / Tertiärstruktur verfügen (ref. Brandt, 1987), die den Eintransport in Vakuolen (oder in die sie bildenden Vesikel) sicherstellen. Höfte et al (1991) kombinierten die kodierenden Abschnitte der Gene für das Phytohaemagglutinin-L (PHA-L) bzw. für ein Membranprotein des Tonoplast (TIP) mit dem 35S-Promotor des CaMV[151] und transformierten damit über die Agrobacterium-Methode *Nicotiana tabacum* (Tabak). Beide chimären Gene wurden exprimiert; TIP fand sich in den Vakuolenmembranen (= Tonoplast) der Blattzellen der transgenen *Nicotiana*-Pflanzen wieder, PHA-L dagegen war nur in der Vakuolenflüssigkeit dieser Blattzellen vorhanden. Diesem Ergebnis sind die Befunde von Sonnewald et al (1989) über die Anreicherung des glycolysierten Patatin aus *Solanum tuberosum* (Kartoffel) in den Vakuolen der Blätter transgener Tabakpflanzen oder die Daten von Wilkins et al (1990) über die Akkumulierung eines Lectins aus *Hordeum vulgare* (Gerste) ebenfalls in den Blattvakuolen transgener Tabakpflanzen vergleichbar. Sonnewald et al (1990) konnten zusätzlich zeigen, dass das Unterbinden der Glycolisierung des Patatin keinen Einfluss auf die Stabilität dieses Speicherproteins oder seine Kompartimentierung in den Vakuolen der transgenen Tabakblätter hatte. Die Untersuchungen von Bustos et al (1991) über die Expression und Anreicherung des Phaseolins aus *Phaseolus vulgaris* (Bohne) in transgenen *Nicotiana*-Pflanzen relativieren allerdings diese Aussage. Das Glycoprotein Phaseolin, dessen Anteil bis zu 50% des Gesamtproteins der Samen sein kann, tritt in zwei Varianten auf: $\alpha$-Phaseolin (411-412 Aminosäuren) und ß-Phaseolin (397 Aminosäuren). Beide Varianten enthalten je zwei charakteristische Aminosäuresequenzen Asn-X-Thr, an denen das Phaseolin glykolisiert werden kann. Daraus resultieren jeweils vier verschiedene, glykolisierte Formen des Phaseolins. Bustos et al (1991) tauschten in dem Gen für das ß-Phaseolin (ßwt) jeweils eine oder aber beide für die Glykolisierung wichtigen Aminosäuresequenzen gegen andere Aminosäuresequenzen aus (ßdly$_1$, ßdly$_2$, ßdly$_{1,2}$). Sowohl das aus ßwt als auch die aus ßdly$_1$, ßdly$_2$ oder ßdly$_{1,2}$ resultierenden Phaseoline wurden in den Vakuolen der Blätter transgener Tabakpflanzen angereichert. Allerdings war die Stabilität der nicht-glykolisierten Phaseoline stark gemindert, obwohl für alle vier

---

[151] cauliflower mosaic virus

verwendeten Genkonstrukte in den transgenen Tabakpflanzen vergleichbare Mengen an Transkripten gebildet worden waren: die Menge an Phaseolin von ßdly$_1$ war um 59%, die von ßdly$_2$ um 27% und die von ßdly$_{1,2}$ um 77% gegenüber der von ßwt vermindert.

Genauso, wie offensichtlich die Glycolisierung von Speicherproteinen zu deren Stabilisierung notwendig sein kann, können Veränderungen im Bereich der Signal- und Prosequenzen nicht ohne Wirkung auf die korrekte Kompartimentierung der Speicherproteine bleiben. Das Speicherprotein Sporamin aus *Ipomoea batatas* (Süßkartoffel) besitzt eine Signalsequenz von 21 Aminosäuren (notwendig zum co-translationalen Eintransport in das Endoplasmatische Reticulum; ref. Brandt, 1987) und eine Prosequenz von 16 Aminosäuren (notwendig zur Akkumulierung in den speziellen Vakuolen). Matsuoka und Nakamura (1991) deletierten den entsprechenden DNA-Abschnitt für die Prosequenz des Sporamin und versahen das verbleibende Gen aus kodierender Sequenz für die Signalsequenz und für das prozessierte Sporamin mit dem 35S-Promotor des CaMV[152]. In Zellkulturen von transgenem *Nicotiana tabacum* (Tabak) wurde dieses Genkonstrukt exprimiert, das processierte Sporamin jedoch nicht in den Zellvakuolen angereichert, sondern von den Zellen in das Außenmedium abgegeben.

Die Ergebnisse etlicher Untersuchungen sprechen dafür, dass die mitunter geringe Anreicherung der Speicherproteine in den Vakuolen transgener Pflanzen auch auf der Instabilität dieser Speicherproteine gegenüber den in Vakuolen lokalisierten Proteasen begründet sein könnte. Wandelt et al (1992) lieferten Belege dafür, dass zumindest im Einzelfall diese Argumentationsweise dem Sachverhalt sehr nahe kommen könnte. Wandelt et al (1992) verknüpften das Gen für das Speicherprotein Vicilin aus *Pisum sativum* (Erbse) auf der 5´-Seite mit dem DNA-Abschnitt für die ER[153]-typische Signalsequenz lys-asp-glu-leu und stellten dieses chimäre Konstrukt unter die Regie des 35S-Promotors des CaMV. Mit diesem Fremd-Gen wurde mit Hilfe der *Agrobacterium*-Methode *Nicotiana tabacum* (Tabak) oder *Medicago sativa* (Luzerne) transformiert. In beiden transgenen Pflanzen wurde das eingebrachte Gen exprimiert und Vicilin im ER-Lumen angereichert. Wurde die Transformation mit dem Vicilin-Gen unter Beibehaltung seiner Vakuolen-typischen Signal-Sequenz unternommen, so kam es zur Vicilin-Anreicherung in den Vakuolen von *Nicotiana tabacum* bzw. von *Medicago sativa*. Im Vergleich war jedoch die Vicilin-Anreicherung im ER-Lumen von *Nicotiana tabacum* 100fach und in dem ER-Lumen von *Medicago sativa* 20fach größer als in den Vakuolen beider Pflanzen; außerdem betrug die Halbwertzeit des Vicilins in den Vakuolen nur 4,5 Stunden, im ER-Lumen jedoch 48 Stunden.

Auch Ealing et al (1995) beschreiben eine mangelhafte Speicherung von Albumin 1 (PA1) in *Trifolium repens* (Weißklee) bzw. in *Nicotiana tabacum* (Tabak) nach Transformation mit dem dafür relevanten Gen aus *Pisum sativum*; PA1 ist besonders reich an den Schwefelenthaltenden Aminosäuren Methionin und Cystein. In den transgenen Pflanzen wird PA1 zunächst als Precursorprotein von 11 kDa synthetisiert und dann in die Untereinheit PA1a von 6 kDa und in die Untereinheit PA1b von 4 kDa prozessiert. Allerdings wird nur die Untereinheit PA1a im Endoplasmatischen Retikulum (ER) und auch dort nur in minderem Maße gespeichert. Selbst Modifikationen des Inserts (unter anderem wurde auch die ER-spezifische Sequenz KDEL verwendet) führten nicht zu einer weiteren Anreicherung in Zellkompartimenten, obwohl gerade die C-terminale Sequenz KDEL zur Stabilisierung des Vicilin (Wan-

---

[152] cauliflower mosaic virus
[153] Endoplasmatisches Reticulum

delt et al, 1992) oder des Albumin aus *Helianthus annuus* (Ealing et al, 1993) in transgenen Pflanzen beigetragen hat. Ohne Zweifel mindert die Sequenz KDEL den Turnover der PA1a; Ealing et al (1995) verweisen in diesem Zusammenhang aber auch auf die Abhängigkeit des KDEL von der C-terminalen Aminosäuresequenz des jeweiligen Proteins (Denecke et al, 1992). Darüberhinaus wird von Ealing et al (1995) die Diskrepanz zwischen gemindertem Turnover des PA1a und seiner nur geringen Anreicherung im ER auf eine wenig effektive Translatierbarkeit der von dem chimären Konstrukt herrührenden mRNA zurückgeführt.

Das komplexe System der Speicherproteinsynthese – bestehend aus der Translation an ER-gebundenen Ribosomen als Precursor mit einer Signal-Sequenz, dem Prozessieren der Signal-Sequenz im ER, dem Transport des dann vorliegenden Proproteins in spezielle Vakuolen, das dortige Prozessieren zu der endgültigen Form der jeweiligen Speicherproteine und u. U. dem Assemblieren zu Proteinkomplexen – scheint nur solche gentechnischen Modifikationen der relevanten DNA zu tolerieren, die sich auf DNA-Abschnitte beschränken, welche für die Aufeinanderfolge der oben angeführten Teilschritte unerheblich sind. Utsumi et al (1993) fügten in derartige DNA-Bereiche des Gens für Untereinheiten des Glycinins aus *Glycine max* (Sojabohne) DNA-Abschnitte ein, die vier aufeinanderfolgende Methionin-Kodierungsstellen enthielten. Glycinin besteht aus jeweils sechs Untereinheiten, die als nur ein Precursorprotein (mit nur einer Signalsequenz) translatiert werden. Das Prozessieren des einen Proproteins (und damit das Bereitstellen der Untereinheiten) erfolgt nach dem o.g. Schema in den für Speicherproteine spezialisierten Vakuolen. Das veränderte Gen für die Glycinin-Untereinheiten wurde von Utsumi et al (1993) unter die Regie des 35S-Promotors des CaMV gestellt und mit diesem Genkonstrukt mittels *Agrobacterium*-Transformation *Nicotiana tabacum* (Tabak) transformiert. In Parallelversuchen wurde zur Transformation auch das unveränderte Glycinin-Gen verwendet. Beide Gen-Konstrukte wurden in einander entsprechender Rate in den transgenen Tabakpflanzen in Blättern, Spross und Samen exprimiert. Die vorliegenden Glycinine waren in korrekter Weise prozessiert und im Falle der Tabaksamen zu Hexameren (wie natürlicherweise auch in den Samen von *Glycine max*) assembliert. Damit haben Utsumi et al (1993) einen weiteren Weg aufgezeigt, für Futterzwecke den Gehalt eines Speicherproteins an einer essenziellen Aminosäure zu verbessern. Wurde an Stelle des 35S-Promotors des CaMV der Endosperm-spezifische Promotor des Gens für das Speicherprotein Glutelin aus *Oryza sativa* (Reis) dem Glycinin-Gen vorangestellt, so wurde das Glycinin in den transgenen Tabakpflanzen entwicklungsspezifisch exprimiert und in sogenannten „protein bodies" des Endosperm gespeichert (Takaiwa et al, 1995).

Die zu Beginn dieses Kapitels bereits angesprochene und oben beispielshaft dargestellte Verbesserung der Qualität von Futterpflanzen erreichten Guerche et al (1990) durch Einsatz des Gens für ein Speicherprotein von *Bertholletia excelsea* (Paranuss), das einen Methioninanteil von 20% aufweist. Auch die Untereinheiten dieses Speicherproteins werden zunächst als ein Precursorprotein translatiert, das dann in der oben beschriebenen Weise mehrmalig prozessiert wird. Die DNA-Region für das Proprotein der Speicherprotein-Untereinheiten von *Bertholletia excelsa* verknüpften Guerche et al (1990) mit dem 5'-Ende des Gens für ein Lectin aus *Glycine max* (Sojabohne). Von den Lectin-Genen ist bekannt, dass sie hauptsächlich während der Embryogenese (und zwar 65 bis 70 Tage nach der Befruchtung) und dann fast ausschließlich begrenzt auf die Kotyledonen, den Sprossanteil des Embryos und die Samenhülle exprimiert werden (Walling et al, 1986). Mit diesem Genkonstrukt wurde *Brassica napus* (Raps) transformiert. Es wurde in sämtlichen transgenen Rapspflanzen exprimiert und die

Transkripte translatiert. Das *Bertholletia*-Speicherprotein erreichte quantitativ einen Anteil von 0,02% bis 0,06% am Gesamtprotein. Die Expression des eingebrachten Fremdgens war Gewebe- und Entwicklung-spezifisch; die Prozessierung erfolgte wie erwartet und führte zur Anreicherung von *Bertholletia*-Speicherproteinen in den Vakuolen von *Brassica napus*-Samen. In ähnlichen Experimenten zeigten Altenbach et al (1992), dass mit dem oben verwendeten *Bertholletia*-Konstrukt der Methionin-Gehalt der Speicherproteine von *Brassica napus* (Raps) um 30% gesteigert werden kann.

An Stelle des 5′-Endes des Gens für ein Lectin aus *Glycine max* (Sojabohne) verwendeten Saalbach et al (1994) den 35S-Promotor des CaMV, um ein chimäres Genkonstrukt mit dem das Speicherprotein von *Bertholletia excelsa* (Paranuss) kodierenden DNA-Abschnitt zu bilden. (In diesem Fall wurde der verwendete, kodierende DNA-Abschnitt vollständig synthetisch hergestellt.) Mittels *Agrobacterium*-Infektion wurden *Nicotiana tabacum* (Tabak) und *Vicia narbonensis* (Mauswicke) transformiert. Sowohl die übertragenen Markergene (für GUS und für NPT II) als auch das transferierte Gen für das Speicherprotein wurden in allen Teilen beider Pflanzen exprimiert. In *Vicia narbonensis* (Mauswicke) wurden die höchsten Expressionsraten in den Blättern und den Wurzeln erreicht; dort akkumulierte das Speicherprotein der Paranuss in den Vakuolen. Eine Überprüfung der nachfolgenden Generationen zeigte, dass die eingebrachten Fremdgene weiterhin stabil integriert blieben. Transformationsversuche mit *Pisum sativum* (Erbse) oder *Vicia faba* (Pferdebohne) mit dem oben verwendeten Genkonstrukt und unter Verwendung von *Agrobacterium rhizogenes* als Überträger führten zur Ausbildung von (transgenen) sekundären Adventivwurzeln, aus deren Gewebe sich jedoch keine vollständige transgene Pflanze regenerieren ließ. In einer vergleichenden Untersuchung zeigten Saalbach et al (1995), dass das Gen für das methioninreiche 2S-Albumin aus *Bertholletia excelsa* (Paranuss) bei Vorschaltung des 35S-Promotors des CaMV in damit transformierter *Nicotiana tabacum* (Tabak) oder in damit transformierter *Vicia narbonensis* (Mauswicke) in verschiedenen Geweben nur in geringer Rate exprimiert wird. Schalteten sie dagegen den Legumin-B4-Promotor aus *Vicia faba* vor das Gen für das methioninreiche 2S-Albumin aus *Bertholletia excelsa* und transformierten damit die beiden oben erwähnten Pflanzen, so wurde das chimäre Genkonstrukt samenspezifisch in hoher Rate in transgener *Vicia narbonensis*, aber nur in geringer Rate in den Samen der transgenen Tabakpflanzen exprimiert. Der Methioningehalt war in den Samen einiger *Vicia narbonensis*-Transformanten um das 3fache gesteigert (Pickardt et al, 1995).

Ein auf die menschliche Ernährung ausgerichtetes Vorhaben ist die gentechnische Veränderung von manchen Getreideproteinen, um auch diese für das Brotbacken geeignet und verfügbar zu machen. Die Untereinheiten 10 und 12 des Speicherproteins Glutenin aus *Triticum sativum* (Weizen) verleihen dem Teig für das Brotbacken unterschiedliche Grade der Viskosität und Elastizität. Der Vergleich der Aminosäuresequenzen beider Untereinheiten zeigte, dass die Aminosäuresequenz der Untereinheit 10 strukturell über einen längeren helikalen Abschnitt verfügt (Flavell et al, 1989). Die Verlängerung solcher Strukturen in weiteren Glutenin-Untereinheiten von *Triticum sativum* würde die Backeigenschaften von Weizenmehl verbessern (Barro et al, 2003). Gegenteilige Ergebnisse erzielten indes Masci et al (2003). Auch Sangtong et al (2002) konnten aufgrund ihrer Versuchsergebnisse darauf verweisen, dass die Expression des *Glu-1DX5*-Gens aus *Triticum aestivum* in transgenem *Zea mays* (Mais) wenig erfolgreich war.

Einige weitere Beispiele seien aufgeführt, bei denen Pflanzen durch Transformation für die wirtschaftliche Nutzung verändert wurden. Bereits Goossens et al (1999) hatten in einem

Modellversuch gezeigt, dass in *Arabidopsis thaliana* (Ackerschmalwand) bei gleichzeitiger Insertion eines Antisense-Konstrukts für das endogene 2S-Albumin und eines DNA-Konstrukts, das für das Arcelin aus *Phaseolus vulgaris* (Bohne) kodiert, der Gehalt an 2S-Albumin stark abgesenkt war und der an Arcelin bis auf 24% des Gesamtproteins der Samen anstieg. Maruta et al (2001) transformierten *Oryza sativa* (Reis) mit einem Antisense-Konstrukt für das Glutelin A und konnten damit in den transgenen Reissamen den Gehalt an Glutamin A um maximal 40% absenken, bei gleichzeitigem Anstieg des Gehalts an Prolamin. Dieser transgene Reis war aufgrund seines geringeren Proteingehalts besser geeignet zur Herstellung von Reiswein. Für die Optimierung der Bierproduktion transformierten Kihara et al (2000) *Hordeum vulgare* (Gerste) mit einem DNA-Konstrukt für eine thermostabile β-Amylase. Herman et al (2003) gelang es, durch Transformation von *Glycine max* (Sojabohne) mit einem DNA-Konstrukt für das endogene Speicherprotein P34 dessen Synthese vollständig zu unterdrücken (PTGS; siehe Kapitel 6). Bei dem P34 handelt es sich um das Allergie-auslösende Speicherprotein Gly m Bd 30 K der Sojabohne.

Ebenfalls die menschliche Ernährung betreffen die Transformationsversuche von Penarrubia et al (1992) mit dem Gen für das Protein Monellin. Monellin und Thaumatin sind enthalten in den Früchten der subtropischen Pflanzen *Dioscroeophyllum cumminsii* und *Thaumatococcus danielli* und besitzen eine etwa 100 000fach stärkere „Süßkraft" als Zucker. Sowohl die Aminosäuresequenz (Hudson und Biemann, 1976) als auch die dreidimensionale Kristallstruktur (Ogata et al, 1987; Frank und Zuber, 1976) des Monellin sind bekannt. Es besteht aus zwei Peptiden: die A-Kette umfasst 45 Aminosäuren, die B-Kette 50 Aminosäuren. Die A- und die B-Kette sind über nicht-kovalente Bindungen zum Monellin zusammengefügt. Diese Bindungen werden beim Erhitzen von Speisen oder in saurem Milieu gelöst, wodurch auch die Süßkraft des Monellin verloren geht. Um das Monellin zu stabilisieren und um auch die genetische Information dieses Proteins mit molekularbiologischen Methoden effektiv auf andere Pflanzen übertragen zu können, gelang es, ein Monellin-Gen synthetisch herzustellen, das die genetische Information für beide Untereinheiten des Monellins enthält (Kim et al, 1989). Penarrubia et al (1992) versahen dieses Monellin-Gen entweder mit dem Fruchtspezifischen Promotor E8 aus *Lycopersicon esculentum* (Tomate) oder dem 35S-Promotor des CaMV. Mit jeweils einem dieser Konstrukte wurde mittels der *Agrobacterium*-Methode *Lycopersicon esculentum* oder *Lactuca sativa* (Salat) transformiert. Entsprechend dem vorgeschalteten Promotor war das Transkript des Monellin-Gens unter der Regie des Promotors E8 nur in den mindestens zu 50% reifen Tomaten zu finden, nicht jedoch in unreifen Tomaten oder Blättern der transgenen Tomatenpflanzen. Die Menge an Monellin in den reifen Tomaten entsprach der Menge an Monellin-Transkripten. Unter der Regie des 35S-Promotors wurde das Monellin-Gen in den Blättern von *Lycopersicon esculentum* und von *Lactuca sativa* wie auch in den Tomaten exprimiert. Jedoch wurde in den Tomaten dieses Monellin-Transkript nicht translatiert. Die Expression des E8/Monellin-Gens wurde durch Äthylenbehandlung der reifenden Tomaten signifikant gesteigert; unter diesen Bedingungen wurde eine Monellin-Konzentration von 9,2 μg/mg Protein erreicht. Ein diesen Versuchen analoges Experiment wurde von Witty und Harvey (1990) durchgeführt, indem sie *Solanum tuberosum* (Kartoffel) mit dem Gen für Thaumatin aus *Thaumatococcus danielli* transformierten.

Weitere Samen-spezifische Proteine sind die Oleosine, welche amphipathische Eigenschaften aufweisen und in die Phospholipidmembran um die sogenannten „oil bodies" eingebettet sind. Derartige Oleosine sind bereits in den Samen von *Brassica napus* (Raps; Murphy et al, 1991), *Zea mays* (Mais; Qu und Huang, 1990), *Helianthus annuus* (Sonnenblume; Cummins und Murphy, 1992), *Glycine max* (Sojabohne; Kalinski et al, 1991) und *Daucus carota* (Karotte; Hatzopoulos et al, 1990) nachgewiesen und die sie kodierenden Gene isoliert worden. Die Funktion der Oleosine bei der Anreicherung von Speicherölen ist noch nicht vollständig geklärt. Batchelder et al (1994) transformierten *Nicotiana tabacum* (Tabak) mit dem Oleosin-kodierenden Gen *Bn-111* aus *Brassica napus* (Raps), wobei dem *Bn-111* sein originaler Promotor belassen wurde. In den transgenen Tabakpflanzen wurde das eingebrachte Fremdgen nur im Embryo und dem Endosperm exprimiert und reicherte sich bevorzugt im Endosperm an.

## 9.4. Veränderung des Gehalts von Substanzen des Sekundärstoffwechsels

Viele der pflanzlichen Sekundärstoffe sind von kommerziellem Interesse, insbesondere solche, die für die Herstellung von Pharmazeutika oder von Lebensmittelzusatzstoffen Verwendung finden. In Analogie zu der Kultivierung von Mikroorganismen werden auch Suspensionkulturen pflanzlicher transgener Zellen in Biofermentern zur Produktion bestimmter Substanzen des Sekundärstoffwechsels eingesetzt (ref. Fujita, 1990). Der Nachteil solcher nicht-differenzierten pflanzlichen Zellen ist jedoch, dass die Ausbeute an Sekundärstoffen in der Regel gering ist und dass derartige Zellen zu biochemischer und genetischer Instabilität neigen (Towers und Ellis, 1993; Doran, 1994). Dagegen hat sich gezeigt, dass ganze, transgene Pflanzenteile (z.B. Wurzeln oder Kallusgewebe) größere Mengen der gewünschten Sekundärstoffe synthetisieren und abgeben können. Allerdings ist die Versorgung solcher komplexen Pflanzenteile mit genügend Nährstoffen und Sauerstoff im industriellen Maßstab nicht einfach (ref. Doran, 1994).

Es kann hier nicht der Versuch unternommen werden, die Möglichkeiten der gentechnischen Modifikation von Pflanzen im Hinblick auf die mehr als 25 000 Terpenoide (Abkömmlinge des Isopentenyldiphosphat), auf die mehr als 12 000 Alkaloide (biochemisch gesehen Abkömmlinge der Aminosäuren) oder auf die mehr als 8 000 Phenol-Verbindungen zu behandeln. Vielmehr soll in einigen Beispielen aufgezeigt werden, wie mit gentechnischen Veränderungen die Synthesewege im Einzelnen „umgelenkt" werden könn(t)en.

Ein treffendes Beispiel dafür, wie komplex die endogenen Regelmechanismen in Höheren Pflanzen sein können, sind die Untersuchungen von Wilczynski et al (1998). Sie hatten *Solanum tuberosum* (Kartoffel) mit einem DNA-Konstrukt transformiert, welches für das 14-3-3 Protein kodierte. In diesen transgenen Kartoffelpflanzen sollen sich Dopamin sowie Norepinephrin und Normetanephrin angereichert haben.

### 9.4.1. Veränderung des Gehalts an Alkaloiden, Alkoholen oder Terpenen

Sicher kann sich die Allgemeinheit nichts unter dem Begriff Alkaloide vorstellen. Von einigem Interesse könnte indes die Mitteilung gewesen sein, dass es gelungen ist, den Koffein-Gehalt der Kaffeebohnen mit Hilfe von gentechnischen Methoden entscheidend abzusenken. Es ist mit Hilfe der *Agrobacterium*-Infektion gelungen, *Coffea canephora* (Kaffeepflanzen) dergestalt zu transformieren (Ogita et al, 2003). In diesen transgenen Kaffeepflanzen war die Expression des Gens für die Obromin-Synthase soweit gemindert, dass der Koffeingehalt

(= Trimethylxanthin) der Kaffeebohnen dieser Pflanzen um 50 bis 70% abgesenkt war. Obwohl dies einen erheblichen wissenschaftlichen Erfolg darstellt auf dem Weg, den Gehalt an Koffein abzusenken ohne gleichzeitig Verluste am Aroma in Kauf nehmen zu müssen, bleibt anzumerken, dass C. *canephora* und nicht C. *arabica* – die eigentlich für den großflächigen Anbau verwendete Spezies – transformiert worden ist.

Mehr von grundsätzlicher Bedeutung sind die Untersuchungen von Stobiecki et al (2003), die *Solanum tuberosum* (Kartoffel) mit DNA-Konstrukten mit dem Gen für die Dihydroflavonolreduktase (DFR) (Flavonoidbiosynthese) in Sense- bzw. Antisense-Orientierung transformierten. Dabei war der zu erwartende Anstieg bzw. die zu erwartende Minderung des Gehalts an bestimmten Anthocyaninen – insbesondere Petunidin- und Pelargonidin-Derivate – weniger von Interesse, als die Auswirkungen der Transformation auf den Gehalt an Steroid-Alkaloiden. Es zeigte sich, dass eine positive Korrelation zwischen der Veränderung des Gehalts an Anthocyaninen und dem der Steroid-Alkaloide vorlag. Dies betraf u.a. $\alpha$-Chaconin, $\alpha$-Solanin, $\alpha$-Solamargin und $\alpha$-Solasolin.

Wie bereits in Kapitel 9.3.1. in anderem Zusammenhang gezeigt werden konnte, können mit Hilfe molekularbiologischer Methoden der Kohlenhydratstoffwechsel und daraus resultierende Speicherstoffe modifiziert werden. Eine derartige weitere Variante stellt die auf diese Weise initiierte Synthese und Anreicherung von Zuckeralkoholen dar. Tarczynski et al (1993) transformierten zu diesem Zweck *Nicotiana tabacum* (Tabak) mit dem Gen für die Mannitol-1-Phosphatdehydrogenase (*mtlD*) aus *Escherichia coli*. *mtlD* stand unter der Regie des 35S-Promotors des CaMV und wurde vom Terminator des Nopalinsynthase-Gens abgeschlossen. Die Expression des Enzyms in den Blüten der transgenen Tabakpflanzen führte zu Mannitol-Konzentrationen von 6 $\mu$mol/g Blattgewicht. Dagegen war Mannitol in nicht transformierten Tabakpflanzen nicht nachweisbar.

Aus *Mesembryanthemum crystallinum* (Stechapfel) wurde das Gen für das Enzym Inositol-Methyltransferase (*IMT*) isoliert (Vernon und Bohnert, 1992). Nach Transformation von *Nicotiana tabacum* mit *IMT* wurde in diesen transgenen Tabakpflanzen IMT exprimiert und der Zuckeralkohol Ononitol in den Zellen angereichert (Vernon et al, 1993).

Sheveleva et al (2000) kreuzten zwei transgene Tabaklinien und vereinigten damit die zuvor getrennt eingebrachten Gene für eine Mannitol-1-Phosphatdehydrogenase (aktiv im Cytoplasma) bzw. für eine myo-Inositol-O-Methyltranserase (aktiv im Chloroplasten) in resultierenden Tabakpflanzen. Beide Konstrukte standen jeweils unter der Kontrolle des 35S-Promotors des CaMV. Die Mengen an gespeichertem Mannitol und Ononitol entsprachen denen in den „Einzel"-Transformanten.

Aus *Malus domestica* (Apfel) wurde das Gen für die NADP-abhängige Sorbitol-6-Phosphatdehydrogenase isoliert und damit *Nicotiana tabacum* transformiert (Tao et al, 1995). In den transgenen Tabakblättern wurden Sorbitolkonzentrationen von 186 bis 446 nmol pro g Blattfrischgewicht erreicht.

Im Pflanzenreich sind Tryptamin und Secologanin die Vorstufen für die Synthese von Terpen-Indol-Alkaloiden, von denen viele eine pharmazeutische Bedeutung haben. Poulsen et al (1994) transformierten *Nicotiana tabacum* (Tabak) mit dem Gen für die Tryptophandecarboxylase (*tdc*) aus *Catharanthus roseus* (=*Vincea rosea*, Rotes Immergrün), wobei das Gen vom 35S-Promotor und vom Terminator des CaMV flankiert war. In den transgenen Tabakpflanzen wurde Tryptamin angereichert. Die durch das eingebrachte Fremd-Gen (bzw. das daraus resultierende Enzym) initiierte Tryptamin-Synthese hatte keinen Einfluss auf die beiden Enzyme Anthranilat-Synthase und Chorismat-Mutase, die im Syntheseweg zum Tryptophan bzw. Tyrosin und Phenylalanin die Umsetzung von Chorismat synthetisieren und damit der Tryptophan-Umwandlung vorgeschaltete Syntheseschritte katalysieren. Außer dem gesteigerten Tryptamin-Gehalt zeigten die transgenen Tabakpflanzen keine physiolgischen oder phänologischen Veränderungen.

Den nächsten Syntheseschritt vom Tryptamin und Secolaganin zum Strictosidin, der von der Strictosidinsynthase katalysiert wird, konnten McKnight et al (1991) ebenfalls durch Transformation mit dem entsprechenden Gen aus *Catharantus roseus* (mit dem 35S-Promotor des CaMV und Terminator des Nopalinsynthase-Gens) in *Nicotiana tabacum* auslösen. Die Aktivität des eingebrachten Fremd-Gens war in den transgenen Tabakpflanzen bis zu 20fach größer als in *Catharantus roseus*. In beiden Pflanzen war die Strictosidinsynthase in der Vakuole lokalisiert. Allerdings lagen in den Vakuolen der transgenen Tabakpflanzen zwei Formen des Enzyms vor. Dies weist darauf hin, dass das Precursorprotein in der Transformante anders prozessiert wird. Es bleibt abzuwarten, ob zukünftige Versuche gelingen werden, die mit Hilfe weiterer Transformationen die Synthese von Strychnin und von Vinblastin, Vincristin oder Camptothecin in landwirtschaftlich genutzten Pflanzen bewirken sollen (diese Substanzen sollen möglicherweise in der Krebstherapie wirksam sein).

Ebenfalls von pharmazeutischer Bedeutung sind die Alkaloide, die von transgenen Zellkulturen von *Atropa belladonna* (Tollkirsche), *Nicotiana tabacum* (Tabak) oder *Solanum tuberosum* (Kartoffel) (Saito et al, 1991) synthetisiert werden. Die durch Infektion mit *Agrobacterium tumefaciens* oder *A. rhizogenes* aus Spross- oder Wurzelgewebe gewonnenen Zellkulturen hatten die Fähigkeit, bestimmte Alkaloide zu metabolisieren und zu speichern bzw. zu synthetisieren. Dies waren vor allem Scopolamin (*Atropa belladonna*), Nornicotin (*Nicotiana tabacum*) sowie Solanin und Chaconin (*Solanum tuberosum*). In ähnlicher Weise konnten Moldenhauer et al (1990) die Synthese von Cardenoliden in transgenen Zellkulturen von *Digitalis lanata* (Fingerhut) erreichen.

Ein wesentlicher Fortschritt über diese Zellkulturen von pharmazeutisch interessanten Pflanzen hinaus ist die Entwicklung einer Methode zur Regeneration ganzer intakter Pflanzen. Sie hat sich für *Nicotiana tabacum* (Tabak), *Glycyrrhiza uralensis* (Süßholz) und *Digitalis purpurea* (Fingerhut) bewährt (Saito et al, 1991).

Ferner gelang die Transformation von *Nicotiana tabacum* (Tabak) mit dem Gen für die Trichodiensynthase aus dem Pilz *Fusarium sporotrichioides*. Das Gen wurde flankiert vom 35S-Promotor des CaMV und dem Terminator des Nopalinsynthase-Gens. In den Blättern der transgenen Tabakpflanzen wurde Trichodien bis zu 10 ng/g Frischgewicht angereichert. Dies kann die experimentelle Möglichkeit eröffnen, weitere Sesquiterpene (oder deren Derivate) von transgenen Pflanzen synthetisieren zu lassen. Im Cytoplasma gehen die Sesquiterpene und die Tripertene über den Mevalonsäure-Syntheseweg (MVS) aus Isopentenyldiphosphat (IPP) und (durch Isomerisierung) Dimethylallyldiphosphat (DMAPP) hervor (Newman und Chappell, 1999). In den Chloroplasten wird IPP über den 1-Deoxy-D-xylulose-5-phosphat-Weg (DXP) gebildet (Kuzuyama, 2001). Dort ist das IPP die Ausgangssubstanz für die Synthese von Monoterpenen ($C_{10}$), Diterpenen ($C_{20}$) und Tetraterpenen ($C_{40}$) (Abb. 9.13.) (Lange und Croteau, 1999; Lichtenthaler, 1999). Die Gene für die Enzyme des DXP sind aus Pflanzen und Bakterien isoliert worden. Es wurde eindeutig gezeigt, dass die endogene Bereitstellung von IPP und DMAPP auf dem DXP-Weg begrenzend für die Terpenoid-Synthese sein kann; eine Überproduktion in IPP und DMAPP in transformiertem *Escherichia coli* steigert auch die Synthese von Lycopen erheblich (Kim und Keasling, 2001). Mahmoud und Croteau (2001) transformierten *Mentha piperita* (Pfefferminze) mit den Genen

für eine Deoxyxylulosephosphat-Reduktoisomerase und eine Menthofuransynthase; die transgenen Pflanzen reicherten größere Mengen an p-Menthan-Monoterpenen an.

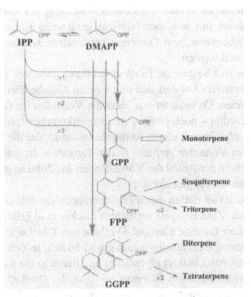

**Abb. 9.13. Überblick über die Biosyntheseweg der Isoprenoide. DMAPP = Dimethylallyldiphos-
phat; FPP = Farnesyldiphosphat; GGPP = Geranyldiphosphat; IPP = Isopentyldiphosphat; Mo-
noterpene = $C_{10}$; Sesquiterpene = $C_{15}$; Triterpene = $C_{30}$; Diterpene = $C_{20}$; Tetraterpene = $C_{40}$.
(verändert nach Mahmoud und Croteau, 2002)**

Es kann gemutmaßt werden, dass auch die Synthese von GPP, FPP und GGPP für die
weiteren Syntheseschritte limitierend sein können. Sollte an diesen Stellen durch experimentellen Eingriff versucht werden, die Synthese der drei Zwischenprodukte zu steigern, so sollte
sich diese aber auf Zelltypen beschränken, die auf den Monoterpen-Metabolismus speziali-
siert sind. Andernfalls kann die Steigerung der Synthese insbesondere von GGPP als Ausgangssubstanz für die Synthese von Gibberellinen, Carotenoiden, Quinonen und Chlorophyll
unerwünschte Folgen haben. Bislang sind die Gene für zwei GPP-Synthase kloniert worden
(Burke et al, 1999; Bouvier et al, 2000).

Auch die Steigerung der Monoterpen-Synthase kann den nachfolgenden Synthaseab-
schnitt nachhaltig optimieren (Wise und Croteau, 1999). In *Mentha piperita* (Pfefferminze;
Diemer et al, 2001; Krasnyanski et al, 1999) und in *Mentha arvensis* (Ackerminze; Diemer et
al, 2001) wurde nach Transformation mit einem DNA-Konstrukt für die Limonen-Synthase
die Ausbeute an Monoterpenen quantitativ und qualitativ verändert. Speziell die Synthese von
Pfefferminzöl, das natürlicherweise aus verschiedenen p-Menthan-Monoterpenen besteht,
kann zu kommerziellen Zwecken qualitativ verbessert werden. Dabei wird der Anteil an Men-
thol gesteigert und der von unerwünschtem Pulogen und Menthofuran um 50 bis 75% vermindert; für die Transformation der *Mentha*-Pflanzen wurde ein Antisense-Konstrukt für die
Cytochrom P450 Menthofuran-Synthase verwendet (Mahmoud und Croteau, 2001).

Von großem kommerziellen Interesse ist das Oleoresin, das von Koniferen produziert
wird. Dabei handelt es sich um ein Gemisch aus Monoterpenen, Sesquiterpenen (Turpentine)

und dem Diterpen Resinsäure (Rosin). Durch das Oleoresin schützen sich die Koniferen gegen einen Borkenkäfer sowie den durch ihn übertragenen phytopathogenen Pilz. Mit Hilfe von gentechnischen Methoden könnte die Zusammensetzung des Oleoresins verändert werden; durch Transformation mit in dieser Hinsicht geeigneten Konstrukten könnte anderen Baumarten, die natürlicherweise kein Oleoresin produzieren können, eine Resistenz gegen den Borkenkäfer vermittelt werden.

Es ist bekannt, dass sich bestimmte Tabaksorten durch endogene Produktion der zwei Diterpene α- und β-Cembratrienediol und sich durch deren Abgabe über Drüsenhaare vor Blattlausbefall schützen können. Da bekannt war, dass die Vorstufen für diese beiden Dipertene – cis-Abienol und Labdenediol – noch größere Abwehrwirkung besitzen, transformierten Wang et al (2004) *Nicotiana tabacum* mit einem Antisensekonstrukt, das die Gene für die Prozessierungsenzyme der beiden Vorstufen enthielt. In der Tat gaben die transgenen Tabakpflanzen ein Exsudat ab, in welchem der Anteil der Vorstufen um das 20fache gesteigert und der Anteil der beiden Diterpene um 40% abgesenkt war.

Versuche, den Geruch von Blüten durch Transformation der Pflanzen zu verändern, waren nur zum Teil erfolgreich. Zum Beispiel versuchten Lucker et al (2001) *Petunia hybrida* (Petunie) mit dem Gen (*Lis*) für eine Linalool-Synthase aus *Clarkia breweri* (Nachtkerze) zu transformieren; zwar gelang die Transformation grundsätzlich, jedoch wurde das in den transgenen Petunien synthetisierte Linaloyl glycolisiert und damit in die nicht-flüchtige Form umgewandelt. Nach Transformation von *Dianthus caryophyllus* (Nelke) mit *Lis* unter der Regie des 35S-Promotors gaben die transgenen Nelkenblüten zwar Linalool und Linalool-Derivate ab, jedoch war ihr Anteil an den Geruchsstoffen subjektiv nicht wahrnehmbar (Lavy et al, 2002). Der Wohlgeruch von Tomatenfrüchten konnte allerdings durch Transformation von *Lycopersicon esculentum* mit einem *Lis*-Konstrukt erreicht werden (Lewinsohn et al, 2001).

### 9.4.2. Veränderung des Ligningehalts

Lignin wird von Pflanzen mit einer Menge von etwa $2 \times 10^{10}$t pro Jahr erzeugt und ist damit nach der Cellulose die zweithäufigste Substanz in der Natur. Es verleiht den Zellen des Xylems, in dessen Zellwände es in der Endphase der Ausdifferenzierung eingelagert wird, zusätzliche Festigkeit und hydrophobe Eigenschaften. Die Inkrustierung der Zellwände mit Lignin kann bei Bäumen bis zu 30% des Trockengewichts ausmachen. Die Wasserunlöslichkeit des Lignins wie auch sein komplexer Vernetzungsgrad machen das Lignin weitgehend resistent gegen mikrobiellen Abbau. Der Ligningehalt mancher Pflanzen macht ihre Nutzung zu Futterzwecken unmöglich (Akin et al, 1991) und erhöht bei der Papierherstellung die Aufarbeitungskosten erheblich.

Lignin ist ein Polymer aus Coniferyl-, Sinapyl- und Cumarylalkohol, wobei das Lignin der Pteridophyten und Gymnospermen durch einen hohen Anteil an Coniferylalkohol, das der Dikotylen durch einen hohen Anteil an Coniferyl- und Sinapylalkohol und das der Monokotylen durch etwa gleiche Anteile aller drei Alkohole gekennzeichnet ist. Diese drei Alkohole gehen aus der Zimtsäure hervor, die durch das Enzym Phenylalanin-Ammonium-Lyase (PAL) aus der Aminosäure Phenylalanin hergestellt wird (Higuchi, 1990). Zimtsäure wird durch ein an das ER gebundenes Enzym zu p-Cumarsäure hydroxyliert; die p-Cumarsäure kann – katalysiert durch eine ligninspezifische Methyltransferase (COMT[154]) – durch Hydroxylierung und nachfolgende Methylierung in Ferulasäure bzw. Sinapinsäure umgewandelt werden. Aus Cumar-, Ferula- und Sinapinsäure werden durch eine spezifische Alkoholdehydrogenase (CAD) die entsprechenden Alkohole gebildet.

Die Bestrebungen, durch gentechnische Modifikation den Liningehalt von Höheren Pflanzen zu senken, richten sich hauptsächlich auf die Aktivitätssenkung der PAL, CAD oder OMT. Wird die PAL-Aktivität durch gentechnische Modifikation vermindert, so hängt der Erfolg dieser Transformation von der Aktivität der anderen Enzyme der Ligninbiosynthese im Verhältnis zur PAL-Aktivität wie auch von möglichen pleiotropen Effekten ab, die aus der Unterdrückung der PAL als enzymatischer Eingangsreaktion der Ligninsynthese herrühren können (Bate et al, 1994). Zum Beispiel wurde *Nicotiana tabacum* (Tabak) mit dem PAL2-Gen aus *Phaseolus vulgaris* (Bohne) transformiert und zeigt dann nur noch 0,2% PAL-Aktivität des Wildtyps (Elkind et al, 1990; Bate et al, 1994). Sewalt et al (1997) untersuchten transgene Tabakpflanzen, die entweder mit Sense-Konstrukten des Gens für die PAL oder mit Sense- bzw. Antisense-Konstrukten des Gens für die Zimtsäure-4-Hydroxylase (C4H) transformiert worden waren. In all diesen transgenen Tabakpflanzen war der Lignin-Gehalt abgesenkt; darüber hinaus konnten Sewalt et al (1997) feststellen, dass nur in den PAL-Transformanten außerdem das Verhältnis von Sinapylalkohol zu Coniferylalkohol abgesenkt war, nicht jedoch in den C4H-Transformanten. Mit dem Zusammenspiel der beiden Eingangsenzyme des Lignin-Biosyntheseweges, der PAL und der C4H, beschäftigten sich Rasmussen und Dixon (1999). Sie konnten nachweisen, dass die Wirkungsabläufe der beiden endogenen Enzyme in Tabakpflanzen eng miteinander verknüpft sind, dass dies aber nicht für eine per Transformation eingebrachte *Phaseolus vulgaris*-PAL gilt. Blount et al (2000) konnten nachweisen, dass die Aktivität der PAL über einen Feedback-Mechanismus gesteuert wird, der seinerseits von dem Gehalt an Zimtsäure abhängt. Sie benutzten dazu transgene Tabakpflanzen, die mit Hilfe eines C4H-Antisense-Konstrukts transformiert worden waren.

Einen anderen Weg zur Reduzierung des Liningehalts beschritten Dwivedi et al (1994); sie transformierten *Nicotiana tabacum* mit dem COMT-Gen aus *Populus tremula* (Espe) in Antisense-Orientierung, das mit dem 35S-Promotor, der Enhancer-Sequenz und dem Terminator des CaMV versehen war. Die mit diesem Konstrukt transfomierten Tabakpflanzen exprimierten das Antisense-Transkript und zeigten einen stark abgesenkten Gehalt der pflanzeneigenen COMT-Transkripte. Eine Analyse der Sprosse der transformierten Tabakpflanzen ergab eine quantitative Minderung der Sinapinsäure. Bei Verwendung der tabakeigenen COMT als Insert in Antisense- oder in Sense-Orientierung sinkt der Transkriptgehalt des endogenen und des zusätzlich inserierten COMT wie auch der Liningehalt ab (Atanassova et al, 1995; van Doorsselaere et al, 1995; Tsai et al, 1998; Lapierre et al, 1999; Jouanin et al, 2000; Guo et al, 2001). Auch bei Verwendung des COMT-Gens aus *Medicago sativa* (Luzerne) wurde der Liningehalt in den transgenen Tabakpflanzen ohne qualitative Veränderungen abgesenkt (Ni et al, 1994). Auch Piquemal et al (2002) konnten durch Transformation von *Zea mays* mit dem endogenen COMT-Gen in Antisense-Orientierung mit vorgeschaltetem *Adh1*-Promotor (vom Gen für die Alkoholdehydrogenase aus *Zea mays*) eine starke Absenkung des Lignin-Gehalts in den transgenen Maispflanzen erreichen. Ähnliche Ergebnisse liegen für transgene Tabakpflanzen (Pincon et al, 2001a und 2001b), Luzernepflanzen (Cehn et al, 2003; Marita et al, 2003) und transgene Pappeln (Marita et al, 2001; Pilate et al, 2002) vor.

---

[154] COMT = Kaffesäure-3-O-Methyltransferase

Eine Reihe von Untersuchungen betrifft den Einfluss der p-Cumarsäure-CoA-Ligase (4CL) auf die Lignifizierung der entsprechenden Pflanzen. Kajita et al (1996) benutzten dazu 4CL-Sense-Konstrukte in transgenen Tabakpflanzen. Die Aktivität der 4CL war in diesen transgenen Pflanzen stark vermindert, die Zellwände des Xylems waren braun gefärbt und die Zusammensetzung des eingelagerten Lignins wies eine starke Minderung an Sinapyl- und Cumaryl-Gruppen auf. Li et al (1999) transformierten *Populus tremuloides* (Pappel) mit einem 4CL-Antisense-Konstrukt und konnten für die transgenen Pappeln eine Reduktion des Lignin-Gehalts um bis zu 45% verzeichnen, bei einem gleichzeitigen Anstieg des Zellulose-Gehalts um 15%. Li et al (2003) kamen zu ähnlichen Ergebnissen.

Ebenso wurde der nächste Schritt in der Ligninsynthese, der durch die Zimtsäure-CoA-Reduktase (CCR) katalysiert wird, mehrfach näher analysiert. Piquemal et al (1998) transformierten Tabakpflanzen mit einem Antisense-Konstrukt für das Gen der CCR aus *Eucalyptus gunnii*. In diesen transgenen Tabakpflanzen waren die Zellwände des Xylems orange-braun gefärbt und der Anteil der Sinapyl-Gruppen im eingelagerten Lignin war gestiegen. Chabannes et al (2001a) wiesen nach, dass in doppelt transformierten Tabakpflanzen (CCR und CAD in Antisense-Konstrukten) der Lignin-Gehalt drastisch abgesenkt war.

Halpin et al (1994) untersuchten den Einfluss von CAD-Gen-Konstrukten auf den Lignin-Gehalt von in dieser Weise transformierten Tabakpflanzen. Bei Verwendung von derartigen Antisense-Konstrukten wurde die CAD-Aktivität – verglichen mit der des Wildtyps – um 10% abgesenkt, der Gehalt an Lignin sowie seine Zusammensetzung veränderte sich jedoch grundsätzlich nicht. Nur in einzelnen Transformanten mit einer stärker verminderten CAD-Aktivität war an Stelle von Lignin vermehrt p-Cumarylaldehyd in die Zellwände eingelagert, wodurch das eingelagerte Lignin leichter aus ihnen extrahierbar war. Diese Beobachtungen konnten von Stewart et al (1997) mit Hilfe spektroskopischer Verfahren bestätigt werden. Auch sie stellten fest, dass in CAD-Antisense-Transformanten von *Nicotiana tabacum* die Einlagerung von Lignin in die Zellwände vermindert und die von p-Cumarylaldehyden signifikant erhöht ist. Zu dem gleichen Ergebnis eines leichter extrahierbaren Lignins kamen Hibino et al (1995) und Yahiaoui et al (1998) durch die Transformation von *Nicotiana tabacum* mit dem CAD-Gen aus *Aralia cordata* bzw. *Nicotiana tabacum* in Antisense-Orientierung. Higuchi et al (1994) weisen darauf hin, dass der erhöhte Anteil an p-Cumarylaldehyd in derartigen Transformanten die technische Möglichkeit eröffnet, ihrem Holz – vor der Verarbeitung zu Möbeln – durch eine entsprechende chemische Behandlung eine kräftige rotbraune Fäbung zu geben. Baucher et al (1999) wollten durch Transformation von *Medicago sativa* mit einem CAD-Antisense-Konstrukt erreichen, dass der Lignin-Gehalt in den transgenen Luzerne-Pflanzen abgesenkt würde und damit als Viehfutter effizienter verwertbar wäre. Zwar veränderte sich der Lignin-Gehalt in den transgenen Pflanzen nicht, verglichen mit dem Wildtyp, jedoch nahm der Anteil an Sinapylalkohol beträchtlich ab. Dadurch war dieses transgene pflanzliche Material im alkalischen Milieu leichter aufschließbar.

Einen gänzlich anderen experimentellen Ansatz wählten Abbott et al (2002), indem sie *Nicotiana tabacum* (Tabak) mit einem einzigen chimären DNA-Konstrukt transformierten, dessen Integration in das Genom der Tabakpflanzen simultan die Minderung der Aktivität der COMT, CCR und CAD bewirkte. In diesen transgenen Tabakpflanzen war der Ligningehalt signifikant reduziert.

Ausgehend von der Hypothese, dass auch Peroxidasen an der Lignifizierung im Xylem Höherer Pflanzen beteiligt sein sollen, transformierte Lagrimini (1991) Tabakpflanzen mit dem Gen, das für eine anionische Peroxidase kodiert. Ein Einfluss dieser gentechnischen Modifikation auf den Ligningehalt der Transformanten ließ sich jedoch nicht eindeutig nachweisen. Mehr Erfolg in dieser Hinsicht hatten El Mansouri et al (1999), die *Lycopersicon esculentum* (Tomate) mit einem DNA-Konstrukt transformierten, welches das Gen *tpx1* aus *Lycopersicon esculentum* enthielt und unter der Kontrolle des 35S-Promotors des CaMV stand. In den transgenen Tomatenpflanzen stieg der Lignin-Gehalt um 40 bis 220% an.

## 9.4.3. Anreicherung von Vitaminen

Vitamine werden nur von Pflanzen und Mikroorganismen hergestellt, sind aber notwendiger Bestandteil der menschlichen Nahrung. Während die Biosynthesewege für die Vitamine in den Mikoorganismen weitgehend aufgeklärt sind, ist erst wenig über ihre Biosynthese in Pflanzen bekannt. Zu den fettlöslichen Vitaminen gehören Provitamin A (β-Carotin), Vitamin $D_2$ (Ergocalciferol), Vitamin $D_3$ (Cholecalciferol), Vitamin E (Tocopherol) und Vitamin K1 (Phylloquinon), zu den wasserlöslichen Vitamin $B_1$ (Thiamin), Vitamin $B_2$-Komplex (Riboflavin, Nicotinsäureamid, Folsäure und Pantothen), Vitamin $B_6$ (Pyridoxin), Vitamin $B_{12}$ (Cobalamin), Vitamin C (Ascorbinsäure) und Vitamin H (Biotin).

Vitamine sind als der menschlichen Gesundheit zuträgliche Lebensmittelzusatzstoffe allgemein anerkannt. Daher ist es auch nicht erstaunlich, dass der weltweite Bedarf an Vitaminen für Lebensmittel, Futtermittel, Pharmazeutika und Kosmetika stark zunimmt; für das Jahr 2005 wird von einem Umsatz im Wert von 2,74 Milliarden $ ausgegangen. Zum überwiegenden Teil werden Vitamine bislang durch chemische Synthesen oder durch entsprechende mikrobielle Fermentation gewonnen. Mit der experimentellen Möglichkeit, Pflanzen durch Transformation mit neuen Eigenschaften zu versehen, kann natürlich auch die Synthese von Vitaminen in solchen transgenen Pflanzen gezielt gesteigert oder auch nur ein bestimmtes Vitamin mit Vorrang synthetisiert werden[155]. So haben zum Beispiel die »Martek Biosciences Corporation« und das »Carnegie Institute of Washington« bereits im April des Jahres 2002 ein US-Patent (Nr. 6,027,900) erhalten, dass ihnen die Rechte für die Methoden und die Hilfsmittel für die Transformation eukaryotischer Algen zuspricht. Ziel dieser beiden Vertragspartner ist es, in den Genomen eukaryotischer Algen nach Genen zu suchen, die an der Biosynthese u.a. von Carotenoiden, Vitamin E und Isoflavonen beteiligt sind. Derartige Gene sollen anschließend in das Genom von Höheren Pflanzen oder von einzelligen Algen eingebracht und darauf untersucht werden, ob jeweils die gewünschte zusätzliche Substanz in diesen transgenen Pflanzen produziert wird.

Aufgrund der generell noch mangelhaften Kenntnisse über die pflanzlichen Biosynthesewege für die Vitamine beschränken sich die Hauptaktivitäten in diesem Gebiet derzeit auf Transformationsverfahren, um das Provitamin A bzw. das Vitamin E in Pflanzen anzureichern:

---

[155] So wurde z. B. von Nepomuceno von der »Brazilian Agricultural Research Corporation« (EMPRAPA) auf der »VII. Worldwide Conference of Soya Research at Iguacu« darauf verwiesen, dass Forschungsprogramme laufen, um Erdbeeren durch gentechnische Methoden mit einem höheren Vitamin C-Gehalt zu versehen. http://www.embrapa.br/english/index.htm

[1] Das Provitamin A (β-Carotin) wird natürlicherweise von Pflanzen bzw. Mikroorganismen produziert (Guiliano et al, 2000). Im Gegensatz zu den anderen Vitaminen sind die Gene für die am Syntheseweg des Provitamin A beteiligten Enzyme bekannt (Cunningham und Gantt, 1998). Daher wurden auch zahlreiche Versuche zur Anreicherung des Provitamins A in transgenen Pflanzen unternommen.

Es ist nachgewiesen, dass im Endosperm von *Oryza*-Samen die Vorstufe des β-Carotenoids, Geranylgeranylphosphat (GGPP), angereichert wird. Ye et al (2000) transformierten *Oryza sativa* (Reis) mit den Genen für eine Phytoen-Synthase, Phytoen-Desaturase, ζ-Carotin-Desaturase (die beiden zuvor genannten Enzymaktivitäten werden durch das Gen *crtl* aus *Erwinia uredovora* eingebracht) und für eine Lycopen-β-Zyklase aus *Narzissus pseudonarcissus* (Gelbe Nelke); in diesem »golden rice« stieg der β–Carotin-Gehalt bis auf 200 µg pro 100 g an.

Rosati et al (2000) transformierten *Lycopersicon esculentum* (Tomate) mit dem Gen für die β-Lycopen-Zyklase aus *Arabidopsis thaliana* (Ackerschmalwand) unter der Kontrolle des Promoters des Frucht-spezifischen Phytoen-Desaturase-Gens (*Pds*) von *Lycopersicon esculentum*. Der Gehalt an β–Carotin stieg in diesen transgenen Tomaten bis auf 60 µg/g Frischgewicht an.

Die Versuche anderer Forscher-Gruppen, den Gehalt an Lycopen in Tomaten weiter zu erhöhen, erbrachten mitunter unerwartete Ergebnisse. Zum Beispiel wurde nach der Transformation von *Lycopersicon esculentum* (Tomate) mit dem Gen (*crtl*) für die Phytoen-Desaturase aus *Erwinia uredovora* unter der Kontrolle des 35S-Promotors des CaMV der Gehalt der transgenen Tomaten an Carotenoiden um 50% abgesenkt und dies hauptsächlich zu Lasten des Lycopen-Gehaltes, während der des β–Carotins von 270µg auf 520µg/gTrockengewicht anstieg (Römer et al, 2000). Den Erwägungen von Guiliano et al (2000) zufolge könnte dieser unerwartete Effekt zurückzuführen sein auf eine kombinierte, gesteigerte Transkription des endogenen β-Zyklase-Gens zusammen mit der eines Gens für ein zweites Zyklase-ähnliches Enzym. Im Vergleich zum Wildtyp liegt in den transgenen Tomatenpflanzen für diese Transkripte eine Erhöhung des Gehalts um das 1,7- bzw. das 2,5fache vor.

Generell herrscht in Samen von *Brassica napus* (Raps) im Vergleich zu anderen Carotenoiden der Gehalt an Lutein vor. Um den Lutein-Gehalt zu erhöhen, transformierten Shewmaker et al (1999) *Brassica napus* mit dem Gen für die Phytoen-Synthase aus *Erwinia uredovora* unter der Kontrolle des Napin-Promotors aus *Brassica napus*. Zwar stieg der Gesamtgehalt an Carotenoiden in den transgenen Rapssamen um das 50fache an, jedoch trugen dazu hauptsächlich α– und β–Carotenoide bei und nicht das Lutein. Insgesamt war die Bereitstellung der gemeinsamen Vorstufe Geranylgeranylpyrophosphat um das 4fache gestiegen.

Die Ergebnisse der Untersuchungen von Römer et al (2000) und Rosati et al (2000) sind in sich widersprüchlich; während in den *crtl*-transgenen Tomatenfrüchten alle relevanten Gene mit Ausnahme des Gens für Phytoen-Synthase stärker exprimiert wurden, trat in den transgenen Tomatenpflanzen, welche das Gen für die β-Zyklase exprimierten, genau das Gegenteil ein.

An Stelle einer Erhöhung der Gesamtmenge an Carotenoiden in Samen von transgenen Rapspflanzen erhielten Shewmaker et al (1999) unerwarteterweise vorrangig eine verstärkte Synthese von β-Carotin. Diese Rapspflanzen hatten sie mit dem Gen für eine Phytoen-Synthase aus *Erwinia uredovora* transformiert. Ye et al (2000) gelang es, dass im Endosperm der Samen transformierter Reispflanzen Provitamin A angereichert wurde, nachdem sie *Oryza sativa* nur mit den Genen für die Phytoen-Synthase und die Phytoen-Desaturase transformiert hatten (also ohne das Gen für eine heterologe β-Zyklase).

Fray et al (1955) konnten zwar mit einem DNA-Konstrukt aus dem 35S-Promotor des CaMV und dem Gen für die Phytoen-Synthase aus *Lycopersicon esculentum* (Tomate) Tomatenpflanzen erfolgreich transformieren, jedoch bewirkte die konstitutive Expression des Transgens außer der Steigerung des Gehalts an Lycopen und Phytoen (nicht aber an β-Carotin) eine Veränderung des Phänotyps zum Zwergwuchs. Fray et al (1955) postulieren daher, dass sich die konstitutive Expression des Transgens auch auf die endogene Gibberellin-Synthese auswirkt.

[2] Das in Pflanzen synthetisierte Vitamin E kann aus bis zu 8 verschiedenen Abkömmlingen bestehen (α-, β-, γ- und δ-Tocopherol sowie α-, β-, γ- und δ-Tocotrienol), die unterschiedliche antioxidative Aktivitäten aufweisen. Von diesen ist das α-Tocopherol für die menschliche Ernährung von physiologischer Bedeutung. Dem Vitamin E werden verschiedene therapeutische Wirkungen zugeschrieben wie z.B. gegen Arthritis- und Alzheimer-Erkrankung. Es ist instabil, wenn Lebensmittel zu lange gelagert werden oder bei der Zubereitung zu hohe Temperaturen verwendet werden. Im Vergleich zu seiner Vorstufe, dem γ-Tocopherol, ist das α-Tocopherol prozentual meist geringer in den jeweiligen Pflanzen(teilen) vorhanden. Schon allein deswegen erscheint die Anreicherung von α-Tocopherol in Pflanzen, die entsprechend transformiert worden sind, von großem Interesse.

Die Vitamin E-Derivate bestehen aus einem Isoprenoid-Anteil und einer Doppelringstruktur. An seiner Biosynthese sind der Shikimisäure- und der Nicht-Mevalonsäure-Syntheseweg gleichermaßen beteiligt.

Shintani und DellaPenna (1998a) haben *Arabidopsis thaliana* (Ackerschmalwand) mit dem Gen für eine γ-Methyltransferase (Nicht-Mevalonsäure-Synthase) aus *Arabidopsis thaliana* unter der Kontrolle des Samen-spezifischen Promotors DC3 aus *Daucus carota* (Karotte) transformiert. Der Gesamtgehalt an Tocopherolen war in diesen transgenen *Arabidopsis*-Pflanzen nicht verändert, qualitativ war allerdings fast sämtliches γ-Tocopherol in α-Tocopherol sowie das meiste δ-Tocopherol in das β-Tocopherol umgewandelt worden. Bei einer Überexpression der Homogentisat-Prenyltransferase (HPT) von *Arabidopsis thaliana* unter der Kontrolle des Samen-spezifischen Napin-Promotors aus *Brassica napus* in den Samen transgener *Arabidopsis*-Pflanzen stieg der Gehalt an Vitamin E um 100% an (Savidge et al, 1999 und 2002). Daran beteiligt war insbesondere die Zunahme des Gehalts an α-, δ- und γ-Tocopherol. Cahoon et al (2003) transformierten *Arabidopsis thaliana* mit dem Gen für eine Homogentisinsäure-Geranylgeranyltransferase (HGGT) aus *Hordeum vulgare* (Gerste) und konnten damit in den transgenen *Arabidopsis*-Pflanzen eine Steigerung des Vitamin E-Gehalts um das 6fache erreichen.

Es wurde auch versucht, die ersten Syntheseschritte des Nicht-Mevalonsäure-Syntheseweges durch geeignete Pflanzen-Transformationen effizienter zu gestalten im Hinblick auf die Anreicherung von Vitamin E. Estevez et al (2001) transformierten *Arabidopsis thaliana* mit dem Gen für eine 1-Deoxy-D-Xylulose-5-Phosphatsynthase (DXS) und erreichten damit, dass in diesen transgenen *Arabidopsis*-Pflanzen eine größere Menge des Precursors für die Synthese von Chlorophyll, Tocopherolen, Carotenoiden, Abscisinsäure und Gibberellinen zur Verfügung stand. Der Gehalt an α-Tocopherol stieg in diesen transgenen Pflanzen im Vergleich zu den Wildtyp-Pflanzen um 154 bis 215%.

Die Forschergruppe der Firma Sungene[156] beschritt einen gänzlich anderen experimentellen Weg, um den Gehalt an Vitamin E in transgenen Pflanzen zu erhöhen. Sie überbrückten die Feedback-Hemmung der Chorismat-Synthase durch Phenylalanin oder Tyrosin im Verlauf des Shikimisäure-Syntheseweges dadurch, dass sie mit dem Gen *tyrA* aus *Escherichia coli Nicotiana tabacum* (Tabak) transformierten. Dadurch wurde die Umwandlung des Chorismat in Hydroxyphenylpyruvat, einer Vorstufe des Tocopherol, stark gesteigert. In den Blättern der transgenen Tabakpflanzen wurde durch die gesteigerte Expression des *tyrA* der Gehalt an Vitamin E um 300% gesteigert (Geiger et al, 2001); im 5-Blatt-Stadium dieser transgenen Pflanzen betrug der Gehalt an Vitamin E der Blätter 30,3 µg/g Frischgewicht im Vergleich zu 10,5 µg/g Frischgewicht beim Wildtyp.

[3] Von den übrigen Vitaminen liegen nur einige gesicherte Ergebnisse für das Vitamin C (Ascorbinsäure) (Conklin, 2001; Smirnoff et al, 2001; Wheeler et al, 1998) und für das Vitamin H (Biotin) (Alban et al, 2000) vor. Jain und Nessler (2000) berichten darüber, dass sie mit dem Gen aus der Ratte für eine L-Gulono-γ-Lactonoxidase erfolgreich Tabak- und Spinatpflanzen transformiert haben. Der Ascorbingehalt in den transgenen Tabak- bzw. Spinatblättern wurde um das 4 bis 7fache gesteigert.


9.4.4. Veränderung der Blütenfarbe

Der Handel mit Blumen ist für manche Staaten von großer wirtschaftlicher Bedeutung. Da mit konventioneller Züchtung bei manchen Spezies eine Veränderung der Blütenfarbe nicht oder nicht weitergehend genug möglich ist, besteht der Anreiz, dies mit gentechnischen Methoden zu erreichen. Zunächst haben verschiedene Arbeitsgruppen Methoden optimiert, um bestimmte Spezies überhaupt transformieren und regenerieren zu können. Dies gelang mit *Dendranthema indicum* (chinesische Chrysantheme; Ledger et al, 1991), *Dendranthema grandiflora* (Chrysantheme; Renou et al, 1993), *Dianthus caryophyllus* (Gartennelke; Lu et al, 1991), *Tulipa* spec. (Gartentulpe; Wilmink et al, 1992), *Antirrhinum majus* (Löwenmäulchen; Handa, 1992), *Petunia hybrida* (Petunie; Horsch et al, 1985), *Rosa hybrida* (Rose; Firoozabady et al, 1994), *Cyclamen persicum* (Alpenveilchen; Aida et al, 1999), *Agapanthus orientalis* (Schmucklilie; Suzuki et al, 2001), *Muscari armeniacum* (Träubelhyazinthe; Suzuki und Nakano, 2002), *Angolonia salicariifolia* (Koike et al, 2003), *Kalanchoe blossfeldiana* (Aida und Shibata, 1996) und *Lilium* spec. (Lilie; Hoshi et al, 2004).

Die bisherigen Verfahren zur Veränderung der Blütenfarbe haben alle zum Ziel, bestimmte Teilschritte des Syntheseweges der Flavonoide zu beeinflussen. Eine Reihe von Genen für die an diesem Syntheseweg beteiligten Enzyme wurde isoliert und charakterisiert (Mol et al, 1988). Van der Krol et al (1990) isolierten beispielsweise aus *Petunia hybrida* (Petunie) die Gene für die Chalconsynthase (CHS), die Chalconisomerase (CHI) und die Dihydroflavonolreduktase (DFR) und benutzten das CHS-Gen in modifizierter Form, um die Blütenfarbe von *Petunia hybrida* zu ändern. Sie verwendeten chimäre Konstrukte, die in inverser Orientierung entweder einen Teil der 3'-Hälfte oder einen Teil der 5'-Hälfte des CHS-Gens enthielten und jeweils vom 35S-Promotor des CaMV und dem Terminator des Nopalinsynthase-Gens flankiert waren. Von den mit jeweils einem dieser Konstrukte transformierten Petunien veränderten nur diejenigen Transformanten ihre Blütenfarbe teils oder ganz ins Weiße, denen das

---

[156] Firma Sungene GmbH & Co KGaA, Corrensstraße 3, D-06466 Gatersleben, Germany

Konstrukt mit einem Teil der 3'-Hälfte des CHS-Gens in inverser Orientierung inseriert worden war. Der Vergleich des 35S-Promotors und des endogenen Promotors der CHS in Hinblick auf produzierte Menge und Stabilität der Antisense-RNA bzw. Sense-RNA ergab keine Unterschiede. Die Daten dieser Untersuchung insgesamt weisen darauf hin, dass die Hemmung der Chalconsynthase (und damit die Hemmung des Flavonoidsyntheseweges) auf der Unterbindung der CHS-Gen-Transkription eher auf Bildung eines Antisense-RNA/DNA-Komplexes beruht als auf einer Unterbindung der Translation der CHS-Transkripte durch Bildung eines Antisense-RNA/Sense-RNA-Komplexes.

Grundsätzlich ähnlich gingen Courtney-Gutterson et al (1994) vor. Sie verwendeten ein synthetisches Oligonukleotid, dessen Sequenz homolog zu einem konservativen DNA-Abschnitt von acht verschiedenen CHS-Genen war. Flankiert vom 35S-Promotor des CaMV und dem *nos*-Terminator transformierten sie *Dendranthema morifolium* (Gartenchrysantheme) mit diesem CHS-Oligonukleotid in normaler bzw. in inverser Orientierung. Von den regenerierten 133 Sense- bzw. von den regenerierten 83 Antisense-Transformanten hatten jeweils drei weiße oder blass-pinkfarbene Blüten. Die Pink-Farbe der Mehrzahl der Transformanten war also im Vergleich zum Wildtyp unverändert. In den weißen Blüten war der Gehalt an CHS-Transkripten reduziert und der Gehalt an nicht-prozessierten CHS-Precursorproteinen erhöht. Die Regulation über die Antisense-mRNA muss also entweder in *Dendranthema morifolium* anders verlaufen als in *Petunia hybrida* oder aber sie erfolgt auf mehr Ebenen als von van der Krol et al (1990) zunächst vermutet haben. Für einen komplexeren Mechanismus der CHS-Expression bzw. der Regulation dieses Vorganges sprechen auch die Daten über die Induzierbarkeit der Expression des CHS durch Licht, Elicitoren oder Zucker wie Saccharose, Glucose oder Fructose (van der Meer et al, 1990; Wingender et al 1989; Tsukaya et al, 1991; Micallef et al, 1995; Baxter et al, 2003).

Die Verwendung von DNA-Konstrukten mit einem der o.g. Gene in Sense- oder Antisense-Orientierung war in den folgenden Jahren mehrfach erfolgreich. Zum Beispiel wurden weiß-blütige Chrysanthemen durch Transformation mit Antisense-CHS-DNA von Moffat (1991) erzeugt. Aida et al (2000a) erzeugten durch Transformation von *Torenia fournieri* (mit einem Antisense-DFR-Konstrukt) eine bedeutend intensivere blaue Blütenfarbe[157]. Dabei zeichneten sich die Sense-Transformanten durch eine größere Aufhellung im Röhrenbereich der Blüte aus (Aida et al, 2000b). Ebenso konnten Deroles et al (1998) die Blütenfarbe von *Eustoma grandiflorum* durch Transformation mit DNA-Konstrukten verändern, die das CHS-Gen in Antisense-Orientierung enthielten. Mehr grundsätzliche denn ökonomische Bedeutung hatte der Transformationsversuch von *Nicotiana tabacum* mit einem DFR-Konstrukt aus *Lycopersicon esculentum* (Tomate; Polashock et al, 2002); die Blüten der transgenen Tabakpflanzen hatten eine bedeutend intensivere Färbung der Blütenkrone. Allerdings war auch dieses Transformationsverfahren nicht unproblematisch. Die Untersuchungen von Que und Jorgensen (1998a) machen deutlich, dass ein konstitutiv exprimierender Promotor notwendig ist, um eine mögliche Co-Suppression zu unterlaufen. In einer weiteren Untersuchung konnten Que et al (1998) nach der Transformation phänotypisch deutlich Sense- und Antisense-Transformanten von *Petunia hybdria* (Petunie) unterscheiden. Fischer et al (1997) transformierten *Nicotiana tabacum* (Tabak) mit einem Gen für eine Stilben-Synthase (STS) aus *Vitis*

---

[157] Durch Transformation mit einem DNA-Konstrukt, welches das Gen für die 1-Aminocyclopropan-1-carboxyl-säure-Oxidase (ACC) in Sense- oder Antisense-Orientierung enthielt, konnten Aida et al (1998) die Haltbarkeit von *Torenia fournieri* um bis zu fünf Tagen verlängern.

*vinifera* (Wein); die transgenen Tabakpflanzen trugen weiße Blüten. Dies ist möglicherweise darauf zurückzuführen, dass die STS mit der endogenen Chalconsynthase um die Metabolite 4-Cumaroyl-CoA und Malonyl-CoA konkurriert.

Zur Erzeugung von blauen Blüten, d.h. zur Synthese von Delphinidin, sind zumindest eine Flavonoid-3'5'-Hydroxylase (F3'5'H) und eine Dihydroflavonolreduktase (DFR) notwendig. Mitte der 90iger Jahre gelang es Mitarbeitern der Firma »Florigene« Nelken mit einem DNA-Konstrukt, welches das F3'5'H-Gen und das DFR-Gen enthielt, zu transformieren. Sie entwickelten aus den transgenen, blaublühenden Nelken die Sorten »Moonglow« und »Moonshadow«[158]. Mori et al (2004) transformierten *Petunia hybrida* (Petunie) mit einem F3'5'H-Gen aus *Vinca major* (Immergrün) und erhielten transgene Petunienpflanzen mit dunkelroten bis purpurfarbenen Blüten. De Vetten et al (1999) entdeckten ein Cytochrom b(5), das nur im Blütenbereich von blaublühenden Pflanzen exprimiert wird. Sie vermuten, dass geeignete Pflanzen, die mit dem Gen (difF) dieses Cytochrom b(5) transformiert werden, tiefblau gefärbte Blüten ausbilden würden.

Einen anderen Ansatz zur experimentellen Änderung der Blütenfarbe von *Petunia hybrida* erprobten Meyer et al (1987). In eine weißblühende Mutante von *Petunia hybrida* führten sie das Gen *A1* für die Dihydroflavonolreduktase (DFR) aus *Zea mays* (Mais) ein (unter der Regie des 35S-Promotors des CaMV) und produzierten damit Petunien mit lachsfarbenen Blüten. Die eingebrachte DFR hat in diesen transgenen Petunien also den Flavonoidsyntheseweg wieder vervollständigt.

Mit verschiedenen Zielsetzungen wurden die o.g. transgenen Chrysanthemen bzw. Petunien im Freiland getestet.

Courtney-Gutterson et al (1994) führten je eine Freisetzung mit transgenen Chrysanthemen in Kalifornien (August bis Ende Oktober), Florida (Oktober bis Ende Januar) und South-Carolina (September bis Ende Dezember) durch. Dabei wurden die weißblühenden Transformanten TR2706 (Antisense) und TR31435 (Sense) mit der Ausgangssorte Moneymaker verglichen. Jeweils 200 Schösslinge wurden ausgebracht. Die Sorte Moneymaker blühte an allen drei Standorten in gleicher Weise in der typischen Pink-Farbe. In Kalifornien zeigten nur 4 von den sonst weiß blühenden Transformanten an einigen Trieben pinkfarbene Blüten. Wurden von diesen Trieben Stecklinge hergestellt und diese zur Blüte gebracht, so erhielt man nur weiße Blüten. Dies ist aus der Sicht von Courtney-Gutterson et al (1994) ein Hinweis darauf, dass es sich bei der Ausbildung dieser pinkfarbenen Blüten um einen durch exogene Faktoren ausgelösten und nicht auf dem genetischen Hintergrund beruhenden Vorgang handelt. An den Freisetzungsorten in Florida und South-Carolina betrug der Anteil von Transformanten mit pinkfarbenen Blüten bis zu 12%. Diese Transformanten waren vorwiegend vom „Sense"-Typ. Außer der Ausbildung der Blütenfarbe war der Zeitpunkt des Blühbeginns von ökonomischem Interesse. Die Transformanten blühten insgesamt etwa 4-10 Tage später als die Sorte Moneymaker.

Meyer et al (1992) verwendeten 30 000 transgene Petunien (s.o.) zu einem Freisetzungsexperiment. Die verwendete Petunien-Linie RLO1 blüht weiß und bekam durch die Transformation lachsfarbene Blüten, da die durch das eingebrachte Gen *A1* kodierte Dihydroflavonolreduktase Dikampferol in Leucopelargonidin umwandelt. Letzteres kann in dem endogenen Anthocyanin-Stoffwechselweg der Petunienlinie RLO1 weiter umgewandelt werden und

---

[158] Das Inverkehrbringen dieser transgenen Nelken für das Gebiet der EU-Mitgliedsstaaten wurde im Jahr 1998 genehmigt (siehe Cover-Bild dieses Buches).

lässt die Synthese des lachsfarbenen Blütenpigments zu, das normalerweise nicht in Petunien vorkommt. Meyer et al (1992) wollten diese neue Blütenfarbe der Petunien dazu benutzen, um die Wirkungsweise eines Transposons[159] von *Petunia hybrida* näher zu untersuchen. Meyer et al (1992) gingen von der begründeten Erwartung aus, dass die Insertion des Transposons in *A1* phänotypisch an einer Veränderung der Blütenfarbe von lachsfarben zu weiß oder gestreift identifizierbar sein müsste. Da die Eintrittswahrscheinlichkeit der Insertion des Transposons in ein bestimmtes Gen bei $10^{-2}$ bis $10^{-6}$ liegt, musste dieses Freilandexperiment mit einer relativ großen Anzahl von Pflanzen unternommen werden. Eine Auszählung der auftretenden Blütenfarben während der Vegetationsperiode zeigte allerdings ein zunächst verwirrendes Ergebnis (Abb. 9.14.).

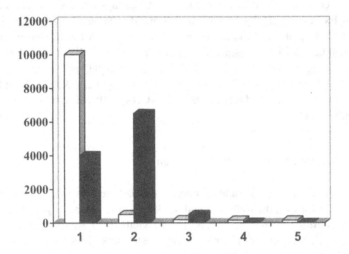

**Abb. 9.14. Phänotypische Auswertung eines Freilandversuches mit gentechnisch veränderten Petunien. Nach der unterschiedlichen Blütenfarbe wurden die hier erfassten etwa 1100 transgenen Petunien während der Vegetationsperiode im Juni (weiße Säulen) und dann im August (schwarze Säulen) erneut ausgezählt. 1 = lachsfarbene Blüten, 2 = schwach lachsfarbene Blüten, 3 = Blüten mit lachsfarbenen Sektoren, 4 = lachsfarben gestreifte Blüten, 5 = weiße Blüten. (verändert nach Meyer et al, 1992)**

Während des ganzen Freisetzungsexperimentes waren Abweichungen von der lachsfarbenen Blütenausbildung bei den transgenen Petunien zu beobachten. Vier weißblühende Pflanzen stellten sich als Mutanten heraus, bei denen Teile des *A1* deletiert waren. Bei 13 weiteren Transformanten, die repräsentativ für eine Gruppe von insgesamt 57 Pflanzen waren, konnte die weiße Blütenfarbe auf eine Methylierung des dem *A1* vorgeschalteten 35S-Promotors zurückgeführt werden. Außerdem wurde beobachtet, dass Pflanzen, die zunächst lachsfarben blühten, zu einem späteren Zeitpunkt der Vegetationsperiode schwächer lachsfarbene Blüten

---

[159] Transposons sind DNA-Elemente von 2500 bis 40000 bp, die in nicht gesteuerter, sondern zufälliger Weise qualitative Genomveränderungen herbeiführen, indem sie nicht-reziprok in die DNA inserieren und um ihre eigene Sequenzlänge vergrößern.

ausbildeten. Auch hier bestand die Korrelation zwischen Methylierung des 35S-Promotors und der Abschwächung der lachsfarbenen Blütenfarbe (Meyer et al, 1992 und 1993). Meyer und Heidman (1994) konnten außerdem nachweisen, dass offensichtlich Mechanismen in der Zelle bestehen, die grunsätzlich zu der Methylierung eingebrachter Fremd-Gene führen können. (siehe Kapitel 6).

Untersuchungen von Elomaa et al (1995) schränken diese Hypothese ein und spezifizieren sie zugleich. Elomaa et al (1995) verglichen die Expression der Ausprägung der Blütenfarbe der transgenen *Petunia*-RL01-Mutante, die entweder mit dem Gen *A1* aus *Zea mays* (Mais) oder dem Gen *gdfr* aus *Gerbera hybrida* (Gebera) unter Verwendung des gleichen Vektors transformiert worden war; wie *A1* kodiert *gdfr* für die Dihydroflavonolreduktase. Das Insert monokotylen Ursprungs wurde fast immer teilweise oder vollständig methyliert und damit seine Expression verhindert. Bei dem Insert dikotylen Ursprungs zeigte sich dieses Phänomen nicht und seine Expression erfolgte in den transformierten Petunien mit großer Intensität, auch wenn mehrere Kopien des Inserts vorlagen. Der endogene Methylierungsmechanismus erkennt wahrscheinlich DNA-Regionen, die sich in ihrem CG-Gehalt von dem der umgebenden DNA-Bereiche signifikant unterscheiden, d. h., das „dikotyle" *gdfr*-Insert unterscheidet sich in dieser Hinsicht nicht von der Petunien-DNA (CG-Gehalt bei Dikotylen etwa bei 30%) und das „monokotyle" *A1*-Insert dagegen erheblich (CG-Gehalt bei Monokotylen etwa bei 60%) (ref. Brandt, 1991).

## 9.5. Anreicherung von bestimmten Polymeren

Über Jahrhunderte hat die Menschheit polymere Substanzen pflanzlicher Herkunft genutzt. So wurde zum Beispiel die Cellulose und der Kautschuk – letzteres gewonnen aus dem Saft von *Hevea brasiliensis* (Kautschukbaum) – zu vielfältigen Anwendungen eingesetzt. Aber auch hier erscheinen die Möglichkeiten der Gentechnik geradezu prädestiniert, den pflanzlichen Stoffwechsel zur Synthese von polymeren Substanzen gemäß den menschlichen Vorstellungen zu beeinflussen.

### 9.5.1. Anreicherung bestimmter polymerer Proteine

Die Verarbeitung von Seide zu textilen Zwecken hat eine lange Tradition. Unter dem Aspekt der gentechnischen Möglichkeiten ist es sicher wirtschaftlich interessant, sich bei der Produktion von Seide von der (Kosten-intensiven) Tätigkeit bestimmter Insekten-Spezies trennen und dafür entsprechend transformierte Höhere Pflanzen einsetzen zu können. In dieser Hinsicht ist die Spinnfähigkeit von *Nephila clavipes* von besonderem Interesse. Diese Spinne kann Seidenproteine unterschiedlicher Eigenschaften produzieren: Seidenproteine für die Ausgestaltung des Netzes, die Kokonhülle und die Fangleinen. Das Material der Fangleinen ist – bezogen auf das Gewicht – robuster als Stahl (Hinman et al, 2000). Das Material dieser Fangleinen besteht aus zwei Proteinen, deren Gene identifiziert worden sind (*MaSp1* und *MaSp2*; Hinman et al, 2000). In den Aminosäuresequenzen dieser beiden Proteine wiederholen sich drei typische Abfolgen von Aminosäuren: (i) Glycin-Prolin-Glycin-X-X / Glycin-Prolin-Glycin-Glutamin-Glutamin, (ii) (Glycin-Alanin)$_n$ / Alanin$_n$ und (iii) Glycin-Glycin-X. Diese hohe Anreicherung an Glycin und Alanin in diesen beiden Proteinen bewirkt auf translationaler Ebene bei der Proteinsynthese sehr schnell einen Mangel an den entsprechenden tRNAs. Scheller et al (2001) gelang es, diese strukturellen Schwierigkeiten durch analoge synthetische Gene zu umgehen, die am N- und C-terminalen Ende derart modifiziert wurden, dass ihre Translationsprodukte sich im Endoplasmatischen Retikulum anreicherten. Mit diesen Genen unter der Kontrolle des 35S-Promotors des CaMV wurden Tabak- bzw. Kartoffelpflanzen transformiert. Die Seidenproteine wurden maximal bis zu einem Gehalt von 2 % bezogen auf das lösliche Protein angereichert.

## 9.5.2. Anreicherung von Polyhydroxybuttersäure

Etwa 100 verschiedene Bakterienspezies besitzen die Fähigkeit, Kohlenstoff in Form von intrazellulären Granula zu speichern, die aus aliphatischen Polyester-Verbindungen bestehen. In Abhängigkeit von der jeweiligen Bakterienspezies und den Kulturbedingungen können an der Granulum-Bildung verschiedene Monomere in der Bandbreite von 3-Hydroxypropionat bis 3-Hydroxylaurat beteiligt sein (Poirier et al, 1992b). Jeder der etwa 1000 Moleküle eines Granulums wird von 8000 Monomeren gebildet. Der Schmelzpunkt dieser Polymere ist ähnlich dem einiger Plastickstoffe, für deren Synthese Erdöl als Grundstoff verwendet wird (zum Beispiel Polypropylen).

Da viele Bodenbakterien eine Depolymerase sekretieren können, die derartige Verbindungen abbaut, lag der Gedanke nahe, Höhere Pflanzen entsprechend zu transformieren, um in größerer Menge den Grundstoff für umweltfreundliche Kunststoffmaterialien erzeugen zu können. Allerdings wäre diese Vorgehensweise erst dann wirtschaftlich konkurrenzfähig gegenüber der petrochemischen Industrie, wenn es gelingen würde, den Kohlenstoff, der normalerweise in Form von Stärke oder Saccharose gespeichert wird, quantitativ in Synthesewege zur Erzeugung der o.g. Polymer-Granula abzuleiten.

Poirier et al (1992a) transformierten *Arabidopsis thaliana* (Ackerschmalwand) mit dem Gen *phbB* für das Enzym Acetoacetyl-CoA-Reduktase oder dem Gen *phbC* für das Enzym Polyhydroxybuttersäure-Synthase, jeweils aus dem Bakterium *Ralstonia eutropha*. Jedes der übertragenen Gene stand unter der Kontrolle des 35S-Promoters des CaMV. Diese beiden Enzyme katalysieren die Reduktion von Acetoacetyl-CoA zu 3-Hydroxybuturyl-CoA und dessen Polymerisation zu Polyhydroxybuttersäure (PHB). Die diesen Syntheseweg einleitende 3-Ketothiolase ist wie in *Ralstonia eutropha* auch im Cytoplasma Höherer Pflanzen vorhanden. In den mit *phbB* transformierten *Arabidopsis*-Pflanzen war sowohl das entsprechende Transkript als auch die Aktivität des entsprechenden Enzyms vorhanden. In den mit *phbC* transformierten *Arabidopsis*-Pflanzen dagegen war nur das relevante Transkript, nicht aber das entsprechende Enzym nachweisbar. Aufgrund vergleichbarer physiologischer Untersuchungen wurde das Nichtvorhandensein der Polyhydroxybuttersäure-Synthase in den *phbC*-transformierten Pflanzen auf die Instabilität dieses Enzyms bei Fehlen seines Substrates zurückgeführt.

Beide Transformanten wurden miteinander gekreuzt. Die daraus hervorgehenden transgenen *Arabidopsis*-Pflanzen synthetisierten tatsächlich PHB und akkumulierten kleine PHB-Granula im Zellkern, im Cytoplasma oder in den Vakuolen der Kotyledonen, der Laubblätter oder der Wurzel. Die Ausbeute betrug allerdings nur etwa 0,1 mg pro Gramm Frischgewicht Pflanzenmaterial. Zudem war der Molekulargewichtsbereich der „pflanzlichen" PHB größer als der der „bakteriellen" PHB (Poirier et al, 1995).

Sowohl um die Ausbeute an PHB zu steigern als auch um das Wachstumsverhalten der transgenen Pflanzen durch die PHB-Synthese und -Speicherung wenig oder nicht zu beeinträchtigen, versahen Nawrath et al (1994) die kodierenden Sequenzen der Gene (phbA, phbB und phbC) für die Enzyme 3-Ketothiolase, Acetoacetyl-CoA-Reduktase bzw. PHB-Synthase aus *Ralstonia eutropha* jeweils mit dem DNA-Abschnitt für die Transitsequenz und die ersten 23 Aminosäuren der kleinen Untereinheit der Carboxydismutase, transformierten damit individuelle *Arabidopsis thaliana*-Pflanzen und vereinigten die eingebrachten Fremdgene in deren Nachkommen durch Kreuzungen. In diesen transgenen Pflanzen wurde die PHB in Form von 0,2 bis 0,7 µm großen Granula in den Plastiden gespeichert. In diesen Pflanzen erreichte PHB etwa 14% des Trockengewichtes. Phänotypisch war an den transgenen Pflanzen keine Veränderungen zu erkennen. Ähnlichen Erfolg hatten Hahn et al (1999), die *Zea mays* mit *phbA*, *phbB* und *phbC* aus *Ralstonia eutropha* transformierten; sie berichteten über die Anreicherung von PHB in den Maiskolben. Bohmert et al (2000) vereinigten *phbA*, *phbB* und *phbC* auf einem gemeinsamen Vektor und transformierten damit *Arabidopsis thaliana*. PHB wurde in diesen transgen Pflanzen zwar bis zu einem Anteil von 40 % am Trockengewicht angereichert, jedoch wiesen diese transgenen Pflanzen schwere metabolische Schäden auf. Diese Stoffwechselstörungen wiesen auch transgene Maispflanzen in Freisetzungsversuchen auf, die das PHB in den Chloroplasten bis zu einem maximalen Gehalt von 5,7 %, bezogen auf das Trockengewicht, anreicherten (Mitsky et al, 2000; Poirier und Gruys, 2001). Transgene Rapspflanzen dagegen, bei denen das PHB in den Leukoplasten bis zu einem maximalen Gehalt von 8 %, bezogen auf das Trockengewicht des Rapssamens, angereichert wurde, wiesen diese physiologischen Störungen nicht auf (Houmile et al, 1999). Wrobel et al (2004) transformierten *Linum usitatissimum* (Flachs) u.a. mit den o.g. drei bakteriellen Genen, denen die DNA-Sequenzen für plastidäre Transitsequenzen vorangestellt waren, und konnten zeigen, dass PHB in den transgenen Flachspflanzen synthetisiert und in beträchtlichen Mengen angereichert wurde.

Theoretische Überlegungen sprechen dafür, dass die PHB-Synthese in transgenen Pflanzen durch eine spezifische Hemmung der Acetyl-CoA-Carboxylase gesteigert werden könnte. Zu diesem Zweck wurde eine dieses Enzym kodierende cDNA in inverser Orientierung in das Genom von *Brassica napus* (Raps) eingebracht (Eldborough et al, 1994). Es stellte sich aber heraus, dass diese cDNA auf ein nukleäres Gen zurückgeht, dass das von diesem Gen kodierte Enzym nur für etwa 20% der zellulären Gesamtaktivität an Acetyl-CoA-Carboxylase verantwortlich ist und dass dieses Enzym hauptsächlich in epidermalen Geweben auftritt (Alban et al, 1994). 80% dieser Enzymaktivität gehen auf ein aus mehreren Untereinheiten zusammengesetztes Plastiden-Enzym zurück, von dem sicher einige Untereinheiten im Plastom kodiert sind (Sasaki et al, 1993). Um effektiv die Synthese dieser plastidären Acetyl-CoA-Carboxylase zu unterbinden, ist es daher nötig, eher cDNAs für diese prokaryotischen Enzymuntereinheiten in der o.g. Weise einzusetzen.

Es wurde auch versucht, das Heteropolymer P(HB-HV)[160] in den Chloroplasten transgener Pflanzen anzureichern (Slater et al, 1999). In transgener *Arabibidopsis thaliana* wurde ein prozentualer Gehalt von 0,2 bis 0,8 % und in transgenen Rapspflanzen von maximal 2,3%, jeweils bezogen auf das Trockengewicht, erreicht.

PHB von mittlerer Kettenlänge (6 bis 14 C-Atome) (Elastomere) werden u.a. von *Pseudomonas aeruginosa* gebildet. Die Gene *PhaC1* und *PhaC2* für die beiden PHB-Polymerasen

---

[160] P(HB-HV) = Kopolymer aus Polyhydroxybuttersäure und Polyhydroxyvaleriansäure

wurden aus *P. aeruginosa* isoliert (Timm und Steinbüchel, 1992). Mittendorf et al (1998) transformierten damit *Arabidopsis thaliana* und konnten nachweisen, dass diese Transformanten PHB mittlerer Kettenlänge in ihren Samen anreicherten. Romano et al (2003b) transformierten *Solanum tuberosum* (Kartoffelpflanze) mit *PhaC1*; wenn sie den transgenen Kalluskulturen das Substrat der PhaC1-Polymerase im Nährmedium zusetzten, so wurde PHB mittlerer Kettenlänge im Bereich von 0,02 bis 9,7 mg pro Gramm Trockengewicht gebildet.

## 9.6. Veränderung pflanzlicher Entwicklungsprozesse

Die Ausdifferenzierung einer Höheren Pflanze vom Samen bis zur ausgewachsenen Pflanze (unter Umständen mit Blütenbildung und später auch Fruchtentwicklung) wird gesteuert von einem komplexen Gefüge verschiedenartiger Regelmechanismen. So sei nur daran erinnert, dass zum Beispiel bestimmte Pflanzenorgane fortfahren können zu wachsen unabhängig davon, dass andere Pflanzenteile in diesem betreffenden Entwicklungsabschnitt schon nicht mehr wachsen oder ihr Wachstum nur temperär unterbrochen ist. Es ist gut belegt, dass das Wachstum Höherer Pflanzen und die Ausdifferenzierung ihrer Zellen und Gewebe u.a. durch das Phytochrom-System sowie das Zusammenspiel der verschiedenen Phytohormone beeinflusst und gesteuert werden (Davies, 1987). So haben Owen et al (1992) *Nicotiana tabacum* (Tabak) mit einem DNA-Konstrukt transformiert, das für einen Antikörper gegen das Phytochrom kodierte. In der Tat zeigten die Samen dieser transgenen Tabakpflanzen eine um 40% verringerte Keimungsaktivität im Vergleich zum Wildtyp.

Zur Aufklärung der Genregulierung durch das Phytohormon Abscisinsäure (ABA) verwendeten Imai et al (1995) die *LEA*-Gene[161], welche im Samen während der letzten Phase der Embryonalentwicklung (Dure et al, 1981) oder unter dem Einfluss von ABA (Galau et al, 1986) oder in Laubblättern bei Wassermangel exprimiert werden (siehe Kapitel 8.7.6.). Das *LEA25* aus *Lycopersicon esculentum* (Tomate) wird in deren Blättern und Wurzeln exprimiert, wenn in der Tomatenpflanze Wassermangel herrscht und/oder ein höherer Gehalt an ABA vorliegt (Cohen et al, 1991). Das Gen-Produkt von *LEA25* ist ein 9,3 kDa-Protein, dessen Aminosäuresequenz weitgehende Homologie mit denen der *LEA25*-Proteine von *Gossypium hirsutum* (Baumwolle; Baker et al, 1988), *Helianthus annuus* (Sonnenblume; Almoguera und Jordano, 1992) und *Glycine max* (Sojabohne; Lee et al, 1992) aufweist. Imai et al (1995) transformierten *Nicotiana tabacum* (Tabak) mit einem Konstrukt aus dem *LEA25*-Promotor des entsprechenden Gens aus *Lycopersicon esculentum* und *uida* als Reporter-Gen (für den Nachweis der Expression des Inserts). In den transgenen Tabakpflanzen wurde das Konstrukt bei Wassermangel in allen vegetativen Geweben exprimiert. Der unter diesen physiologischen Bedingungen endogene ABA-Gehalt ist niedriger als der von exogenem ABA, welcher aufgewandt werden musste, um denselben Expressionserfolg bei dem inserierten Konstrukt zu erreichen. In den Geweben des Blütenbereichs wie auch in den Samen der transgenen Tabakpflanzen zeigte sich eine Gewebe-spezifische Expression des eingebrachten Konstrukts in Abhängigkeit von der individuellen Entwicklungsphase des jeweiligen Gewebes, in den Samenanlagen zum Beispiel 15 Tage nach der Befruchtung.

Aufgrund der Erfahrungen mit den an Höheren Pflanzen bewirkten Veränderungen nach Infektion mit Agrobakterien eröffnen sich bedeutend mehr experimentelle Möglichkeiten,

---

[161] LEA = late embryogenesis abundant

unter Verwendung der *rol*-Gene aus den Agrobakterien auf das Wachstum und die Ausdifferenzierung Höherer Pflanzen Einfluss zu nehmen. Wie im Kapitel 4.1 beschrieben, werden Höhere Pflanzen durch *Agrobacterium rhizogenes* an der jeweiligen Infektionsstelle zur Ausbildung zahlreicher Wurzelhaare angeregt („Hairy root disease"). Aus diesen auf natürliche Wiese transformierten Wurzelhaaren können im Fall von *Nicotiana tabacum* (Tabak) (Ackermann, 1977) und einiger anderer dikotyler Pflanzen (Tepfer, 1984) vollständige Pflanzen mit verändertem Phänotyp regeneriert werden. Die Transformation von *Nicotiana tabacum* (Tabak) mit dem *rolC* von *Agrobacterium rhizogenes* (Oono et al, 1987) bewirkte bei den Transformanten Zwergwuchs und eine Verkleinerung der Blüten. Stammte das *rolC* aus *Agrobacterium tumefaciens*, so zeigten die transgenen Tabakpflanzen eine verringerte apikale Dominanz, kleinere Laubblätter und Blüten sowie eine verringerte Samenproduktion (Schmülling et al, 1988). Wird der *rolC*-Promotor durch den 35S-Promotor des CaMV ersetzt, so sind die phänotypischen Veränderungen noch drastischer. Eine besonders deutliche Minderung der apikalen Dominanz tritt in *Solanum tuberosum* (Kartoffel) nach einer *rolC*-Transformation auf (Fladung, 1990). Diese phänologischen Beobachtungen sowie genetische Untersuchungen (White et al, 1985; Schmülling et al, 1988) legten schon damals nahe, dem Expressionsprodukt des *rolC* eine Cytokinin-ähnliche Wirkungsweise zuzuschreiben. Wie sich dann herausgestellt hat, ist das *rolC*-Produkt befähigt, Zell-spezifisch endogenes Cytokinin, das in verschiedener Form in Konjugaten gebunden vorliegen kann, aus diesen Komplexen freizusetzen und damit wirksam werden zu lassen (Estruch et al, 1991).

Wird *Nicotiana tabacum* (Tabak) mit dem *rolB* aus *Agrobacterium tumefaciens* transformiert, so verändert sich die gesamte Blatt- und Blütenmorphologie und die Neigung zur Ausbildung vieler Seitensprosse und zahlreicher Adventivwurzeln am Spross nimmt erheblich zu (Schmülling et al, 1988). Der gesamte Blütenbereich erscheint kompakter (Spena et al, 1992). Es galt damals schon als sicher, dass *rolB* im Zusammenhang mit dem Auxinhaushalt steht. Eine praxisorientierte Anwendung hat *rolB* bereits in Untersuchungen zur Beeinflussung der Holzbildung in *Populus tremula* x *Populus tremuloides* (Espe) gefunden. Tuominen et al (1995) transformierten Espen mit einem Konstrukt, das die Auxinbiosynthese-Gene *iaaM* (für die Tryptophan-2-Monooxygenase; Thomashow et al, 1986) und *iaaH* (für die Indol-3-Acetamidhydrolase; Thomashow et al, 1984) aus *Agrobacterium tumefaciens* enthielt. Die Höhe und der Stammdurchmesser der transgenen Espen unterschieden sich deutlich von denen des Wildtyps. In den Blättern und den Wurzeln der Transformanten war der Auxingehalt deutlich erhöht. Im Bereich des Xylems war der Durchmesser der Gefäße deutlich verringert, bei gleichzeitiger Steigerung ihrer Anzahl.

Transformationen mit dem *rolA* aus *Agrobacterium tumefaciens* rufen in *Nicotiana tabacum* stark „geschrumpelte" Blätter, beträchtliche Verzögerung des Blühtermins, eine weitgehende Verkleinerung der Blüten und die Verkümmerung ihrer einzelnen Bereiche hervor (Schmülling et al, 1988). Das *rolA*-Produkt greift bei diesen Transformanten in die Auxinabhängigen Entwicklungsschritte (Maurel et al, 1991) und in den Polyamin-Metabolismus (Sun et al, 1991) ein.

Schmülling et al (1988) haben in einer systematischen Untersuchung aufgezeigt, in welchem Ausmaß in transgenen *Nicotiana tabacum*- (Tabak) bzw. *Solanum tuberosum*-Pflanzen (Kartoffel) durch die Expression übertragener *rol*-Gene aus *Agrobacterium rhizogenes* die interne Zellkonzentration etlicher Pflanzenhormone verändert wird. Zum Beispiel führt die Überexpression des *rolC* zum 4fachen Anstieg von verschiedenen Cytokininen. Außerdem ist der Anstieg (oder auch das Absenken) des jeweiligen Pflanzenhormonniveaus abhängig vom

Entwicklungsstand der Pflanze oder dem Pflanzenteil (Abb. 9.15.) Zu analogen Ergebnissen führten die Transformationsversuche von Thomas et al. (1995). In transgenen Tabakpflanzen, die mit dem chimären Konstrukt aus dem Licht-induzierbaren Promotor des *rbcS-3A*[162] aus *Pisum sativum* (Erbse) und dem *ipt*[163] aus *Agrobacterium tumefaciens* transformiert worden waren, stieg der Cytokiningehalt um das 10fache an. Unter der Einwirkung von Starklicht stieg außerdem der Gehalt an Prolin und Osmotin an, wie es anderenorts auch für die Situation bei osmotischem Stress beschrieben wird (Adams et al, 1992; Thomas und Bohnert, 1993).

Ebenfalls phänotypische Veränderungen an *Nicotiana tabacum* (Tabak) erzielten Sano et al (1994) nach der Transformation mit dem Gen *rgp1* aus *Oryza sativa* (Reis). *rgp1* kodiert für ein GTP-bindendes Protein mit einem Molekulargewicht von 25 kDa. Die transgenen Tabakpflanzen zeigten eine unterdrückte apikale Dominanz in Abhängigkeit von dem Entwicklungsstadium der Pflanzen (Sano und Youssefian, 1991). Gerade in diesem Entwicklungsstadium wurde das eingebrachte *rgp1* exprimiert. Außerdem wurde festgestellt, dass der endogene Cytokiningehalt der transgenen Tabakpflanzen in diesem Zeitabschnitt um das 6fache im Vergleich zu entsprechenden nicht-transgenen Tabakpflanzen gesteigert war. Aber nicht nur die durch Phytohormone gesteuerte Morphogenese, sondern auch der Gehalt an PR-Proteinen ist deutlich gesteigert. Dieser Anstieg ist wiederum zurückführbar auf einen deutlich gesteigerten Gehalt der transgenen Tabakpflanzen an Salicylsäure bzw. Salicylsäure-β-glucosid, welche beide als induzierende Faktoren der PR-Protein-Synthese gelten. Die transgenen Tabakpflanzen zeigten eine erhöhte Neigung zur Ausprägung der Überempfindlichkeitsreaktionen. Aufgrund der erhöhten Konzentrationen an PR-Proteinen und an Salicylsäure-Verbindungen waren die transgenen Tabakpflanzen in gewissem Maße auch resistent gegen den Befall durch den tobacco mosaic virus (TMV). Die normalerweise unabhängigen Stoffwechselwege der Überempfindlichkeitsreaktionen und der durch Pathogenbefall induzierten Reaktionen werden offensichtlich durch das Translationsprodukt des *rgp1* miteinander verknüpft.

Im Vergleich zu dieser Untersuchung von Sano et al (1994) zeigten nur 10% der transgenen Tabakpflanzen, die Aspuria et al (1995) mit dem Gen *ara-2* oder dem Gen *ara-4* aus *Arabidopsis thaliana* (Ackerschmalwand) transformiert hatten, derartige phänologische Modifikationen in der Wuchsform oder auch der Ausbildung der Blüten, obwohl alle derartig transformierten Tabakpflanzen *ara-2* bzw. *ara-4* exprimierten und deren GTP-bindende Translationsprodukte in ihnen nachgewiesen werden konnten.

Die Polyamine sind ebenfalls an Regelmechanismen bei lichtabhängigen Wachstumsvorgängen, bei der Embryo- oder der Organogenese, bei der Fruchtentwicklung, bei der Blüten- und Pollenausbildung sowie bei Alterungsprozessen beteiligt. Von besonderem Interesse ist in diesem Zusammenhang, dass das Pflanzenhormon Äthylen und die pflanzlichen Polyamine physiologisch Antagonisten sind und ihre Synthesewege auf eine gemeinsame Vorstufe zurückgeführt werden können. Erste Schritte zum Verständnis der pflanzeneigenen Polyaminsynthese unternahmen de Scenzo und Minocha (1993) und Noh et al (1994), die mit dem Gen für eine Ornithindecarboxylase (ODC) der Maus bzw. mit dem Gen für eine menschli-

---

[162] Gen für die kleine Untereinheit der Carboxydismutase
[163] Gen für die Isopentenyltransferase

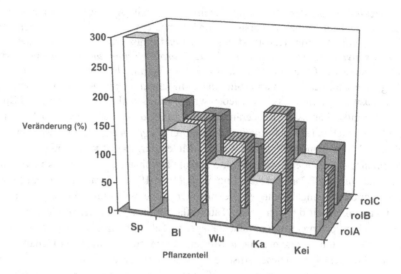

**Abb. 9.15. Prozentuale Veränderung des Auxin-Gehalts in verschiedenen Teilen oder in ver-schiedenen Entwicklungsstadien transgener *Nicotiana tabacum*-Pflanzen gegenüber nicht-transformierten Tabakpflanzen: *Nicotiana tabacum* wurde mit einem der drei Gene rolA, rolB oder rolC aus *Agrobacterium rhizogenes* transformiert; Sp = Spross, Bl = Blätter, Wu = Wurzel, Ka = Kallus, Kei = Keimling. (verändert nach Schmülling et al, 1993)**

che S-Adenosyl-Methionin-Decarboxylase (SAMD) *Nicotiana tabacum* (Tabak) transfor-mierten. Die eingebrachte ODC führte zum bis zu 12fachem Anstieg des Putrescin-Gehaltes und die eingebrachte SAMD zum bis zu 4fachem Anstieg des Spermidingehaltes der transge-nen Kalli im Vergleich zu den nicht-transformierten Kalli. In den SAMD-Transformanten war außerdem der Putrescin-Gehalt abgesenkt. Kumar et al (1996) transformierten *Solanum tube-rosum* (Kartoffel) mit dem SAMD-Gen in Sense- bzw. Antisense-Orientierung und konnten in diesen Transformanten eine erhöhte bzw. erniedrigte Menge des SAMD-Transkripts nachwei-sen. Der abnorme Phänotyp der SAMD-Antisense-Transformanten (reichlich verzweigtes Sprosssystem, kurze Internodien, labile Blätter, geringes Wurzelwachstum) korrelierte mit einer verringerten SAMD-Aktivität, abgesenktem Polyamingehalt und verminderter Äthylen-entwicklung. Die mit dem SAMD-Sense-Konstrukt transformierten Kartoffelpflanzen erwie-sen sich als lethal; eine konstitutive Überexpression des SAMD-Gens und die daraus resultie-renden physiologischen Abläufe können also nicht in den pflanzlichen Gesamtstoffwechsel integriert werden. Mayer und Michael (2003) untersuchten eingehend die Expression des Gens für die ODC aus *Datura stramonium* (Stechapfel) in damit transformiertem *Nicotiana tabacum* (Tabak). In den transgenen Tabakpflanzen stieg die Aktivität der ODC bis auf das 25fache an, der Gehalt an Putrescin dagegen stieg maximal um das 2,1fache. Der Gehalt an anderen Polyaminen (z.B. Spermidin) blieb unverändert. Aus diesen Ergebnissen schließen Mayer und Michael (2003) auf einen komplexen Kontrollmechanismus der Polyamin-synthese.

Eine weitere Komponente pflanzlicher Entwicklungsabläufe ist die Steuerung der Differenzierung von Meristemen durch Gene oder Genkomplexe. Matsuoka et al (1993) isolierten aus *Oryza sativa* (Reis) ein Gen (*OSH1*), dem solch eine steuernde Funktion zugeschrieben wird. Kano-Murakami et al (1993) transformierten mit dem Konstrukt *35S/OSH1/nos Nicotiana tabacum*. Die transgenen Tabakpflanzen zeigten morphologische Veränderungen der Laubblätter und der Blütenorgane. Die Funktion als morphologischer Regulator ist damit für *OSH1* wahrscheinlich gemacht; die Interaktion von *OSH1* mit am Differenzierungsvorgang beteiligten Genen bleibt noch aufzuklären.

In den Metabolismus der Phytochrome (und der pflanzlicher Sekundärprodukte) greifen auch Cytochrom P450-abhängige Monooxygenasen ein und können auf diesem Wege für pflanzliche Entwicklungsprozesse entscheidend sein. Saito et al (1991) transformierten *Nicotiana tabacum* mit dem Gen für Cytochrom P-450 aus der Leber der Ratte. Dieses Gen stand unter der Regie des TR2'-Promotors des Mannopinsynthase-Gens aus *Agrobacterium tumefaciens*. Die transgenen Tabakpflanzen exprimierten das Fremd-Gen und zeigten phänotypische Ausprägungen, die der Seneszenz[164] von Tabakpflanzen zuzurechnen sind. Unter anderem konnte 2-Propenylpyrrolidin als Abbauprodukt von Nicotin-Alkaloiden nachgewiesen werden. Analoge Transformationsversuche wurden von Mangold et al (1994) mit einem Gen für Cytochrom P-450 aus *Catharanthus roseus* (= *Vincea rosea*, Rotes Immergrün) zur gentechnischen Veränderung von *Nicotiana tabacum* bzw. *Arabidopsis thaliana* unternommen.

Eine Untersuchung von Zabaleta et al (1994) zeigt recht deutlich, wie unverstanden die komplexen Wechselbeziehungen in der Pflanze zwischen Stoffwechsel und phänotypischer Ausprägung noch sind. Zabaleta et al (1994) transformierten *Nicotiana tabacum* (Tabak) mit einem Konstrukt aus dem Promotor des *cab 80*-Gens aus *Pisum sativum* (Erbse), dem Gen für das plastidäre Chaperonin 60ß in Antisense-Orientierung und einem 3'-T7-Fragment. Den plastidären α- und β-Chaperoninen wird unter anderem eine bedeutende Rolle bei der Assemblierung der Carboxydismutase zugeschrieben. Wie Zabaleta et al (1994) erhofft hatten, wurde das Chaperonin 60ß in den transgenen Tabakpflanzen nur noch in geringem Maße exprimiert. Der Gehalt dieser Pflanzen an Carboxydismutase war jedoch mit dem der nichttransformierten Kontrollpflanzen vergleichbar, in Einzelfällen sogar höher. Andererseits waren phänotypische Unterschiede zwischen den Transformanten und dem Wildtyp festzustellen. Die Transformanten zeigten ein langsameres Wachstum, verzögerten Blühbeginn sowie verkümmerte und chlorotische Blätter. Offensichtlich waren diese Effekte auf eine Beeinträchtigung der Chloroplastenentwicklung zurückzuführen. Ebenfalls Verknüpfungen zwischen physiologischen Abläufen und Differenzierungsvorgängen konnten Micallef et al. (1995) an transgenen Tomatenpflanzen nachweisen. Diese waren mit einem Konstrukt aus dem Gen für die Saccharose-Phosphat-Synthase (SPS) aus *Zea mays* (Mais) und dem Promotor der kleinen Untereinheit der Carboxydismutase aus *Nicotiana tabacum* (Tabak) transformiert worden. Bei erhöhtem $CO_2$-Gehalt der umgebenden Luft war im Vergleich zu nichttransgenen Tomatenpflanzen in den Transformanten die Endprodukthemmung der Photosynthese weitgehend vermindert. Darüberhinaus war bei den Transformanten die Anzahl der Früchte um das 1,5fache erhöht, wurden die Früchte früher reif und war ihr Trockengewicht um 32% erhöht.

In den letzten 10 Jahren sind eine ganze Reihe von Versuchen unternommen worden, die pflanzliche $CO_2$-Fixierung zu optimieren (ref. Häusler et al, 2002). Ziel dieser Versuche ist

---

[164] Alterungsprozess

es, C$_3$-Pflanzen[165] (z.B. Reis, Kartoffel und Tabak) mit den Genen der Enzyme für die Fixierung des CO$_2$ in C$_4$-Karbonsäuren zu transformieren, wie es von den C$_4$-Pflanzen (z.B. Mais, Zuckerrohr und Hirse) bekannt ist. Bislang erscheint dies experimentell möglich, zumal sich herausgestellt hat, dass die besonderen Gewebestrukturen der C$_4$-Pflanzen nicht Voraussetzung für die Etablierung ihrer CO$_2$-Fixierung in C$_3$-Pflanzen ist.

Durch Transformation von *Lycopersicon esculentum* (Tomate) mit einem DNA-Konstrukt aus dem Gen für die Phytoensynthese aus *Lycopersicon esculentum* und dem 35S-Promotor des CaMV erzielten Fray et al (1995) Kleinwüchsigkeit bei diesen transgenen Tomatenpflanzen. In diesen Pflanzen war der Gehalt an Gibberellin A$_1$ um das 30fache im Verhältnis zum Wildtyp abgesenkt. Offensichtlich führt die Überproduktion an Phytoensynthase in den transgenen Tomatenpflanzen zu einer vermehrten Umwandlung von Geranylgeranyldiphosphat zu Phytoen, wodurch das Geranylgeranyldiphosphat als Vorstufe für die Synthese des Gibberellin A$_1$ entfällt.

Zum Abschluss dieses allgemeinen, einführenden Abschnittes sei darauf hingewiesen, dass eine Umsteuerung pflanzlicher Entwicklungsvorgänge grundsätzlich von der jeweilig präsenten Konzentration morphologisch wirksamer Substanzen abhängig ist. Soll eine morphologische Veränderung durch gentechnische Modifikation erreicht werden, so ist es daher vielfach nicht ausreichend, den konstitutiv wirksamen 35S-Promotor des CaMV im Konstrukt zu verwenden, sondern notwendig, dessen Expressionstärke durch Einfügen der nicht-kodierenden Leadersequenz des AlMV[166] RNA4 zusätzlich noch zu verstärken. Datla et al (1993) wiesen eine bis zu 4fache Steigerung der Expressionsrate durch Verwendung der AlMV-Leadersequenz nach.

### 9.6.1. Veränderung der Fruchtreife

Trotz vieler Forschungsaktivitäten ist die Kenntnis über die Fruchtentwicklung generell, und wie sie mit der Entwicklung des Embryo und der Ausbildung des Samen koordiniert ist, in großen Teilen noch unvollständig. Der Teilbereich „Fruchtreife" wurde allerdings intensiver untersucht.

An dieser Stelle soll auf einige Aspekte der Fruchtreife nur insofern eingegangen werden, als sie für das Verständnis gentechnischer Modifikationen hilfreich sein können. Wenn ein Ovarium sich zu einer Frucht entwickelt, wird aus der Ovarienwand das Pericarp. Es geht aus einer anderen Zellschicht (L3) hervor als die äußere und die innere epidermale Zellschicht sowie die dicht unter der Epidermis liegenden Zellen (L1 und L2). In den Zellen des Pericarp ist der Werdeprozess der zukünftigen Frucht (z.B. Umfang von Eintransport und Anhäufung von Speicherstoffen) festgelegt. Der Begriff „Reifung" ist ein Teilaspekt der Fruchtentwicklung; sie setzt nach der Samenreifung ein. Das mit dem Reifeprozess meist verbundene Weicherwerden von Früchten und in vielen Fällen die Umwandlung von Chloro- in Chromoplasten stehen unter der Kontrolle von neuen Genprodukten, die zum Zeitpunkt der ersten phänologischen Farbänderung der Früchte exprimiert werden (Schuch et al, 1989). Ein Teil der in dieser Entwicklungsphase induzierten Gene werden durch Äthylen-Einwirkung akti-

---

[165] In C$_3$-Pflanzen kann bis zu 50% des über die Photosynthese fixierten CO$_2$ durch die Photorespiration wieder verloren gehen.
[166] alfalfa mosaic virus

viert, ein anderer Teil ist jedoch unabhängig von der Äthylen-Einwirkung. Die Koordination der Mechanismen zur Fruchtreifung ist in dieser Hinsicht noch nicht geklärt.

Während des Reifungsprozesses ist unter anderem die Polygalacturonase (PG) an der Depolymerisation des Pectins der Zellwände beteiligt. Die Aktivität der PG ist entwicklungsspezifisch reguliert (Tucker und Grierson, 1982; Grierson et al, 1986). Das Gen für die PG wurde erstmals aus *Lycopersicon esculentum* (Tomate) isoliert und sequenziert (Bird et al, 1988). Smith et al (1988, 1990) konstruierten daraus eine DNA-Sequenz in inverser Orientierung und konnten nach der Transformation von Tomatenpflanzen durch Einwirkung der Antisense-mRNA eine Absenkung des PG-Gehaltes bis auf nur noch 1% erreichen; die Tomaten wurden nicht weich. Ähnliche Untersuchungen liegen von Sheehy et al (1988) vor.

Ist die Wirkungsweise von Antisense-mRNA und Sense-mRNA belegbar und nachvollziehbar, so ist ein weiterer Versuchsansatz von Smith et al (1990) ebenfalls effektiv in der Hemmung der Expression des PG-Gens, aber in seinem Wirkungsgefüge noch teilweise unverstanden. Als Konstrukt verwendeten sie einen 5′-Anteil des PG-Gens aus *Lycopersicon esculentum* (in Sense-Orientierung!), das sie mit dem 35S-Promotor des CaMV und dem Terminator des Nopalinsynthase-Gens flankierten. Dieses PG-Teilstück wurde in transgenen Tomatenpflanzen exprimiert; seine Expressionsrate war in grünen Tomaten höher als in reifenden Tomaten, in denen auch das endogene PG-Gen in verminderter Rate exprimiert und translatiert wurde. Die gleichzeitige Minderung beider Expressionsraten ist auch für andere Sense-Konstrukte und für die relevanten endogenen Gene belegt (Sense-Suppression).

Die spezifische Wirkungsweise des PG-Gens wie auch zum Teil der zur Hemmung seiner Expression verwendeten Sense- oder Antisense-Konstrukte geht zurück auf die Regulation des PG-Gen-Promotors in Abhängigkeit vom Zelltyp. Es ist daher naheliegend, mehr Information über die Wirkungsweise dieses Promotors zu bekommen. Montgomery et al (1993) verknüpften dazu den PG-Gen-Promotor mit dem *uida* als Marker-Gen und untersuchten die Expression dieses Konstruktes in transgenen Tomatenpflanzen. Sie stellten fest, dass dieses Fremd-Gen nur in den äußeren, nicht aber in den inneren Pericarp-Zellen transkribiert wird. Außerdem wiesen sie an Hand von Deletionen nach, dass drei Abschnitte auf der DNA-Sequenz des PG-Gen-Promotors über die räumliche Expression entscheiden. Die Expression des PG in der äußeren Pericarp-Schicht wird gesteuert durch den Promotorabschnitt zwischen den Positionen -234 und -134 und in der inneren Pericarp-Schicht durch den Promotorabschnitt zwischen den Positionen -806 und -443. Die positive Kontrolle des zuletzt genannten Promotorabschnittes steht allerdings unter der negativen Kontrolle des Promotorabschnittes zwischen den Positionen -1411 und -1150. Die Inhibierung bzw. Induktion des PG-Gens erfolgt offensichtlich über die Bindung von Kern-Proteinen an diese Promotorregionen des PG-Gens.

Schon 1993 konnten Carrington et al nachweisen, dass während des Reifungsprozesses von Tomaten deren Pektin in zunehmendem Maße durch die Einwirkung der PG solubilisiert wurde. Carey et al (2001) konnten nachweisen, dass die Einwirkung einer Exo-Galactonase/-β-Galactosidase verantwortlich ist für den Verlust an Galactosyl-Resten aus den Zellwänden von reifenden Tomaten. Harpster et al konnten zeigen, dass eine Endo-1,4-β-Glucanase (Ca-Cel1) in den Früchten von *Capsicum annuum* (Pfeffer) zwar am Reifeprozess beteiligt ist, dass aber die Depolymerisation von Polysacchariden der Zellwand während des Reifeprozesses weder durch die Suppression des CaCel1-Gens durch ein Sense-Konstrukt verzögert (2002a) noch durch die Überproduktion des CaCel1 (konstitutive Expression durch 35S-Promoter des CaMV) beschleunigt werden kann (2002b).

Zusätzlich zu den oben beschriebenen Regulationsmechanismen unterliegt die Fruchtreife auch dem Einfluss von Pflanzenhormonen. Um mehr Information über die Wirkung eines der Phytohormone, das Cytokinin, zu bekommen, haben Martineau et al (1994) *Lycopersicon esculentum* (Tomate) mit dem Gen i*pt* für das Enzym Isopentenyltransferase aus *Agrobacterium tumefaciens* transformiert; das *ipt* war flankiert vom 5'- und 3'-Ende des Frucht-spezifischen Gens 2A11 aus *Lycopersicon esculentum* (van Haaren und Houck, 1991). Die Isopentenyltransferase katalysiert die Umwandlung von Isopentenylpyrophosphat und AMP in Isopentenyl-AMP; dies ist eine Vorstufe für die in der Pflanze aktiven Formen der Cytokinine. Durch das Einbringen des Fremdgens war nur die Fruchtreife in augenfälliger Weise betroffen. Die Tomaten wiesen große grüne Flecken auf. Der Gehalt an Cytokinin stieg in den Früchten der Transformanten im Vergleich zu den Früchten des Wildtyps um das 10- bis 100fache. Außerdem konnte festgestellt werden, dass das in den Früchten synthetisierte Cytokinin zum Teil in die Laubblätter transportiert wird.

Bereits 1988 konnten Deikman und Fischer nachweisen, dass in *Lycopersicon esculentum* bei der Fruchtreife mindestens zwei Gene aktiviert werden durch Äthylen-Einwirkung und dass es einen „Faktor" gibt, der während des Reifungsprozesses im Bereich der Nukleotidsequenzen dieser beiden Gene bindet. In der Anfangsphase der Fruchtreife spielt u.a. Äthylen eine wichtige Rolle. Hamilton et al (1990) synthetisierten ein Gen analog zu einer mRNA, die während der pflanzlichen Äthylenproduktion in den Zellen von Tomaten auftritt. Nach Transformation von *Lycopersicon esculentum* mit einem Konstrukt, das dieses Gen in inverser Orientierung enthielt, war sowohl die Äthylenproduktion als auch die Fruchtreife verzögert. Mit ähnlichem Effekt gelang die Transformation von *Lycopersicon esculentum* mit dem Gen für die 1-Aminocyclopropan-1-Carboxylsynthase (ACC) (Schlüsselenzym der Äthylensynthese) oder durch Einbringen eines Gens für ein bakterielles Enzym, das Vorstufen des Äthylens abbaut (Klee et al, 1991). Bolitho et al (1997) transformierten *Lycopersicon esculentum* mit einem ACC-Gen in Antisense-Orientierung aus *Malus domestica* (Apfel). Die Äthylen-Produktion war in den transgenen Tomatenpflanzen stark reduziert (max. 95% weniger verglichen mit dem Wildtyp) und die Reifung der Früchte stark verzögert. Sunako et al (1999) isolierten und charakterisierten ein ACC-Gen (*Md-ACS1*) aus *Malus domestica* (Apfel), das den Äpfeln eine besonders lange Lagerfähigkeit verlieh. Flores et al (2001) nutzten ein ACC-Gen aus *Cucumis melo* var. *cantalupensis* (Melone) in Antisense-Orientierung, um die unterschiedlichen Entwicklungsverläufe im Mark und in Schalenbereich dieser transgenen Melonen analysieren zu können; es stellte sich eindeutig heraus, dass vor allem der Reifungsprozess des Schalenbereichs der Melonen durch den Einfluss des Äthylens gesteuert wird. Rasori et al (2003) untersuchten die Wirkungsweisen zweier ACCs aus *Prunus persica* (Pfirsich). Sie transformierten mit ACC1- bzw. ACC2-haltigen Konstrukten *Lycopersicon esculentum* und konnten feststellen, dass das ACC1-Konstrukt vor allem in Laubblättern, Ovarien und dem Pericarp exprimiert wurde, während die Expression des ACC2-Konstrukts hauptsächlich auf die Leitgewebe reifender Früchte und auf seneszente Blätter beschränkt war.

In analoger Weise wählten Good et al (1994) ihren Versuchsansatz. Sie versahen das Gen für die S-Adenosyl-Methioninhydrolase (SAMase) aus dem Bacteriophagen T3 mit dem für reifende Früchte spezifischen Promotor des Gens E8 aus *Lycopersicon esculentum* (Tomate) und transformierten damit Tomatenpflanzen; durch die SAMase wird die Vorstufe des Äthylens 1-Aminocyclopropan-1-Carboxylsäure zu Methyladenosin und Homoserin metabolisiert. In den transgenen Tomatenpflanzen wurde die SAMase spezifisch in den Früchten in einer frühen Phase des Reifens exprimiert, verhinderte in diesem Stadium der Fruchtreife die sonst dort auftretende verstärkte Synthese von Äthylen und zögerte damit die Fruchtreife hinaus.

Bramley et al (1992) gelang es, ein Reifeprozess-spezifisches Gen *pTOM5* aus *Lycopersicon esculentum* zu isolieren. Sie transformierten mit diesem Gen in inverser Orientierung Tomatenpflanzen und konnten zeigen, dass deren Früchte nur noch einen Carotingehalt von 3% aufwiesen, verglichen mit den Früchten des Wildtyps. Diese Absenkung des Carotinoidgehalts beschränkte sich auf die Früchte der transgenen Pflanzen. Im zellfreien System konnte nachgewiesen werden, dass durch das Einbringen von pTOM5 in inverser Orientierung (und dem Vorhandensein seiner Expressionsprodukte in den transgenen Tomaten) der Syntheseschritt vom Geranylgeranyldiphosphat zum Phytoen unterbrochen wird. Kuntz et al (1992) konnten nachweisen, dass die Aktivität der Plastom-kodierten Geranylgeranyl-Pyrophosphatase in *Capsicum annuum* (Paprika) während der Fruchtreife stark ansteigt. Wurde *Lycopersicon esculentum* mit DNA-Konstrukten transfomiert, deren kodierende Sequenz zum Beispiel von dem Promotor des Capsathin-Gens aus *Capsicum annuum* (Pfeffer) gesteuert wurde, so erfolgte eine gesteigerte Expression des Konstrukts während der Fruchtreifung.

Tomatenpflanzen, die durch Einbringen eines Gens für die Polygalacturonase (PG) in ihrem Reifeprozess verändert wurden (Sheehy et al, 1988), wurden auf ihre Wachstumsparameter im Freiland getestet (Kramer et al, 1990). Im Vergleich zu den nicht-gentechnisch veränderten Kontrollpflanzen zeigten einige transgene Linien deutliche Ertragsminderungen und wurden deshalb von der weiteren Kultivierung ausgeschlossen. Bei den weiter verwendeten Linien war die natürlicherweise auftretende Ertragseinbuße durch faulende Früchte vor der Ernte gemindert und die Fruchtqualität nach der Ernte für die weitere Verarbeitung verbessert.

## 9.6.2. Männliche Sterilität

Es ist selbstverständlich, dass Pflanzen, die männlich steril sind, für züchterische Zwecke in der Erzeugung von Hybriden große Bedeutung haben. Bislang konnten männlich sterile Pflanzen nur eingesetzt werden, wenn entweder die männlichen Blütenstände manuell entfernt wurden oder wenn die Pflanzen aufgrund von Mutationen männlich steril waren.

Eine der natürlichen Formen männlicher Sterilität bei Pflanzen ist die sogenannte cytoplasmatische Sterilität (CMS). Sie wird über den mütterlichen Elter vererbt. Liegt CMS vor, ist die Ausdifferenzierung von Pollen unterbunden. Obwohl für mehr als 150 Pflanzen-spezies die CMS beschrieben worden ist (Laser und Lersten, 1972), kann derzeit nicht hinreichend erklärt werden, wie es zur Verhinderung der Pollenentwicklung in diesen Pflanzen kommt. Exemplarisch sei die CMS für die cms-T-Variante von *Zea mays* (Mais) vorgestellt, um die Basis für einen Vergleich der Wirkungsmechanismen bei der CMS und der durch gentechnische Veränderung herbeigeführten männlichen Sterilität transgener Pflanzen zu haben. Die cms-T-Maispflanzen erzeugen keine Pollen, können jedoch durch fremde Pollen befruchtet werden und Samen ausbilden. Die Hemmung der Pollenausbildung bei cms-T-Mais kann durch Kreuzen mit anderen Mais-Sorten aufgehoben werden, die bestimmte nukleäre Gene (Rf)[167] besitzen, die (bzw. deren Expressionsprodukte) die CMS supprimieren. In cms-T-Mais sind dies die beiden nukleären Gene Rf1 und Rf2; in *Phaseolus vulgaris* (Bohne) supprimiert das nukleäre Gen *Fr2* die Expression des mitochondrialen Gens pvs (und damit die CMS)

---

[167] restorer of fertility

oder sorgt das nukleäre Gen Fr für die Eliminierung dieser mitochondrialen DNA-Sequenz (He et al, 1995; Abad et al, 1995). Der Wildtyp-Mais und der cms-T-Mais unterscheiden sich in charakteristischer Weise in ihrer mitochondrialen DNA sowie in den mitochondrialen Transkriptions- und Translationsprodukten. Dies hat über die CMS hinausgehende Folgen. In den Jahren 1969/70 war etwa 85% des in den USA angebauten Mais vom cms-T-Typ. In epidemischen Ausmaßen erwies sich der cms-T-Mais in diesen Jahren als anfällig gegenüber den Schadpilzen *Bipolaris maydis*, Stamm T und *Phyllosticta maydis*. Es stellte sich heraus, dass das mitochondriale Gen T-urf13 sowohl für die CMS als auch für die Sensitivität der Maispflanzen gegenüber den beiden Schadpilzen verantwortlich ist (Dewey et al, 1986 und 1987). Höchstwahrscheinlich ist T-urf13 als neues chimäres Gen aus intra- und intermolekularen Rekombinationsereignissen im mitochondrialen Genom von *Zea mays* (Mais) hervorgegangen (Dewey et al, 1986). In ähnlicher Weise scheinen verschiedene Formen der CMS bei *Helianthus annuus* (Sonnenblume) auf Rearrangements im mitochondrialen Genom zurückzuführen zu sein, die unter anderem *atp6*, *atp9*, *atpA*, *nad1* und *coxIII* betreffen (Spassova et al, 1994). Insbesondere verursachen nicht editierte Transkripte des *atp9* männliche Sterilität (Zabaleta et al, 1996; Mouras et al, 1999; Makaroff et al, 1989). Von T-urf13 wird ein Protein von 13 kDa kodiert, das eine Komponente der inneren Mitochondrienmembran ist (Dewey et al, 1987; Rhoads et al, 1994). Die nukleären Gene *Rf1* und *Rf2* wirken zusammen auf die Expression des T-urf13 ein (Dewey et al, 1987), wobei ungeklärt ist, ob dies auf der Ebene des RNA-Processing oder der Translation erfolgt. Vollkommen unbelegbar ist derzeit, wie das nicht-essenzielle Protein URF13 in den Mitochondrien Einfluss nehmen kann auf die Pollendifferenzierung. Ebenso stellt URF13 die Sensitivität des cms-T-Mais für die beiden o.g. Schadpilze her, die Toxine in diese Maispflanzen abgeben. Für diese Toxinabgabe ist das Vorhandensein des URF13 Voraussetzung, das im Zusammenwirken mit den Pilztoxinen Poren in der inneren Mitochondrienmembran bildet (Levings, 1990). Zur Erklärung der durch URF13 herbeigeführten CMS werden verschiedene Hypothesen diskutiert. Es wird vermutet, dass T-urf13 in den Antheren unverhältnismäßig stark exprimiert wird und es so zur Anhäufung des URF13 kommt; dies könnte zur Störung der physiologischen Abläufe und zum Zelltod führen. Es könnte auch sein, dass die Tapetum-Zellen für URF13 sensitiver sind als andere Zelltypen. Experimentell suchten Chaumont et al (1995) mehr Information über die Fuktion des T-urf13 im Zellgeschehen und speziell in der pollenspezifischen Zelldifferenzierung zu gewinnen. Alle bisher vorliegenden Daten weisen darauf hin, dass die mit der CMS in Verbindung gebrachten mitochondrialen Proteine in sämtlichen Pflanzenteilen synthetisiert werden und nicht etwa in ihrer Synthese auf das Tapetum beschränkt sind.

Chaumont et al (1995) klärten die Zusammenhänge zwischen der Expression des Proteins URF13 und der Zugänglichkeit pflanzlicher Zellen für das Phytotoxin von *Bipolaris maydis*, der Sensitivität gegenüber dem Insektizid Methomyl und dem Auftreten der männlichen Sterilität besser auf. Zu diesem Zweck wurde die kodierende Sequenz von T-urf13 mit der nukleären DNA-Sequenz für das Transitpeptid (60 Aminosäuren des N-terminalen Abschnitts) des Precursors der β-Untereinheit der mitochondrialen ATPase versehen; dieses chimäre Konstrukt wurde unter die Regie des 35S-Promotors des CaMV gestellt und von dem nicht-kodierenden 3'-Ende des Gens für die kleine Untereinheit der Carboxydismutase beendet. Mit Hilfe der Agrobakterium-Methode transformierten Chaumont et al (1995) mit diesem Genkonstrukt *Nicotiana tabacum* (Tabak); als Kontrolle wurden Tabakpflanzen benutzt, die mit einem bis auf die Transitsequenz identischen Genkonstrukt transformiert worden waren. In beiden Sorten von transgenen Tabakpflanzen wurde das Protein URF13 in hoher Rate exprimiert: es war in den Kontrollpflanzen mit Membranen unterschiedlicher Zellkompartimente assoziiert, in den anderen transgenen Tabakpflanzen aber nur mit Mitochon-drienmembranen. Beide Sorten von transgenen Pflanzen waren sensitiv für Methomyl; in den Kontrollpflanzen waren allerdings die Mitochondrien an dieser Methomylsensitivität nicht beteiligt. Damit ist die durch URF13 bedingte Toxin-Sensitivität nachgewiesenerweise unabhängig von den Mitochondrien. Die URF13-Anreicherung in den transgenen Tabakpflanzen führte nicht zur Ausbildung der männlichen Sterilität. Die Autoren mutmaßen, dass möglicherweise die dafür nötige URF13-Konzentration in den relevanten Zellen der transgenen Tabakpflanzen nicht erreicht wird. Da indes die Zusammenhänge der durch URF13 bedingten männlichen Sterilität generell nicht aufgeklärt sind (Levings, 1993), sind weitergehende Schlussfolgerungen aus diesen Versuchsergebnissen nicht möglich.

Das Prinzip der selektiven Hemmung der Pollenausdifferenzierung wurde von Mariani et al (1990) mit anderen Genkonstrukten und gentechnischen Methoden in transgenen Pflanzen nachvollzogen. Bei ihrem Vorhaben machten sie sich die Besonderheiten des Tapetum zu Nutze. Das Tapetum umschließt in der frühen Phase der Antheren-Entwicklung den Pollensack und degeneriert in den darauf folgenden Entwicklungsphasen. Im Tapetum werden etliche Tapetum-spezifische mRNAs exprimiert. In Vorstudien konnte Goldberg (1988) bereits zwei Tapetum-spezifische Gene TA29 und TA13 aus *Nicotiana tabacum* (Tabak) isolieren und zeigen, dass auch in *Lycopersicon esculentum* (Tomate), *Brassica napus* (Raps), *Lactuca sativa* (Salat) und *Medicago sativa* (Luzerne) analoge Gene vorhanden sind. Um zunächst sicher zu sein, dass die Promotoren von TA29 und TA13 tatsächlich nur im Tapetum exprimiert werden, kombinierten Mariani et al (1990) das *uida* (ß-Glucuronidase als Marker) aus *Escherichia coli* mit einem DNA-Abschnitt der 5′-Seite (Positionen -1477 bis +51) des TA29 und transformierten damit *Nicotiana tabacum*. Es zeigte sich, dass GUS-Aktivität nur in den Antheren auftrat und nur in dem Entwicklungsstadium, wo das Tapetum aktiv war. Nach dieser Überprüfung der Tapetum-spezifischen Expression des TA29-Promotors wurde dieser entweder mit dem Gen für eine RNase-T1 aus dem Pilz *Aspergillus oryzae* oder mit dem Gen für eine RNase (barnase)[168] aus dem Bakterium *Bacillus amyloliquefaciens* verknüpft und mit Hilfe der *Agrobacterium*-Transformation in *Nicotiana tabacum* eingebracht. Mariani et al (1990) erhielten 20 Transformanten mit dem Konstrukt Ta29-RNase T1 und 115 Transformanten mit dem Konstrukt TA29-barnase, wovon 10% bzw. 92% Pollen-steril waren. Phänologisch bestand sonst kein Unterschied zwischen den Transformanten und den Wildtyp-Pflanzen. Die Transformanten konnten fremdbestäubt werden und entwickelten dann Samen. Nach diesem Erfolg mit der Transformation von *Nicotiana tabacum* wurde ebenso *Brassica napus* (Raps) transformiert. Die Erfolgsrate an Pollen-sterilen, transgenen Rapspflanzen lag in diesem Fall bei etwa 77%. Damit ist bewiesen, dass die Tapetum-Spezifität des TA29-Promotors aus *Nicotiana tabacum* auch für *Brassica napus* gilt.

---

[168] Die Aminosäuresequenz des barnase-Inhibitors barstar aus *Bacillus amyloliquefaciens* besitzt an seinem N-terminalen Ende eine α-Helix (Pao und Saier, 1994), die zu einem entsprechenden N-terminalen Abschnitt des MGM1 (= mitochondrial genome maintenance) homolog ist, das kernkodiert und für die mitochondriale DNA-Synthese notwendig ist (Jones und Fangman, 1992). Während der „hydrophilen Seite" dieser α-Helix des MGM1 funktionelle Bedeutung für die Proteintranslokation durch die Mitochondrienmembran zugesprochen wird, ist anzunehmen, dass barstar mit eben dieser Region seiner N-terminalen α-Helix mit der barnase interagiert.

Von de Block und Debrouwer (1993) wurde vergleichend die Antherenentwicklung von nicht-transformierten und transformierten Rapspflanzen in einer histochemischen Analyse unternommen. Sie konnten zeigen, dass mit Beginn der Expression des barnase-Gens im Tapetum dort sämtliche RNA verschwindet. Daran schließt sich der RNA-Abbau in der sich gerade entwickelnden Mikrospore an. Nach der Lyse der Mikrosporen wird das barnase-Gen im unteren Teil der Antheren exprimiert. Dies führt indirekt zur Ablagerung von Kallose im Phloem und zum Abfallen der Antheren. De Block et al (1997) transformierten über die Particle-Gun-Methode *Triticum aestivum* (Weizen) mit einem DNA-Konstrukt aus dem Barnase-Gen unter der Kontrolle des Tapetum-spezifischen Promotors aus *Zea mays* (Mais) oder *Oryza sativa* (Reis). Im Jahr 1997 wurden die transgenen Weizenpflanzen erfolgreich unter Freilandbedingungen getestet.

Mariani et al (1992) entwickelten ihr Transformationsverfahren zur Etablierung der männlichen Sterilität fort, indem sie einen experimentellen Weg aufzeigten, wie diese männliche Sterilität zu einem gewünschten Zeitpunkt auch wieder aufgehoben werden kann. Sie benutzten dazu das Gen für einen RNase-Inhibitor (*barstar*) aus *Bacillus amyloliquefaciens*. Barstar inhibiert die *barnase*-Aktivität durch Bildung eines sehr stabilen *barstar-barnase*-Komplexes (Hartley, 1989). Durch gleichzeitige Transformation mit dem *barnase*- und dem *barstar*-Gen kann – gleichzeitige Expression beider Gene vorausgesetzt – die Barnase nicht aktiv werden. Bei späterer Einkreuzung der *barstar*-Eigenschaften in *barnase*-Transforman-ten ist der gleiche Effekt zu erreichen.

Es stellte sich bald heraus, dass in den Nachkommen der *barnase*-Transformanten auch immer wieder solche Pflanzen auftauchten, die zur Pollenausbildung befähigt waren (Denis et al, 1993). Jagannath et al (2001) untersuchten daher, welche Kriterien bei der Konstruktion des Inserts zu beachten sind, um männlich sterile Transformanten in ausreichender Menge zu erzeugen, welche außerdem die neue Eigenschaft über die nachfolgenden Generationen hinaus weiterhin stabil ausprägen. Sie stellten das *barnase*-Gen unter die Kontrolle eines der beiden Tapetum-spezifischen Promotoren TA29 (Koltunow et al, 1990) oder A9 (Paul et al, 1992), wobei sie von diesen Promotoren Sequenzabschnitte unterschiedlicher Länge verwendeten (Abb. 9.16.) [TA29: 279 oder 870 Nukleotide; A9: 334 oder 1500 Nukleotide]. In den Inserts war außerdem als Reporter-Gen entweder das *bar*- (Herbizidresistenz) oder das *nptII*-Gen (Kanamycinresistenz) enthalten, das entweder unter der Kontrolle des 35S-Promotors des CaMV oder unter der des *nos*-Promotors stand; das Reporter-Gen wurde jeweils terminiert von der Poly(A)-Sequenz des Octopin-Synthase-Gens (*ocspA*). Bei einigen Konstrukten wurde zusätzlich im Bereich des Reporter-Gen-Promotors die „Leader-Sequenz" des RNA4-Gens alfalfa mosaic virus eingefügt. Als Fazit der Untersuchungen von Jagannath et al (2001) ergab sich, dass bei Verwendung eines konstitutiv exprimierenden Promotors des Reporter-Gens die Expression des barnase-Gens unter der Kontrolle eines Tapetum-spezifischen Promotors entscheidend gemindert wird und dass es daher notwendig ist, das Reporter-Gen unter die Kontrolle eines schwächer exprimierenden Promoters zu stellen und für eine räumlich ausreichende Entfernung von Reporter-Gen-Promotor und *barnase*-Gen-Promotor zu sorgen. Diese Kriterien erfüllen die Konstrukte in Abb. 9.16. unter (e) und (f), mit denen stabile Transformanten mit relativ großer Ausbeute erzielt werden konnten.

Etliche Versuchsergebnisse weisen darauf hin, dass die Pollenentwicklung maßgeblich von der Umstellung der Phenylpropanoidsynthese auf die Flavonoidsynthese abhängt (Wiermann, 1970; Stanley und Linkens, 1974). Es ist evident, dass Lignin als Komponente des Sporopollenins der Pollen über die Phenylpropanoidsynthese bereitgestellt wird (Scott, 1994).

**Abb. 9.16. Schematische Darstellung der DNA-Konstrukte, die für Transformationsversuche mit *Brassica juncea* (Rutenkohl) zur Etablierung der männlichen Sterilität verwendet wurden. Pr = Promotor; nos = Promotor des Nopalinsynthase-Gens; nptII = Neomycin-Phosphotransferase-Gen; ocsp(A) = PolyA-Sequenz des Octopinsynthase-Gens; TA29(279) = Sequenzabschnitt (279 bp) des Tapetum-spezifischen TA29-Promotors; TA29(870) = Sequenzabschnitt (870 bp) des Tapetum-spezifischen TA29-Promotors einschließlich der 50 bp bis zum Tran-skriptionsstartpunkt; A9(334 bzw. 1500) = Sequenzabschnitt (334 bzw. 1500 bp) des Tapetum-spezifischen A9-Promotors; SpacerDNA = Gene für die Acetolactatsynthase aus *Arabidopsis thaliana* und Topoisomerase aus *Pisum sativum*. (verändert nach Jagannath et al, 2001)**

Der erste Schritt dieses Syntheseweges wird von der Phenylalaninammoniumlyase (PAL) katalysiert; die PAL-Aktivität ist in Tapetum-Zellen besonders hoch (Rittscher und Wiermann, 1983). Matsuda et al (1996) transformierten *Nicotiana tabacum* (Tabak) mit einem Konstrukt aus der cDNA für die PAL aus *Convolvulus batatas* (Süßkartoffel) und dem Tapetum-spezifischen Promotor aus *Oryza sativa* (Reis); das PAL-Gen lag in Sense- bzw. Antisense-Orientierung vor. Von jeder der beiden Varianten ergaben sich Transformanten mit gradueller Pollensterilität (zwischen 8% und 60%). Der Grad der PAL-Aktivität in den Tapetum-Zellen der Transformanten korrelierte mit dem quantitativen Ausmaß der Pollenentwicklung. Damit erscheint die Anwendung dieses PAL-Konstruktes als Grundlage für die zukünftige Entwicklung einer Methode zur Etablierung der männlichen Sterilität in transgenen Pflanzen geeignet.

Männliche Sterilität wurde von van der Meer et al (1992) in *Petunia hybrida* (Petunie) durch Transformation mit einem Konstrukt aus dem 35S-Promotor des CaMV, dem Gen für die Chalconsynthase in inverser Orientierung und der sogenannten Antheren-Box (DNA-Sequenz von Genen, die in frühen Entwicklungsstadien der Antheren aktiv sind) erreicht. Schmülling et al (1993) beschreiben die Aufhebung der männlichen Sterilität in transgenen Tabakpflanzen (transformiert mit dem rolC-Gen von *Agrobacterium rhizogenes*) durch erneute Transformation dieser Pflanzen mit einem Konstrukt aus 35S-Promotor des CaMV und dem rolC-Gen in inverser Orientierung. Offensichtlich wird das rolC-Gen durch die Antisense-mRNA des zusätzlich eingebrachten inversen rolC-Gens vermindert exprimiert. Zum Erreichen männlicher Sterilität transfomierten Tsuchiya et al (1995) *Nicotiana tabacum* (Tabak) mit dem Gen für eine Endo-β-1,3-Glucanase aus *Glycine max* (Sojabohne) unter der Regie des Tapetum-spezifischen Promotors Osg6B aus *Oryza sativa* (Reis). Das Insert wurde exprimiert in der frühen Phase der Pollendifferenzierung; sein Translationsprodukt – die Endo-β-1,3-Glucanase – bewirkte eine Auflösung der Kallosewand der Pollenkörner und damit einen Abbruch ihrer weiteren Differenzierung. Goetz et al (2001) isolierten aus den Antheren von *Nicotiana tabacum* das Gen *Nin88* für eine extrazelluläre Invertase mit gewebe- und entwicklungsspezischer Expression. Wurde *Nicotiana tabacum* mit einem Antisense-Konstrukt von *Nin88* transformiert, so wurde die Pollenentwicklung der transgenen Tabakpflanzen schon in einem frühen Entwicklungsstadium unterbrochen; die transgenen Tabakpflanzen waren männlich steril.

Eine weitergehende Variante der Erzeugung männlich steriler Pflanzen gelang O'Keefe et al (1994). Sie transformierten *Nicotiana tabacum* mit dem Gen CYP105A1 für das Cytochrom P450 aus *Streptomyces griseolus,* wobei sie CYP105A1 mit dem Promotor und der DNA-Sequenz für die Transitsequenz der kleinen Untereinheit der Carboxydismutase aus *Petunia hybrida* (Petunie) sowie mit dem Teminator dieses Gens flankierten. Das Expressionsprodukt des Cytochrom P450-Gens war in den Chloroplasten der transgenen Tabakpflanzen lokalisiert und konnte dort zum Beispiel das Herbizid R7402 metabolisieren. O'Keefe et al (1994) weisen darauf hin, dass sich mit CYP105A1 unter Vorschaltung eines Tapetum-spezifischen Promotors die Möglichkeit ergibt, zeitlich gezielt und von außen auslösbar männlich sterile Pflanzen zu erzeugen. Dazu ist es notwendig, die mit dem letztgenannten Konstrukt versehenen transgenen Pflanzen zum Zeitpunkt der Pollengenese mit einem Pro-Herbizid zu behandeln, dessen toxischer Metabolit durch die Funktion vom Cytochrom P450 erst entsteht. Damit würden nur die Tapetum-Zellen abgetötet werden und die Pollengenese unmöglich gemacht werden.

Cho et al (2001) benutzten das RIP[169]-Gen aus *Dianthus sinensis* (Chinesische Nelke) zur Transformation von *Nicotiana tabacum* (Tabak). Sie konnten feststellen, dass das Tapetum-Gewebe selektiv und gänzlich zerstört war und die transgenen Tabakpflanzen männlich steril waren. Ebenfalls männliche Sterilität erreichten Zhang et al (2001) durch Transformation von *Hordeum vulgare* (Gerste) mit einem Antisense-Konstrukt zur kodierenden Sequenz für die Protein-Kinase SnRK1. Kurek et al (2002) benutzten u.a. zur Etablierung einer männlichen Sterilität in *Oryza sativa* (Reis) zu dessen Transformation ein DNA-Konstrukt, das für das FKBP73 aus *Triticum aestivum* (Weizen) kodierte (verkürzt um die Nukleotidsequenz für 138 Aminosäuren am C-terminalen Ende); das FKBP73 gehört zu den Peptidylprolyl-Isomerasen, denen entscheidende Funktionen bei der Modulation von Enzymaktivitäten und Signal-Transduktionswegen zugesprochen werden. Im vorliegenden Fall waren die transgenen Reis-pflanzen männlich steril.

Durch Transformation mit einem DNA-Konstrukt aus dem Promotor für ein Glutenin-Gen aus *Triticum aestivum* (Weizen), der Sequenz für die Protein-Kinase SnRK1 in Antisense-Version und dem 35S-Terminator des CaMV konnten Zhang et al (2001) in *Hordeum vulgare* (Gerste) die Pollenausbildung unterbrechen; die transgenen Gerstenpflanzen war männlich steril.

## 9.6.3. Weibliche Steriliät

Es ist eine wissenschaftliche Erkenntnis erst der letzten Jahre, dass die komplexen Abläu-fe pflanzlicher Differenzierung nicht nur von dem Nukleozytoplasma und seiner genetischen Information gesteuert werden, sondern dass daran auch die Plastiden bzw. Mitochondrien einen maßgeblichen Anteil haben (ref. Brandt, 1988 und 1991). Die durch Verhinderung der Pollenentwicklung hervorgerufene männliche Sterilität (CMS) ist auf Mutationen im mito-chondrialen Genom zurückzuführen. In analoger Weise ist offensichtlich das Phänomen weib-licher Sterilität auf den Ausfall bestimmter mitochondrialer Enzymaktivitäten zurückzufüh-ren. Nach Untersuchungen von Bernier (1984) und Bernier et al (1993) steigt der Saccharose-gehalt im relevanten apikalen Meristem etwa 10 bis 12 Stunden nach der Induktion zur Blü-tenbildung; kurz danach nimmt die Zahl der Mitochondrien in diesem pflanzlichen Gewebe wie auch deren Aktivität zu (Havelange, 1980; Kanchanapoom und Thomas, 1987). Von die-sen in der überwiegenden Mehrheit kernkodierten Enzymproteinen haben Landschütze et al (1995) näher den Zusammenhang zwischen der Aktivität eines der prominenten Enzyme des Tricarbonsäurezyklus und der Ausbildung weiblicher Blütenanlagen untersucht. Dazu trans-formierten sie *Solanum tuberosum* (Kartoffel) mit einem Konstrukt aus der cDNA für die Citratsynthase aus *Solanum tuberosum* in inverser Orientierung, dem der 35S-Promotor des CaMV voran- und der Terminator des Octopinsynthase-Gens aus *Agrobacterium tumefaciens* nachgestellt war. Die Aktivität der Citratsynthase wurde in den transformierten Kartoffel-pflanzen auf bis zu 6% im Vergleich zu der in nicht-transformierten Kartoffelpflanzen abge-senkt. Phänologische Unterschiede waren während der vegetativen Wachstumsphase zwi-schen den transformierten und den nicht-transformierten Kartoffelpflanzen nicht festzustellen. In den transformierten Kartoffelpflanzen verzögerte sich jedoch die Ausbildung erster Blüten-anlagen um 14 Tage. Fertile Blüten wurden an diesen Pflanzen aufgrund der gestörten Ausdif-

---

[169] RIP = ribosme inactivating protein

ferenzierung der Ovarien nicht ausgebildet. Landschütze et al (1995) vermuten eine grundsätzliche Bedeutung der Enzyme des Tricarbonsäurezyklus für den Übergang von der vegetativen in die generative Phase bei Höheren Pflanzen.

## 10. Risikobewertung und Risikomanagement

An den Anfang dieses Kapitels möchte ich unkommentiert zwei Anmerkungen stellen: In Zeitungen, im Rundfunk und im Fernsehen, ebenso wie in vielen Vorträgen, wird immer wieder darauf hingewiesen, dass sich 70 bis 80 % der Bevölkerung in Deutschland gegen den Kauf von Lebensmitteln ausgesprochen haben sollen, die aus gentechnisch verändertem Pflanzenmaterial (GVP) hergestellt worden sind, also ihren Verzehr ablehnen. Eine ebenso häufig kolportierte statistische Aussage, die zunächst nicht mit der Akzeptanz oder Nicht-Akzeptanz von gentechnisch veränderten Lebensmitteln in Verbindung zu stehen scheint, ist die (fast) ungebrochene Reisefreudigkeit der Deutschen ins Ausland. Der Autor hat weder in den Medien noch von Einzelpersonen jemals das Argument gehört, dass eine Auslandsreise deswegen nicht unternommen worden ist, weil man am Urlaubsort – ohne davon Kenntnis zu haben – unter Umständen gentechnisch veränderte Lebensmittel hätte essen müssen und dieses Risiko nicht habe eingehen wollen. In diesem Fall scheint es für viele deutsche Urlauber wichtiger zu sein, am Urlaubsort Essen und Trinken »all inclusive« zu bekommen; die Herkunft der Lebensmittel ist offensichtlich – wenn überhaupt – eher zweitrangig (siehe hierzu Kapitel 11.). Auf dieser sehr realen und praxisbezogenen Ebene ist das Verbraucherverhalten in Bezug auf Risikobewertung und Risikomanagement äußerst ambivalent.

Es ist eine sogenannte „Binsenweisheit", dass der Nachweis der Unbedenklichkeit (die Nullhypothese) für jedwedes Verfahren naturwissenschaftlich nicht belegt werden kann, und dennoch wird sie für die Anwendung der »Grünen Gentechnik« immer wieder verlangt. Van den Belt und Gremmen (2002) fordern daher eine Aufgabe der kontroversen Positionen „sicher, solange Unsicherheit nicht nachgewiesen" der Gentechnik-Befürworter und „unsicher, solange Sicherheit nicht nachgewiesen" der Gentechnik-Kritiker. Damit einhergehen sollte ein Überdenken der Trennung von Risikobewertung und Risikomanagement, von Wissenschaft und Politik sowie der emotional belasteten Kontroverse über die Relevanz statistischer Aussagen. Dies kann jedoch nur gelingen, wenn zum Beispiel eine pragmatische und gesellschaftlich bindende Übereinkunft darüber erzielt werden kann, in welchem methodischen Zusammenhang wissenschaftliches (Nicht-)Wissen mit einem effektiv angewandten Vorsorgeprinzip steht und wie sehr dieser Zusammenhang von den jeweils real existierenden Umständen abhängt (van Dommelen, 2002). In diesem Sinne können nicht Fragen nach allgemeinen, sondern nur nach fallspezifischen wissenschaftlichen Ergebnissen – unter Wahrung öffentlicher Transparenz (!) – dazu führen, Vorsichtsmaßnahmen zu ergreifen.

Es soll an dieser Stelle ausdrücklich darauf hingewiesen werden, dass sich in Deutschland aufgrund des während der vergangenen mehr als 10 Jahre gültigen GenTG eine national und international anerkannte Antragsprüfung und Zulassungspraxis der beteiligten Bundesbehörden (»Robert Koch-Institut« als Zulassungsbehörde sowie die »Biologische Bundesanstalt für Landwirtschaft und Forsten« und das »Umweltbundesamt« als Einvernehmensbehörden) entwickelt hat; diese war ausschließlich basiert auf wissenschaftlichen Erkenntnissen. Sehr vereinfacht und nur beispielhaft ist die grundsätzliche Vorgehensweise dieses Verfahrens zur Risikobewertung und zum Risikomanagement im Schema der Abbildung 10.1. dargestellt. Es ist hervorzuheben, dass es bei diesem Bewertungsverfahren nicht darum geht, die Eintrittswahrscheinlichkeit bestimmter Ereignisse zu bestimmen (und sie dann möglicherweise aufgrund der hohen Unwahrscheinlichkeit ihres Eintritts unbewertet zu vernachlässigen; siehe hierzu auch Kapitel 10.2.7.), sondern darum, abzuschätzen, (i) was bei Eintritt dieses Ereignisses für schädliche Folgen zu gewärtigen sind und (ii) mit welchen Maßnahmen diesen schädlichen Folgen begegnet werden kann.

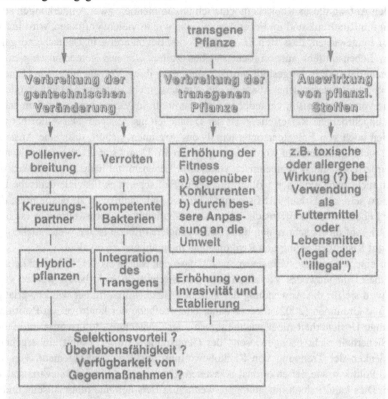

**Abb. 10.1. Schematische und nur beispielhafte Darstellung der Vorgehensweise bei der Einzelfallbewertung potenzieller Auswirkungen gentechnisch veränderter Organismen auf die menschliche Gesundheit und die Umwelt; mit dem Kürzel „legale Verwendung" ist das genehmigte Inverkehrbringen von gentechnisch veränderten Pflanzen (GVP) und mit dem Kürzel „illegale Verwendung" die nicht-genehmigte Ent- und Verwendung von GVP, zum Beispiel aus Freisetzungsexperimenten, gemeint; weitere Erläuterungen im Text. (verändert nach Brandt, 2000a).**

Exemplarisch und stark vereinfacht soll hier nur auf die potenzielle Verbreitung der gentechnischen Veränderung über den Pollenflug (linke Seite des Schemas von Abb. 10.1.) in Kürze eingegangen werden, ist sie doch immer wieder das Thema in den Print-Medien. Insbesondere bei transgenen Rapspflanzen ist mit der biologischen Gegebenheit zu rechnen, dass ihre gentechnisch herbeigeführte Modifikation über ihre Pollen auf potenzielle Kreuzungspartner in der Umgebung eines geplanten Freisetzungsexperimentes ausgekreuzt werden könnte. Hier ist zunächst die Art der gentechnischen Veränderung zu bewerten. Kommt man zu dem Ergebnis, dass nach <u>naturwissenschaftlichen</u> Kriterien von dem zu erwartendem Ausmaß und der Art einer solchen Auskreuzung keine Schädigungen zu erwarten sind, so stellt der Pollenaustrag *per se* im Hinblick auf die Biologische Sicherheit des geplanten Freisetzungsversuches grundsätzlich noch keine Gefährdung dar. Die Möglichkeit und das Ausmaß der Auskreuzung hängen von etlichen biotischen und abiotischen Faktoren ab. So kann der transgene Rapspollen – wie jeder andere Pollen – bei höheren Temperaturen und Trockenheit durch thermische Luftströme zwar über größere Entfernungen transportiert werden, ist aber bei diesen klimatischen Bedingungen weniger lange befruchtungsfähig. Dasselbe gilt für den Transport durch Insekten über größere Entfernungen. Ein weiteres entscheidendes Bewertungskriterium ist das Vorhandensein von potenziellen Kreuzungspartnern im Umfeld des geplanten Freisetzungsversuches und ob es nach einer Auskreuzung zur Ausbildung von fertilen Hybridpflanzen kommen kann (z. B. Warwick et al, 2003). Selbst wenn diese Frage bejaht werden kann, ist zum Beispiel zu prüfen, ob die Hybridpflanzen durch den Erwerb der neuen, transgenen Eigenschaft einen Selektionsvorteil im Vergleich zu ihren Konkurrenten haben und welche agronomischen Methoden vorhanden sind, sie auf der landwirtschaftlich genutzten Fläche zu vernichten. Auf entsprechende Weise ist die Überlebensfähigkeit von potenziellen Hybridpflanzen auf nicht landwirtschaftlich genutzten Flächen zu bewerten.

Aus gesellschaftspolitischer Sicht stellt sich der Sachverhalt allerdings anders dar. Die seit Oktober 2002 geltende EU-Richtlinie 2001/18/EG enthält Regularien, die neue Probleme schaffen. Zum Beispiel erweitert diese EU-Richtlinie die bestehenden Kennzeichnungsvorschriften für gentechnisch veränderte Organismen (GVO) und eröffnet die Möglichkeit, Schwellenwerte für solche GVO zu verabschieden, deren Inverkehrbringen in der EU genehmigt wurde. Da dies aber nicht bedeutet, dass der Schwellenwert für nicht in der EU genehmigte GVO gleich Null ist, können im Fall von Freisetzungsexperimenten mit GVP Probleme entstehen: Bei Freisetzungsexperimenten werden GVP verwendet, für die noch keine Genehmigung für das Inverkehrbringen vorliegt. Aus Sicht der »Zentralen Kommission für die Biologische Sicherheit« (ZKBS) – eines von der Bundesregierung berufenen Expertengremiums – und der bisherigen nationalen Zulassungsbehörde »Robert Koch-Institut« ist ein Eintrag von gentechnischen Veränderungen *via* transgene Pollen in konventionelle Sorten eine mit der Freisetzung in Kauf genommene, genehmigte Folge einer Einzelfallentscheidung im Rahmen des Genehmigungsverfahrens. Hätte die Sicherheitsbewertung ergeben, dass ein Austrag von transgenen Pollen nicht-tolerierbare Risiken mit sich bringt, so wären über Nebenbestimmungen Maßnahmen festgelegt worden, die den Pollenaustrag verhindern. Wie aus den Print-Medien verschiedentlich zu vernehmen war, haben einige Überwachungsbehörden der Bundesländer solche Polleneinträge jedoch für genehmigungspflichtig und damit für nicht zulässig erklärt. Diese Rechtsunsicherheit auf nationaler Ebene hat in Deutschland zu einem erheblichen Rückgang der Freisetzungsversuche mit GVP geführt und bedarf dringend einer EU-einheitlichen Regelung. Inwieweit das derzeit auf Bundesratsebene diskutierte Gentechnik-Neuordnungsgesetz Klärung bringen wird, bleibt abzuwarten. Indes ist wohl an diesem in aller Kürze dargestellten Beispiel deutlich geworden, was unter Risikobewertung und Risikomanagement im Hinblick auf die »Grüne Gentechnik« zu verstehen ist.

Ein im Ergebnis wenig nachvollziehbares Beispiel für das Zusammenspiel von Risikobewertung und Risikomanagement stellt die Entscheidung der britischen Regierung im Frühjahr 2004 dar, als sie – auf der Grundlage der Ergebnisse der dreijährigen „Farm-Scale Evaluation" (ref. Andow, 2003) – die Zulassung des kommerziellen Anbaus einer Herbizid-toleranten transgenen Maissorte (Mais T25 / Chardon LL der Firma Bayer) bekannt gab und gleichzeitig den Anbau von Herbizid-toleranten transgenen Raps- und Zuckerrübenpflanzen weiterhin untersagte. Bei dem Großversuch „Farm-Scale Evaluation"[170] wurden in drei aufeinanderfolgenden Vegetationsperioden die Auswirkungen des Anbaus von konventionell gezüchteten Raps-, Mais- und Zuckerrübenpflanzen unter Anwendung der landwirtschaftlich üblichen Herbizide mit denen des Anbaus von transgenen, Herbizid-toleranten Raps-, Mais- und Zuckerrübenpflanzen unter Anwendung „ihrer" Herbizide verglichen. Dieser Großversuch wurde an mehr als 60 Standorten in England durchgeführt; an jedem Standort war die Anbaufläche jeweils zur Hälfte mit transgenen bzw. konventionell gezüchteten Raps-, Mais- bzw. Zuckerrübenpflanzen bestellt worden. Als Versuchsziel war festzustellen, wie sich die Biodiversität unter diesen verschiedenen landwirtschaftlichen Verfahrensweisen auf den Anbauflächen verändern würde. Das Ergebnis dieses Großversuchs (z.B. wurden etwa 27.000 Arbeitsstunden benötigt für die diversen Probennahmen) war indes nicht so überraschend und kann in aller Kürze wiedergegeben werden. Da das Herbizid Glyphosat, das beim Anbau der transgenen Zuckerrübenpflanzen eingesetzt wurde, und das Herbizid Glufosinat, das beim Anbau von transgenen Rapspflanzen eingesetzt wurde, effektiver die konkurrierenden Pflanzen auf den Anbauflächen vernichteten als die herkömmlichen Herbizide auf den Anbauflächen mit konventionell gezüchteten Zuckerrüben- bzw. Rapspflanzen, war die Biodiversität auf den Anbauflächen mit transgenen Zuckerrüben- bzw. Rapspflanzen geringer als auf den Vergleichsflächen mit konventionellem Anbau. Dagegen war das Herbizid Atrazin (dessen Anwendung in mehreren EU-Mitgliedsstaaten nicht mehr zugelassen ist) auf den Anbauflächen mit konventionell gezüchtetem Mais effektiver als die Wirkung des Glufonisat auf den Anbauflächen der transgenen Maispflanzen. Wie nicht anders zu erwarten, war die Biodiversität in diesem Fall auf den Anbauflächen mit transgenem Mais höher als auf denen mit konventionell gezüchtetem Mais[171].

Ein Beispiel aus dem Bereich der Grundlagenforschung soll hier deutlich machen, vor welcher Problematik das Risikomanagement stehen kann, wenn es aufgrund der Risikobewertung zur Entscheidung kommen will. Es hat in den vergangenen Jahren etliche Publikationen gegeben, in denen festgestellt wurde, dass bei Transformation des Plastoms Höherer Pflanzen die Weitergabe dieser gentechnischen Veränderung über die Pollen ausgeschlossen ist (Bogorad, 2000; Bock, 2001; Daniell, 2002; Maliga, 2002). Diese Hypothese wurde zum Beispiel durch die Untersuchung von Wang et al (2004) in Frage gestellt, die gezeigt haben, dass zumindest bei Plastom-transformierter *Setaria italica* (Kolbenhirse) eine Auskreuzungsfrequenz von $3 \times 10^{-4}$ über die Pollen zu mehr als 780.000 Hybridpflanzen geführt hat.

Ein sachgerechtes Risikomanagement wird zukünftig in vielfältiger Weise gefordert sein. Zum Beispiel wird es über die Praxis-Relevanz von sogenannten „Tandem-Konstrukten" in transgenen Pflanzen (Gressel, 1999; Al-Ahmad et al, 2004) zu entscheiden haben, von denen derzeit behauptet wird, dass die Ausprägung der jeweiligen gentechnischen Veränderung in den Hybridpflanzen wegen ihrer geminderter Fitness nicht mehr relevant ist. Ebenso wird es vor der Entscheidung stehen müssen, ob es dem Urteil von Senior und Bavage (2003) folgen kann (oder muss), dass es keinen Unterschied macht, ob eine Herbizid-Toleranz mittels herkömmlicher konventioneller Züchtungsmethoden oder gentechnischer Methoden in Kulturpflanzen etabliert worden ist.

---

[170] Die Ergebnisse dieses Großversuchs sind in insgesamt 9 Beiträgen in der Zeitschrift Phil Trans Royal Society London B Vol 358 (2003) pp. 1777-1913 veröffentlicht worden.
[171] Es sei angemerkt, dass man in allen sechs Anbauverfahren einen noch stärkeren Rückgang der Biodiversität zu verzeichnen gehabt hätte, wenn man an Stelle des Herbizid-Einsatzes die konkurrierenden Pflanzen auf den Anbauflächen manuell hätte entfernen lassen.

## 10.1. Vorsorgeprinzip *versus* Nutzen-Risiko-Erwägung

Das deutsche Gentechnikgesetz (GenTG) ist eine nationale Umsetzung der beiden EU-Richtlinien 90/219/EWG (Anwendung genetisch[172] veränderter Mikroorganismen in geschlossenen Systemen) und 2001/18/EG (Absichtliche Freisetzung genetisch[173] veränderter Organismen in die Umwelt). Der Vorgabe dieser beiden EU-Richtlinien folgend geht das GenTG bei der Gentechnologie von einer risikobehafteten Technologie aus. Obwohl zum Beispiel im §16 (2) des GenTG die Erteilung der Genehmigung für das Inverkehrbringen von genetisch veränderten Organismen davon abhängig gemacht wird, dass „nach dem Stand der Wissenschaft im Verhältnis zum Zweck des Inverkehrbringens unvertretbare schädliche Einwirkungen auf die in §1 Nr. 1 bezeichneten Rechtgüter nicht zu erwarten sind" (d.h. Risiken können unter Umständen auch in Kauf genommen werden), werden zum Beispiel gentechnische Arbeiten im geschlossenen System in vier verschiedene Sicherheitsstufen eingeteilt. Auf der Grundlage vorhandener oder vermuteter Risiken werden Gruppen gentechnischer Arbeiten diesen Sicherheitsgruppen zugeordnet. In der Konsequenz – und aus juristischer Sicht sicher zwingend – bedeutet dies u.a., dass gentechnische Arbeiten, bei denen nach dem Stand der Wissenschaft nicht von einem Risiko für die menschliche Gesundheit und die Umwelt auszugehen ist, der Sicherheitsstufe 1 zuzuordnen sind und nicht – wie in den USA und Kanada praktiziert – aus der Notwendigkeit der administrativen Regelung herausfallen[174]. Als weitere juristisch nachvollziehbare Konsequenz des Generalverdachts, dass gentechnische Verfahren im Bereich der EU-Mitgliedsstaaten Risiko-belastet sind, folgt logisch und zwingend, dass grundsätzlich immer bei der Genehmigung von gentechnischen Vorhaben angemessene Vorsorgemaßnahmen auferlegt werden müssen. Aufgrund der vollkommen konträr zu EU-Maßnahmen organisierten Genehmigungspraxis zum Beispiel in den USA und Kanada auf der Basis von Nutzen-Risiko-Erwägungen, stößt dort das in der EU gültige Vorsorgeprinzip auf mehr als nur Unverständnis. Es sei an dieser Stelle noch angeführt, dass auch die OECD ihre Sichtweise und Beurteilung der Gentechnik ausschließlich auf wissenschaftlichen Befunden basiert, von keinen grundsätzlichen Risiken ausgeht, die von gentechnischen Verfahren herrühren, und insofern nicht den Aufwand betreibt, ihre Erwägungen unter Kuratel des Vorsorgeprinzips zu stellen.

Die beiden EU-Richtlinien für die Regelung der Belange der Gentechnik und ihre nationale Umsetzung spielen eine beachtliche Rolle bei der Bewältigung von Standortnachteilen, welche sich aus besonders restriktiven Regelungen nationalen Rechts für die heimische Forschung und Produktion ergeben können (Herdegen, 1993). Andererseits sollte nicht übersehen werden, dass das Gemeinschaftsrecht erheblichen Raum für investitionshemmende Reglementierungen auf Rechtsetzungs- und Vollzugsebene lässt, hinter denen die plausible Sorge vor unerforschter Risiken ebenso stehen kann wie die schlichte Ablehnung der Gentechnologie als solcher (Herdegen, 1993).

---

[172] Die Erstfassung der beiden EU-Richtlinien wurde in englischer Sprache beschlossen. Bei der anschließenden Übertragung ins Deutsche wurde leider nicht auf den Bedeutungsunterschied von »genetisch« und »gentechnisch« geachtet.

[173] Bei Übersetzungen aus dem ursprünglich englischen Richtlinien-Text wird das Wort „genetically" leider immer wieder (falsch) mit „genetisch" und nicht mit „gentechnisch" übersetzt.

[174] Das bedeutet real eine Verminderung des administrativen Aufwands, der Kosten und der Zeit bis zur Genehmigung.

Inzwischen hat das Vorsorgeprinzip auch institutionell Einzug genommen in die Bestimmungen der EU (Commission of the European Communities, 2000). Nach Ansicht der EU-Kommission muss unterschieden werden zwischen Risikobewertung, Risikohandhabung und Vermittlung der Risiken. Das Vorsorgeprinzip soll hauptsächlich relevant sein in Bezug auf die Risikohandhabung. Insbesondere sollen diejenigen, welche die Entscheidungen zu treffen haben, sich der Ungewissheiten der verfügbaren wissenschaftlichen Untersuchungen bewusst sein und bedenken, dass das Eingehen auf ein akzeptierbares Risiko für die Gesellschaft ein überaus politisches Urteil ist (ref. Brandt, 2003a).

## 10.2. „Mythen gegen die »Grüne Gentechnik«" oder „Was wir eigentlich schon immer wussten!"

Wahrscheinlich ist es den meisten Menschen heutzutage nicht mehr gegenwärtig, welche Bedeutung ehedem die Berichte über „wundersame" Tiere für die Menschheit hatte. Man sollte sich nur bewusst machen, dass der Glaube an die Existenz des Einhorns – eines Tieres von Pferdegestalt mit geradem, spitzem Horn in der Stirnmitte – sich vom 2. Jahrhundert bis in das Mittelalter gehalten hat, obwohl kein Mensch je ein Einhorn zu Gesicht bekommen hat. Das älteste überlieferte Werk beruft sich auf einen »Physiologus« aus Alexandria oder Syrien (bearbeitet von F. Lauchert, 1889), der u.a. vom Einhorn berichtet und es religiös deutet. Auf dieser griechischen Fassung beruht u.a. der lateinische »Physiologus« („Bestiarius"), aus dem die christlichen Enzyklopädisten schöpften. Er liegt auch den altfranzösischen „Bestiaires" zugrunde. Im 11. und 12. Jahrhundert wurde der »Physiologus« ins Deutsche übersetzt. Seine Vorstellungen fanden Eingang in die mittelalterliche Dichtung und die bildende Kunst. Das Einhorn wurde das Sinnbild für gewaltige Kraft und später auch das für die Keuschheit, da es seine Wildheit verliere, wenn es sein Haupt einer Jungfrau in den Schoß lege.

Es bleibt aus heutiger Sicht festzuhalten, dass kein Mensch während dieser Zeit je ein Einhorn zu Gesicht bekommen hat und dass auch davon auszugehen sein wird, dass heutzutage sich schwerlich ein Mensch finden lassen wird, der noch an die Existenz des Einhorns glaubt. Das Einhorn ist indes ein treffendes Beispiel dafür, wie eine einmal in die Welt gesetzte Behauptung durch die Affirmation sogenannter Experten über Jahrhunderte am Leben gehalten werden kann, ja sogar im Laufe der Zeit eine gleichsam glaubensbezogene Aureole verliehen bekommt.

### 10.2.1. „Gefährlicher Gen-Mais?" oder „Nur den Appetit verdorben?"

Die Freigabe des transgenen Mais der Firma Novartis zum kommerziellen Anbau zur Jahreswende 1997/98 hatte die öffentliche Diskussion über die möglichen Risiken gentechnisch veränderter Pflanzen erneut angefacht. Die Untersuchungen einer Schweizer Arbeitsgruppe (Hilbeck et al, 1998a, 1998b und 1999) waren manchen Gentechnik-Kritikern Beleg dafür, dass mit dem Anbau der transgenen Maisflanzen der Firma Novartis schädigende Auswirkungen auf das Ökosystem verbunden sind. Ist diese Aussage tatsächlich durch die Ergebnisse der genannten Untersuchungen gerechtfertigt?

Varietäten des Bakteriums *Bacillus thuringiensis* können Endotoxine produzieren. Seit etlichen Jahren werden diese als Insektizide in der Landwirtschaft eingesetzt (Feitelson et al, 1992). Diese Insektizide biologischen Ursprungs sollen jeweils nur auf bestimmte phytopathogene Insekten, nicht aber auf andere, „nützliche" Insekten wirken (Croft, 1990). Im Hinblick auf den relativ schnellen Abbau der Endotoxine von *B. thuringiensis* durch den UV-Anteil des Lichts unter Freilandbedingungen erscheint eine (mögliche) zeitweilige Verminderung der Populationen von „nützlichen" Insekten hinnehmbar.

Es sei an dieser Stelle jedoch auch angemerkt, dass die Anwendung von *Bacillus thuringiensis*-Präparaten zum Schutz von Kulturpflanzen vor Schadinsekten nicht unproblematisch ist. Es ist bereits mehrfach von Fällen berichtet worden (Mackenzie, 1999), bei denen Menschen gesundheitliche Schäden z. B. durch unbeabsichtigtes Einatmen dieser Präparate erlitten haben.

Durch den kommerziellen Anbau von transgenen Nutzpflanzen, deren gentechnische Veränderung in der Integration eines Endotoxin-Gens aus *B. thuringiensis* besteht und die dadurch das entsprechende Endotoxin im gesamten Organismus und während der gesamten Vegetationsperiode enthalten können, erscheint die Ausgangssituation für die Populationen von „schädlichen" und „nützlichen" Insekten bedeutend anders zu sein.

Der Schweizer Franz Bigler hat mit seiner Arbeitsgruppe untersucht (Hilbeck et al, 1998a, 1998b und 1999), ob und in welchem Maße die insektizide Wirkung des in einem transgenen Mais exprimierten Endotoxins (CryIAb) auch auf die Entwicklung und die Lebensfähigkeit von „nützlichen" Insekten Einfluss haben kann. Zu diesem Zweck wurden Larven von *Chrysoperla carnea* (Florfliege) diejenigen der phytopathogenen Insekten *Ostrinia nubilis* (european corn borer, Maiszünsler) bzw. *Spodoptera littoralis* (egyptian cotton worm) als Beute angeboten, und zwar entweder nachdem sich diese Larven von nicht-transgenen oder von transgenen Maispflanzen der Firma Novartis ernährt hatten (Hilbeck et al, 1998a); *O. nubilalis* ist sensitiv gegenüber dem CryIAb-Endotoxin, nicht aber *S. littoralis*. Es zeigte sich, dass die Mortalitätsrate der *Chrysoperla*-Larven unabhängig von der Beute-Spezies, aber abhängig von deren Ernährungsweise von 37% bei Ernährung von nicht-transgenen Maispflanzen auf 62% bei Ernährung von transgenen Maispflanzen der Firma Novartis anstieg. Die Entwicklung der *Chrysoperla*-Larven war zeitlich nur dann verzögert, wenn sie mit *Ostrinia*-Larven gefüttert wurden, die sich von transgenen Maispflanzen ernährt hatten. Bigler und seine Mitarbeiter führen diese Verzögerung der Larvenentwicklung von *C. carnea* auf die Wirkung des CryIAb-Endotoxins aus den transgenen Maispflanzen (direkte Wirkung) und die unvollständige und gestörte Entwicklung der Beuteorganismen, der *Ostrinia*-Larven, zurück (indirekte Auswirkung).

In einer zweiten Versuchsreihe (Hilbeck et al, 1998b) wurde nachgewiesen, dass durch eine Fütterung mit CryIAb-haltiger, künstlich zubereiteter Nahrung die Mortalitätsrate der *Chrysoperla*-Larven auf 57 % anstieg; die Kontrollgruppe, die mit CryIAb-freier, künstlich zubereiteter Nahrung gefüttert wurde, wies eine Mortalitätsrate von 30 % auf. Für diese Fütterungsversuche wurde das CryIAb-Endotoxin von entsprechend gentechnisch veränderten *Escherichia coli* produziert. Mit Hilfe dieser Laborversuche gelang es der Schweizer Arbeitsgruppe nachzuweisen, dass 100 µg CryIAb-Endotoxin pro ml Fütterungslösung unter Laborbedingungen für die *Chrysoperla*-Larven toxisch ist.

In einer dritten Versuchsreihe (Hilbeck et al, 1999) wurde untersucht, ob und welche Effekte in Bezug auf das Wachstum und die Entwicklung der *Chrysoperla*-Larven bestehen, wenn sie mit *Spodotera littoralis*-Larven gefüttert wurden, die mit einer artifiziellen, CryIAbhaltigen Nahrung aufgezogen worden waren. Auch hier stieg die Mortalitätsrate der damit ernährten *C. carnea*-Population an.

Ohne zu wissen, wie viel CryIAb von den *C. carnea*-Larven bei den verschiedenen Fütterungsstudien jeweils tatsächlich mit der Nahrung aufgenommen worden ist und wie viel sich davon in den *C. carnea*-Larven anreichert, stellt die Forschergruppe in einem vergleichenden Resumee ihrer drei Publikationen die spekulative Behauptung auf (Hilbeck et al, 1999), dass ihre Ergebnisse insgesamt dahingehend ausgelegt werden könnten, dass Populationen von *C. carnea*-Larven bei „indirekter" Aufnahme von CryIAb durch Verfütterung von Schadinsektenlarven, die zuvor an transgenem Bt-Mais gefressen haben, die höchste Mortalitätsrate aufweisen; dieser Effekt sei wahrscheinlich durch (nicht näher charakterisierte) Interaktionen zwischen transgenem Mais und Fraßinsekt bzw. transgenem Mais, Fraßinsekt und CryIAb bedingt.

Es ist anzuerkennen, dass mit diesen Fütterungsversuchen (Hilbeck et al, 1998a, 1998b und 1999) unter definierten Laborbedingungen erstmals auch die Möglichkeit untersucht wurde, ob und welche Auswirkungen das CryIAb-Endotoxin transgener Maispflanzen in der Nahrungskette auf „nützliche" Insekten haben könnte. Die Erhöhung der Mortalitätsrate von *C. carnea* um etwa 25 % ist unter den hier gewählten Laborbedingungen sicherlich auf das CryIAb-Endotoxin zurückzuführen, das von den *Chrysoperla*-Larven über die angebotene Nahrung aufgenommen worden ist. Die Autoren weisen aber selbst darauf hin, dass diese Mortalitätsrate, die in Laborversuchen mit sehr einseitiger (Hilbeck et al, 1998a) oder „künstlich zubereiteter" (Hilbeck et al, 1998b und 1999) Ernährung ermittelt wurde, nicht auf Populationen von *C. carnea* unter Freilandbedingungen übertragbar ist. Dies gilt umso mehr, wenn in Betracht gezogen wird, dass unter Freilandbedingungen *O. nubilis*-Larven eher selten als Beute für die Larven von *C. carnea* dienen und diese sich bevorzugt von Blattläusen ernähren[175]. Es ist aus dieser Sicht auch kein Anlass gegeben zu vermuten, dass der Anbau der derzeit genehmigten transgenen Maispflanzen Veränderungen in *Chrysoperla carnea*-Populationen hervorrufen könnte, welche über die natürlichen Schwankungen hinausgehen. In derartige Erwägungen ist außerdem mit einzubeziehen, dass es auch bei „nützlichen" Insekten wie *C. carnea* unter der Einwirkung von definierten Endotoxinen innerhalb der Nahrungskette zur Ausbildung von dagegen resistenten Populationen kommen wird, wie dies bereits von Populationen „schädlicher" Insekten wie *Ostrinia nubilalis* bekannt ist.

10.2.2. „Gefährliche Gen-Kartoffeln?" oder „Pusztai und kein Ende?"

Ausgelöst wurde die auch heute noch gelegentlich geführte Diskussion über die Untersuchungen von Prof. Pusztai (Rowett Research Institute) durch ein Fernsehinterview im Sommer 1998, in dem er davon berichtete, dass es beim Verfüttern gentechnisch veränderter Kartoffeln bei Ratten an bestimmten Organen zu Wachstumsverzögerungen sowie zur Beeinträchtigung der Immunabwehr gekommen sei. Prof. Pusztai hinterließ in dem Interview den Eindruck, dass von gentechnisch veränderten Lebensmitteln Gefahren ausgehen könnten, die man mit den bislang angewendeten Prüfmethoden nicht erkennen könnte. Wegen dieser –

---

[175] Blattläuse stechen ausschließlich das Phloem (Siebröhren) der Pflanzen an; nachweislich gehört das CryIAb nicht zu den Substanzen, die in den Siebröhren der transgenen Maispflanzen transportiert werden. Im Freiland kommen somit weder die Blattläuse, die an diesen transgenen Maispflanzen saugen, mit dem CryIAb in Kontakt noch die *Chrysoperla carnea*-Larven, welche diese Blattläuse fressen.

nach Meinung der Institutsleitung irreführenden – Äußerungen wurde Prof. Pusztai vom Dienst suspendiert. In den folgenden Monaten verlagerte sich die Diskussion sehr schnell von der Frage nach der tatsächlichen Bedeutung der Pusztaischen Fütterungsversuche für einen zukünftigen Einsatz von gentechnisch veränderten Pflanzen zu Futter- oder Lebensmittelzwecken hin zu der schlichten Behauptung, die Pusztaischen Fütterungsversuche hätten die Gefährlichkeit von gentechnisch veränderten Pflanzen für eben diese Verwendungszwecke bereits bewiesen[176]. In der heftigen Mediendebatte in Großbritannien über die Risiken und Chancen von gentechnisch veränderten Pflanzen und den daraus hergestellten Lebensmitteln in den Jahren 1998 und 1999 gewannen gegenseitige, persönliche Beschuldigungen immer mehr an Bedeutung. In diesen Zusammenhang ist auch die Solidaritätserklärung von 21 Wissenschaftlern für Prof. Pusztai im Februar 1999 einzuordnen; zu ihnen gehören u. a. Dr. Ewen (Aberdeen Royal Hospitals), mit dem Prof. Pusztai 10 Monate später in der Zeitschrift „The Lancet" einen Teil seiner Versuchsergebnisse publiziert hat (Ewen und Pusztai, 1999), Prof. Cummins (University of Western Ontario, Canada), der im November 1999 mit Ho und Ryan eine äußerst fragwürdige, wissenschaftlich nicht nachvollziehbare Hypothese über die vermeintliche Gefährlichkeit des 35S-Promotors des Blumenkohl-Mosaik-Virus publizierte (Ho et al, 1999), und Frau Dr. Tappesser vom Öko-Institut e.V., Freiburg.

Ohne sich weiter auf die Legendenbildung um die Pusztaischen Fütterungsversuche von Ratten mit gentechnisch veränderten Kartoffeln einzulassen, soll hier über die Fakten berichtet werden.

Die fraglichen Arbeiten am »Rowett Research Institute« waren Teil eines dreijährigen Forschungsprogramms, an dem auch das »Scottish Crop Research Institute« und die »University of Durham« beteiligt waren. In diesem Forschungsprogramm sollten die Sicherheit und die Effizienz von gentechnisch veränderten Nutzpflanzen untersucht werden, in deren Genom Lektingene mittels molekularbiologischer Methoden eingebracht worden waren. Diese gentechnische Veränderung zielte darauf ab, den Nutzpflanzen eine erhöhte Resistenz gegenüber Schadinsekten zu verleihen. Von vielen Lektinen ist bekannt, dass sie neben einer insektiziden Wirkung auch für höhere Tiere und den Menschen schädlich sein können. Ziel des dreijährigen Forschungsprogramms war es, Lektine zu finden, die eine insektizide Wirkung haben, aber für die menschliche Gesundheit unbedenklich sind. Für den kommerziellen Anbau waren die gentechnisch veränderten Kartoffeln dieses Forschungsprogramms nicht vorgesehen.

Das Teilprojekt von Prof. Pusztai befasste sich mit Fütterungsversuchen von Ratten [a] mit nicht-gentechnisch veränderten Kartoffeln, [b] mit gentechnisch veränderten Kartoffeln, in denen ein Lektin des Schneeglöckchens exprimiert wurde oder [c] mit nicht-gentechnisch veränderten Kartoffeln, bei deren Verfütterung das Schneeglöckchen-Lektin als Substanz zugefügt worden war. Zu dem Zeitpunkt, wo Prof. Pusztai mit Ergebnissen dieser Fütterungsstudien an die Öffentlichkeit ging und weitergehende persönliche Mutmaßungen über gentechnisch veränderte Lebensmittel äußerte, waren weder die Untersuchungen zu seinem Teilprojekt abgeschlossen noch hatte Prof. Pusztai in eigenen wissenschaftlichen Publikationen der Fachwelt Einblick in diese Untersuchungen gegeben. Nach seiner Suspendierung vom Dienst wurden in den folgenden Monaten die Versuchsdaten seiner Fütterungsversuche von verschiedenen Forschergruppen auf ihre tatsächliche Aussagekraft hin überprüft. Einhellig

---

[176] Eine bekannte deutsche Boulevard-Zeitung titelte in diesem Zusammenhang „Gen-Kartoffeln lassen das Gehirn schrumpfen".

kamen die Experten zu dem Ergebnis, dass die vorliegenden Daten nur vorläufigen Charakter hätten. Dies sei insbesondere darin zu sehen, dass die Wachstumsraten der Ratten aus den drei Fütterungsansätzen [a], [b] und [c] keine statistisch abgesicherten Unterschiede aufwiesen, dass die Anzahl der Versuchstiere pro Versuchsansatz zu gering gewählt worden sei und dass das Futter, dass den Ratten angeboten wurde, u.a. einen zu niedrigen Proteingehalt aufgewiesen habe. Der zu niedrige Proteingehalt des Futters wurde von der Mehrzahl der Experten auch als einer der möglichen Gründe dafür angesehen, dass die Ratten in ihrer körperlichen Entwicklung zurückgeblieben waren. Das institutsinterne Audit-Commitee kam zu dem Ergebnis, „dass die vorhandenen Daten nicht die Vermutung zulassen, der Verzehr von transgenen Kartoffeln, die das Schneeglöckchen-Lektin produzieren, habe einen Einfluss auf das Wachstum von Ratten, deren Organentwicklung oder Immunfunktion" (Audit Committee, 1998). Die Royal Society erklärte, dass die Fütterungsversuche fehlerhaft seien in der Versuchsplanung, -durchführung sowie -auswertung und dass keine weiterreichenden Schlussfolgerungen aufgrund der vorhandenen unzureichenden Datenlage gezogen werden sollten (The Royal Society, 1999). In seiner Stellungnahme auf derartige Bewertungen räumte Prof. Pusztai zwar ein, dass die gentechnisch veränderten Kartoffeln den nicht-gentechnisch veränderten Kartoffeln im Hinblick auf den Gehalt an Protein, Stärke, Trypsin/Chymotrypsin-Inhibitoren und Glycoalkaloiden nicht substanziell äquivalent waren (Pusztai, 1998), beharrte aber dennoch auf der Signifikanz seiner Daten für die Aussage, dass die gentechnisch veränderten Kartoffeln, die das Schneeglöckchen-Lektin exprimierten, bei Verfütterung an Ratten einen deutlichen negativen Einfluss auf deren Entwicklung hätten und dass dieser Effekt deutlich größer sei, als wenn die Ratten mit nicht-gentechnisch veränderten Kartoffeln gefüttert würden, denen zuvor die äquivalente Menge an Schneeglöckchen-Lektin zugesetzt worden ist. Ohne die ungenügende Datenlage weiter zu beachten, wurde dieser „unerklärliche" Effekt zu Beginn das Jahres 1999 verstärkt von interessierten Kreisen diskutiert und schließlich die Hypothese ausgesprochen, dass die gentechnische Konstruktion „an sich" oder Teile von ihr diesen „unerklärlichen" negativen Effekt auf die Entwicklung der Ratten bewirken würden. Auch die Publikation eines Teils der Ergebnisse in der Zeitschrift »The Lancet« im November 1999 (Ewen und Pusztai, 1999) konnte die Zweifel an der Signifikanz der Pusztaischen Fütterungsversuche nicht ausräumen (Kuiper et al, 1999). In derselben Ausgabe der Zeitschrift »The Lancet« wird in einem anderen Artikel (Fenton et al. 1999) darüber berichtet, dass das Schneeglöckchen-Lektin an weiße Blutkörperchen binden und damit potenziell biologische Effekte auslösen kann. Auf diese Eigenschaft des Schneeglöckchen-Lektins ist Prof. Pusztai bis heute nicht eingegangen.

In der von Greenpeace herausgegebenen Pressemitteilung vom 12. 02. 1999 erklärte ihr Gentechnik-Koordinator Benedikt Haerlin, dass „es unklar ist, was bei den Ratten die Probleme verursacht hat. Alles, was wir wissen, ist, dass es das Virus sein könnte, mit dem die fremde DNA in die Kartoffeln transferiert wurde. Es ist dasselbe Virus, welches auch in Monsantos Roundup Ready Sojabohnen verwendet wurde, die weltweit auf dem Markt erhältlich sind." Die Gründe, warum sich Benedikt Haerlin in dieser Weise zu den „ungeklärten" Ergebnissen der Pusztaischen Fütterungsversuche geäußert hat, können hier nicht erörtert werden; schlicht falsch ist allerdings seine Aussage, dass die DNA-Konstrukte mit Hilfe eines Virus (gemeint ist der Blumenkohl-Mosaik Virus) in die Kartoffel- bzw. die Sojabohnenpflanzen transferiert worden seien.

Gleichsam „getarnt" als wissenschaftliche Publikation haben Ho et al. im November 1999 einen Artikel vorgestellt, der zum Ziel hatte, die vermeintliche Gefährlichkeit einer Teilsequenz des viralen Genoms des Blumenkohl-Mosaik-Virus, nämlich des 35S-Promotors, durch Aneinanderreihung wissenschaftlicher Fakten herauszustellen. Es ist anzumerken, dass die drei Autoren keine eigenen Experimente für die Abfassung dieses Artikels durchgeführt haben, dass die einzelnen wissenschaftlichen Fakten zwar zutreffend sind, dass sie aber in ihrer Gesamtheit und gewählten Abfolge suggestiv zu dem Schluss führen sollen, dass der 35S-Promotor des Blumenkohl-Mosaik-Virus zur Entstehung neuer pathogener Viren oder zur Auslösung von Krebserkrankungen führen kann. In der – im Sinne von Ho et al. – naheliegenden Schlussfolgerung hat der in dem DNA-Konstrukt der Pusztaischen Kartoffeln enthaltene 35S-Promotor zur Auslösung der „unerklärlichen" Effekte auf die Entwicklung der Ratten geführt. Der Herausgeber der Zeitschrift Tore Midtvedt, in welcher der Artikel von Ho et al. erschienen ist, betont, dass er ohne vorherige Begutachtung durch Experten publiziert worden ist und dass seine Zeitschrift ein Forum sein solle, wo die Leute ihre Gedanken vorbringen können.

Diese wissenschaftliche „Brunnenvergiftung" hat verständlicherweise eine enorme Welle der Erwiderungen und Richtigstellungen aus dem Kreis der Wissenschaftler hervorgerufen (z.B. Hodgson, 2000). Eines der einfachsten, jedem Laien verständliche Argument hat der Virologe Prof. Hull (roger.hull@bbsrc.ac.uk) angeführt: Bereits vor 26 Jahren waren nach seiner persönlichen Recherche etwa 10 % des konventionell gezüchteten Gemüses vom Blumenkohl-Mosaik-Virus infiziert; d. h. jede Zelle dieser Gemüsepflanzen enthielt etwa 100.000 Viruspartikel (im Vergleich zu max. 5 Kopien des 35S-Promotors des Blumenkohl-Mosaik-Virus pro Zelle gentechnisch veränderter Pflanzen). Solches, auf natürliche Weise Virus-infiziertes Gemüse gehört seit Jahrhunderten zur täglichen Nahrung der Menschen.

Nach nun fast 6 Jahren seit dem denkwürdigen Fernsehinterview von Prof. Pusztai im August 1998 sollte es an der Zeit sein zu überlegen, was eigentlich für die Öffentlichkeit „übrig" geblieben ist von den Diskussionen zwischen Kritikern und Befürwortern der Pusztaischen Fütterungsversuche: da theoretische Katastophenszenarien eher in Erinnerung bleiben als exakte wissenschaftliche Darlegungen, werden auch die Pusztaischen Fütterungsversuche in die Galerie der (vermeintlichen) Negativbeispiele zur Grünen Gentechnik eingeordnet werden.

Wegen der o. g. Umstände konnte Prof. Pusztai sein Forschungsvorhaben nicht bis zum Ende durchführen. Auf seinen zahlreichen Vorträgen wies er auf diesen bedauerlichen Umstand hin, präsentierte aber seine (Teil-)Ergebnisse weiterhin in einer Weise, als wenn sie für Schlussfolgerungen schon hinreichend und geeignet wären. Er stellte außerdem in seinen Vorträgen heraus, wie notwendig Fütterungsversuche mit gentechnisch veränderten Pflanzen sind, um ihre Biologische Sicherheit bewerten zu können. Er unterstellte dabei gleichsam, dass dies bislang nicht die übliche Praxis sei, und bezog sich darauf, dass bislang angeblich keine wissenschaftlichen Publikationen über Fütterungsversuche mit gentechnisch verändertem Pflanzenmaterial verfügbar seien. Diese Behauptung ist unzutreffend, wie mittels einer entsprechenden Literaturrecherche leicht nachzuweisen ist. Zum Beispiel haben zum damaligen Zeitpunkt Brake und Vlachos (1998), Hammond et al. (1996) und Hashimoto et al. (1999) die Ergebnisse von derartigen Fütterungsstudien publiziert; die mit gentechnisch verändertem Pflanzenmaterial gefütterten Tiere wiesen in keiner dieser Untersuchungen Unterschiede zu den Kontrolltieren auf, die mit nicht-gentechnisch verändertem Pflanzenmaterial gefüttert worden waren. Als auf einem Kongress in Edinburgh im Februar 2000 Prof. Chen (Beijing-Universität, China) über Fütterungsversuche von Ratten mit gentechnisch verändertem Pflanzenmaterial berichtete und zeigen konnte, dass seine Versuchstiere durch dieses Futter nicht geschädigt wurden, erklärte Prof. Pusztai den Medien, dass man sich immer erst einen genaueren Einblick in die Versuchsdurchführung verschaffen müsse, um dann die Versuchsergebnisse auch richtig bewerten zu können. Wie wahr! In diesem letzten Punkt wird wohl jeder mit Prof. Pusztais Meinung übereinstimmen können.

### 10.2.3 „Ist der Monarchfalter bedroht?" oder „Rufmord am Bt-Mais?"

Der Bt-Mais ist weiterhin im Kreuzfeuer der Kritik. Bei dem Bt-Mais handelt es sich um transgene Maissorten, deren gentechnische Veränderung in der Integration eines Endotoxin-Gens aus dem Bakterium *Bacillus thuringiensis* in das Mais-Genom besteht und welche dadurch das entsprechende Endotoxin CryIAb in den gesamten Maispflanzen und während der gesamten Vegetationsperiode enthalten können. Dieses Endotoxin verleiht dem Bt-Mais eine Resistenz gegen die Larve des Maiszünslers (*Ostrinia nubilalis*), einem phytophagen Insekt.

Erschien aufgrund der Untersuchungen einer Schweizer Arbeitsgruppe das Überleben der Larven der Florfliege (*Chrysoperla carnea*) durch den Anbau von solchem Bt-Mais zunächst gefährdet (siehe 9.2.1.), so stehen jetzt weitere, allerdings im Ergebnis widersprüchliche Untersuchungen zur Diskussion (Environmental Protection Agency, 2000; Hansen und Obrycki, 2000; Losey et al, 1999; Sears et al, 2000; Wraight et al, 2000), die hauptsächlich über die Auswirkungen der Pollen vom Bt-Mais auf das Wohlergehen der Larven des Monarchfalter (*Danaus plexippus*) berichten.

Der Monarchfalter (*Danaus plexippus*) ist ein Tagfalter, der im Frühjahr in die nördlichen Staaten der USA wandert. Von November bis März überwintert er in großen Schwärmen in den Nadelwäldern der Sierra Madre in der Nähe von Mexico City bzw. in Californien (Taylor, 2000; Branom, 1999). Auf ihrer Wanderung im Sommer legen die Monarchfalter-Schwärme bis zu 3000 Meilen zurück und gelangen im Verlauf von 3 bis 5 Generationen in den Norden der USA bzw. bis in das südliche Kanada (Ontario). Ein Teil der Monarchfalter-Population durchquert auf seiner Wanderung nach Norden den sog. ‚Corn Belt' (Nebraska, Iowa, Illinois und Minnesota), in dem großflächig Mais angebaut wird. Im Herbst kehren die Monarchfalter nach Mexico bzw. Californien zurück.

Die jährliche Wanderung der Monarchfalter ist ein populäres Naturereignis, dem offenbar weit mehr Bedeutung im öffentlichen Interesse zukommt als in Deutschland der Rückkehr der Schwalben zum Ende des Frühjahrs. Dies ist umso verständlicher, wenn man bedenkt, welche Größe die Monarchfalter-Population im Herbst zur Zeit der Rückwanderung in den Süden erreichen kann (Abb. 10.1.). Etwa 20% der Gesamtpopulation erreicht die Überwinterungsplätze im Süden Nordamerikas; es handelt sich dabei um Waldflächen von der Größe zwischen 1 und 4 Hektar (z.B. Chincua und El Rosario in Mexico) (Taylor, 2000).

Die Eiablage der Monarchfalter erfolgt ausschließlich an Seidenblumengewächsen [vor allem an *Asclepias syriaca*, im englischen Sprachgebrauch als „milkweed" bezeichnet] und in der Mehrzahl der Fälle auf der Blattunterseite dieser Pflanzen. Die Raupen nehmen beim Fressen mit dem Pflanzenmaterial auch toxische Substanzen (Cardenolide) auf, durch die sie vor räuberischen Fraßfeinden geschützt werden. Der gesamte Entwicklungszyklus des Monarchfalters von der Eiablage bis zum Schmetterling umfasst im Sommer durchschnittlich etwa 50 Tage (Eier: 3-4 Tage; Larve: 12-16 Tage; Puppe: 9-12 Tage; Falter: 2-5 Wochen). Die Überlebenszeit der Monarchfalter, die in Mexico oder Californien überwintern, beträgt 7 bis 9 Monate.

Die Wanderung der Monarchfalterschwärme zu Sommerbeginn nach Norden wie auch im Herbst nach Süden ist ein Symbol für den Rhythmus der Natur in Nordamerika, dessen sich die breite Öffentlichkeit immer wieder bewusst wird. Mit Hilfe vieler ehrenamtlicher Beobachter wird Jahr für Jahr die Wanderung und die Schwarmgröße der durchziehenden Monarchfalter bestimmt (Abb. 10.1.). (Taylor, 2000). Es ist nicht abzustreiten, dass es bei so viel

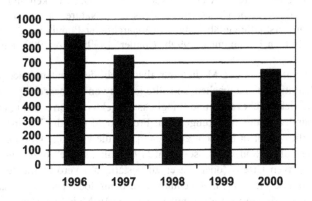

**Abb. 10.1. Geschätzte Größe der Monarchfalter-Population (*Danaus plexippus*) zum Ende des jeweiligen Sommers zum Zeitpunkt der Rückwanderung in den Süden in den Jahren 1996 bis 2000. (Angaben in Mill.)**

enthusiastischem Engagement nicht ausbleiben kann, dass der Monarchfalter eine gefühlsbetonte Sonderstellung unter den nordamerikanischen Schmetterlingen in der Meinung und den Herzen der Bevölkerung innehat. Nur folgerichtig ist die Vermutung, dass derjenige, der diesen zarten Geschöpfen schadet, – dem „Bambi-Effekt" folgend – an der Natur Frevel betreibt (Rademacher, 2000).

Der Monarchfalter (*Danaus plexippus*) gehört, genauso wie der Maiszünsler (*Ostrinia nubilalis*), zu der Insektenordnung *Lepidoptera* (Schmetterlinge), von denen schon seit Jahren bekannt ist, dass für die Mehrzahl von ihnen das Endotoxin CryIAb toxische Wirkung haben kann, wenn es zum Beispiel als Bt-Pulver im ökologischen Anbau als Insektizid angewendet wird. Es ist selbstverständlich abwegig, den zumeist kleinräumigen ökologischen Anbau mit der nur zeitweisen Anwendung solcher Bt-Pulver mit dem großflächigen Anbau von Bt-Mais im „Corn Belt" gleichzustellen. Es ist allerdings naheliegend zu untersuchen, ob – auf der Grundlage der Erkenntnisse über die toxische Wirkung des Endotoxins CryIAb auf einige der *Lepidotera* bei der Anwendung als Bt-Pulver – vergleichbare Effekte beim Anbau von Bt-Mais zu erwarten sind.

Zu diesem Zweck haben Losey et al (1999) in einer Laborstudie das Fraßverhalten und das Wachstum von Monarchfalter-Raupen untersucht, die sich von Blattstücken von *Asclepias syriaca* ernährten, die entweder zuvor mit Pollen von Bt-Mais oder mit Pollen von nicht-transgenem Mais oder von keinen Maispollen bedeckt waren; die Pollen des Bt-Mais bzw. des nicht-transgenen Mais wurden mit Hilfe eines Spatels auf die zuvor mit Wasser benetzten Blattstücke aufgetragen. Nach fünfmaliger Wiederholung dieser Versuchseinstellung ergab sich für die Monarchfalter-Raupen, die von *Asclepias*-Blättern mit Pollen vom Bt-Mais gefressen hatten, eine Mortalitätsrate von 44%, bei den anderen beiden Versuchsansätzen dagegen eine von 0%. Erscheint dieses Ergebnis der Untersuchung von Losey et al (1999) zunächst durchaus überzeugend, so weist ihre Durchführung jedoch eine entscheidende Schwachstelle auf: Die Autoren können u.a. keine exakten Angaben darüber machen, welche Pollendichten sie durch das Bestreichen der *Asclepias*-Blätter erzielt haben und ob diese Pollendichten im Freiland auf den Blättern von *Asclepias*-Pflanzen in oder am Rand von Maisfeldern auch tatsächlich erreicht werden (Anonymus, 1999a; Mackenthun, 2000). Trotzdem war diese „scientific correspondence" in der Zeitschrift ‚Nature' im Mai 1999 für die Medien Anlass genug, eine ersthafte Gefährdung der Monarchfalter-Population durch den Anbau von Bt-Mais zu befürchten (Anonymus, 1999b; Conner, 1999; DPA 1999; Kirby, 1999; Yoon, 1999).

Unterstellt man, dass in den Medien nur allzu leicht der Tendenz nachgegeben wird, aus Meldungen „Sensationen" zu machen, so sollte jedoch von Wissenschaftlern erwartet werden können, dass sie sich sachbezogen und (möglichst) objektiv äußern. Wenig nachvollziehbar in diesem Sinne sind z.B. die Äußerungen von Fred Gould (North Carolina State University) [„Niemand hat dies zuvor in Betracht gezogen."] und die von John Obrycki (Iowa State University), der die Publikation von Losey et al (1999) als „solide" bezeichnete (Yoon, 1999). Trotz dieses positiven Urteils (oder um es zu bestätigen?) veröffentlichte Obrycki ein Jahr später die Ergebnisse eigener Untersuchungen zu demselben Thema (Hansen und Obrycki, 2000), in denen (wiederum im Labor) mit Pollen von Bt-Mais bedeckte *Asclepias*-Blätter an Monarchfalter-Raupen verfüttert worden waren. Die im Labor verwendeten Pollendichten setzen die Autoren ins Verhältnis zu denen, die auf den Blättern von *Asclepias*-Pflanzen erreicht wurden, welche in Maisfelder bzw. in bestimmten Abständen zu Maisfeldern ins Freiland gestellt worden waren. Es wurden die zwei transgenen Bt-Maissorten Bt-11 und Bt-176 untersucht, von denen letztere einen höheren Bt-Toxin-Gehalt in den Pollen aufweist. Die Ergebnisse aus dieser Untersuchung sind recht widersprüchlich; ein Grund dafür mag die zu geringe Individuenzahl von 35 Raupen pro Versuchsansatz gewesen sein. Untersucht wurden Pollendichten von 14, 135 bzw. 1300 Pollen/cm$^2$. Die Pollendichte von 1300 Pollen/cm$^2$ wird unter natürlichen Bedingungen nicht erreicht; bei ihr fanden die Autoren aber keinen Unterschied zwischen Pollen von Bt-Mais bzw. von nicht-transgenem Mais auf die Mortalitätsrate der Monarchfalter-Raupen. Ebensowenig interpretierbar ist, dass bei einer Pollendichte von 130 Pollen/cm$^2$ es für die Mortalitätsrate der Monarchfalter-Raupen keinen Unterschied macht, ob Pollen des Bt-11 oder des Bt-176 (s.o.) verwendet wird. Das einzige nachvollziehbare Ergebnis dieser Untersuchung ist die Feststellung, dass bei Abständen zu einem Maisfeld, die größer als drei Meter sind, kaum noch nennenswerte Maispollendichten auf den *Asclepias*-Blättern zu finden sind.

Obrycki bezeichnet zwar seine Untersuchung als Freiland-nah; wie oben in Kürze gezeigt, ist aber diese Kennzeichnung für seine Untersuchungen keineswegs gerechtfertigt: Zum Beispiel hatten die Monarchfalter-Raupen keine Möglichkeit zwischen Bt-Pollen-bedeckten und Bt-Pollen-freien *Asclepias*-Blättern auszuwählen (no-choice-Versuche). Es ist bekannt, dass die meisten Schmetterlingslarven den Unterschied feststellen und in der Regel Bt-haltiges Pflanzenmaterial meiden.

Im November 1999 wurde auf einem Treffen nordamerikanischer Naturwissenschaftler in Chicago die Studie von Losey et al (1999) als weitgehend unzureichend kritisiert. [Erst danach erschien auch die Mehrzahl der kritischen Berichte in den Medien (Anonymus, 1999a; Foster, 1999; Hobom, 2000; Mackenthun, 2000; Shelton und Roush, 1999).] Übereinstimmend wurde festgestellt, dass die unterschiedlichen Bt-Maissorten auch unterschiedliche Bt-Toxin-Konzentrationen in ihren Pollen aufweisen, dass es unter Laborbedingungen erreichbar ist, mit den Pollen einiger dieser Bt-Maissorten toxische Effekte an Monarchfalter-Raupen hervorzurufen und dass im Freiland die Menge an Bt-Maispollen, die auf die Blätter etwaiger *Aslecpias*-Pflanzen gelangen kann, nur dann möglicherweise eine kritische Konzentration erreichen könnte, wenn sich diese *Asclepias*-Pflanzen im Maisfeld bzw. innerhalb einer Randzone von 3 Metern Breite befinden. Als kritische Pollenkonzentration der Maissorte Event 176 wurden 130 Pollen/cm$^2$ ermittelt (Sears et al, 2000). Nach Untersuchungen von Pleasant (Iowa State University) verhindert im Freiland eine Reihe von Faktoren, wie Wind und Regen sowie die glatte Blattoberfläche der *Asclepias*-Pflanzen, dass die kritische Pollendichte überhaupt erreicht werden kann. Nach seinen Angaben können daher alle *Asclepias*-Pflanzen, die in einem Abstand von mehr als 2 Metern vom Rand eines Bt-Maisfeldes stehen, den Monarchfalter-Raupen ohne Beeinträchtigung für ihre Entwicklung als Futterpflanze dienen (Powell, 1999).

Im Juli des Jahres 2000 wurden die Ergebnisse einer Freilandstudie publiziert, in der nachgewiesen wurde, dass die Raupen des Schwarzen Schwalbenschwanz (*Papilio polyxenes*) sich unbeschadet von ihrer Futterpflanze Pastinak (*Pastinaca sativa*) ernähren können, auch wenn diese von Pollen der Bt-Maissorte Event 810 bedeckt sind (Wraight et al, 2000); auch das Fünffache (10 000 Pollen/cm$^2$) der maximalen Pollendichte unter Feldbedingungen hatte im Labor keinen Einfluss auf das Fraßverhalten und die Entwicklung der Raupen des Schwarzen Schwalbenschwanz. Wurden für derartige Laborstudien allerdings Pollen der Bt-Maissorte Event 176 (siehe oben die Ergebnisse von Sears et al, 2000) verwendet, deren Bt-Toxin-Konzentration etwa 40fach höher ist als die der Pollen der Bt-Maissorte Event 810, so stieg die Mortalitätsrate der Raupen des Schwarzen Schwalbenschwanz auf 60%. Offensichtlich unterscheiden sich die verschiedenen Schmetterlingsarten in ihrer Bt-Toxin-Empfindlichkeit.

Im Herbst des Jahres 2000 stellte die US-amerikanische Umweltbehörde einen umfangreichen Bericht über die Risikobewertung von Bt-Pflanzen der Öffentlichkeit zur Diskussion vor (Environmental Protection Agency, 2000) und kam darin u.a. zu dem Ergebnis, dass die Auswirkungen von Bt-Mais auf den Monarchfalter und andere Tiere äußerst gering sind und – verglichen mit dem herkömmlichen Anbau von nicht-transgenem Mais und der damit verbundenen Insektizidanwendung – die Vorteile für die Landwirte und die Umwelt überwiegen. Das Echo in den Medien auf die Veröffentlichung dieses EPA-Reports war indes nur sehr verhalten (Associated Press, 2000a und 2000b).

Es ist unzweifelhaft, dass der Anbau von Bt-Mais in den Bundesstaaten des ‚Corn Belt' die Menge an Insektiziden, deren Anwendung in nicht-transgenen Maiskulturen für die Bekämpfung des Maiszünslers (*Ostrina nubilalis*) nötig gewesen wäre, deutlich vermindert hat. Eine Umfrage (http://www.ipm.iastate.edu/ipm/icm/1999/6-14-1999/monarchbt.html) für den Zeitraum von 1991 bis 1995 ergab, dass nur etwa 23% der Farmer Insektizide angewandt hatten. Es ist aus ökologischer Sicht unredlich, außer Acht zu lassen, dass die Populationen des Monarchfalters wie auch aller anderen Insekten durch den bisherigen Insektizideinsatz [etwa 40 Mill Liter Insektizide pro Jahr im ‚Corn Belt' (Irwin, 2000; Pimentel und Raven, 2000)] sowohl in den Maisfeldern als auch – aufgrund der Verdriftung durch den Wind – in ihrer Umgebung signifikant geschädigt werden. Von größerer Bedeutung für das Überleben der Monarchfalter-Population ist der Erhalt der Waldflächen in seinen traditionellen Überwinterungsgebieten in Mexico, die aufgrund von ungünstigen Witterungsumständen, aber auch durch menschliche Unbekümmertheit (Tourismus!) geschädigt werden (Branom, 1999).

Es soll nicht der Eindruck erweckt werden, dass durch Hinweis auf die größeren Gefahren für die Monarchfalter-Population möglicherweise kleinere damit relativiert werden sollen. Wenn man allerdings den Einfluss von Bt-Mais auf die *Lepidoptera* untersuchen will, so ist es nötig, in wissenschaftlich durchdachter Weise Untersuchungen durchzuführen, die Labor- und Freilandversuche sinnvoll miteinander verknüpfen, wie es Wraight et al (2000) beispielhaft gezeigt haben. Außerdem darf über die Konzentration auf die Details der eigenen Versuchsdurchführung nicht der Blick für die tatsächlichen Zusammenhänge im Agrar-Ökosystem und in dessen Umgebung verloren gehen. So ist in diesem Zusammenhang die Blühzeit des Mais im ‚Corn Belt' und die Zeit der Raupenentwicklung des Monarchfalters dort sicher nicht ohne Belang: Aus der Erfahrung weiß man, dass der Mais zwischen Anfang Juli und Mitte August für jeweils 10 Tage blüht; im Gegensatz dazu fressen die Monarchfalter-Raupen bereits im Juni an den *Asclepias-Pflanzen* im Gebiet des ‚Corn-Belt'. Da auf den landwirtschaftlich genutzen Flächen die *Asclepias*-Pflanzen seit Jahren, wie jede andere (aus Sicht des Farmers) unerwünschte Pflanze, mit Herbiziden vernichtet werden, dürften diese auch vor dem Anbau des Bt-Mais keine Rolle für das Überleben der Monarchfalter-Population gehabt haben. Im Rahmen einer ökologischen Untersuchung wäre es für den Erhalt der Monarchfalter sicher wichtig zu wissen, wo sich die Bestände an *Asclepias syriaca* befinden, wie groß sie sind und ob sie in ihrem Bestand gefährdet sind.

Die Entlastung der Umwelt vom Einsatz von Insektiziden durch den Anbau von Bt-Mais wird in Zukunft noch optimiert werden können, wenn die Anbauflächen von Bt-Mais nach außen hin mit einem Streifen von nicht-transgenem Mais umgeben werden. Diese Ränder aus nicht-transgenem Mais sollen bis zu 20% der jeweiligen Gesamtanbaufläche umfassen und als Refugien für den Maiszünsler (*Ostrinia nubilalis*) dienen. Durch Anlage derartiger Refugien soll die Ausbildung von gegen das Bt-Toxin resistenten Maiszünsler-Populationen vermieden werden.

Eine bemerkenswerte Zusammenfassung des „Monarchfalter-Mythos" – auch im Hinblick auf das Zusammenwirken von Wissenschaftlern, Medien und Öffentlichkeit bei der Meinungsbildung – wurde im Jahr 2001 von Shelton und Sears publiziert.

### 10.2.4. „Aus Erfahrung weiß man, dass sicher ist, wo Natur drin ist?"

»Natur« und »natürliche Lebensweise« haben in unserer Gesellschaft derzeit einen hohen Stellenwert; die Vorstellungen, die sich mit diesen beiden Begriffen verbinden, sind indes vielschichtig und oft auch (in Teilen) realitätsfern; werden Lebensmittel mit dem Begriff »natürlich« in Verbindung gebracht, so impliziert dies fast automatisch für den Verbraucher „aus Erfahrung sicher". Ist diese Schlussfolgerung eigentlich richtig?

Es ist seit langem bekannt, dass Pflanzen aufgrund ihres Protein- und Kohlenhydratgehalts (siehe Kapitel 8.3.1. und 8.3.3.) Nahrungsquelle für eine Vielzahl von Organismen sind (Bakterien, Pilze, Nematoden, Insekten, Schnecken und Wirbeltiere). Um sich ihrer Fraßfeinde erwehren zu können, haben sich im Lauf der Evolution verschiedene Verteidigungsstrategien in den Pflanzen herausgebildet. Dazu gehören die Biosynthese von Amylase- und Protease-Inhibitoren sowie die von Lectinen (siehe Kapitel 8.2.1. und 8.2.2.), aber auch die einer Vielzahl von sekundären Pflanzenstoffen (ihre Anzahl wird auf etwa 1 000 000 geschätzt) mit den Hauptgruppen der Alkaloide, Isoprenoide und Phenylpropanoide. Diese sekundären Pflanzenstoffe sind in ihrer Mehrzahl natürliche Pestizide, welche die Pflanzen vor ihren Fraßfeinden schützen sollen (Tab. 10.1.). In manchen Pflanzen können diese natürlichen Pestizide 10 % des Trockengewichtes erreichen.

**Tabb. 10.1. Hauptgruppen pflanzlicher Toxine; Anzahl z.T. geschätzt. (verändert nach Harborne, 1997)**

| Substanzklasse | Anzahl | Beispiel | Vorkommen |
|---|---|---|---|
| Alkaloide | 10 000 | Senecionin | *Senecio jacobaea* |
| Herzglykoside | 200 | Digitoxin | *Digitalis purpurea* |
| cyanogene Glykoside | 60 | Amygdalin | *Prunus amygdalus* |
| Glucosinolate | 150 | Sinigrin | *Brassica oleracea* |
| Furanocumarine | 400 | Xanthotoxin | *Pastinaca sativa* |
| Inidoide | 250 | Aucubin | *Aucuba japonica* |
| Isoflavonoide | 1000 | Rotenon | *Derris elliptica* |
| nichtproteinogene Aminosäuren | 400 | $\beta$-Cyanoalanin | *Vicia sativa* |
| Polyacetylene | 650 | Oenanthetoxin | *Oenanthe crocata* |
| Chinone | 800 | Hypericin | *Hypericum perforatum* |
| Saponine | 600 | Lemmatoxin | *Phytolacca dodecandra* |
| Sesquiterpenlactone | 3000 | Hymenoxin | *Hymenoxys odorata* |
| Peptide | 50 | Viscotoxin | *Viscum album* |
| Proteine | 100 | Abrin | *Abrus precatorius* |

Niemand sollte der Illusion nachhängen, dass Substanzen in den Pflanzen, die für Tiere giftig sind, diese Wirkung bei Verzehr für den Menschen nicht entwickeln würden. Zwar sind in den landwirtschaftlich angebauten Kulturpflanzensorten die giftigen sekundären Pflanzenstoffe in ihrem Gehalt gemindert oder entfernt worden, aber gerade deswegen sind sie auch für ihre Fraßfeinde anfälliger geworden als die Wildpflanzen. Es hat diverse Versuche gegeben, durch konventionelle Züchtung die Resistenzeigenschaften der Wildpflanzen auf die ertragreichen Kulturpflanzensorten zu übertragen. Jedoch gingen in vielen Fällen mit dem Erwerb der Resistenzeigenschaften andere Eigenschaften in Bezug auf die Qualität und Quantität der Ernte wieder verloren. In einigen Fällen war das Züchtungsergebnis überhaupt nicht verwendbar. Eine neu eingeführte Sorte einer konventionell gezüchteten, insekten-resistenten Kartoffel musste wieder vom Markt genommen werden, da der hohe Gehalt an dem Toxin Solanin diese Kartoffeln für den menschlichen Verzehr ungeeignet machte. In einer in den USA verbreiteten Neuzüchtung von Insekten-resistentem Sellerie verursachte der zehnfache Gehalt an Psoralen bei Gartenarbeitern Hautkrankheiten.

Zwar werden einige pflanzliche Sekundärstoffe bei der Zubereitung der Mahlzeiten zum Beispiel durch Kochen zerstört, die meisten sind jedoch stabil. Schon seit den 90iger Jahren ist bekannt, dass mehr als 99 % aller Krebs-auslösenden Stoffe, welche die Menschen in den Industriestaaten mit ihrer täglichen Nahrung aufnehmen, von Pflanzen auf natürliche Weise synthetisiert werden (Ames et al, 1990a; ref. Larcher, 1995) (Tab. 10.2.). Aus Erfahrung sind die Menschen jedoch allgemein davon überzeugt, dass der menschliche Organismus mit diesen Krebs-erregenden pflanzlichen Substanzen in den natürlicherweise auftretenden Konzentrationen unbeschadet zurecht kommt. Wenn man bedenkt, dass gerade die Biosynthese sekundärer Pflanzenstoffe mitunter stark von den klimatischen Bedingungen der jeweiligen Vegetationsperiode abhängt (unter Stress-Bedingungen wie höhere Temperaturen oder Trocken-heit kann die Biosynthese bestimmter sekundärer Pflanzenstoffe gesteigert werden), wäre eine sachgerechte Kontrolle in dieser Hinsicht von größerem Interesse für die Verbraucher als der pauschale, in diesem Fall nichtssagende Hinweis auf die Herkunft der Pflanzen aus der jeweiligen landwirtschaftlichen Anbauweise.

**Tabb. 10.2. Beispielhafte Auswahl einiger Substanzen, die von nicht-transgenen Pflanzen natürlicherweise synthetisiert und in ihnen bzw. in den daraus hergestellten Lebensmitteln angereichert sind. (verändert nach Ames et al, 1990a)**

| karzinogene Substanz | Konz., ppm | Pflanze / Lebensmittel |
|---|---|---|
| 5- bzw. 8-Methoxypsoralen | 14 | Petersilie |
| | 32 | Pastinak, gekocht |
| | 0,8 - 25 | Sellerie |
| Sinigrin (Allyl-Isothiocyanat) | 35 – 590 | Kohl |
| | 12 – 66 | Blumenkohl |
| | 110 – 1560 | Rosenkohl |
| | 4500 | Meerrettich |
| D-Limonen | 31 | Orangensaft |
| | 40 | Mango |
| | 8000 | Schwarzer Pfeffer |
| Estragol | 3000 | Fenchel |
| Safrol | 3000 | Muskatnuss |
| | 10000 | Muskatblüte |
| | 100 | Schwarzer Pfeffer |
| Äthylacrylat | 0,07 | Ananas |
| Sesamol | 75 | Sesam-Körner |
| Benylacetat | 230 | Jasmintee |
| | 15 | Honig |
| Catechol | 100 | Kaffee (geröstete Bohnen) |
| Caffeinsäure | 50 – 200 | Apfel, Karotte, Sellerie, Kirsche, Pflaume, Endivie, Wein, Birne, Kartoffel |
| | >1000 | Absinth, Anis, Kümmel, Dill, Majoran, Rosmarin, Salbei, Bohnenkraut, Estragon, Thymian |
| | 11600 | Kaffee (geröstete Bohnen) |

Vielmehr werden Lebensmittel, hergestellt aus traditionell gezüchteten Pflanzen, insofern grundsätzlich als sicher angesehen, da dies die Erfahrung ihrer Nutzung über lange Zeiträume bewiesen hat. Eine gründliche Laboranalyse der überwiegenden Mehrzahl dieser Lebensmittel hatte vor ihrer Markteinführung nicht stattgefunden; insofern kam auch die Frage nicht auf, ob bestimmte Inhaltsstoffe des jeweiligen Lebensmittels Langzeitwirkung haben könnte.

In dieser Hinsicht wird denjenigen, die beabsichtigen, transgene Pflanzen zu vermarkten (d.h. ihr Inverkehrbringen zu beantragen), eine tiefgehende Analyse ihrer GVP abverlangt. Das Konzept dieses Prüfverfahrens benutzt die herkömmlichen Lebensmittel als Vergleichs-grundlage („aus Erfahrung sicher") und verlangt eine Prüfung der GVP bzw. der aus ihnen hergestellten Lebensmittel nach dem „Prinzip der substanziellen Äquivalenz" (OECD, 1993 und 1996; SCF, 1997; FAO /WHO 1996, 2000, 2001 und 2002). In dem auferlegten Prüfver-fahren wird u.a. verlangt, (i) das eingeführte DNA-Konstrukt, seine Insertionsstelle im Ge-nom der Empfängerpflanze sowie die resultierenden Proteine oder Metabolite molekularbiologisch zu charakterisieren, (ii) die stoffliche Zusammensetzung des GVP insbesondere im Hinblick auf natürlicherweise synthetisierte Toxine oder potenzielle Allergene zu analysieren, (iii) die Möglichkeit des Gentransfers von der transgenen Pflanze auf Mikroorganismen im Verdauungstrakt zu untersuchen, (iv) die neuen Gen-Produkte der transgenen Pflanze potenziell auf Allergenität zu prüfen, (v) die Menge der neuen Proteine durch die tägliche Lebensmittel-Aufnahme zu bestimmen und (vi) eine tiefgehende Bewertung der toxikologischen und ernährungsphysiologischen Daten vorzunehmen.

Es ist leicht nachzuvollziehen, dass das „Prinzip der substanziellen Äquivalenz" einen großen Ermessensspielraum für individuelle (oder auch nationale) Interpretationen bietet. Unbeachtet mancher Fehlinterpretationen (Millstone et al, 1999; UBA, 2001) kann nach dem „Prinzip der substanziellen Äquivalenz" zunächst nur festgestellt werden, ob und in welcher Weise sich die Zusammensetzung der jeweiligen transgenen Pflanze von der ihrer Ausgangspflanze unterscheidet; bestehen signifikante Unterschiede, so muss den Ursachen und potenziellen Auswirkungen nachgegangen werden. Um den Vergleich mit den nicht-transgenen Kulturpflanzen sicherstellen zu können, sind unter der Federführung der OECD eine Reihe von sogenannten „Consensus Documents" unter internationaler Übereinstimmung abgefasst worden, welche die Basiswerte für den Vergleich nach dem „Prinzip der substanziellen Äquivalenz" liefern sollen (OECD, 2003). Es sei nochmals in diesem Zusammenhang darauf hingewiesen (s.o.), dass unter extremen klimatischen Bedingungen die stoffliche Zusammensetzung von traditionell gezüchteten Pflanzen wie auch von transgenen Pflanzen nicht mehr den Standardwerten entsprechen wird.

Obwohl das „Prinzip der substanziellen Äquivalenz" von verschiedenen Seiten angefeindet worden ist, bleibt die Praktikabilität des Grundprinzips unangetastet. Wenn die Bewertung einer neuen, konventionell gezüchteten oder einer mit Hilfe gentechnischer Verfahren veränderten Kulturpflanzensorte ansteht, ist es naheliegend und sachgerecht, zunächst den Vergleich mit der Ausgangssorte anzustellen. Um den semantischen Streitigkeiten als auch den Missinterpretationen zu begegnen, schlagen Kok und Kuiper (2003) vor, den Begriff „Prinzip der substanziellen Äquivalenz" durch „Vergleichende Sicherheitsbewertung" zu ersetzen. Damit wird einbezogen, dass für transgene Pflanzen nur eine Sicherheitsbewertung in Bezug auf ihre nicht-transgenen Ausgangspflanzen gegeben werden kann und dass die Zweifelsfälle konventionell gezüchteter Kulturpflanzensorten nicht zu Lasten der neuen, transgenen Pflanzensorten gehen können.

10.2.5. „Bewahrt die natürlichen Landrassen vor der ‚Verunreinigung' mit fremden Genen!"

Wenn von „natürlichen Landrassen" und Biodiversität gesprochen wird, hat die Allgemeinheit meist nur eine diffuse Vorstellung davon, was gemeint sein könnte. Möglicherweise bringt mancher damit noch den Begriff der schützenswerten genetischen Ressourcen in Verbindung und dass es diese Landrassen – gleichsam wie in Reservaten – nur noch in einigen Gebieten der Erde geben soll. Äußerst medienwirksam war bei dieser Ausgangslage die Nachricht, dass transgene Maispflanzen durch Auskreuzen die mexikanischen Landrassen im Gebiet Oaxaca „verunreinigt" hätten (Quist und Chapela, 2001 und 2002). Wie sich bei der Überprüfung der Angaben von Quist und Chapela (2001) ergeben hat, war ihre experimentelle Vorgehensweise fehlerhaft und die Interpretation ihrer Ergebnisse falsch (z.B. Christou, 2002; de Vries et al, 2003); Chapela und Quist (2001) haben definitiv nicht das Auskreuzen von transgenem Mais in die mexikanischen Landrassen nachgewiesen. Dies soll hier aber nicht Gegenstand der Erörterung sein, sondern es soll darauf eingegangen werden, was es für die mexikanischen Landrassen des Mais bedeuten würde, wenn transgene Maissorten willentlich oder unwillentlich eingekreuzt werden würden.

Landrassen von Kulturpflanzen sind in oft großer Vielzahl in den Gebieten der Erde entstanden, wo Landwirte auf kleinen Flächen hauptsächlich für den Eigenbedarf Ackerbau betreiben und jeweils aus ihrer Ernte das Saatgut für die nächste Aussaat gewinnen (Morris und Lopez-Pereira, 1997). Es kann vorkommen, dass sie gelegentlich zusätzlich Saatgut von ihren Nachbarn beziehen und unter das eigene Saatgut untermischen, ja dass sie in geringen Mengen Saatgut kommerziell erwerben müssen (Loutte et al, 1997; Loutte und Smale, 2000). Diese Vorgehensweise wird zum Teil auch mit der Absicht verfolgt, um die Eigenschaften des eigenen Anbaus für die nächsten Vegetationsperioden mehr und mehr den lokalen Gegebenheiten anzupassen (Aguirre, 1999; Perales et al, 2000a). Diese über lange Zeiträume ablaufende Adaptierung von Kulturpflanzensorten wird im Falle des Mais auch „Kreolisierung" genannt (Bellon und Risopoulos, 2001). Es ist eine Tatsache, dass auf diese Weise auch ein Genfluss aus den verbesserten konventionell gezüchteten Sorten in die Landrassen der Kleinbauern besteht. Es bleibt also festzuhalten, dass es sich bei den meisten der Landrassen nicht um „Kulturpflanzensorten" natürlichen Ursprungs und festgelegten genetischen Eigenschaften handelt, sondern sie über die Zeit durch menschliches Handeln stetig den menschlichen Bedürfnissen angepasst wurden und weiterhin immer noch werden; bei den mexikanischen Landrassen des Mais im Gebiet Oaxaca geschieht dies seit 6000 Jahren (Piperno und Flannery, 2001). Unter diesen Umständen ist es eigentlich nur eine Frage der Zeit, wann auch transgene Eigenschaften in diesen Landrassen auftauchen werden.

Wenn der Anbau von transgenen Maissorten in Mexiko kommerziell eingeführt wird, so ist davon auszugehen, dass sie, wie die nicht-transgenen Kultursorten des Mais, auch Aufnahme finden werden in den „kreolisierten" Varietäten. Wie mit den nicht-transgenen Maissorten würde sich eine Koexistenz von transgenen Maissorten und den Landrassen etablieren (Bellon und Risopoulos, 2001). Der Einfluss der transgenen Sorten würde sich also nicht wesentlich von dem der nicht-transgenen, konventionell gezüchteten Sorten auf die Landrassen unterscheiden, die auch nicht zu einer Verdrängung der Landrassen geführt hat (Bellon und Brush, 1994; Louette et al, 1997; Perales et al, 2003b).

Theoretisch könnte man davon ausgehen, dass der Genfluss von optimierten Sorten in die Landrassen diese langsam verdrängen würde. Realität aber ist es, dass optimierte Maissorten in Mexiko koexistieren mit „kreolisierten" Varietäten und Landrassen und dies auch in Gebieten, wo durch konventionelle Züchtung optimierte Maissorten schon seit langer Zeit angebaut werden (Bellon und Brush, 1994; Louette et al, 1997; Perales et al, 2003b). Wie jedes andere Gen würde sich ein Transgen über die Auskreuzung in den Landrassen ausbreiten können, wäre aber dabei zunächst von der phänotypischen Einschätzung und Auswahl der Kleinbauern abhängig.

Obwohl heute nicht vorausgesagt werden kann, in welcher Weise die Auskreuzung und die menschliche Komponente der subjektiven Auswahl die Verbreitung von Transgenen in den Landrassen tatsächlich beeinflussen wird, sind aber schon jetzt Szenarien vorstellbar, deren möglicher Eintritt sicherlich rechtzeitige administrative Maßnahmen sachgerecht erscheinen lassen.

Aber auch die denkbaren Szenarien bedürfen einer Fall-spezifischen Betrachtungsweise. Würde eine Bt-Maissorte aufgrund ihrer Insekten-Resistenz das Interesse der Kleinbauern erwecken, so dass sie diese transgene Maissorte (und damit das Transgen, das für ein δ–Endotoxin aus *Bacillus thuringiensis* kodiert) in ihre Mais-Landrassen einkreuzen, so wäre das Transgen ein Gen für eine spezielle Eigenschaft wie andere Gene auch und es ist nicht zu erkennen, wie durch die Aufnahme dieses einzelnen Transgens die Biodiversität insgesamt gemindert werden könnte. Ganz anders ist die Situation, wenn Transgene sich zwar in den Landrassen ausbreiten, aber sie nicht mehr in den Landrassen zur Expression kommen; damit ist mit einiger Sicherheit zu rechnen, da der „genetische Hintergrund" der Landrassen sich beträchtlich von dem der transgenen Sorten unterscheidet (Fagard und Vaucheret, 2000). Bei der weiteren Verbreitung dieser Transgene in den Landrassen wäre also die gezielte Auswahl durch die Kleinbauern obsolet.

Aber nicht nur aufgrund menschlicher Auswahl oder kommerzieller Maßnahmen kann die Biodiversität der mexikanischen Mais-Landrassen gemindert sein. Würde sich in großen Teilen der Gesellschaft zum Beispiel die (wissenschaftlich nicht zu rechtfertigende) Meinung festsetzen, dass die Mais-Landrassen durch Transgene „verunreinigt" seien, so wäre es leicht abzusehen, dass die jetzige Wertschätzung der Mais-Landrassen bald stark beeinträchtigt wäre, ihr Anbau daraufhin zurückgehen würde und damit auch die Biodiversität tatsächlich gefährdet wäre. Macht man sich die Wandlung von der Gefährdung durch GVO zu der Auskreuzung durch GVO (und damit der „Kontaminierung" von nicht-transgenem Anbau) im Bereich der EU-Mitgliedsstaaten bewusst (Kapitel 11.2.), so ist es bereits jetzt schon nur allzu deutlich, dass diese Situation wahrscheinlich demnächst auch in Mexiko und anderen Gebieten der Erde eintreten wird, in denen Landrassen anderer Kulturpflanzen in reichlicher Anzahl vorhanden sind. In weiten Teilen Asiens gibt es das oben für den Mais beschriebene Verfahren der Weiterentwicklung und lokalen Optimierung auch für den Reis durch Kleinbauern (Bellon et al, 1997). Vergleichbares gilt für Kleinbauern in Indien und einigen Gebieten Afrikas, die ihre Landrassen des Weizens anbauen (Heisey et al, 2002) und für Kartoffel-Landrassen der Kleinbauern im Anden-Gebiet (Quiros et al, 1992).

Wenn es der Menschheit wirklich Ernst ist mit ihrer Wertschätzung der durch die Kleinbauern Mexikos „gepflegten" Landrassen und ihrer Weiterentwicklung, so fordern Bellon und Berthaud (2004) dazu auf, diese Kleinbauern in ihrem Vorgehen finanziell zu unterstützen und nicht nur zu lamentieren. Modellhafte Projekte zur Unterstützung hat es bereits gegeben (Chavez-Serva et al, 2002; Bellon et al, 2003)

## 10.2.6. „Gen-Food brauchen wir nicht!"

Wenn man über die Anwendung der „Grünen Gentechnik" befinden will, so ist es sicher richtig, dass eine Technologie nicht *per se* gut oder schlecht ist, sondern dass die gesellschaftlichen und politischen Rahmenbedingungen mit entscheidend für die tatsächlichen Auswirkungen sind. Es muss ein konstruktiver Dialog zustande kommen (Virchow und Qaim, 2002) mit dem Ziel, politische Strategien zu entwickeln, wie der Nutzen der „Grünen Gentechnik" zu maximieren und die eventuellen Risiken zu minimieren sind.

Wenn man in den EU-Mitgliedsstaaten die Floskel hört „Gen-Food brauchen wir nicht!", so hat die Frage nach der Zulässigkeit des Anbaus von gentechnisch veränderten Pflanzen schon längst eine völlig neue, über den EU-Bereich hinausgehende Bedeutung erlangt. Es besteht Einigkeit darüber, dass der derzeitige Zustand der Ernährung von großen Teilen der Menschheit quantitativ und qualitativ ungenügend ist und dass dieses Problem in den nächsten 25 bis 30 Jahren drastische Folgen haben wird, wenn nicht jetzt schon einschneidende Maßnahmen ergriffen werden, um die Produktion von Lebensmitteln zu steigern und ihre Verteilung sicherzustellen und zu verbessern (siehe hierzu die Beiträge von Prakrash, Machuka, Siedow, Herrera-Estrella, Chrispeels, Dawkins und Borlaug in Brandt, 2003a).

In einer vernetzten, mit 6 Milliarden Menschen bevölkerten Welt, in der viele grundsätzliche Entscheidungen meist globale Folgen haben können, werden wissenschaftliche Voraussagen gebraucht, um ihnen rechtzeitig das menschliche Handeln anzupassen. Unter den gegebenen Umständen formuliert Reichhoff (2002) – zugegebenermaßen überspitzt –, dass Prophezeiungen nicht für den Naturschutz gebraucht werden, denn die Natur kommt ohne Modelle und Prognosen aus; sie werden für den „Menschenschutz" gebraucht.

Die allgemein (noch) vorherrschende Meinung, dass das, was auf den Äckern (ohne zu Hilfenahme der Gentechnik) derzeit angebaut wird, noch „pure" Natur sei und daher vor der „Gefahr der Verunreinigung" durch transgene Auskreuzung geschützt werden müsse, nimmt die methodische Entwicklung in der konventionellen Pflanzenzüchtung der vergangenen 50 Jahre nicht zur Kenntnis. Es ist sicher von Bedeutung, sich bewusst zu machen, welcher fundamentale biologische Unterschied besteht zwischen einer Birne, die deshalb unversehrt durch Pilzbefall heranreifen kann, weil sie die Frucht eines Birnbaums ist, dessen Vorfahren durch radioaktive Bestrahlung[177] zufälligerweise diese Pilzresistenz als Mutante vermittelt bekommen hat, und einem transgenen Birnbaum, der durch Einbringen eines bestimmten Gens dieselbe Pilzresistenz erlangt hat und ebensolche ansprechenden Birnen ausbildet. Es sei außerdem darauf hingewiesen, dass seit 50 Jahren eine Auskreuzung derartiger, auch bei anderen Kulturpflanzen durch Mutagenese herbeigeführten Eigenschaften (Chemikalienbehandlung oder radioaktive Bestrahlung) stattgefunden hat. Es ist mit Sicherheit davon auszugehen dass sich diese nie molekularbiologisch charakterisierten, genetischen Veränderungen vieler unserer heutigen Kulturpflanzen – in welcher Anbauweise auch immer – in dem allgemeinen Gen-Pool der derzeit angebauten Kulturpflanzen befinden. Es zeugt unter diesen Umständen zumindest von einem gewissen Maß an Voreingenommenheit, schlichtweg zu behaupten, die konventionell produzierten Lebensmittel seien sicher und die aus transgenen Pflanzen hergestellten Lebensmittel seien aufgrund der Gentechnik eo ipso Risiko-belastet und über die Effekte von Langzeit-Wirkungen sei noch nichts bekannt. Wollte man umfassende Vorsorge betreiben, so besteht aus naturwissenschaftlicher Sicht hier noch einiger Nachholbedarf.

Auch wenn es manche Gentechnik-Kritiker nicht wahrhaben wollen, so ist es doch evident, dass es durch den großflächigen Anbau von gentechnisch veränderten Pflanzen in den USA vermieden wird, eine beträchtliche Menge an Herbiziden bzw. Insektiziden weiterhin ausbringen zu müssen und dass gleichzeitig die landwirtschaftlichen Produktionskosten abgesenkt wurden (Gianessi, 2002). Nachweislich ist der Nutzen des Anbaus transgener Sorten nicht nur auf die Industriestaaten beschränkt (siehe hierzu auch Kapitel 11.1.), sondern wird bereits auch für einige südafrikanische Staaten vermeldet. So sollen Kleinbauern in Südafrika von dem Anbau gentechnisch veränderter Baumwolle profitieren (Ertragssteigerung um $ 150 pro ha) und gleichzeitig sechs Insektizid-Spritzungen nicht mehr nötig sein (Borlaug, 2002). Inzwischen haben sich die transgenen Reissorten Indica und Japonica („Golden Rice"; siehe Kapitel 9.4.3.) im konventionellen Anbau so bewährt, dass die Deregulierung ihrer Zulassung in Aussicht steht (Tran et al, 2003).

---

[177] Als Beispiel sei auf die Internet-Adresse http://www.irb.affrc.go.jp verwiesen.

Wer in Europa gegen gentechnische Methoden zur Veränderung unserer Kulturpflanzensorten eintritt, weil er meint, „wir brauchen die nicht", sollte sich auch bewusst sein, dass er damit auch jegliche Forschungsinitiative und Anwendungsmöglichkeit von transgenen Pflanzen verhindern will, die für die problemlose Ernährung von Menschen mit allergenen Reaktionen auf bestimmte Lebensmittelinhaltsstoffe von Bedeutung sein können. Es zeugt von einer gewissen „Kreuzzugsmentalität", eines einmal gefassten Prinzips halber in einer derartig fundamentalen Ablehnung zu verharren.

### 10.2.7. „Durch Antibiotika-Resistenzgene aus transgenen Pflanzen drohen „neue" Krankheitserreger?"[178]

Seit Beginn der Verwendung von transgenen Pflanzen sind sie dem Verdacht unterworfen, dass die zusammen mit dem jeweiligen „Ziel"-Gen zu Selektionszwecken inserierten Antibiotika-Resistenzgene ein nicht hinzunehmendes Risiko darstellen; es wird unterstellt, dass diese Antibiotika-Resistenzgene auf humane Krankheitserreger übertragen werden (d.i. »Horizontaler Gentransfer«), welche dann im Krankheitsfall nicht mehr therapierbar seien durch die verfügbaren Antibiotika. Was ist dran an dieser Argumentation?

Will man sich darüber Klarheit verschaffen, so sind folgende Fragen zu klären: Gibt es diesen „Horizontalen Gentransfer" von genetischem Material transgener Pflanzen auf mikrobielle Organismen und wenn ja, wie groß ist die Wahrscheinlichkeit seines Eintritts? Welche Antibiotika-Resistenzgene werden in transgenen Pflanzen zu Selektionszwecken als Marker-Gene benutzt und welche therapeutische Bedeutung haben sie in der Therapie? Sind Transfer-Mechanismen zwischen Mikroorganismen bekannt, die zur Verbreitung dieser Antibiotika-Resistenzgene unter natürlichen Bedingungen beitragen (ohne die Anwesenheit von transgenem Pflanzenmaterial)? Im Folgenden wird auf diese drei Fragen eingegangen.

In den letzten zehn Jahren haben sich mehrere Forschungsgruppen darum bemüht, einen »Horizontalen Gentransfer« experimentell nachzuweisen. Hier seien exemplarisch einige Beispiele aufgeführt:

Bennet et al (2004) haben die herkömmlichen bakteriellen Gen-Transfer-Mechanismen (Konjugation, Transduktion und Transformation) sowie die bekannten Rekombinationsmechanismen (homologe Rekombination, Transposition, „Site-specific"-Rekombination und „DNA-repair") untersucht und konnten kein Szenario erkennen, das zu neuen, Antibiotikaresistenten Mikroorganismen aufgrund der Übertragung von DNA aus transgenen Pflanzen geführt hat. Andererseits betonen sie auch, dass sie seltene Ereignisse dieser Art nicht ausschließen können. Sie schränken die Bedeutung der Möglichkeit eines »Horizontalen Gentransfers« angesichts der Verwendung des $bla_{TEM}$, $aph(3')$ und $aadA$ als Marker-Gene in transgenen Pflanzen insofern ein, als gerade diese Antibiotika-Resistenzgene in den bakteriel-

---

[178] Dieser Frage soll hier aufgrund wissenschaftlicher Erkenntnisse nachgegangen werden unabhängig davon, dass in der EU-Richtlinie 2001/18/EG ausgeführt wird, dass in der Präambel erklärt wird, dass „das Problem der Antibiotikaresistenzgene bei der Durchführung der Umweltverträglichkeitsprüfung von GVO, die solche Gene enthalten, besonders berücksichtigt werden soll", und dass im Artikel 4 erklärt wird, dass bis Ende des Jahres 2004 derartige Antibiotika-Resistenzgene nicht mehr in transgenen Pflanzen vorhanden sein dürfen, für die das Inverkehrbringen beantragt wird, und dass bis Ende des Jahres 2008 dasselbe für transgene Pflanzen gilt, für die ein Antrag auf einen Freisetzungsversuch gestellt wird. Es sei an dieser Stelle nochmals darauf hingewiesen, dass sich diese Regelungen auf keinerlei wissenschaftliche Erkenntnisse stützen, sondern gesellschaftspolitischen Entscheidungen folgen.

len Populationen ubiquitär verbreitet sein sollen. Gerade diese Ubiquität hat in einigen klinischen Fällen zu Schwierigkeiten geführt. Im Verhältnis dazu ist die (theoretische) Möglichkeit des »Horizontalen Gentransfers« von gerade diesen Antibiotika-Resistenzgenen aus transgenen Pflanzen in das Genom von bakteriellen Krankheitserregerns ohne Bedeutung.

Nielsen et al (2001) widmeten sich insbesondere der Phytosphäre transgener Pflanzen im Hinblick auf einen potenziellen »Horizontalen Gentransfer« von transgenen Pflanzen auf mikrobielle Bodenorganismen. Sie kommen allerdings in ihrem Review zu dem Fazit, dass noch zu wenig Ergebnisse vorliegen (Lorenz und Wackernagel, 1994; Paget und Simonet, 1994; Bertolla et al, 2000), um abschließende Aussagen über einen »Horizontalen Gentransfer« von transgenen Pflanzen auf Bakterien machen zu können.

Kay et al (2002) machten einen »Horizontalen Gentransfer« von transgenen Inserts pflanzlichen Ursprungs in das Genom von *Ralstonia solanacearum* dadurch experimentell möglich, dass sie transgene Tabakpflanzen, die mit dem *aadA* Plastom-transformiert worden waren, simultan mit *Acinetobacter* und *Ralstonia solanacearum* infizierten; *Acinetobacter* war zuvor mit den plastidären, der Insertionsstelle benachbarten DNA-Sequenzen versehen worden. Ohne die entsprechenden plastidären Gensequenzen in *Acinetobacter* konnte allerdings kein »Horizontaler Gentransfer« über *Ralstonia solanacearum* erreicht werden. Auch Tepfer et al (2003) waren wenig erfolgreich mit dem experimentellen Nachweis eines »Horizontalen Gentransfers« von transgener DNA aus transgenen Pflanzen in das Genom von *Acinetobacter*.

Ist die Bedeutung eines »Horizontalen Gentransfers« für den hypothetischen Transfer von pflanzlichen Transgenen in das Genom von Bakterien weiterhin fraglich, so weisen Kurland et al (2003) auch darauf hin, dass aufgrund ihrer Recherchen dem »Horizontalen Gentransfer« im evolutionären Maßstab nur äußerst wenig Bedeutung zukommen könne.

Auch die Untersuchungen von Netherwood et al (2004) bringen keine Aufklärung darüber, in welchem Ausmaß ein »Horizontaler Gentransfer« von Transgenen aus gentechnisch modifizierten Pflanzen auf Bakterien zu erwarten ist. Sie untersuchten das (teil)verdaute Pflanzenmaterial, das von Patienten mit künstlichem Darmausgang verzehrt worden war. Während bei der normalen Magen-Darm-Passage das EPSPS-Gen von transgenem Soja vollständig metabolisiert wird, konnte bei diesen Patienten mit verkürztem Verdauungstrakt ein Anteil von maximal 3,7 % nicht-metabolisiertem EPSPS-Gen nachgewiesen werden. Bei drei der sieben Versuchspersonen lagen Anzeichen dafür vor, dass das EPSPS-Gen in einigen Fällen auf die Darmflora übergegangen war. Da die Transfer-Rate aber während der Versuchsdauer nicht weiter anstieg, vermuten Netherwood et al (2004), dass dieser Transfer vor ihrer Versuchsdurchführung erfolgt sein müsste.

In ihrer Stellungnahme zur „Biologischen Sicherheit von Antibiotika-Resistenzgenen im Genom gentechnisch veränderter Pflanzen" macht die Zentrale Kommission für die Biologische Sicherheit (ZKBS, 1999) deutlich[179], welche Abfolge von Teilschritten für einen Horizontalen Gentransfer notwendig wären: (i) Freisetzung des Antibiotikum-Resistenzgens in intakter Form aus der Pflanzenzelle, (ii) Aufnahme durch kompetente Bakterien, (iii) Etablierung eines transformierten DNA-Fragments in der Bakterienzelle und (iv) erfolgreiche Expression des übertragenen Antibiotikum-Resistenzgens. Das gemeinsame Eintreffen all dieser, jeweils einzeln als sehr selten eingeschätzter Ereignisse macht einen Gentransfer der Antibiotika-Resistenzgene von Pflanzen auf Bakterien sehr unwahrscheinlich. Nach Berechnungen

---

[179] Im Folgenden wird weitgehend aus dieser ZKBS-Stellungnahme zitiert.

von Schlüter und Potrykus (1996) liegt die Wahrscheinlichkeit der Transformation von Bodenbakterien mit dem Kanamycin-Resistenzgen aus Ernterückständen transgener Pflanzen bei bakteriellen Rezipienten, die wie *Bacillus subtilis* ein effizientes Transforamtionssystem, aber keine Homologie zur aufgenommenen DNA besitzen, bei $2x10^{-11}$ bis $2,7x10^{-17}$, und bei bakteriellen Rezipienten, die wie *Agrobacterium tumefaciens* kein effizientes Transformationssystem, aber Homologie zur aufgenommenen DNA besitzen, bei $2x10^{-14}$ bis $1,3x10^{-21}$.

Von grundsätzlicher Bedeutung für die Bewertung der Biologischen Sicherheit der Antibiotika-Resistenzgene im Genom transgener Pflanzen ist es, die Wahrscheinlichkeit der Transformation von Boden- und Enterobakterien durch die aus dem Genom transgener Pflanzen freigesetzten Antibiotika-Resistenzgene in Relation zu sehen zu der Wahrscheinlichkeit der Übertragung solcher Antibiotika-Resistenzgene durch Konjugation von Bakterium zu Bakterium. Da (a) die Wahrscheinlichkeit der Gen-Übertragung von transgenen Pflanzen auf Bakterien auf $2x10^{-11}$ bis $1,3x10^{-21}$ pro Bakterium geschätzt wird (s.o), jedoch die der Gen-Übertragung durch Konjugation zwischen Boden- und Enterobakterien bei $10^{-1}$ bis $10^{-8}$ pro Spenderzelle liegt (Dröge et al, 1998), (b) Freisetzungsexperimente mit gentechnisch veränderten Pflanzen zeitlich und räumlich begrenzt sind und (c) gentechnisch veränderte Pflanzen aus Freisetzungsexperimenten nicht für Lebens- oder Futtermittelzwecke vorgesehen sind, stellt die ZKBS fest, dass aufgrund des Vorhandenseins des Kanamycin- oder des Hygromycin-Resistenzgens in gentechnisch veränderten Pflanzen, die für Freisetzungsexperimente vorgesehen sind, keine schädlichen Einwirkungen auf Leben und Gesundheit von Menschen, Tiere, Pflanzen sowie auf die sonstige Umwelt in ihrem Wirkungsgefüge und Sachgüter (§1 GenTG) zu erwarten sind. Im Hinblick auf das Inverkehrbringen solcher Pflanzen wird ferner festgestellt, dass von den o.g. Antibiotika-Resistenzgenen (bzw. von deren Genprodukten) kein allergenes Potenzial ausgeht und dass es keine Hinweise für die Aufnahme funktionsfähiger DNA in Epithelzellen gibt (U. S. Food and Drug Administration, 1998).

In ihrer Stellungnahme ordnet die ZKBS (1999) das Kanamycin- und das Hygromycin-Resistenzgen der Gruppe von Antibiotika-Resistenzgenen zu, die (a) in Boden- und Enterobakterien bereits weit verbreitet sind und deren (b) relevante Antibiotika keine oder nur geringe therapeutische Bedeutung in der Human- bzw. Veterinärmedizin besitzen, so dass davon ausgegangen werden kann, dass – wenn überhaupt – das Vorhandensein dieser Antibiotika-Resistenzgene im Genom transgener Pflanzen keine Auswirkung auf die Verbreitung dieser Antibiotika-Resistenzgene in der Umwelt zur Folge hat.

## 11. Status der „Grünen Gentechnik" und administrative Regelungen

Es ist selbstverständlich, dass die Entwicklung einer neuen Technologie grundsätzlich von der gesellschaftlichen Akzeptanz und dem Grad der gesetzlichen Reglementierung abhängt. So erfuhr z.B. im Jahr 1993 die „Grüne Gentechnik" in den USA einen enormen Entwicklungsschub dadurch, dass Freisetzungsvorhaben mit bestimmten transgenen Kulturpflanzen nicht mehr beantragt, sondern nur noch angemeldet werden mussten. Auch ist das Verhalten der Bevölkerung (nicht immer auch der Regierungen) in Staaten außerhalb von Europa vielfach weitaus rationaler als die Meinung der Bevölkerung in den EU-Mitgliedsstaaten zur „Grünen Gentechnik". Zwar ist es hier nicht der Ort, den Ursachen dieser Diskrepanz im Einzelnen nachgehen zu wollen, aber dennoch ist offensichtlich, dass vielfach aufgrund der Befindlichkeit des Einzelnen generalisierend über die Bedürfnisse der gesamten Menschheit befunden wird (ref. Brandt, 2003a).

In diesem Zusammenhang ist es sicher nicht unbedeutend, dass eine Gruppe von Wissenschaftlern der »University of Toronto's Joint Centre for Bioethics« (JCB) in einer Studie u.a. publiziert haben (http://www.utoronto.ca/jcb/_genomics/pdfs/top10.pdf), dass (i) es dringend notwendig ist, Impfstoffe gegen bestimmte Infektionskrankheiten mit Hilfe gentechnischer Methoden zu produzieren (siehe Kapitel 9.1. und 9.2.), (ii) gentechnische Methoden für Bioremediation-Verfahren einzusetzen (siehe Kapitel 8.7.4.) und (iii) gentechnische Methoden einzusetzen, um bestimmte Defizite in der Ernährung beheben zu können (siehe Kapitel 9.3 und 9.4.3.).

## 11.1. Weltweite Anwendung der „Grünen Gentechnik"[180]

Die derzeitige Anwendung der „Grünen Gentechnik" in den Mitgliedsstaaten der Europäischen Union (insbesondere in Deutschland) und in vielen Staaten der übrigen Welt könnte nicht gegensätzlicher sein (Brandt, 2003b). Im Jahr 2003 betrug die weltweite landwirtschaftliche Anbaufläche transgener Kulturpflanzen 67,7 Mio. Hektar. Damit nahm diese Anbaufläche im Jahr 2003 um mehr als 10% zu. Daran waren 7 Mio. Landwirte aus 18 Staaten beteiligt im Vergleich zu 6 Mio. Landwirten aus 16 Staaten im Jahr 2002.

Während der Zeit von 1996 (1,7 Mio. h) bis 2003 (67,7 Mio. h) nahm die weltweite Anbaufläche von transgenen Pflanzen um das 40fache zu. Besonders bemerkenswert ist dabei, dass der Zuwachs an Anbaufläche transgener Pflanzen in bestimmten Entwicklungsländern besonders hoch war; fast ein Drittel der Anbaufläche lag in diesen Ländern. Damit war der Zuwachs an Anbaufläche transgener Pflanzen in den Entwicklungsländern mit 4,4 Mio. Hektar im Jahr 2003 fast so hoch wie in den Industrieländern mit 4,6 Mio. Hektar.

Im Jahr 2003 betrug die Anbaufläche mit transgenen Pflanzen in den USA 42,8 Mio. Hektar, in Argentinien 13,9 Mio. Hektar, in Kanada 4,4 Mio. Hektar, in Brasilien 3 Mio. Hektar, in China 2,8 Mio. Hektar und in Süd-Afrika 0,4 Mio. Hektar. Von diesen Ländern nahm die Anbaufläche von transgenen Pflanzen in China und Süd-Afrika binnen eines Jahres um 33% zu. Hinzu kommen Australien, Indien, Rumänien und Uruguay mit jeweils über 50000 Hektar. In Europa ist neben Spanien, das seinen Anbau von B.t.-Mais um 33% auf 32000 Hektar

---

[180] Die folgenden Angaben wurden entnommen aus http://www.isaaa.org/kc.

steigerte, nur noch Rumänien mit rund 70000 Hektar transgener Sojabohnen (Steigerung um 50%) zu nennen.

Die am meisten angebauten transgenen Kulturpflanzen waren Sojabohnen, Mais und Raps. Transgene Sojabohnen wurden im Jahr 2003 weltweit auf einer Fläche von rund 41,4 Mio. Hektar angebaut (Steigerung von 13% gegenüber dem Jahr 2002); das entspricht etwa 55% des weltweiten Sojabohnen-Anbaus. In Argentinien betrug der Anbau von konventionellen Sojabohnen im Jahr 2003 nur noch 1%. In Brasilien wurde im Jahr 2003 der Anbau von transgenen Sojabohnen legalisiert (geschätzte Anbaufläche 3 Mio Hektar). Der weltweite Anbau von transgenen Maissorten stieg im Jahr 2003 um 25% auf 15,5 Mio. Hektar (entspricht 11% der weltweiten Mais-Anbaufläche). 16% der weltweiten Raps-Anbaufläche wurde mit transgenem Raps bebaut (3,6 Mio. Hektar). Die weltweite Anbaufläche von transgener Baumwolle stieg im Jahr 2003 auf 7,2 Mio. Hektar (21% der Weltproduktion; in China 58% der Baumwollproduktion durch transgene Baumwollpflanzen).

In Deutschland[181] ist das Bundessortenamt nach dem Saatgutverkehrsgesetz und dem Sortenschutzgesetz für die Zulassung und die Schutzerteilung von Pflanzensorten zuständig. Die Zulassung ist Voraussetzung für die Anerkennung von Saat- und Pflanzgut. Nur anerkanntes Saatgut darf nach dem Saatgutverkehrsgesetz in den Verkehr (d.h. Handel und Anbau) gebracht werden. Bisher wurde noch keine gentechnisch veränderte Sorte in Deutschland zugelassen. In anderen EU-Staaten wurden zwar bereits gentechnisch veränderte Sorten zugelassen, Saatgut dieser Sorten ist aber in Deutschland nicht vertriebsfähig, da diese Sorten bislang nicht in den gemeinsamen Sortenkatalog der EU aufgenommen wurden.

Für gentechnisch veränderte Sorten kann die Prüfung im Bundessortenamt erst beginnen, wenn keine Gefahr für Umwelt und Gesundheit von Menschen und Tieren zu erwarten ist, also eine Genehmigung nach dem Gentechnikgesetz vorliegt. Mit Stand vom 01. März 2004 lagen dem Bundessortenamt 9 Zulassungsanträge für gentechnisch veränderte Maissorten vor (eine Herbizid-resistente und acht Insekten-resistente Maissorten). Nach § 3 Abs. 2 Saatgutverkehrsgesetz kann das Bundessortenamt auf Antrag in begrenztem Umfang den Vertrieb von Saat- und Pflanzgut noch nicht zugelassener, aber im Zulassungsverfahren stehender Sorten genehmigen. Seit dem Jahr 1996 wurden solche Genehmigungen auch für gentechnisch veränderte Maissorten erteilt. Für die Frühjahrsaussaat 2004 hat das Bundessortenamt gemäß § 3 Abs. 2 Saatgutverkehrsgesetz für 7 gentechnisch veränderte Maissorten das Inverkehrbringen von 30,5 t Saatgut genehmigt. Bei diesen Genehmigungen handelte es sich ausschließlich um Insekten-resistente Maissorten. Die erforderlichen Genehmigungen nach dem Gentechnikgesetz lagen vor. Für diese Sorten gelten auch hinsichtlich der Verwendung des Erntegutes die Regelungen der Verordnung EG 258/97 über das Inverkehrbringen von neuartigen Lebensmitteln und neuartigen Lebensmittelzutaten.

Die unterschiedliche Entwicklung der „Grünen Gentechnik" in der EU und anderen Staaten auf der Ebene des konventionellen Anbaus und Handels (Inverkehrbringen) wird auch auf der Ebene der experimentellen Freisetzung von gentechnisch veränderten Pflanzen bestätigt[182]. In den USA ist die jährliche Anzahl der Anträge (/Anmeldungen) von geplanten Freisetzungsvorhaben mit gentechnisch veränderten Pflanzen im Zeitraum von 1987 bis 1998 kontinuierlich gestiegen und liegt in den darauf folgenden Jahren bei etwa 950 Freisetzungs-

---

[181] laut Presseerklärung des Bundessortenamtes vom März 2004

[182] Ein korrekter Vergleich der Anzahl von in Deutschland, in der EU oder in den USA gestellten Anträgen auf Freisetzungsversuche mit gentechnisch veränderten Pflanzen ist aufgrund der unterschiedlichen Verfahrensstrukturen nicht möglich; insofern sind nur die Entwicklungstrends jeweils für sich genommen aussagefähig.

versuchen pro Jahr (Abb. 11.1.). Ganz im Gegensatz dazu zeigt die Freisetzungsaktivität in
der EU (wie auch in Deutschland) in demselben Zeitraum eine vollkommen andere Charakte-
ristik (Abb. 11.2.). Während die Anzahl der Anträge auf Freisetzungsversuche mit gentechnisch veränderten Pflanzen im Zeitraum von 1991 bis 1999 in der EU fast kontinuierlich anstieg, ist ab dem Jahr 1999 ein fast abrupter Abfall dieser jährlichen Anzahl zu verzeichnen.
Dies wurde u.a. durch das *de facto*-Moratorium[183] über die Entscheidungen von Anträgen

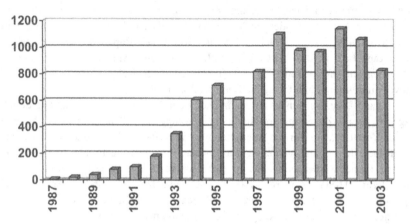

**Abb. 11.1. Anzahl der jährlichen Anträge (bzw. Anmeldungen von) auf Freisetzungsexperimen-
te(n) mit gentechnisch veränderten Pflanzen in den USA im Zeitraum von 1987 bis 2003.
(http://www.isb.vt.edu)**

auf Inverkehrbringen von gentechnisch veränderten Pflanzen im Jahr 1998 bewirkt. Hinzu
kamen in den folgenden Jahren in Deutschland Gerichtsurteile, in denen festgestellt wurde,
dass es durch Freisetzungsversuche (insbesondere bei transgenem Raps) zur Auskreuzung in
konventionell angebautem Raps im Umfeld des transgenen Freisetzungsversuchs gekommen
war und dieser zu vernichten sei, da sonst ein (in Teilen) gentechnisch veränderter Raps In-
verkehr gebracht werde, für den diese Genehmigung noch nicht vorliege. Dieses Vorgehensweise lässt vollkommen unbeachtet, dass in den  Genehmigungsverfahren zu den Freisetzungsversuchen die Frage der Auskreuzung bereits wissenschaftlich geprüft worden ist und
die „Zentrale Kommission für die Biologische Sicherheit" (ZKBS) wie auch die beteiligten
Behörden (Robert Koch-Institut, Umweltbundesamt und Biologische Bundesanstalt für
Landwirtschaft und Forsten) zu dem Ergebnis gekommen waren, dass von solch einer Auskreuzung im vorliegenden Fall keine schädigende Wirkung auf Leben und Gesundheit der
Menschen, Tiere, Pflanzen sowie die sonstige Umwelt in ihrem Wirkungsgefüge und Sachgüter ausgeht (§ 1 Gentechnik-Gesetz).

  Diese Entwicklung auf der gesellschaftspolitischen Ebene war nicht gerade geeignet, potenzielle Antragsteller dazu zu bewegen, nach 1998 Freisetzungsversuche mit gentechnisch
veränderten Pflanzen im Bereich der EU-Mitgliedsstaaten zu beantragen, um dann in späteren
Jahren auch das Inverkehrbringen dieser transgenen Pflanzen beantragen zu können. Resultie-
rend aus dieser Situation sind in der EU bislang nur eine transgene Tabaksorte (aufgrund des

---

[183] *De jure* war dieses Moratorium nach den gesetzlichen Vorgaben der EU nicht statthaft.

Tabakmonopols der Seita auf Frankreich beschränkt), drei transgene Nelkensorten, vier transgene Maissorten (davon eine nur für den Import und Verarbeitung sowie eine derzeit nur für den räumlich begrenzten Versuchsanbau), eine transgene Sojasorte (nur Import und Verarbeitung), drei transgene Rapssorten (davon eine nur für Import und Verarbeitung und eine weitere nur für Züchtungszwecke) und eine transgene Radicchio-Sorte (nur für Züchtungszwecke) nach dem Gentechnikgesetz zugelassen worden[184]. Im Gegensatz dazu wurden zum konventionellen Anbau zugelassen z.B. (i) in den USA sieben transgene Baumwollsorten, eine transgene Chicorée-Sorte, eine transgene Flachssorte, 16 transgene Maissorten, eine transgene Papaya-Sorte, drei transgene Kartoffelsorten, zwei transgene Kürbissorten, neun transgene

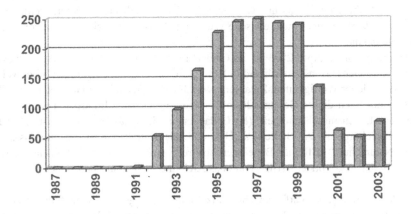

**Abb. 11.2. Anzahl der jährlichen Anträge auf Freisetzungsexperimente mit gentechnich veränderten Pflanzen im Bereich der EU im Zeitraum von 1987 bis 2003. (http://www.rki.de)**

Rapssorten, sechs transgene Sojasorten, sechs transgene Tomatensorten und zwei transgene Zuckerrübensorten und (ii) in Kanada eine transgene Flachssorte, 13 transgene Maissorten, vier transgene Kartoffelsorten, neun transgene Rapssorten, zwei transgene Rübsensorten, zwei transgene Sojasorten und eine transgene Zuckerrübensorte. Es sei an dieser Stelle ausdrücklich darauf hingewiesen, dass weit mehr Staaten weltweit im Jahr 2003 transgene Kulturpflanzen konventionell angebaut haben (s.o.). Etwaige Spekulationen über die weitere Entwicklung der „Grünen Gentechnik" weltweit oder im Bereich der EU-Mitgliedsstaaten sind zum derzeitigen Zeitpunkt unangebracht.

## 11.2. Administrative Regelungen

Zum Zeitpunkt der Fertigstellung des Manuskripts zu dem vorliegenden Buch war leider das deutsche Gesetzgebungsverfahren zur Umsetzung der EU-Richtlinie 2001/18/EG[185] in

---

[184] Zulassung durch das Bundessortenamt für den konventionellen Anbau liegt nicht vor.
[185] Die Richtlinie 2001/18/EG ist am 17. April 2001 in Kraft getreten und hätte eigentlich bis Oktober 2002 in nationales Recht umgesetzt werden müssen.

nationales Recht immer noch nicht abgeschlossen. Da es in dieser Situation nicht sehr sinnvoll ist, die Grundzüge des deutschen Gentechnik-Gesetzes (GenTG) aufgrund der derzeit
noch gültige Fassung zu erläutern (sie könnten nach der Drucklegung des Buches bereits ü-
berholt sein), kann hier nur eine Wiedergabe der Neuerungen, wie sie von dem federführen-
den „Bundesministerium für Verbraucherschutz, Ernährung und Landwirtschaft" (BMVEL)
in einer Presserklärung aufgeführt worden sind, erfolgen. Von Interesse können ferner die
Stellungnahmen von wissenschaftlichen Organisationen, wie der »Deutschen Forschungsge-
meinschaft« (DFG) oder der »Deutschen Akademie der Naturforscher Leopoldina« (Halle),
oder der »Zentralen Kommission für die Biologische Sicherheit« (ZKBS) zu diesem Gesetzentwurf sein, da man berechtigterweise davon ausgehen kann, dass er diesen Gremien im
Wortlaut vorgelegen hat. Das grundsätzliche Prinzip des neuen Gentechnik-Neuordnungsgesetzes ist es wohl, dass die „Grüne Gentechnik" im Einzelfall nur gefördert werden darf,
wenn zuvor der Verbraucherschutz, ethische Werte, das Vorsorgeprinzip und Umweltaspekte
beachtet worden sind[186].

Mit Wirkung vom 1. April 2004 ist das Gentechnikzuständigkeitsanpassungsgesetz (Vor-
schaltgesetz zum GenTG) in Deutschland in Kraft getreten, in dem neu geregelt wird, welche
Instanzen mit welcher Wertigkeit an Zulassungsverfahren im Bereich der Gentechnik beteiligt
sind. Mit Inkrafttreten dieses Gesetzes löste das neu geschaffene „Bundesamt für Verbraucherschutz und Lebensmittelsicherheit" (BVL) das renommierte „Robert Koch-Institut" (RKI)
als Zulassungsbehörde ab. An Stelle des „Umweltbundesamtes" (UBA) tritt nun das „Bundesamt für Naturschutz" (BfN) als Benehmensbehörde; auch die „Biologische Bundesanstalt
für Landwirtschaft und Forsten" (BBA) und das RKI sind fortan nur noch Benehmensbehör-
den[187].

Viele der neu in den Entwurf des Gentechnik-Neuordnungsgesetzes eingefügten Passagen
setzen beschlossene europäische Vorgaben um, so zum Beispiel die Pflicht zu einem Nachzu-
lassungsmonitoring, die auf zehn Jahre begrenzte Zulassung beim Inverkehrbringen von
GVO, die eingeschränkte Verwendung von Antibiotika-Resistenzgenen als Marker sowie
erweiterte Mitwirkungsmöglichkeiten der Öffentlichkeit. Auch die Zulassung, Kennzeichnung und Rückverfolgbarkeit von gentechnisch veränderten Lebens- und Futtermitteln, die
aus GVO hergestellt worden sind, sind für alle EU-Mitgliedsstaaten geregelt, ebenso wie der
Schwellenwert von 0,9 % für zufällige, technisch unvermeidbare Beimischungen von GVO,
die in Lebens- und Futtermitteln ohne Kennzeichnung toleriert werden. Am 18. April 2004
wurden die dazu beschlossenen Verordnungen wirksam, eine Umsetzung in nationales Recht
war nicht erforderlich.

Soweit aus den Medien bekannt, soll das sogenannte Gentechnik-Neuordnungsgesetz im
Vergleich zu seinem Vorgänger außerdem u.a. die neuen Begrifflichkeiten ethische Aspekte,
Rückverfolgbarkeit, Transparenz, Koexistenz, Kennzeichnung und Haftung enthalten. Insbesondere an der Kombination der Koexistenz vom Anbau nach ökologischen Prinzipien, von
konventionell gezüchteten Kulturpflanzen und von transgenen Kulturpflanzen und der Haftung bei der sogenannten „Kontaminierung" von den Pflanzen der beiden erstgenannten Anbauverfahren durch transgenen Pollen hat sich eine nahezu nicht auflösbare Diskussion ent-

---

[186] Berliner Zeitung vom 12.01.2004
[187] Das BVL und das Bundesamt für Risikobewertung (BfR) wurden vom Ministerium für Verbraucherschutz,
Ernährung und Landwirtschaft (BMVEL) neu geschaffen.

zündet[188] und dies insbesondere deswegen, weil dafür europäische Vorschriften fehlen. Dabei verlagert sich die Diskussion mehr und mehr von der Unterstellung der durch die Gentechnik grundsätzlich immanenten Gefahr von damit hergestellten Futter- und Lebensmitteln – bei der Genehmigung derartiger gentechnisch veränderter Pflanzen bestätigt ja auch die Bundesregierung deren Unbedenklichkeit – zu der Frage, wie sichergestellt wird, dass der ökologische oder konventionelle Anbau von Pflanzen vor dem Auskreuzen mit transgenen Pollen geschützt wird, um die Vermarktung als Gentechnik-freie Ware gewährleisten zu können[189]. Für den Fall, dass ein Eintrag von transgenen Pollen und die Auskreuzung in einem Bestand erfolgt ist, dessen Pflanzen als Gentechnik-freie Ware vermarktet werden sollte, ist für die Begleichung dieses Schadens eine Haftungsregelung vorgesehen. Im Unterschied zu dem dänischen Modell eines Kompensationsfonds (zum größten Teil aus Steuermitteln) sollen in Deutschland diejenigen Bauern haften, die im Umfeld dieses Bestandes entsprechende GVOs angebaut haben; sie sollen haftbar sein ohne den Nachweis, dass sie auch tatsächlich der Verursacher sind.

Es rächt sich jetzt, dass bislang von staatlicher Seite nichts unternommen wurde, um die experimentellen Grundlagen zur Festlegung entsprechender Regelungen zu erstellen[190] (Abstandsregelungen, Mantelsaaten, zueinander zeitlich versetzte Blühtermine usw.). Daher hält die Diskussion unter Bezug auf meist theoretischen Erwägungen an, obwohl schon seit einigen Jahren Erfahrungswerte vorliegen (z.B. Reboud, 2003; Loos et al, 2003; ref. Brandt, 1998a und 1999b). Der im Jahr 2004 stattfindende Erprobungsanbau von gentechnisch verändertem Mais, der aufgrund der Freigabe von 31,5 t transgenem Saatgut durch das Bundessortenamt (s.o.) auf Initiative des Landes Sachsen-Anhalt erfolgte, ist ohne Relevanz für das Gesetzgebungsverfahren, da sich – nach Auskunft des Präsidenten des Deutschen Bauernverbandes[191] – die Bundesbehörde BBA nicht an der wissenschaftlichen Begleitung dieses Erprobungsanbaus beteiligen darf. Welche Brisanz diese Thematik hat, zeigt der Bericht von Partridge und Murphy (2004), in dem darauf hingewiesen wird, dass in 10 von 25 untersuchten, als Gentechnik-frei deklarierten Waren in England Spuren von gentechnisch veränderten Sojabohnen im Bereich von 0,1 bis 0,7% nachgewiesen wurden; man sollte sich in diesem Zusammenhang auch in Erinnerung rufen, dass derzeit im Bereich der EU-Mitgliedsstaaten noch gar kein konventioneller Anbau von gentechnisch veränderten Sojabohnen stattgefunden hat[192].

Stellvertretend für andere Wissenschaftsorganisationen sei hier die Stellungnahme der »Leopoldina« zum Entwurf des Gentechnik-Neuordnungsgesetzes in Auszügen zitiert[193]. Die »Leopoldina« betont, dass „der vorliegende Gesetzentwurf sehr hohe Hürden für den Anbau

---

[188] Die Art der vorgebrachten Argumente unterscheidet sich in keiner Weise von denen, die bereits in den Jahren 1993 und 1994 in den Anhörungsverfahren vorgebracht wurden.

[189] Der Entwurf des Gentechnik-Neuordnungsgesetzes trifft keine Regelungen für gentechnikfreie Zonen. Diese sind nur auf der Basis freiwilliger Vereinbarungen möglich. Rechtlich verbindliche Vorgaben, die Landwirte einer Region zu bestimmten Anbauformen zwingen, verstoßen gegen die Koexistenz-Leitlinien der EU-Kommission und sind daher nicht rechtmäßig.

[190] Der von der Regierung vor einigen Jahren in Aussicht gestellte, großflächige Erprobungsanbau gentechnisch veränderter Pflanzen wurde angesichts der damals auch in deutschen Rinderbeständen auftretenden BSE-Fälle unterlassen.

[191] @grar.de Aktuell – 17.03.2004

[192] In den Print-Medien sind derzeit ansatzweise Hinweise darauf zu finden, dass das Prinzip der Wahlfreiheit mit Hilfe des Kartellrechts und das der Koexistenz mit Hilfe des Planungsrechtes zu erreichen seien.

[193] Presseerklärung vom 6. März 2004; GENOMXPRESS 1.04, pp.34-35

gentechnisch veränderter Pflanzen setzt, die sich nicht nur auf die sicherheitsrelevanten Aspekte der Richtlinie 2001/18/EG beschränken, sondern darüber hinausgehende Anforderungen beinhalten, die den Grundsatz der Verhältnismäßigkeit in Frage stellen." Die »Leopoldina« weist ausdrücklich darauf hin, dass „ der Kern der Richtlinie 2001/18/EG die Aufforderung an die Mitgliedsstaaten ist sicherzustellen, dass mögliche schädliche Auswirkungen auf die menschliche Gesundheit und die Umwelt, die unmittelbar oder mittelbar durch den Gentransfer von GVO auf andere Organismen auftreten können, sorgfältig geprüft werden". In § 1, Nr. 1 der Gesetzesvorlage würde dagegen ausgeführt, dass „Zweck des Gesetzes ist, unter Berücksichtigung ethischer Werte, Leben und Gesundheit von Menschen, die Umwelt in ihrem Wirkungsgefüge, Tiere, Pflanzen und Sachgüter vor schädlichen Auswirkungen gentechnischer Verfahren und Produkte zu schützen und Vorsorge gegen das Entstehen solcher Gefahren zu treffen". Hier sei nicht mehr von möglichen, potenziellen oder etwaigen Risiken die Rede, sondern es werde eine Gefährlichkeitsprämisse zugrunde gelegt, die durch jahrelange, weltweite Anbau- und Nutzungserfahrungen mit GVO in keiner Weise gestützt werde und daher wissenschaftlich unredlich sei. Spätestens an dieser Stelle werden die Verbraucher-(innen) ratlos allein gelassen mit der Aussicht auf die zukünftige Wahlfreiheit zwischen sogenannten „Gentechnik-freien" Waren und solchen, die aus GVP hergestellt worden sind. Ohne an dieser Stelle in die – wissenschaftlich nicht in jedem Fall nachvollziehbare – Dialektik der Gründe für die Kennzeichnung von Lebensmitteln eingehen zu wollen, wäre es für die bewusste Kaufentscheidung der Verbraucher(innen) sicher von großem Nutzen, wenn ihnen per Etikettierung auch mitgeteilt werden würde, ob z.B. die Vitaminzusätze eines Fruchtsaftes mit Hilfe gentechnisch veränderter Mikroorganismen produziert worden sind, ob ein Käse mit Hilfe eines Chymosins aus gentechnisch veränderten Mikroorganismen hergestellt worden ist, ob im täglichen Brot Amylasen aus gentechnischer Produktion wirksam sind und ob eine Biersorte unter Verwendung von Amylasen aus gentechnisch veränderten *Saccharomyces*-Stämmen hergestellt worden ist. Niemand sollte sich darüber täuschen, dass dies seit Jahren Realität ist. Im Vergleich dazu ist – aus wissenschaftlicher Sicht – zum Beispiel die Etikettierung von Soja-Öl aus gentechnisch veränderten Pflanzen schwer nachvollziehbar, wenn es chemisch vollständig dem aus nicht gentechnisch veränderten Soja-Pflanzen entspricht.

Die ZKBS hat als von der Bundesregierung berufenes Expertengremium schon von ihrem Auftrag her mehrjährige Erfahrung mit der Bewertung der Biologischen Sicherheit von gentechnisch veränderten Organismen. Da sie insofern auch Erfahrung hat mit der Umsetzbarkeit der Regularien des gültigen GenTG, sollte ihrer Stellungnahme zum Entwurf des Gentechnik-Neuordnungsgesetzes besondere Bedeutung zukommen. In ihrem Tätigkeitsbericht für das Jahr 2003 gibt die ZKBS (2004) als Fazit ihrer Bewertung an, dass sie den Eindruck gewonnen habe, dass mit diesem Gesetzentwurf eine weitere Entwicklung der ‚Grünen Gentechnik' in Deutschland aus sachfremden Gründen erschwert werden würde, ohne dass dies auf Aspekten der Biologischen Sicherheit beruhen würde. Die politisch und gesellschaftlich erwünschte Koexistenz der verschiedenen landwirtschaftlichen Anbaumethoden und der Nutzung von Sorten aus herkömmlicher und gentechnischer Züchtung werde nicht erreicht werden, da der Anbau transgener Kulturpflanzensorten nachhaltig behindert werden würde. In der Folge werde es nicht zu der in verschiedenen Kommentaren zum Gesetzentwurf gewünschten Befriedung zwischen den beteiligten Akteuren kommen. Weiterhin schreibt die ZKBS in ihrem Tätigkeitsbericht für das Jahr 2003, „dass die Erweiterung der ZKBS um Vertreter aus dem Bereich der Landwirtschaft, des Ökolandbaus und des Naturschutzes die bereits durch die

Aufnahme eines Vertreters des Verbraucherschutzes im Jahr 2002 beförderte Tendenz zur Entfachlichung der ursprünglich als Fachgremium konzipierten ZKBS verstärkt".

In etlichen Punkten darf man gespannt sein auf das Gentechnik-Neuordnungsgesetz. Zum Beispiel wurden für die EG-Richtlinie „Freisetzung" vom EU-Rat „Leitlinien zur Ergänzung des Anhangs VII" (2002/811/EG) – er enthält Maßgaben für die Überwachung (Monitoring) – verabschiedet. Nach Eberbach et al (2003) können sie durchaus „als Beispiel gelten für eklatante Überregulierung. Im Bemühen, keinerlei Regelungslücken zu lassen, werden Vorschriften selbst für das nicht Regelbare geschaffen". So formulieren die Leitlinien unter C.1. (Überwachungsstrategien): „Es ist sehr schwierig, wenn nicht sogar unmöglich, das Eintreten möglicher unvorhergesehener oder unerwarteter Auswirkungen, die in der Risikobewertung nicht hervorgehoben wurden, vorherzusagen. Daher sollte die allgemeine überwachende Beobachtung zur Feststellung möglicher unvorhergesehener oder unerwarteter Auswirkungen Bestandteil der Überwachungsstrategie sein." Wer möchte der Aussage widersprechen, es sei „sehr schwierig, wenn nicht sogar unmöglich, Unvorhergesehenes vorherzusagen"? Auch hier bleibt abzuwarten, in welcher Weise das Gentechnik-Neuordnungs-gesetz (oder eine der begleitenden Verordnungen) diesen Aspekt sinnvoll in nationales Recht umsetzen wird.

Der interessierten Leserschaft kann der Verfasser in der augenblicklich noch ungeklärten Situation nur empfehlen, nach dem zukünftigen Inkrafttreten des Gentechnik-Neuordnungs-gesetzes die Veröffentlichung im Bundesgesetzblatt nachzulesen oder andere geeignete Publikationen zu Rate zu ziehen [Neuauflagen der Standardwerke von Eberbach et al (2003) und Hasskarl (2003)].

298

# 12. Literaturverzeichnis

Abad AR, Mehrtens BJ, Mackenzie SA (1995) Plant Cell 7:271-285

Abad MS, Hakimi SM, Kaniewski WK, Rommens CMT, Shulaev V, Lam E, Shah D (1997) Mol Plant-Microbe Interactions 10:653-645

Abel PP, Nelson RS, Barun D, Hoffmann N, Rogers SG, Fraley RT, Beachy RN (1986) Science 282:738-743

Abu-Goukh AA, Strand LL, La JM (1983) Physiol Plant Pathol 23:101-109

Ackermann C (1977) Plant Sci Lett 8:23-30

ACNFP (1994) Report on the use of antibiotic resistance markers in genetically modified food organisms. Advisory Committee on Novel Foods and Process. Department of Health and Ministry of Agriculture, Fisheries and Food, London

Adams P, Thomas JC, Vernon DM, Bohnert HJ, Jensen RG (1992) Plant Cell Physiol 33:1215-1223

Adang KJ, Firvoo-Zzabady E, Klein J, de Boer D, Sekar V, Kemp JD, Murray EE, Rocheleau TA, Rashke K, Staffold G, Stock C, Sutton D, Merlo DJ (1987) In: Arntzen CJ, Ryan C (eds) Molecular Strategies for Crop Protection. UCLA Symposia on Molecular and Cellular Biology, New Series, Vol 46, Alan R Liss, New York, pp. 345-353

Adang M, de Boer D, Endres J, Firoozabady E, Klein J, Merlo D, Murray E, Rashke K, Stock C (1989) In: Roberts DW, Granados RR (eds) Biotechnology, Biological Pesticides and Novel Plant-Pest Resistance for Insect Pest Management. Insect Pathology Resource Center, Boye Thompson Institut for Plant Research at Cornell University, Ithaca, NY, USA, pp. 31-37

Adrian M, Rajei H, Jeandet P, Veneau J, Bessis R (1998) Phytopathology 88:472-476

Aguirre GJA (1999) Análisis regional de la diversidad del maiz en el sureste de Guanajuato. PhD thesis. Universidad Nacional Automana de Mexico, Mexico, D.F.

Aharoni A, Giri AP, Deuerlein S, Griepink F, de Kogel W-J, Verstappen FWA, Verhoeven HA, Jongsma MA, Schwab W, Bouwmeester HJ (2003) Plant Cell 15:2866-2884

Ahrenholtz I, Harms K, de Vries J, Wackernagel W (2000) Appl Environ Microbiol 66:1862-1865

Aida R, Shibata M (1996) Plant Sci 121:175-186

Aida R, Hirose Y, Kishimoto S, Shibata M (1999) Plant Sci 148:1-7

Aida R, Kishimoto S, Tanaka Y, Shibata M (2000a) Plant Sci 153:33-42

Aida R, Yoshida T, Ichimura K, Goto R, Shibata M (1998) Plant Sci 138:91-101

Aidi R, Yoshida K, Kondo T, Kishimoto S, Shibata M (2000b) Plant Sci 160:49-56

Aist JR, Gold RE, Bayles CJ, Morrison GH, Chandra S, Israel HW (1988) Physiol Mol Plant Pathol 33:17-32

Akin DE, Rigsby LL, Hann WW, Gates RN (1991) J Food Sci Agric 56:523-538

Al-Ahmad H, Galili S, Gressel J (2004) Mol Ecol 13:697-710

Alban C, Baldet P, Douce R (1994) Biochem J 300:557-565

Alban C, Job D, Douce R (2000) Annu Rev Plant Physiol Plant Mol Biol 51:17-47

Albers B, Bray D, Lewis J, Raff M, Roberts K, Watson JD (1983) Molecular Biology of the Cell, Garland Publishing, Inc. New York, London, ISBN 0-8240-7282-0

Alfonso-Rubi J, Ortego F, Castanera P, Carbonero P, Diaz I (2003) Transgenic Res 12:23-31

Alford DV (1978) The Life of the Bumblebee. Davis-Poynter, London

Alia, Hayashi H, Sakamoto A, Murata N (1998) Plant J 16:155-161

Allefs SJHM, de Jong ER, Florack DEA, Hoogendoorn C, Stiekema WJ (1996) Mol Breeding 2:97-105

Allen GC, Spiker S, Thompson WF (2000) Plant Mol Biol 43:361-376

Allen GC, Hall GE, Michalowski S, Newman W,. Spiker S, Weissinger AK, Thompson WF (1996) Plant Cell 8:899-913

Allen GC, Hall GE, Childs IC, Weissinger AK, Spiker S, Thompson WF (1993) Plant Cell 5:603-613

Allen GC, Hall G, Michalowski S, Newman W, Spiker S, Weissinger AK, Thompson WF (1996) Plant Cell 8:899-913

Almoguera C, Jordano J (1992) Plant Mol Biol 19:781-792

Alonso JM, Stepanova AN, Leisse TJ, Kim CJ, Chen H, Shinn P, Stevenson DK, Zimmerman J, Barajas P, Cheuk R, Gadrinab C, Heller C, Jeske A, Koesema E, Meyers CC, Parker H, Prednis L, Ansari Y, Choy N, Deen H, Geralt M, Hazari N, Hom E, Kames M, Mulholland C, Ndubaku R, Schmidt I, Guzman P, Aguilar-Henonin L, Schmid M, Weigel D, Carter DE, Marchand T, Risseeuw E, Brogden D, Zeko A, Crosby WL, Berry CC, Ecker JR (2003) Science 301:653-657

Al-Shawi R, Kinnaird J, Burke J, Bishop JO (1990) Mol Cell Biol 10:1192-1198

Altenbach SB, Simpson RB (1990) Trends Biotechnol 8:156-160

Altenbach SB, Kuo C-C, Staraci LC, Pearson KW, Wainright C, Georgescu A, Townsend J (1992) Plant Mol Biol 18:235-245

Altpeter F, Xu JP (2000) Plant Physiol 157:441-448

Ames BN (1983) Science 221:1256-1264

Ames BN, Gold LS (1990) Proc Natl Acad Sci USA 87:7772-7776

Ames BN, Profet M, Gold LS (1990a) Proc Natl Acad Sci USA 87:7777-7781

Ames BN, Profet M, Gold LS (1990b) Proc Natl Acad Sci USA 87:7782-7786

Amsellem Z, Cohen BA, Gressel J (2002) Nature Biotechnol 20:1035-1039

Anand A, Zhou T, Trick HN, Gill BS, Bockus WW, Muthukrishnan S (2003) J Exp Bot 54:1101-1111

Anandalakshmi R, Pruss GJ, Ge X, Marathe R, Mallory AC, Smith TH, Vance VB (1998) Proc Natl Acad Sci USA 95:13079-13084

Anderson EJ, Stark DM, Nelson RS, Powell PA, Tumer NE, Beachy RN (1989) Phytopathol 79:1284-1290

Anderson RM (1979) Nature 279:150-152

Anderson RM (1982) Parasitol 84:3-33

Anderson RM, May RM (1981) Phil Trans R Soc Lond 291:451-524

Andersson CR, Llewellyn DJ, Peacock WJ, Dennis ES (1997) Plant Physiol 113:45-57

Andow DA (2003) Nature Biotechnol 21:1453-1454

Andrassy I (1992) Fundam Appl Nematol 15:187-188

Angenent GC, van den Ouweland JMW, Bol JF (1990) Virol 175:191-198

Angenent GC, Franken J, Busscher M, Colombo L, van Tunen AJ (1993) Plant J 4:101-112

Angle JS (1994) Mol Ecol 3:45-50

Anonymus (1999a) Reports of monarch's death greatly exaggerated. Irish Times, November 1999.

Anonymus (1999b) Risiken gentechnisch veränderten Maises / Anbauverbot gefordert. FAZ, 21. 05. 1999

Anzai H, Yoneyama K, Yamaguchi I (1989) Mol Gen Genetics 219:492-494

Aono M, Kubo A, Saji H, Natori T, Tanaka K, Kondo N (1991) Plant Cell Physiol 32:691-697

Aono M, Saji H, Sakamoto A, Tanaka K, Kondo N, Tanaka K (1995) Plant Cell Physiol 36:1687-1691

Aono M, Saji H, Fujiyama K, Sugita M, Kondo N, Tanaka K (1995) Plant Physiol 107:645-648

Aoyama T, Chua N-H (1997) Plant J 11:605-612

Apt KE, Kroth-Pancic PG, Grossman AR (1996) Mol Gen Genet 252:572-579

Aragao FJL, Barros LMG, de Sousa MV, Grossi de Sa MF, Almeida ERP, Gander ES, Rech EL (1999) Gen Mol Biol 22:445-449

Arakawa T, Yu J, Chong DKX,Hough J, Engen PC, Langridge WHR (1998) Nature Biotechnol 16:934-938

Arce-Johnson P, Kahn TW, Reimann-Philipp U, Rivera-Bustamante R, Beachy RN (1995) Mol Plant-Microbe Interactions 8:415-423

Arencibia AD, Carmona ER, Comode MT, Castiglione S, O'Relly J, Chinea A, Oramai P, Sala F (1999) Transgenic Res 8:349-360

Arnaud P, Goubely C, Pelissier T, Deragon JM (2000) Mol Cell Biol 20:3434-3441

Arnoldo M, Baszcynski CL, Bellemare G, Brown G, Carlson J, Gillespie B, Hunag B, MacLean N, MacRae WD, Rayner G, Rozakis S, Westecott M, Kemble RJ (1992) Genome 35:58-63

Arondel V, Lemieux B, Hwang I, Gilson S, Goodman H, Sommerville CR (1992) Science 258:1353-1355

Artelt P, Grannemann R, Stocking C, Friel J, Bartsch J, Hauser H (1991) Gene 99:249-254

Asada K (1992) Physiol Plant 85:235-241

Asano Y, Ito Y, Fukami M, Sugiura K, Fujiie A (1998) Plant Cell Reports 17:963-967

Aspe MP, Aharon GS, Snedden WA, Blumwald E (1999) Science 285:1256-1258

Aspegren K, Mannomen L, Ritala A, Puupponen-Pimia R, Krten U, Salmenkallio-Marttila M, Kauppinen V, Teeri TH (1995) Mol Breed 1:91-99

Aspuria ET, Anai T, Fujii N, Ueda T, Miyoshi M, Matsui M, Uchimiya H (1995) Mol Gen Genet 246:509-513

Assad FF, Tucker KL, Signer ER (1993) Plant Mol Biol 22:1067-1085

van Assche CJ, Davies HM, O'Neal JK (1989) European Patent Application EP 0356061A2

Associated Press (2000a) Report: Little danger in tech crops. 20.09.2000.

Associated Press (2000b) EPA report finds biotech crops have little impact on monarch butterflies. 19.10.2000.

Atanassova R, Favel N, Martz F, Chabbert B, Tollier M-T, Monties B, Fritig B, Legrand M (1995) Plant J 8:465-477

Atkins D, Hull R, Wells B, Roberts K, Moore P, Beachy RN (1991) J Gen Virol 72:209-211

Atkins D, Young M, Uzzell S, Kelly L, Fillatti J, Gerlach WL (1995) J Gen Virol 76:1781-1790

Atkinson HJ, Lilley CJ, Urwin PE, McPherson MJ (1998) In: Perry RN, Wright DJ (eds) The physiology and biochemistry of free-living and plant-parasitic nematodes. CAB International, Wallingford, UK, pp. 381-413

Audit Committee (1998) The Audit Committee's Response to Dr. Arpad Pusztai's Alternative Report of October 1998. http://www.rri.sari.ac.uk/gmo/gmaudit7.htm

Audy P, Palukaitis P, Slack SA, Zaitlin M (1994) Mol Plant-Microbe Interactions 7:15-22

Auld D, Heikkinen MK, Erickson DA, Sernyk L, Romero E (1992) Crop Sci 32:657-662

Aulinger IE, Peter SO, Schmid JE, Stamp P (2003) In Vitro Cell Dev Biol-Plant 39:165-170
Austin S, Bingham ET, Koegel RG, Mathews DE, Shahan MN, Straub RJ, Burgess RR (1994) In: Bajpaj, RK, Prokop, A (eds) Recombinant DNA Technology II, New York Acad Sciences, pp.234-244
Aziz N, Machray GC (2002) Plant Mol Biol 51:203-211

Baba T, Yoshii M, Kainuma K (1987) Starch 39:52-56
Baenzinger JU, Fiete D (1979) J Biol Chem 254:9765-9799
Bagga S, Adams H, Kemp JD, Sengupta-Gopalan C 1995) Plant Physiol 107:13-23
Bagga S, Sutton D, Kemp JD, Sengupta-Gopalan C (1992) Plant Mol Biol 19:951-958
Baker B, Zambryski P, Staskawicz B, Dinesh-Kumar SP (1997) Science 276:726-733
Baker J, Steele C, Dure L (1985) Plant Mol Biol 11:277-291
Baker JE, Woo SM, Mullen MA (1984) Entomol Exp Appl 36:97-105
Baldwin BC, Bray MF, Geoghegan MJ (1966) Biochem J 101:5
     Ball JM, Estes MK, Hardy ME, Conner ME, Opekun AR, Graham DY (1996) Arch Virol Suppl 12:243-249
     Banzet N, Latorse M-P, Bulet P, Francois E, Derpierre C, Dubald M (2002) Plant Science 162:995-1006
Baranger A, Chevre AM, Eber F, Vallee P, Renard M (1993) In: BRIDGE/BIOTECH, Final Sectorial Meeting on Biosafety and First Sectorial Meeting on Microbolial Ecology, Granada, October 24-27, 1993, Commission of the European Communities, Brüssel, p.58
Bardonnet N, Hans F, Serghini MA, Pinck L (1994) Plant Cell Rep 13:357-360
Barrett S (1983) Economic Bot 37:255-282
Barro F, Barcelo P, Lazzari PA, Shewry PR, Ballesteros J, Martin A (2003) Mol Breeding 12:223-229
Barta A (1986) Plant Mol Biol 6:347-357
Bartee L, Bender J (2001) Nucl Acids Res 29:2127-2134
Barton KA, Whitely HR, Yang Y-S (1987) Plant Physiol 85:1103-1109
Bartsch K, Tebbe CC (1989) Appl Environm Microbiol 55:711-716
Bass BL (2000) Cell 101:235-238
Batchelder C, Ross JHE, Murphy DJ (1994) Plant Science 104:39-47
Batchvarova R, Nikolaeva V, Slavov S, Bossolova S, Valkov V, Atanassova S, Guclemerov S, Atanassov A, Anzai H (1998) Theor Appl Genet 97:986-989
Bate NJ, Orr J, Ni W, Meromi A, Nadler-Hassar T, Doerner PW, Dixon RA, Lamb CJ, Elkind Y (1994) Proc Natl Acad Sci USA 91:7608-7612
Baucher M, Bernard-Vailhe MA, Chabbert B, Besle J-M, Opsomer C, van Montagu M, Botterman J (1999) Plant Mol Biol 39:437-447
Baulcombe D (1994) Trends Microbiol 2:60-63
Baulcombe D (1996) Plant Cell 8:1833-1844
Baulcombe D (1999) Arch Virol Suppl 15:189-201
Baulcombe D (2002) Curr Biol 2:109-113
Baumann H, Bühler M, Fochem H, Hirsinger F, Zoebelein H, Falbe J (1988) Angew Chem Int Ed Engl 27:41-62
Bäumlein H, Boerjan W, Nagy I, Bassüner R, van Montagu M, Inze D, Wobus U (1991a) Mol Gen Genet 225:459-467
Bäumlein H, Boerjan W, Nagy I, Panitz R, Inze D, Wobus U (1991b) Mol Gen Genet 225:121-128
Baxter CJ, Foyer CH, Turner J, Rolfe SA, Quick WP (2003) J Exp Botany 54:1813-1820
Bayley C, Trolinder N, Ray C, Morgan M, Quisenberry JE, Ow DW (1992) Theoret Appl Genetics 83:645-649
Beachy RN, Loesch-Fries S, Tumer NE (1990) Annu Rev Phytopathol 28:451-474
Beachy RN, Chen Z-L, Horsch RB, Rogers SG, Hoffmann NJ, Fraley RT (1985) EMBO J 4:3047-3053
Bechtold N, Ellis J, Pelletier G (1993) C R Acad Sci Paris, Sciences de la vie / Life Sciences 316: 1194-1199
Becker D, Brettschneider R, Lörz H (1994) Plant J 5:299-307
Beclin C, Berthome R, Palauqi JC, Tepfer M, Vaucheret H (1998) Virol 252:313-317
Beetham PR, Kipp PB, Sawycky XL, Arntzen CJ, May GD (1999) Proc Natl Acad Sci USA 96:8774-8778
Beffa RS, Hofer R-M, Thomas M, Meins F (1996) Plant Cell 8:1001-1011
Bejarano ER, Lichtenstein CP (1994) Plant Mol Biol 24:241-248
Belanger H, Fleysh N, Cox S, Bartman G, Deka D, Trudel M, Koprowski H, Yusibov V (2000) FASEB J 14:2323-2328
Belfanti E, Silfverberg-Dilworth E, Tartarini S, Patocchi A, Barbieri M, Zhu J, Vinatzer BA, Gianfranceschi L, Gessler C, Sansavini S (2004) Proc Natl Acad Sci USA 101:886-890
Bellon MR (2004) World Dev 32:159-172
Bellon MR, Berthaud J (2004) Plant Physiol 134:883-888
Bellon MR, Brush SB (1994) Econ Bot 48:196-209
Bellon MR, Risopoulos J (2001) World Dev 29:799-811

Bellon MR, Pham JL, Jackson MT (1997) In: Maxted N, Ford-Lloyd BV, Hawkes JG (eds) Plant Conservation: The in situ approach. Chapman and Hall, London, pp. 263-289

Bellon MR, Berthaud J, Smale M, Aguirre JA, Taba S, Aragon F, Diaz J, Castro H (2003) Genet Resour Crop Evol 50:401-416

Belsham GJ, Jackson RJ (2000) In: Sonenberg N, Hershey JWB, Mathews MB (eds) Translational control of gene expression. Cold Spring Harbor Laboratory Press, Cold Spring Harbor, NY, pp. 869-900

van den Belt H, Gremmen B (2002) J Agricult Environm Ethics 15:103-122

Benchekroun A, Michaud D, Nguyen-Quoc B, Overney S, Desjardins Y, Yelle S (1995) Plant Cell Reports 14:585-588

Bendahmane M, Fitchen JH, Zhang G, Beachy RN (1997) J Virol 71:7942-7950

Bendich AJ (1987) Bioessays 6:279-282

Benfey PN, Chua N-H (1989) Science 244:174-181

Benfey PN, Ren L, Chua N-H (1990) EMBO J 9:1685-1696

Benham C, Kohwi-Shigematsu T, Bode J (1997) J Mol Biol 274:181-196

Bennet PM, Livesey CT, Nathwani D, Reeves DS, Saunders JR, Wise R (2004) J Antimicrobial Chemotherapy (in press)

Bernier G (1984) In: Vince-Prue D, Thomas B, Cockshull KE (eds) Light and the flowering process. Acad Press, London, pp. 277-292

Bernier G, Havelange A, Houssa G, Petitjean A, Lejeune P (1993) Plant Cell 5:1147-1155

Bernstein E, Caudy EE, Hammond SM, Hannon GJ (2001) Nature 409:363-366

Bertioli DJ, Cooper JI, Edwards ML, Hawes WS (1992) Ann Appl Biol 120:42-54

Bertolla F, Pepin R, Passelegue-Robe E, Paget E, Simkin A, Nesme X, Simonet P (2000) Appl Environm Microbiol 66:4161-4167

Bhattacharjee B, An G, Gupta HS (1997) J Plant Biochem Biotechnol 6:69-74

Bhattacharyya MK, Stermer BA, Dixon RA (1994) Plant J 6:957-968

Bhattacharyya S, Pattanaik S, Maiti IB (2003) Planta 218:115-124

Bidney D, Scelonge C, Martich J, Burrus M, Sims L, Huffman G (1992) Plant Mol Biol 18:301-313

Bieri S, Potrykus I, Fütterer J (2000) Theor Appl Genet 100:755-763

Bieri S, Potrykus I, Fütterer J (2003) Mol Breeding 11:37-48

Binz T, Kurazano H, Wille M, Frevert J, Wernars K, Niemann H (1990) J Biol Chem 266:9153-9158

Bird CR, Smith CJS, Ray J, Moureau P, Beven MJ, Bird AS, Hughes S, Morris PC, Grierson D, Schuch W (1988) Plant Mol Biol 11:651-662

Biswas GCG, Chen DF, Elliott MC (1998) Plant Science 133:203-210

Blanc G, Barakat A, Guyot R, Cooke R, Delseny M (2000) Plant Cell 12:1093-1101

Blaylock MJ, Huang JW (2000) In: Raskin I, Ensley BD (eds) Phytoremediation of toxic metals – Using plants to clean the environment. Wiley, New York, pp. 53-70

Bleibaum JL, Genez A, Fayet-Faber J, McCarter DW, Thompson GA (1993) In: Abstracts, National Plant Lipid Symp, Minneopolis, MN, USA

de Block M, de Brouwer D (1993) Planta 189:218-225

de Block M, de Brouwer D, Moens T (1997) Theor Appl Genet 95:125-131

de Block M, de Brouwer D, Tenning P (1989) Plant Physiol 91:694-701

de Block M, Botterman J, Vandewiele M, Dock J, Thoen C, Gossele V, Movva NR, Thompson C, van Montagu M, Leemans J (1987) EMBO J 6:2513-2518

van Blokland R, ten Lohuis M, Meyer LP (1997) Mol Gen Genet 257:1-13

Blount JW, Korth KL, Masoud SA, Rasmussen S, Lamb C, Dixon RA (2000) Plant Physiol 122:107-116

Blowers AD, Bogorad L, Shark KB, Sanford JC (1989) Plant Cell 1:123-132

Blumwald E, Aharon GS, Aspe MP (2000) Biochim Biophys Acta 1465:140-151

Blundy KS, Blundy MAC, Carter D, Wilson F, Park WD, Burrell MM (1991) Plant Mol Biol 16:153-160

Bock R (2001) J Mol Biol 312:425-438

Bode J, Benham C, Knopp A, Mielke C (2000) Crit Rev Eukaryotic Gene Expression 10:73-90

Bogorad L (2000) Trends Biotech 18:257-263

Bohlmann H (1999) In: Datta SK, Muthukrishnan S (eds) Pathogenesis-related proteins in plants. CRC Press, Boca Raton, Fl, USA, pp. 207-234

Böhmer S, Lenk I, Pieping M, Herold M, Gatz C (1999) Plant J 19:87-95

Bohorova N, Zhang W, Julstrum P, McLean S, Luna B, Brito RM, Diaz L, Ramos ME, Estanol P, Pacheco M, Rascon Q, McLean S, Hoisington D (1999) Theor Appl Genet 99:437-444

Bol JF, Brederode FT, Neeleman L, Taschner PEM, Tumer NE (1983) Phil Trans R Soc Lond B 342:259-263

Bolar JP, Norelli JL, Harman GE, Brown SK, Aldwinckle HS (2001) Transgenic Res 10:533-543

Bolitho KM, Lay-Yee M, Knighton ML, Ross GS (1997) Plant Sci 122:91-99

Boller T (1989) Oxf Surv Plant Mol Cell Biol 5:145-174
Boller T (1993) In: Fritig B, Legrand M (eds) Mechanisms of plant defense responses. Kluwer Academic Press, Dordrecht, pp. 391-400
Boller T, Vögeli U (1984) Plant Physiol 74:442-444
Boman HG, Hultmark D (1987) Annu Rev Microbiol 41:103-126
de Bondt A, Eggermont K, Penninckx I, Goderis I, Broekaert WF (1996) Plant Cell Rep 15:549-554
Borisjuk NV, Borisjuk LG, Logendra S, Petersen F, Gleba Y, Raskin L (1999) Nature Biotechnol 17:466-469
Borlaug NE (2002) Precautionary principles is a dangerous game plan.
Borlaug NE, Moore P, Arias O, McGovern G, Lapointe E, Lovelock J, Pinstrup-Andersen P (2002) Declaration in support of protecting nature with high-yield farming and forestry. http://www.highyieldconservation.org
Borovkov AY, McClean PE, Sowokinos JR, Rund SH, Secor GA (1996) J Plant Physiol 147:644-652
Bos M, Harmens H, Vrieling K (1986) Heredity 56:43-54
Bosch D, Schipper B, van der Kleij H, de Maagd RA, Stiekema WJ (1994) Bio/technol 12:915-918
Boulter D, Gatehouse AMR (1986) In: Magien E (ed) Biomolecular Engineering in the European Community, Martinus Nijhoff, Dordrecht, pp. 715-725
Boulter D, Edwards GA, Gatehouse AMR, Gatehouse JA, Hilder VA (1990) Crop Protection 9:351-354
Boundry P, Mörchen M, Saumitou-Laprate P, Vernet P, van Dijk H (1993) Theor Appl Genet 87:471-478
Bourdin D, Lecoq H (1991) Phytopathol 81:1459-1464
Boutsalis P, Powles SB (1995) Theor Appl Genet 91:242-247
Bouvier F, Suire C, d'Harlingue A, Backhaus RA, Camara B (2000) Plant J 24:241-252
Bowler C, Slooten L, van den Branden S, de Rycke R, Botterman J, Sybesma C, van Montagu M, Inze D (1991) EMBO J 7:1723-1732
Bowles D (1990) Annu Rev Biochem 59:873-907
Boyd SA, Mortland MM (1990) In: Bollag J-M, Stotzky G (eds) Soil Biochemistry, Marcel Dekker, New York, Vol. 6, pp. 1-28
Boynton JE, Gillham NW, Harris EH, Hosler JP, Johnson AM, Jones AR, Randolph-Anderson BL, Robertson D, Klein TM, Shark KB (1988) Science 240:1534-1538
Brake J, Vlachos D (1998) Poult Sci 77: 648-653
Bramley P, Teulieres C, Blain I, Bird C, Schuch W (1992) Plant J 2:343-349
Brandle JE, McHugh SG, James L, Labbe H, Miki BL (1995) Bio/technol 13:994-998
Brandt P (1988) Molekulare Aspekte der Organellenontogenese. Springer-Verlag, Berlin, ISBN 3-540-18959-9
Brandt P (1991) Evolution der eukaryotischen Zelle. Thieme-Verlag, Stuttgart, ISBN 3-13-772301-9
Brandt P (1997) Zukunft der Gentechnik. Birkhäuser-Verlag, Basel, ISBN 3-7643-5662-6
Brandt P (1998a) Bundesgesundheitsblatt 41:289-293
Brandt P (1998b) Bundesgesundheitsblatt 41:530-536
Brandt P (1999a) Forschung & Lehre 11/99:570-572
Brandt P (1999b) Biologie in unserer Zeit 29:151-157
Brandt P (1999c) Bundesgesundheitsblatt 42:51-57
Brandt P (2000a) Bundesgesundheitsblatt 43:28-32
Brandt P (2000b) Bundesgesundheitsblatt 43:87-93
Brandt P (2001) Bundesgesundheitsblatt 44:1188-1193
Brandt P (2003a) What's Gene Technology to us? / Was geht uns die Gentechnik an? BoD, ISBN 3-8334-0189-3
Brandt P (2003b) J Plant Physiol 160:735-742
Brandt P, Buhk H-J (1999) In: Gesamtverband der Deutschen Versicherungswirtschaft e.V (ed) Gentechnik – Grenzwerte im Dialog". Verlag Versicherungswirtschaft GmbH, Karlsruhe, pp. 234-243
Branom M (1999) Monarch butterfly population on the rise across America. Associated Press Newswires, September 1999.
Brants I, Buchter-Larsen A, Waters S (1992) In: BRIDGE/BIOTECH, Final Sectorial Meeting on Biosafety and First Sectorial Meeting on Microbial Ecology, Granada, October 24-27, 1993, Commission of the European Communities, Brüssel
Brault V, Pfeffer S, Erdinger M, Mutterer J, Ziegler-Graff V (2002) Mol Plant-Microbe Interactions 8:799-807
Braun AC (1982) In: Kahl G, Schell J (eds) Molecular Biology of Tumors. Acad Press, New York, pp. 155-210
Braun CJ, Hemenway C (1992) Plant Cell 4:735-744
Bray EA, Naito S, Pan N-S, Anderson E, Dube P, Beachy RN (1987) Planta 172:364-370
Brederode FTH, Linthorst HJM, Bol JF (1991) Plant Mol Biol 17:1117-1125
Breyne P, van Montagu M, Depicker A, Gheysen G (1992) Plant Cell 4:463-471
McBride KE, Schaaf DJ, Daley M, Stalker DM (1994) Proc Natl Acad Sci USA 91:7301-7305
Brigneti G, Voinnet O, Li W-X, Ji L-H, Ding S-W, Baulcombe DC (1998) EMBO J 17:6739-6746
Brinch-Pedersen H, Olesen A, Rasmussen SK, Hiolm PB (2000) Mol Breeding 6:195-206

Brinch-Pedersen H, Hatzack F, Sorensen LD, Holm PB (2003) Transgenic Res 12:649-659

Brisson LF, Tenhaken R, Lamb CJ (1994) Plant Cell 6:1703-1712

Broadbent P, Creissen GP, Kular B, Wellburn AR, Mullineaux PM (1995) Plant J 8:247-255

Broadway RM, Duffey SS (1986a) J Insect Physiol 32:673-680

Broadway RM, Duffey SS (1986b) J Insect Physiol 32:827-833

Broadway RM, Duffey SS, Pearce G, Ryan CA (1986) Entomol Exp Appl 41:33-38

Broglie K, Chet I, Holliday M, Cressman R, Biddle P, Knowlton S, Mauvais J, Broglie R (1991) Science 254: 1194-1197

Brough CL, Coventry JM, Christie WW, Kroon JTM, Brown AP, Barsby TL, Slabas AR (1996) Mol Breeding 2:133-142

Broun P, Somerville C (1997) Plant Physiol 113:933-942

Browning KS, Lax SR, Humphreys J, Ravel JM, Jobling SA, Gehrke L (1988) J Biol Chem 263:9630-9634

Brunetti A, Tavazza M, Noris E, Tavazza R, Caciagli P, Ancora G, Crespi S, Accotto GP (1997) Mol Plant-Microbe Interactions 10:571-579

Brunetti A, Tavazza R, Noris E, Lucioli A, Accotto GP, Tavazza M (2001)J Virol 75:10573-10581

de Buck S, de Wilde C, van Montagu M, Depicker A (2000) Mol Breed 6:459-468

Buhr T, Sato S, Ebrahim F, Xing A, Zhou Y, Mathiesen M, Schweiger B, Kinney A, Staswick P, Clemente T (2002) Plant J 30:155-163

Buising CM, Benbow RM ( 1994) Mo Gen Genet 243:71-81

Bujarski JJ, Kaesberg P (1986) Nature 321:528-531

Bull J, Mauch F, Hertig C, Rebmann G, Dudler R (1992) Mol Plant-Microbe Interactions 5:516-519

Bundock P, den Dulk-Ras A, Beijersbergen A, Hooykaas PJJ (1995) EMBO J 14:3206-3214

Burgess EPJ, Malone LA, Christeller JT, Lester MT, Murray C, Philip BA et al (2002) Transgenic Res 11:185-198

Burke CC, Wildung MR, Croteau R (1999) Proc Natl Acad Sci USA 96:13062-13067

Burr B, Burr FA, St. John TP, Thomas M, Davis RW (1982) J Mol Biol 154:33-48

Burt ME, Corbin FT (1978) Weed Sci 26:296-303

Bustos MM, Kalkan FA, van den Bosch KA, Hall TC (1991) Plant Mol Biol 16:381-385

Butko P, Cournoyer M, Pusztai-Carey M, Surewicz WK (1994) FEBS Lett 340:89-92


Caboche M (1990) Physiol Plant 79:173-176

Cabrera-Ponce JL, Vegas-Garvia A, Herrera-Estrella LC (1995) Plant Cell Reports 15:1-7

Caddick MX, Greenland AJ, Jepson I, Krause K-P, Qu N, Riddell KV, Salter MG, Schuch W, Sonnewald U, Tomsett AB (1998) Nature Biotechnol 16:177-180

Cahoon EB, Ohlrogge JB (1994) Plant Physiol 104:827-837

Cahoon EB, Dörmann P, Ohlrogge JB (1994) Prog Lipid Res 33:155-163

Cahoon EB, Shanklin J, Ohlrogge JB (1992) Proc Natl Acad Sci USA 89:11184-11188

Cahoon EB, Ripp KG, Hall SE, Kinney AJ (2001) J Biol Chem 276:2637-2643

Cahoon EB, Ripp KG, Hall SE, McGonigle B (2002) Plant Physiol 128:615-624

Cahoon EB, Marillia EF, Stecca KL, Hall SE, Taylor DC, Kinney AJ (2000) Plant Physiol 124:243-251

Cahoon EB, Hall SE, Ripp KG, Fanzke TS, Hitz WD, Coughlan SJ (2003) Nature Biotechnol 21:1082-1087

Cahoon EB, Carlson TJ, Ripp KG, Schweiger BJ, Cook GA, Hall SE, Kinney AJ (1999) Proc Natl Acad Sci USA 96:12935-12940

Caimi PG, McCole LM, Klein TM, Kerr PS (1996) Plant Physiol 110:355-360

Calgene (1990) Request for Advisory Opinion Kan Gene: Safety and Use in the Production of Genetically Engineered Plants. FDA docket number: 90A-0416

Caligari PDS, Yapabandara YMHB, Paul EM, Perret J, Roger P, Dunwell JM (1993) Theor Appl Genet 86:875-879

van Camp W, Willekens H, Bowler C, van Montagu M, Inze D, Reupold-Popp P, Sandermann H, Langebartels C (1994) Bio/technol 12:165-168

Campbell A (1990) In: Mooney H, Bernardi G, eds, Introduction of Genetically Modified Organisms into the Environment. Wiley, New York, pp. 9-13

Campbell DR, Waser NM (1989) Evolution 43:1444-1455

Candelier-Harvey P, Hull R (1993) Transgenic Res 2:277-285

Canto T, Palukaitis P (1999) Mol Plant-Microbe Interactions 12:743-747

Canto T, Palukaitis P (2001) J Virol 75:9114-9120

Canto T, Palukaitis P (2002) J Virol 76:12908-12916

Cao J, Shelton AM, Earle ED (2001) Mol Breeding 8:207-216

Cao J, Ibrahim H, Garcia JJ, Mason H, Granados RR, Earle ED (2002) Plant Cell Rep 21:244-250

Cao J, Tang JD, Strizhov N, Shelton AM, Earle ED (1999) Mol Breeding 5:131-141
Cao J, Zhao J-Z, Tang JD, Shelton AM (2002) Theor Appl Genet 105:258-264
Carey AT, Smith DL, Harrison E, Bird CR, Gross KC, Seymour GB, Tucker GA (2001) J Exp Bot 52:663-668
Carlson A, Letarte J, Chen J, Kasha K (2001) Plant Cell Rep 20:331-337
Carlson T, Chelm B (1986) Nature 322:568-570
Carmona MJ, Molina A, Fernandez JA, Lopez-Fando JJ, Garcia-Olmedo F (1993) Plant J 3:457-462
Carozzi NB, Warren GW, Desai N, Jayne SM, Lotstein R, Rice DA, Evola S, Koziel MG (1992) Plant Mol Biol
      20:539-548
Carpenter JF, Crowe JH (1988) Cryobiology 25:244-255
Carr JP, Zaitlin M (1991) Mol Plant-Microbe Interactions 4:579-585
Carr JP, Zaitlin M (1993) Sem Virol 4:339-347
Carr JP, Gal-On A, Palukaitis P, Zaitlin M (1994) Virol 199:439-447
Carr JP, Marsh LE, Lomonossoff GP, Sekiya ME, Zaltlin M (1992) Mol Plant-Microbe Interactions 5:397-404
Carr RJG, Bilton RF, Atkinson T (1985) Appl Environ Microbiol 49:1290-1294
CarrerH, Maliga P (1995) Bio/technol 13:791-794
Carrer H, Hockenberry TN, Svab Z, Maliga P (1993) Mol Gen Genet 241:49-56
Carrington JC, Kasschau KD, Johansen LK (2001) Virol 281:1-5
Carrington CMS, Greve LC, Labavitch JM (1993) Plant Physiol 103:429-434
Cary JW, Rajasekaran K, Jaynes JM, Cleveland TE (2000) Plant Science 154:171-181
Casa AM, Kononowicz AK, Zehr UB, Tomes DT, Axtell JD, Butler LG, Bressan RA, Hasegawa PM (1993)
      Proc Natl Acad Sci USA 90:11212-11216
Casas AM, Kononowicz AK, Zehr UB, Tomes DT, Axtell JD, Butler LG, Bressau RA, Hasegawa PM (1993)
      Proc Natl Acad Sci USA 90:11212-11216
Casey R, Domoney C (1987) Plant Mol Biol Report 5:261-281
Castillo AM, Vasil V, Vasil Ik (1994) Bio/technol 12:1366-1371
Chabannes M, Barakate A, Lapierre C, Marita JM, Ralph J, Pean M, Danoun S, Halpin  C, Grima-Pettenati J,
      Boudet AM (2001) Plant J 28 :257-270
Chabaud M, Larsonneau C, Marmouget C, Huguet T (1996) Plant Cell Rep 15:305-310
Chakraborty S, Chakraborty N, Datta A (2000) Proc Natl Acad Sci USA 97:3724-3729
Chaleff RC, Ray TB (1984) Science 223:1148-1151
Chamberlain DA, Brettel RIS, Last DI, Wirtzens B, McElroy D, Doferus R, Dennis ES (1994) Aust J Plant
      Physiol 21:95-112
Chamovitz D, Pecker I, Hirschberg J (1991) Plant Mol Biol 16:967-974
Chaney RL, Li YM, Brown SL, Homer FA, Malik M, Angle JS, Baker AJM, Reeves RD, Chin M (2000) In:
      Terry N, Banuelos G (eds) Phytoremediation of contaminated soil and water. Lewis, Boca Raton, Florida,
      pp.129-158
Chaogang S, Jianhua W, Guoying Z, Gang S, Baozhen P, Juanli L, Dendi J, Shenxiang C, Upadhyaya NM,
      Waterhouse P, Zuxun G (2003) Mol Breeding 11:295-301
Chaumont F, Bernier B, Buxant R, Williams ME, Levings III CS, Boutry M 81995) Proc Natl Acad Sci USA
      92:1167-1171
Chavez-Servia JL, Arias-Reyes LM, Jarvis DI, Tuxhill J, Loe-Alzina D, Eyzaguirre P (eds) (2002) Proceedings
      of the symposium: Managing crop diversity in traditional agroecosystems, 13-16 February 2002, Merida,
      Mexico. International Plant Genetic Resources Institute, Rome.
Chee PP, Slighton JL (1995) In: Gartland KMA, Davey MR (eds) Methods in molecular biology, Vol 44, *Agro-
      bacterium* Protocols, Humana Press Inc, Totowa, NJ, pp 101-119
Cheng J, Bolyard MG, Saxema RC, Sticklen MB (1992) Plant Science 81:83-91
Cheon CI, Lee NG, Siddique AB, Bal AK, Verma DP (1993) EMBO J 12:4125-4135
Chen F, Duran AL, Blount JW, Sumner LW, Dixon RA (2003) Phytochemistry 64:1013-1021
Chen WP, Punja ZK (2002) Plant Cell Reports 20:922-935
Chen WP, Chen PD, Liu DJ, Kynast R, Friebe B, Velazhahan R, Muthukrishnan S, Gill BS (1999) Theor Appl
      Genet 99:755-760
Chen X, Stone M, Schlagnhaufer C, Romaine CP (2000) Appl Environ Microbiol 66:4510-4513
Cheng X, Sardana R, Kaplan H, Altosaar I (1998) Proc Natl Acad Sci USA 95:2767-2772
Cherdshewasart W, Gharti-Chetri GB, Saul MW, Jacobs M, Negrutin I (1993) Transgenic Res 2:307-320
Chernomordik LV (1992) In: Chang et al (eds) Electroporation Guide, Acad Press, London
Cervone F, de Lorenzo G, Pressey R, Darvill AG, Albersheim P (1989) Plant Physiol 90:542-554
Cheung AY, Bogorad L, van Montagu M, Schell J (1988) Proc Natl Acad Sci USA 85:391-395
Chia T-F, Chan Y-S, Chua N-H (1982) Plant Mol Biol 18:1091-1099
Chikwamba RK, Scott MP, Mejia LB, Mason HS, Wang K (2003) Proc Natl Acad Sci USA 100:11127-11132

Chilton M-DM, Que Q (2003) Plant Physiol 133:956-965

Chintalacharuvu KR, Morrison SL (1997) Proc Natl Acad Sci USA 94:6364-6368

Cho H-J, Kim S, Kim M, Kim B-D (2001) Mol Cells 11:326-333

Cho MJ, Ha CD, Lemaux PG (2000) Plant Cell Reports 19:1084-1089

Chong DKX, Langridge WHR (2000) Transgenic Res 9:71-78

Chong DKX (1997) Transgenic Res 6:289-296

Chourey PS (1981) Mol Gen Genet 184:372-376

Chourey PS, Nelson DE (1976) Biochem Genet 14:1041-1055

Christeller J, Sutherland P, Murray C, Markwick N, Phung M, Philip B (2000) International Patent Number WO/00/04049

Christensen B, Fink J, Merrifield RB, Mauzerall D (1988) Proc Natl Acad Sci USA 85:5072-5076

Chriansen P, Gibson JM, Moore A, Pedersen C, Tabe L, Larkin PJ (2000) Transgenic Res 9:103-113

Christie PJ (2001) Mol Microbiol 40:294-305

Christou P (1992) Plant J 2:275-281

Christou P (2002) Transgenic Res 11:iii-v

Christou P, Ford TL (1995) Transgenic Res 4:44-51

Christou P, Ford TL, Kofron M (1991) Bio/technol 9:957-962

Chu L, Robinson DK (2001) Curr Opin Biotechnol 12:180-187

Chua YL, Brown APC, Gray JC (2001) Plant Cell 13:599-612

Chuang CF, Meyerowitz EM (2000) Proc Natl Acad Sci USA 97:4985-4990

Chupeau M-C, Pautot V, Chupeau Y (1994) Transgenic Res 3:13-19

Chyi YS, Jorgensen RA, Goldstein D, Tanksley SD, Loaiza-Figueroa L (1986) Mol Gen Genet 204:64-69

Citovsky V, McLean BG, Zupan J, Zambryski P (1993) Gene Dev 7:904-910

Citovsky V, Wong ML, Shaw AI, Prasad BVV, Zambryski P (1992) Plant Cell 4:397-411

Clapham D, Manders G, Yibrah HS, von Arnold S (1995) J Exp Bot 46:655-662

Clark WG, Register JC, Nejidat A, Eichholtz DA, Sanders PR, Fraley RT, Beachy RN (1990) Virol 179:1640-647

Clarke HRG, Davis JM, Wilbert SM, Bradshaw HD, Gordon MP (1994) Plant Mol Biol 25:799-815

Clausen M, Kräuter R, Schachermayr G, Potryk I, Sautter C (2000) Nature Biotechnol 18:446-449

Close TJ (1997) Physiol Plant 100:291-296

Cluster PD, O'Dell M, Metzlaff M, Flavell RB (1996) Plant Mol Biol 32:1197-1203

Co MS, Deschamps M, Whitley RJ, Queen C (1991) Proc Natl Acad Sci USA 88:2869-2873

Cohen A, Plant AL, Moses MS, Nray EA (1991) Plant Physiol 97:1367-1374

Cohen BA, Amsellem Z, Maor R, Sharon A, Gressel J (2002a) Phytopathology 92:590-596

Cohen BA, Amsellem Z, Lev-Yadun S, Gressel J (2002b) Ann Bot 90:567-578

Cohen CK, Fox TC, Garvin DF, Kochian LV (1998) Plant Physiol 116:1063-1072

Cole G, Coughlan S, Frey N, Hazebroek J, Jennings C (1998) Fett / Lipid 100:177-181

Coleman WH und Roberts WK (1982) Biochim Biophys Acta 696:239-244

Colerio JI (1983) Metabolismus von Phenmedipham in der Zuckerrübe (Beta vulgaris). Ph.D. thesis, Universität Berlin

Cole-Strauss A, Gamper H, Holloman WK, Munoz M, Cheng N, Kmiec EB (1999) Nucleic Acids Res 27:1323-1330

Comai L, Facciotto D, Hiatt WR, Thompson G, Rose RE, Stalker DM (1985) Nature 317:741-744

Commènil P, Belingheri L, Dehorter B (1998) Physiol Mol Plant Pathol 52:1-14

Commission of the European Community (2000) Communication from the Commission on the precautionary principle.

Conklin P (2001) Plant Cell Environ 24:383-394

Connor S (1999) Modified pollen kills threatened butterfly. Independent, 20.05.1999

Constabel CP, Bertrand C, Brisson N (1993) Plant Mol Biol 22:775-782

Cook BJ, Clay RP, Bergmann CW, Albersheim P, Darvill AG (1999) Mol Plant-Microbe Interactions 12:703-711

Cooley MB, Pathirana S, Wu H-J, Kachroo P, Klessig DF (2000) Plant Cell 12:663-676

Cooper B, Dodds JA (1995) J Gen Virol 76:3217-3221

Cooper B, Lapidot M, Heick JA, Dodds JA, Beachy RN (1995) Virol 208:307-313

Cooper B, Schmitz I, Rao ALN, Beachy RN, Dodds JA (1996) Virol 216:208-213

Corlett JE, Myatt SC, Thompson AJ (1996) Plant Cell Environ 19:447-454

Cornelissen BJC, Hooft van Huijsduijnen RAM, Bol JF (1986) Nature 321:531-532

de Cosa B, Moar W, Lee SB, Miller M, Daniell H (2001) Nature Biotechnol 19:71-74

Costa MGC, Otoni WC, Moore GA (2002) Plant Cell Reports 21:365-373

Courtney-Gutterson N, Napoli C, Lemieux C, Morgan A, Firoozabady E, Robinson KEP (1994) Bio/technol 12: 268-271
Coutos-Thevenot P, Poinssot B, Bonomelli A, Yean H, Breda C, Buffard D, Esnault R, Hain R, Boulay M (2001) J Exp Botany 52:901-910
Coutts RHA, Buch KW, Hayer RJ (1990) Austral J Plant Physiol 17:365-375
Couty A, de la Vina G, Clark SJ, Kaiser L, Pham-Delègue M-H, Poppy GM (2001a) J Insect Physiol 47:553-561
Couty A, Clark SJ, Poppy GM (2001b) Physiol Entomol 26:287-293
Cowgill SE, Wright C, Atkinson HJ (2002a) Mol Ecology 11:821-827
Cowgill SE, Bardgett RD, Kiezebrink DT, Atkinson HJ (2002b) J Appl Ecology 39:915-923
Crawley MJ (1992) In: Proceed of the 2nd Internat Symp on the Biosafety Results of Field Tests of Genetically Modified Plants and Microorganisms, may 11-14, 1992, Goslar, pp. 43-52
Crawley MJ, Hails RS, Rees M, Kohn D, Buxton J (1993) Nature 363:620-623
Cresswell JE (1994) Transgenic Res 3:134-137
Croft BA (1990) Arthropod biological control agents and pesticides. Wilney, New York
Croy RRD, Lycett GW, Gatehouse JA, Yarwood JN, Boulter D (1982) Nature 295:76-79
Cummins I, Murphy DJ (1992) Plant Mol Biol 19:873-876
Cunningham FX, Gantt E (1998) Annu Rev Plant Physiol 49:557-583
Cuozzo M, O'Connell KM, Kaniewski W, Fang R-X, Chua N-H, Tumer NE (1988) Bio/technol 6:549-557
Cutler AJ, Sternberg M, Conn EE (1985) Arch Biochem Biophys 238:272-279
Cutt JR, Harpester MH, Dixon DC, Carr JP, Dunsmuir P, Klessing DF (1989) Virol 173:89-97

van den Daele W (1987) Kritische Vierteljahresschrift für Gesetzgebung und Rechtswissenschaft 2:351-366
Dale PJ (1992) Plant Physiol 100:13-15
Dale PJ, McPortlan HC (1992) Theor Appl Genet 84:585-591
Dale PJ, de Greef W, Renard M, Stiekema WJ (1991) In: Economides I (ed) Biotechnology R & D in the EC. Biotechnology Action Programme (BAP); Part II. Detailed Final Report of BAP Contractors in Risk Assessment (1985-1990), pp. 109-114
Dale PJ, McPortlan HC, Parkinson R, MacKay GR, Scheffler JA (1992) In: Proceed of the 2nd Internat Symp on the biosafety results of field tests of genetically modified plants and microorganisms, may 11-14, 1992, Goslar, pp. 73-77
Dalmay T, Hamilton A, Mueller E, Baulcombe D (2000) Plant Cell 12:369-379
Dalton SJ, Bettany AJE, Timms E, Morris P (1995) Plant Science 108:63-70
van Damme EJM, de Clerq N, Claessens F, Hemschoote K, Peeters B, Peumans W (1991) Planta 186:35-43
Daniell H (2002) Nature Biotechnol 20:581-586
Daniell H (2003) In: Vasil K (ed) Plant Biotechnology 2002 and Beyond. Kluwer Academic Publ, Dordrecht, The Netherlands, pp 371-376
Daniell H, Parkinson L (2003) Nature Biotechnol 21:374-375
Daniell H, Kahn MS, Allison L (2002) Trends Plant Sci 7:84-91
Daniell H, Streatfield SJ, Wycoff K (2001a) Trends Plant Sci 6:219-226
Daniell H, Lee SB, Panchal T, Weibe PO (2001) J Mol Biol 311:1001-1009
Daniell H, Datta R, Varma S, Gray S, Lee S-B (1998) Nature Biotechnol 16:345-348
Danyluk J, Perron A, Houde M, Limin A, Fowler B, Benhamou N, Sarhan F (1998) Plant Cell 10:623-638
Darley CP, van Wuytswinkel OC, van der Woude K, Mager WH, de Boer AH (2000) Biochem J 351:241-249
Darmency H, Lefol E, Chadoeuf R (1992) In: IXeme Coll Internat sur la Biologie des Mouvaises Herbes, pp. 513-521
Datla RSS, Bekkaoui F, Hammerlinde JK, Pilate G, Dunstan DI, Crosby WL (1993) Plant Sci 94:139-149
Datta K, Tu J, Oliva N, Ona I, Velazhahan R, Mew TW, Muthukrishnan S, Datta SK (2001) Plant Sci 160:405-414
Datta K, Velazhahan R, Oliva N, Ona I, Mew T, Khush GS, Muthukrishnan S, Datta SK (1999) Theor Appl Genet 98:1138-1145
Davenport RJ, Tester M (2000) Plant Physiol 122:823-834
Davey MR, Kothari SL, Zhang H, Rech EL, Cocking EC, Lynch PT (1991) J Exp Bot 42:1159-1169
Davies PJ (1987) Plant Hormones and their Role in Plant Growth and Development. Kluwer, Dordrecht
Dawson WDO Bubrick P, Grantham GL (1988) Phythopathol 78:783-789
Day AG, Bejarano ER, Buck KW, Burrell M, Lichtenstein CP (1991) Proc Natl Acad Sci USA 88:6721-6725
Day P (1981) Mycologia 73:379-391
Dehesh K, Jones A, Knutzon DS, Voelker TA (1996) Plant J 9:167-172
Deikman J, Fischer RL (1988) EMBO J 7:3315-3320
Dekeyser R, Claes B, Marichal M, van Montagu M, Caplan A (1989) Plant Physiol 90:217-223

Delaney D (2002) In: Vasil I (ed) Plant biotechnology: 2002 and beyond. Proceedings of the 10th IAPTC&B congress, Orlando, Florida. Kluwer Academic, Dordrecht, The Netherlands, pp. 393-394

Delannay X, Fraley RT, Rogers SG, Horsch RB, Kishore GM, Beachy RN, Tumer NE, Fischoff DA, Klee HJ, Shah DM (1989) Development and Field Testing of Crops improved through Genetic Engineering: International Agricultural Research and the Private Sector. Cohen JJ, ed, Agency for International Development, Washington DC, pp. 185-195

Delannay X, La Vallee BJ, Proksch RK, Fuchs RL, Sims SR, Greenplate JT, Marrone PG, Dodson RB, Augustine JJ, Layton JG, Fischhoff DA (1989) Bio/technol 7:1265-1269

Delannay X, Bauman TT, Beighley DH, Buettner MJ, Coble HD, de Felice MS, Derting CW, Diedrick TJ, Griffin JL, Hagood ES, Hancock FG, Hart SE, La Vallee BJ, Loux MM, Lueschen WE, Matson KW, Moots CK, Murdock E, Nickell AD, Owen MDK, Paschal EH, Prochaska LM, Raymond PJ, Reynolds DB, Rhodes WK, Roeth FW, Sprankle PL, Tarochione LJ, Tinius CN, Walker RH, Wax LM, Weigelt HD, Padgette SR (1995) Crop Sci 35:1461-1467

Della-Cioppa G, Bauer SC, Taylor ML, Rochester DE, Klein BK, Shah DM, Fraley RT, Kishore GM (1987) Bio/technol 5:579-584

Delores SC, Gardner RC (1988) Plant Mol Biol 11:365-377

Delores SC, Bradley JM, Schwinn KE, Markham KR, Bloor S, Manson DG, Davies KM (1998) Mol Breeding 4:59-66

Demidchik V, Tester M (2002) Plant Physiol 128:379-387

Denbow DM, Graubau EA, Lacy GH, Kornegay ET, Russell DR, Umbeck PF (1998) Poultry Sci 77:878-881

Denecke J, Rycke RD, Botterman J (1992) EMBO J 11:2345-2356

Denis M, Delourme R, Gourret JP, Mariani C, Renard M (1993) Plant Physiol 101:1295-1304

DenyerK, Clarke B, Hylton C, Tatge H, Smith AM (1996) Plant J 10:1135-1143

Deom CM, Oliver MJ, Beachy RN (1987) Science 237:389-394

Depicker AG, van Montagu M (1997) Curr Opin Cell Biol 9:373-382

Depicker AG, Jacobs AM, van Montague M (1988) Plant Cell Reports 7:63-66

Desiderio A, Aracri B, Leckie F, Mattei B, Salvi G, Tigelaar H, van Roekel JSC, Baulcombe DC, Melchers LS, de Lorenzo G, Cervone F (1997) Mol Plant-Microbe Interactions 10:852-860

Devlin B, Ellstrand NC (1990) Evolution 44:248-253

Dewey RE, Levings CS III, Timothy DH (1986) Cell 44:439-449

Dewey RE, Timothy DH, Levings CS III (1987) Proc Natl Acad Sci USA 84:5374-5378

D'Halluin K, Bossut M, Bonne E, Mazur B, Leemans J, Botterman J (1992) Bio/technol 10:309-314

Diemer F, Caissard J-C, Moja S, Chalchat J-C, Jullien F (2001) Plant Physiol Biochem 39:603-614

Ding SW (2000) Curr Opin Biotech 11:152-156

Dittmar KD, Demady DR, Stancato LF, Krishna P, Pratt WB (1997) J Biol Chem 273:21213-21220

Dixon B (1995) Bio/technol 13:308

Dominguez A, de Mendoza AH, Guerri J, Cambra M, Navarro L, Moreno P, Pena L (2002) Mol Breeding 10:1-10

van Dommelen A (2002) J Agricult Environm Ethics 15:123-139

Dong X (1998) Curr Opin Plant Biol 1:316-323

Dong X, Mindrinos M, Davis KR, Ausubel FM (1991) Plant Cell 3:61-72

Donn G, Tischer E, Smith JA (1984) J Mol Appl Genet 2:621-635

Donofrio NM, Delaney TP (2001) Mol Plant-Microbe Interactions 14:439-450

van Doorsselaere J, Baucher M, Chognot E, Chabbert B, Tollier MT, Petit-Conil M, Leple JC, Pilate G, Cornu D, Monties B, can Montagu M, Inze D, Boerjan W, Jouanin L (1995) Plant J 855-864

Doran PM (1994) Ann NY Acad Sci 745:426-441

Dorlhac de Borne F, Vincentz M, Chupeau Y, Vaucheret H (1994) Mol Gen Genet 243:613-621

Dougherty WG, Parks TD (1995) Curr Opin Cell Biol 7:399-405

Dougherty WG, Lindbo JA, Smith HA, Parks TD, Swaney S, Proebsting WM (1994) Mol Plant-Microbe Interactions 7:544-552

Down RE, Gatehouse AMR, Hamilton WDO, Gatehouse JA (1996) J Insect Physiol 42:1035-1045

Down RE, Ford L, Woodhouse SD, Raemaekers RJM, Leitch B, Gatehouse JA, Gatehouse AMR (2000) J Insect Physiol 46:379-391

Down RE, Ford L, Woodhouse SD, Davison GM, Majerus MEN, Gatehouse JA, Gatehouse AMR (2003) Transgenic Res 12:229-241

DPA (1999) Studie: Gentechnisch veränderter Mais kann Schmetterlingen schaden. 19. 05. 1999

Dröge W, Broer I, Pühler A (1992) Planta 187:142-153

Dröge M, Pühler A, Selbitschka W (1998) J Biotechnol 64:75-90

Dröge-Laser W, Siemeling U, Pühler A, Broer J (1994) Plant Physiol 105:159-166

Duan X, Li X, Xue Q, Abo-El-Saad M, Xu D, Wu R (1996) Nature Biotechnol 14:494-498
Dumas F, Duckely M, Pelczar P, van Gelder P, Hohn B (2001) Proc Natl Acad Sci USA 16:485-490
van Dun CMP, Bol JF (1988) Virol 167:649-652
van Dun CMP, Bol JF, van Vloten-Doting L (1987) Virol. 159:299-305
van Dun CMP, Overduin B, van Vloten-Doting L, Bol JF (1988) Virol 164:383-389
Dunahay TG (1995) J Phycol 31:1004-1012
Dure L, Greenway SC, Galau GA (1981) Biochemistry 20:4162-4168
Düring K, Hippe S, Kreuzaler F, Schell J (1990) Plant Mol Biol 15:281-293
Düring K, Porsch P, Fladung M, Lörz H (1993) Plant J 3:587-598
Durrani Z, McInerney TL, Mc Lain L, Jones T, Bellaby T, Brennan FR, Dimmock NJ (1998) J Immunol
    Methods 220:93-103
Durrenberger F, Crameri A, Hohn B, Koukolikova-Nicola Z (1989) Proc Natl Acad Sci USA 86:9154-9158
Dushenkow S, Kapulnik Y (2000) In: Raskin I, Ensley BD (eds) Phytoremediation of toxic metals – Using
    plants to clean up the environment. Wiley, New York, pp. 89-106
Dwivedi UN, Campbell WH, Yu J, Datla RSS, BugosRC, Chiang VL, Podila GK (1994) Plant Mol Biol 26:61-
    71

Eady CC, Weld RJ, Lister CE (2000) Plant Cell Reports 19:376-381
Ealing PM, Hancock KR, White DWR (1995) Transgenic Res 3:344-354
Ealing PM, Hancock KR, White DWR, Higgins TJV (1993) Proc XI Annu Australian Biotechnol Congress,
    Perth, pp. 94-95
Ebinuma H, Sugita K, Matsunaga E, Yamakado M (1997) Proc Natl Acad Sci USA 94:2117-2121
Ebskamp MJM, van der Meer JM, Spronk BA, Weisbeek PJ, Smeekens SCM (1994) Bio/technol 12:272-275
Eckert JE (1933) J Agric Res 47:257-285
Eckes P, Schell J, Willmitzer L (1985) Mol Gen Genet 199:216-221
Edwards A, Rawsthorne S. Mullineaux PM (1990) Planta 180:278-284
Edwards GA (1988) Plant Transformation using *Agrobacterium tumefaciens* Ti-plasmid Vector System. PhD-
    Thesis, Universität Durham
Edwards GA, Hepher A, Clerk SP, Boulter D (1991) Plant Mol Biol 17:89-100
Egner U, Hoyer G-A, Saenger W (1993) Biochim Biophys Acta 1142:106-114
Ehlers U, Commandeur U, Frank R, Landsmann J, Koenig R, Burgermeister W (1991) Theor Appl Genet
    81:777-782
Ehsani P, Meunier A, Nato F, Jafari A, Nato A, Lafaye P (2003) Plant Mol Biol 52:17-29
Eichholtz DA, Rogers SG, Horsch RB, Klee HJ, Hayford M, Hoffmann NL, Bradford SB, Fink C, Flick J,
    O'Connell KM, Fraley RT (1987) Somatic Cell Mol Genet 13:67-76
Eissenberg JC, Elgin SCR (1991) Trends Genet 7:335-340
Eldborough KM, Simon JW, Swinhoe R, Ashton AR, Slabas AR (1994) Plant Mol Biol 24:21-34
Elkind Y, Edwards R, Mavandad M, Hendrick SA, Ribak O, Dixon RA, Lamb CJ (1990) Proc Natl Acad Sci
    USA 87:9057-9061
Ellis JG, Lawrence GJ, Finnegan EJ, Anderson PA (1995) Proc Natl Acad USA 92:4185-4188
Ellul P, Garcia-Sogo B, Pineda B, Rios G, Riog G, Moreno V (2003) Theor Appl Genetics 106:231-238
Ellul P, Rios G, Atares A, Roig LA, Serrano R, Moreno V (2003b) Theor Appl Genet 107:462-469
Ellstrand NC, Marshall DL (1985) Am Naturalist 126:606-616
Ellstrand NC, Devlin B, Marshall DL (1989) Proc Nat Acad Sci USA 86:9044-9047
El Mansouri I, Mercado JA, Santiago-Domenech N, Pliego-Alfaro F, Valpuesta V, Quesada MA (1999) Physiol
    Plant 106:355-362
Elmayan T, Tepfer M (1994) Plant Journal 6:433-440
Elomaa P, Helariutta Y, Griesbach RJ, Kotilainen M, Seppänen P, Teeri TH (1995) Mol Gen Genet 248:649-656
El Quakfaoui S, Potvin C, Brzezinski R, Asselin A (1995) Plant Cell Reports 15:222-226
Endo Y, Tsurgi K (1987) J Biol Chem 262:8128-8130
Erny C, Schoumacher F, Jung C, Gagey MJ, Godefroy-Colburn T, Stussi-Garaud C, Berna A (1992) J Gen Virol
    73:2115-2119
Endo Y, Tsurugi K, Ebert RF (1988) Biochim Biophys Acta 954:224-226
van Engelen FA, Schouten A, Molthoff JW, Roosien J, Salinas J, Dirkse WG, Schots A, Bakker J, Gommes FJ,
    Jongsma MA, Bosch D, Stiekema WJ (1994) Plant Mol Biol 26:1701-1710
Environmental Protection Agency (2000) http://www.epa.gov/scipoly/sap october 18-20, 2000: Issues pertaining
    to the Bt plant pesticides, Risk and Benefit Assessments
Estevez JM, Cantero A, Reindl A, Reichler S, Leon P (2001) J Biol Chem 276:22901-22909

EU-Directive 2001/18/EC of the European Parliament and of the Council on the Deliberate Release into the Environment of Genetically Modified Organisms ND Repealing Concil Directive 90/220/EC (2001)

Eustruch J, Chriqui D, Grossmann K, Schell J, Spena A (1991) EMBO J 10:2889-2895

Evans LT (1998) Feeding the ten billion:Plants and population growth. Cambridge University Press, Cambridge, UK

Ewen SWB, Pusztai A (1999) The Lancet 354:1353-1354

Ezaki B, Gardner RC, Ezaki Y, Matsumoto H (2000) Plant Physiol 122:657-665

Fagard M, Vaucheret H (2000) Plant Mol Biol 43:285-293

Fagoaga C, Rodrigo I, Conejero V, Hinarejos C, Tuset JJ, Arnau J, Pina JA, Navarro L, Pena L (2001) Mol Breeding 7:175-185

Falciatore A, Casotti R, Leblanc C, Abrescia C, Bowler C (1999) Mar Biotechnol 1:239-251

Falco MC, Marbach PAS, Pompermayer P, Lopes FCC, Silva-Filho MC (2001) Genetics Molecular Biology 24:113-122

Falco SC, Dumas KS, Livak K (1985) Nucleic Acids Res 13:4011-4027

Falco SC, Giuda T, Locke M, Mauvais J, Sanders C, Ward RT, Webber P 81995) Bio/technol 13:577-582

Falk BW, Bruening G (1994) Science 263:1395-1396

FAO / WHO (1996) Biotechnology and Food Safety. Report of a Joint FAO / WHO consultation, Rome, Italy, 1996. FAO Food and Nutrition Paper 61, Food and Agriculture Organisation of the United Nations, Rome, ftp://ftp.fao.org/es/esn//food/biotechnology.pdf

FAO / WHO (2000) Safety Aspects of Genetically Modified Foods of Plant Origin. Report of a Joint FAO/WHO Expert Consultation on Foods Derived from Biotechnology, Geneva, Switzerland, 2000, Food and Agriculture Organisation of the United Nations, Roma, ftp://ftp.fao.org/es/esn/food/gmreport.pdf

FAO /WHO (2001) Allergenicity of Genetically Modified Foods. Report of a Joint FAO/WHO Expert Consultation on Foods Derived from Biotechnology. Rome, 2001, FAO of the United Nations, Rome, http://www. who.int/fsf/Documents/Niotech_Consult_Jan2001/report20.pdf

FAO / WHO (2002) Report of the Third Session of the Codex Ad Hoc Intergovernmental Task Force on Foods Derived from Biotechnology, Food and Agricultural Organisation of the United Nations, Rome, ftp://ftp. fao.org/codex/alinorm3/A103_34e.pdf

Farinelli L, Malnoe P, Collet GF (1992) Bio/technol 10:1020-1025

Feitelson JS, Payne J, Kim L (1992) Bio/technol 10:271-275

Feldmann KA (1991) Plant J 1:71-82

Feldmann KA, Marks MD (1987) Mol Gen Genet 208:1-9

Fenton B, Stanley YK, Fenton S, Bolton-Smith C (1999) The Lancet 354:1354-1355

Fernandez-San Millan A, Mingo-Castel A, Miller M, Daniell H (2003) Plant Biotechnol J 1:71-79

Fettig S, Hess D (1999) Transgenic Res 8:179-189

Feuillet C, Lauvergeat V, Deswarte C, Pilate G, Boudet A, Grima-Pettenati J (1995) Plant Mol Biol 27:651-667

de Feyter R, Young M, Schroeder K, Dennis ES, Gerlach W (1996) Mol Gen Genet 250:329-338

Fiedler U, Conrad U (1995) Biotechnology (NY) 13:1090-1093

Filichkin SA, Gelvin SB (1993)Mol Microbiol 8:915-926

Fillatti JJ, Kiser J, Rose R, Comai L (1987) Bio/technol 5:726-730

Finer JJ, McMullen MD (1990) Plant Cell Reports 8:586-589

Finer JJ, Vain P, Jones MW, McMullen MD (1992) Plant Cell Rep 11:323-328

Firoo-Zabady E, Moy Y, Courtney-Gutterson N, Robinson K (1994) Bio/technol 12:609-613

Fischbeck G, Heyland KU, Knaur N (1982) Spezieller Pflanzenbau. Eugen Ulmer, Stuttgart

Fischer H, Robi I, Sumper M, Kröger N (1999) J Phycol 35:113-120

Fischer R, Budde I, Hain R (1997) Plant J 11:489-498

Fischer R, Liao YC, Drossard J (1999) J Immun Methods 226:1-10

Fischer R, Emans N (2000) Transgenic Res 9:279-299

Fischer R, Budde I, Hain R (1997) Plant J 11:489-498

Fischhoff DA, Bowdish KS, Perlak FJ, Marrone PG, McCormick SM, Niedermeyer JG, Dean DA, Kusano-Kretmer K, Mayer EJ, Rochester DE, Rogers SG, Fraley RT (1987) Bio/technol 5:807-813

Fladung M (1990) Plant Breeding 104:295-304

Fladung M, Ballvora A, Schmülling T (1993) Plant Mol Biol 23:749-757

Fladung M, Kumar S, Ahuja P (1997) Transgenic Res 6:111-121

Flavell RB (1994) Proc Natl Acad Sci USA 91:3490-3496

Flavell RB, Dart E, Fuchs RL, Fraley RT (1992) Bio/technol 10:141-144

Flavell RB, Goldsbrough AP, Robert LS, Schnick D, Thompson RD (1989) Bio/technol 7:1281-1285

Fliege R, Flügge UI, Werdan K, Heldt HW (1978) Biochim Biophys Acta 502:232-247

Flohr JJ (1971) Annu Rev Phytopathol 9:275-

Florack DEA, Dirkse WG, Visser B, Heidekamp F, Stiekema WJ (1994) Plant Mol Biol 24:83-96

Flores FB, Martinez-Madrid MC, Sanchez-Hidalgo FJ, Romojaro F (2001) Plant Physiol Biochem 39:37-43

Flowers TJ, Yeo AR (1995) Aust J Plant Physiol 22:875-884

Foissac X, Nguyen TL, Christou P, Gatehouse AMR, Gatehouse JA (2000) J Insect Physiol 46:573-583

Fojtova M, van Houdt H, Depicker A, Kovarik A (2003) Plant Physiol 133:1240-1250

Foster JE (1999) Butterflies bearing grenades. The Washington Times, 20.09.1999.

Foy CL (1964) Weeds 12:103-108

Fraley RT, Rogers SG, Horsch RB, Sanders PR, Flick JS, Adams SP, Bittner ML, Brand LA, Fink CL, Fry JS, Galluppi GR, Goldberg SB, Hoffmann NL, Woo SC (1983) Proc Natl Acad Sci USA 80:4803-4807

Fraley RT, Rogers SG, Horsch RB (1986) CRC Critical Rev Plant Sciences 4:1-46

Fraley RT, Horsch RB, Matzke A, Chilton MD, Chilton WS, Sanders PR (1984) Plant Mol Biol 3:371-378

Frame BR, Drayton PR, Bagnell SV, Lewnau CJ, Bullock WP, Wilson HM, Dunwell JM, Thompson JA, Wang K (1994) Plant J 6:941-948

Francki RIB (1985) Annu Rev Microbiol 39:151-174

Frank G, Zuber H (1976) Hoppe Seylers Z Physiol Chem 357:585-592

Fray RG, Grierson D (1993) Plant Mol Biol 23:1-9

Fray RG, Wallace A, Fraser PD, Valero D, Hedden P, Bramley PM, Grierson D (1995) Plant J 8:693-701

Fredshavn JR, Poulsen GS (1993) In: Proceedings of the Symposium "Gene Transfer: Are Wild Species in Danger", Le Louverain, Schweiz, 9.Nov. 1993, pp. 31-35

Free JB (1962) J Royal Horticultural Soc 87:302-309

Frese M, Prins M, Ponten A, Goldbach RW, Haller O, Zeltz P (2000) Transgenic Res 9:429-438

Frey DA, Rimann M, Bailey JE, Kallio PT, Thompson CJ, Fussenegger M (2001) Biotech Bioen 74: 154-163

Friedrich L, Lawton K, Ruess W, Masner P, Specker N, Gut Rella M, Meier B, Dincher S, Staub T, Uknes S, Metraux J-P, Kessmann H, Ryals J (1996) Plant J 10:61-70

Frigerio L, Vine ND, Pedrazzini E, Hein MB, Wang F, Ma JK, Vitale A (2000) Plant Physiol 123:1483-1494

Frischmuth T, Stanley J (1991) Virol 183:539-544

Fu X, Duc LT, Fontana S, Bong BB, Tinjuangjun P, Sudhakar D, Twyman RM, Christou P, Kohli A (2003) Transgenic Res 9:11-19

Fuerst EP, Nakatani HY, Dodge AD, Penner D, Arntzen CJ (1985) Plant Physiol 77:984-989

Fuchs RL, Berberich SA, Serdy FS (1992) In: Casper R, Landsmann J (eds) Proc II Internat Symp Biosafety Results of Field Tests of genetically modified plants and microorganisms. Goslar, BBA, pp. 171-178

Fujita Y (1990) In: Bhojwani SS (ed) Plant Tissue Culture: Applications and Limitations. Elsevier, Amsterdam, pp. 259-275

Fukuda Y (1999) Plant Mol Biol 39:1051-1062

Fukuda Y, Nishikawa S (2003) Plant Mol Biol 51:665-675

Fukoka H, Ogawa T (1998) Plant Cell Report 17:323-328

Fukuda A, Nakamura A, Tanaka Y (1999) Biochim Biophys Acta 1446:149-155

Fukuoka H, Ogawa T, Matzuoka M, Ohkama Y, Yano H (1998) Plant Cell Reports 17:323-328

Funatsuki H, Kuroda H, Kihara M, Lazzari PA, Müller E, Lörz H, Kishinami I (1995) Theor Appl Genet 91:707-712


Gad AE, Rosenberg N, Altman A (1990) Physiol Plant 79:177-183

Gal S, Pisan B, Hohn T, Grimsley N, Hohn B (1992) Virol 187:525-533

Galau GA, Hughes DW, Dure L (1986) Plant Mol Biol 7:155-170

Le Gall O, Torregrosa L, Danglot Y, Candresse T, Bouquet A (1994) Plant Science 102:161-170

Galliano H, Müller AE, Lucht JM, Meyer P (1995) Mol Gen Genet 247:614-622

Gallie DR, Walbot V (1992) Nucl Acids Res 20:4631-4638

Gallie DR, Lucas WJ, Walbot V (1989) Plant Cell 1:301-311

Gao X, Ren Z, Zhao Y, Zhang H (2003) Plant Physiol 133:1873-1881

Garcia–Olmedo F, Molina A, Segura A, Moreno M (1995) Trends Microbiol 3:72-74

Gardner RC, Chanoles KR, Owens RA (1986) Plant Mol Biol 6:221-228

Garg AK, Kim J-K, Owens TG, Ranwala AP, Choi YD, Kochian LV, Wu RJ (2002) Proc Natl Acad Sci USA 99:15898-15903

Gary NE (1975) In: Dadant and Sons (eds) The Hive and the Honeybee, Dadant & Sons, Hamilton, Illinois, pp. 185-264

Gasser CS, Fraley RT (1992) Science 266:62-69.

Gatehouse JA, Hilder VA, Gatehouse AMR (1991) In: Grierson D (ed) Plant Genetic Engineering, Glasgow & London, Blackie, pp. 105-135

Gatehouse AMR, Down RE, Powell KS, Sauvion N, Rahbé Y, Newell CA, Merryweather A, Hamilton WDO, Gatehouse JA (1996) Entomol Exp Appl 79:295-307

Gatz C (1997) Ann Rev Plant Physiol Plant Mol Biol 48:89-108

Gatz C, Quail PH (1988) Proc Natl Acad Sci USA 85:1394-1397

Gatz C, Kaiser A, Wendenburg R (1991) Mol Gen Genet 227:229-237

Gatz C, Frohberg C, Wendenburg R (1992) Plant J 2:397-404

Gaxiola RA, Rao R, Sherman A, Grisafi P, Alper SL, Fink GR (1999) Proc Natl Acad Sci USA 96:1480-1485

Gaxiola RA, Jisheng L, Undurraga S, Dang LM, Allen GJ, Alper SL, Fink GR (2001) Proc Natl Acad Sci USA 98:11444-11449

Geballe AP, Sachs MS (2000) In: Sonenberg N, Hershey JWB, Mathwes MB (eds) Translational control of gene expression. Cold Spring Harbor Laboratory Press, Cold Spring Harbor, NY, pp. 595-614

van der Geest AHM, Hall GE, Spiker S, Hall TC (1994) Plant J 6:413-423

Geiger M, Badur R (2001) Erhöhung des Vitamingehaltes in Organismen durch Erhöhung der Tyrosin Aminotransferase Aktivität. DE 1011 1676 (SunGene)

Geiger M, Badur R, Kunze I, Sommer S (2001) Changing the fine chemical content in organisms by genetically modifying the shikimate pathway. WO 02/00901 (SunGene)

Gelvin SB, Karcher SJ, di Rita VJ (1983) Nucleic Acids Res 11:159-174

Génissel A, Leple J-C, Millet N, Augustin S, Jouanin L, Pilate G (2003) Mol Breeding 11:103-110

Gentechnikrecht (GenTR) (1993) Eberbach W, Lange P, eds., C.F.Müller Juristischer Verlag, Heidelberg, ISBN 3-8114-9760-X

Gerlach WL, Llewellyn D, Haseloff J (1987) Nature 328:802-805

Gerrits N, Turk SCHJ, van Dun K, Hulleman SHD, Visser RGF, Weisbeek PJ, Smeekens SCM (2001) Plant Physiol 125:926-934

Gheysen G, Herman L, Breyne P, Gielen J, van Montagu M, Depicker A (1990) Gene 94:155-163

Gheysen G, van Montagu M, Zambryski P (1987) Proc Natl Acad Sci USA 84:6169-6173

Ghoshroy S, Lartey R, Sheng J, Citovsky, V (1997) Annu Rev Plant Physiol Plant Mol Biol 48:27-50

Gianessi L (2002) http://www.ama-assn.org/ama/pub/article/4197-5326.htn

Gibbs M (1994) Science 264:1650

Gielen JJL, de Haan P, Kool AJ, Peters D, van Grinsven MQJM, Goldbach RW (1991) Bio/technol 9:1363-1367

Giddings G (2001) Curr Opin Biotechnol 12:450-454

Gill SS, Cowles ES, Pietrantonio PV (1992) Annu Rev Entomol 37:615-636

Gillett JW, Stern AM, Levin SA, Harwell MA, Alexander M, Andow DA (1986) Environm Management 10: 433-463

Gilmour SJ, Sebolt AM, Salazar MP, Everard JD, Thomashow MF (2000) Plant Physiol 124:1854-1865

Ginsberg I (1992) The Ustilago killer system: The organization of the toxin encoding genes and characterization of their products. PhD Dissertation, Tel Aviv University

Gleave AP, Mitra DS, Mudge SR, Morris BAM (1999) Plant Mol Biol 40:223-235

Gless C, Lörz H, Jähne-Gärtner A (1998) J Plant Physiol 152:151-157

Glidden C (1994) Mol Biol 3:41-44

Goddijn P (1993) Plant J 4:863-873

Godefroy-Colburn T, Schoumacher F, Erny C, Berna A, Moser O, Gagey M-J, Stussi-Garaud C (1990) In: Fraser RSS (ed) Recognition and Response in Plant-Virus Interactions, Springer, Berlin, Nato ASI Series, H41:207-231

Goetz M, Godt DE, Guivarch A, Kahmann U, Chriqui D, Roitsch T (2001) Proc Natl Acad Sci USA 98:6522-6527

Goldberg RB (1988) Science 240:1460-1467

Goldburg RJ, Tajden G (1990) Bio/technol 8:1011-1015

Goldman JJ, Hanna WW, Fleming G, Ozias-Akins P (2003) Plant Cell Rep 21:999-1009

Golds TJ, Lee JY, Husnain T, Ghose TK, Davey MR (1991) J Exp Bot 42:1147-1158

Goldsborough A, Bevan M (1990) Plant Mol Biol 16:263-269

Goldsbrough AP, Lastrella CN, Yoder JI (1993) Bio/technol 11:1286-1292

Goldsbrough PB, Gelvin SB, Larkins BA (1986) Mol Gen Genet 202:374-381

Goldworthy A, Street HE (1965) Ann Bot 29:45-58

Golemboski DB, Lomonosoff GP, Zaitlin M (1990) Proc Natl Acad Sci USA 87:6311-6315

Golovkin MV, Abraham M, Morocz M, Bottka S, Feher A, Dudits D (1993) Plant Sci 90:41-52

Gonzalez AE, Schopke C, Taylor NJ, Beachy RN, Rauquet CM (1998) Plant Cell Reports 17:827-831

Good X, Kellogg JA, Wagoner W, Langhoff D, Matsumura M, Bestwick RK (1994) Plant Mol Biol 26:781-790

Goodner B, Hinkle G, Gattung S, Miller N, Blanchard M, Qurollo B, Goldman BS, Cao Y, Askenazi M, Halling C, Mullin L, Houmiel K, Gordon J, Vaudin M, Iartchouk O, Epp A, Liu F, Wollam C, Allinger M, Doughty

D, Scott C, Lappas C, Markelz B, Flanagan C, Crowell C, Gurson J, Lomo C, Sear C, Strub G, Cielo C, Slater S (2001) Science 294:2323-2328

Goodwin J, Chapman K, Swaney S, Parks D, Wernsman EA, Dougherty WG (1996) Plant Cell 8:95-105

Goossens A, van Montagu M, Angenon G (1999) FEBS Lett 456:160-164

Gordon-Kamm WJ, Spencer TM, Mangano ML, Adams TR, Daines RJ, Start WG, O'Brien JV, Chambers SA, Adams WR, Willetts NG, Rice TB, Mackey CJ, Krueger RW, Kausch AP, Lemaux PG (1990) Plant Cell 2:603-618

Göring DR, Thomson L, Rothstein SJ (1991) Proc Natl Acad Sci USA 88:1770-1774

Gossen M, Bjard H (1992) Proc Acad Sci USA 89:5547-5551

Goto F, Yoshihara T, Sakai H (1998) Transgenic Res 7:173-180

Goto F, Yoshihara T, Shigemoto N, Toki S, Takaiwa F (1999) Nature Biotechnol 17:282-286

Goto F, Yoshihara T, Sakai H (2000) Theor Appl Genet 100:658-664

Gouka RJ, Gerk C, Hooykaas PJ, Bundock P, Musters W, Verrips CT, de Groot MJ (1999) Nature Biotechnol 17:598-601

Gould F, Anderson A (1991) Environ Entomol 20:30-38

Gould F, Anderson A, Laudis D, van Mellaert H (1991) Entomol Exp Appl 58:199-210

Goulds T, Maliga P, Koop HU (1993) Biotechnol 11:95-97

van der Graff E, den Dulk-Ras A, Hooykaas PJJ (1996) Plant Mol Biol 31:677-681

Graham J, McNicol RJ, Kumar A (1995) In: Gartland KMA, Davey MR (eds) Methods in molecular biology, Vol 44, *Agrobacterium* Protocols, Humana Press Inc, Totowa, NJ, pp. 129-133

Graham J, Hall G, Pearce G, Ryan C (1986) Planta 169:399-405

Granados RR, Fu Y, Corsaro B, Hughes PP (2001) Biol Control 20:153-159

de Gray G, Rajasekaran K, Smith F, Sanford J, Daniell H (2001) Plant Physiol 127:852-862

Grayer RJ, Kokubun T (2001) Phytochemistry 56:253-263

de Greef W, Delon R, de Block M, Leemans J, Botterman J (1989) Bio/technol 7:61-64

Green AE, Allison RF (1994) Science 263:1423-1425

Gressel J (1989) In: Dodge AD (ed) Herbicides and Plant Metabolism. Cambridge University Press, pp. 57-72

Gressel J (1999) Trends Biotechnol 17:361-366

Gressel J (2002) Molecular Biology of Weed Control. Taylor & Francis

Grevelding C, Fantes V, Kemper E, Schell J, Masterson R (1993) Plant Mol Biol 23:847-860

Grierson D, Maunders MJ, Slater A, Ray J, Bird CR, Schuch W, Holdsworth MJ, Tucker GA, Knapp JE (1986) Phil Trans R Soc 314:399-410

Griffiitts JS, Whitacre JL, Stevens DA, Aroian RV (2001) Science 293:860-864

Grimsley N, Hohn T, Hohn B (1986) EMBO J 5:641-646

Grimsley NH, Hohn T, Davies JW, Hohn B (1987) Nature 325:177-179

Grimsley N, Hohn B, Hohn T, Walden R (1986) Proc Natl Acad Sci USA 83:3282-3286

Grison R, Grezes-Besset B, Scheider M, Lucante N, Olsen L, Leguay J-L, Toppan A (1996) Nature Biotechnol 14:643-646

Gritz L, Davies J (1983) Gene 25:179-188

de Groot MJ, Bundock P, Hooykaas PJJ, Beijersbergen AG (1998) Nat Biotechnol 16:839-842; erratum: Nat Biotechnol 16:1074

Groot AT, Dicke M (2002) Plant J 31:387-406

Grüner R, Pfitzner UM (1994) Eur J Biochem 220:247-255

Guda C, Lee SB, Daniell H (2000) Plant Cell Reports 19:257-262

Guenoune D, Amir R, Ben-Dor B, Wolf S, Galili S (1999) Plant Science 145:93-98

Guenoune D, Amir R, Badani H, Wolf S, Galili S (2003) Transgenic Res 13: 123-126

Guerche P, de Almeida ERP, Schwarztein MA, Gander E, Krebbers E, Pelletier G (1990) Mol Gen Genet 221:306-314

Guerinot ML (2000) Biochim Biophys Acta 1465:190-198

Guimaraes RL, Marcellino LH, Grossi de Sa MF, de Castro Monte D (2001) Physiol Plant 111:182-187

Guiliano G, Aquilani R, Dharmapuri S (2000) Trends Plant Science 5:406-409

Guiltinam MJ, McHenry L (1996) Methods in Cell Biology 49:143-151

Gulati A, Schryer P, McHughen A (2002) In vitro Cell & Developm Biol 38:316-324

Gunasinghe UB, Berger PH (1991) Mol Plant-Microbe Interactions 4:452-457

Gunstone FD (1992) Prog Lipid Res 31:145-207

Guo D, Chen F, Inoue K, Blount J, Dixon R (2001) Plant Cell 13:73-88

Guo HS, Ding SW (2002) EMBO J 21:398-407

Guo Y, Liang H, Berns MW (1995) Physiol Plant 93:19-24

Guo L, Allen EM, Miller WA (2001) Mol Cell 7:1103-1109

Gupta AS, Webb RP, Holaday AS, Allen RD (1993) Plant Physiol 103:1067-1073
Gupta M, Chourey PS, Burr P, Still P (1988) Plant Mol Biol 10:215-224
Gutierrez-Pesce P, Taylor K, Mulev R, Rugini E (1998) Plant Cell Reports 17:574-580

de Haan P, Wagemakers L, Goldbach R, Peters D (1989) In: Kolakofsky D, Mahy BWJ (eds) Genetics and Pathogenicity of Negative Strand Viruses. Elsevier, Amsterdam, pp. 287-291
de Haan P, Gielen JJL, Prins M, Wijkamp IG, van Schepen A, Peters D, van Grinsven MQJM, Goldbach R (1992) Bio/technol 10:1133-1137
van Haaren MJJ, Houch CM (1991) Plant Mol Biol 17:615-630
Haberman E (1972) Science 177:314-322
Hadley WM, Burchiel SW, McDowell TD, Thilsted JP, Hibbs CM, Whorton JA, Day PW, Friedman MB, Stoll RE (1987) Fund Appl Toxicol 8:236-242
Hagan ND, Upadhyaya N, Taba LM, Higgins TJV (2003) Plant J 34:1-11
Hagen G, Rubinstein I (1981) Gene 13:239-249
Häggman H, Aronen T (1998) J Exp Bot 49:1147-1156
Hagio T, Hirabayashi T, Machii H, Tomotsune H (1995) Plant Cell Report 14:329-334
Hahn JJ, Eschenlauer AC, Sleytr UB, Somers A, Srienc F (1999) Biotech Progress 15:1053-1057
Hain R, Bieseler B, Kindl H, Schröder G, Stöcker R (1990) Plant Mol Biol 15:325-335
Haldrup A, Petersen SG, Okkels FT (1998) Plant Mol Biol 37:287-296
Halitschke R, Baldwin IT (2003) Plant J 36:794-807
Halling KC, Halling AC, Murray EE, Ladin BF, Houston LL, Weaver RF (1985) Nucleic Acids Res 13:8019-8033
d'Halluin K, Bossut M, Bonne E, Mazur B, Leemans J, Botterman J (1992) Bio/technol 10:309-314
Halpin C, Knight ME, Foxon GA, Campbell MM, Boudet AM, Boon JJ, Chabbert B, Tollier M-T, Schuch W (1994) Plant J 6:339-350
Hamada A, Shomo M, Xia T, Ohta M, Hayashi Y, Tanaka A, Hayakawa T (2001) Plant Mol Biol 46:35-42
Hamada T, Kodama H, Nishimura M, Iba K (1996) Transgenic Res 5:115-121
Hamada T, Kodama H, Takeshita K, Utsumi H, Iba K (1998) Plant Physiol 118:591-598
Hamilton AJ, Baulcombe D (1999) Science 286:950-952
Hamilton AJ, Lycett GW, Grierson D (1990) Nature 346:284-287
Hamilton DA, Roy M, Rueda J, Sindhu RK, Sanford J, Mascarenhas JP (1992) Plant Mol Biol 18:211-218
Hammerschmidt R (1999) Annu Rev Phytopathol 37:285-306
Hammond BG, Vivini JL, Hartwell GF, Naylor MW, Knight CD, Robinson EH, Fuchs RL, Padgette SR (1996) J Nutrition 126:717-727
Hammond J, Kamo KK (1995) Mol Plant-Microbe Interactions 8:674-682
Hammond SM, Bernstein E, Beach D, Hannon GJ (2000) Nature 404:293-296
Hammond-Kosack KE, Jones JDG (1996) Plant Cell 8 :1773-1791
Hammond-Kosack KE, Atkinson HJ, Bowles DJ (1989) Physiol Mol Plant Pathol 35:495-506
Han KH, Ma CP, Strauss SH (1997) Transgenic Res 6:415-420
Hanada K, Tochihara H (1980) Annals Phytopathol Soc Japan 46:159-168
Handa T (1992) Plant Sci 81:199-206
Hansen E, Harper G, McPherson MJ, Atkinson HJ (1996) Physiol Mol Plant Pathol 48:161-170
Hansen L, Obrycki J (2000) Oecologia, http://debate.friends@sgiserv.unib.ch/home/debate/ 20000 821OEC.pdf
Haq TA, Mason HS, Clements JD, Arntzen CJ (1995) Science 268:714-716
Hara M, Terashima S, Kuboi T (2001) J Plant Physiol 158:1333-1339
Hara M, Terashima S, Fukaya T, Kuboi T (2003) Planta 217:290-298
Harada E, Choi YE, Tsuchisaka A, Obata H, Sano H (2001) J Plant Physiol 158 :655-661
Harada JJ, Barker SJ, Goldberg RB (1989) Plant Cell 1:415-425
Harborne JB (1997) In: Dey PM, Harborne JB (eds) Plant Biochemistry. Acad Press, San Dieg0, USA. pp. 503-516
Harder PA, O'Keefe DP, Romesser JA, Leto KJ, Omer CA (1991) Mol Gen Genet 227:238-244
Harms CT, Armour SL, di Maio JJ, Middlesteadt LA, Murray D, Negrotto DV, Thompson-Taylor H, Weymann K, Montoya AL, Shillito RD, Jen GC (1992) Mol Gen Genet 233:427-435
Harpster MH, Brummell DA, Dunsmuir P (2002a) Plant Mol Biol 50:345-355
Harpster MH, Dawson DM, Nevins DJ, Dunsmuir P, Brummell DA (2002b) Plant Mol Biol 50:357-369
Harrison BD, Mayo MA, Baulcombe DC (1987) Nature 328:799-802
Hart CM, Fischer B, Neuhaus JM, Meins FJ (1992) Mol Gen Genet 235:179-188
Hartman CL, Lee L, Day PR, Tumer NE (1994) Bio/technol 12:919-923

Hasegawa I, Terada E, Sunairi M, Wakita H, Shinmachi F, Noguchi A, Nakajima M, Yazaki J (1997) Plant Soil 196:277-281

Hashimoto W, Momma K, Yoon HJ, Ozawa S, Ohkawa Y, Ishige T, Kito M, Utsumi S (1999) Biosci Biotechnol Biochem 63:1942-1946.

Hatanaka T, Choi YE, Kusano T, Sano H (1999) Plant Cell Reports 19:106-111

Hatzopoulos P, Franz G, Choy L, Sung RZ (1990) Plant Cell 2:457-467

Haugh GW, Somerville C (1986) Mol Gen Genet 204:430-434

Haugh GW, Smith J, Mazur B, Somerville C (1988) Mol Gen Genet 211:266-271

Haumann BF (1998) Inform 9: 746-752

Häusler RE, Holtum JAM, Powles SB (1991) Plant Physiol 97:1035-1043

Häusler RE, Hirsch H-J, Kreuzaler F, Peterhänsel C (2002) J Exp Bot 53:591-607

ten Have A, Mulder W, Visser J, van Kan JAL (1998) Mol Plant-Microbe Interactions 11:1009-1016

Havelange A (1980) Am J Bot 67:1171-1178

Hawkins DJ, Kridl JC (1998) Plant J 13:743-752

Hayakawa F, Shimojo E, Mori M, Kaido M, Furusawa I, Miyata S, Sano Y, Matsumoto T, Hashimoto Y, Granados RR (2000) Appl Entomol Zool 35:163-170

Hayashi H, Alia Mustrady L, Deshnium P, Ida M, Murata N (1997) Plant J 12:133-142

Hayashi M, Hirono M, Kamiya R (2001) Cell Motil Cytoskeleton 49:146-153

Haymes KM, Davis TM (1998) Plant Cell Reports 17:279-283

He DG, Yang YM, Scott KJ (1992) Plant Cell Report 11:16-19

He DG, Mouradov A, Yang YM, Mouradova E, Scott KJ (1994) Plant Cell Reports 14:192-196

He GY, Lazzari PA, Caunell ME (2001) Plant Cell Reports 20:67-72

He S, Lyznik A, Mackenzie S (1995) Genetics 139:955-962

Heimpel AM, Angus TA (1963) In: Steinhaus EA (ed) Insect Pathology: An Advanced Treatise. Acad Press, New York, pp. 21-73

Hein MB, Tang Y, McLeod DA, Janda KD, Hiatt A (1991) Biotechnol Prog 7:455-461

Heineke D, Kruse A, Flügge UI, Frommer WB, Riesmeier JW, Willmitzer L, Heldt HW (1994) Planta 193:174-180

Heineke D, Sonnewald U, Büssis D, Günther G, Leidreiter K, Wilke J, Raschke K, Willmitzer L, Heldt HW (1992) Plant Physiol 100:301-308

Heldt HW, Rapley L (1970) FEBS Lett 10:143-148

Heller JJ, Mitioda H, Klein E, Sagemuller A (1993) Proceedings of the 1992 Brighton Crop Protection Conferences: Pest and Diseases, pp. 59-65

Hellwald K-H, Palukaitis P (1995) Cell 83:937-946

Hellwege EM, Gritscher D, Willmitzer L, Heyer AG (1997) Plant J 12:1057-1065

Hellwege EK, Czapla S, Jahnke A, Willmitzer L, Heyer AG (2000) Proc Natl Acad Sci USA 97:8699-8704

Hemenway C, Fang R-X, Kaniewski WK, Chua N-H, Tumer NE (1988) EMBO J 7:1273-1280

Herbers K, Flint HJ, Sonnewald U (1996) Mol Breed 2:81-87

Herbers K, Wilke I, Sonnewald U (1995) Bio/technol 13:63-66

Herdegen M (1993) In: Eberbach W, Lange P, Ronellenfitsch (eds) Recht der Gentechnik und Biomedizin. GenTR / BioMedR. C.F.Müller-Verlag, Heidelberg

Herman EM, Shannon LM, Chrispeels MJ (1986) In: Shannon LM, Chrispeels MJ (eds) Molecular Biology of Seed Storage Proteins and Lectins. American Soc Plant Physiol, Baltimore, MD, USA, pp. 163-173

Herman EM, Helm RM, Jung R, Kinney AJ (2003) Plant Physiol 132:36-43

Herrera-Estrella L, Depicker A, van Montagu M, Schell J (1983) Nature 303:209-213

Herve C, Rouan D, Guerche P, Montane M-H, Yot P (1993) Plant Sci 91:181-193

Hiatt AC (1990) Agr Biotech News Inform 2:653-655

Hiatt AC, Cafferkey R, Bowdish K (1989) Nature 342:76-78

Hibino T, Takabe K, Kawazu T, Shibata D, Higuchi T (1995) Biosci Biotech Biochem 59:929-931

Hickok LG, Schwarz OJ (1986) Plant Sci 47:153-158

Hiei Y, Ohta S, Komari T, Kumashiro T (1994) Plant J 6:271-282

Higgins TJV (1984) Annu Rev Plant Physiol 35:191-221

Higgins TJV, Newbigin EJ, Spencer D, Llewellyn D, Craig S (1988) Plant Mol Biol 11:683-695

Hightower R, Baden C, Penzes E, Lund P, Dunsmuir P (1991) Plant Mol Biol 17:1013-1021

Higo K-I, Saito Y, Higo H (1993) Biosci Biotech Biochem 57:1477-1481

Higuchi T (1990) Wood Sci Technol 24:23-63

Higuchi T, Ito T, Umezawa T, Hibino T, Shibata D (1994) J Biotechnol 37:151-158

Hihara Y, Shoda K, Liu Q, Hara C, Umeda M, Toriyama K (1997) Plant Biotechnol 14:71-75

Hilbeck A, Baumgartner M, Fried PM, Bigler F (1998a) Environm Entomol 27:481-487

Hilbeck A, Moar WJ, Pusztai-Carey M, Filippini A, Bigler F (1998b) Environm Entomol 27:1255-1263.

Hilbeck A, Moar WJ, Puztai-Carey M, Filippini A, Bigler F (1999) Entomologia Experimentalis Applicata 91:305-310

Hilder VA, Gatehouse AMR (1991) Transgenic Res 1:54-60

Hilder VA, Gatehouse AMR, Sheerman SE, Barker RF, Boulter DC (1987) Nature 300:160-163

Hilder VA, Powell KS, Gatehouse AMR, Gatehouse JA, Shi Y, Hamilton WDO, Merryweather A, Newell CA, Timans JC, Peumans WJ, van Damme E, Boulter D (1995) Transgenic Res 4:18-25

Hincha DK, Sonnewald U, Willmitzer L, Schmitt JM (1996) J Plant Physiol 147:604-610

Hinman MB, Jones JA, Lewis RV (2000) Trends Biotechnol 18:374-379

Hipskind JD, Palva NL (2000) Mol Plant-Microbe Interactions 13:551-562

Hirano H-Y, Tabayashi N, Matsumura T, Tanida M, Komeda Y, Sano Y (1995) Plant Cell Physiol 36:37-44

Hirschberg J, McIntosh A (1983) Science 222:1346-1348

Ho CK, Chang SH, Tsay JY, Tsai CJ, Chiang VL, Chen ZZ (1998) Plant Cell Reports 17:675-680

Ho M-W, Ryan A, Cummins J (1999) Microb Ecol Health Disease 11; http://www.scup.no/mehd/ho

Hobbs HA, McLaughlin MR (1990) Phytopathol 80:268-272

Hobbs SLA, Kodar P, Delong CMO (1990) Plant Mol Biol 15:851-864

Hobbs SLA, Warketin TD, de Long CMO (1993) Plant Mol Biol 21:17-26

Hobom B (2000) Monarchfalter mit guten Aussichten. FAZ, 20.09.00

Hochberg ME, Hassell, MP, May RM (1990) Am Nat 135:74-94

Hochberg ME, Waage JK (1991) Nature 352:16-17

Hodgson J (2000) Scientists avert new GMO crisis. Nature Biotechnol 18:13

Hoekema A, Hirsch PR, Hooykaas PJJ, Schilperoort RA (1983) Nature 303:179-180

Hoekema A, Huisman MJ, Molendijk L, van den Elzen PJM, Cornelissen BJC (1989) Bio/technol 7:273-278

van der Hoeven C, Dietz A, Landsmann J (1994) Transgenic Res 3:159-165

Hoffman LM, Donaldson DD, Bookland R, Rashka K, Herman EM (1987) EMBO J 6:3213-3221

Hoffmann C, Vanderbruggen H, Höfte H, van Rie J, Jansens S, van Mellaert H (1988) Proc Natl Acad Sci USA 85:7844-7848

Höfgen R, Laber B, Schüttke I, Klonus A-K, Streber W, Pohlenz H-D (1995) Plant Physiol 107:469-477

Höfte H, Whiteley HR (1989) Microbiol Rev 53:242-255

Höfte H, Faye L, Dickinson C, Herman EM, Chrispeels MJ (1991) Planta 184:431-437

Hohn TM, Ohlrogge JB (1991) Plant Physiol 97:460-462

Hollingshead S, Vapnek D (1985) Plasmid 13:17-30

Holmes-Davis R, Comai L (1998) Trends Plant Sci 3:91-97

Holmström K-O, Welin B, Mandal A, Kristiansdottir I, Teeri TH, Lamark T, Strom AR, Palva ET (1994) Plant J 6:749-758

Holt CA, Beachy RN (1991) Virol 181:109-117

Holtum JAM, Matthews JM, Häusler RE, Liljegren DR, Powles SB (1991) Plant Physiol 97:1026-1034

Hong H, Datla N, Reed DW, Covello PS, MacKenzie SL, Qiu X (2002) Plant Physiol 129:354-362

Hood EE, Clapham DH, Ekberg I, Johannson T (1990) Plant Mol Biol 14:111-117

Hood EE, Bailey MR, Beifuss K, Magallanes-Lundback M, Horn ME, Callaway E, Drees C, Delaney E, Clough R, Howard JA (2003) Plant Biotechnol J 1:129-140

Hood EE, Witcher DR, Maddock S, Meyer T, Baszczynski C, Bailey M, Flynn P; Register J, Marshall L, Bond D, Kulisek E, Kusnadi A, Evangelista R, Nikolov Z, Wooge C, Mehigh RJ, Hernan R, Kappel WK, Ritland D, Li CP, Howard JA (1997) Mol Breeding 3:291-306

Honée G, Melchers LS, Vleeshouwers VGAA, van Roekel JSC, de Wit PJGM (1995) Plant Mol Biol 29:909-920

Hong Y, Stanley J (1996) Mol Plant-Microbe Interactions 9:219-225

Hong Y, Saunders K, Hartley MR, Stanley J (1996) Virology 220:119-127

Horn ME, Shillito RD, Conger BV, Harms CT (1988) Plant Cell Reports 7:469-472

Horsch RB, Fry JE, Hoffmann NL, Eichholtz D, Rogers SG, Fraley RT (1985) Science 227:1229-1231

Hoshi Y, Kondo M, Mori S, Adachi Y, Nakano M, Kobayashi H (2004) Plant Cell 22:359-364

Hosokawa K, Matsuki R, Oikawa Y, Yamamura S (2000) Plant Cell Reports 19:454-458

Hosoyama H, Irie K, Abe K, Arai S (1994) Biosci Biotech Biochem 58:1500-1505

Hou BK, Zhou YH, W§an LH, Zhang ZL, Shen GF, Chen ZH, Hu ZM (2003) Transgenic Res 12:111-114

Hou Y-M, Sanders R, Ursin VM, Gilbertson RL (2000) Mol Plant-Microbe Interactions 13:297-308

Houdebaine LM (2000) Transgenic Res 9:305-320

van Houdt H, Bleys A, Depicker A (2003) Plant Physiol 131:245-253

Houmiel KL, Slater S, Broyles D, Casagrande L, Colburn S, Gonzalez K, Mitsky TA, Reiser SE, Shah D, Taylor NB, Tran M, Valentin HE, Gruys KJ (1999) Planta 209:547-550

House of Representatives (1991) FDA´s regulation of the dietary supplement L-tryptophan. Human resources and intergovernmental relations subcommittee of the committee on government operations. United States House of Representatives, Washington, DC

Howie W, Joe L, Newbigin E, Suslow T, Dunsmuir P (1994) Transgenic Res 3:90-98

Hsieh TH, Lee JT, Charng YY, Chan MT (2002a) Plant Physiol 130:618-626

Hsieh TH, Lee JT, Yang PT, Chiu LH, Charng YY, Wang YC, Chan MT (2002b) Plant Physiol 129:1086-1094

Hu S, Lau KWK, Wu M (2001) Plant Sci 161:987-996

Hu T, Metz S, Chay C, Zhou HP, Biest N, Chen G, Cheng M, Feng X, Radionenko M, Lu F, Fry J (2003) Plant Cell Reports 21:1010-1019

Hu W-J, Harding SA, Lung J, Popko JL, Ralph J, Stokke DD, Tsai C-J, Chiang VL (1999) Nature Biotechnol 17:808-812

Huang J, Hu R, Pray CE, Rozelle S, Qiao F (2002) Australian J Agricultural Resource Economics 46:547-556

Huang Y, McBeath JH (1994) Plant Sci 103:41-49

Huang Y, Diner AM, Karnosky DF (1991) In-Vitro Cell Dev Biol 27P:201-207

Huang Y, Liang W, Pan A, Zhou Z, Huang C, Chen J, Zhang D (2003) Infection and Immunity 71:5436-5439

Hudson G, Biemann K (1976) Biochem Biophys Res Com 71:212-220

Hühn M, Rakow G (1979) Z Pflanzenzücht 83:289-307

Huisman MJ, Linthorst KJM, Bol JF, Cornelissen BJC (1988) J Gen Virol 69:1789-1798

Huntley CC, Hall TC (1996) Mol Plant-Microbe Interactions 9:164-170

Hussey RS, Mims CW, Westcott SW (1992) Protoplasma 171:1-6


Imai R, Moses MS, Bray EA (1995) J Exp Bot 46:1077-1084

Imai R, Chang L, Ohta A, Bray EA, Takagi M, (1996) Gene 170:243-248

Inokuma C, Sugiura K, Imaizumi N, Cho C (1998) Plant Cell Reports 17:334-338

International Food Biotechnology Council (IBFC) (1990) Regul Toxicol Pharmacol 12:S1-S196

International Union for the Protection of New Varieties of Plants (UPOV) (1979) Revised general introduction to the guidelines for the conduct of tests for distinctness, homogeneity and stability of new varieties of plants.

International Union for the Protection of New Varieties of Plants (UPOV) (1986) Guidelines for the conduct of tests for distinctness, homogeneity and stability of potato (Solanum tuberosum)

Irie K, Hosoyama H, Takeuchi T, Iwabuchi K, Watanabe H, Abe M, Abe K, Arai S (1996) Plant Mol Biol 30:149-157

Irwin R (2000) Nontarget effects of Bt corn prove manageable. IBS News Report, Juli 2000.

Ishida Y, Saito H, Ohta S, Hiei Y, Komari T, Kumashiro T (1996) Nature Biotechnol 14:745-750

Ismael Y, Thirtle C, Beyers L, Bennett R, Morse S, Kirsten J, Gouse M, Lin L, Piesse J (2001) Smallholder adoption and economic impacts of Bt cotton in the Makhathini Flats, Republic of South Africa. Report for DFID Natural Resources Policy Research Programme, Project R7946. London, UK: Department of International Development.

Itoh K, Ozaki H, Okada K, Hori H, Takeda Y, Mitsui T (2003) Plant Cell Physiol 44:473-480

Iwai T, Kaku H, Honkura R, Nakamura S, Ochiai H, Sasaki T, Ohashi Y (2002) Mol Plant-Microbe Interactions 15:515-521


Jach G, Logemann S, Wolf G, Oppenheim A, Chet I, Schell J, Logemann J (1992) Biopractice 1:33-40

Jach G, Gömhardt B, Mundy J, Logemann J, Pinsdorf E, Leah R, Schell J, Maas C (1995) Plant J 8:97-109

Jacob GS, Garbow JR, Hallas LE, Kimack NM, Kishore GM, Schaefer J (1988) Appl Environ Microbiol 54:2953-2958

Jacquemond M, Amselem J, Tepfer M (1988) Mol Plant-Microbe Interact 1:311-316

de Jaeger G, de Wilde C, Eeckhout D, Fiers D, Depicker A (2000) Plant Mol Biol 43:419-428

de Jaeger G, Scheffer S, Jacobs A, Zambre M, Zobell O, Goossens A, Depicker A, Angenon G (2002) Nature Biotechnol 20:1265-1268

de Jaeger G, Buys E, Eeckhout D, de Wilde C, Jacobs A, Kapila J, Angenon G, van Montagu M, Gerats T, Depicker A (1999) Eur J Biochem 259:426-434

Jagannath A, Bandyopadhyay P, Arumugam N, Gupta V, Burma PK, Pental D (2001) Mol Breeding 8:11-23

Jaglo KR, Kleff S, Amundsen KL, Zhang X, Haake V, Zhang JZ, Deits T, Thomashow MF (2001) Plant Physiol 127:910-917

Jaglo-Ottosen KR, Gilmour SJ, Zarka DG, Schabenberger O, Thomashow MF (1998) Science 280:104-106

Jahne A, Lazzari PA, Lörz H (1991) Plant Cell Reports 10:1-6

Jähne A, Becker D, Brettschneider R, Lörz H (1994) Theor Appl Genet 89:525-533
Jain AK, Nessler CL (2000) Mol Breeding 6:73-78
Jain RK, Jain S, Wang BY, Wu R (1996) Plant Cell Reports 15:963-968
Jakobek JL, Lindgren PB (1993) Plant Cell 5:49-56
Jakobek JL, Smith JA, Lindgren PB (1993) Plant Cell 5:57-63
James C (2002) Global status of commercialized transgenic crops. ISAAA. Metro Manila, Philippines
Jan F-J, Fagoaga S-Z, Pang D, Gonsalves D,(2000) J Gen Virol 81:235-24r2
Jan F-J, Fagoaga C, Pang S-Z,. Gonsalves D (2000) J Gen Virol 81:2103-2109
Jacquemond M, Teycheney P-Y, Carrere I, Nava-Castillo J, Tepfer M (2001) Mol Breeding 8:85-94
Jarvis EE, Brown LM (1991) Curr Genet 19:317-321
Jasinski JR, Eisley JB, Young CE, Kovach J, Willson H (2003) Environ Entomol 32:407-413
Jayaraman KS (2001) Nature 413:555
Jeandet P, Douillet-Breuil A-C, Bessis R, Debord S, Sbaghi M, Adrian M (2002) J Agric Food Chem 50:2731-2741
Jefferson RA (1990) In: Gustafson P (ed) Gene manipulation in plant improvement II. Plenum Press, New York, pp 365-400
Jefferson R, Kavanagh T, Bevan M (1987) EMBO J 6:3901-3907
Jensen LG, Olsen O, Kops O, Wolf N, Thomsen KK, von Wettstein D (1996) Proc Natl Acad Sci USA 93:3487-3491
Jenuwein T, Forrester WC, Fernandez-Herrero LA, Laible G, Dull M, Grosschedl R (1997) Nature 385: 269-273
Jepson PC, Croft BA, Pratt GE (1994) Mol Ecol 3:81-89
Ji L-H, Ding S-W (2001) Mol Plant-Microbe Interactions 14:715-724
Jiang L, Downing WL, Baszczynski CL, Kermode AR (1995) Plant Physiol 107:1439-1449
Jiang X, Wang M, Graham DY, Estes MK (1992) J Virol 66:6527-6532
Jobling SA, Gehrke L (1987) Nature 325:622-625
Joel DM, Kleifeld Y, Losner-Goshen D, Herzlinger G, Gressel JC (1995) Nature 374:220-221
Joersbo M, Brunstedt J (1991) Plant Cell Reports 9:207-210
Joersbo M, Okkels FT (1996) Plant Cell Reports 16:219-221
Joersbo M, Petersen SG, Okkels FT (1999) Physiol Plant 105:109-115
Joersbo M, Donaldson I, Kreiberg J, Petersen SG, Brunstedt J, Okkels FT (1998) Mol Breed 4:111-117
Johal GS, Briggs SP (1992) Science 258:985-987
Johnson R, Narvaez J, An G, Ryan C (1989) Proc Natl Acad Sci USA 86:9871-9875
Johnson T (1989) Sacramento News and Review, pp. 15-16
Johnston SA, Anziano PQ, Shark K, Sanford JC, Butow RA (1988) Science 240:1538-1540
Jones BA, Fangman WL (1992) Genes Dev 6:380-389
Jones CM, Mes P, Myers JR (2003) J Heredity 94:449-456
Jones DA, Thomas CM, Hammond-Kosack KE, Balint-Kurti PJ, Jones JDG (1994) Science 266:789
Jones JD, Dunsmuir P, Bedbrook J (1985) EMBO J 4:2411-2418
Jones JDG, Svab Z, Harper EC, Hurwitz CD, Maliga P (1987) Mol Gen Genet 210:86-91
Jones JDG, Dean C, Gidoni D, Gilbert D, Bond-Nutter D, Lee R (1988) Mol Gen Genet 212:536-542
Jones S, Yu B, Bainton NJ, Birdsall M, Bycroft BW, Chhabra SR, Cox AJR, Golby P, Reeves PF, Stephens S, Winson MK, Salmond GPC, Stewart GSAB, Williams P (1993) EMBO J 12:2477-2482
Jorgensen RB, Andersen B (1994) Am J Bot 81:1620-1626
Joshi CP (1987) Nucl Acids Res 15:6643-6653
Jouanin L, Goujon T, de Nadai V, Martin MT, Mila I, Vallet C, Pollet B, Yoshinaga A, Chabbert B, Petit-Conil M, Lapierre M (2000) Plant Physiol 123:1363-1373
Jun SI, Kwon SY, Paek KY, Paek KH (1995) Plant Cell Rep 14:620-625
Jung C, Wyss U (1999) Appl Microbiol Biotechnol 51:439-446
Jungermann H, Slovic P (1993) In: Bayerische Rück, Herausgeber, Risiko ist ein Konstrukt, Knesebeck-Verlag, pp. 89-107

Kaeppler HF, Gu W, Somers DA, Rines HW, Cockburn AF (1990) Plant Cell Rep 9:415-418
Kaido M, Mori M, Mise K, Okuno T, Furusawa I (1995) J Gen Virol 76:2827-2833
Kajita S, Katayama Y, Omori S (1996) Plant Cell Physiol 37:957-965
Kalinski A, Loer DS, Weisemann JM, Matthews BF, Herman EM (1991) Plant Mol Biol 17:1095-1098
Kallerhoff J, Perez P, Bouzoubaa S, Takar SB, Perret J (1990) Plant Cell Reports 9:224-228
Kalt-Torres W, Kerr PS, Usuda H, Huber SC (1987) Plant Physiol 83:283-288
Kanchanapoom ML, Thomas JF (1987) Am J Bot 74:152-163
Kang H-G, Fang Y-W, Singh KB (1999) Plant J 20:127-133

Kang TJ, Seo JE, Loc NH, Yang MS (2003) Mol Cells 16:60-66
Kaniewski W, Lawson C, Sammons B, Haley L, Hart J, Delannay X, Tunner NE (1990) Bio/technol 8:750-754
Kano-Murakami Y, Yanai T, Tagiri A, Matsuoka M (1993) FEBS Lett 334:365-368
Kanrar S, Venkateswari JC, Kirti PB, Chopra VL (2002) Plant Sci 162:441-448
Kaplan IB, Shintaku MH, Li Q, Zhang L, Marsh LE, Palukaitis P (1995) Virol 209:188-199
Kapusta J, Modelska A, Figlerowicz M, Pniewski T, Letellier M, Lisowa O, Yusibov V, Koprowski H, Plucien-
    niczak A, Legocki AB (1999) FASEB J 13:1796-1799
Kardish N, Magal N, Aviv D, Galun E (1994) Plant Mol Biol 25:887-897
Kareiva P, Morris W, Jacobi CM (1994) Mol Evol 3:15-21
Kasschau KD, Carrington JC (1998) Cell 95:461-470
Kaster KR, Burgett SG, Nagaraja Rao R, Ingolia TD (1983) Nucleic Acids Res 11:6895-6911
Kathuria S, Sriraman R, Nath R, Sack M, Pal R, Artsaenko O, Talwar GP, Fischer R, Finnern R (2002) Human
    Reproduction 17:2054-2061
Kato Y, Taniai K, Hirochika H, Yamakawa M (1993) Insect Biochem Mol Biol 23:285-290
Katsuhara M, Koshio K, Shibasaka M, Hayashi Y, Hayakawa T, Kasamo K (2003) Plant Cell Physiol 44:1378-
    1383
Kawchuk LM, Martin RR, McPherson J (1990) Mol Plant-Microbe Interactions 3:301-307
Kay E, Vogel TM, Bertolla F, Nalin R, Simonet P (2002) Appl Environm Microbiol 68:3345-3351
Ke XY, Zhang XW, Shi HP, Li BJ (1996) Transgenic Res 5:219
Keil M, Sanchez-Serrano JJ, Willmitzer L (1989) EMBO J 8:1323-1330
Keller MA, Stiehm ER (2000) Clin Microbiol Rev 13:602-614
Keller H, Pamboukdjian N, Ponchet M, Poupet A, Delon R, Verrier JL, Roby D, Ricci P (1999) Plant Cell
    11:223-235
Kemper E, Grevelding C, Schell J, Masterson R (1992) Plant Cell Reports 11:118-121
Kennedy CW, Smith WC, Jones JE (1986) Crop Sci 26:139-145
Kerbundit S, de Greve H, Deboeck F, van Montagu M, Hernalsteens J-P (1991) Proc Natl Acad Sci
    USA 88:5212-5216
Kerlan MC, Chevre AM, Eber F (1993) Genome 36:1099-1106
Kerlan MC, Chevre AM, Eber F, Baranger A, Renard M (1992) Euphytica 62:145-153
Kesarwani M, Azam M, Natarajan K, Mehta A, Datta A (2000) J Biol Chem 275:7230-7238
Kessler DA, Taylor MR, Maryanski JH, Flamm EL, Kahl LS (1992) Science 256:1747-1749 und 1832
Khandelwal A, Lakshmi Sita G, Shaila MS (2003a) Virol 308:207-215
Khandelwal A, Lakshmi Sita G, Shaila MS (2003b) Vaccine 21:3282-3289
Khasdan V, Ben-Dov E, Manasherob R, Boussiba S, Zaritsky A (2003) FEMS Microbiol Lett 227:189-195
Khattak S, Darai G, Süle S, Rösen-Wolff A (2002) Intervirol 45:334-339
Khoudi H, Laberge S, Ferullo JM, Bazin R, Darveau A, Castonguay Y, Allard G, Lemieux R, Vezina LP (1999)
    Biotechnol Bioeng 64:135-143
Khrishnan HB, Reeves CD, Ohita TW (1986) Plant Physiol 81:642-645
Khush GS, Bacalangco E, Ogawa T (1990) Rice Genetics Newsl 7:121-122
Kihara CM, Funatsuki H (1995) Plant Sci 106:115-120
Kihara M, Saeki K, Ito K (1998) Plant Cell Reports 17:937-940
Kihara M, Okada Y, Kuroda H, Saeki K, Yoshigi N, Ito K (2000) Mol Breeding 6:511-517
Kikkert JR, Hebert-Soule D, Wallace PG, Striem MJ, Reisch BI (1996) Plant Cell Rep 15:311-316
Kilby NJ, Davies GJ, Snaith MR (1995) Plant J 8:637-652
Kilby NJ, Leyser HM, Furner IJ (1992) Plant Mol Biol 20:103-112
Kim H-S, Euym J-W, Kim M-S, Lee B-C, Mook-Jung I, Jeon J-H, Joung H (2003) Plant Sci 165:1445-1451
Kim J-K, Jang I-C, Wu R, Zuo W-N, Boston RS, Lee Y-H, Ahn I-P, Nahm BH (2003) Transgenic Res 12:475-
    484
Kim S-H, Kang C-H, Kim R, Cho JM, Lee Y-B, Lee T-X (1989) Protein Engineering 2:571-575
Kim S-R, Lee J, Jun S-H, Park S, Kang H-G, Kwon S, An G (2003) Plant Mol Biol 52:761-773
Kim SW, Keasling JD (2001) Biotechnol Bioeng 72:408-415
Kim T-G, Langridge WHR (2003) Plant Cell Reports 21:884-890
Kim T-G, Langridge WHR (2004) Plant Cell Reports 22:382-387
Kimura T, Mizutani T, Tanaka T, Koyama T, Sakka K, Ohmiya K (2003) Appl Microbiol Biotechnol 62:374-
    379
Kinal H, Parkl C-M, Berry JO, Koltin Y, Bruenn JA (1995) Plant Cell 7:677-688
Kinney P (1998) Fett / Lipid 100:173-176
Kirkpatrick KJ, Wilson (1988) Am J Bot 75:519-527
Kirby A (1999) GM pollen can kill butterflies. BBC, 19.05.1999

Kirsop B (1993) Trends Biotechnol 11:375-378
Kirti PB, Hadi S, Kumar PA, Chopra VL (1991) Theor Appl Genet 83:233-237
Kishor PBK, Hong Z, Miao G-H, Hu C-AA, Verma DPS (1995) Plant Physiol 108:1387-1394
Kitajima S, Sato F (1999) J Biochem (Tokyo) 125:1-8
Klaas M, John MJ, Crowell DN, Amasino RM (1989) Plant Mol Biol 12:413-423
Klaus SMJ, Huang F-C, Golds TJ, Koop H-U (2004) Nature Biotechnol 22:225-229
Klee HJ, Hayford MB, Kretzmer KA, Barry GF, Kishore GM (1991) Plant Cell 3:1187-1193
Kleiman R, Spencer GF (1982) J Am Oil Chem Soc 59:29-38
Klein TM, Wolf ED, Wu R, Sanford JC (1987) Nature 327:70-73
Klösgen RB, Gierl A, Schwarz-Sommer Z, Saedler H (1986) Mol Gen Genet 203:237-244
Kloti A, He X, Potrykus I, Hohn T, Futterer J (2002) Proc Natl Acad Sci USA 99:10881-10886
Knight P (1988) Bio/technol 7:1233-1237
Knight PJK, Crickmore N, Ellar DJ (1994) Mol Microbiol 11:429-436
Knowles CO, Benezet HJ (1981) Bull Envir Contam Toxicol 27:529-533
Knutzon DS, Thompson GA, Radke SE, Johnson WB, Knauf VC, Kridl JC (1992) Proc Natl Acad Sci USA 89: 2624-2628
Kochetov AV, PiluginMV, Kolpakov FA, Babenko VN, Kvashnina EV, Shumny VK (1998) In: Proceedings of the first international conference on bioinformatics of genome regulation ans structure. Novosibirsk, Vol 1, pp. 210-213
Kochevenko A, Willmitzer L (2003) Plant Physiol 132:174-184
Kodama H, Hamada T, Horiguchi G, Nishimura M, Iba K (1994) Plant Physiol 105:601-605
Kogan M (1986) In: Kogan M (ed) Ecological Theory and Integrated Pest Management Practice. John Wiley and Sons, New York, pp. 83-134
Kohli A, Leech M, Vain P, Laurie DA, Christou P (1998) Proc Natl Acad Sci USA 95:7203-7208
Kohli A, Gahakwa D, Vain P, Laurie DA, Christou P (1999) Planta 208:88-97
Kohn JR, Caspar BB (1992) Am J Bot 79:57-62
Koike Y, HoshinoY, Mii M, Nakamo M (2003) Plant Cell Reports 21:981-987
Kojima H, Kawata Y (2001) In: Kojima H, Lee YK (eds) Photosynthetic microorgnisms in environmental bio-technology. Springer-Verlag, pp. 41-61
Kok EJ, Kuiper HA (2003) Trends in Biotechnol 21:439-444
Kok-Jacon GA, Ji Q, Vincken J-P, Visser RG (2003) J Plant Physiol 160:765-777
Koltin Y, Day P (1975) Appl Microbiol 30:694-696
Koltunow AM, Truettner J, Cox KH, Wallroth M, Goldberg RB (1990) Plant Cell 2:1201-1224
Komamytsky B, Borisjuk NV, Borisjuk LG, Alarn MZ, Raskin I (2000) Plant Physiol 124:927-933
Komari T, Hiei Y, Saito Y, Murai N, Kumashiro T (1996) Plant J 10:165-174
Kombrink E, Schmelzer E (2001) Eur J Plant Pathol 107:69-78
Komoßa D, Sandermann H (1992) Pest Biochem Physiol 43:95-102
Komoßa D, Gennity I, Sandermann H (1992) Pest Biochem Physiol 43:85-94
Koncz C, Martini N, Mayerhofer R, Koncz-Kalmann Z, Köber H, Redei GP, Schell J (1989) Proc Natl Acad Sci USA 86:8467-8471
Kong Q, Richter L, Yang YF, Arntzen CJ, Mason HS, Thanavala Y (2001) Proc Natl Acad Sci USA 98:11539-11544
Kononov ME, Bassumer B, Gelvin SB (1997) Plant J 11:945-957
Koo JC, Chun HJ, Park HC, Kim MC, Koo YD, Koo SC, Ok HM, Park SJ, Lee S-H, Yun D-J, Lim CO, Bahk JD, Lee SY, Cho MJ (2002) Plant Mol Biol 50:441-452
Koonin EV, Mushegian AR, Ryabov EV, Dolja VV (1991) J Gen Virol 72:2895-2903
Koprivova A, Kopriva S, Jäger D, Will B, Jouanin L, Rennenberg H (2002) Plant Biol 4:664-670
Koprowski H, Yusibov (2001) Vaccine 19:2735-2741
Kornfeld R, Kornfeld S (1985) Annu Rev Biochem 54:631-664
Korth KL, Levings CS (1993) Proc Natl Acad Sci USA 90:3388-3392
Kortstee AJ, Vermeesch AMS, de Vries BJ, Jacobsen E, Visser RGF (1996) Plant J 10:83-90
Kossmann J, Lloyd J (2000) Critical Rev Plant Sci 19:171-226
Kota M, Daniell H, Varma S, Garczynski F, Gould F, Moar WJ (1999) Proc Natl Acad Sci USA 96: 1840-1845
Koukolikova-Nicola Z, Albright L, Hohn B (1987) In: Hohn T, Schell J (eds) Plant Infections Agents. Springer Verlag, Wien, New York, pp. 110-148
Kovarik A, van Houdt H, Holy A, Depicker A (2000) FEBS Lett 467:47-51
Kovarik A, Koukalova B, Bezdek M, Opatrny Z (1997) Theor Appl Genet 95:301-306
Kowalczyk-Schröder S, Sandmann G (1992) Pest Biochem Physiol 42:7-12

Koziel MG, Beland GL, Bowman C, Carozzi NB, Crenshaw R, Crossland L, Dawson J, Desai N, Hill M, Kadwell S, Launis K, Lewis K, Maddox D, McPherson K, Meghij MR, Merlin E, Rhodes R, Warren GW, Wright M, Evola SV (1993) Bio/technol 11:194-200

Kramer KJ, Morgan TD, Throne JE, Dowell FE, Bailey M, Howard JA (2000) Nature Biotechnol 18:670-674

Kramer M, Sanders RA, Sheehy RE, Melis M, Kuehn M, Hiatt WR (1990) In: Bennet AB, O'Neill SD (eds) Horticultural Biotechnology, New York, Wiley-Liss, pp. 347-355

Krasnayanski S, May RA, Loskutov A, Ball TM, Sink KC (1999) Theor Appl Genet 99:676-682

Krens FA, Molendijk L, Wullems GJ, Schilperoot RA (1982) Nature 296:272-274

Kreuz K, Fonne-Pfister R (1992) Pest Biochem Physiol 43:232-240

Krishna PJ (1998) IBS News Report, Juli 1998

Krishnamurthy K, Balconi C, Sherwood JE, Giroux MJ (2001) Mol Plant-Microbe Interactions 14:1255-1260

Krishnan HR, Franceschi VR, Ohita TW (1986) Planta 169:471-480

Kristensen BK, Brandt J, Bojsen K, Thordal-Christensen H, Kerby KB, Collinge DB, Mikkelsen JD, Rasmussen SK (1997) Plant Science 122:173-182

Kristyanne ES, Kim KS, Stewart JM (1997) Mycologia 89:353-360

Krizkova L, Hrouda M (1998) Plant J 16:673-680

van der Krol AR, Mur LA, de Lange P, Mol JNM, Stuitje AR (1990) Plant Mol Biol 14:457-466

van der Krol AR, Mur LA, Beld M, Mol JNM, Stuitje AR (1990) Plant Cell 2:291-299

Kubo A, Saji H, Tanaka K, Kondo N (1992) Plant Mol Biol 18:691-701

Kuhlemeier C, Green PJ, Chua N-H (1987) Ann Rev Plant Physiol 38:221-257

Kuiper HA, Noteborn HPJM, Peijnenburg AACM (1999) Adequacy of methods for testing the safety of genetically modified foods. The Lancet 354:1356.

Kuipers AGJ, Jacobsen E, Visser RGF (1994) Plant Cell 6:43-52

Kuipers AGJ, Vreem JTM, Meyer H, Jacobsen E, Feenstra WJ, Visser RGF (1991) Euphytica 59:83-91

Kumagai MH, Donson J, Della-Cioppa G, Harvey D, Hanley K, Grill LK (1995) Proc Natl Acad Sci USA 92:1679-1683

Kumar A (1995) In: Gartland KMA, Davey MR (eds) Methods in molecular biology, Vol 44, *Agrobacterium* Protocols, Humana Press Inc, Totowa, NJ, pp 121-128

Kumar A, Taylor MA, Arif SAM, Davies HV (1996) Plant J 9:147-158

Kumar KK, Poovannan K, Nandukumar R, Thamilarasi K, Geetha C, Jayashree N, Kokiladevi E, Raja JAJ, Samiyappan R, Sudhakar D, Balasubramanian P (2003) Plant Science 165:969-976

Kumar S, Fladung M (2000) Mol Gen Genet 264:20-28

Kumar S, Fladung M (2002) Plant J 31:543-551

Kunik T, Tzfira T, Kapulnik Y, Gafni Y, Dingwall C, Citovsky V (2001) Proc Natl Acad Sci USA 98:1871-1876

Kunkel BN, Bent AF, Dahlbeck D, Innes RW, Staskawicz BJ (1993) Plant Cell 5:865-875

Kunkel T, Niu Q-W, Chan Y-S, Chua N-H (1999) Nature Biotechnol 17:916-919

Kuntz M, Römer S, Suire C, Hugueney P, Weil JH, Schantz R, Camara B (1992) Plant J 2:25-34

Kuntz M, Chen HC, Simkin AJ, Römer S, Shipton CA, Drake R, Schuch W, Bramley PM (1998) Plant J 13:351-361

Kunz C, Narangajavana J, Jakowitsch J, Park YD, Rene Delon T, Kovarik A, Koukalova B, van der Winden J, Aufsatz W, Mette MF, Matzke M, Matzke AJ (2003) Plant Mol Biol 52:203-215

Kurek I, Dulberger R, Azem A, Tzvi BB, Sudhakar D, Christou P, Breiman A (2002) Plant Mol Biol 48:369-381

Kurland CG, Canback B, Berg OG (2003) Proc Natl Acad Sci USA 100:9658-9662

Kusnadi AR, Nikolov ZL, Howard JA (1997) BIOTECH Bioeng 56:473-484

Kuzuyama T (2001) Japan Soc Biosci Biotechnol Agrochem 75:1053-1059

Kwon SY, Yang Y, Hong CB, Pyun KH (1995) Mol Cells 5:486-492

Kwon T-H, Kim Y-S, Lee J-H, Yang M-S (2003) Biotechnol Lett 25:1571-1574

Kwon S-Y, Jo S-H, Lee O-S, Choi S-M, Kwak S-S, Lee H-S (2003) Planta Med 69:1005-1008


Lacadena J, del Pozo AM, Gasset M, Patino B, Campos-Olivas R, Vasquez C, Martinez-Riuz A, Mancheno JM, Onaderra M, Gavilanes JG (1995) Arch Biochem Biophys 324:273-281

Laemmli UK, Käs E, Poljak L, Adachi Y (1992) Curr Opinion Gen Dev 2:275-285

Lagrimini LM (1991) Plant Physiol 96:577-583

Lagrimini LM, Vaugh J, Erb WA, Miller SA (1993) HortScience 28:218-221

Lagrimini LM, Joly RJ, Dunlap JR, Liu T-TY (1997) Plant Mol Biol 33 :887-895

Lai J, Messing J (2002) Plant J 30:395-402

Lal R (1991) In: Hawksworth DL (ed) The Biodiversity of Microorganisms and Invertebrates; Its Role in Sustainable Agriculture. CAB International, Walllingford, pp. 89-104

Laliberte J-F, Nicolas O, Durand S, Morosoli R (1992) Plant Mol Biol 18:447-451

Lam E, Chua N-H (1989) Plant Cell 1:1147-1156

Lamark T, Kaasen I, Eshoo MW, Falkenberg P, McDougall J, Strom AR (1991) Mol Microbiol 5:1049-1064

Landschütze V, Willmitzer L, Müller-Röber B (1995) EMBO J 14:660-666

Lange BM, Croteau R (1999) Arch Biochem Biophys 365:170-174

Lapidot M, Gafny R, Ding B, Wolf S, Lucas WJ, Beachy RN (1993) Plant J 4:959-970

Lapidot M, Raveh D, Sivan A, Arad SM, Shapira M (2002) Plant Physiol 129:7-12

Lapierre C, Pollet B, Petit-Conil M, Toval G, Romero J, Pilate G, Leple JC, Boerjan W, Ferret V, de Nadai V, Jouanin L (1999) Plant Physiol 119:153-163

Larkin PJ, Taylor BH, Gersman M, Brettell RIS (1990) Australian J Plant Physiol 17:291-302

Larkins BA, Hurkman WJ (1987) Plant Physiol 62:256-263

Larrick JW, Yu L, Chen J, Jaiswai S, Wycoff K (1998) Res Immunol 149:603-608

Larrick JW, Yu L, Naftzger C,Jalswal S, Wycoff K (2001) Biomolecular Eng 18:87-94

Lassner MW, Levering CK, Davies HM, Knutzon DS (1995) Plant Physiol 109:1389-1394

Laser KD, Lersten NR (1972) Bot Rev 38:425-454

Lauterslager TG, Florack DE, van der Wal TJ, Molthoff JW, Langeveld JP, Bosch D, Boersma WJ, Hilgers LA (2001) Vaccine 19:2749-2755

Lavy M, Zuker A, Lewinsohn E, Larkow O, Ravid U, Vainstein A, Weiss D (2002) Mol Breeding 9:103-111

Lazarowitz SG, Beachy RN (1999) Plant Cell 11:535-548

Leah R, Tommerup H, Svendsen I, Mundy J (1991) J Biol Chem 266:1564-1573

Leclerc D, Abou-Haidar MG (1995) Mol Plant-Microbe Interactions 8:58-65

Ledger SE, Deroles SC, Given NK (1991) Plant Cell Reports 10:195-199

Lee H, Humann JL, Pitrak JS, Cuperus JT, Parks TD, Whistler CA, Mok MC, Ream LW (2003) Plant Physiol 133:966-977

Lee H-I, Raikhel NV (1995) Brazilian J Med Biol Res 28:743-750

Lee JT, Prasad V, Yang P-T, Wu J-F, Ho T-HD, Charng Y-Y, Chan M-T (2003) Plant Cell Environm 26:1181-1190

Lee JS, Brown WE, Graham JS, Pearce G, Fox EA, Dreher TW, Ahern KG, Pearson GD, Ryan CA (1986) Proc Natl Acad Sci USA 83:7277-7281

Lee KE (1991) In: Hawksworth DL (ed) The Biodiversity of Microorganisms and Invertebrates; Its Role in Sustainable Agriculture. CAB International, Wallingford, pp. 73-87

Lee KY, Townsed J, Tepperman J, Black M, Chui CF, Mazur B, Dunsmuir P, Bedbrook J (1988) EMBO J 7:1241-1248

Lee M, Lenman B, Banas A, Bafor M, Singh S, Schweizer M, Nilson R, Liljenberg C, Dahlqvist A, Gummeson P-O, Sjodahl S, Green A, Stymne S (1998) Science 280:915-918

Lee P, Chow T, Chen Z, Hsing YC (1992) Plant Physiol 100:2121-2122

Lee PD, Sue JC (1982) Proc Natl Sci Council, Repus, China 86:188-196

Lee RWH, Pool AN, Ziauddin A, Lo RYC, Shewen PE, Strommer JN (2003) Mol Breeding 11:259-266

Lee SB, Kwon S, Park S, Jeong M, Han S, Byun M, Daniell H (2003) Mol Breeding 11:1-13

Lee TTT, Wang MMC, Hou RCW, Chen L-J, Su R-C, Wang C-S, Tzen JTC (2003) Biosci Biotechnol Biochem 67:1699-1705

van der Leede-Plegt LM, van de Ven BCE, Bino RJ, van der Salm TPM, van Tunen AJ (1992) Plant Cell Reports 11:20-24

Leff LG, Dana JR, McArthur JV, Shimhets LJC (1993) Appl Environ Microbiol 59:417-421

Lefol E, Danielou V, Darmency H (1991) In: Proc Brighton Crop Protection Conference-Weeds-1991, pp. 1049-1056

Leidreiter K, Heineke D, Heldt HW, Müller-Röber B, Sonnewald U, Willmitzer L (1995) Plant Cell Physiol 36:615-624

Leiser RM, Ziegler-Graff V, Reutenauer A, Herrbach E, Lemaire E, Guilley H, Richards K, Jonard G (1992) Proc Natl Acad Sci USA 89:9136-9140

Lelivelt CLC, Krens FA (1992) Theor Appl Genet 83:887-894

Leonard JM, Slabaugh MB, Knapp SJ (1997) Plant Mol Biol 34:669-679

Lepore LS, Roelvink PR, Granados RR (1996) J Invertebr Pathol 68:131-140

Leroy T, Henry A-M, Royer M, Altosaar I, Frutos R, Duris D, Philippe R (2000) Plant Cell Reports 19:382-389

Levee V, Garin E, Klimaszewska K, Seguin A (1999) Mol Breeding 5:429-440

Levin DA, Kerster HW (1974) Evol Biol 7:139-220

Levings CS (1990) Science 250:942-947

Levings CS (1993) Plant Cell 5:1285-1290

Lewin A, Jacob D, Freytag B, Appel B (1998) Transgenic Res 7:1-9

Lewinsohn E, Schalechet F, Wilkinson J, Matsui K, Tadmor Y, Nam KH, Amar O, Lastochkin E, Larkov O, Ravid U, Hiatt W, Gepstein S, Pichersky E (2001) Plant Physiol 127:1256-1265
Li BC, Wolyn DJ (1997) Plant Sci 126:59-68
Li BC, Leung N, Caswell K, Chibbar RN (2003) In Vitro Cell Dev Biol Plant 39:12-19
Li G, Bishop KJ, Chandrasekharan MB, Hall TC (1999) Proc Natl Acad Sci USA 96:7104-7109
Li Q, Lawrence CB, Xing H-Y, Babbitt RA, Bass WT, Maiti IB, Everett NP (2001) Planta 212:635-639
Li Q-L, Gao X-R, Yu X-H, Wang X-Z, An L-J (2003) Biotechnol Letters 25:1431-1436
Li WX, Ding SW (2001) Curr Opin Biotech 12:150-154
Li X, Gasic K, Cammue B, Broekaert W, Korban SS (2003) Planta 218:226-232
Liang H, Maynard CA, Allen RD, Powell WA (2001) Plant Mol Biol 45:619-629
Lichtenstein C (1988) Nature 333:801-802
Lichtenthaler HK (1999) Annu Rev Plant Physiol Plant Mol Biol 50:47-65
Lilius G, Holmberg N, Bülow L (1996) Bio/technol 14:177-180
Limanton-Greve A, Jullien M (2001) Mol Breeding 7:141-150
Lindbeck AGC, Dawson WO, Thomson WW (1991) Mol Plant-Microbe Interactions 4:89-94
Lindbo JA, Dougherty WG (1992) Virol 189:725-733
Lindbo JA, Silva-Rosales L, Proebsting WM, Dougherty WG (1993) Plant Cell 5:1749-1759
Linden RM, Winocour E, Berns KI (1996) Proc Natl Acad Sci USA 93:7966-7972
Lindsay K, Gallois P (1990) In: Sangwan RS, Sangwan-Norreel BS (eds.) The Impact of Biotechnology in Agriculture. Kluwer Acad. Pub., pp. 355-380
Lindsay K, Jones MGK (1989) Plant Cell Reports 8:71-74
Ling K, Namba S, Gonsalves C, Slightom C, Gonsalves D (1991) Bio/technol 9:752-758
Linn F, Heidmann I, Saedler H, Meyer P (1990) Mol Gen Genet 222:329-336
Linthorst HJM (1991) Crit Rev Plant Sci 10:123-150
Liu J-W, Huang Y-S, de Michele S, Bergana M, Bobik E, Hastilow C, Chuang L-T, Mukerji P, Knutzon D (2001) In: Huang Y-S, Ziboh VA (eds) γ–Linolenic Acid: Recent Advances in Biotechnology and Clinical Applications. AOCS Press, Champaign, IL, USA, pp. 61-71
Liu Q, Ingersoll J, Owens L, Salih S, Meng R, Hammerschlag F (2001) Plant Cell Reports 20:306-312
Liu Q, singh S, Green A (2000) Biochem Soc Trans 28:927-929
Liu Y, Wang G, Liu J, Peng X, Cie Y, Dai J, Guo S, Zhang F (1999) Science in China, Series C 42:90-95
Liu Y-L, Wang J-F, Qiu B-S, Zhao S-Z, Tian B (1994) Science in China, Series B 37:37-41
Llave C, Kasschau K, Carrington J (2000) Proc Natl Acad Sci USA 97:13401-13406
Llewellyn D, Lyon BR, Cousins Y, Huppatz J, Dennis ES, Peacock WJ (1990) In: Lycen GW, Grierson D (eds) Genetic Engineering of Crop Plants. London, Butterworths, pp. 67-77
Lloyd AM, Schena M, Walbot V, Davis RW (1994) Science 266:436-439
Logemann J, Jach G, Tommerup H, Mundy J, Schell J (1992) Bio/technol 10:305-308
Lohius MR, Miller DJ (1998) Plant J 13:427-435
van Loon LC, Antonio JF (1982) Neth J Plant Pathol 88:237-256
van Loon LL, van Kammen A (1970) Virol 40:199-211
Loos C, Seppelt R, Meier-Bethke S, Schiemann J, Richter O (2003) J Theor Biol 225:241-255
Lorenz MG, Wackernagel W (1994) Microbiol Rev 58:563-602
de Lorenzo G, Cervone F, Bellincampi D, Caprari C, Clark AJ, Desiderio A, Devoto A, Forrest R, Leckie F, Nuss L, Salvi G (1994) Biochem Soc Trans 22:394-397
Lorito M, Tuzun S, Scala F (1998) Proc Natl Acad Sci USA 95:7860-7865
Losey JE, Rayor LS, Carter ME (1999) Nature 399:214
Louette D, Smale M (2002) Euphytica 113 :25-41
Louette D, Charrier A, Berthaud J (1997) Econ Bot 51:20-38
Lu HJ, Zhon XR, Gong ZX, Upadhyaya NM (2001) Aust J Plant Physiol 28:241-248
Lucas O, Kallerhoff J, Alibert G (2000) Mol Breeding 6:479-488
Lucas WJ, Lausing A, de Wet JR, Walbot V (1990) Physiol Plant 79:184-189
Lucca P, Hurrell R, Potrykus I (2001) Theor Appl Genet 102:392-397
Lucca P, Ye X, Potrykus I (2001) Mol Breeding 7:43-49
Lucioli A, Noris E, Brunetti A, Tavazza R, Ruzza V, Castillo AG, Bejarano ER, Accotto GP, Tavazza M (2003) J Virol 77:6785-6798
Lucker J, Bowmeester J, Schwab W, Blaas J, van der Plas LHW, Verhoeven HA (2001) Plant J 27:315-324
Lucy AP, Guo HS, Li WX, Ding SW (2000) EMBO J 19:1672-1680
Luhmann N (1984) Soziale Systeme. Grundriß einer allgemeinen Theorie. Suhrkamp-Verlag, Frankfurt
Lurquin PF, Rollo F (1993) Methods Enzymol 221:409-415
Lyer ML, Hull TC (2000) Mol Plant-Microbe Interactions 13:247-258

Lyon BR, Cousins YL, Llewellyn DJ, Dennis ES (1993) Transgenic Res 2:162-169
Lyon BR, Liewellyn DJ, Huppatz JL, Dennis ES, Peacock WJ (1989) Plant Mol Biol 13:533-540

Ma JKC, Hein MB (1995) Plant Physiol 109:341-346
Ma JKC, Drake PMW, Christou P (2003) Nature Rev Genet 4:794-805
Ma JKC, Lehner T, Stabila P, Fux CI, Hiatt AC (1994) Eur J Immunol 24:131-138
Ma JKC, Hikmat BY, Wycoff K, Vine ND, Chargelegue D, Yu L, Hein MB, Lehner T (1998) Nature med 4:601-606
Ma JKC, Hiatt A, Hein M, Vine ND, Wang F, Stabila P, van Dolleweerd C, Mostov K, Lehner T (1995) Science 268:716-719
de Maagd RA, Bravo A, Crickmore N (2001) Trends Genet 17:193-199
MacFarlane SA, Davies JWC (1992) Proc Natl Acad Sci USA 89:5829-5833
MacIntosh SC, Kishore GM, Perlate FJ, Marrone PG, Stone TB, Sims SR, Fuchs RL (1990) J Agric Food Chem 36:1145-1152
Mackenthun G (2000) Experten zweifeln an Gefährlichkeit von genveränderten Maispflanzen. dpa, 22.09.00
Mackenzie D (1999) New Scientist 29. Mai 1999
MacKenzie DJ, Ellis PJ (1992) Mol Plant-Microbe Interactions 5:34-40
MacKenzie DJ, Tremaine JH (1990) J Gen Virol 71:2167-2170
Maddaloni M, Forlani F, Balmas V, Donini G, Stasse L, Corazza L, Motto M (1997) Transgenic Res 6:393-402
Magbanua ZV, Wilde HD, Roberts JK, Chowdhury K, Abad J, Moyer JW, Wetzstein HY, Parrott WA (2000) Mol Breeding 6:227-236
Maher EA, Bate NJ, Ni W, Elind Y, Dixon RA, Lamb CJ (1994) Proc Natl Acad Sci USA 91:7802-7806
Mahmoud SS, Croteau RB (2001) Proc Natl Acad Sci USA 98:8915-8920
Mahmoud SS, Croteau RB (2002) Trends in Plant Science 7:366-373
Maier-Greiner UH, Klaus CBA, Estermeier LM, Hartmann GR (1991b) Angew Chem 30:1314-1315
Maier-Greiner UH, Obermaier-Skrobranek BMM, Estermaier LM, Kammerloher W, Freund C, Wülfing C, Burkert UI, Matern DH, Bremer M, Eulitz M, Küfrevioglu Öl, Herrmann GR (1991) Proc Natl Acad Sci USA 88:4260-4264
Makaroff CA, Apel IJ, Palmer JD (1989) J Biol Chem 264:11706-11713
Mäki-Valkama T, Valkonen JPT, Kreuze JF, Pehu E (2000a) Mol Plant-Microbe Interactions 4:366-373
Mäki-Valkama T, Pehu T, Santala A, Valkonen JPT, Koivu K, Lehto K, Pehu E (2000b) Mol Breeding 6:95-104
Malamy J, Carr JP, Klessing DF, Raskin I (1990) Science 250:1002-1004
Malan C, Greyling M, Gressel J (1990) Plant Sci 69:157-166
Maliga P (1993) Trends Biotechnol 11:101-107
Maliga P (2002) Curr Opin Biotech 5:164-172
Maliga P, Carrer H, Kanevski I, Staub J, Svab Z (1993) Phil Trans R Soc Lond B 342:203-208
Mallet J, Porter P (1992) Proc R Soc Lond 250:165-169
Mallory AC, Ely L, Smith TH, marathe R, Anandlakshmi R, Faggard M, Vaucheret H, Pruss G, Bowman L, Vance VB (2001) Plant Cell 13:571-583
Malnoe P, Farinelli L, Collet GF, Reust W (1994) Plant Mol Biol 25:963-976
Malnoy M, Venisse J-S, Brisset M-N, Chevreau E (2003) Mol Breeding 12:231-244
Malyshenko SI, Kondakova OA, Nazatova JV, Kaplan IB, Taliansky ME (1993) J Gen Virol 74:1149-1156
Mangold U, Eichel J, Bartschauer A, Lanz T, Kaiser T, Spangenberg G, Werch-Reichart D, Schröder J (1994) Plant Sci 96:129-136
Mankin SL, Allen GC, Phelan T, Spiker S, Thompson WF (2003) Transgenic Res 12:3-12
Mansur E, Lacorte C, Krul WR (1995) In: Gartland KMA, Davey MR (eds) Methods in molecular biology, Voll 44, Agrobacterium Protocols, Humana Press Inc, Totowa, NJ, pp 87-100
Marathe RW, Anandalakshmi R, Smith TH, Pruss GJ, Vance VB (2000) Plant Mol Biol 43:295-306
Marfa V, Mele E, Gabarra R, Vassal JM, Guiderdoni E, Messeguer J (2002) Plant Cell Reports 20:1167-1172
Mariani C, de Beuckeleer M, Truettner M, Leemans J, Goldberg R (1990) Nature 347:737-743
Mariani C, Gossele V, de Beuckeleer M, de Block M, Goldberg RB, de Greef W, Leemans J (1992) Nature 357:384-387
MarilliaE-F, Giblin EM, Covello PS, Taylor DC (2002) Plant Physiol Biochem 40:821-828
Marita JM, Ralph J, Hatfield RD, Guo D, Chen F, Dixon RA (2003) Phytochem 62:53-65
Marita JM, Ralph J, Lapierre C, Jouanin L, Boerjan W (2001) J Chem Soc, Perkin Trans 1:2939-2945
Markwick NP, Christeller JT, Docherty LC, Lilley CM (2001) Entomol Exp Appl 98:59-66
Markwick NP, Docherty LC, Phung MM, Lester MT, Murray C, Yao J-L, Mitra DS, Cohen D, Beuning LL, Kutty-Amma S, Christeller JT (2003) Transgenic Res 12:671-681
Marroquin LD, Elyassnia D, Griffitts JS, Feitelson JS, Aroian RV (2000) Genetics 155:1693-1699

Marshall LC, Somers DA, Dotray PD, Gengenbach BG, Wyse DL, Gronwald JWC (1992) Theor Appl Genet 83:435-442
Martelli GP, Taylor CE (1989) In: Harris KF (ed) Advances in Disease Vector Research, Springer, 6:6:151-189
Martin EC (1975) In: Dadant und Sons, eds., The Hive and the Bee, Dadant & Sons, Hamilton, Illinois, USA, pp. 579-614
Martin GB,.Brommonschenkel SH, Chunwongse J, Frary A, Ganal MW, Spivey R, Wu T, Earle ED, Tanksley SD (1993) Science 262:1432
Martineau B, Houck CM, Sheehy RE, Hiatt WR (1994) Plant J 5:11-19
Martinelli L, Manolino P (1994) Theor Appl Gen 88:621-628
Martinez A, Sparks C, Drayton P, Thompson J, Greenland A, Jepson I (1999a) Mol Gen Genet 261: 546-552
Martinez A, Sparks C, Hart CA, Thompson J, Jepson L (1999b) Plant J 19:97-106
Maruta Y, Ueki J, Saito H, Nitta N, Imaseki H (2001) Mol Breeding 8:273-284
Masci S, D'Ovidio R, Scossa F, Patacchini C, Lafiandra D, Anderson OD, Blechl AE (2003) Mol Breeding 12:209-2222
Mason HS, Haq TA, Clements JD, Arntzen CJ (1998) Vaccine 16:1336-1343
Mason HS, Lam DM, Arntzen CJ (1992) Proc Natl Acad Sci USA 89:11745-11749
Masoud SA, Johnson LB, White FF, reeck GR (1993) Plant Mol Biol 21:655-663
Masoud SA, Ding X, Johnson LB, White FF, Reeck GR (1996a) Plant Sci 115:59-69
Masoud SA, Zhu Q, Lamb C, Dixon RA (1996b) Transgenic Res 5:313-323
Mathews MB, Sonnenberg N, Hershey JWB (2000) In: Sonenberg N, Hershey JWB, Mathews MB (eds) Trans-lational control of gene expression. Cold Spring Harbor Laboratory Press, Cold Spring Harbor, NY, pp. 1-31
Matsuoka K, Nakamura K (1991) Proc Natl Acad Sci USA 88:834-838
Matsuoka M, Ichikawa H, Saito A, Tada Y, Fujimura T, Kano-Murahami Y (1993) Plant Cell 5:1039-1048
Matsuda N, Tsuchiya T, Kishitani S, Tanaka Y, Toriyama K (1996) Plant Cell Physiol 37:215-222
Matsumoto S, Ikura K, Ueda M, Sasaki R (1995) Plant Mol Biol 27:1163-1172
Matsuta C, Kuwata S, Matzuzaki T, Takanami Y, Koiwai A (1992) Nucl Acids Res 20:2885
Matthysse AG (1987) J Bacteriol 169:313-323
Matthysse AG, Yarnall H, Boles SB, McMahan S (2000) Biochim Biophys Acta 1490:208-212
Matzke MA, Matzke AJM (1990) Developm Genet 11:214-223
Matzke MA, Matzke AJM (1991) Plant Mol Biol 16:821-830
Matzke MA, Matzke AJM (1995) Trends Genet 11:1-3
Matzke MA, Matzke AJ, Kooter JM (2001) Science 293:1080-1083
Matzke MA, Neuhuber F, Matzke AJM (1993) Mol Gen Genet 236:379-389
Matzke MA, Primig M, Trnovsky J, Matzke AJM (1989) EMBO J 8:643-649
Mauch F, Mauch-Mani B, Boller T (1988) Plant Physiol 88:936-942
Mauch F, Reimmann C, Freydl E, Schaffrath U, Dudler R (1998) Plant Mol Biol 38:577-586
Mauch-Mani B, Slusarenko AJ (1996) Plant Cell 8:203-212
Maurel C, Barbier-Brygoo H, Brevet J, Spena A, Tempe J, Guern J (1991) In: Hennecke H, Verma DPS (eds) Advances in molecular genetics of plant-microbe interactions. Kluwer, Dordrecht, The Netherlands, pp. 343-351
May GD, Afza R, Mason HS, Wiecko A, Novak FJ, Arntzen CJ (1995) Bio/technol 13:486-492
Mayer MJ, Michael AJ (2003) J Biochem 134:765-772
Mayerhofer R, Koncz-Kalman Z, Nawrath C, Bakkeren G, Crameri A, Angelis K, Redei GP, Schell J, Hohn B, Koncz C (1991) EMBO J 10:697-704
Mayo MA, Jolly CA (1991) J Gen Virol 72:2591-2595
Mazur BJ, Falco SC (1989) Annu Rev Plant Physiol Plant Mol Biol 40:441-470
Mazur BJ, Chui CF, Smith JK (1987) Plant Physiol 85:1110-1117
McBride KE, Svab Z, Schaaf DJ, Hogan PS, Stalker DM, Maliga P (1995) Bio/technol 13:362-365
McCarthney HA, Lacey ME (1991) J Aerosol Sci 22:467-477
McCarthy D, Shaw J, Hannah L (1986) Proc Natl Acad Sci USA 83:9099-9103
McCormick AA, Kumagai MH, Hanley K, Turpen TH, Hakim I, Grill LK, Tuse D, Levy S, Levy R (1999) Proc Natl Acad Sci USA 96:703-708
McCormick S, Niedermeyer J, Fry J, Barnason A, Horch R, Fraley R (1986) Plant Cell Reports 5:81-84
McCown BH, McCabe DE, Russell DR, Robinson DJ, Barton KA, Raffa KF (1991) Plant Cell Reports 9:590-594
McCue KF, Hanson AD (1990) Trends Biotechnol 8:358-362
McGarvey PB, Hammond J, Dienelt MM, Hooper DC, Fu ZF, Dietzschold B, Koprowski H, Michaels FH (1995) Bio/technol 13:1484-1487

McGeachy KD, Barker H (2000) Mol Plant-Microbe Interactions 13:125-128
McGurl B, Pearce G, Orozco-Cardenas M, Ryan CA (1992) Science 255:1570-1573
McGurl B, Orozco-Cardenas M, Pearce G, Ryan CA (1994) Proc Natl Acad Sci USA 91:9799-9802
McHughen A (1989) Plant Cell Reports 8:445-449
McHughen A, Holm F (1991) Euphytica 55:49-56
McKently AH, Moore GA, Doostdar H, Niedz RP (1995) Plant Cell Reports 14:699-703
McKnight TD, Bergey DR, Burnett RJ, Nessler CL (1991) Planta 185:148-152
McLean MD, Yevtushenko DP, Deschene A, van Cauwenberghe OR, Makhmoudova A, Potter JW, Bown AW, Shelp BJ (2003) Mol Breeding 11:277-285
McManus MT, White DWR, McGregor PG (1994) Transgenic Res 3:50-58
McNellis TW, Mudgett MB, Li K, Aoyama T, Horvath D, Chua N-H, Staskawicz BJ (1998) Plant J 14:247-257
McPartlan HC, Dale PJ (1994) Transgenic Res. 3:216-225
van der Meer IM, Spelt CE, Mol JNM, Stuitje ARC (1990) Plant Mol Biol 15:95-109
van der Meer IM, Koops AJ, Hakkert JC, van Tunen AJ (1998) Plant J 15:489-500
van der Meer IM, Stam ME, van Tunen AJ, Mol JMN, Stuitje AR (1992) Plant Cell 4:253-262
van der Meer IM, Ebskamp MJM, Visser RGF, Weisbeek PJ, Smeekens SCM (1994) Plant Cell 6:561-570
Mehlhorn H, Wellburn AR (1994) In: Foyer CH, Mullineaux PM (eds) Causes of photooxidative stress and amelioration of defense systems in plants. CRC Press, Boca Raton, pp 43-76
Meichsner I (1994) In: Bultmann A (ed) Käufliche Wissenschaft - Experten im Dienst von Industrie und Politik. Droemersche Verlagsanstalt, München.
Meister A, Anderson ME (1983) Annu Rev Biochem 52:711-760
Melcher U, Fraij B (1980) J Agric Food Chem 28:1334-1336
Melchers LS, Sela-Buurlage MB, Vloemans SA, Woloshuk CP, van Roekel JSC, Pen J, van den Elzen PJM, Cornelissen BJC (1993a) Plant Mol Biol 21:583-593
Melchiorre MN, Lascano HR, Trippi VS (2002) Biocell 26:217-226
Mellon M (1994) Science 264:489
Memelink J, Linthorst HJM, Schilperoort RA, Hoge HC (1990) Plant Mol Biol 17:119-126
Mendelsohn M, Kough J, Vaituzis Z, Matthews K (2003) Nature Biotechnol 21:1003-1009
Mène-Saffrané L, Esquerré-Tugaye M-T, Fournier J (2003) Mol Breeding 12:271-282
Meng L, Bregitzer P, Zhang S, Lemaux PG (2003) Plant Mol Biol 53:327-340
Mentewab A, Letellier V, Marque C, Sarrafi A (1999) Cereal Res Commun 27:17-24
Merle C, Perret S, Lacour T, Jonval V, Hudaverdian S, Garrone R, Ruggiero F, Theisen M (2002) FEBS Lett 515:114-118
Merlo AO, Cowen N, Delata T, Edington B, Folkerts O, Hopkins N, Lemeiux C, Skokut T, Smith K, Woosley A, Yang Y, Young S, Zwick M (1998) Plant Cell 10:1603-1622
Mesquida J, Renard M (1982) Aphidologie 13:353-366
Metraux JP, Signer H, Ryals J, Ward E, Wyss-Benz M, Gaudin J, Raschdiorf K, Schmid E, Blum W, Inverardi B (1990) Science 250:1004-1006
Mett VL, Lochhead LP, Reynolds PH (1993) Proc Natl Acad Sci USA 90:4567-4571
Mett VL, Podivinsky AM, Tennant AM, Lochhead LP, Jones WT, Reynolds PHS (1996) Trans Res 5: 105-113
Metz PLJ, Nap JP (1997) Acta Bot Neerl 46:25-50
Meyer P, Heidman I (1994) Mol Gen Genet 243:390-399
Meyer P, Heidman I, Niedenhof I (1993) Plant J 4:89-100
Meyer P, Niedenhof I, ten Lohuis M (1994) EMBO J 13:2084-2088
Meyer P, Heidman I, Forkman G, Saedler H (1987) Nature 330:667-678
Meyer P, Linn F, Heidmann I, Meyer H, Niedenhof I, Saedler H (1992) Mol Gen Genet 231:345-352
Meyer P, Kartzke S, Nidenhof I, Heidmann I, Bussmann K, Saedler H (1988) Proc Natl Acad Sci USA 85:8568-8572
Meyuhas O, Hornstein E (2000) In: Sonenberg N, Hershey JWB, Mathews MB (eds) Translational control of gene expression. Cold Spring Harbor Laboratory Press, Cold Spring Harbor, NY, pp. 671-693
Micallef BJ, Haskins KA, Vanderveer PJ, Roh K-S, Shewmaker CK, Sharkey TD (1995) Planta 196:327-334
Michalowski SM, Allen GC, Hall GE, Thompson WF, Spiker S (1999) Biochemistry 38:12795-12804
Miele L (1997) Trends Biotechnol 15:45-50
Miflin BJ, Lea PJ (1980) In: Miflin BJ (ed) The Biochemistry of Plants, Vol. 5, Acad Press, pp. 169-202
Miguel CM, Oliveira MM (1999) Plant Cell Reports 18:387-393
Mikami K, Sakamoto A, Takase H, Tabata T, Iwabuchi T (1989) Nuclic Acids Res 17:9707-9717
Miki BL, Labbe H, Hattori J, Quellet T, Gabard J, Sunohara G, Charest PJ, Iyer VN (1990) Theor Appl Genet 80:449-458

Mikkelsen JD, Berglund L, Nielsen KK, Christiansen H, Bojsen K (1992) In: Brine C, Sandford PA, Zikakis JP, (eds.) Advances in Chitin and Chitinase. Elsevier Applied Science, New York, pp. 344-353

Milligan SB, Bodeau J, Yaghoobi J, Kaloshian I, Zabel P, Williamson VM (1998) Plant Cell 10:1307-1320

Millstone E, Brunner E, Mayer S (1999) Nature 401:525-526

Minonnas M, Katagiri F, Yu GL, Ausubel FM (1994) Cell 78:1089

Misawa N, Masamoto K, Hori T, Ohtani T, Böger P, Sandmann G (1994) Plant J 6:481-489

Misra S, Gedamu L (1989) Theor Appl Genet 78:161-168

Mitchell VS, Philipose NM, Sanford JP (1993) The children's vaccine initiative: Achieving the vision. National Academic Press, Washington, DC

Mithöfer A, Ebel J, Bhagwar AA, Boller T, Neuhaus-Url G (1999) Planta 207:566-574

Mitsky TA, Slater SC, Reiser SE, Hao M, Houmiel KL (2000) Multigene expression vectors for the biosynthesis of products via multienzyme biological pathways. PCT application WO 00/52183

Mitsuhara I, Matsufuru H, Ohshima M, Kaku H, Nakajima Y, Murai N, Natori S, Ohashi Y (2000) Mol Plant-Microbe Interactions 13:860-868

Mittendorf V, Robertson EJ, Leech RM, Krüger N, Steinbüchel A, Poirier Y (1998) Proc Natl Acad Sci USA 95:13397-13402

Mitter N, Sulistyowati E, Dietzgen RG (2003) Molecular Plant-Microbe Interactions 16:936-944

Mitter N, Sulistyowati E, Graham MW, Dietzgen RG (2001) Science 293:1080-1083

Mittler R, Zilinskas BA (1991) FEBS Lett 289:257-259

Mittler R, Shulaev V, Lam E (1995) Plant Cell 7:29-42

Mlotshwa SW, Verver J, Sithole-Niang I, Prins M, van Kammen A, Wellink J (2002) Virus Genes 25:45-57

Mlynarova L, Jansen RC, Conner AJ, Stiekema WJ, Nap J-P (1995) Plant Cell 7:599-609

Mlynarova L, Loonen A, Heldens J, Jansen RC, Keizer P, Stiekema WJ, Nap J-P (1994) Plant Cell 6:417-426

Moffat AS (1991) Science 253:510-511

Mohanty A, Sarma NP, Tyagi AK (1999) Plant Sci 147:127-138

Mohanty A, Kathuria H, Ferjani A, Sakamoto A, Mohanty P, Murata N, Tyagi AK (2002) Theor Appl Genetics 106:51-57

Mohri T, Mukai Y, Shinohara K (1997) Plant Science 127:53-60

Moire L, Rezzonico E, Goepfert S, Poirier Y (2004) Plant Physiol 134:432-442

Mol JNM, van Blokland R, Kooter J (1991) Trends Biotech 9:182-183

Mol JNM, Stuitje AR, van der Krol A (1989) Plant Mol Biol 13:287-294

Mol JNM, Stuitje AR, Gerats AGM, Koes RE (1988) Plant Mol Biol Rep 6:274-279

Moldenhauer D, Fürst B, Diettrich B, Luckner M (1990) Planta Med 56:435-438

Molina A, Garcia-Olmedo F (1997) Plant J 12:669-675

Moloney MM, Holbrook LA (1997) Biotechnol Genet Eng Rev 14:321-336

Moloney M, Boothe J, van Rooijen G (2003) US Patent 6,509,453

Momma K, Hashimoto W, Ozawa S, Kawai S, Katsube T, Takaiwa F, Kito M, Utsumi S, Murata K (1999) Biosci Biotechnol Biochem 63:314-318

Montgomery J, Pollard V, Deikman J, Fischer RL (1993) Plant Cell 5:1049-1062

Montoro P, Rattana W, Pujade-Renaud V, Michaux-Ferriere N, Monkolsook Y, Kanthapura R, Adunsadthapong S (2003) Plant Cell Reports 21:1095-1102

Moon BY, Higashi S-I, Gombos Z, Murata N (1995) Proc Natl Acad Sci USA 92:6219-6223

Moon H, Lee B, Choi G, Shin D, Prasad DT, Lee O, Kwak S-S, Kim DH, Nam J, Bahk J, Hong JC, Lee SY, Cho MJ, Lim CO, Yun D-J (2003) Proc Natl Acad Sci USA 100:358-363

Moore PJ, Fenczik CA, Deom CM, Beachy RN (1992) Protoplasma 170:115-127

Mora A, Earle ED (2001) Appl Microbiol Biotechnol 55:306-310

Mora A, Earle ED (2001b) Mol Breeding 8:1-9

Morel JB, Mourrain P, Beclin C, Vaucheret H (2000) Curr Biol 10:1591-1594

Moreland MH (1980) Annu Rev Plant Physiol 31:597-638

Mori M, Fujihara N, Mise K, Furusawa I (2001) Plant J 27:79-86

Mori M, Kaido M, Okuno T, Furusawa I (1993) FEBS Letters 336:171-174

Mori S, Kobayashi H, Hoshi Y, Kondo M, Nakano M (2004) Plant Cell Reports 22:415-421

Morra MJ (1994) Mol Ecol 3:53-55

Morris ML, Lopez-Pereira MA (1999) Impact of maize breeding research in Latin America 1966-1997. CIMMYT, Mexiko, D.F., Mexico

Morris WF, Kareiva PM, Raymer PL (1994) Ecol Applications 4:157-165

Mouras A, Suharsono, Hernould M, Zabaleta E, Araya A (1999) Theor Appl Genet 98:614-621

Mourrain P, Beclin C, Elmayan T, Feuerbach F, Godon C, Morel JB, Jouette D, Lacombe AM, Nikic S, Picault N, Remoue K, Sanial M, Vo TA, Vaucheret H (2000) Cell 101:533-542

Mueller E, Gilbert J, Davenport G, Brigneti G, Baulcombe DC (1995) Plant J 7:1001-1013
Muhitch MJ, McCormick SP, Alexander NJ, Hohn TH (2000) Plant Sci 157:201-207
Muller AE, Marins M, Kamisugi Y, Meyer P (2002) Plant Mol Biol 48:383-399
Muller AE, Kamisugi Y, Gruneberg R, Niedenhof I, Horold RJ, Meyer P (1999) J Mol Biol 291:29-46
Mullineaux P, Creissem G, Broadbent P, Reynolds H, Kular B, Wellburn A (1994) Biochem Soc Transactions 22:931-936
Murakami T, Anzai H, Imai S, Satoh A, Nagaoka K, Thompson CJ (1986) Mol Gen Genet 205:42-50
Murant AF, Mayo MA (1982) Annu Rev Phytopathol 20:49-70
Murata N, Ishizaki-Nishizawa O, Higashi S, Hayashi H, Tasaka Y, Nishida I (1992) Nature 356:710-713
Murphy DJ, Keen JN, O'Sullivan JN, Au DMY, Edwards E-W, Jackson PJ, Cummins I, Gibbons T, Shaw CH, Ryan AJ (1991) Biochim Biophys Acta 1088:86-94
Murray C, Sutherland PW, Phung MM, Lester MT, Marshall RK, Christeller JT (2002) Transgenic Res 11:199-214
Murray EE, Rocheleau T, Eberle M, Stock C, Sekar V, Adang M (1991) Plant Mol Biol 16:1035-1050
Murry LE, Elliott LG, Capitant SA, West JA, Hanson KK, Scarafia L, Johnston S, de Luca-Flaherty C, Nichols S, Cunanan D, Dietrich PS, Mettler IJ, Dewald S, Warnick DA, Rhodes C, Sinibaldi RM, Brunke KJ (1993) Bio/technol 11:1559-1564
Muthukumar G, Nickerson KW (1987) Appl Environ Microbiol 53:2650-2655

Nagao I, Obokata J (2003) Plant Sci 165:621-626
Nagy F, Morelli G, Fraley RT, Rogers SG, Chua N-H (1985) EMBO J 4:3063-3068
Nair GR, Liu Z, Binns AN (2003) Plant Physiol 133:989-999
Naito S, Hirai MY, Chino M, Komeda Y (1994) Plant Physiol 104:497-503
Naito S, Hirai MY, Inaba-Higano K, Nambara E, Fujiwara T, Hyashi H, Komeda Y, Chino M (1995) J Plant Physiol 145:614-619
Nakajima H, Muranaka T, Ishige F, Akutsu K (1997) Plant Cell Reports 16:674-679
Nakajima M, Hayakawa T, Nakamura I, Suzuki M (1993) J Gen Virol 74:319-322
Nam J, Mysore KS, Zheng C, Knue MK, Matthysse AG, Gelvin SB (1999) Mol Gen Genet 261:429-438
Namba S, Ling K, Gonslaves D, Slightom JL (1991) Gene 107:181-188
Nanjo T, Kobayashi M, Yoshiba Y, Kakubari Y, Yamaguchi-Shibozaki K, Shinozaki K (1999) FEBS Lett 461:205-210
Nap JP, Bijvoet J, Stiekema WJ (1992) Transgenic Res 1:239-249
Napoli C, Lemieux C, Jorgensen R (1990) Plant Cell 2:287-294
Narasimhulu SB, Deng x-B, Sarria R, Gelvin SB (1996) Plant Cell 8:873-886
National Research Council Canada, Associate Committee on Scientific Criteria for Environmental Quality (1976) *Bacillus thuringiensis*. Its Effects on Environmental Quality. NRCC No. 15385, Ottawa, Canada
Nawrath C, Poirier Y, Somerville C (1994) Proc Natl Acad Sci USA 91:12760-12764
Negrotto D, Jolley M, Beer S, Wenck AR, Hansen G (2000) Plant Cell Reports 19:798-803
Nehra NS, Chibber RN, Leung N, Caswell K, Mallard C, Steinhauer L, Baga M, Kartha KK (1994) Plant J 5:285-297
Nejidat A, Beachy RN (1989) Virol 173:531-538
Nejidat A, Beachy RN (1990) Mol Plant-Microbe Interactions 3:247-251
Nelson DE, Rines HW (1962) Biochem Biophys Res Comm 9:297-300
Nelson DE, Shen B, Bohnert HJ (1998) In: Setlow JK (ed) Genetic engineering, principles and methods. Vol 20, Plenum Press, New York, pp. 153-176
Nelson RS, McCormick SM, Delannay X, Duke P, Layton J, Anderson EJ, Kaniewska M, Proksch RH, Horsch RB, Rogers SG, Fraley RT, Beachy RN (1988) Bio/Technology 6:403-409
Netherwood T, Martin-Orue SM, O'Donnell AG, Gockling S, Graham J, Mathers JC, Gilbert HJ (2004) Nat Biotechnol 22:204-209
de Nettancourt D (1977) Incompatibility in Angiosperms. Springer, Berlin, Heidelberg, New York
Neuhaus G, Spangenberg G (1980) Physiol Plant 79:213-217
Neuhaus G, Spangenberg G, Mittelsten-Scheid O, Schweiger H-G (1987) Theor Appl Genetics 75:30-36
Neuhaus J-M, Ahl-Goy P, Hinz U, Flores S, Meins F (1991) Plant Mol Biol 16:141-151
de Neve M, de Loose M, Jacobs A, van Houdt H, Kaluza B, Weidle U, van Montagu M (1993) Transgenic Res 2:227-237
de Neve M, de Buck S, Jacobs A, van Montagu M, Depicker A (1997) Plant J 11:15-29
Newhouse K, Singh B, Shauer D, Stidham M (1991) Theor Appl Genet 83:65-70
Newman JD, Chappell J (1999) Crit Rev Biochem Mol Biol 34:95-106
Nguyen L, Lucas WJ, Ding B, Zaitlin M (1996) Proc Natl Acad Sci USA 93:12643-12647

Ni W, Paiva NL, Dixon RA (1994) Transgen Res 3:120-126
Nicholson RL, Hammerschmidt R (1992) Annu Rev Phytopathol 30:369-389
Nicolson G, Blaustein J, Etzler M (1974) Biochem 13:196-204
Niebel A, Engler JdeA, Tire C, Engler G, van Montagu M, Gheysen GC (1993) Plant Cell 65:1697-1710
Niedz RP, Sussman MR, Satterlee JS (1995) Plant Cell Rep 14:403-406
Nielsen KM, van Elsas JD, Smalla K (2001) Annals Microbiol 51:79-94
Nielsen KK, Mikkelsen JD, Kragh KM, Bojsen K (1993) Mol Plant-Microbe Interactions 6:495-506
Nielsen NC, Dickinson CD, Cho TJ, Thank VH, Scallon BT, Fisher RL, Sims TL, Drews GN, Goldberg RB
    (1989) Plant Cell 1:313-328
Nishihara M, Seki M, Kyo M, Irifune K, Morikawa H (1995) Transgenic Res 4:341-348
Nishiitsutsuji-Uwo J, Endo Y, Himeno M (1980) Appl Ent Zool 15:133-139
Nishizawa Y, Nishio Z, Nakazono K, Soma M, Nakajima E, Ugaki M, Hibi T (1999) Theor Appl Genet 99:383-
    390
Nishizawa Y, Saruta M, Nakazono K, Nishio Z, Soma M, Yoshida T, Nakajima E, Hibi T (2003) Plant Mol Biol
    51:143-152
Niu X, Lin K, Hasegawa PM, Bressan RA, Weller SC (1998) Plant Cell Reports 17:165-171
Nobre J, Davey MR, Lazzari PA, Caunell ME (2000) Plant Cell Reports 19:1000-1005
Noda T, Kimura T, Otani M, Ideta O, Shimada T, Saito A, Suda I (2002) Carbohydrate Polymers 49:253-260
Noh EW, Minocha SC (1994) Transgenic Res 3:26-35

Oakes JV, Shewmaker CK, Stalker DML (1991) Bio/technol 9:982-986
Oard JH (1991) Biotech Advances 9:1-11
O'Brien GJ, Bryant CJ, Voogd C, Greenberg HB, Gardner RC, Bellamy AR (2000) Virol 270:444-453
Odell JT, Caimi PG, Yadv NS, Mauvais CJ (1990) Plant Physiol 94:1647-1654
OECD (1993) Safety Evaluation of Food s Derived by Modern Biotechnology: Concepts and Principles, Or-
    ganisation for Economic Co-operation and Development, Paris, http://www.oecd.org/pdf/M00034000/
    M00034525.pdf
OECD (1996) Food Safety Evaluation, Organization for Economic Cooperation and Development, Paris
OECD (2003) Consensus Documents for the Work on the Safety of Novel Foods and Feed . Task Forcee for the
    Safety of Novel Foods and Feed, Organisation for Economic Co-operation and Development, Paris, http:
    //www.oecd.pages/home/displaygeneral/0,3380,EN-document-530-nodirectorate-no-27-24778-32,00.html
Oelck MM, Phan CV, Eckes P, Donn G, Rakow G, Keller WA (1991) In: McGregor DI (ed) Proceedings of the
    Eigth International Rapeseed Congress, Saskatoon, Saskatchewan, Canada, Vol 1, pp.292-297
Oeller PW, Min-Wong L, Taylor LP, Pike DA, Theologis A (1991) Science 254:437-439
Oerke EC, Dehne HW, Schonbeck F, Weber A (1995) Crop production and crop protection: estimated losses in
    major food and cash crops. Elsevier, Amsterdam
Oh TJ, May GD (2001) Curr Opin Biotechnol 12:169-172
Ogata C, Hatada M, Tomlinson G, Shin W-C, Kim S-H (1987) Nature 328:739-742
Ogita S, Uefuji H, Yamaguchi Y, Koizumi N, Sano H (2003) Nature 423:823
Ohashi Y, Oshima M (1992) Plant Cell Physiol 33:819-826
Ohlrogge J (2002) In: LaReesa Wolfenbarger L (ed) Criteria for field testing of plants with engineered regula-
    tory, metabolic, and signaling pathways. Information Systems for Biotechnology, Blacksburg VA 24061,
    USA, pp. 75-79
Ohshima M, Mitsuhara I, Okamoto M, Sawano S, Nishiyama K, Kaku H, Natori S, Ohashi Y (1999) J Biochem
    125:431-435
Ohta S, Hattori T, Morikami A, Nakamura K (1991) Mol Gen Genet 225:369-378
Okada Y, Saito A, Nishiguchi M, Kimura T, Mori M, Hanada K, Sakai J, Miyazaki C, Matsuda Y, Murata T
    (2001) Theor Appl Genet 103:743-751
Okamoto H, Matsui M, Deng XW (2001) Plant Cell 13:1639-1651
O'Keefe DP, Tepperman JM, Dean C, Letoc KJ, Erbes DL, Odell JT (1994) Plant Physiol 105:473-482
Okuno KA (1976) Div Genet Natl Inst Agric Sci Jpn Annu Rep 1:28-29
Okuno T, Nakayama M, Furusawa I (1993) Sem Virol 4:357-361
Okuno T, Nakayama M, Yoshida S, Furusawa I, Komiya T (1993) Phytopathol 83:542-547
Oldach KH, Becker D, Lörz H (2001) Mol Plant-Microbe Interactions 14:832-838
Olesinski AA, Lucas WJ, Galun E, Wolf S (1995) Planta 197:118-126
Olesinski AA, Almon E, Navot N, Perl A, Galun E, Lucas WJ, Wolf S (1996) Plant Physiol 111:541-550
Olhoft PM, Philips RL (1999) In: Lerner HR (ed) Plant responses to environmental stresses: from phytohor-
    mones to genome reorganization. Marcel Decker, New York, pp. 111-148
Olsson G (1955) Sveriges Utsädesförenings Tiskrift 65:418-422

Onouchi H, Yokoi K, Machida C, Matsuzaki H, Oshima Y, Matsuoka K, Nakamura K, Machida Y (1991) Nucl Acids Res 19:6373-6378
Ooms G, Bakker A, Molendijk L, Wullems GJ, Gordon GJ, Nester EW, Schilperoort RA (1982) Cell 30:589-597
Oono Y, Handa T, Kanaya K, Uchimiya H (1987) Japan J Genet 62:501-505
Osbourn JK, Sarkar S, Wilson TMA (1990) Virol 179:921-925
Osbourn JK, Plaskitt KA, Watts JW, Wilson TMA (1989) Mol Plant-Microbe Interactions 2:340-345
Ostareck-Lederer DH, Ostareck DH, Standart N, Thiele BJ (1994) EMBO J 13:1476-1481
Osusky M, Zhou G, Osuska L, Hancock RE, Kay WK, Misra S (2000) Nature Biotechnol 18:1162-1166
Otani M, Mii M, Handa T, Kamada H, Shimata T (1993) Plant Sci 94:151-159n
Otani M, Shimada T, Kamada H, Teruya H, Mii H (1996) Plant Sci 116:169-173
Ouwerkerk PBF, de Kam RJ, Hoge JHC, Meijer AH (2001) Planta 213:370-378
Ow DW, Jacobs JD, Howell SH (1987) Proc Natl Acad Sci USA 84:4870-4874
Ow DW, Wood KV, de Luca M, de Wet JR, Helinski DR, Howell SH (1986) Science 234:856-859
Owen M, Gandecha A, Cockburn B, Whitelam G (1992) Biotechniques 10:790-794
Ozias-Akins P, Schnell JA, Anderson WF, Singsit C, Clemente TE, Adang MJ, Weissinger AK (1993) Plant Science 93:185-194

Padidam M, Cao Y (2001) Biotechniques 31:328-334
Paget E, Simonet P (1994) FEMS Microbiol Ecol 15 :109-118
Palauqui J-C, Vaucheret H (1995) Plant Mol Biol 29:149-159
Palmer JD (1985) Ann Rev Genet 19:325-354
Pan A, Yang M, Tie F, Li L, Chen Z, Ru B (1994) Plant Mol Biol 24:341-351
Pang S-Z, Jan F-J, Gonsalves D (1997) Proc Natl Acad Sci USA 94:8261-8266
Pang S-Z, Slightom JL, Gonsalves D (1993) Bio/technol 11:819-824
Pang S-Z, Bock JH, Gonsalves C, Slightom JL, Gonsalves D ( 1994) Phytopathology 84:243-249
Pang S-Z, Jan F-J, Carney J, Stout DM, Tricokoli HD, Quemada D, Gonsalves D (1996) Plant J 9:899-909
Pao GM, Saier MH (1994) Mol Biol Evol 11:964-965
Park MY, Yi NR, Lee HY, Kim ST, Kim M, Park JH, Kim JK, Lee JS, Cheong JJ, Choi YD (2002) Mol Breeding 9:171-182
Parks GE, Dietrich MA, Schumaker KS (2002) J Exp Bot 53:1055-1065
Partridge M, Murphy DJ (2004) J British Food J 106:(in press)
Parveez GKA, Masri MM, Zainal A, Majid NA, Masani A, Yunus M, Fadilah HH, Rasid O, Cheah S-C (2000) Biochem Soc Transactions 28:969-972
Pascal E, Goodlove PE, Wu LC, Lazarowitz SG (1993) Plant Cell 5:795-807
Patel M, Johnson JS, Brettell RIS, Jacobsen J, Xue G-P (2000) Mol Breeding 6:113-123
de Pater JW (1992) Plant J 2:837-844
Paul W, Hodge R, Smartt S, Draper J, Scott R (1992) Plant Mol Biol 19:611-622
Paulsen JR, Laemmli UK (1977) Cell 12:817-828
Pautot V, Holzer FM, Walling LL (1991) Mol Plant-Microbe Interactions 4:284-292
Payne G, Ahl P, Moyer M, Harper A, Beck J, Meins F, Ryais J (1990) Proc Natl Acad Sci USA 87:98-102
Peach C, Velten J (1991) Plant Mol Biol 17:49-60
Pearce G, Strydom D, Johnson S, Ryan CA (1991) Science 253:895-898
Pedersen K, Argos P, Naravana SVL, Larkins BA (1986) J Biol Chem 201:6279-6284
Pedersen K, Deverux J, Wilson D, Sheldon E, Larkins BA (1982) Cell 29:1015-1026
Pedra JHF, Delu-Filho N, Pirovani CP, Contim LAS, Dewey RE, Otoni WC, Fontes EPB (2000) Plant Science 152:87-98
Peeters K, de Wilde C, Depicker A (2001) Eur J Biochem 268:4251-4260
Pelissier T, Thalmeir S, Kempe D, Sanger HL, Wassenegger M (1999) Nucleic Acids Res 27:1625-1634
Pen J, Verwoerd TC, van Paridon PA, Beudeker RF, van den Elzen PJM, Geerse K (1993) Bio/technol 11:811-814
de la Pena A, Lörz H, Schell J (1987) Nature 325:274-276
Pena L, Trad J, Diaz-Ruiz JR, McGarvey PB, Kaper JM (1994) Plant Science 100:71-81
Pena L, Cervera H, Juarez J, Navarro A, Pina JA, Duran-Vila N, Navarro L (1995) Plant Cell Reports 14:818-819
Penarrubia L, Kim R, Giovannoni J, Kim S-H, Fischer RL (1992) Bio/technol 10:561-564
Penaloza-Vazquez A, Oropeza A, Mena GL, Bailey AM (1995) Plant Cell Reports 14:482-487
Peng J, Wen F, Lister RL, Hodges TK (1995) Plant Mol Biol 27:91-104
Perales H, Brush SB, Qualset CO (2003a) Econ Bot 57:21-34
Perales H, Brush SB, Qualset CO (2003b) Econ Bot 57:7-20

Perera RJ, Linard CG, Signer ER (1993) Plant Mol Biol 23:793-799

Peretz D, Williamson RA, Kaneko K, Vergara J, Leclerc E, Schmitt-Ulms G, Mehlhorn IR, Legname G, Wormald MR, Rudd PM, Dwek RA, Burton DR, Prusiner SB (2001) Nature 412:739-743

Perez CJ, Shelton AM (1996) J Econ Entomol 89:1364-1371

Perl A, Perl-Treves R, Galili S, Aviv D, Shalgi E, Malkin S, Galun E (1993) Theor Appl Genet 85:568-576

Perl M, Gafni R, Beachy RN (1992) Theor Appl Genet 84:730-734

Perlak FJ, Fuchs RL, Dean DA, McPherson SL, Fischhoff DA (1991) Proc Natl Acad Sci USA 88:3324-3328

Perlak FJ, Deaton RW, Armstrong TA, Fuchs RL, Sims SR, Greenplate JT, Fischhoff DA (1990) Bio / technol 8:938-943

Perlak FJ, Oppenhuizen M, Gustafson K, Voth R, Sivasupramaniam S, Heering D, Carey B, Ihrig RA, Roberts JK (2001) Plant J 27:489-501

Perret SJ, Valentine J, Leggett JM; Morris P (2003) J Plant Physiol 160:931-943

Perrin Y, Vaquero C, Gerrard C, Sack M, Drossard J, Stöger E (2000) Mol Breeding 6:345-352

Pescitelli SM, Sukhapinda K (1995) Plant Cell Rep 14:712-716

Pickardt T, Meixner M, Schade V, Schieder O (1991) Plant Cell Report 9:535-538

Pickardt T, Saalbach I, Waddell D, Meixner M, Müntz K, Schieder O (1995) Mol Breeding 1:295-301

Piers KL, Heath JD, Liang X, Stephens KM, Nester EW (1996) Proc Natl Acad Sci USA 93:1613-1618

Pilate G, Guiney E, Holt K, Petit-Conil M, Lapierre C, Leple J-C, Pollet B, Mila I, Webster EA, Marstorp HG, Hopkins DW, Jouanin L, Boerjan W, Schuch W, Cornu D, Halpin C (2002) Nature Biotechnol 20:607-612

Pilon-Smits EAH, Pilon M (2002) Critical Rev Plant Sci 21:439-456

Pilon-Smits EAH, Ebskamp MJM, Paul MJ, Jeuken JW, Weisbeek PJ, Smeekens SCM (1995) Plant Physiol 107:125-130

Pilon-Smits EAH, Terry N, Sears T, Kim H, Zayed A, Hwang S, van Dun K, Voogd E, Verwoerd TC, Krutwagen RWHH, Goddijn OJM (1998) J Plant Physiol 152:525-532

Pimentel D, Raven PH (2000) Proc Natl Acad Sci USA 97:8198-8199

Pincon G, Maury S, Hoffmann L, Geoffroy P, Lapierre C, Pollet B, Legrand M (2001a) Phytochemistry 57:1167-1176

Pincon G, Chabannes M, Lapierre C, Pollet B, Ruel K, Joseleau J-P, Boudet AM, Legrand M (2001) Plant Physiol 126:145-155

Pinto YM, Kok RA, Baulcombe DC (1999) Nature Biotechnol 17:702-707

Piperno DR, Flannery KV (2001) Proc Natl Acad Sci USA 98:2101-2103

Pipke R, Amrhein N (1988) Appl Environ Microbiol 54:1293-1296

Piquemal J, Lapierre C, Myton K, O'Connell A, Schuch W, Grima-Pettenati J, Boudet A-M (1998) Plant J 13:71-83

Piquemal J, Chamayou S, Nadaud I, Beckert M, Barriere Y, Mila I, Lapierre C, Rigau J, Puigdomenech P, Jaunaeu A, Digonnet C, Boudet A-M, Goffner D, Pichon M (2002) Plant Physiol 130:1675-1685

Pirhonen M, Flego D, Heikinheimo R, Palva ET (1993) EMBO J 12:2467-2476

Pitcher LH, Repetti P, Zilinskas BA (1994) Plant Physiol 105:S-169

Pitcher LH, Brennan E, Heerley A, Dunsmuir P, Tepperman JM, Zilinskas BA (1991) Plant Physiol 97:452-455

Plapp FW (1976) Annu Rev Entomol 21:179-197

du Plessis HJ, Brand RJ, Glynn-Woods C, Goedhart MA (1995) South African J Sci 91:218

Ploeg AT, Mathis A, Bol JF, Brown DJF, Robinson DJ (1983) J Gen Virol 74:2709-2715

Pofelis S, Le H, Grant WF (1992) Theor Appl Genet 83:480-488

Pohl JM (1994) Ökologische Begleituntersuchungen zur Risikoabschätzung bei Freisetzungsversuchen mit gentechnisch veränderten Zuckerrüben. Diplomarbeit, RWTH Aachen

Poirier Y, Gruys KJ (2001) In : Doi Y, Steinbüchel A (eds) Biopolyesters. Wiley-VCH, Weinheim, pp. 401-435

Poirier YP, Dennis DE, Klomparens K, Sommerville CR (1992a) Science 256:520-523

Poirier YP, Dennis DE, Klomparens K, Nawrath C, Sommerville CR (1992b) FEMS Microbiol Rev 103:237-246

Poirier Y, Somerville C, Schechtman LA, Satkowski MM, Noda I (1995) Int J Biol Macromol 17:7-12

Polashock JJ, Chin C-K, Martin CE (1992) Plant Physiol 100:894-901

Polashock JJ, Griesbach RJ, Sullivan RF, Vorsa N (2002) Plant Science 163:241-251

Polidoros AN, Mylona PV, Scandalios JG (2001) Transgenic Res 10:555-569

Pollard MR, Anderson L, Fan C, Hawkins DJ, Davies HM (1991) Arch Biochem Biophys 284:306-312

Pollock CJ, Cairns AJ (1991) Annu Rev Plant Physiol Plant Mol Biol 42:77-101

Pontis HG, del Campillo E (1985) In: Dey PM, Dixon RA (eds) Biochemistry of storage carbohydrates in green plants. Acad Press, London, pp 205-227

Ponz F, Rowhani A, Mircetich SM, Bruening G (1987) Virol 160:183-190

Potrykus I (1990a) Physiol Plant 79:125-134

Potrykus I (1990b) Bio/technol 8:535-542

Potrykus I (1991) Annu Rev Plant Physiol Plant Mol Biol 42:205-225

Potter FJ, Wiskich JT, Dry IB (2001) Planta 212:215-221

Poulsen C, Goddijn OJM, Hoge JHC, Verpoorte R (1994) Transgenic Res 3:43-49

Powell ALT, van Kan J, ten Have A, Visser J, Greve LC, Bennett AB, Labavitch JM (2000) Mol Plant-Microbe Interactions 13:942-950

Powell D (1999) Update: Potential impacts of pollen from Bt corn. IBS News Report, Dezember 1999.

Powell PA, Stark DM, Sanders PR, Beachy RN (1989) Proc Natl Acad Sci USA 86:6949-6952

Powell-Abel P, Nelson RS, De B, Hoffmann N, Rogers SG, Fraley RT, Beachy RN (1986) Science 232:738-743

Prakash CS (1998) ISB News Report, September 1998

Prandl R, Schöffl F (1996) Plant Mol Biol 31:157-162

Pray CE, Huang J, Hu R, Rozelle S (2002) Plant J 31:423-430

Pray CE, Huang J, Ma D, Qiao F (2001) World Dev 29:813-825

Prescott A, Briddon R, Harwood W (1998) Plant Transformations. In: Molecular Biomethods Handbook. Rapley R, Walker JM (eds) Humana Press, Totowa, New Jersey, USA, pp. 251-269

Prins M, de Haan P, Luyten R, van Veller M, van Grinsven MQJM, Goldbach R (1995) Mol Plant-Microbe Interactions 8:85-91

Pröls F, Meyer P (1992) Plant J 2:465-475

Proovidenti R, Gonsalves D (1995) J Heredity 86:85-88

PROSAMO plant programme (1991) Annual report, Cambridge Laboratory, John Innes Centre, Colney, Norwich, England

Puchta H (1998) Plant J 13:331-339

Punja ZK, Raharjo SHT (1996) Plant Dis 80:999-950

Pusztai A (1998) SOAFED flexible Fund Project RO 818. Report of project coordinator on data produced at the Rowett Research Institute. htpp://www.rri.sari.ac.uk/gmo/ajp.htm


Qu R, Huang AHC (1990) J Biol Chem 265:2238-2243

Qu RD, de Kochko A, Zhang LY, Marmey P, Li LC, Tian WZ, Zhang SP, Fauquet DM, Beachy RN (1996) In vitro cell Developm Biol 32:233-240

Que Q, Jorgensen RA (1998) Developm Genet 22:100-109

Que Q, Wang H-Y, Jorgensen RA (1998) Plant J 13:401-409

Que Q, Wang HY, English JJ, Jorgenson RA (1997) Plant Cell 9:1357-1368

Quemada HD, Gonsalves D, Slightom JL (1991) Phytopathol 81:794-802

Quinn JPC (1990) Biotech Adv 8:321-333

Quintero FJ, Blatt MR, Pardo JM (2000) FEBS Lett 471:224-228

Quiros CF, Ortega R, van Raamsdonk L, Herrera-Montoya M, Cisneros P, Schmidt B, Brush SB (1992) Crop Evol 39:107-113

Quist D, Chapela IH (2001) Nature 414:541- 543

Quist D, Chapela IH (2002) Reply. Nature 416: 602


Rademacher H (2000) Bambis braune Augen, FAZ, 29.08.00

Radke SE, Andrews BM, Moloney MM, Crouch ML, Kridl JC, Knauf VC (1988) Theor Appl Genet 75:685-694

Raemakers CJJM, Sofiari E, Taylor N, Henshaw G, Jacobsen E, Visser RGF (1996) Mol Breeding 2:339-350

Raff RA, Kaufman TC (1991) Embryos, Genes, and Evolution: The Developmental-Genetic Basis of Evolutionary Change. University of Indiana, Indiana Press, Bloomington, USA

Rakow G, Woods DL (1987) Can J Plant Sci 67:147-151

Ramanathan V, Veluthambi K (1996) Plant Mol Biol 28:1149-1154

Ramirez N, Ayala M, Lorenzo D, Palenzuela D, Herrera L, Doreste V, Perez M, Gavilondo JV, Oramas P (2002) Transgenic Res 11:61-64

Rancé I, Fournier J, Esquerré-Tugayé MT (1998) Proc Natl Acad Sci USA 95 :6554-6559#

Rao KV, Rathore KS, Hodges TK, Fu X, Stoger E, Sudhakar D, Williams S, Christou P, Bharathi M, Bown DP, Powell KS, Spence J, Gatehouse AMR, Gatehouse JA (1998) Plant J 15:469-477

Rao S, Procko E, Shannon MF (2001) J Immunol 167:4494-4503

Rashid H, Yokoi S, Toriyama K, Hinata K (1996) Plant Cell Reports 15:727-730

Rasmussen S, Dixon RA (1999) Plant Cell 11:1537-1551

Rasori A, Bertolasi B, Furini A, Bonghi C, Tonutti P, Ramina A (2003) Plant Sci 165:523-530

Rassmussen IR, Brodsgaard B (1992) Oecologia 89:277-283

Ratcliff FG, MacFarlane SA, Baulcombe DC (1999) Plant Cell 11:1207-1215

Ravanal P, Tissut M, Nurit F, Mona S (1990) Pestic Biochem Physiol 38:85-89

Ray H, Douches DS, Hammerschmidt R (1998) Physiol Mol Plant Pathol 53:93-103
Rayon C, Gomord V, Faye L, Lerouge P (1996) Plant Physiol Biochem 34:273-281
Redenbaugh K (1993) Acta Horticult 336:133-146
Reddy AS, Thomas TL (1996) Nature Biotechnol 14:639-642
Reddy AS, Nuccio ML, Gross LM, Thomas TL (1993) Plant Mol Biol 27:293-300
Reddy MSS, Dinkins RD, Collins (2003) Plant Cell Reports 21:676-683
Reeves RL (1984) Biophys. Biochim Acta 782:343-393
Regal PJ (1994) Mol Ecol 3:S-13
Register JC, Beachy RN (1988) Virol 166:524-532
Register JC, Beachy RN (1989) Virol 173:656-663
Reichholf JH (2002) Die falschen Propheten – unsere Lust an Katastrophen. Wagenbach, Berlin, 139 Seiten
Reinbothe S, Nelles A, Parthier B (1991) Eur J Biochem 198:365-373
Reinbothe S, Ortel B, Parthier B (1993) Mol Gen Genet 239:416-424
Renault A-S, Deloire A, Bierne J (1996) Vitis 35:49-52
Renckens S, de Greve H, van Montague M, Hernalsteens JP (1992) Mol Gen Genet 233:53-64
Renn O (1993) In: GSF-Forschungsgemeinschaft für Umwelt und Gesundheit GmbH, mensch + umwelt, 8. Aus-
    gabe, März 1993, pp. 53-60
Renou JP, Brochard P, Jalouzot R (1993) Plant Sci 89:185-197
Rennenberg H, Brunold C (1994) Progr Bot 55:142-156
Rennenberg H, Polle A (1994) Biochem Soc Transactions 22:936-940
Reynoird JP, Mourgues F, Norelli J, Aldwinckle HS, Brisset MN, Chevreau E (1999) Plant Sci 149:23-31
Rerie WG, Whitecross M, Higgins TJV (1991) Mol Gen Genet 225:148-157
Rho HS, Kang S, Lee YH (2001) Mol Cells 12:407-411
Rhoads DM, Kasi CI, Levings CS, Siedow JN (1994) Proc Natl Acad Sci 91:8253-8257
Rhodes CA, Pierce DA, Mettler IJ, Mascarenhas D, Detmer JJ (1988) Science 240:204-207
Rice MC, Czymmek K, Kmiec EB (2001) Nature Biotechnol 19:321-326
Rice MC, May GD, Kipp PB, Parekh H, Kmiec EB (2000) Plant Physiol 123:427-437
Richter LJ, Thanavala Y, Arntzen CJ, Mason HS (2000) Nature Biotechnology 18:1167-1171
Ritala A, Aspegren K, Kurten U, Salmenkallio-Marttila M, Mannonen L, Hannus R, Kauppinen V, Teeri TH,
    Enari T-M (1994) Plant Mol Biol 24:317-325
Rittscher M, Wiermann R (1983) Protoplasma 118:219-224
Rizhsky L, Mittler R (2001) Plant Mol Biol 46:313-323
Röber M, Geider K, Müller-Röber B, Willmitzer L (1996) Planta 199:528-536
Robinson DJ, Hamilton WDO, Harrison BD, Baulcombe DC (1987) J Gen Virol 68:2551-2561
Roby D, Broglie K, Cressman R, Biddle P, Chet I, Broglie R (1990) Plant Cell 2:999-1007
Rochon D, Siegel A (1984) Proc Natl Acad Sci USA 81:1719-1723
Rochow WF (1970) Science 167:875-878
Rodriguez-Cerezo E, Klein PG, Shaw IG (1991) Proc Natl Acad Sci USA 88:9863-9867
Rodriguez-Galvez E, Mendgen K (1995) Planta 197:535-545
Roelvink PW, Corsaro BG, Granados RR (1995) J Gen Virol 76:2693-2705
Rogers SG, Bisaro DM, Horsch RB, Fraley RT, Hoffmann NL, Brand L (1996) Cell 45:593-600
Rohini VK, Rao KS (2001) Curr Opin Biotechnol 11:120-125
Rolland S, Jobic C, Fevre M, Bruel C (2003) Curr Genet 44:164-171
Romano A, Raemakers K, Visser R, Mooibroek H (2001) Plant Cell Reports 20:198-204
Romano A, Raemakers K, Bernardi J, Visser R, Mooibroek H (2003) Transgenic Res 12:461-473
Romano A, Vreugdenhil D, Jamar D, van der Plas LHW, de Roo G, Witholt B, Eggink G, Mooibroek H (2003b)
    Biochem Engin J 3728:1-9
Romeis J, Battini M, Bigler F (2003) Pedobiologia 47:141-147
Romeis J, Babendreier D, Wäckers FL (2003) Oecologiia 134:528-536
Römer S, Fraser PD, Kiano JW, Shipton CA, Misawa N, Schuch W, Bramley PM (2000) Nature Biotechnol
    18:666-669
Rosati C, Aquilani R, Dharmapuri S, Pallara P, Marusic C, Tavazza R, Bouvier F, Camara B, Giuliano G (2000)
    Plant J 24:413-419
Roslan HA, Salter MG, Wood CD, White MRH, Croft KP, Robson F, Coupland G, Doonan J, Laufs P, Tomsett
    AB, Caddick MX (2001) Plant J 28:225-235
Rossi M, Goggin FL, Milligan SB, Kaloshian I, Ullman D, Williamson VM (1998) Proc Natl Acad Sci USA
    95:9750-9754
Rouault TA, Harford JB (2000) In: Sonenberg N, Hershey JWB, Mathews MB (eds) Translational control of
    gene expression. Cold Spring Harbor Laboratory Press, Cold Spring Harbor, NY, pp. 655-670

Rowlands DG (1959) Genetica 30:435-446
Rubino L, Capriotti G, Lupo R, Russo M (1993) Plant Mol Biol 21:665-672
Rubino L, Carrington JC, Russo M (1992) Virol 188:429-437
Rubino L, Russo M (1995) Virol 212:240-247
Ruf S, Hermann M, Berger IJ, Carrer H, Bock R (2001) Nature Biotechnol 18:1167-1171
Rugh CL, Wilde HD, Stack NM, Thompson DM, Summers AO, Meagher RB (1996) Proc Natl Acad Sci USA 93:3182
Rugh CL, Senecoff JF, Meagher RB, Merkle SA (1998) Nature Biotechnol 16:925-928
Ruiz ON, Hussein HS, Terry N, Daniell H (2003) Plant Physiol 132:1344-1352
Ruizzo MA, Bertekap R, Mishkind ML (1992) Plant Sci 81:13-20
Rufty TW, Huber SC (1983) Plant Physiol 72:474-480
Ruggiero F, Exposito JY, Boumat P, Gruber V, Perret S, Comte J, Olagnier B, Garrone R, Theisen M (2000) FEBS Lett 469:132-136
Ruiz MT, Voinnet O, Baulcombe DC (1998) Plant Cell 10:937-946
Rukavtsova EB, Zolova OE, Buryanova NY, Dorisova VN, Bykov VA, Buryanov YI (2003) Russian J Genet 39: 41-45
Russell DA (1999) Nature Biotechnol 19:870-875
Russell JA, Roy MK, Sanford JC (1992) Plant Physiol 98:1050-1056
Rymerson RT, Babiuk L, Menassa R, Vanderbeld B, Brandle JE (2003) Mol Breeding 11:267-276
Ryan CA (1990) Annu Rev Phytopathol 28:425-449

Saalbach I, Waddell D, Pickardt T, Schieder O, Müntz K (1995) J Plant Physiol 145:674-681
Saalbach I, Pickardt T, Machemehl F, Saalbach G, Schieder O, Müntz K (1994) Mol Gen Genet 242:226-236
Saari LL, Cotterman JC, Smith WF, Primiani MM (1992) Pest Biochem Physiol 42:110-118
Sacchi VF, Parent P, Hanozet GM, Giordana B, Luthy P, Wolfersberger MG (1986) FEBS Lett 204:213-218
Saez E, Nelson MC, Eshelman B, Banayo E, Koder A, Cho GJ et al (2000) Proc Natl Acad Sci USA 97:14512-14517
Sagi L, Panis B, Remy S, Schoofs H, de Smet K, Swennen R, Cammue BPA (1995) Bio/technol 13: 481-485
Saito K, Yamazaki M, Kawaguchi A, Murakoshi I (1991) Tetrahedron 47:5955-5968
Saito K, Noji M, Ohmori S, Imai Y, Murakoshi I (1991) Proc Natl Acad Sci USA 88:7041-7045
Saito K, Yamazaki M, Kaneko H, Murakoshi I, Fukuda Y, van Montagu M (1991) Planta 184:40-46
Saito K, Hamajima A, Ohkuma M, Murakoshi I, Ohmori S, Kawaguchi A, Teeri TH, Cronan JE (1995) Transgenic Res 4:60-69
Saito Y, Komari T, Masuta C, Hayashi Y, Kumashiro T, Takanami Y (1992) Theor Appl Genet 83:679-683
Sakai H, Honma T, Aoyama T, Sato S, Kato T, Tabata S et al (2001) Science 294:1519-1521
Sala F, Rigano MM, Barbante A, Basso B, Walmsley AM, Castiglione S (2003) Vaccine 21:803-808
Saldarelli P, Minafra A, Walter B (1993) Vitis 32:99-102
Salleh MA, Pemberton JM (1993) Curr Microbiol 27:63-67
van der Salm T, Bosch D, Honee G, Feng L, Munsterman E, Bakker P, Stiekema WJ, Visser B (1994) Plant Mol Biol 26:51-59
Salmenkallio-Marttila M, Aspegren K, Akermann S, Kurten U, Mannonau L, Ritala A, Teeri TH, Kauppinen V (1995) Plant Cell Reports 15:301-304
Salmeron JM, Barker SJ, Carland FM, Mehta AY, Staskawicz BJ (1994) Plant Cell 6:511-520
Salomon S, Puchta H (1998) EMBO J 17:6086-6095
Samach A, Onouchi H, Gold SE, Ditta GS, Schwarz-Sommer Z, Yanofsky MF, Coupland G (2000) Science 288:1613-1616
De Samblanx GW, Goderis IJ, Thevissen K, Raemaekers R, Fant F, Borremans F, Acland DP, Osborn RW, Patel S, Broekaert WF (1997) J Biochem 271:1171-1179
Samples JR, Buettner H (1983) Amer J Opthamol 95:258-260
Sanderfoot AA, Lazarowitz SG (1995) Plant Cell 7:1185-1194
Sanderfoot AA, Inham DJ, Lazarowitz SG (1996) Plant Physiol 110:23-33
Sanders PR, Sammons B, Kaniewski W, Haley L, Layton J, La Vallee BJ, Delannay X, Tumer NE (1992) Phytopathol 82:683-690
Sandhu JS, Webster CI, Gray JC (1998) Plant Mol Biol 37:885-896
Sandmann G, Fraser P (1993) Z Naturforsch 48c:267-271
Sanford JC (1988) TIBTECH 6:299-302
Sanford JC (1990) Physiol Plant 79:206-209
Sanford JC, Johnston SA (1985) J Theor Biol 113:395-405

Sangtong V, Moran DL, Chikwamba R, Wang K, Woodman-Clikeman W, Long Mj, Lee M, Scott MP (2002) Theor Appl Genet 105:937-945

Sangwan RS, Ducrocq C, Sangwan-Norreel B (1994) Plant Science 95:99-115

Sanmartin M, Droudi PD, Lyons T, Pateraki I,Barnes J, Kanellis AK (2003) Planta 216:918-928

Sano H, Youssefian S (1991) Mol Gen Genet 228:227-232

Sano H, Seo S, Orudgev E, Youssefian S, Ishizuka K, Ohashi Y (1994) Proc Natl Acad Sci USA 91:10556-10560

Sano Y (1984) Theor Appl Genet 68:467-473

Santoni S, Berville A (1992) Plant Mol Biol 20:578-580

Santos MJD, Wigdorovitz A, Trono K, Rios RD, Franzone PM, Gil F, Moreno J, Carrillo C, Escribano JM, Borca MV (2002) Vaccine 20:1141-1147

Sarria R, Calderon A, Thro AM, Torres E, Mayer JE, Roca WM (1994) Plant Sci 96:119-127

Sasaki Y, Hakamada K, Suama Y, Nagano Y, Furusawa I, Matsuno R (1993) J Biol Chem 268:25118-25123

Sasser JN, Freckman DW (1987) A world perspective on nematology: the role of society. In: Veech JA, Dickerson DW (eds) Vistas on Nematology. Society of Nematologists, Hyattsuiffe, Maryland, pp. 7-14

Sathasivan K, Haugjn GW, Murai N (1991) Plant Physiol 97:1044-1050

Sato F, Koiwa H, Sakai Y, Kato N, Yamada Y (1995) Biochem Biophys Res Commun 211:909-913

Satoh H, Omura T (1981) Jpn J Breed 31:316-326

Savenkov EI, Valkonen JPT (2001a) Virol 283:285-293

Savenkov EI, Valkonen JPT (2001b) J Gen Virol 82:2275-2278

Savenkov EI, Valkonen JPT (2002) J Gen Virol 83:2325-2335

Savidge B, Lassner MW, Weis JD, Post-Beittenmiller D (1999) Nucleic acid sequences to proteins involved in tocopherol synthesis. WO 00/63391 (Calgene LLC)

Savidge B, Weiss JD, Wong YHH, Lassner MW, Mitsky TA, Shewmaker CK, Post-Beittenmiller D, Valentin HE (2002) Plant Physiol 129:321-332

Sawasaki T, Takahashi M, Goshima N, Morikawa H (1998) Gene 218:27-35

Sawasaki Y, Inomata K, Yoshida K (1998) Plant Cell Physiol 37:103-106

Sayanova OV, Napier JA (2004) Phytochemistry 65:147-158

Sayanova OV, Davies GM, Smith MA, Griffiths G, Stobart AK, Shewry PR, Napier JA (1999) J Exp Bot 50:1647-1652

Sayanova OV, Smith MA, Lapinskas P, Stobart AK, Dobson G, Christie WW, Shewry PR, Napier JA (1997) Proc Natl Acad Sci USA 94:4211-4216

de Scenzo RA, Minocha SC (1993) Plant Mol Biol 22:113-127

SCF (1997) Commission recommendiations 29 July 1997 concerning the scientific aspects and the presentation of information necessary to support applications for the placing on the market of novel foods and novel food ingredients and the preparation of initial assessment reports under regulation EC 259/97 of the European Parliament an d of the Council. Off J Eur Commun L253. 1-36

Schaffrath U, Mauch F, Freydl E, Schweizer P, Dudler R (2000) Plant Mol Biol 43:59-66

Schaller B, Schneider B, Schütte HR (1992) Z Naturforsch 47c:126-131

Scheffler JA, Dale PJ (1994) Transgenic Res. 3:263-278

Scheffler JA, Parkinson R, Dale PJ (1993) Transgenic Res 2:356-364

Scheller J, Gührs KH, Grosse F, Conrad U (2001) Nature Biotechnol 19:573-577

Schena M, Lloyd AM, Davies R (1991) Proc Natl Acad Sci USA 88:421-425

Schillberg S, Zimmerman S, Zhang M-Y, Fischer R (2001) Transgenic Res 10:1-12

Schlumbaum A, Mauch F, Vögeli U, Boller T (1986) Nature 324:365-367

Schlüter K, Potrykus I (1996) In: Schulte E, Käppeli O (eds) Gentechnisch veränderte krankheits- und schädlingsresistente Nutzpflanzen. Eine Option der Landwirtschaft? Publikation des Schwerpunktpro-grammes Biotechnologie des Schweizerischen Nationalfonds. Bern, pp. 160-190

Schmidt-Rogge T, Meixner M, Srivastava V, Guka-Mukherje S, Schieder O (1993) Plant Cell Reports 12:390-394

Schmitt F, Oakeley EJ, Jost JP (1997) J Biol Chem 272:1534-1540

Schmitt J (1980) Evolution 34:934-942

Schmülling T, Schell J, Spena A (1988) EMBO J 7:2621-2629

Schmülling T, Fladung M, Grossmann K, Schell J (1993) Plant J 3:371-382

Schmülling T, Röhrig H, Pilz S, Walden R, Schell J (1993) Mol Gen Genet 237:385-394

Schnepf E, Crickmore N, van Rie J, Lereclus D, Baum J, Feitelson J, Zeigler DR, Dean DH (1998) Microbiol Mol Biol Rev 62:775-806

Schoelz JE, Wintermantel WM (1993) Plant Cell 5:1669-1679

Scholz H (1983) Plant Systemat Evol 143:233-244

Scholz H (1991) Die Systematik der *Avena sterilis* und *A. fatua* (*Graminaceae*) - Eine kritische Studie. Willde-
nowia 20:103-112
Schön A, Krupp G, Gough S, Berry-Louve S, Kannangara CG, Söll D (1986) Nature 322:281-284
Schopke C, Taylor R, Carcamo R, Konan NK, Marmey P, Henshaw GG, Beachy RN, Fauquet C (1996) Nature
Biotechnol 14:731-735
Schouten A, Roosien J, van Engelen FA, de Jong GAM, Borst-Vrenssen AWM, Zilverentant JF, Bosch D, Stie-
kema WJ, Gommers FJ, Schots A, Bakker J (1996) Plant Mol Biol 30:781-793
Schrammeijer B, den Dulk-Ras A, Vergunst AC, Jurado Jacome E, Hooykaas PJ (2003) Nucl Acids Res 31:860-
868
Schroeder HE, Schotz AH, Wardley-Richardson T, Spencer D, Higgins TJV (1993) Plant Physiol 101:751-757
Schroeder HE, Gollasch S, Moore A, Tabe LM, Craig S, Hardie DC, Chrispeels MJ, Spencer D, Higgins TJV
(1995) Plant Physiol 107:1233-1239
Schuch W, Bird C, Ray J, Smith C, Watson C, Moris P, Gray J, Arnold C, Seymour G, Tucker G, Grierson D
(1989) Plant Mol Biol 13:303-311
Schuh W, Nelson MR, Bigelow DM, Orum T, Orth CE, Lynch P, Eyles T, Blackhall PS, Jones NM, Cocking
EC, Davey MR (1993) Plant Sci 89:69-79
Schwartz JR (2001) Curr Opin Biotechnol 12:195-201
Schwerdtle F, Bieringer H, Finke M (1981) Pflanzenkrankh Pflanzenschutz 9:431-440
Scorza R, Cordts JM, Ramming DW, Emershad RL (1995) Plant Cell Reports 14:589-592
Scott RJ (1994) In: Scott RJ, Stead MA (eds) Molecular and Cellular Aspects of Plant Reproduction. Cambridge
University Press, UK, pp. 49-81
Sears MK, Stanley-Horn DE, Mattila HR (2000) Preliminary report on the ecological impact of Bt corn pollen
on the monarch butterfly in Ontario. Study prepared for the Canadian Food Inspection Agency.
Sebesta K, Farkas J, Horska K, Vankova J (1981) In: Burges HD (ed) Microbial Control of Pests and Plant Dis-
eases 1970-1980, Acad Press, New York, pp. 249-281
Segal G, Song R, Messing J (2003) Genetics 165:387-397
Sehnke PC, Pedrosa L, Paul A-L, Frankel AE, Ferl RJ (1994) J Biol Chem 269:22473-22476
Seki M, Narusaka M, Ishida J, Nanjo T, Fujita M, Oono Y, Kamiya A, Nakajima M, Enju A, Sakurai T, Satou
M, Akiyama K, Taji T, Yamaguchi-Shinozaki K, Carninci P, Kawai J, Hayashizaki Y, Shinozaki K (2002)
Plant J 31:279-292
Sela-Buurlage MB, Ponstein AS, Vloemans SA, Melchers LS, van den Elzen PJM, Cornelissen BJC (1993)
Plant Physiol 101:857-863
Selker EU (1999) Cell 97:157-160
Senior IJ, Bavage AD (2003) Euphytica 132:217-226
Servaites JC, Geiger DR (1974) Plant Physiol 54:575-578
Sevenier R, Hall RD, van der Meer IM, Hakkert HJC, van Tunen AJ, Koops AJ (1998) Nat/Biotechnol 16:843-
846
Sevon N, Dragor B, Hiltunen R, Oksman-Caldentey KM (1997) Plant Cell Reports 16:605-611
Sewalt VJH, Ni W, Blount JW, Jung HG, Masoud SA, Howles PA, Lamb C, Dixon RA (1997) Plant Physiol
115:41-50
Seymour GB, Fray RG, Hill P, Tucker GA (1993) Plant Mol Biol 23:1-9
Shade RE, Schroeder HE, Pueyo JJ, Tabe LM, Murdock LL, Higgins TJV, Chrispeels MJ (1994) Bio/technol 12:
793-796
Shadle GL, Wesley SV, Korth KL, Chen F, Lamb C, Dixon RA (2003) Phytochem 64:153-161
Shah DM, Hironaka CM, Wiegand RC (1986) Plant Mol Biol 6:203-211
Shah DM, Horsch RB, Klee HJ (1986) Science 233:478-481
Shaner DL, Anderson PC, Stidham MA (1984) Plant Physiol 76:545-546
Shannon JC, Garwood DL (1984) In: Whistler RL, Bemiller JN, Paschall EF (eds) Starch: Chemistry and Tech-
nology. Orlando, FL, Acad Press, pp. 25-86
Sharma A, Sharma R, Imamura M, Yamakawa M, Machii H (2000) FEBS Lett 484:7-11
Sharma KK, Anjaiah V (2000) Plant Science 159:7-20
Sharp P (2001) Genes Dev 15:485-490
Sharrock KR, Labavithch JM (1994) Physiol Mol Plant Pathol 45:305-319
Shatters B, Kahn M (1989) J Mol Evol 29:422-428
Shaul O, Galili G (1992) Plant J 2:203-209
Shaw J, Hunt AG, Pirone TP, Rhoads RE (1990) In: Pirone TP, Shaw JC (eds) Viral Genes and Plant Pathogene-
sis. Springer, Berlin, Heidelberg, pp. 107-123
Shaw KJ, Rather PN, Hare RS, Miller GH (1993) Microbiol Rev 57:138-163
Sheehy RE, Kramer M, Hiatt WR (1988) Proc Natl Acad Sci USA 85:8805-8809

Shelton AM, Roush, R. T. (1999) Nature Biotechnol 17:832
Shelton AM, Sears MK (2001) Plant J 27:483-488
Shelton AM, Robertson JL, Tang JD, Perez C, Eigenbrode SD, Preisler HK, Wilsey WT, Cooley RT (1993) J Econ Entomol 86:697-705
Shen W-H, Hohn B (1994) Plant J 5:227-236
Shen Y-G, Du B-X, Zhang W-K, Zhang J-S, Chen S-Y (2002) Theor Appl Genet 105:815-821
Shen-Hwa C-S, Lewis DH, Waltorf DA (1975) New Phytol 74:383-392
Sheng CF, Hopper KR (1988) Environ Entomol 8:266-271
Sheng J, Citovsky V (1996) Plant Cell 8:1699-1710
Sheng J, D'Ovidio R, Mehdy MC (1991) Plant J 1:345-354
Sheveleva EV, Jensen RG, Bohnert HJ (2000) J Exp Bot 51:115-122
Shewmaker CK, Sheehy JA, Daley M, Colburn S, Ke DY (1999) Plant J 20:401-412
Shewmaker CK, Boyer CD, Wiesenborn DP, Thompson DB, Boersig MR, Oakes JV, Stalker DM (1994) Plant Physiol 104:1159-1166
Shi H, Quintero FJ, Pardo JM, Zhu JK (2002) Plant Cell 14:465-477
Shi H, Wu SJ, Zhu JK (2003) Nature Biotechnol 21:81-85
Shi Y, Wang MB, Powell KS, van Damme E, Hilder VA, Gatehouse AMR, Boulter D, Gatehouse JA (1994) J Exp Bot 45:623-631
Shimizu K, Takahashi M, Goshima N, Kawakami S, Irifune K, Morikawa H (2001) Plant J 26:375-384
Shimogawara K, Fujiwara S, Grossman A, Usuda H (1998) Genetics 148:1821-1828
Shin Y-S, Hong S-Y, Kwon T-H, Jang Y-S, Yang M-S (2003) Biotechnol Bioengin 82:778-783
Shintani D, DellaPenna D (1998a) Science 282:2098-2100
Shintani D, DellaPenna D (1998b) Manipulation of tocopherol levels in transgenic plants. WO 00/10380 (University of Nevada)
Shiraiski T, Yamada T, Saitoh K, Kato T, Toyoda K, Yoshioka H, Kim H-M, Ichinose Y, Tahara M, Oku H (1994) Plant Cell Physiol 35:1107-1119
Shiroza T, Kuramitsu HK (1988) J Bacteriol 170:810-816
Shou H, Bordallo P, Fan JB, Yeakley JM, Bibikova M, Sheen J, Wang K (2004) Proc Natl Acad Sci USA 101:3298-3032
Shrager J, Hauser C, Chang CW, Harris EH, Davies J, McDermatt J, Tamse R, Zhang Z, Grossman AR (2003) Plant Physiol 131:401-408
Sijen T, Wellink J, Hendriks J, Verver J, van Kammen A (1995) Mol Plant-Microbe Interactions 8:340-347
Sijen T, Vijn I, Rebocho A, van Blokl R, Roelofs D, Mol JN, Kooter JM (2001) Curr Biol 11:436-440
Sijmons PC, Dekker BMM, Schrammeijer B, Verwoerd TC, van den Elzen PJM, Hoekema A (1990) Bio/technol 8:217-221
da Silva JV, Garcia AB, Flores VMQ, de Macedo ZS, Medina-Acosta E (2002) Vaccine 20:2091-2101
Silva Rosales L, Lindbo JA, Dougherty WG (1994) Plant Mol Biol 24:929-939
Simon R, Igeno MI, Coupland G (1996) Nature 384:59-62
Singh GB, Kramer JA, Krawetz SA (1997) Nucleic Acids Res 25:1419-1425
Singh NK, Bracker CA, Hasegawa PM, Handa AK, Buckel S, Hermodson MA, Pfankoch E, Regnier FE, Bressan RA (1987) Plant Physiol 85:529-536
Siripornadulsil S, Traina S, Verma DPS, Sayre RT (2002) Plant Cell 14:2837-2847
Sitbon F, Hennion S, Little CHA, Sundberg B (1999) Plant Sci 141:165-173
Sivamani E, Brey CW, Dyer WE, Talbert LE, Qu R (2000) Mol Breeding 6:469-477
Sivamani E, Shen P, Opalka N, Beachy RN, Fauquet CM (1996) Plant Cell Rep 15:322-327
Sivamani E, Bahieldin A, Wraith JM, Al-Niemi T, Dyer WE, Ho T-HD, Qu R (2000) Plant Science 155:1-9
Sivamani E, Huet H, Shen P, Ong CA, de Kochko Alexandre, Fauquet C, Beachy RN (1999) Mol Breeding 5:177-185
Skarjinskaia M, Svab Z, Maliga P (2003) Transgenic Res 12:115-122
Skogsmyr I (1994) Theor Appl Genet 88:770-774
Skou JP, Jorgensen JH, Lilholt U (1984) Phytopath Z 104:90-95
Slater S, Mitsky TA, Houmiel KL, Hao M, Reiser SE, Taylor NB, Tran M, Valentin HE, Rodriguez DJ, Stone DA, Padgette SR, Kishore G, Gruys KJ (1999) Nature Biotechnol 17:1011-1016
Sleat DE, Gallie DR, Watts JW, Deom CM, Turner PC, Beachy RN, Wilson TMA (1988) Nucl Acids Res 16:3127-3140
Slightom JL, Chee PP, Gonsalves D (1992) Curr Plant Sci Biotechnol Agricult 13:753-758
Slightom JS, Drong RF, Klassy RC, Hoffmann LM (1985) Nucl Acids Res 13:6483-6498
Slightom JS (1986) J Biol Chem 261:108-121
Slooten L, Capiau K, van Kamp W, van Montagu M, Sybesma C, Inze D (1995) Plant Physiol 107:737-750

Smalla K, van Overbeek LS, Pukall R, van Elsas JD (1993) FEMS Microbiol Ecol 13:47-58

Smirnoff N, Conklin P, Loewus FA (2001) Annu Rev Plant Physiol Plant Mol Biol 52:437-467

Smith HA, Swaney SL, Parks TD, Wernsman EA, Dougherty WG (1994) Plant Cell 6:1441-1453

Smith CJS, Watson CF, Ray J, Bird CR, Morris PC, Schuch W, Grierson D (1988) Nature 334:724-726

Smith CJS, Watson CF, Bird CR, Ray J, Schuch W, Grierson D (1990) Mol Gen Genet 224:477-481

Smith CJS, Watson CF, Morris PC, Bird CR, Slymow GB, Gray JE, Arnold C, Tucher GA, Schuch W, Harding S, Grierson D (1990) Plant Mol Biol 14:369-379

Smith IK, Polle A, Rennenberg H (1990) In: Alscher RG, Cumming JR (eds) Stress response in plants: adaptation and acclimation mechanisms. NY Willey Liss Inc, pp 201-215

Smith M, Moon H, Kunst L (2000) Science 252:80-87

Smith SN, Lyon AJE, Sahid IB (1976) New Phytol 77:735-740

Song J, Bradeen JM, Naess SK, Raasch JA, Wielgus SM, Haberlach GT, Liu J, Kuang H, Austin-Phillips S, Buell CR, Helgeson JP, Jiang J (2003) Proc Natl Acad Sci USA 100:9128-0133

Song W-Y, Sohn EJ, Martinoia E, Lee YJ, Yang Y-Y, Jasinski M, Forestier C, Hwang I, Lee Y (2003) Nature Biotechnol 21:914-919

Song WY, Wang GL, Chen LL, Kim HS, Pi LY, Holsten T, Wang B, Zhai WX, Zhu H, Fauquet C, Ronald PC (1995) Science 270:1804-1806

Sonnewald U, von Schaewen A, Willmitzer L (1990) Plant Cell 2:345-355

Sonnewald U, von Schaewen A, Willmitzer L (1993) J Exp Bot 449:293-296

Sonnewald U, Lerchl J, Zrenner R, Frommer W (1994) Plant Cell Environm 17:649-658

Sonnewald U, Sturm A, Chrispeels MJ, Willmitzer L (1989) Planta 179:171-180

Sonoda S (2003) Plant Science 164:717-725

Sorokin AP, Ke XY, Chen DF, Elliott MC (2000) Plant Science 156:227-233

Spangenberg G, Wang ZY, Nagel J, Potrykus I (1995) Plant Sci 108:209-218

Spangenberg G, Wang ZY, Wu XL, Nagel J, Iglesias VA, Potrykus I (1995) J Plant Physiol 145:693-701

Spassova M, Moneger F, Leaver CJ, Petrov P, Atanassov A, Nijkamp HJJ, Hille J (1994) Plant Mol Biol 26:1819-1831

Spena A, Eustruch JJ, Prinsen E, Nacken W, van Onckelen H, Sommer H (1992) Theor Appl Genet 84:520-527

Sperry AO, Blasquez VC, Garrard WT (1989) Proc Natl Acad Sci USA 86:5497-5501

Spielmann A, Simpson RB (1986) Mol Gen Genet 205:34-41

Spielmann A, Krastanova S, Douet-Orhant V, Gugerli P (2000) Plant Science 156:235-244

Spik G, Theisen M (2000) Bundesgesundheitsblatt 43:104-109

Spiker S, Allen CC, Hall GE, Michalowski S, Newmann W, Thompson W, Weissinger AK (1995) J Cell Biochem 218:167-

Spörlein B, Koop H-U (1991) Theor Appl Genet 83:1-5

Sprenger N, Schellenbaum L, van Dun K, Boller T, Wiemken A (1997) FEBS Lett 400:355-358

Stace CA (1975) Hybridization and the Flora of the British Isles. Acad Press, London

Stachel SE, Nester EW (1986) EMBO J 5:1445-1451

Stachel SE, Zambryski PC (1989) Nature 340:190-191

Stahlberg K, Ellerström M, Josefsson L-G, Rask L (1993) Plant Mol Biol 23:671-683

Stalker DM (1991) In: Grierson D (ed) Plant Genetic Engineering, Glasgow & London, Blackie, pp. 82-104

Stalker DM, Malyj LD, McBridge KE (1988a) J Biol Chem 263:6310-6314

Stalker DM, McBridge KE, Malyj LD (1988b) Science 242:419-423

Stam M, Viterbo A, Mol JN, Kooter JM (1998) Mol Cell Biol 18:6165-6177

Stanislaus MA, Cheng C-L (2002) Weed Sci 50:794-801

Stanley RG, Linskens HF (1974) Pollen, Biology Biochemistry Management. Springer, Berlin

Stark DM, Timmerman KP, Barry GF, Preiss J, Kishore GM (1992) Science 258:287-292

Staskawicz BJ, Ausubel FJ, Baker BJ, Ellis JG, Jones JDG (1995) Science 268:661-667

Staub JM, Garcia B, Graves J, Hajdukiewicz PTJ, Hunter P, Nehra N, Paradkar V, Schlittler M, Carol JA, Spatola L, Ward D, Ye G, Russell DA (2000) Nat/biotechnol 18:333-338

Stayton M, Harpster M, Brosio P, Dunsmuir P (1991) Austr J Plant Physiol 18:507-517

Stefanov I, Fekete S, Bögre L, Pank J, Feher A, Dudits D (1994) Plant Science 95:175-186

Steinmetz M, Le Coq D, Aymerich S, Gonzy-Treboul G, Gay P (1985) Mol Gen Genet 200:220-228

Stephens LC, Hannapel DJ, Krell SL, Shogreen DR (1996) Plant Cell Reports 15:414-417

Steponkus PL, Uemura M, Joseph RA, Gilmour SJ, Thomashow MF (1998) Proc Netl Acad Sci USA 95:14570-14575

Stevens SE, Murphy RC, Lamoreaux WJ, Coons LB (1994) J Appl Phycol 6:187-197

Stewart D, Yahiaoui N, McDougall GJ, Myton K, Marque C, Boudet AM, Haigh J (1997) Planta 201:311-318

Stewart LMD, Hirst M, Ferber ML, Merryweather AT, Cayley PJ, Possee RD (1991) Nature 352:85-88

Still GG, Mansager ER (1973) Pestic Biochem Physiol 3:289-299
Stobiecki M, Matysiak-Kata I, Franski R, Skala J, Szopa J (2003) Phytochem 62:959-969
Stockhaus J, Schell J, Willmitzer L (1989) EMBO J 8:2445-2451
Stockhaus J, Eckes P, Blau A, Schell J, Willmitzer L (1987) Nucleic Acids Res 15:3479-3491
Stoger E, Williams S, Christou P, Down RE, Gatehouse JA (1999) Mol Breed 5:65-77
Stotz HU, Powell ALT, Damon SE, Greve LC, Bennett AB, Labavitch JM (1993) Plant Physiol 102:133-138
Stotz HU, Contos JJA, Powell ALT, Bennett AB, Labavitch JM (1994) Plant Mol Biol 25:607-617
Stoutjesdijk PA, Hurlestone C, Singh SP, Green AG (2000) Biochem Soc Trans 28:938-940
Strand A, Foyer CH, Gustafsson P, Gardeström P, Hurry V (2003) Plant Cell Environm 26:523-535
Strand A, Hurry V, Henkes S, Huner N, Gustafsson P, Gardeström P, Stitt M (1999) Plant Physiol 119:1387-1397
Streber WR, Willmitzer L (1989) Bio/technol 7:811-816
Streber WR, Kutschka U, Thomas F, Pohlenz H-D (1994) Plant Mol Biol 25:977-987
Stringham GR, Downey RK (1982) Agron Abstr. pp. 136-137
Strohm M, Jouanin L, Kunert KJ, Pruvost C, Polle A, Foyer CH, Rennenberg H (1995) Plant J 7:141-145
Sturm A, Voelker TA, Herman EM, Chrispeels MJ (1988) Planta 175:170-183
Su P-H, Yu S-M, Chen C-S (2001) J Plant Physiol 158:247-254
Sugita K, Matsunaga E, Ebinuma H (1999) Plant Cell Reports 18:941-947
Sugita K, Kasahara T, Matsunaga E, Ebinuma A (2000) Plant J 5:461-469
Suh MC, Schultz DJ, Ohlrogge JB (2002) Planta 215:584-595
Sukhapinda K, Spivey R, Simpson RB, Shahin EA (1987) Mol Gen Genet 206:491-497
Sukopp U, Sukopp H (1993) Gaia 2:267-288
Sun LY, Monneuse M-O, Martin-Tuguy J, Tepfer D (1991) Plant Sci 80:145-156
Sun M, Qian K, Su N, Chang H, Liu J, Chen G (2003) Biotechnol Lett 25:1087-1092
Sun X, Wu A, Tang K (2002) Crop Prot 21:511-514
Sunako T, Sakuraba W, Senda M, Akada S, Ishikawa R, Niizeki M, Harada T (1999) Plant Physiol 119:1297-1303
Sundby C, Chow WS, Anderson JM (1993) Plant Physiol 103:105-113
Sunkar R, Bartels D, Kirch H-H (2003) Plant J 35:452-464
Süssmuth J, Dressler K, Hess D (1991) Bot Acta 194:72-76
Suzuki S, Nakano M (2002) Plant Cell Reports 20:835-841
Suzuki S, Supaibulwatana K, Mii M, Nakano M (2001) Plant Sci 161:89-97
Svab Z, Hajdukewicz P, Maliga P (1990) Proc Natl Acad Sci USA 87:8526-8530
Swire-Clark GA, Marcotte WF (1999) Plant Mol Biol 39:117-128

Tabashnik BE (1994) Proc R Soc Lond B 255:7-12
Tabashnik BE, Carrière Y, Dennehy TJ, Morin S, Sisterson MS, Roush RT, Shelton AM, Zhao J-Z (2003) J Econ Entomol 96:1031-1038
Tabashnik BE, Dennehy TJ, Sims MA, Larkin K, Head GP, Moar WJ, Carrière Y (2002) Appl Environ Microbiol 68:3790-3794
Tabatai MA (1982) In: Page AL, Miller RH, Keeney DR (eds) Methods in Soil Analysis, Monograph 9, Part 2, 2nd edn, Am Soc Agronomy and Soil Sci Soc of America, Madison, WI, USA, pp. 903-947
Tabatai MA, Fu M (1992) In: Stotzky G, Bollag J-M (eds) Soil Biochemistry, Marcel Dekker, New York, Vol 7, pp. 197-227
Tabei Y, Kitade S, Nishizawa Y, Kikuchi N, Kayano T, Hibi T, Akutsu K (1998) Plant Cell Reports 17:159-164
Tachibana K, Watanabe T, Sekizawa Y, Takematsu R (1986a) J Pesticide Sci 11:27-31
Tachibana K, Watanabe T, Sekizawa Y, Takematsu T (1986b) J Pesticide Sci 11:33-37
Tackaberry ES, Dudani AK, Prior F, Tocchi M, Sardana R, Altosaar I, Ganz PR (1999) Vaccine 17:3020-3029
Tackaberry ES, Prior F, Bewll M, Tocchi M, Porter S, Mehic J, Ganz PR, Sardana R, Altosaar I, Dudani A (2003) Genome 46:521-526
Tacket CO, Mason HS, Losonsky G, Clements JD, Levine MM, Arntzen CJ (1998) Nature Med 4:607-609
Takahashi H, Ehara Y (1992) Mol Plant-Microbe Interactions 5:269-272
Takahashi H, Ehara Y, Hirano H (1991) Plant Mol Biol 16:689-698
Takaichi M, Oeda K (2000) Plant Sci 153:135-144
Takaiwa F, Kikuchi S, Oono K (1987a) Mol Gene Genet 208:15-22
Takaiwa F, Oono K, Kato A (1991) Plant Mol Biol 16:49-58
Takaiwa F, Ebinuma H, Kikuchi S, Oono K (1987b) FEBS Lett 221:43-47
Takaiwa F, Katsube T, Kitagawa S, Hisago T, Kito M, Utsumi S (1995) Plant Sci 111:39-49
Takanami Y (1981) Virol 109:120-126

Takano M, Egawa H, Ikeda J-E, Wakasa K (1997) Plant J 11:353-361

Takatsu Y, Nishizawa Y, Hibi T, Akutsu K (1999) Sci Hortic 82:113-123

Takeshita M, Kato M, Tokumasu S (1980) Jpn J Genet 55:373-387

Takken FLW, Joosten MHAJ (2000) Eur J Plant Pathol 106:699-713

Talbot DR, Adang MJ, Slighton JL, Hall T (1984) Mol Gen Genet 198:42-49

Talburt WF, Schwimmer S, Burr HK (1975) In: Talburt WF, Smith O (eds) Potato Processing. The AVI Publ Co, Westport, Connecticut, pp. 11-42

Tanaka K, Sugahara K (1980) Plant Cell Physiol 21:601-611

Tang G, Reinhart BJ, Bartel DP, Zamore PD (2003) Genes Dev 17:49-63

Tang JD, Collins HL, Metz TD, Earle ED, Zhao J, Roush RT, Shelton AM (2001) J Econ Entomol 94:240-247

Tang K, Sun X, Hu Q, Wu A, Lin C-H, Lin H-J, Twyman RM, Christou P, Feng T (2001) Plant Sci 160:1035-1042

Tao R, Uratsu SL, Dandekar AM (1995) Plant Cell Physiol 36:525-532

Tarczynski MC, Jensen RG, Bohnert HJ (1992) Proc Natl Acad Sci USA 89:2600-2604

Tarczynski MC, Jensen RG, Bohnert HJ (1993) Science 259:508-510

Tardif FJ, Holtum JAM, Powles SB (1993) Planta 190:176-181

Tavernier E, Wendehenne D, Blein J-P, Pugin A (1995) Plant Physiol 109:1025-1031

Tavladoraki P, Benvenuto E, Trinca S, de Martinis D, Cattaneo A, Galeffi P (1993) Nature 366: 469-472

Taylor OR (2000) Monarch Watch Summer 2000, Vol 8, http://www.monarchwatch.com

Teeri TH, Herrera-Estrella L, de Picker A, van Montagu M, Palva ETC (1986) EMBO J 5:1755-1760

Tenllado F, Diaz-Ruiz JR (1999) Transgenic Res 8:83-93

Tenllado F, Garcia-Luque I, Serra MT, Diaz-Ruiz JR (1995) Virol 211:170-183

Tenllado F, Garcia-Luque I, Serra MT, Diaz-Ruiz JR (1996) Virol 219:330-335

Tepfer D (1984) Cell 47:959-967

Tepfer D, Garcia-Gonzales R, Mansouri H, Seruga M, Message B, Leach F, Perica MC (2003) Transgenic Res 12:425-437

Tepfer M (1993) Bio/technol 11:1125-1132

Tepperman JM, Dunsmuir P (1990) Plant Mol Biol 14:501-511

Terakawa T, Takaya N, Horiuchi H, Koike M, Takagi M (1997) Plant Cell Reports 16:439-443

Terashima M, Murai Y, Kawamura M, Nakanishi S, Stoltz T, Chen L, Drohan W, Rodriguez RL, Katoh S (1999) Appl Microbiol Biotechnol 52:516-523

Thanavala Y, Yang Y-F, Lyons P, Mason HS, Arntzen C (1995) Proc Natl Acad Sci USA 92:3358-3361

The Royal Society (1999) Review of data on possible toxicity of GM potatoes. http://www.royalsoc.ac.uk/st_pol54htm

Thilmony RL, Chen Z, Bressan RA, Martin GB (1995) Plant Cell 7:1529-1536

Thomæus S, Carlsson AS, Stymne S (2001) Plant Sci 161:997-1003

Thomas JC, Bohnert HJ (1993) Plant Physiol 103:1299-1304

Thomas JC, Smigocki AC, Bohnert HJ (1995) Plant Mol Biol 27:225-235

Thomas JC, Adams DG, Keppenne VD, Wasmann CC, Brown JK, Kanost MR, Bohnert HJ (1995) Plant Cell Reports 14:758-762

Thomas JC, Davies EC, Malick FK, Endreszl C, Williams CR, Abbas M, Petrella S, Swisher K, Perron M, Edwards R, Ostenkowski P, Urbanczyk N, Wiesend WN, Murray KS (2003) Biotechnol Prog 19:273-280

Thomashow LS, Reeves S, Thomashow MF (1984) Proc Natl Acad Sci USA 81:5071-5075

Thomashow MF, Hughly S, Buchholz WG, Thomashow LS (1986) Science 231:616-618

Thompson EM, Adenot P, Tsuji FI, Renard J-P (1995) Proc Natl Acad Sci USA 92:1317-1321

Thompson EM, Christians E, Stinnekra M-G, Renard J-P (1994) Mol Cellular Biol 14:4694-4703

Thompsen JA (2002)Genes for Africa. UCT Press, Cape Town, South Africa

Thomson JD, Plowright RC (1980) Oecologia 46:68-74

Thomzik JE (1995a) In: Gartland KMA, Davey MR (eds) Methods in molecular biology, Vol 44, *Agrobacterium* Protocols, Humana Press Inc, Totowa, NJ, pp. 79-85

Thomzik JE (1995b) In: Gartland KMA, Davey MR (eds) Methods in molecular biology, Vol 44, *Agrobacterium* Protocols, Humana Press Inc, Totowa, NJ, pp. 71-78

Thomzik JE, Stenzel K, Stöcker R, Schreier PH, Hain R, Stahl DJ (1997) Physiol Mol Plant Physiol 51:265-278

Thornburg RW, An G, Cleveland TE, Johnson R, Ryan CA (1987) Proc Natl Acad Sci USA 84:744-748

Timm A, Steinbüchel A (1992) Eur J Biochem 209:15-30

Tingay S, McElroy D, Kalla R, Fieg S, Wang M, Thomas S, Brettell R (1997) Plant J 11:1369-1376

Tinland B (1996) Trends Plant Sci 1:178-184

Tonsor SJ (1985) Oecologia 67:442-446

Tomalski MD, Miller LK (1991) Nature 352:82-85

Tomenius K, Clapham D, Neshi T (1987) Virol 160:363-371
Tomlin AD (1994) Mol Ecol 3:51-52
Töpfer R, Martini N, Schell J (1995) Science 268:681-686
Töpfer R, Gronenborn B, Schaefer S, Schell J, Steinbiß H-H (1990) Physiol Plant 79:158-162
Topp E, Xun L, Orser CS (1992) Appl Environm Microbiol. 58:502-506
Topping JF, Wie W, Lindsay K (1991) Development 112:1009-1019
Torres E, Vaquero C, Nicholson L, Sack M, Stoger E, Drossard J, Christou P, Fischer R, Perrin Y (1999) Trans-
    genic Res 8:441-449
Tousch D, Jacquemond M, Tepfer M (1994) J Gen Virol 75:1009-1014
Towers GHN, Ellis S (1993) ACS Symposium series 534:56-78
Toxopeus H, Lubberts JH (1979) In: Proc Eucarpia Cruciferae Conf., Wageningen. The Netherlands (Post Con-
    ference Edition) p. 151
Tramontano A, Janda K, Lerner RA (1986) Science 234:1566-1570
Tran TCH, Al-Babili S, Schaub P, Potrykus I, Beyer P (2003) Plant Physiol 133:161-169
Traxler G, Godoy-Avila S, Falck-Zepeda J, Espinoza-Arellano JJ (2001) Transgenic Cotton in Mexico: Eco-
    nomic and Environmental Impacts. Unpublished report. Auburn, AL: Department of Agricultural Econom-
    ics, Auburn University.
Trebst A (1987) Z Naturforsch 41c:240-245
Trebst A (1991) In: Casely JC, Cussans GW, Atkin RK (eds) Herbicide Resistance in Weeds and Crops. Butter-
    worth-Heinemann Ltd., Oxford, pp. 145-164
Trudel J, Potvin C, Asselin A (1995) Plant Sci 106:55-62
Truve E, Kelve M, Aaspollu A, Kuusksalu A, Seppänen P, Saarma M (1994) Arch Virol (Suppl) 9:41-50
Tsai CJ, Popko JL, Mielke MR, Hu WJ, Podila GK, Chiang VL (1998) Plant Physiol 117:101-112
Tsai CY, Nelson OE (1966) Science 151:341-343
Tsuchiya T, Toriyama K, Yoshikawa M, Ejiri S-I, Hinata K (1995) Plant Cell Physiol 36:487-494
Tsukaya H, Ohshima T, Naito S, Chino M, Komeda Y (1991) Plant Physiol 97:1414-1421
Tu J, Ona I, Zhang Q, Mew TW, Kush GS, Datta SK (1998) Theor Appl Genet 97:31-36
Tucker GA, Grierson D (1982) Planta 155:64-67
Tuominen H, Sithon F, Jacobsson C, Sandberg G, Olsson O, Sundberg B (1995) Plant Physiol 109:1179-1189
Turner JG, Debbage JM (1982) Physiol Plant Pathol 20:223-233
Turpen TH, Turpen AM, Weinzettl N, Kumagai MH, Dawson WO (1993) J Virol Methods 42:227-240
Twell D, Klein TM, Fromm ME, McCormick S (1989) Plant Physiol 91:1270-1274
Tynan JL, Williams MK, Connor AJ (1990) J Genetics Breeding 44:303-306
Tzfira T, Citovsky V (2002) Trends Cell Biol 12:121-129
Tzfira T, Jensen CS, Vainstein A, Altman A (1997) Physiol Plant 99:554-563
Tzfira T, Rhee Y, Chen M-H, Citovsky V (2000) Annu Rev Microbiol 54:187-219

UBA (2001) Evaluating Substantial Equivalnece. A Step Towards Impoving the Risk / Safety Evaluation of
    GMOs. Wien, 19 – 20 Oktober 2001, Conference Paperrs, Vol 22, Austrian Federal Environment Agency
    (UBA). Wien
Uchimiya H, Fujii S, Huang J, Fushimi T, Nishioka M, Kim K-M, Yamada MK, Kurusu T, Kuchitsu K, Tagawa
    M (2002) Mol Breeding 9:25-31
Uemura M, Steponkus PL (1994) Plant Physiol 104:479-496
Üker B, Allen GC, Thompson WF, Spiker S, Weissinger AK (1999) Plant J 18:253-263
Uknes S, Dincher S, Friedrich L, Negrotto D, Williams S, Thompson-Taylor H, Potter S, Ward E, Ryals J (1993)
    Plant Cell 5:159-169
Ursic D, Slightom JL, Kemp JD (1983) Mol Gen Genet 190:494-503
Urwin PE, Atkinson HJ, Waller DA, McPherson MJ (1995) Plant J 8:121-131
Urwin PE, Lilly CJ, McPherson MJ, Atkinson HJ (1997) Plant J 12:455-461
U. S. Food and Drug Administration (1998) Guidance for industry: use of antibiotic resistance marker genes in
    transgenic plants.
Utsumi S, Kitagawa S, Katsube T, Kang IJ, Gidamis AB, Takaiwa F, Kito M (1993) Plant Sci 92:191-202

Vaden VR, Melcher U (1991) Virol 177:717-726
Vaewhongs AA, Lommel SA (1995) Virol 212:607-613
Vaeck M, Reynaerts A, Höfte M, Jansens S, de Beukeleer M, Dean C, Zabeau M, van Montagu M, Leemans J
    (1987) Nature 328:33-37
Vain P, James VA, Worland B, Snape JW (2002) Theor Appl Genet 105:878-889
Vain P, McMullen MD, Finer JJ (1993) Plant Cell Reports 12:84-88

Vain P, Worland B, Clarke MC, Richard G, Beavis M, Liu H, Kohlr A, Leech M, Snape J, Christou P, Atkinsoin H (1998) Theor Appl Genet 96:266-271

Vain P, Worland B, Kohli A, Snape JW, Christou P, Allen GC, Thompson WF (1999) Plant J 18:233-242

Vaishanav DD, Anderson RL (1995) Environ Toxicol Chem 14:763-766

Vaistij FE, Jones L, Baulcombe DC (2002) Plant Cell 14:857-867

Vance V, Vaucheret H (2001) Science 292:2277-2280

Vandekerckhove J, van Damme J, van Lijsebettens M, Bottermann J, de Block M, Vandewiele M, de Clerq A, Leemans J, van Montagu M, Krebbers E (1989) Bio/technol 7:929-932

Vaquero C, Turner AP, Demangent G, Sanz A, Serra MT, Roberts K, Gracia-Luque I (1994) J Gen Virol 75:3193-3197

Vaquero C, Sack M, Chandler J, Drossard J, Schuster F, Monecke M, Schillberg S, Fischer R (1999) Proc Natl Acad Sci USA 96:11128-11133

Vaquero C, Sack M, Schuster F, Finnern R, Drossard J, Schumann D, Reimann A, Fischer R (2002) FASEB J 16:408-410

Varsani A, Williamson A-L, Rose RC, Jaffer M, Rybicki EP (2003) Arch Virol 148:1771-1786

Vasconcelos M, Datta K, Oliva N, Khalekuzzaman M, Torrizo L, Krishnan S, Oliveira M, Goto F, Datta SK (2003) Plant Sci 164:371-378

Vasil V, Castillo AM, Fromm ME, Vasil IK (1992) Bio/technol 10:667-674

Vasil V, Srivastava V, Castillo AM, Fromm AE, Vasil IK (1993) Bio/technol 11:1553-1558

Vaucheret H (1993) CR Acad Sci Paris 316:1471-1483

Vaucheret H (1994) CR Acad Sci Paris 317:310-323

Vaucheret H, Fagard M (2001) Trends Genet 17:29-35

Vaucheret H, Beclin C, Fagard M (2001) J Cell Sci 114:3083-3091

Vaucheret H, Palauqui J-C, Elmayan T, Moffatt B (1995) Mol Gen Genet 248:311-317

Vaucheret H, Nussaume L, Palauqui JC, Quillere I, Elmayan T (1997) Plant Cell 9:1357-1368

Venkateswarlu K, Nazar RN (1991) Bio/technol 9:1103-1105

Veramendi J, Roessner U, Renz A, Willmitzer L, Trethewey RN (1999) Plant Physiol 121:123-133

Verch T, Yusibov V, Koprowski H (1998) J Immun Methods 220:69-75

Vergunst AC, van Lier MCM, den Dulk-Ras A, Hooykaas PJJ (2003) Plant Physiol 133:978-988

Vernon D, Bohnert HJ (1992) EMBO J 11:2077-2085

Vernon D, Tarcynski MC, Jensen RG, Bohnert HJ (1993) Plant J 4:199-205

Verma DPS (1999) In: Shinozaki K und Yamaguchi-Shinozaki K (eds) Molecular responses to cold, drought, heat and salt stress in higher plants.Austin, TX; RG Landers, pp. 153-168

Verwoerd TC, van Paridou PA, van Ooyen AJJ, van Lent JWM, Hoekema A, Pen J (1995) Plant Physiol 109:1199-1205

Verwoert IIGS, van der Linden KS, Nijkamp HJJ, Stuitje AR (1994) Plant Mol Biol 26:189-202

de Vetten N, ter Horst J, van Schaik HP, de Boer A, Mol J, Koes RA (1999) Proc Natl Acad Sci USA 96:778-783

Veylder DL, Beeckman T, Montagu VM, Inze (2000) J Exp Bot 51:1647-1653

Vierheilig H, Alt M, Lange J, Gut-Rella M, Wiemken A, Boller T (1995) Appl Environm Microbiol 61:3031-3034

Vijn I, Vandijken A, Sprenger N, van Dun K, Weisbeek P, Wiemken A, Smeekens S (1997) Plant J 11:387-398

Vilkki JP (1995) 9th International Rapeseed Congress, Cambridge, Uk, H. Ling Ltd., Dorest Press, Dorchester, Vol 2, pp. 386-388

Viotti A, Abildsten D, Pogna N, Sala E, Pirotta V (1982) EMBO J 1:53-58

Virchow D, Qaim M (2002) Zeitschrift für Biopolitik. 1. Jahrgang, Nr. 2, pp. 39-42

Viss WJ, Pitrak J, Humann J, Cook M, Driver J, Ream W (2003) Mol Breeding 12:283-295

Visser RGF, Stolte A, Jacobsen E (1991a) Plant Mol Biol 17:691-699

Visser RGF, Hergersberg M, van der Leij FR, Jacobsen E, Witholt B, Feenstra WJ (1989) Plant Sci 64:185-192

Visser RGF, Somhorst I, Kuipers GJ, Ruys NJ, Feenstra WJ, Jacobsen E (1991b) Mol Gen Genet 225:289-296

Voelker TA, Worrell AC, Anderson L, Bleibaum J, Fan C, Hawkins DJ, Radke SE, Davies HM (1992) Science 257:72-74

Voinnet O (2001) Trends Genet 17:449-459

Voinnet O, Pinto YM, Baulcombe DC (1999) Proc Natl Acad Sci USA 96:14147-14152

Voisey CR, Slusarenko AJ (1989) Physiol Mol Plant Pathol 35:403-412

de Vries J, Brandt P, Wackernagel W (2003) Bundesgesundheitsblatt 46:514-525 (Anhang)

de Vries FT, van der Meijden R, Brandenburg WA (1992) Botanical Files. Netherlands Ministry of Housing, Physical Planning and Environment, Leidschendam

Wagner D, Sablowski RWM, Meyerowitz ME (1999) Science 285:582-584

Waigmann E, Lucas WJ, Citovsky V, Zambryski P (1994) Proc Natl Acad Sci USA 91:1433-1437

Wakita Y, Otani M, Hamada T, Mori M, Iba K, Shimada T (2001) Plant Cell Reports 20:244-249

van de Wal MHBJ, D'Huist C, Vincken J-P, Buléon A, Visser RGF, Ball S (1998) J Biol Chem 273:22232-22240

Waldron C, Murphy EB, Roberts JL, Gustafson GD, Armour SL, Malcohn SK (1985) Plant Mol Biol 5: 103-108

Walling L, Drews GN, Goldberg RB (1986) Proc Natl Acad Sci USA 83:2123-2127

Walmsley AM, Alvarez ML, Jin Y, Kirk DD, Lee SM, Pinkhasov J, Rigano MM, Arntzen CJ, Mason HS (2003) Plant Cell Rep 21:1020-1026

Walter C, Broer I, Hillemann D, Phler A (1992) Mol Gen Genet 235:189-196

Walter C, Grace LJ, Wagner A, White DWR, Walden AR, Donaldoon SS, Hinton H, Gardner RC, Smith DR (1998) Plant Cell Reports 17:460-468

Walters DA, Vetsch CS, Potts DE, Lundquist RC (1992) Plant Mol Biol 18:189-200

Walton JD (1994) Plant Physiol 104:1113-1118

Wan Y, Lemaux PG (1994) Plant Physiol 104:37-48

Wan YC, Widholm JM, Lemaux PG (1995) Planta 196:7-14

Wandelt CI, Khan MRI, Craig S, Schroeder HE, Spencer D, Higgins TJV (1992) Plant J 2:181-192

Wang AM, Fan HL, Singsit C, Ozias-Akins P (1998) Physiol Plant 102:38-48

Wang AS, Evans RA, Altendorf PR, Hanten JA, Doyle MC, Rosichan JL (2000) Plant Cell Reports 19:654-660

Wang D-M, Taylor S, Levy-Wilson B (1996) J Lipid Res 37:2117-2124

Wang E, Hall JT, Wagner GJ (2004) Mol Breeding 13:49-57

Wang G-L, Song W-Y, Ruan D-L, Sideris S, Ronald PC (1996) Mol Plant-Microbe Interactions 9:850-855

Wang GR, Binding H, Posselt UK (1997) J Plant Physiol 151:83-90

Wang GY, Du TB, Zhang H, Xie YJ, Dai JR, Mi JJ, Li TY, Tian YC, Qiao LY, Mang KQ (1995) Sience China Ser B 38:817-824

Wang HZ, Xiao NZ, Liu ZL, Jiang H, Chen Y, Bai YF(2001) J Nor Uni 3:40-49

Wang P, Granados RR (1997) J Biol Chem 272:16663-16669

Wang P, Zoubenko O, Tumer NE (1998) Plant Mol Biol 38:957-964

Wang PG, Zoubenka O, Turner NE (1998) Plant Mol Biol 38:957-964

Wang R, Zhou X, Wang X (2003) Transgenic Res 12:529-540

Wang T, Li Y, Shi Y, Reboud X, Darmency H, Gressel J (2004) Theor Appl Genet 108:315-320

Wang WC, Menon G, Hansen G (2003) Plant Cell Reports 22:274-281

Wang X, Eggenberger AL, Nutter FW, Hill JH (2001) Mol Breeding 8:119-127

Wang Y, Fristensky B (2001) Mol Breeding 8:263-271

Wang Y, Nowak G, Culley D, Hadwiger LA, Fristensky B (1999) Mol Plant-Microbe Interactions 12:410-418

Wang ZY, Bell J, Ge YX, Lehmann D (2003) In vitro Cell Develop Biol 39:277-282

Wang Z-Y, Takamizo T, Iglesias VA, Osusky M, Nagel J, Potrykos I, Spangenberg G (1992) Bio/technol 10: 691-696

Ward ER, Uknes SJ, Williams SC, Dincher SS, Wiederhold DL, Alexander A, Ahl-Goy P, Metraux J-P, Ryals JA (1991) Plant Cell 3:1085-1094

Warwick SI, Simard M-J, Legere A, Beckie HJ, Braun L, Zhu B, Mason P, Seguin-Swartz G, Stewart CN (2003) Theor Appl Genet 107:528-539

Waterhouse PM, Graham MW, Wang MB (1998) Proc Natl Acad Sci USA 95:13959-13964

Waterhouse PM, Wang MB, Lough T (2001) Nature 411:834-842

Watt VM, Ingles CJ, Urdea MS, Rutter WJ (1983) Proc Natl Acad Sci USA 82:4768-4772

Wattad C, Kobiler D, Dinoor A, Prusky D (1997) Physiol Plant Pathol 50:197-212

Webb KJ, Gibbs MJ, Mizen S, Skat L, Gatehouse JA (1996) Transgenic Res 5:303-312

Weber G, Monajembashi S, Wolfrum J, Greulich K-O (1990) Physiol Plant 79:190-193

Weeks JT, Anderson OD, Blechl AE (1993) Plant Physiol 102:1077-1084

Wegener C, Bartling S, Olsen O, Weber J, von Wettstein D (1996) Physiol Mol Plant Pathol 49:359-376

Wei H, Wang M-L, Moore PH, Albert HH (2003) J Plant Physiol 160:1241-1251

Wei J-Z, Hale K, Carta L, Platzer E, Wong C, Fang S-C, Aroian RV (2003) Proc Natl Acad Sci USA 100:2760-2765

Weinmann P, Gossen M, Hillen W, Bujard H, Gatz C (1994) Plant J 5:559-569

Weising K, Bohn H, Kahl G (1990) Developm Genet 11:233-247

Weising K, Schell J, Kahl G (1988) Annu Rev Genet 22:421-477

Wen F, Lister RM (1991) J.Gen Virol 72:2217-2223

Wharam S, Mulholland V, Salmond GPC (1995) Eur J Plant Path 101:1-13

Wheeler GL, Jones MA, Smirnoff N (1998) Nature 393:365-369

White CA, Weaver RL, Grillo-Lopez AJ (2001) Annu Rev Med 52:125-145
White FF, Taylor BB, Huffman GA, Gordon MP, Nester F (1985) J Bacteriol 164:33-44
Whithman S, Dinesh-Kumar SP, Choi D, Hehl R, Corr C, Baker B (1994) Cell 78:1101-1115
Whitty EB, Hill RA, Christie R, Young JB, Lindbo JA, Dougherty WG (1994) Tabacco Sci 38:30-34
WHO (1991) Strategies for Assessing the Safety of Foods produced by Biotechnology. Reports of a Joint
    FAO/WHO consultation. World Health Organization, Genf
WHO (1993) Health Aspects of Marker Genes in Genetically Modified Plants. Report of a World Health Or-
    ganization Workshop, Food Safety Unit
Wiberg E, Edwards P, Byrne J, Stymne S, Dehesh K (2000) Planta 212:33-40
Wienand U, Feix G (1980) FEBS Lett 116:14-16
Wiermann R (1970) Planta 95:133-145
Wilczynski G, Kulma A, Feiga I, Wenczel A, Szopa J (1998) Cell Mol Biol Lett 3:75-91
Wilkins TA, Bednarch SY, Raikhel NV (1990) Plant Cell 2:301-313
de Wilde C, de Rycke R, Beeckman T, de Neve M, van Montagu M, Engler G, Depicker A (1998) Plant Cell
    Physiol 39:639-646
de Wilde C, van Houdt H, de Buck S, Angenon G, de Jaeger G, Depicker A (2000) Plant Mol Biol 15:281-293
de Wilde C, Peeters K, Jacobs A, Peck I, Depicker A (2002) Mol Breeding 9:271-282
Williamson MH (1988) Trends Ecol Evolut 3-4:32-35
Williamson VM (1999) Curr Opin Plant Biol 2:327-331
Wilmink A, van de Ven BCE, Dons JJM (1992) Plant Cell Reports 11:76-80
Wilson TMA (1993) Proc Natl Acad Sci USA 90:3134-3141
Winans SC (1992) Microbiol Rev 56:12-31
Windels P, de Buck S, van Bockstaele E, de Loose M, Depicker A (2003) Plant Physiol 133:2061-2068
Windhövel U, Geiges B, Sandmann G, Böger P (1994) Plant Physiol 104:119-125
Wingender R, Röhrig H, Höricke C, Wing D, Schell J (1989) Mol Gen Genet 218:315-322
Wintermantel WM, Zaitlin M (2000) J Gen Virol 81:587-595
Wintermantel WM, Banerjee N, Oliver JC, Paolillo DJ, Zaitlin M (1997) Virol 231:248-257
Wisniewski LA, Powell PA, Nelson RS, Beachy RN (1990) Plant Cell 2:559-567
de Wit PJGM (1992) Annu Rev Phytopathol 30:391-418
de Wit PJGM (1997) Trends Plant Sci 2:452-458
Witty H, Harvey WJ (1990) New Zealand J Crop Hortic Sci 18:77-80
Wolf S, Millatiner A (2000) J Plant Physiol 156:253-258
Wolf S, Deom CM, Beachy RN, Lucas WJ (1989) Science 246:377-379
Wolfe AD, Estes JR, Chissoe WF (1991) Am J Bot 78:1503-1507
Wolffe A (1995) Chromatin: Structure an function, 2nd edn, Academic Press, London
Wolters AMA, Trindade LM, Jacobsen E, Visser RGF (1998) Plant J 13:837-847
Wong KW, Harman GE, Norelli JL, Gustafson HL, Aldwinckle HS (1999) Acta Hortic 484:595-599
Woodard SL, Mayor JM, Bailey MR, Barker DK, Love RT, Lane JR, Delaney DE, McComas-Wagner JM,
    Mallubhotla HD, Hood EE, Dangott LJ, Tichy SE, Howard JA (2003) Biotechnol Appl Biochem 38:123-
    130
Wraight CL, Zangerl AR, Caroll MJ, Berenbaum MR (2000) Proc Natl Acad Sci USA 97:7700-7703
Wright A, Morrison SL (1997) Trends Biotechnol 15:26-32
Wright KE, Prior F, Sardana R, Altosaar I, Dudani Ak, Ganz PR, Tackaberry ES (2001) Transgenic Res 10:177-
    181
Wrobel M, Zebrowski J, Szopa J (2004) J Biotechnol 107:41-54
Wu B, White KA (1999) J Virol 73:8982-8988
Wu G, Shortt BJ, Lawrence EB, Levine EB, Fitzsimmons KC (1995) Plan Cell 7:1357-1368
Wu G, Shortt BJ, Lawrence EB, Leon DM, Fitzsimmons KC, Levine EB, Raskin I, Shah DM (1997) Plant
    Physiol 115:427-435
Wu K, Guo Y (2003) Environ Entomol 32:312-318
Wu Y-Q, Hohn B, Ziemienowicz A (2001) Plant Mol Biol 46:161-170
Wünn J, Klöti A, Burkhardt PK, Biswas GCG, Launis K, Iglesias VA, Potrykus I (1996) Bio/technol 14:171-176

Xu D, Collins GB, Hunt AG, Nielsen MT (1997) Mol Breeding 3:319-330
Xu D, Duan X, Wang B, Hong B, Ho T-HD, Wu R (1996) Plant Physiol 110:249-257
Xu J, Schubert J, Altpeter F (2001) Plant J 26:265-274

Yadav N, McDevitt RE, Benard S, Falco SC (1986) Proc Natl Acad Sci USA 83:4418-4422
Yahiaoui N, Marque C, Myton KE, Negret J, Boudet AM (1998) Planta 204:8-15

Yamada T, Ishige T, Shiota N, Inui H, Ohkawa H, Ohkawa Y (2002a) Theor Appl Genet 105:515-520
Yamada T, Ohashi Y, Ohshima M, Inui H, Shiota N, Ohkawa H, Ohkawa Y (2002b) Theor Appl Genet 104:308-314
Yamamoto Y, Iketani H, Ieki H, Nishizawa Y, Notsuka K, Hini T, Hayashi T, Matsuta N (2000) Plant Cell Rep 19:639-646
YamamotoYY, Tsuji H, Obokata J (1995) J Biol Chem 270:12466-12470
Yamaya J, Yoshioka M, Meshi T, Okada Y, Ohno T (1992) Mol Gen Genet 215:173-175
Yang D, Guo F, Liu B, Huang N, Watkins SC (2003) Planta 216:597-603
Yang JS, Yu TA, Cheng YH, Yeh SD (1996) Plant Cell Reports 15:459-464
Yano M, Okuno K, Kawakami J, Satoh H, Omura T (1985) Theor Appl Genet 69:253-257
Yao C, Conway WS, Sams CE (1995) Phytopathol 85:1373-1377
Yao JL, Wu JH, Gleave AP, Morris BAM (1996) Plant Sci 113:175-184
Yao K, de Luca V, Brisson N (1995) Plant Cell 7:1787-1799
Yao Q, Simion E, William M, Krochko J, Kasha K (1997) Genome 40:570-581
Ye F, Singer ER (1996) Proc Natl Acad Sci USA 93:10881-10886
Ye S, Cole-Strauss AC, Frank B, Kmiec EB (1998) Mol Med Today 4:431-437
Ye X, Al-Babili S, Klöti A, Zhang J, Lucca P, Beyer P, Potrykus I (2000) Science 287:303-305
Yi H, Mysore KS, Gelvin SB (2002) Plant J 32:285-298
Yie Y, Wu ZX, Wang SY, Zhao SZ, Zhang TQ, Yao GY, Tien P (1995) Transgenic Res 4:256-263
Yoder JI, Gouldsbrough AP (1994) Bio/technol 12:263-267
Yoon CK (1999) Pollen from genetically altered corn threatens Monarch butterfly, study finds. New York Times, 20.05.1999.
Youngman RY, Dodge AD (1976) Z Naturforsch 34c:1032-1035
Yun D-J, Bressan RA, Hasegawa PM (1997) In: Janick J (ed) Plant breeding reviews. Wiley and Sons, New York, Vol. 14, pp. 39-88
Yusibov V, Modelska A, Steplewski K, Agadjanyan M, Weiner D, Hooper DC, Koprowski H (1997) Proc Natl Acad Sci USA 94:5784-5788


Zabaleta E, Mouras A, Hernould M, Suharsono, Araya A (1996) Proc Natl Acad Sci USA 93:11259-11263
Zabaleta E, Oropeza A, Assad N, Mandel A, Salerno G, Herrera-Estrella L (1994) Plant J 6:425- 432
Zacconer B, Cellier F, Boyer J-C, Haenni A-L, Tepfer M (1993) Gene 136:87-94
Zaghmout OM-F, Troliner NL (1993) Nucleic Acids Res 21:1048
Zambryski P (1992) Annu Rev Plant Physiol Plant Mol Biol 43:465-490
Zambryski P, Joos H, Genetello J, Leemans J, van Montagu M, Schell J (1983) EMBO J 2:2143-2150
Zamore PD, Tuschl T, Sharp PA, Bartel DP (2000) Cell 101:25-33
Zasloff M (1987) Proc Natl Acad Sci USA 84:5449-5453
Zeitlin L, Olmsted SS, Moench TR, Co MS, Martinell BJ, Paradkar VM,Russell DR, Queen C, Cone RA, Whaley KJ (1998) Nature Biotechnol 16:1361-1364
Zentz C, Frenoy JP, Bourillon R (1978) Biochim Biophys Acta 536:18-26
Zhang H, Wang GY, Xie YJ, Dai JR, Xu N, Zhao NM, Li TY, Tian YC, Qiao LY, Mang KQ (1997) Sci China Ser 40:316-322
Zhang HX, Blumwald E (2001) Nature Biotechnol 19:765-768
Zhang HX, Hodson JN, Williams JP, Blumwald E (2001) Proc Natl Acad Sci USA 98:12832-12836
Zhang L, Birch RG (1997) Proc Natl Acad Sci USA 94:9984-9989
Zhang L, Xu J, Birch RG (1999) Nature Biotechnol 17:1021-1024
Zhang L, French R, Langenberg WG, Mitra A (2001) Transgenic Res 10:13-19
Zhang S, Mehdy MC (1994) Plant Cell 6:135-145
Zhang S, Sheng J, Liu Y, Mehdy MC (1993) Plant Cell 5:1089-1099
Zhang S, Chen L, Qu R, Marmey P, Beachy R, Fauquet C (1996) Plant Cell Reports 15:465-459
Zhang S, Song W-Y, Chen L, Ruan D, Taylor N, Ronald P, Beachy R, Fauquet C (1998) Mol Breeding 4:551-558
Zhang W, Subbarao S, Addae P, Shen A, Armstrong C, Peschke V, Gilbertson L (2003) Theor Appl Genet 107:1157-1168
Zhang X, Urry DW, Daniell H (1996) Plant Cell Reports 16:174-179
Zhang Y, Roberts DM (1995) Mol Biol Cell 6:109-117
Zhang Y, Shewry PR, Jones H, Barcelo P, Lazzari PA, Halford NG (2001) Plant J 28:431-441
Zhang Y, Tessaro MJ, Lassner M, Li X (2003) Plant Cell 15:2647-2553
Zhang YH, Shewry PR, Jones H, Barcelo P, Lazzari PA, Halford NG (2001) Plant J 28:431-441h
Zhang ZB, Kornegay ET, Radcliffe JS, Dentbow DM, Veit HP, Larsen CT (2000a) Poultry Sci 79:709-717

Zhang ZB, Kornegay ET, Radcliffe JS, Wilson JH, Veit HP (2000b) J Anim Sci 78:2868-2878
Zhao J-Z, Cao J, Li Y, Collins HL, Roush RT, Earle ED, Shelton AM (2003) Nature Biotechnol 21:1493-1497
Zheng SJ, Khrustaleva L, Hemken B, Sofiari E, Jacobsen E, Kik C, Krens FA (2001) Mol Breeding 7:101-115
Zhu B, Chen THH, Li PH (1995) Plant Physiol 108:929-937
Zhu B, Chen THH, Li PH (1996) Planta 198:70-77
Zhu D, Scandalios JG (1995) Free Radical in Biology & Medicinde 18:179-183
Zhu JK (2001) Trends Plant Sci 6:66-71
Zhu T, Petersen DJ, Tagliari L, St Clair G, Baszczynski C, Bowen B (1999) Proc Natl Acad Sci USA 96:8768-8773
Zhu T, Mettenburg K, Peterson DJ, Tagliani L, Baszczynski CL (2000) Nature Biotechnol 18:555-558
Zhu Y, Pilon-Smits EAH, Jouanin L, Terry N (1999a) Plant Physiol 119:73-79
Zhu Y, Pilon-Smits EAH, Tarun A, Weber SU, Jouanin L, Terry N (1999b) Plant Physiol 121:1169-1177
Zhu Y, Nam J, Humara JM, Mysore KS, Lee LY, Cao H, Valentine L, Li J, Kaiser AD, Kopecky AL, Hwang H-H, Bhattacharjee S, Rao PK, Tzfira T, Rajagopal J, Yi H, Veena, Yadav BS, Crane YM, Lin K, Larcher Y, Gelvin MJK, Knue M, Ramos C, Zhao X, Davis SJ, Kim S-I, Ranjith-Kumar CT, Choi Y-J, Hallan VK, Chattopadhyay S, Sui X, Ziemienowicz A, Matthysee AG, Citovsky V, Hohn B, Gelvin SB (2003) Plant Physiol 132:494-505
Zhu Z, de Zoeten GA, Pensewick JR, Horisberger MA, Ahl D, Schultze M, Hohn T (1994) Virol 172:213-222
Ziemienowicz A, Merkle F, Schoumacher B, Hohn B, Rossi L (2001) Plant Cell 13:369-384
Zimny J, Becker D, Brettschneider R, Lörz H (1995) Mol Breeding 1:155-164
ZKBS (1999) Stellungnahme der ZKBS zur „Biologischen Sicherheit von Antibiotika-Resistenzgenen im Genom gentechnisch veränderter Pflanzen" In: Eberbach W, Lange P, Ronellenfitsch M (eds) Recht der Gentechnik und Biomedizin, GenTR/BioMedR. C.F.Müller, Band 2, G. ZKBS-Empfehlungen, S8
de Zoeten GA (1991) Phytopathol 81:585-586
Zoubenko OV, Allison LA, Svab Z, Maliga P (1994) Nucl Acids Research 22:3819-3824
Zrenner R, Salanoubat M, Willmitzer L, Sonnewald U (1995) Plant J 7 :97-107
Zrenner R, Krause K-P, Appel P, Sonnewald U (1996) Plant J 9 :671-681
Zuo J, Niu Q-W, Chua N-H (2000) Plant J 24:265-273
Zupan JR, Zambryski P (1995) Plant Physiol 107:1041-1047
Zupan JR, Zambryski PC (1997) Crit Rev Plant Sci 16:279-295
Zupan JR, Muth TR, Draper J, Zambryski P (2000) Plant J 23:11-23
Zurgiyah AA, Jordan LS, Jolliffe VA (1976) Pestic Biochem Physiol 6:35-45

# 13. Index